计算机基础与实训教材系列

AutoCAD 机械制图

实用教程（2018版）

肖静　编著

清华大学出版社
北　京

内容简介

本书介绍AutoCAD 2018在机械制图方面的应用，内容丰富翔实，具有很高的参考价值。

本书包括基础知识和实践应用两部分内容。基础知识部分介绍机械制图基础知识、AutoCAD 2018的基本操作、绘制与编辑二维图形、图层设置、精确绘图、图形显示控制、填充图案、标注文字、创建块与属性、标注尺寸、三维模型的创建和编辑、图形的输出和打印等内容。实践应用部分循序渐进地介绍绘制各种常见机械图形的方法与技巧，包括定义样板文件、绘制常用机械标准件和典型机械零件、绘制机械剖视图和断面图、绘制机械装配图、绘制机械轴测图等内容。

本书介绍的内容和实例具有很强的实用性、针对性和专业性，可使读者达到举一反三的目的。本书既可作为从事机械设计与制造以及相关行业的工程技术人员的专业参考书，也可以作为高等院校相关专业的教学参考书。

为方便读者学习，本书提供了对应的电子课件、实例源文件和习题答案，可以到http://www.tupwk.com.cn/edu网站进行下载。

本书封面贴有清华大学出版社防伪标签，无标签者不得销售。

版权所有，侵权必究。举报：010-62782989，beiqinquan@tup.tsinghua.edu.cn。

图书在版编目(CIP)数据

AutoCAD机械制图实用教程：2018版 / 肖静 编著. —北京：清华大学出版社，2018（2023.1 重印）
(计算机基础与实训教材系列)
ISBN 978-7-302-50896-0

Ⅰ. ①A… Ⅱ. ①肖… Ⅲ. ①机械制图－AutoCAD软件－教材 Ⅳ. ①TH126

中国版本图书馆CIP数据核字(2018)第190040号

责任编辑：胡辰浩 袁建华
装帧设计：孔祥丰
责任校对：成凤进
责任印制：朱雨萌

出版发行：清华大学出版社
网　　址：http://www.tup.com.cn，http://www.wqbook.com
地　　址：北京清华大学学研大厦A座　　邮　　编：100084
社 总 机：010-83470000　　邮　　购：010-62786544
投稿与读者服务：010-62776969，c-service@tup.tsinghua.edu.cn
质 量 反 馈：010-62772015，zhiliang@tup.tsinghua.edu.cn
印 装 者：三河市龙大印装有限公司
经　　销：全国新华书店
开　　本：190mm×260mm　　印　　张：24　　字　　数：630千字
版　　次：2018年10月第1版　　印　　次：2023年1月第3次印刷
定　　价：68.00元

产品编号：047996-01

编审委员会

计算机基础与实训教材系列

主任：闪四清　北京航空航天大学

委员：(以下编委顺序不分先后，按照姓氏笔画排列)

王永生　青海师范大学
王相林　杭州电子科技大学
卢　锋　南京邮电学院
申浩如　昆明学院计算机系
白中英　北京邮电大学计算机学院
石　磊　郑州大学信息工程学院
伍俊良　重庆大学
刘　悦　济南大学信息科学与工程学院
刘晓华　武汉工程大学
刘晓悦　河北理工大学计控学院
孙一林　北京师范大学信息科学与技术学院计算机系
朱居正　河南财经学院成功学院
何宗键　同济大学软件学院
吴裕功　天津大学
吴　磊　北方工业大学信息工程学院
宋海声　西北师范大学
张凤琴　空军工程大学
罗怡桂　同济大学
范训礼　西北大学信息科学与技术学院
胡景凡　北京信息科技大学
赵文静　西安建筑科技大学信息与控制工程学院
赵素华　辽宁大学
郝　平　浙江工业大学信息工程学院
崔洪斌　河北科技大学
崔晓利　湖南工学院
韩良智　北京科技大学管理学院
薛向阳　复旦大学计算机科学与工程系
瞿有甜　浙江师范大学

丛书序

计算机已经广泛应用于现代社会的各个领域，熟练使用计算机已经成为人们必备的技能之一。因此，如何快速地掌握计算机知识和使用技术，并应用于现实生活和实际工作中，已成为新世纪人才迫切需要解决的问题。

为适应这种需求，各类高等院校都开设了计算机专业的课程，同时也将非计算机专业学生的计算机知识和技能教育纳入教学计划，并陆续出台了相应的教学大纲。基于以上因素，清华大学出版社组织一线教学精英编写了这套“计算机基础与实训教材系列”丛书，以满足大中专院校、职业院校及各类社会培训学校的教学需要。

一、丛书书目

本套教材涵盖了计算机各个应用领域，包括计算机硬件知识、操作系统、数据库、编程语言、文字录入和排版、办公软件、计算机网络、图形图像、三维动画、网页制作以及多媒体制作等。众多的图书品种可以满足各类院校相关课程设置的需要。

⊙　已出版的图书书目

《计算机基础实用教程（第三版）》	《Excel 财务会计实战应用（第三版）》
《计算机基础实用教程(Windows 7+Office 2010 版)》	《Excel 财务会计实战应用（第四版）》
《新编计算机基础教程（Windows 7+Office 2010）》	《Word+Excel+PowerPoint 2010 实用教程》
《电脑入门实用教程（第三版）》	《中文版 Word 2010 文档处理实用教程》
《电脑办公自动化实用教程（第三版）》	《中文版 Excel 2010 电子表格实用教程》
《计算机组装与维护实用教程（第三版）》	《中文版 PowerPoint 2010 幻灯片制作实用教程》
《网页设计与制作(Dreamweaver+Flash+Photoshop)》	《Access 2010 数据库应用基础教程》
《ASP.NET 4.0 动态网站开发实用教程》	《中文版 Access 2010 数据库应用实用教程》
《ASP.NET 4.5 动态网站开发实用教程》	《中文版 Project 2010 实用教程》
《多媒体技术及应用》	《中文版 Office 2010 实用教程》
《中文版 PowerPoint 2013 幻灯片制作实用教程》	《Office 2013 办公软件实用教程》
《Access 2013 数据库应用基础教程》	《中文版 Word 2013 文档处理实用教程》
《中文版 Access 2013 数据库应用实用教程》	《中文版 Excel 2013 电子表格实用教程》
《中文版 Office 2013 实用教程》	《中文版 Photoshop CC 图像处理实用教程》
《AutoCAD 2014 中文版基础教程》	《中文版 Flash CC 动画制作实用教程》
《中文版 AutoCAD 2014 实用教程》	《中文版 Dreamweaver CC 网页制作实用教程》

(续表)

《AutoCAD 2015 中文版基础教程》	《中文版 InDesign CC 实用教程》
《中文版 AutoCAD 2015 实用教程》	《中文版 Illustrator CC 平面设计实用教程》
《AutoCAD 2016 中文版基础教程》	《中文版 CorelDRAW X7 平面设计实用教程》
《中文版 AutoCAD 2016 实用教程》	《中文版 Photoshop CC 2015 图像处理实用教程》
《中文版 Photoshop CS6 图像处理实用教程》	《中文版 Flash CC 2015 动画制作实用教程》
《中文版 Dreamweaver CS6 网页制作实用教程》	《中文版 Dreamweaver CC 2015 网页制作实用教程》
《中文版 Flash CS6 动画制作实用教程》	《Photoshop CC 2015 基础教程》
《中文版 Illustrator CS6 平面设计实用教程》	《中文版 3ds Max 2012 三维动画创作实用教程》
《中文版 InDesign CS6 实用教程》	《Mastercam X6 实用教程》
《中文版 Premiere Pro CS6 多媒体制作实用教程》	《Windows 8 实用教程》
《中文版 Premiere Pro CC 视频编辑实例教程》	《计算机网络技术实用教程》
《中文版 Illustrator CC 2015 平面设计实用教程》	《Oracle Database 11g 实用教程》
《AutoCAD 2017 中文版基础教程》	《中文版 AutoCAD 2017 实用教程》
《中文版 CorelDRAW X8 平面设计实用教程》	《中文版 InDesign CC 2015 实用教程》
《Oracle Database 12c 实用教程》	《Access 2016 数据库应用基础教程》
《中文版 Office 2016 实用教程》	《中文版 Word 2016 文档处理实用教程》
《中文版 Access 2016 数据库应用实用教程》	《中文版 Excel 2016 电子表格实用教程》
《中文版 PowerPoint 2016 幻灯片制作实用教程》	《中文版 Project 2016 项目管理实用教程》
《Office 2010 办公软件实用教程》	《AutoCAD 2018 中文版基础教程》

二、丛书特色

1. 选题新颖，策划周全——为计算机教学量身打造

本套丛书注重理论知识与实践操作的紧密结合，同时突出上机操作环节。丛书作者均为各大院校的教学专家和业界精英，他们熟悉教学内容的编排，深谙学生的需求和接受能力，并将这种教学理念充分融入本套教材的编写中。

本套丛书全面贯彻“理论→实例→上机→习题”4 阶段教学模式，在内容选择、结构安排上更加符合读者的认知习惯，从而达到老师易教、学生易学的目的。

2. 教学结构科学合理、循序渐进——完全掌握“教学”与“自学”两种模式

本套丛书完全以大中专院校、职业院校及各类社会培训学校的教学需要为出发点，紧密结合学科的教学特点，由浅入深地安排章节内容，循序渐进地完成各种复杂知识的讲解，使学生能够一学就会、即学即用。

对教师而言，本套丛书根据实际教学情况安排好课时，提前组织好课前备课内容，使课堂教学过程更加条理化，同时方便学生学习，让学生在学习完后有例可学、有题可练；对自学者而言，可以按照本书的章节安排逐步学习。

3. 内容丰富，学习目标明确——全面提升“知识”与“能力”

本套丛书内容丰富，信息量大，章节结构完全按照教学大纲的要求来安排，并细化了每一章内容，符合教学需要和计算机用户的学习习惯。在每章的开始，列出了学习目标和本章重点，便于教师和学生提纲挈领地掌握本章知识点，每章的最后还附带有上机练习和习题两部分内容，教师可以参照上机练习，实时指导学生进行上机操作，使学生及时巩固所学的知识。自学者也可以按照上机练习内容进行自我训练，快速掌握相关知识。

4. 实例精彩实用，讲解细致透彻——全方位解决实际遇到的问题

本套丛书精心安排了大量实例讲解，每个实例解决一个问题或是介绍一项技巧，以便读者在最短的时间内掌握计算机应用的操作方法，从而能够顺利解决实践工作中的问题。

范例讲解语言通俗易懂，通过添加大量的“提示”和“知识点”的方式突出重要知识点，以便加深读者对关键技术和理论知识的印象，使读者轻松领悟每一个范例的精髓所在，提高读者的思考能力和分析能力，同时也加强了读者的综合应用能力。

5. 版式简洁大方，排版紧凑，标注清晰明确——打造一个轻松阅读的环境

本套丛书的版式简洁、大方，合理安排图与文字的占用空间，对于标题、正文、提示和知识点等都设计了醒目的字体符号，读者阅读起来会感到轻松愉快。

三、读者定位

本丛书为所有从事计算机教学的老师和自学人员而编写，是一套适合于大中专院校、职业院校及各类社会培训学校的优秀教材，也可作为计算机初、中级用户和计算机爱好者学习计算机知识的自学参考书。

四、周到体贴的售后服务

为了方便教学，本套丛书提供精心制作的 PowerPoint 教学课件(即电子教案)、素材、源文件、习题答案等相关内容，可在网站上免费下载，也可发送电子邮件至 wkservice@vip.163.com 索取。

此外，如果读者在使用本系列图书的过程中遇到疑惑或困难，可以在丛书支持网站(http://www.tupwk.com.cn/edu)的互动论坛上留言，本丛书的作者或技术编辑会及时提供相应的技术支持。咨询电话：010-62796045。

前言

AutoCAD是美国Autodesk公司推出的一款非常优秀、强大的工程图形绘制软件，具有性能优越、使用方便和体系结构开放等特点，深受广大工程技术人员的欢迎。AutoCAD被广泛应用于各个设计领域，并成为机械设计和制图中最常用的绘图软件之一。

本书详细讲解机械制图的相关知识，以及使用 AutoCAD 2018 提供的绘图功能绘制各种机械零件图、装配图、轴测图和三维零件图的技术和方法。全书共分为 14 章，各章内容具体如下。

第 1 章介绍机械制图的基础知识。包括机械设计与机械制图概念、机械制图类型、机械零件的分类、机械制图国家标准和机械零件图的绘制方法等内容。

第 2 章介绍 AutoCAD 机械制图技术基础。包括 AutoCAD 的特点、AutoCAD 在机械制图中的应用、认识 AutoCAD 2018、AutoCAD 的文件操作、AutoCAD 命令调用方式和 AutoCAD 坐标系等内容。

第 3 章介绍机械制图的辅助功能。包括设置绘图环境、设置光标样式、设置绘图辅助功能、视图控制、设置图形特性、图层管理和应用设计中心等内容。

第 4 章介绍二维图形的创建。包括绘制常用二维图形，创建和编辑面域，创建和插入块、图案填充等内容。

第 5 章介绍二维图形的编辑。包括二维图形的基本编辑、复制图形、镜像图形、阵列图形、编辑特定图形和使用夹点编辑图形等内容。

第 6 章介绍机械图形的尺寸标注。包括尺寸标注的组成与原则、创建与设置标注样式、创建标注、图形标注技巧、编辑标注、创建引线标注和标注形位公差等内容。

第 7 章介绍机械图形的文字与表格。包括机械制图的字体要求、设置机械文字样式、创建机械注释文字、编辑机械注释文字和创建机械图形表格等内容。

第 8 章介绍机械标准件的绘制。包括认识标准件对象、机械制图的表达方法、机械制图常见步骤、创建机械制图模板和绘制标准件零件图等内容。

第 9 章介绍机械剖视图和断面图的绘制。包括机械剖视图基础、机械断面图基础、绘制机械剖视图和绘制机械断面图等内容。

第10 章介绍典型机械零件的绘制。包括绘制轴套类零件图、绘制盘盖类零件图、绘制叉架类零件图和绘制箱体类零件图等内容。

第11 章介绍机械装配图的绘制。包括装配图简介、装配图的绘制过程、装配图的绘制方法和装配图绘制实例等内容。

第12 章介绍机械轴测图的绘制。包括轴测图绘制基础、绘制正等轴测图、绘制斜二轴测图和轴测图的尺寸标注等内容。

第13 章介绍三维机械模型的绘制与编辑。包括三维建模基础、绘制三维基本体、将二维图形创建为三维实体、布尔运算实体、创建网格对象、三维操作、实体编辑和渲染等内容。

第14 章介绍机械图形的打印与输出。包括页面设置、打印机械图形、输出机械图形和创建机械图形电子文件等内容。

本书内容覆盖机械制图的各个方面，涉及知识面广，注重结构性和条理性，实例都选取具有代表性的工程实例。读者只要按照书中的结构一步步学习，一定会在较短的时间内快速掌握 AutoCAD 机械制图的思路与方法。

基于上述特点，相信本书能够帮助读者全面掌握机械制图的相关知识和绘图方法，并快速掌握 AutoCAD 2018 的使用方法和技巧。本书虽然以 AutoCAD 2018 为版本进行编写，但书中的大部分操作和例子也适用于使用 AutoCAD 2017、AutoCAD 2016 等早期版本的用户。

本书内容丰富、结构清晰、图文并茂、通俗易懂，适合以下读者学习使用：

(1) 从事机械设计和制图的工作人员；

(2) 从事机械相关工作的工程技术人员；

(3) 各高等院校相关专业的学生。

本书是集体智慧的结晶，除封面署名的作者外，参与本书编写工作的人员还有林庆华、王爱群、张甜、张志刚、高嘉阳、付伟、张仁凤、张世全、张德伟、卓超、高惠强、张华曦、董熠君、雷红霞、李从延、瞿代碧、张军、刘明星、刘广周、许春喜等。我们真切希望读者在阅读本书之后，不仅能开阔视野，而且可以增长实践操作技能，并且从中学习和总结操作的经验和规律，达到灵活运用的水平。鉴于编者水平有限，书中纰漏和考虑不周之处在所难免，热诚欢迎读者予以批评、指正。我们的邮箱是 huchenhao@263. net，电话是 010-62796045。

为方便读者学习，本书提供了对应的电子课件、实例源文件和习题答案，可以到 http://www.tupwk.com.cn/edu 网站进行下载。

编　者

2018 年 3 月

推荐课时安排

章　名	重 点 掌 握 内 容	教 学 课 时
第 1 章　机械制图基础知识	1. 机械设计与机械制图 2. 机械制图的类型 3. 机械零件的分类 4. 机械制图国家标准 5. 机械零件图的绘制方法	2 学时
第 2 章　AutoCAD 机械制图技术基础	1. AutoCAD 的特点 2. AutoCAD 在机械制图中的应用 3. 认识 AutoCAD 2018 4. AutoCAD 的文件操作 5. AutoCAD 命令调用方式 6. AutoCAD 坐标系	3 学时
第 3 章　机械制图的辅助功能	1. 设置绘图环境 2. 设置光标样式 3. 设置绘图辅助功能 4. 视图控制 5. 设置图形特性 6. 图层管理 7. 应用设计中心	3 学时
第 4 章　二维图形的创建	1. 绘制常用二维图形 2. 创建和编辑面域 3. 创建和插入块 4. 图案填充	4 学时
第 5 章　二维图形的编辑	1. 二维图形的基本编辑 2. 复制图形 3. 镜像图形 4. 阵列图形 5. 编辑特定图形 6. 使用夹点编辑图形	4 学时
第 6 章　机械图形的尺寸标注	1. 尺寸标注的组成与原则 2. 创建与设置标注样式 3. 创建标注 4. 图形标注技巧 5. 编辑标注 6. 创建引线标注 7. 标注形位公差	3 学时

(续表)

章　名	重点掌握内容	教学课时
第 7 章　机械图形的文字与表格	1. 机械制图的字体要求 2. 设置机械文字样式 3. 创建和编辑机械注释文字 4. 创建机械图形表格	2 学时
第 8 章　机械标准件的绘制	1. 认识标准件对象 2. 机械制图的表达方法 3. 创建机械制图模板 4. 绘制标准件零件图	3 学时
第 9 章　机械剖视图和断面图的绘制	1. 机械剖视图基础 2. 机械断面图基础 3. 绘制机械剖视图 4. 绘制机械断面图	3 学时
第 10 章　典型机械零件的绘制	1. 绘制轴套类零件图 2. 绘制盘盖类零件图 3. 绘制叉架类零件图 4. 绘制箱体类零件图	4 学时
第 11 章　机械装配图的绘制	1. 装配图简介 2. 装配图的绘制方法和过程 3. 装配图绘制实例	3 学时
第 12 章　机械轴测图的绘制	1. 轴测图绘制基础 2. 绘制正等轴测图 3. 绘制斜二轴测图 4. 轴测图的尺寸标注	4 学时
第 13 章　三维机械模型的绘制与编辑	1. 三维建模基础 2. 绘制三维实体 3. 创建网格对象 4. 三维操作 5. 实体编辑 6. 渲染模型	4 学时
第 14 章　机械图形的打印与输出	1. 页面设置 2. 打印机械图形 3. 输出机械图形	1 学时

注：1. 教学课时安排仅供参考，授课教师可根据情况进行调整。

2. 建议每章安排与教学课时相同时间的上机练习。

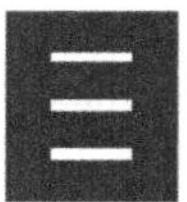 

目录

CONTENTS

计算机基础与实训教材系列

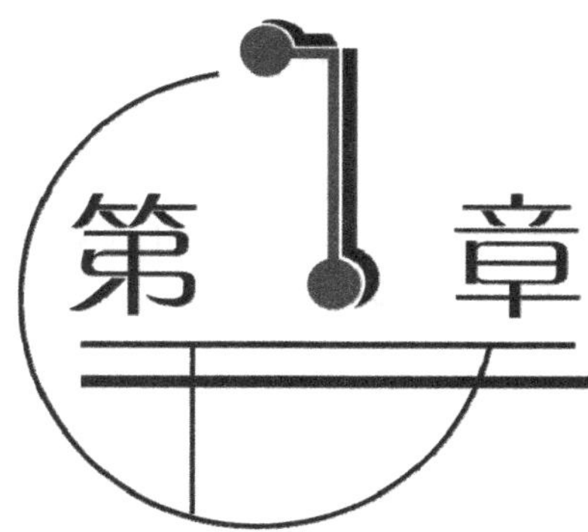

第1章 机械制图基础知识

学习目标

学习使用 AutoCAD 进行机械制图前，首先要了解制图的基本知识。本章重点介绍国家标准《机械制图》的基本规定、机械设计与机械制图基础、机械零件的分类等。

本章重点

- 机械设计与机械制图
- 机械制图的类型
- 机械零件的分类
- 机械制图国家标准
- 机械零件图的绘制方法

1.1 机械设计与机械制图

机械设计是指规划和设计出实现预期功能的新机械，或对现有机械进行性能上的改进。而机械制图则是在图纸上绘制机械零件的基本视图，并使用文字标注、尺寸标注等内容来表达零件的形状、大小特征，以及零件制造方法等相关信息。

1.1.1 机械设计概述

在进行机械设计时，首先应明确设计要求，再提出机械零件的设计方案，继而进行总体设计、结构设计，以及反复进行试制、鉴定等，并要时时对产品的信息进行反馈，从而更快定型机械产品。其制造过程通常分为制定工艺规程、加工以及装配等几个阶段。

- 制定工艺规程：制定工艺规程是根据设计图给定的零件形状和材料，确定零件的工艺路线，制定出详细的工艺规程。
- 加工：加工是使用加工机械对工件的外形尺寸或性能进行改变的过程。根据被加工工件所处的温度状态，可将其分为冷加工和热加工。在一般常温下加工，并且不引起工件的化学或物相变化，称冷加工；在高于或低于常温状态的加工，会引起工件的化学或物相变化，称热加工。
- 装配：装配是机械制造过程中的重要阶段，直接影响产品质量和制造成本。在零件设计阶段就要考虑零件上的结构，要利于装配和拆卸，使产品易于使用和维护。

1.1.2 机械制图概述

为使人们对机械图样中涉及的格式、文字、图线、图形简化和符号含义有一致的理解，各国逐渐制定了统一的规格，并发展成为机械制图标准。各国一般都有本国的国家标准，国际上有国际标准化组织制定的机械制图标准。我国的机械制图国家标准制定于 1959 年，后在 1974 年和 1984 年修订过两次。

1. 机械制图的概念

机械制图是用图样确切表示机械的结构形状、尺寸大小、工作原理和技术要求的学科。图样由图形、符号、文字和数字等组成，是表达设计意图和制造要求以及交流经验的技术文件，常被称为工程界的语言。另外，机械制图也是大多高等院校机械类及相关专业开设的一门基本必修课程之一。

2. 机械制图的类型

机械图样主要有零件图和装配图，此外还有布置图、示意图和轴测图等。零件图表达零件的形状、大小以及制造和检验零件的技术要求。装配图表达机械中所属各零件与部件间的装配关系和工作原理。布置图表达机械设备在厂房内的位置。示意图表达机械的工作原理，如表达机械传动原理的机构运动简图、表达液体或气体输送线路的管道示意图等。示意图中的各机械构件均用符号表示。轴测图是一种立体图，直观性强，是常用的一种辅助用图样。

1.2 机械零件的分类

虽然零件的形状结构多种多样，加工方法各不相同，但零件之间有许多共同之处。根据零件的作用、主要结构形状以及在视图表达方法中的共同特点和一定的规律性，可以将零件分为轴套类零件、盘盖类零件、叉架类零件和箱体类零件四大类。

1.2.1　轴套类零件

轴套类零件是组成机器部件的重要零件之一。轴类零件的主要作用是安装、支承回转零件(如齿轮、皮带轮等)，并传递动力，同时又通过轴承与机器的机架连接起到定位作用。套类零件的主要作用是定位、支承、导向或传递动力。

这类零件一般有轴、衬套等零件，在视图表达时，只要画出一个基本视图再加上适当的断面图和尺寸标注，就可以把它的主要形状特征以及局部结构表达出来了，如图 1-1 所示。

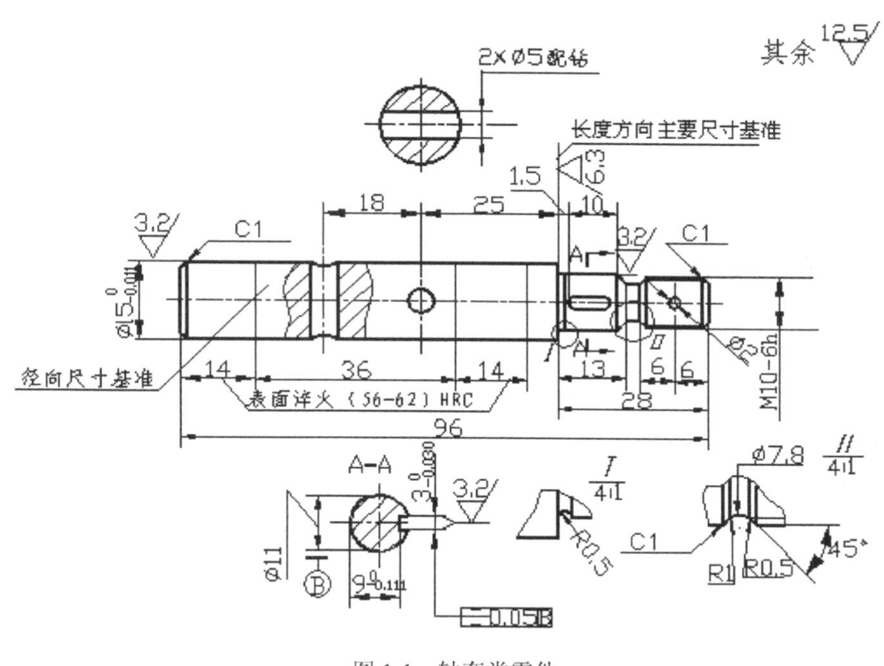

图 1-1　轴套类零件

1.2.2　盘盖类零件

盘盖类零件是机器、部件上的常见零件。盘类零件的主要作用是连接、支承、轴向定位和传递动力等，如齿轮、皮带轮、阀门手轮等。盖类零件的主要作用是定位、支承和密封等，如电机、水泵、减速器的端盖等。这类零件的基本形状是扁平的盘状，一般有端盖、阀盖、齿轮等零件，它们的主要结构大体上有回转体，通常还带有各种形状的凸缘、均布的圆孔和肋板等局部结构。

盘盖类零件的主体结构一般由同一轴线多个扁平的圆柱体组成，直径明显大于轴或轴孔，形似圆盘状。为加强结构连接的强度，常有肋板、轮辐等连接结构，为便于安装紧固，沿圆周均匀分布有螺栓孔或螺纹孔，此外还有销孔、键槽等标准结构，如图 1-2 所示。

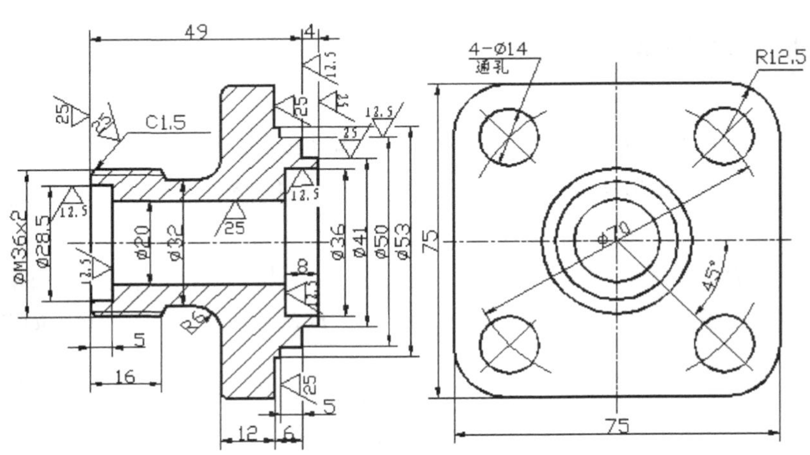

图 1-2　盘盖类零件

1.2.3　叉架类零件

叉架类零件，如拨叉、连杆、杠杆、摇臂、支架和轴承座等，常用在变速机构、操纵机构、支承机构和传动机构中，起到拨动、连接和支承传动的作用。这类零件一般有拨叉、连杆、支座等零件。由于它们的加工位置多变，在选择主视图时，主要考虑工作位置和形状特征。

叉架类零件一般由连接部分、工作部分和安装部分三部分组成，多为铸造件和锻造件，表面多为铸锻表面。叉架类零件的外形及其结构如图 1-3 所示。

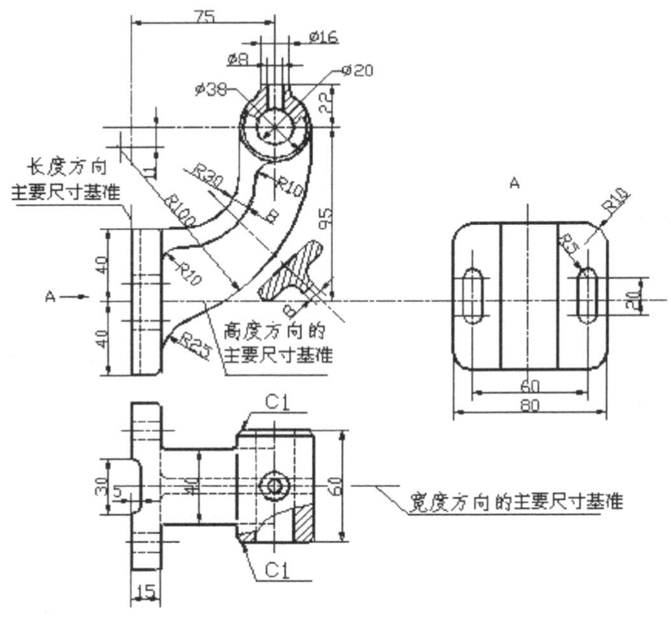

图 1-3　叉架类零件

1.2.4　箱体类零件

箱体类零件的主要作用是连接、支承和封闭包容其他零件，一般为整个部件的外壳，如减速器箱体、齿轮油泵泵体、阀门阀体等。一般来说，这类零件的形状、结构比前面三类零件复杂，而且加工位置的变化更多。

箱体类零件的内控和外形结构都比较复杂，箱壁上带有轴承孔、凸台、肋板等结构，安装部分还有安装底板、螺栓孔和螺孔等结构。为符合铸件制造工艺特点，安装底板、箱壁、凸台外轮廓常有拔模斜度、铸造圆角、壁厚等铸造件工艺结构，如图 1-4 所示。

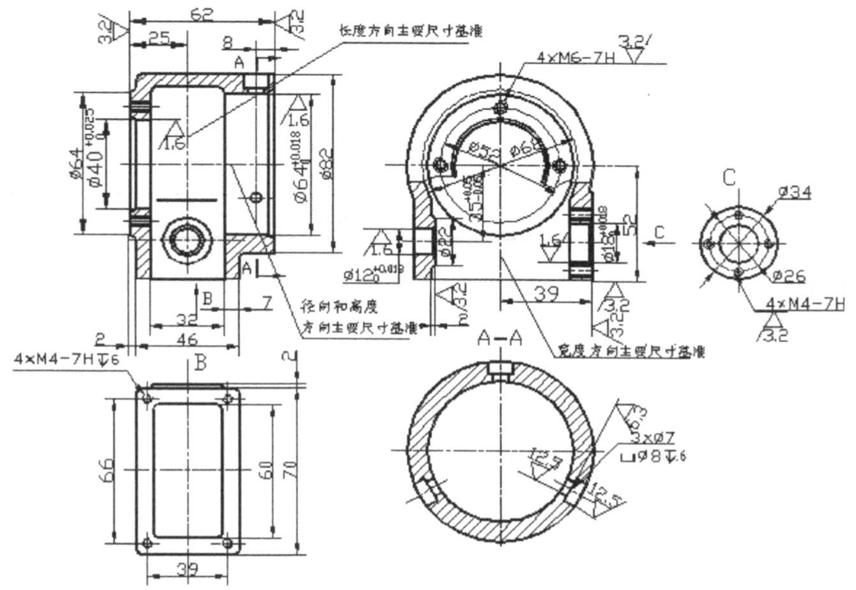

图 1-4　箱体类零件

1.3　机械制图国家标准

图样是机械制造工程中最重要的技术文件，是技术人员表达设计思想、进行技术交流的重要工具。为了准确、规范地绘制机械图形，国家颁布了《机械制图》标准，统一规定了生产和设计部门应共同遵守的绘图规则，工程设计人员在绘制及设计工程图样时，必须严格遵守这些规定。其中主要包括图纸幅面和格式、制图比例、文字注释、图线及其画法、尺寸标注 5 个方面。

1.3.1　图纸幅面和格式

在图纸幅面和格式中规定了图纸标准幅面的大小和图纸中图框的相应尺寸。制图比例是指图样中的尺寸长度与机件实际尺寸的比例，除允许用 1:1 的比例绘图外，还允许用标准中规定的缩小比例和放大比例绘图。

1. 图纸幅面及规格

图纸幅面指的是图纸的宽度与长度组成的图面，图纸上限定绘图区域的线框称为图框。为了使图纸幅面统一，便于图纸装订和保管，绘制机械图形时，应优先采用 A0、A1、A2、A3、A4 等规格的图纸，其中各种图纸规格如表 1-1 所示。

表 1-1 图纸基本幅面及图框尺寸

(单位：mm)

幅 面 代 号	A0	A1	A2	A3	A4
$B \times L$	841×1189	594×841	420×594	297×420	210×297
e	20		10		
c	10			5	
a	25				

基本幅面不够用时，可采用加长的幅面。加长幅面的尺寸由基本幅面的短边成整数倍增加后得出，如图 1-5 所示。

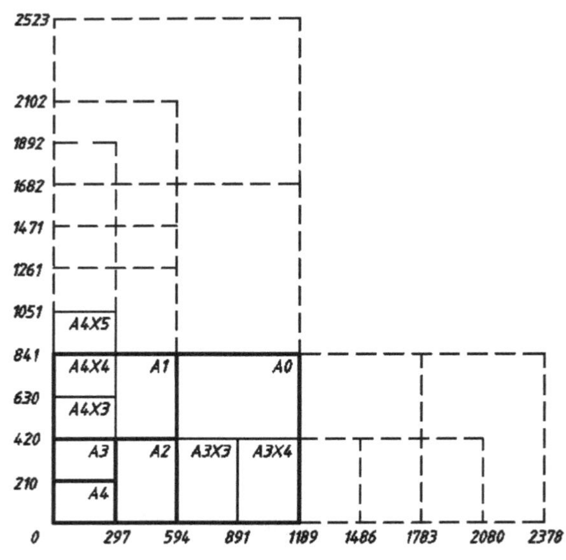

图 1-5 图纸基本幅面和加长幅面示意图

2. 图框格式

机械制图中，图框格式包括图框、标题栏和图幅分区等。

(1) 图框线

在图纸上，必须用粗实线画出图框线，用来限定绘图区域。图框线的尺寸是根据图纸是否装订和图纸幅面的大小来确定的。

图框可分为留有装订边与不留装订边两种。需要装订时，装订的一侧要留装订边。一般采用 A4 幅面竖装或 A3 幅面横装；当图纸张数较少或用其他方法保管而不需要装订时，图纸的 4 个周边尺寸相同，如图 1-6 所示为留有装订边的图框格式，图 1-7 所示为不留装订边的图框格式。

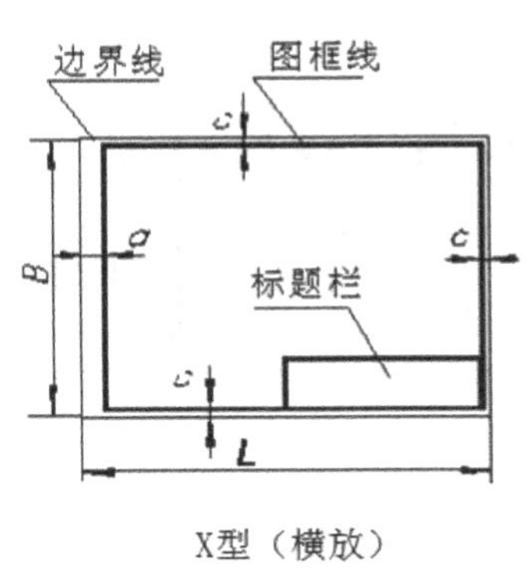

X型（横放）

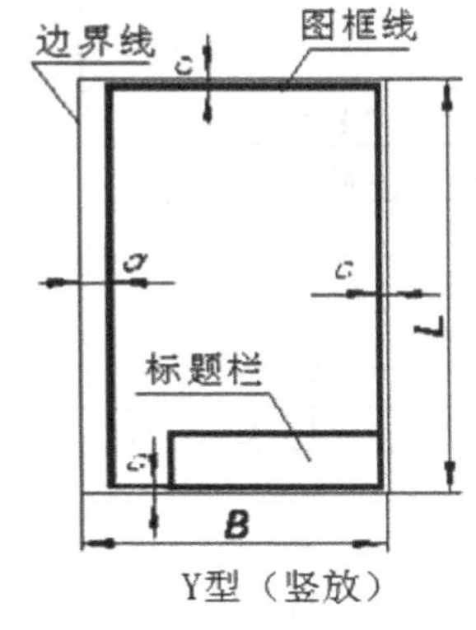

Y型（竖放）

图 1-6 留有装订边的图框格式

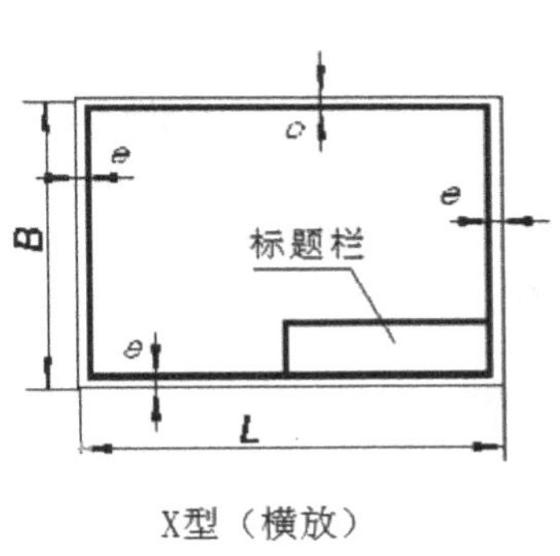

X型（横放）

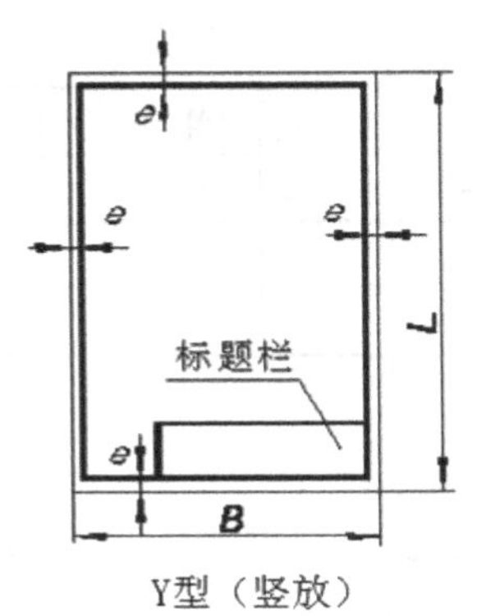

Y型（竖放）

图 1-7 不留装订边的图框格式

提示

随着缩微技术的不断发展，留有装订边的图纸将会逐步减少，最终会被淘汰。

(2) 标题栏和明细栏

正式打印的工程图样均须有标题栏，标题栏的位置一般如图 1-6 和图 1-7 所示。国家标准(GB/T10609.1—2008)对标题栏的格式和尺寸做了规定，如图 1-8 所示。若标题栏的长边置于水平方向并与图纸的长边平行，则构成 X 型图纸；若标题栏的长边置于水平方向并与图纸的长边垂直，则构成 Y 型图纸。

国家标准规定，标题栏中的文字方向为看图方向。即图中的标注尺寸、符号及说明均以标题栏中的文字方向为准，而不是相对图纸的装订边而言。

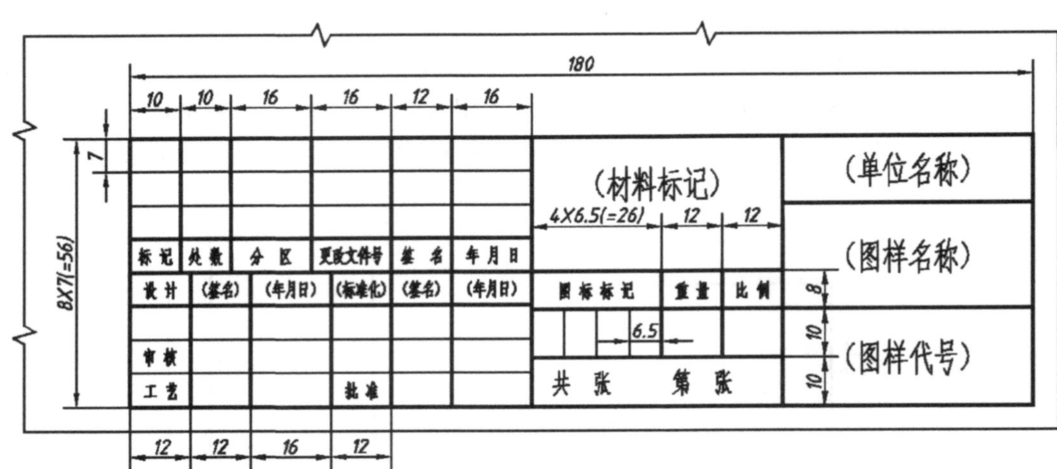

图 1-8　标题栏的格式和尺寸

为了方便学习，图样中的标题栏还可以采用如图 1-9 所示的简化格式。

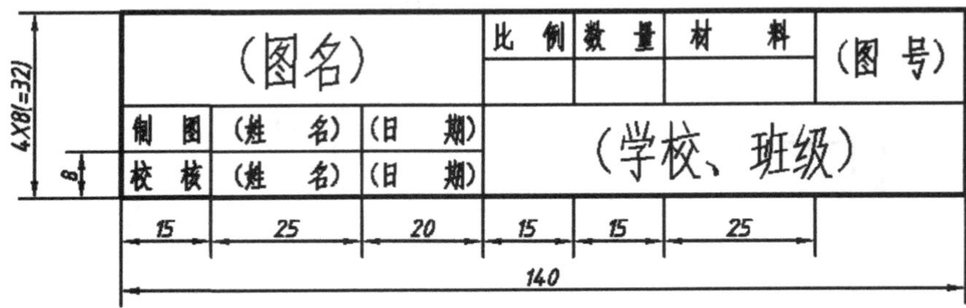

(a) 零件图用标题栏

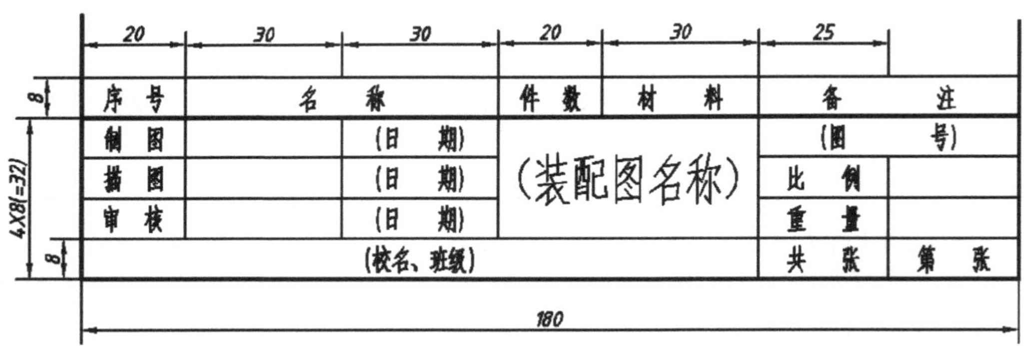

(b) 装配图用标题栏

图 1-9　简化格式的标题栏

标题栏在图纸上的位置应根据需要确定。对于预先印制的图纸，允许将 Y 型图纸的长边置于水平位置使用，如图 1-10(a)所示；或将 X 型图纸的短边置于水平位置使用，如图 1-10(b)所示。此时，为了明确绘图与看图的方向，应在图纸幅面的下边，在对中符号处画出一个方向符号，方向符号的画法如图 1-10(c)所示。

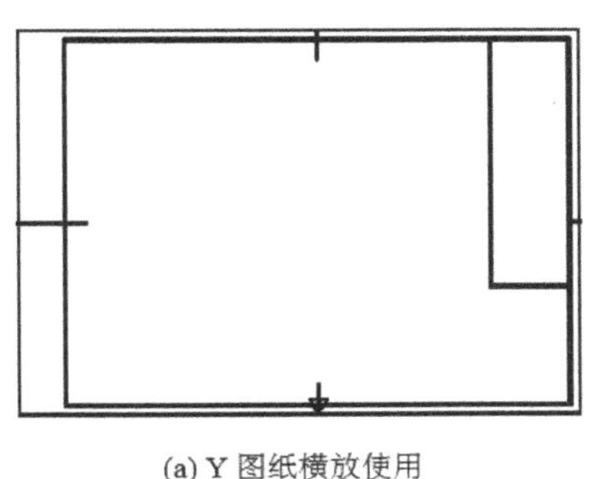

(a) Y 图纸横放使用

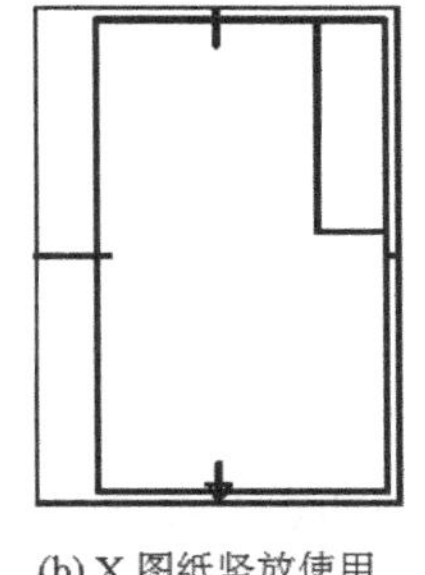

(b) X 图纸竖放使用

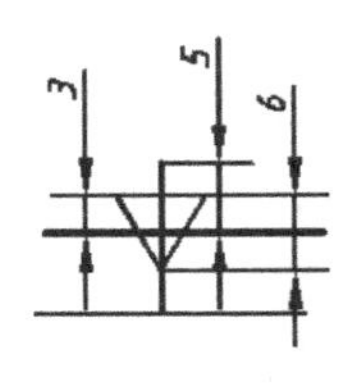

(c) 方向符号的画法

图 1-10　标题栏的位置及方向符号

装配图中一般有明细栏。明细栏位于标题栏上方并与标题栏相连，国家标准(GB/T 10609.2—1989)规定的明细栏的格式和尺寸如图 1-11 所示。

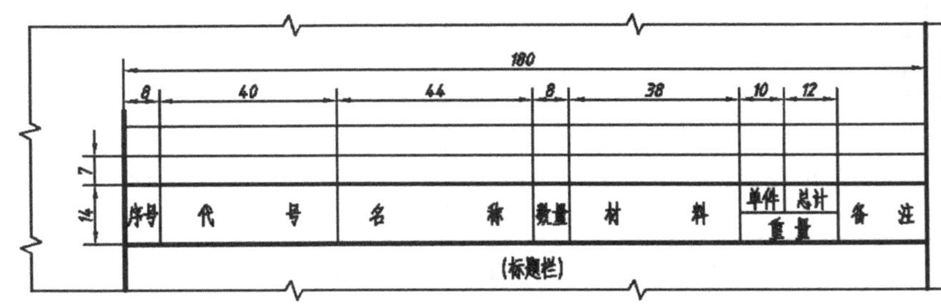

图 1-11　明细栏的格式和尺寸

(3) 图纸分区和对中符号

当图样较大或复杂时，为了方便看图或查找图中的内容，可将图幅分为若干区域，如图 1-8 所示。分区的方法是将图纸的 4 条边加以等分。其数目按图样的复杂程度而定，但必须为偶数。每一分区的长度应为 25～75mm，分区代号由阿拉伯数字和拉丁字母组成。阿拉伯数字按标题栏的长边方向从左至右顺序排列，拉丁字母则按标题栏的短边方向从上至下顺序排列。在图样中标注分区代号时，字母在前，数字在后，并排书写，如 B3、C5 等。

为便于图样的管理和使用，可采用现代化缩微技术。绘制时，为了能较快地确定整张纸的中心位置，可采用对中符号，如图 1-12 所示。

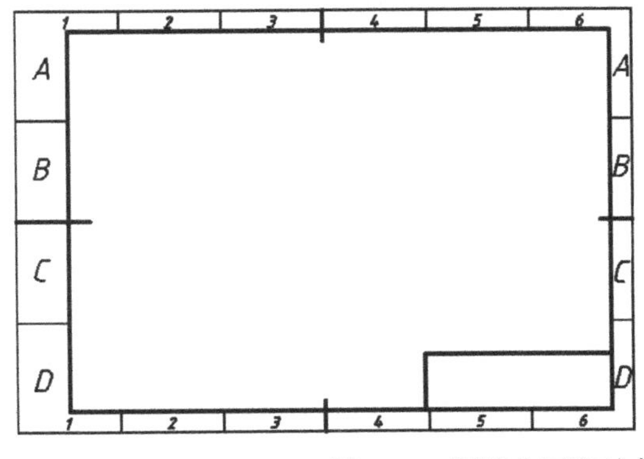

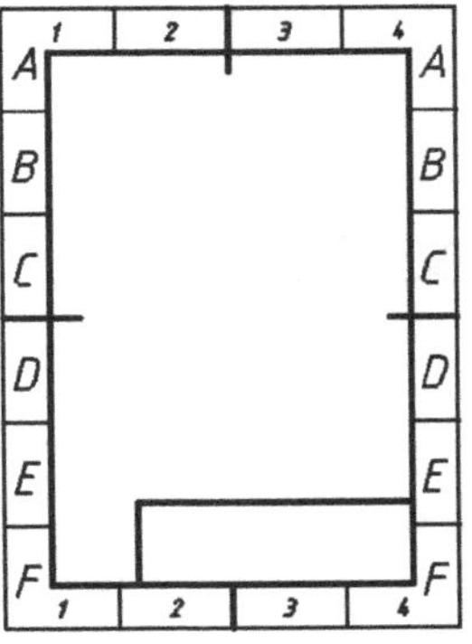

图 1-12　图纸分区和对中符号

1.3.2 制图比例

制图比例是指图样中图形与其实物相应要素的线性尺寸之比。这里所说的要素，是指几何角度上的点、线、面。要素的线性尺寸是指线、面及实物上两点间的相对距离。

进行机械制图时，应根据机件的形状、大小和结构复杂程度的不同来合理地利用图纸，选用恰当的比例。标准比例系列如表 1-2 所示，该表中的左半部分为优先选用的比例，右半部分为允许选用的比例。

表 1-2 标准比例系列(注：n 为正整数)

种 类	优先选用比例	允许选用比例
原值比例	1：1	
放大比例	2：1　5：1 1×10^n：1　2×10^n：1　5×10^n：1	4：1　2.5：1 4×10^n：1　2.5×10^n：1
缩小比例	1：2　1：5 1：2×10^n　1：5×10^n　1：1×10^n	1：1.5　1：2.5　1：3　1：4　1：6 1：1.5×10^n　1：2.5×10^n　1：3×10^n 1：4×10^n　1：6×10^n

一般情况下，应将比例标注在标题栏的【比例】栏中。同一张图纸上的各图形一般采用相同的比例绘图，当某个图形需要采用不同的比例绘制时，需要在视图名称的下方或右侧标注该图形所采用的比例。机械图样中常用的几种比例方式如图 1-13 所示。

I	A	B-B	
2:1	1:100	2.5:1	平面图 1:1000

图 1-13 机械图样中常用的几种比例方式

提示

进行机械制图时，应尽可能采用 1：1 的比例，以便由图形直接看出机件的大小及方便绘图。当采用缩小或放大的比例时，图样上所注尺寸数值必须是实物的真实大小。

1.3.3 文字注释

文字是机械图样中的重要组成部分之一。对机械图形进行文字注释时，主要有两种字体，一种是中文字体，另一种是数字及英文字母字体。我国规定中文字按长仿宋字书写，字母和数字按规定的结构书写。在图样上除了要表达机件的形状，还需要用各种文字来标注尺寸和说明设计、制作上的各项要求等。

提示

关于文字注释的字体、字号和文字的创建方法，将在第 7 章的文字应用中进行详细讲解。

1.3.4　图线及其画法

图样中的图形是由各种图线组成的。国家标准《技术制图》规定了 15 种基本线型，并对图线的名称、结构、标记和画法规则等都做了规定，以便于绘图和技术交流。

1. 图线的线型

机械制图中常用图线的线型有 9 种。绘制机械图形时，不同的线型及线宽有着不同的作用。为了表达并区分不同的内容，常把轮廓线设置为粗实线，而其余线条的宽度约为粗实线的 1/2，表 1-3 列出了国家标准《机械制图》(GB/4457.4—2002)中规定的 9 种常用线型。

表 1-3　机械制图常用的图线线型

图线名称	图线型式	图线宽度	一般应用
粗实线		d	可见轮廓线
细实线		约 $d/2$	① 尺寸线及尺寸界线 ② 断面线 ③ 重合断面的轮廓线 ④ 螺纹的牙底线 ⑤ 过渡线
波浪线		约 $d/2$	① 断裂处的边界线 ② 视图和剖视图的分界线
双折线	≈15~30　≈3　30°	约 $d/2$	断裂处的边界线
细虚线		约 $d/2$	不可见轮廓线
粗虚线		d	允许表面处理的表示线
细点画线		约 $d/2$	① 轴线 ② 对称中心线 ③ 节圆及节线
粗点画线		d	有特殊要求的线或表面的表示线
细双点画线		约 $d/2$	① 相邻辅助零件的轮廓线 ② 极限位置的轮廓线 ③ 轨迹线

2. 图线宽度

在机械制图中通常采用粗、细两种线宽，见表 1-3。粗线的宽度为 *d*，细线的宽度约为 *d*/2。

图线宽度(*d*)系列为：0.13mm、0.18mm、0.25mm、0.35mm、0.5mm、0.7mm、1.0mm、1.4mm 和 2.0mm。机械图样中粗线宽度建议采用 0.35mm 为宜。

3. 图线画法注意事项

(1) 在同一图样中，相同线型的线宽应保持一致。虚线、点画线及双点画线的线段长度及间隔应大致相等。点画线和双点画线的首尾两端应该是长画而不是点。

(2) 绘制圆的中心线时，圆心应为长画的交点，而不得画成点或间隔。细点画线两端应超出圆弧或相应图形轮廓 3～5mm。

(3) 在较小的图中画点画线或双点画线困难时，可用细实线代替。

上述图线画法如图 1-14 所示。

(4) 在画相交图线时，当细虚线在粗实线的延长线上时，在细虚线和粗实线的分界点处，细虚线应留出间隙，如图 1-15 所示。

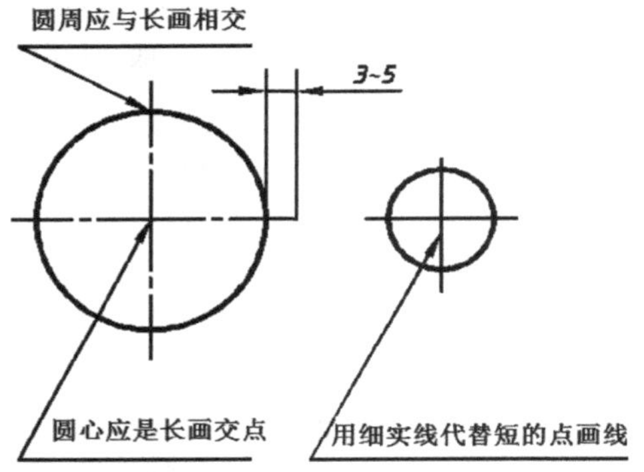

图 1-14　细点画线画法举例

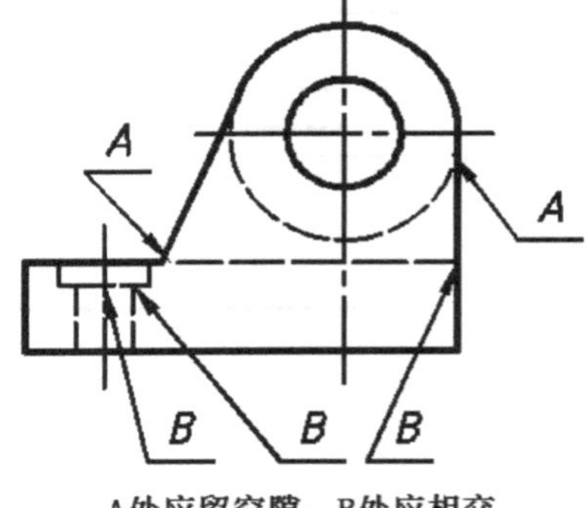

图 1-15　细虚线画法举例

4. 图线的应用

在机械制图中，粗实线用于绘制可见的轮廓线，虚线用于绘制不可见的轮廓线，细点画线用于绘制轴线和对称中心线，细实线用于绘制尺寸线和断面线。如图 1-16 所示为各种图线在机械图样中的应用示例。

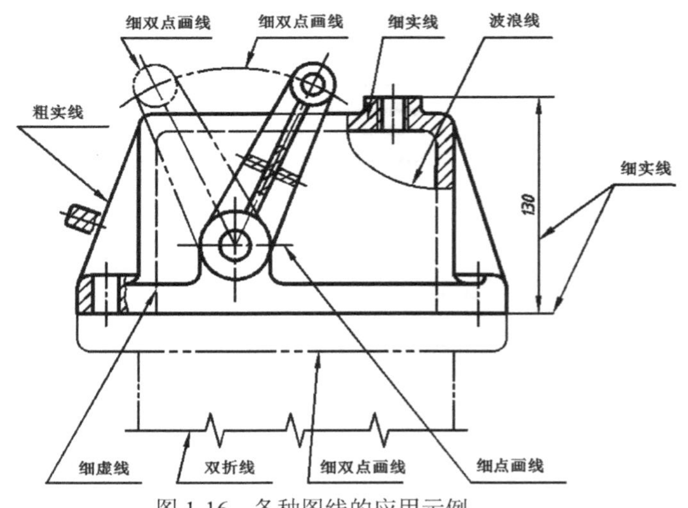

图 1-16　各种图线的应用示例

计算机基础与实训教材系列

1.3.5　尺寸标注

尺寸标注是机械制图中的一个重要步骤，是机械加工、制造的主要依据。通过尺寸标注，能够清晰、准确地反映设计元素的形状大小和相互关系。

提示

关于尺寸标注的组成、基本规则和常见标注方法，将在第 6 章的尺寸标注中进行详细讲解。

1.4　机械零件图的绘制方法

在机械零件图的绘制过程中，应该遵守“主视图与俯视图长对正，俯视图与左视图宽相等，主视图与左视图高平齐”的原则。机械制图中常用的零件图的绘制方法包括坐标定位法、利用辅助绘图线及对象捕捉跟踪功能等。

1.4.1　坐标定位法

坐标定位法是指通过给定机械视图中各点的准确坐标值来精确绘制机械零件图的方法，在绘制一些比较复杂的零件图时，为了能够让各视图的位置布置匀称且符合投影规律，首先需要应用坐标定位法绘制出零件图的基准线，以确定各个视图的位置，然后再综合运用其他方法完成零件图的绘制。

1.4.2　利用辅助绘图线

利用辅助绘图线绘制零件图，即通过执行绘制构造线命令 XLINE，画出一系列水平与竖直辅助线，以便保证视图之间的投影关系，并通过图形绘制及编辑命令完成零件图的绘制。

1.4.3　利用对象捕捉跟踪功能

利用 AutoCAD 提供的对象捕捉跟踪功能，同样可以保证零件图中视图的投影关系以绘制零件图，这种方法在实际的零件图绘制过程中不常用。

1.5 思考与练习

1.5.1 填空题

1. 机械制图是用图样确切表示机械的________、________、________和________的学科。

2. 根据零件的作用、主要结构形状以及在视图表达方法中的共同特点和一定的规律性，可以将零件分为________、________、________和________四大类。

3. 制图比例是指图样中图形与其实物相应要素的________之比。

4. 对机械图形进行文字说明时，主要有两种字体，一种是________字体，另一种是________字体。

5. 在机械制图中，________用于绘制可见的轮廓线，________用于绘制不可见的轮廓线，________用于绘制轴线和对称中心线，________用于绘制尺寸线和断面线。

6. 机械制图中常用的零件图的绘制方法包括________________等。

7. 在零件图的绘制过程中，应该遵守________________的原则。

1.5.2 选择题

1. 机械图样主要由以下哪些对象组成？(　　)

A. 图形　　B. 符号

C. 文字　　D. 数字

2. 为了使图纸幅面统一，便于图纸装订和保管，绘制机械图形时，应优先采用哪些规格的图纸？(　　)

A. A0　　B. A1、A2

C. A3、A4　　D. 以上全部

3. 为了表达不同的内容，常将轮廓线设置为(　　)。

A. 点画线　　B. 细实线

C. 虚线　　D. 粗实线

第2章 AutoCAD机械制图技术基础

学习目标

AutoCAD 是计算机辅助设计领域的一款绘图程序软件。使用该软件不仅能将设计方案用规范的图纸表达出来，还能有效地帮助设计人员提高设计水平及工作效率，解决传统手工绘图效率低、准确度差和工作强度大等问题。本章将带领读者学习并掌握 AutoCAD 的基本知识和操作，为后面的机械制图学习打下良好的基础。

本章重点

- AutoCAD 的特点
- AutoCAD 在机械制图中的应用
- 认识 AutoCAD 2018
- AutoCAD 的文件操作
- AutoCAD 命令的调用方式
- AutoCAD 坐标系

2.1 AutoCAD 概述

AutoCAD(Auto Computer Aided Design，计算机辅助设计)是由美国 Autodesk 公司于 20 世纪 80 年代初为了在微型计算机上应用 CAD 技术而开发的一种通用计算机辅助设计绘图程序软件包，是国际上最流行的绘图工具。AutoCAD 应用非常广泛，遍及各个工程领域，包括机械、建筑、造船、航空航天、土木和电气等。

2.1.1 AutoCAD 的特点

AutoCAD 作为工程设计领域中的主要技术，在设计、绘图和相互协作方面已经展示了强大的技术实力。使用 AutoCAD 可以迅速而准确地绘制出所需图形。

AutoCAD 具有如下基本特点：

(1) 具有完善的图形绘制功能。

(2) 具有强大的图形编辑功能。

(3) 可以采用多种方式进行二次开发或用户定制。

(4) 可以进行多种图形格式的转换，具有较强的数据交换能力。

(5) 支持多种硬件设备。

(6) 支持多种操作平台。

(7) 具有通用性、易用性，适用于各类用户。

2.1.2 AutoCAD 在机械制图中的应用

AutoCAD 在机械工程领域的应用相当普及，使用它既可以绘制机械图样中的剖视图、断面图、零件图、装配图以及轴测图等二维图形，也可以创建三维线框、三维曲面及三维实体模型。如图 2-1 所示为使用 AutoCAD 绘制的二维零件图，如图 2-2 所示为使用 AutoCAD 绘制的三维实体。

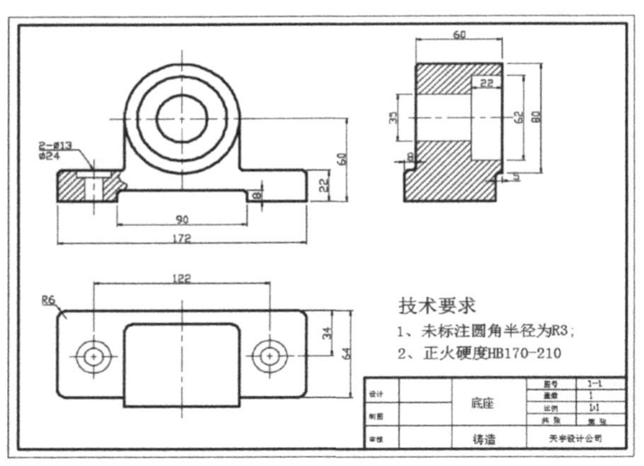

图 2-1　绘制二维零件图

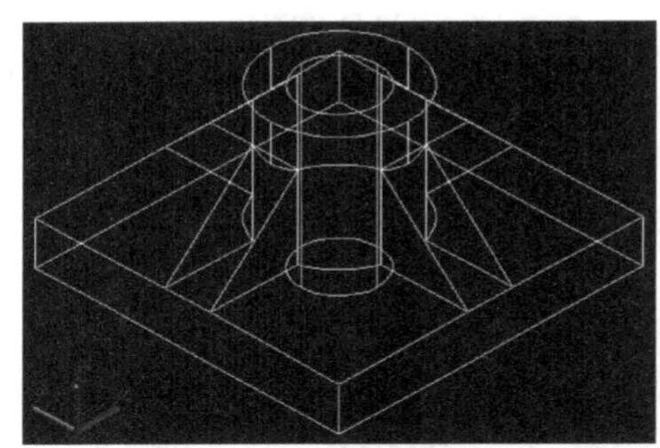
图 2-2　绘制三维实体

随着计算机技术的不断深入，AutoCAD 除了在机械设计领域，在产品制造领域也得到了长足发展，只要使用 AutoCAD 绘制电子文档，将其传输到数控车床、数控铣床、加工中心、电火花机和线切割机上，只需要少量设置系统就可自动生成程序，完成零件的加工，避免了因人为因素造成的零件尺寸误差而报废的情况。

2.2 认识 AutoCAD 2018

经过逐步的完善和更新，Autodesk 公司推出了目前最新版本的 AutoCAD 软件——AutoCAD 2018，在界面设计、三维建模和渲染等方面进行了加强，可以帮助用户更好地进行图形设计。

2.2.1 启动 AutoCAD 2018

安装好 AutoCAD 2018 以后，可以通过以下 3 种常用操作方法启动 AutoCAD 2018 应用程序。

- 单击【开始】菜单，然后在【程序】列表中选择相应的命令来启动 AutoCAD 2018 应用程序，如图2-3所示。
- 双击桌面上的 AutoCAD 2018快捷图标，快速启动 AutoCAD 应用程序，如图2-4所示。

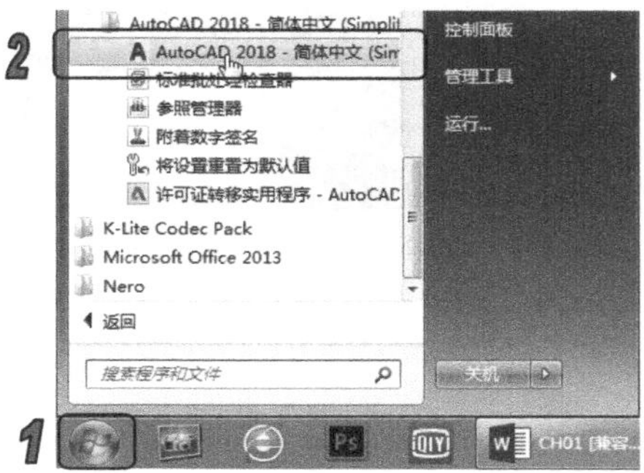

图 2-3 选择命令

图 2-4 双击快捷图标

- 双击 AutoCAD 文件即可启动 AutoCAD 应用程序，如图2-5所示。

使用前面介绍的方法第一次启动 AutoCAD 2018 程序后，将出现如图 2-6 所示的工作界面，用户可以在此工作界面中新建或打开图形文件。

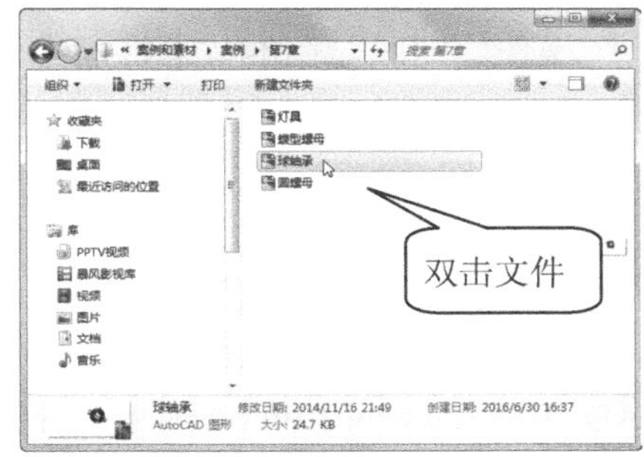

图 2-5 双击文件

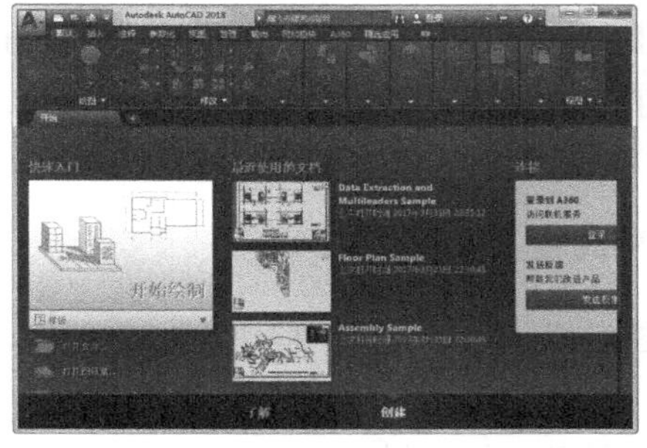

图 2-6 第一次启动 AutoCAD 2018 后的界面

2.2.2 退出 AutoCAD 2018

在完成 AutoCAD 2018 应用程序的使用后，用户可以使用以下两种常用操作方法退出 AutoCAD 2018 应用程序。

- 单击程序图标，然后在弹出的菜单中选择【退出 Autodesk AutoCAD 2018】命令，即可退出 AutoCAD 应用程序，如图2-7所示。

- 单击 AutoCAD 应用程序窗口右上角的【关闭】按钮☒，退出 AutoCAD 应用程序，如图2-8所示。

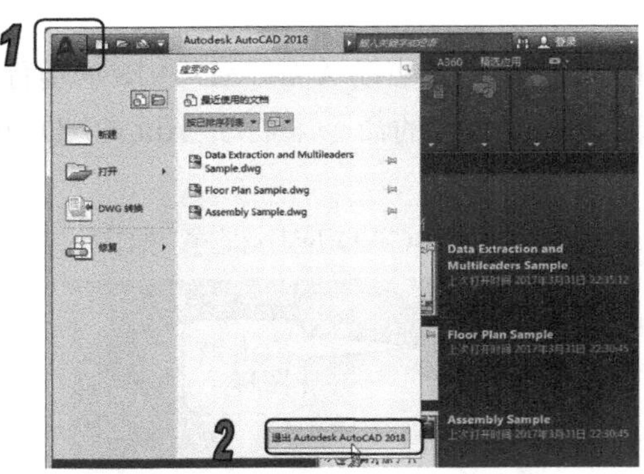

图 2-7　选择退出命令

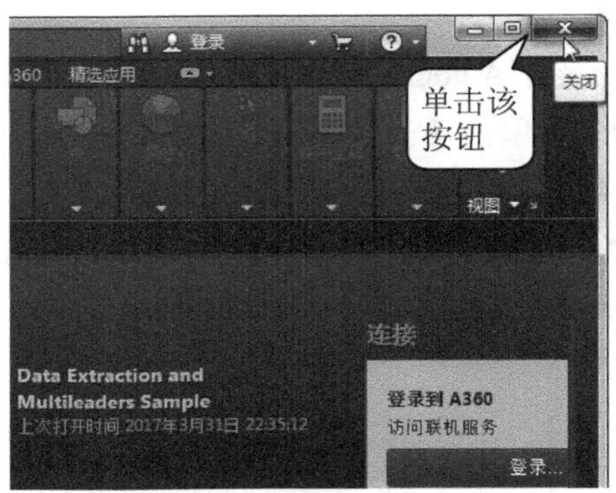

图 2-8　单击【关闭】按钮

技巧

按 Alt+F4 组合键，或者输入 EXIT 命令并按 Enter 键进行确定，也可以退出 AutoCAD 应用程序。

2.2.3　AutoCAD 2018 的工作界面

在【草图与注释】工作空间中可以进行各种绘图操作。因此，在本节中将以【草图与注释】工作空间为例，介绍 AutoCAD 2018 的工作界面，它主要包括标题栏、菜单栏、功能区、绘图区、命令行、状态栏这 6 个部分。

1. 标题栏

标题栏位于 AutoCAD 程序窗口的顶端，用于显示当前正在执行的程序的名称以及文件名等信息。在程序默认的图形文件下显示的是 AutoCAD 2018 Drawing1.dwg。如果打开的是一份保存过的图形文件，显示的则是打开文件的文件名，如图 2-9 所示。

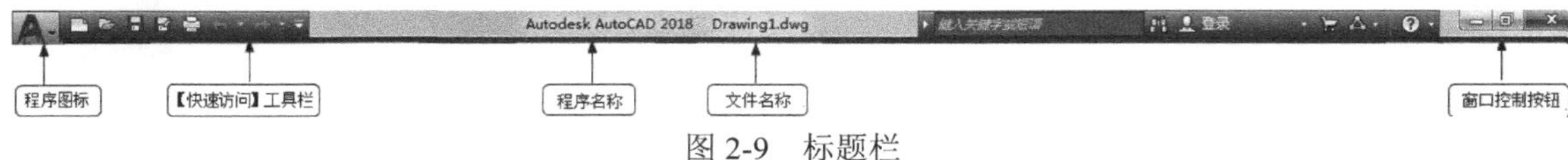

图 2-9　标题栏

- 程序图标：标题栏的最左侧是程序图标。单击该图标，可以展开 AutoCAD 用于管理图形文件的命令，如新建、打开、保存、打印和输出等。
- 【快速访问】工具栏：用于存储经常访问的命令。单击【快速访问】工具栏右侧的【自定义快速访问工具栏】下拉按钮▾，将弹出工具选项菜单供用户选择。例如，在弹出的工具选项菜单中选择【显示菜单栏】命令，即可显示菜单栏。

- 程序名称：包含程序的名称及版本号。例如，AutoCAD 表示程序的名称，而2018 则表示程序的版本号。
- 文件名称：文件名称用于表示当前图形文件的名称。例如，Drawing1为当前图形文件的名称，.dwg 表示文件的扩展名。
- 窗口控制按钮：标题栏右侧为窗口控制按钮，单击【最小化】按钮可以将程序窗口最小化；单击【最大化/还原】按钮可以将程序窗口充满整个屏幕或以窗口方式显示；单击【关闭】按钮可以关闭 AutoCAD 程序。

2. 菜单栏

默认状态下，AutoCAD 2018 的工作界面中没有显示菜单栏，可以单击【快速访问】工具栏右侧的【自定义快速访问工具栏】下拉按钮，在弹出的工具选项菜单中选择【显示菜单栏】命令，将菜单栏显示出来，效果如图 2-10 所示。

图 2-10　显示菜单栏

3. 功能区

AutoCAD 的功能区位于菜单栏的下方，功能面板上的每一个图标都形象地代表一个命令，用户只需要单击图标按钮，即可执行该命令。功能区主要包括【默认】、【插入】、【注释】、【参数化】、【视图】、【管理】、【输出】等部分。

4. 绘图区

AutoCAD 的绘图区位于屏幕中央的空白区域，是绘制和编辑图形以及创建文字和表格的地方，也被称为视图窗口。绘图区包括控制视图按钮、坐标系图标、十字光标等元素，默认状态下该区域为深蓝色，如图 2-11 所示。

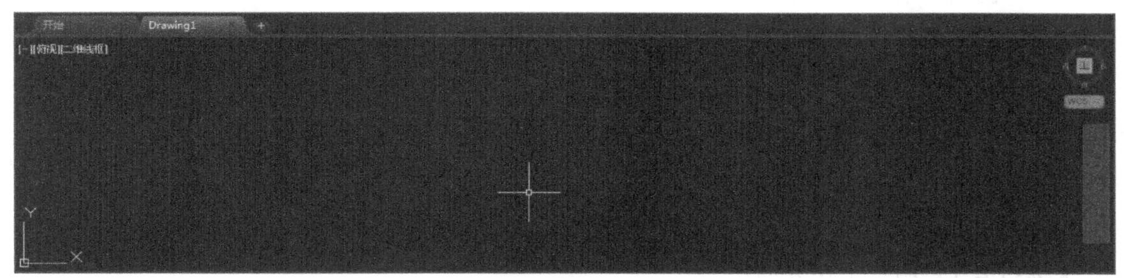

图 2-11　绘图区

5. 命令行

命令行位于整个绘图区的下方，用户可以在命令行中通过键盘输入各种操作的英文命令或它们的简化命令，然后按下 Enter 键或空格键即可执行该命令。AutoCAD 的命令行显示在绘图区的下方，如图 2-12 所示。

图 2-12　命令行

6. 状态栏

状态栏位于整个窗口的底端，在状态栏的左边显示了绘图区中十字光标中心点目前的坐标位置，右边显示了对象捕捉、正交模式、栅格等辅助绘图功能的工具按钮，如图 2-13 所示。这些按钮均属于开/关型按钮，即单击该按钮一次，启用该功能，再单击一次，则关闭该功能。

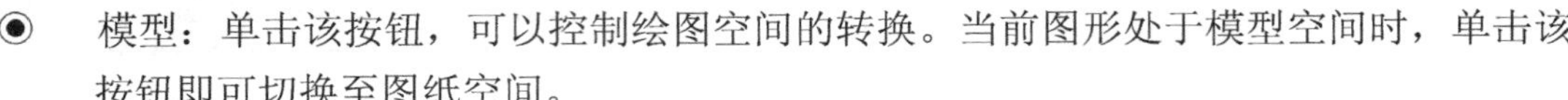

图 2-13　状态栏

状态栏中主要工具按钮的作用如下。

- 模型：单击该按钮，可以控制绘图空间的转换。当前图形处于模型空间时，单击该按钮即可切换至图纸空间。
- 栅格显示：单击该按钮，可以打开或关闭栅格显示功能，打开栅格显示功能后，将在屏幕上显示出均匀的栅格点。
- 捕捉模式：单击该按钮，可以打开捕捉功能，光标只能在设置的【捕捉间距】上进行移动。
- 正交模式：单击该按钮，可以打开或关闭【正交】功能。打开【正交】功能后，光标只能在水平以及垂直方向上进行移动，以方便地绘制水平以及垂直线条。
- 极轴追踪：单击该按钮，可以启动【极轴追踪】功能。绘制图形时，移动光标可以捕捉设置的极轴角度上的追踪线，从而绘制具有一定角度的线条。
- 对象捕捉：单击该按钮，可以打开【对象捕捉】功能，在绘图过程中可以自动捕捉图形的中点、端点和垂点等特征点。
- 对象捕捉追踪：单击该按钮，可以启用【对象捕捉追踪】功能。打开对象追踪功能后，当自动捕捉到图形中的某个特征点时，再以这个点为基准点沿正交或极轴方向捕捉其追踪线。
- 自定义：单击该按钮，可以弹出用于设置状态栏工具按钮的菜单，其中带对勾标记的选项表示该工具按钮已经在状态栏中打开。

【练习 2-1】调整工作界面。

(1) 在【快速访问】工具栏中单击【自定义快速访问工具栏】下拉按钮，在弹出的菜单中选择【显示菜单栏】命令，如图 2-14 所示，即可显示菜单栏。

(2) 在功能区标签栏中右击，在弹出的快捷菜单中选择【显示选项卡】命令，在子菜单中取消选中【三维工具】、【可视化】、A360、【精选应用】等不常用的命令选项，即可将对应的功能区隐藏，如图 2-15 所示。

图 2-14　选择【显示菜单栏】命令

图 2-15　设置要隐藏的功能区

提示

在子命令的前方，如果有打勾的符号标记，则表示对应的功能选项卡处于打开状态，单击该命令选项，则将对应的功能选项卡隐藏；对于未打勾的符号标记，则表示对应的功能选项卡处于关闭状态，单击该命令选项，则打开对应的功能选项卡。

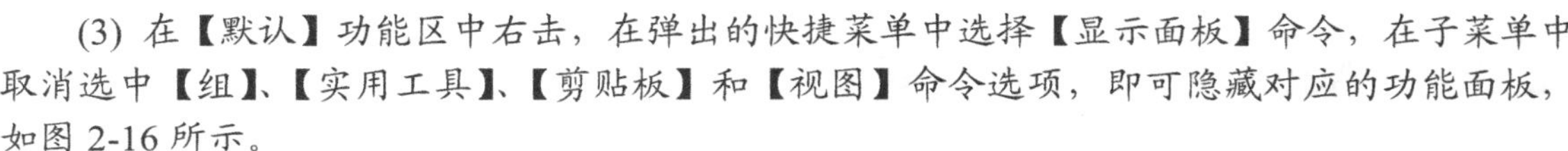

(3) 在【默认】功能区中右击，在弹出的快捷菜单中选择【显示面板】命令，在子菜单中取消选中【组】、【实用工具】、【剪贴板】和【视图】命令选项，即可隐藏对应的功能面板，如图 2-16 所示。

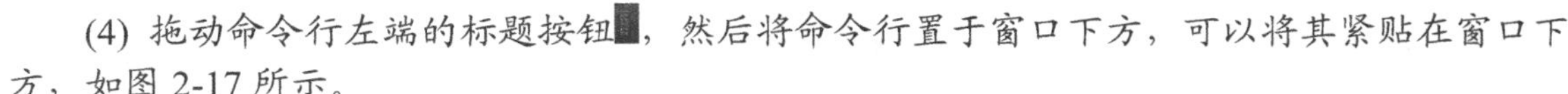

(4) 拖动命令行左端的标题按钮▌，然后将命令行置于窗口下方，可以将其紧贴在窗口下方，如图 2-17 所示。

图 2-16　设置要隐藏的功能面板

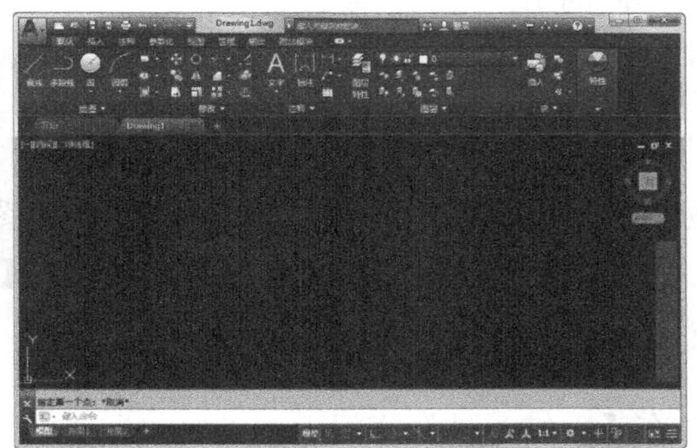

图 2-17　设置命令行

提示

在任意打开的功能面板上右击，在打开的快捷菜单中可以打开或关闭功能面板。在快捷菜单中带✓标记的为已经打开的工具栏，再次选中该复选框，可以将该功能面板关闭。

(5) 单击功能区标签右方的最小化按钮，可以将功能区分别最小化为选项卡、面板按钮、面板标题等，从而增大绘图区的区域，如图 2-18 所示。

(6) 单击状态栏中的“自定义”按钮，在弹出的菜单列表中选择【线宽】和【动态输入】按钮选项，将对应的工具按钮在状态栏中打开，如图 2-19 所示。

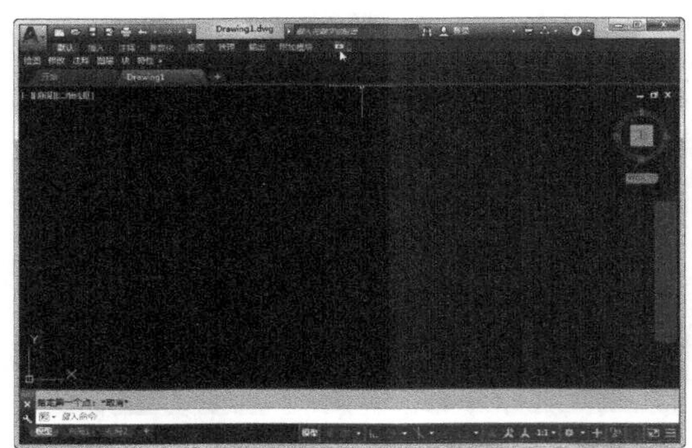
图 2-18　最小化功能区

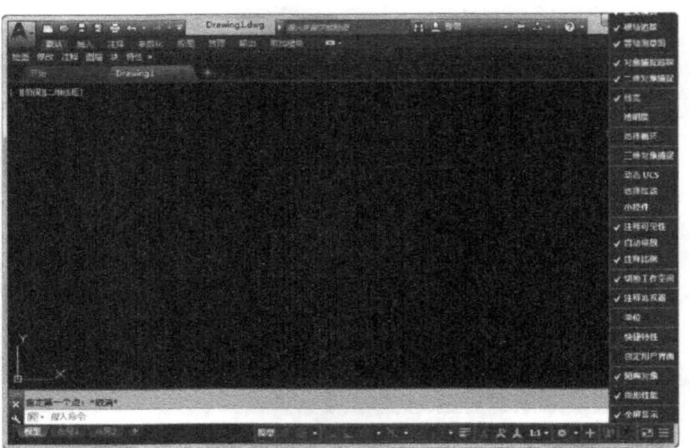
图 2-19　在状态栏中显示其他按钮

 **提示**

将功能区最小化后，功能区的控制按钮将转变为【显示为完整的功能区】按钮，单击该按钮，可以重新显示完整的功能区。

2.2.4 AutoCAD 的工作空间

AutoCAD 2018 提供了【草图与注释】、【三维基础】和【三维建模】这 3 种工作空间模式，以便不同的用户根据需要进行选择。

1. 【草图与注释】空间

在默认状态下，初次启动 AutoCAD 时的工作空间便是【草图与注释】空间。其界面主要由标题栏、【快速访问】工具栏、功能区、绘图区、命令行和状态栏等元素组成。在该空间中，可以方便地使用【绘图】、【修改】、【图层】、【注释】等面板进行图形的绘制。

2. 【三维基础】空间

在【三维基础】空间中可以更加方便地绘制基础的三维图形，并且可以通过其中的【编辑】面板对图形进行快速修改。

3. 【三维建模】空间

在【三维建模】空间中可以方便地绘制出更多、更复杂的三维图形，在该工作空间中同样可以对三维图形进行修改、编辑等操作。

通过单击状态栏中的【切换工作空间】按钮，也可以进行工作空间的切换。在状态栏右下方单击【切换工作空间】按钮，在弹出的【工作空间】下拉列表中选择【三维建模】选项，如图 2-20 所示，即可切换到【三维建模】工作空间，如图 2-21 所示。

图 2-20　选择【三维建模】选项

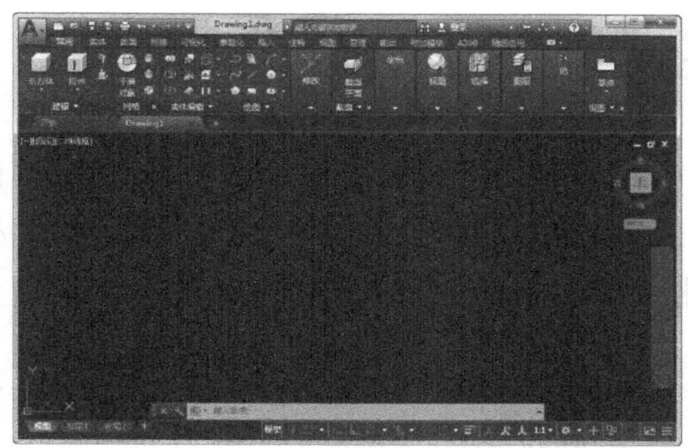

图 2-21　进入【三维建模】工作空间

2.3　执行 AutoCAD 命令

执行 AutoCAD 命令是绘制图形的重要环节。本节将学习在 AutoCAD 中执行命令的方法，以及取消已执行的命令或重复执行上一次所执行命令的方法。

2.3.1　AutoCAD 命令的调用方式

在 AutoCAD 中，执行命令有多种方法，其中主要包括通过菜单方式执行命令、单击工具按钮执行命令，以及在命令行中执行命令等。

- 通过菜单方式执行命令：即通过选择菜单命令的方式来执行命令。例如，执行【直线】命令，其操作方法是选择【绘图】→【直线】命令。
- 单击工具按钮执行命令：即单击相应工具按钮来执行命令。例如，执行【矩形】命令，其操作方法是在【绘图】面板中单击【矩形】按钮，即可执行【矩形】命令。
- 在命令行中执行命令：即通过在命令行中输入命令的方式来执行命令，其操作方法是在命令行中输入命令语句或简化的命令语句，然后按 Enter 键，即可执行该命令。例如，为了执行【圆】命令，只需要在命令行中输入“Circle”或“C”，然后按 Enter 键，即可执行【圆】命令。

提示

若命令行处于等待状态下，可以直接输入需要的命令(即不必将光标定位在命令行中)，然后按 Enter 键或空格键即可执行相应的命令。在命令行中执行命令的方法是 AutoCAD 的特别之处，使用该方法比较快捷、简便，也是 AutoCAD 用户最常用的方法。

2.3.2 退出正在执行的命令

在使用 AutoCAD 绘制图形的过程中，可以随时退出正在执行的命令。在执行某个命令时，按 Esc 键可以随时退出正在执行的命令。当按 Esc 键时，可取消并结束命令；当按 Enter 键或空格键时，则确定命令的执行并结束命令。

提示

在 AutoCAD 中，除创建文字内容外，为了方便操作，可以使用空格键替换 Enter 键以快速执行确定操作。

2.3.3 放弃上一次执行的命令

使用 AutoCAD 进行图形的绘制及编辑，难免会出现错误。在出现错误时，可以不必重新对图形进行绘制或编辑，只需要取消错误的操作即可。取消已执行的命令主要有以下几种方法。

- 单击【放弃】按钮：单击快速访问工具栏的【放弃】按钮，可以取消前一次执行的命令。连续单击该按钮，可以取消多次执行的操作。
- 选择【编辑】→【放弃】命令。
- 执行 U 或 Undo 命令：输入 U(或 Undo)命令并按 Enter 键或空格键，可以取消前一次或前几次执行的命令。
- 按 Ctrl+Z 快捷键。

提示

在命令行中执行 U 命令，只可以一次性取消一次误操作，而执行 undo 命令，可以一次性取消多次执行的错误操作。

2.3.4 重做上一次放弃的命令

取消已执行的命令之后，如果又想恢复上一个已撤销的操作，则可以通过以下方法来完成。

- 单击【重做】按钮：单击快速访问工具栏中的【重做】按钮，可以恢复已撤销的上一步操作。
- 选择【编辑】→【重做】命令。
- 执行 Redo 命令：输入 Redo 命令并按 Enter 或空格键即可恢复已撤销的上一步操作。
- 按 Ctrl+Y 快捷键。

2.3.5　重复执行前一个命令

在完成一个命令的执行后，要再次执行该命令，可以通过以下几种方法快速实现。

- 按 Enter 键：在一个命令执行完毕后，接着按 Enter 键，即可再次执行上一次执行的命令。
- 按方向键↑：按下键盘上的↑方向键，可依次向上翻阅前面在命令行中输入的数值或命令，当出现用户所执行的命令后，按 Enter 键即可执行命令。

提示

本书虽然以最新版本 AutoCAD 2018 进行讲解，但是其中的知识点和操作同样适用于 AutoCAD 2014、AutoCAD 2015、AutoCAD 2016 和 AutoCAD 2017 等多个早期版本的 AutoCAD 软件。

2.4　AutoCAD 机械制图坐标定位

AutoCAD 的对象定位主要由坐标系进行确定。使用 AutoCAD 的坐标系，首先要了解 AutoCAD 坐标系的概念和坐标的输入方法。

2.4.1　认识 AutoCAD 坐标系

在 AutoCAD 中，坐标系由 X 轴、Y 轴、Z 轴和原点构成，包括笛卡儿坐标系、世界坐标系和用户坐标系。

- 笛卡儿坐标系：AutoCAD 采用笛卡儿坐标系来确定位置，该坐标系也称绝对坐标系。在进入 AutoCAD 绘图区时，系统自动进入笛卡儿坐标系的第一象限，其原点在绘图区的左下角，如图2-22所示。
- 世界坐标系：世界坐标系(World Coordinate System，WCS)是 AutoCAD 的基础坐标系，由3个相互垂直相交的坐标轴 X、Y 和 Z 组成。在绘制和编辑图形的过程中，WCS 是预设的坐标系，其坐标原点和坐标轴都不会改变。在默认情况下，X 轴以水平向右为正方向，Y 轴以垂直向上为正方向，Z 轴以垂直屏幕向外为正方向，坐标原点在绘图区的左下角，如图2-23所示。

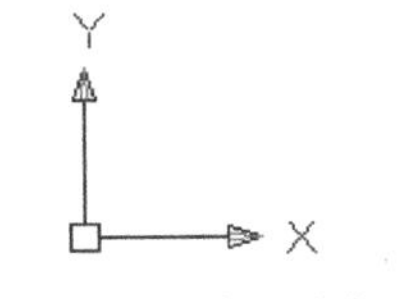

图 2-22　笛卡儿坐标系

图 2-23　世界坐标系

- 用户坐标系：为了方便用户绘制图形，AutoCAD 提供了可变的用户坐标系(User Coordinate System，UCS)。通常情况下，用户坐标系与世界坐标系相重合，而在进行一些复杂的实体造型时，用户可根据具体需要，通过 UCS 命令设置适合当前图形应用的坐标系。

提示

在二维平面中绘制和编辑图形时，只需要输入 X 轴和 Y 轴的坐标，而 Z 轴的坐标可以不输入，由 AutoCAD 自动赋值为 0。

2.4.2 坐标输入方法

在 AutoCAD 中使用各种命令时，通常需要提供该命令相应的指示与参数，以便指引该命令所要完成的工作或动作执行的方式、位置等。直接使用鼠标虽然制图很方便，但不能进行精确的定位，进行精确的定位则需要采用键盘输入坐标值的方式来实现。常用的坐标输入方式包括：绝对坐标、相对坐标、绝对极坐标和相对极坐标。其中，相对坐标与相对极坐标的原理一样，只是格式不同。

1. 绝对坐标

绝对坐标分为绝对直角坐标和绝对极轴坐标两种。其中，绝对直角坐标以笛卡儿坐标系的原点(0,0,0)为基点定位，用户可以通过输入(X,Y,Z)坐标的方式来定义一个点的位置。

例如，在图 2-24 所示的图形中，O 点的绝对坐标为(0,0,0)，A 点的绝对坐标为(10,10,0)，B 点的绝对坐标为(30,10,0)，C 点的绝对坐标为(30,30,0)，D 点的绝对坐标为(10,30,0)。

2. 相对坐标

相对坐标以上一点为坐标原点确定下一点的位置。输入相对于上一点坐标(X,Y,Z)增量为(ΔX,ΔY,ΔZ)的坐标时，格式为(@ΔX,ΔY,ΔZ)。其中@字符指定与上一个点的偏移量(即相对偏移量)。

例如，在图 2-24 所示的图形中，对于 O 点而言，A 点的相对坐标为(@10,10)。如果以 A 点为基点，那么 B 点的相对坐标为(@20,0)，C 点的相对坐标为(@20,@20)，D 点的相对坐标为(@0,20)。

提示

在 AutoCAD 中，用户直接输入坐标值时，系统将自动将其转换成相对坐标，因此在输入相对坐标时，可以省略输入@符号。如果要使用绝对坐标，则需要在坐标前添加 # 。

3. 绝对极坐标

绝对极坐标以坐标原点(0,0,0)为极点定位所有的点，通过输入距离和角度的方式来定义一个点的位置，绝对极坐标的输入格式为(【距离】<【角度】)。如图 2-25 所示，C 点距离 O 点的长度为 25mm，角度为 30°，则输入 C 点的绝对极坐标为(25<30)。

4. 相对极坐标

相对极坐标以上一点为参考极点，通过输入极距增量和角度值来定义下一个点的位置。输入格式为(【@距离】<【角度】)。例如，如图 2-25 所示，B 点相对于 C 点的极坐标为(@50<0)。

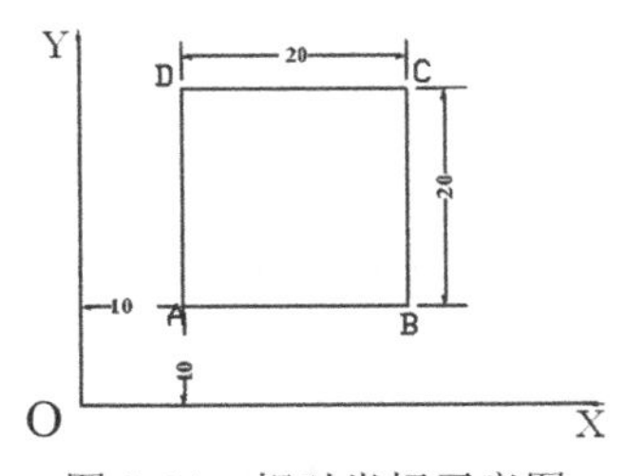

图 2-24 相对坐标示意图

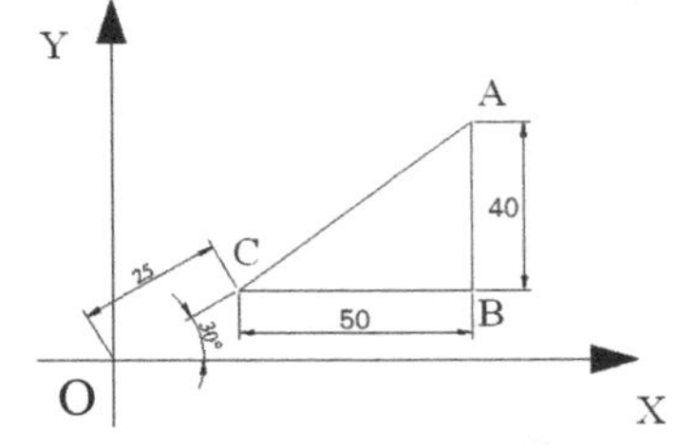

图 2-25 相对极坐标示意图

【练习 2-2】绘制指定大小的矩形。

(1) 在命令行中输入矩形的简化命令REC，如图2-26所示，然后按Enter键或空格键进行确定。

(2) 在系统提示下输入要绘制矩形的第一个角点坐标为(50,50)，然后按 Enter 键或空格键进行确定，如图 2-27 所示。

图 2-26 输入命令

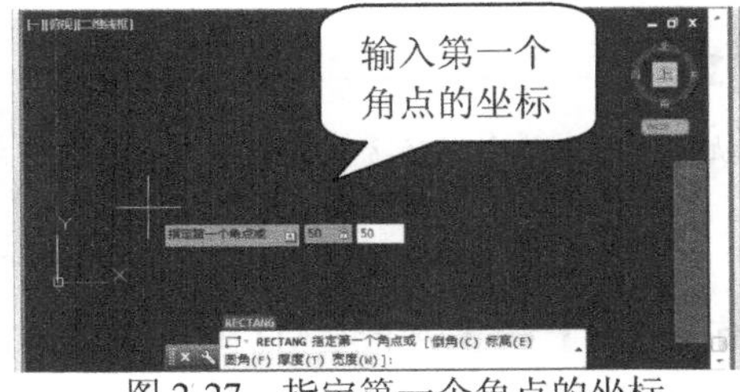

图 2-27 指定第一个角点的坐标

(3) 输入矩形另一个角点的相对坐标为(@100,100)，如图 2-28 所示，按 Enter 键或空格键进行确定，即可绘制出指定位置和大小的矩形，如图 2-29 所示。

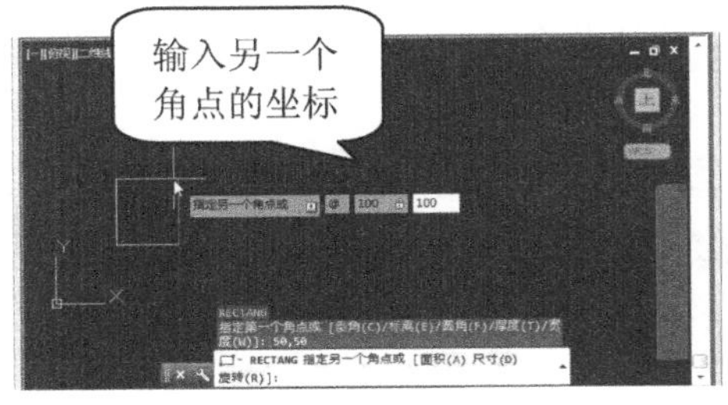

图 2-28 指定另一个角点的坐标

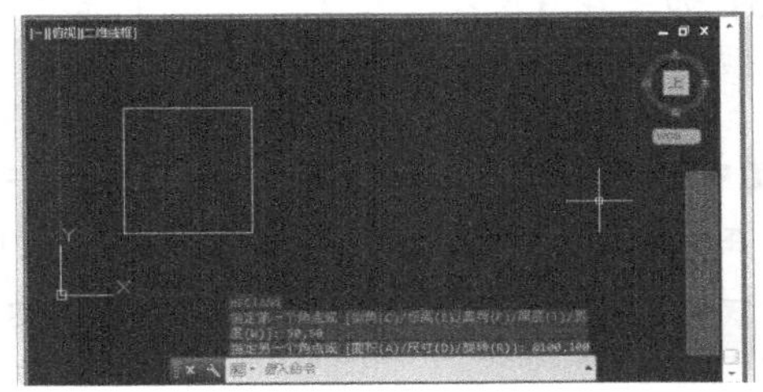

图 2-29 绘制的矩形

2.5 管理机械图形文件

掌握 AutoCAD 的文件操作是学习该软件的基础。本节将学习使用 AutoCAD 创建新文件、打开文件、保存文件等基本操作。

2.5.1 新建图形文件

在AutoCAD中，可以通过在【选择样板】对话框中选择一个样板文件，作为新图形文件的基础新建图形文件。执行新建文件命令有以下3种常用操作方法。

- 单击快速访问工具栏中的【新建】按钮，如图2-30所示。
- 在图形窗口的图形名称选项卡的右方单击【新图形】按钮，如图2-31所示。
- 显示菜单栏，然后选择【文件】→【新建】命令。

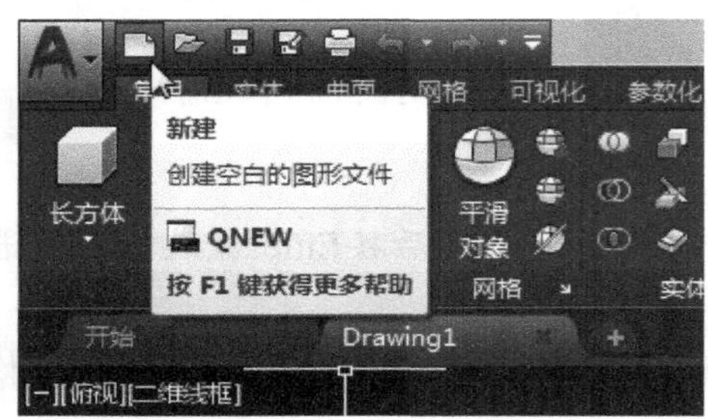

图 2-30 单击【新建】按钮

图 2-31 单击【新图形】按钮

技巧

执行新建文件命令的方法还包括在命令行中输入 NEW 并按 Enter 键，或是按 Ctrl+N 组合键。

【练习 2-3】新建 AutoCAD 图形文件。

(1) 选择【文件】→【新建】命令，打开【选择样板】对话框，如图 2-32 所示。

(2) 在【选择样板】对话框中选择 acad.dwt 或 acadiso.dwt 文件，然后单击【打开】按钮，可以新建一个空白图形文件。

(3) 如果在【选择样板】对话框中选择 Tutorial-iArch 文件，可以新建 Tutorial-iArch 样板的图形文件，如图 2-33 所示。

提示

在新建图形文件的过程中，默认图形名会随打开新图形的数目而变化。例如，如果从样板文件中打开另一个图形，则默认的图形名为 Drawing2.dwg。

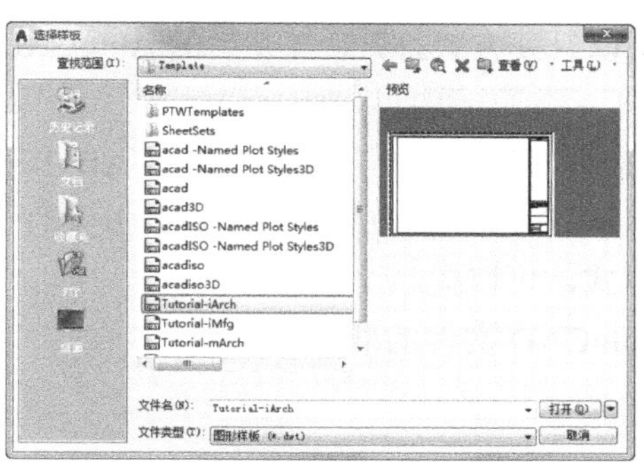

图 2-32　【选择样板】对话框

图 2-33　新建 Tutorial-iArch 样板文件

2.5.2　打开图形文件

要查看或编辑 AutoCAD 文件，首先要使用【打开】命令将指定文件打开。打开文件有以下 4 种常用操作方法。

- 单击快速访问工具栏中的【打开】按钮。
- 选择【文件】→【打开】命令。
- 在命令行中输入 OPEN 命令并按 Enter 键或空格键确认。
- 按 Ctrl+O 组合键。

【练习 2-4】打开 AutoCAD 图形文件。

(1) 在快速访问工具栏中单击【打开】按钮，打开【选择文件】对话框，如图 2-34 所示。在【查找范围】下拉列表中可以选择要查找文件所在的位置，在文件列表中可以选择要打开的文件，单击【打开】按钮即可将选择的文件打开。

(2) 在【选择文件】对话框中单击【打开】右方的下拉按钮，可以在弹出的列表中选择打开文件的方式，如图 2-35 所示。

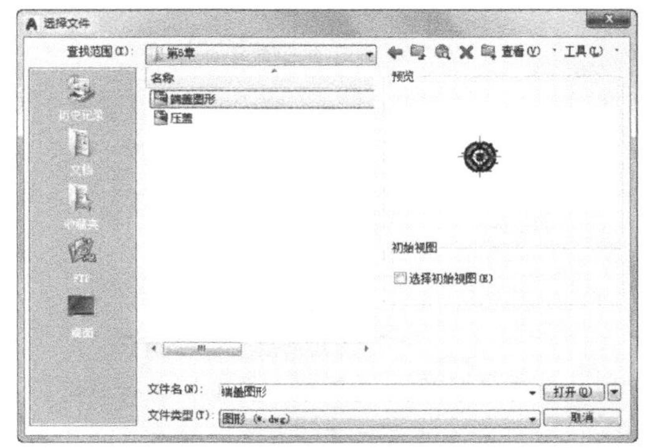

图 2-34　【选择文件】对话框

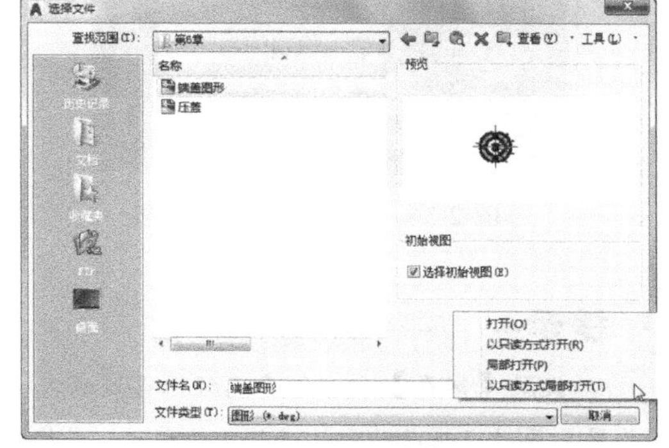

图 2-35　选择打开文件的方式

【选择文件】对话框中 4 种打开文件方式的含义如下。

- 打开：直接打开所选的图形文件。

- 以只读方式打开：所选的 AutoCAD 文件将以只读方式打开，打开后的 AutoCAD 文件不能直接以原文件名存盘。
- 局部打开：选择该选项后，系统打开【局部打开】对话框，如果 AutoCAD 图形中含有不同的内容，并分别属于不同的图层，可以选择其中某些图层以打开文件。在 AutoCAD 文件较大的情况下采用该打开方式，可以提高工作效率。
- 以只读方式局部打开：以只读方式打开 AutoCAD 文件的部分图层图形。

2.5.3 保存图形文件

在绘图工作中，及时对文件进行保存，可以避免因死机或停电等意外状况造成的数据丢失。保存文件有如下 4 种常用操作方法。

- 单击快速访问工具栏中的【保存】按钮。
- 选择【文件】→【保存】命令。
- 在命令行中输入 SAVE 命令并按 Enter 键或空格键确认。
- 按 Ctrl+S 组合键。

【练习 2-5】保存 AutoCAD 图形文件。

(1) 在快速访问工具栏中单击【保存】按钮，如图 2-36 所示。

(2) 打开【图形另存为】对话框，在【文件名】文本框中输入文件的名称，在【保存于】下拉列表中设置文件的保存路径，如图 2-37 所示。

(3) 单击【保存】按钮即可对当前文件进行保存。

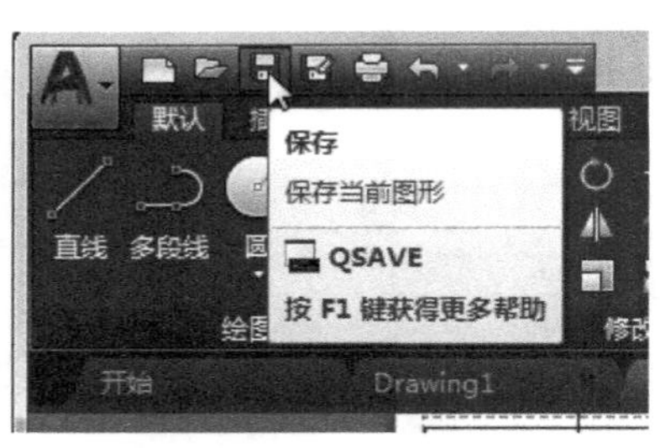

图 2-36 单击【保存】按钮

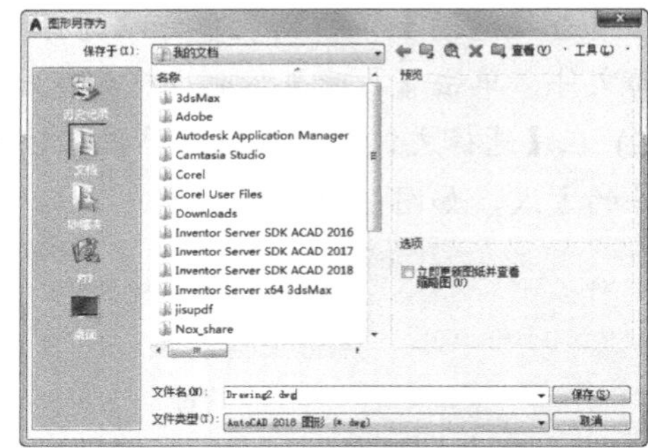

图 2-37 设置文件保存选项

提示

使用【保存】命令保存已经保存过的文档时，会直接以原路径和原文件名对已有文档进行保存。如果需要对修改后的文档进行重新命名，或修改文档的保存位置，则需要选择【文件】→【另存为】命令，在打开的【图形另存为】对话框中重新设置文件的保存位置、文件名或保存类型，再单击【保存】按钮。

2.6 选择机械图形对象

对图形进行编辑操作，首先需要对所要编辑的图形进行选择。AutoCAD 提供的选择方式包括使用鼠标直接选择、窗口选择、窗交选择、快速选择和栏选对象等多种方式。

2.6.1 直接选择对象

单击要选择的对象，即可将其选中。在未进行编辑操作时，被选中的目标将以带有夹点的高亮状态显示，如图 2-38 所示的圆形；在编辑过程中，当用户选择要编辑的对象时，十字光标将变成一个小的正方形框(即拾取框)，将拾取框移至要编辑的目标上并单击，即可选中目标，如图 2-39 所示的圆形。

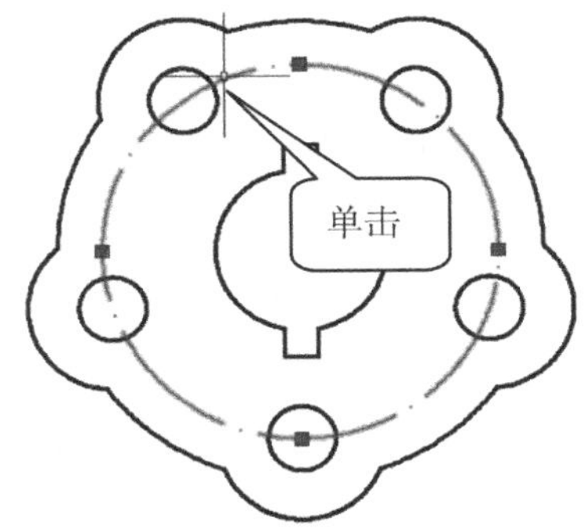

图 2-38 未编辑时的选择状态

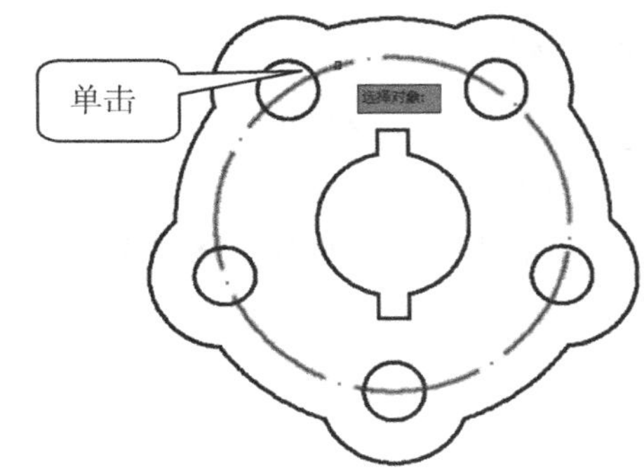

图 2-39 在编辑时选择对象

技巧

通过单击对象来选择实体的方式具有准确、快速的特点。但是，这种选择方式一次只能选择图中的某个实体，如果要选择多个实体，则必须依次单击各个对象进行逐个选取。

2.6.2 框选对象

框选对象包括两种方式，即窗口选择和窗交选择。其操作方法是将鼠标移动到绘图区中，单击先指定框选的第一个角点，然后将鼠标移动到另一个位置并单击，确定选框的对角点，从而指定框选的范围。

1. 窗口选择对象

窗口选择对象的操作方法，是自左向右拖动鼠标以拉出一个矩形，拉出的矩形方框为实线，如图 2-40 所示。使用窗口选择对象时，只有完全框选的对象才能被选中；如果只框取对象的一部分，则无法将其选中，图 2-41 显示了已选择的对象，右方的两个圆形未被选中。

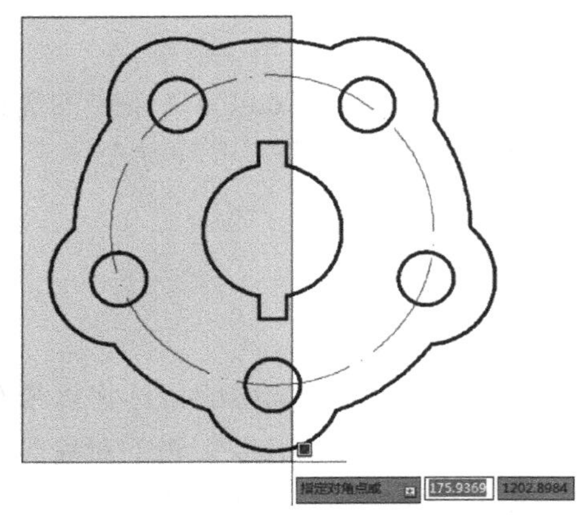

图 2-40　窗口选择对象

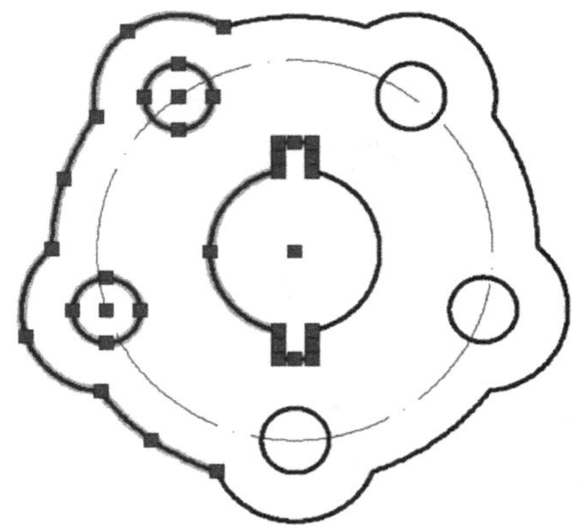

图 2-41　已选择对象的效果

2. 窗交选择对象

窗交选择与窗口选择的操作方法相反，即在绘图区内自右边到左边拖动鼠标以拉出一个矩形，拉出的矩形方框呈虚线显示，如图 2-42 所示。使用窗交选择方式，可以将矩形框内的对象以及与矩形边线接触的对象全部选中，图 2-43 显示了已选择的对象。

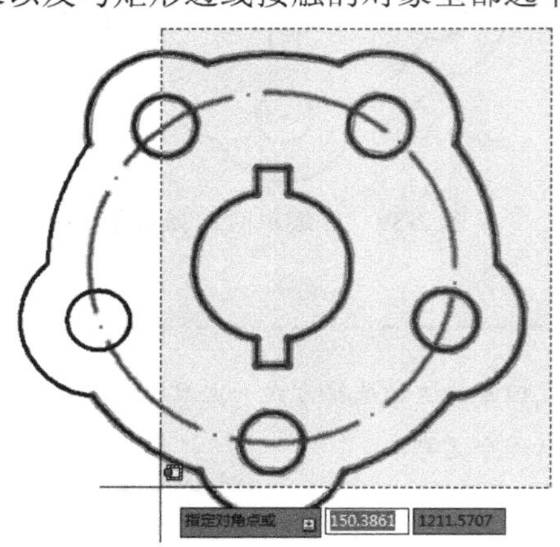

图 2-42　窗交选择

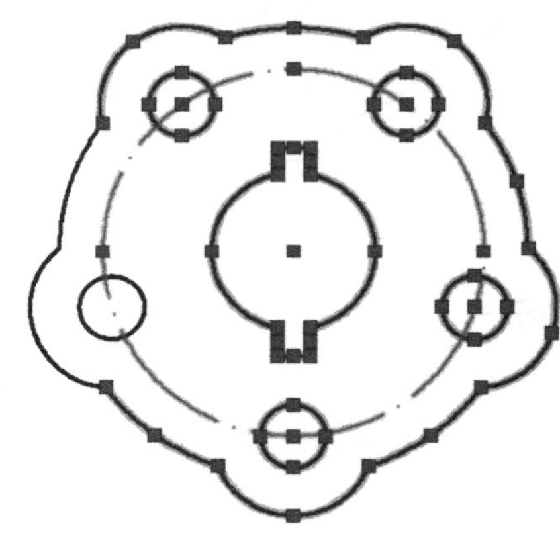

图 2-43　已选择对象的效果

2.6.3　快速选择对象

AutoCAD 还提供了快速选择功能，运用该功能可以一次性选中绘图区中具有某一属性的所有图形对象。执行【快速选择】命令的常用方法有以下 3 种。

- 选择【工具】→【快速选择】命令。
- 右击，在弹出的快捷菜单中选择【快速选择】命令，如图2-44所示。
- 执行 QSELECT 命令。

执行【快速选择】命令后，将打开如图 2-45 所示的【快速选择】对话框，用户可以从中根据需要选择目标的属性，一次性选中绘图区内具有该属性的所有实体。

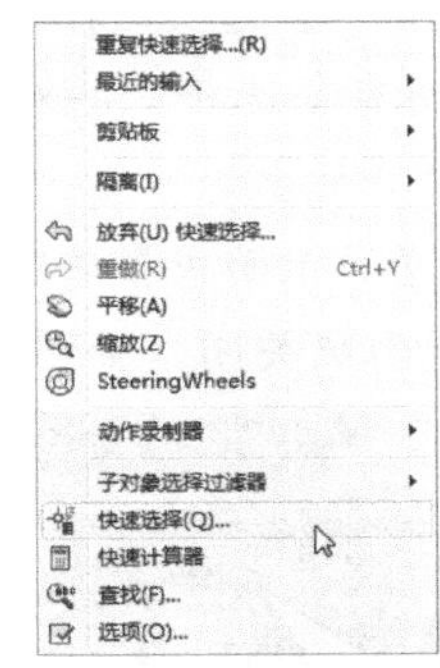

图 2-44　选择【快速选择】命令

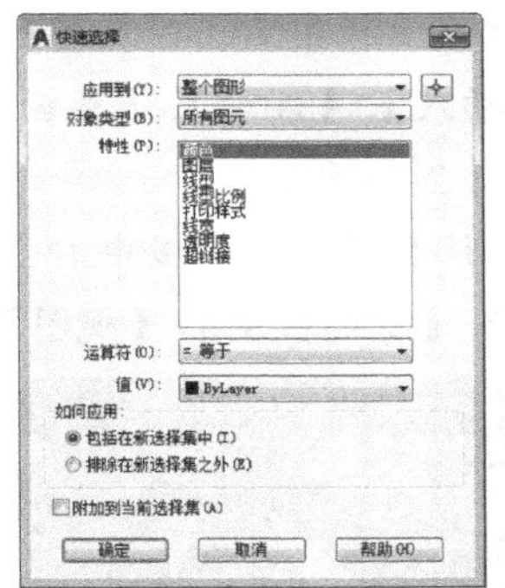

图 2-45　【快速选择】对话框

提示

使用【快速选择】命令选择对象时，如果对象所在图层的颜色为绿色，则对象的颜色应为 ByLayer。虽然此时对象的颜色也显示为绿色，但是，在【快速选择】对话框中设置颜色时，其值应选择 ByLayer 而不是绿色。

2.6.4　以其他方式选择对象

除前面的选择方式外，还有许多目标选择方式，下面介绍几种常用的目标选择方式。

- 栏选：该操作是指在编辑图形的过程中，当系统提示【选择对象】时，输入 F 并按 Enter 键确定，然后单击即可绘制任意折线，与这些折线相交的对象都被选中。栏选对象在修剪图形和延伸图形的操作中使用非常方便。
- Multiple：用于连续选择图形对象。具体操作是在编辑图形的过程中，输入 M 后按空格键确定，再连续单击所要选择的实体。该方式在未按空格键前，选定目标不会变为虚线；按空格键后，选定目标将变为虚线，并提示选择和找到的目标数。
- Box：指框选图形对象，等效于 Windows(窗口)或 Crossing(窗交)方式。
- Auto：用于自动选择图形对象。这种方式是指在图形对象上直接单击选择，若在操作中没有选中图形，命令行中会提示指定另一个确定的角点。
- Last：用于选择前一个图形对象(单一选择目标)。
- Add：用于在执行 REMOVE 命令后，返回到实体选择添加状态。
- All：可以直接选择绘图区中除冻结层外的所有目标。

2.7　上机实战

本节将应用所学的 AutoCAD 基础知识，练习调整工作界面的操作。通过设置 AutoCAD

的功能区，可以修改工作界面的布局，也可以方便用户调用功能区中的工具按钮，具体的操作方法如下。

(1) 在功能区面板中右击，在弹出的菜单中选择【显示选项卡】选项，在子菜单中取消选中【默认】、【插入】、【注释】、【参数化】和【视图】以外的所有复选框，将对应的功能区选项卡关闭，如图 2-46 所示。

(2) 在【默认】功能区面板中右击，在弹出的菜单中选择【显示面板】选项，在子菜单中取消选中【组】、【剪贴板】和【视图】复选框，将对应的功能面板关闭，如图 2-47 所示。

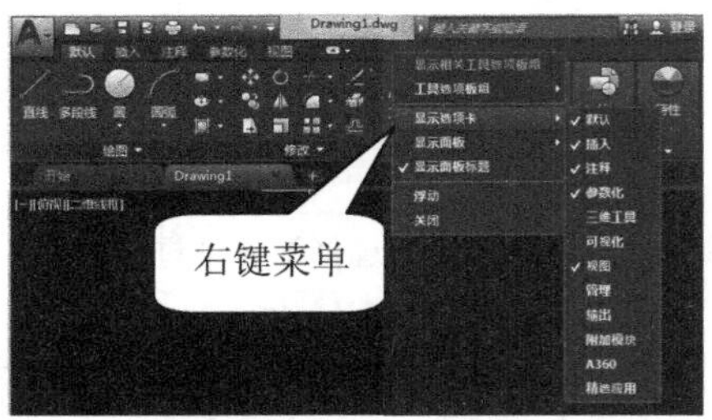

图 2-46　关闭部分功能选项卡

图 2-47　关闭部分功能面板

(3) 单击功能区右方的面板控制下拉按钮，在弹出的菜单中选择【最小化为面板按钮】命令，如图 2-48 所示。可以将功能区最小化为面板按钮显示，如图 2-49 所示。

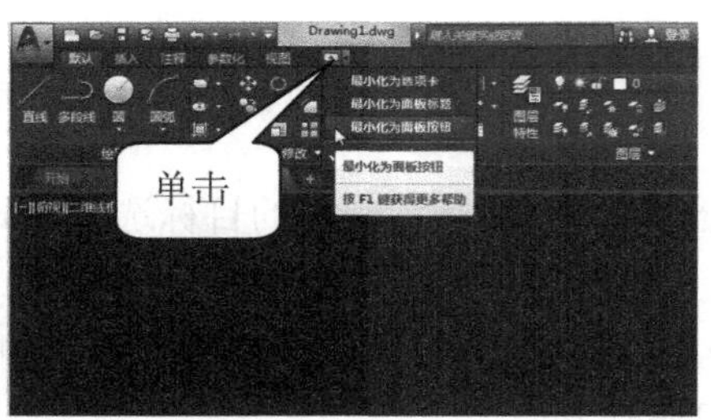

图 2-48　选择【最小化为面板按钮】命令

图 2-49　最小化为面板按钮

2.8　思考与练习

2.8.1　填空题

1. 要退出正在执行的命令，可以按__________键和__________键。
2. 要放弃上一次执行的命令，可以单击【快速访问】工具栏中的__________按钮。
3. 要重做上一次放弃的命令，可以单击【快速访问】工具栏中的__________按钮。
4. 如果要在保存文件时，重新设置已保存文件的路径和文件名，应该执行__________命令。
5. 在输入相对坐标时，坐标值的前面会有一个__________符号。
6. 在选择对象的操作中，框选对象的方式包括_______和__________两种。

2.8.2 选择题

1. (@10，20)表示的是(　　)坐标。

A. 绝对坐标　　B. 相对坐标

C. 绝对极坐标　　D. 相对极坐标

2. 在 AutoCAD 中放弃上一次执行的命令，对应的快捷键是(　　)。

A. Ctrl+A　　B. Ctrl+Y

C. Ctrl+Z　　D. Ctrl+B

3. 在 AutoCAD 中重做上一次放弃的命令，对应的快捷键是(　　)。

A. Ctrl+A　　B. Ctrl+Y

C. Ctrl+Z　　D. Ctrl+B

2.8.3 操作题

1. 执行【新建】命令，新建一个以 acadiso 样板为基础的图形文件，如图 2-50 所示。

2. 在工作空间中显示【默认】、【插入】、【注释】、【参数化】、【视图】和【三维工具】功能选项卡。选择【注释】选项卡，在功能区中显示【文字】、【标注】、【引线】和【表格】功能面板，如图 2-51 所示。

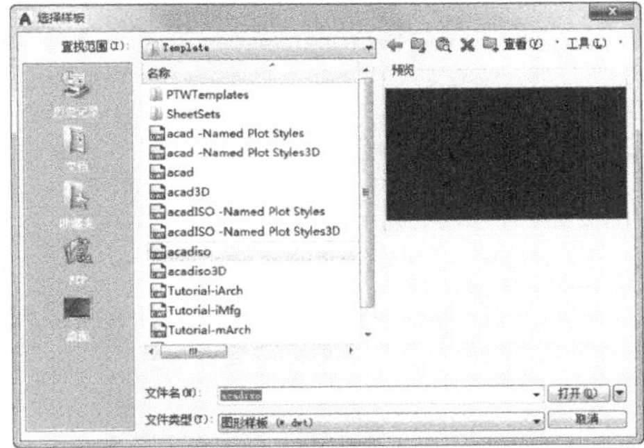

图 2-50　新建图形文件

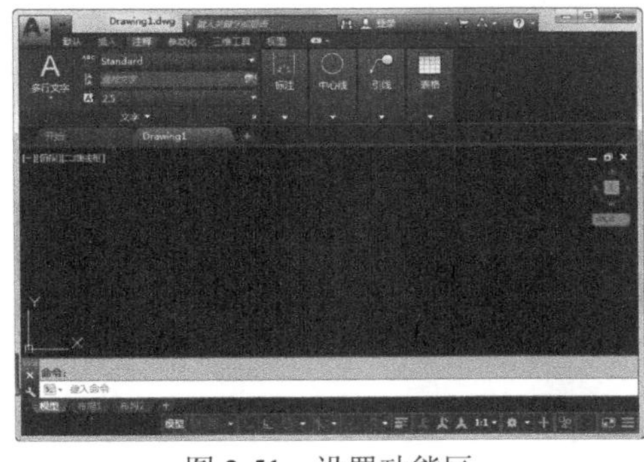

图 2-51　设置功能区

机械制图的辅助功能

学习目标

使用 AutoCAD 进行绘图的过程中，可以根据绘图需要设置不同的绘图环境，从而提高绘图的效率。另外，在绘制图形时，还需要根据图形的特点创建不同的图层，以便对图形进行管理。本章将学习绘图环境的设置、图形特性和图层管理，以及设计中心的应用，从而提高绘图的工作效率。

本章重点

- 设置绘图环境
- 设置光标样式
- 设置绘图辅助功能
- 视图控制
- 设置图形特性
- 图层管理
- 应用设计中心

3.1 设置机械制图环境

本节将介绍设置绘图环境的操作方法，包括设置图形单位和图形界限，以及设置图形窗口的颜色、文件自动保存的时间和右键功能模式等。

3.1.1 设置图形单位

AutoCAD 使用的图形单位包括毫米、厘米、英尺、英寸等十几种单位，可满足不同行业的绘图需要。在使用 AutoCAD 绘图前应该进行绘图单位的设置。用户可以根据具体工作需要设置单位类型和数据精度。

执行设置绘图单位命令的操作方法有以下两种。

- 选择【格式】→【单位】菜单命令。
- 在命令行中输入 UNITS(UN)命令并按 Enter 键或空格键。

提示

在 AutoCAD 中，输入命令语句时，不用区别字母大小写。

【练习 3-1】设置图形单位为毫米、精度为 0。

(1) 执行 UNITS(UN)命令，打开【图形单位】对话框，单击【用于缩放插入内容的单位】选项的下拉按钮，在弹出的下拉列表中选择【毫米】选项，如图 3-1 所示。

(2) 单击【精度】选项的下拉按钮，在弹出的下拉列表中选择 0 选项，如图 3-2 所示。

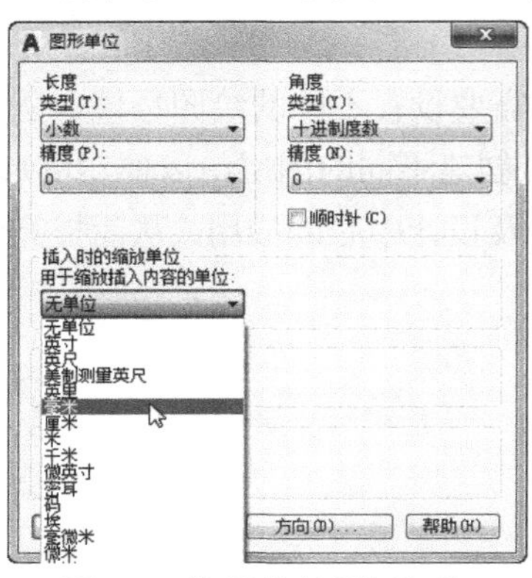

图 3-1 选择【毫米】选项

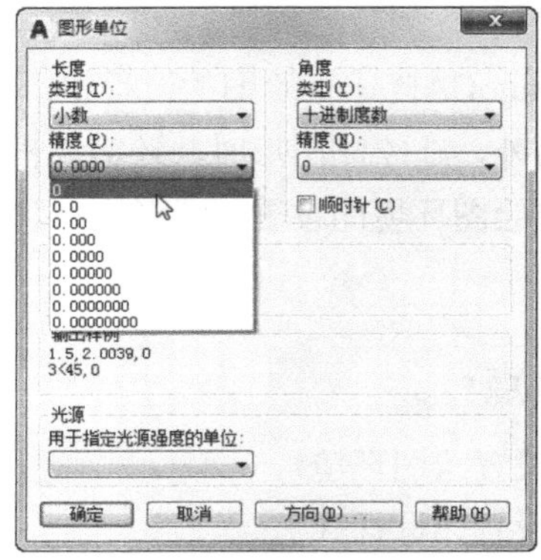

图 3-2 选择 0 选项

【图形单位】对话框中主要选项的含义如下。

- 长度：用于设置长度单位的类型和精度。在【类型】下拉列表中，可以选择当前测量单位的格式；在【精度】下拉列表中，可以选择当前长度单位的精确度。
- 角度：用于控制角度的单位类型和精度。

3.1.2 设置图形界限

用来绘制工程图的图纸通常有 A0~A5 这 6 种规格，一般称为 0~5 号图纸。在 AutoCAD 中与图纸大小相关的设置就是绘图界限，绘图界限的大小应与选定的图纸相等。

执行绘图界限设置的命令有以下两种操作方法。

- 选择【格式】→【图形界限】命令。
- 输入 LIMITS 命令并按 Enter 键或空格键确认。

【练习 3-2】设置绘图界限为 420×297。

(1) 选择【格式】→【图形界限】命令，当系统提示【指定左下角点或 [开(ON)/关(OFF)]:】时，输入绘图区左下角的坐标为(0,0)并按空格键确定，如图 3-3 所示。

(2) 当系统提示【指定右上角点:】时，设置绘图区右上角的坐标为(420,297)并按空格键确定，即可将图形界限的大小设置 420×297，如图 3-4 所示。

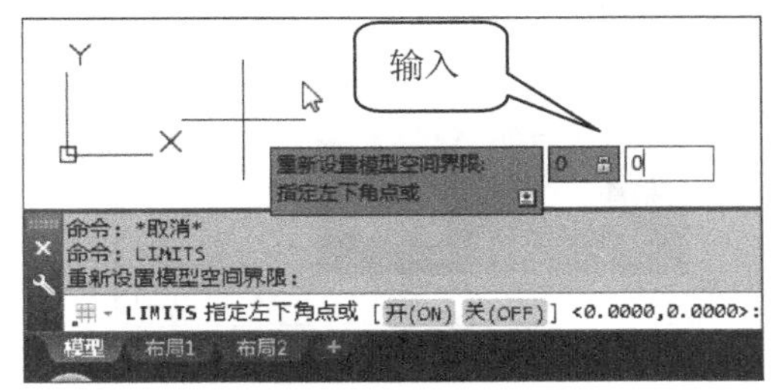

图 3-3　设置左下角坐标

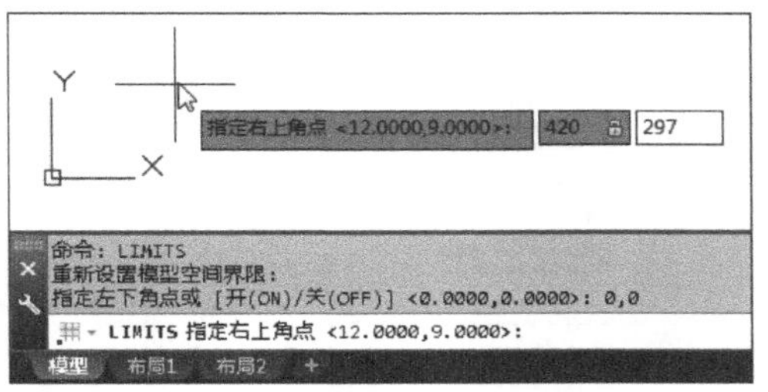

图 3-4　设置右上角坐标

(3) 按空格键重复执行【图形界限(LIMITS)】命令，然后输入命令参数 ON 并按空格键确定，打开【图形界限】功能，如图 3-5 所示。

(4) 执行 LINE 命令，可以在图形界限内绘制直线，如果在图形界限以外的区域绘制直线，系统将给出【超出图形界限】的提示，如图 3-6 所示。

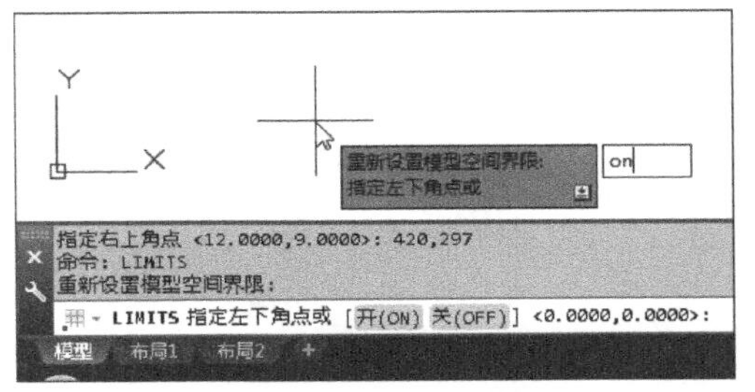

图 3-5　打开【图形界限】功能

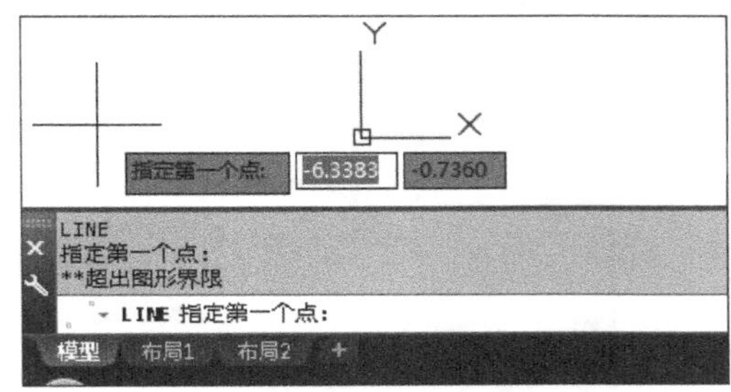

图 3-6　提示超出图形界限

提示

如果将界限检查功能设置为【关闭(OFF)】状态，绘制图形时则不受设置的绘图界限的限制。如果将绘图界限检查功能设置为【开启(ON)】状态，绘制图形时在绘图界限之外将受到限制。

3.1.3　设置图形窗口的颜色

在 AutoCAD 的【图形窗口颜色】对话框中，用户可以根据个人习惯设置图形窗口的颜色，如命令行颜色、绘图区颜色、十字光标、栅格线颜色等，从而使环境颜色更令人舒适。

【练习 3-3】设置绘图区和命令行的颜色。

(1) 选择【工具】→【选项】命令，或输入 OPTIONS(OP)命令并按空格键，打开【选项】对话框，在【显示】选项卡中单击【窗口元素】选项组中的【颜色】按钮，如图 3-7 所示。

(2) 在打开的【图形窗口颜色】对话框中依次选择【二维模型空间】和【统一背景】选项。

然后单击【颜色】下拉按钮，在弹出的列表中选择【白】选项，如图 3-8 所示。

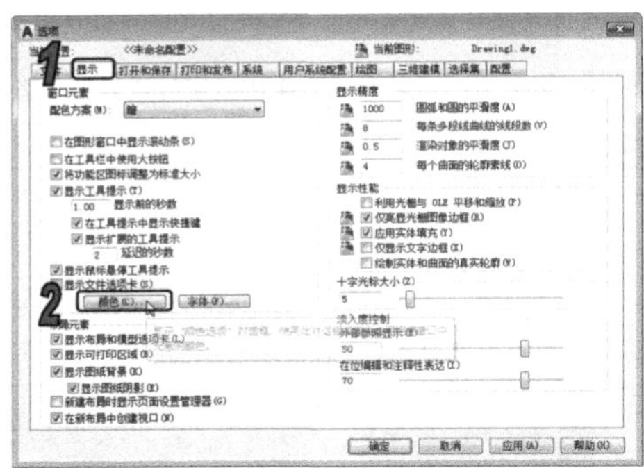

图 3-7 单击【颜色】按钮

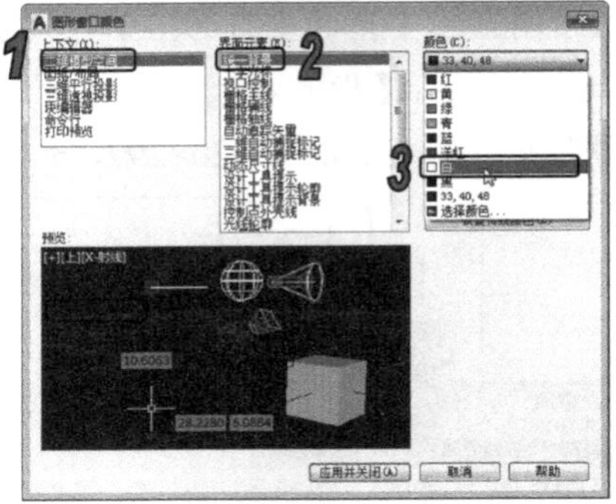

图 3-8 设置背景颜色

(3) 在【图形窗口颜色】对话框中依次选择【命令行】和【活动提示文本】选项，然后在【颜色】下拉列表中选择【蓝】选项，如图 3-9 所示。

(4) 在【图形窗口颜色】对话框中依次选择【命令行】和【活动提示背景】选项，然后在【颜色】下拉列表中选择【红】选项，如图 3-10 所示。

(5) 单击【应用并关闭】按钮进行确定，然后返回【选项】对话框，单击【确定】按钮，即可修改绘图区和命令行的颜色。

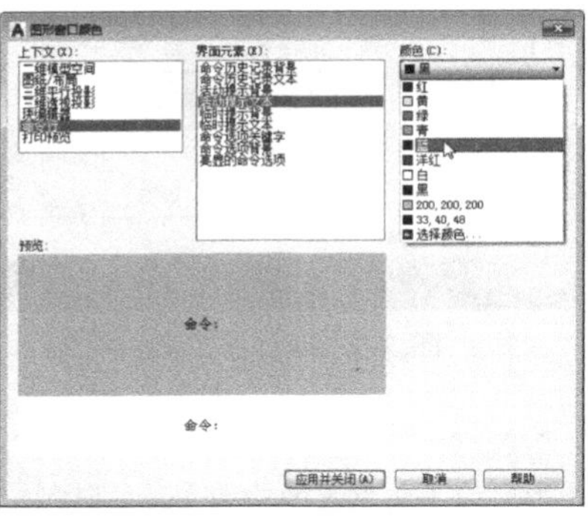

图 3-9 设置活动提示文本的颜色

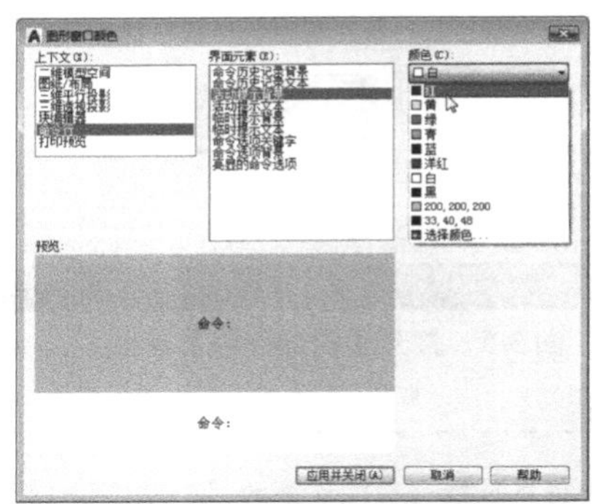

图 3-10 设置活动提示的背景颜色

3.1.4 设置自动保存

在 AutoCAD 中，可以设置文件保存的默认版本和自动保存的间隔时间。在绘制图形的过程中，通过开启自动保存文件的功能，可以避免在绘图时因意外造成文件丢失的问题，将损失降低到最低程度。

【练习 3-4】设置自动保存的间隔时间为 5 分钟、文件保存的默认版本为 R14。

(1) 执行 OPTIONS(OP)命令，打开【选项】对话框，在打开的【选项】对话框中选择【打开和保存】选项卡，选中【文件安全措施】选项组中的【自动保存】复选框，在【保存间隔分钟数】文本框中设置自动保存的时间间隔为 5，如图 3-11 所示。

(2) 在【文件保存】选项组中单击【另存为】下拉按钮，在弹出的下拉列表中选择【AutoCAD R14/LT98/LT97 图形(*.dwg)】选项，如图 3-12 所示，然后单击【确定】按钮。

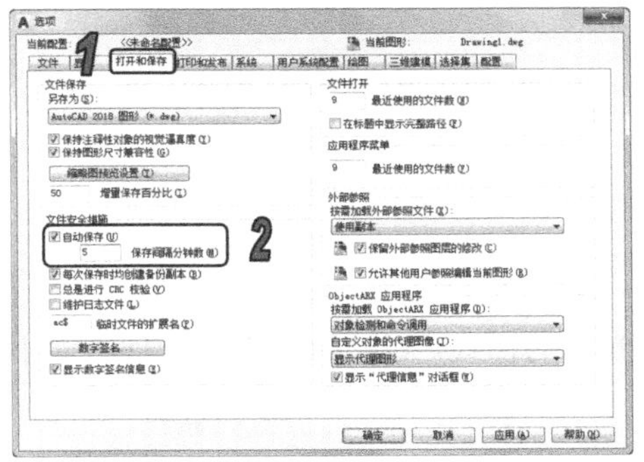

图 3-11　设置自动保存的间隔时间

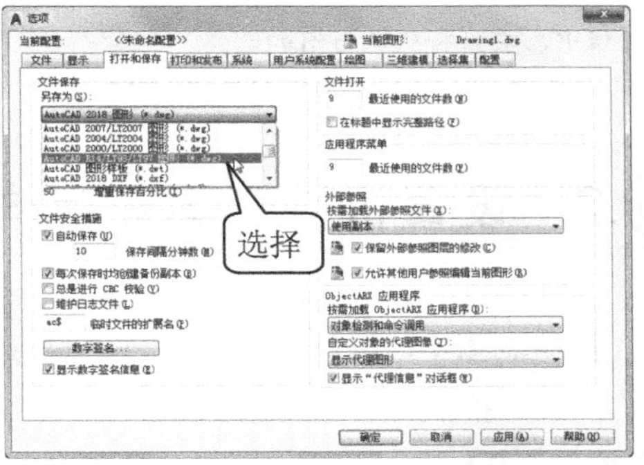

图 3-12　设置文件保存的默认版本

提示

默认情况下，低版本 AutoCAD 软件不能打开高版本 AutoCAD 软件创建的图形，如果将高版本 AutoCAD 软件创建的图形以低版本 AutoCAD 格式保存，即可在低版本 AutoCAD 软件中打开；自动保存后的备份文件的扩展名为 ac$，将该文件的扩展名.ac$修改为.dwg，然后可以将其打开，此文件的默认保存位置为系统盘的\Documents and Settings\Default User\Local Settings\Temp 目录。

3.1.5　设置右键的功能模式

AutoCAD 的右键功能包括默认模式、编辑模式和命令模式 3 种，用户可以根据个人的习惯设置右键的功能模式。

【练习 3-5】设置右键命令模式的功能为【确认】。

(1) 执行 OPTIONS(OP)命令，打开【选项】对话框，选择【用户系统配置】选项卡，在【Windows 标准操作】选项组中单击【自定义右键单击】按钮，如图 3-13 所示。

(2) 在弹出的【自定义右键单击】对话框下方的【命令模式】选项组中选中【确认】单选按钮，如图 3-14 所示。

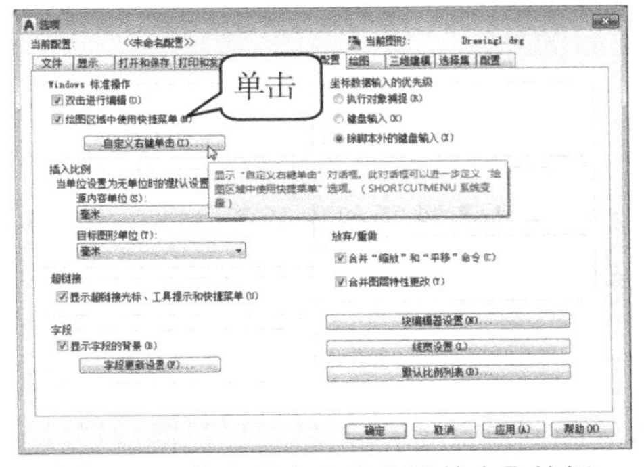

图 3-13　单击【自定义右键单击】按钮

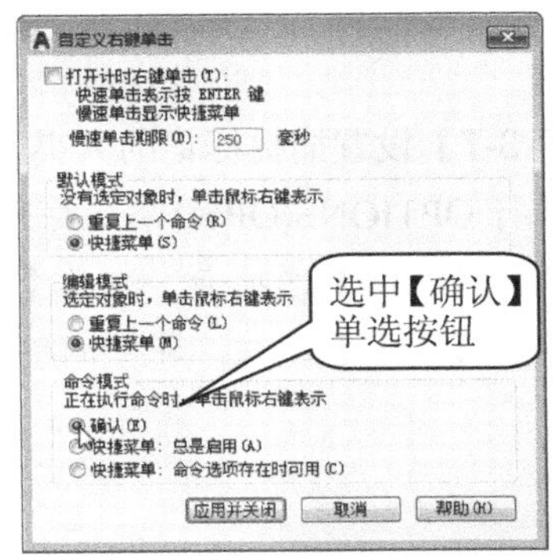

图 3-14　选中【确认】单选按钮

提示

设置右键命令模式的功能为【确认】后，在输入某个命令时，右击将执行输入的命令，在执行命令的过程中，右击将确认当前的选择。

3.2 设置机械制图光标样式

在机械制图中，用户可以根据自己的习惯设置光标的样式，包括控制十字光标的大小、捕捉标记的大小、拾取框和夹点的大小。

【练习 3-6】设置十字光标的大小为 10。

(1) 执行 OPTIONS(OP)命令，打开【选项】对话框。

(2) 选择【显示】选项卡，在【十字光标大小】选项组中拖动滑块▯，或在文本框中直接输入 10，如图 3-15 所示。

(3) 单击【确定】按钮，即可调整十字光标的大小，效果如图 3-16 所示。

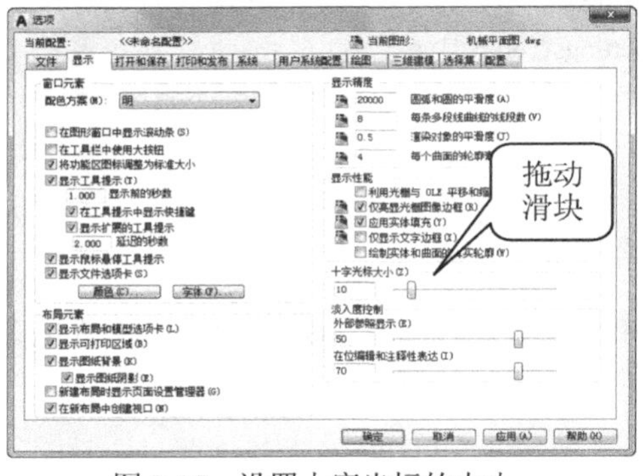

图 3-15　设置十字光标的大小

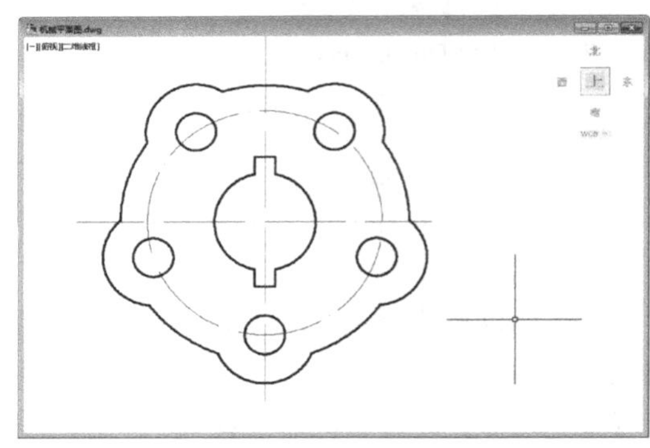

图 3-16　较大的十字光标

提示

十字光标的预设尺寸为 5，其大小的取值范围为 1 到 100，数值越大，十字光标越大，100 表示全屏幕显示。

【练习 3-7】设置捕捉标记的大小。

(1) 执行 OPTIONS(OP)命令，打开【选项】对话框。

(2) 选择【绘图】选项卡，拖动【自动捕捉标记大小】选项组中的滑块▯，如图 3-17 所示。

(3) 单击【确定】按钮，即可调整捕捉标记的大小，效果如图 3-18 所示。

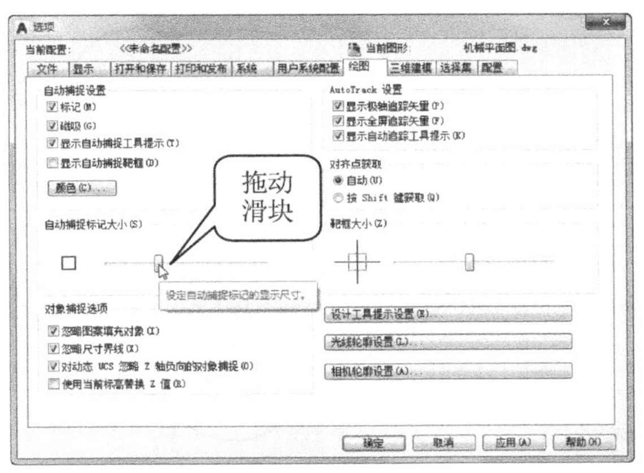

图 3-17　拖动滑块

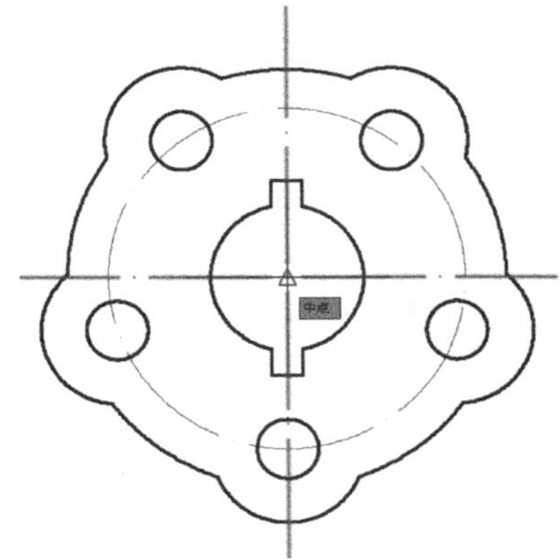

图 3-18　较大的中点捕捉标记

【练习 3-8】设置拾取框的大小。

(1) 执行 OPTIONS(OP)命令，打开【选项】对话框。

(2) 选择【选择集】选项卡，然后在【拾取框大小】选项组中拖动滑块▯，如图 3-19 所示。

(3) 单击【确定】按钮，即可调整拾取框的大小，效果如图 3-20 所示。

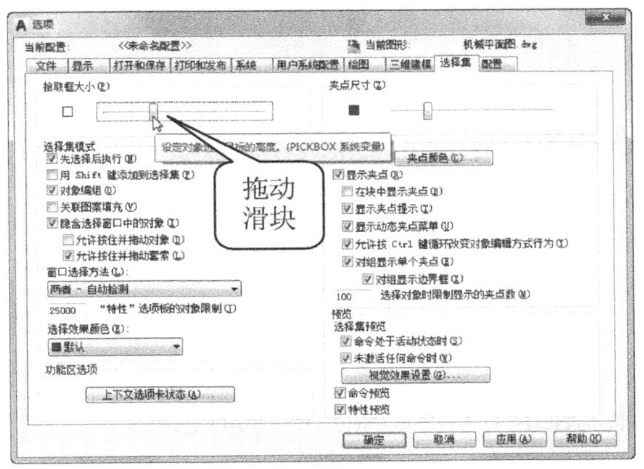

图 3-19　拖动滑块

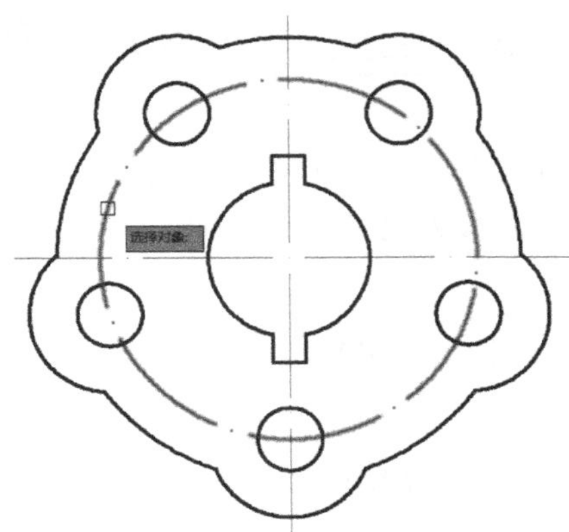

图 3-20　较大的拾取框

提示

拾取框是指在执行编辑命令时，光标所变成的一个小的正方形框。合理地设置拾取框的大小，对于快速、高效地选取图形非常重要。

【练习 3-9】设置夹点的大小。

(1) 执行 OPTIONS(OP)命令，打开【选项】对话框。

(2) 选择【选择集】选项卡，在【夹点尺寸】选项组中拖动滑块▯，如图 3-21 所示。

(3) 单击【确定】按钮，即可调整夹点尺寸的大小，效果如图 3-22 所示。

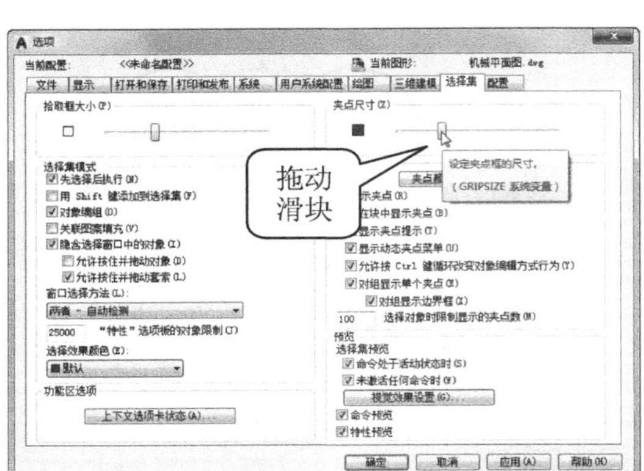

图 3-21　拖动滑块

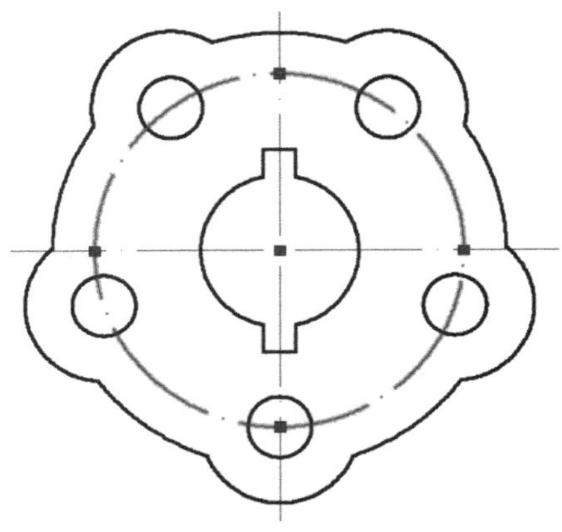

图 3-22　圆形的夹点

提示

在 AutoCAD 中，夹点是选择图形后在图形的节点上所显示的图标。用户通过拖动夹点的方式，可以改变图形的形状和大小。

3.3　正交模式和动态输入

本节将介绍正交模式和动态输入在机械制图中的作用。对正交模式和动态输入进行正确的设置，可以极大地提高用户制图的效率。

3.3.1　应用正交功能

在绘图过程中，使用正交功能可以将光标限制在水平或垂直轴向上，同时也限制在当前的栅格旋转角度内。使用正交功能就如同使用直尺绘图，使绘制的线条自动处于水平和垂直方向，在绘制水平和垂直方向的直线段时十分有用，如图 3-23 所示。

单击状态栏上的【正交限制光标】按钮，或直接按下 F8 键就可以激活正交功能，开启正交功能后，状态栏上的【正交限制光标】按钮处于高亮状态，如图 3-24 所示。

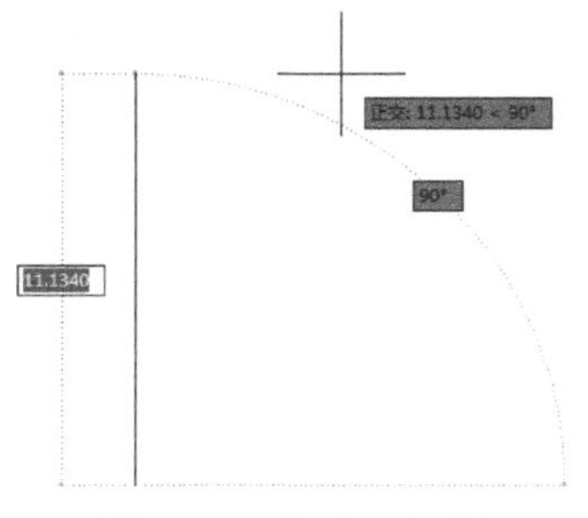

图 3-23　使用正交功能

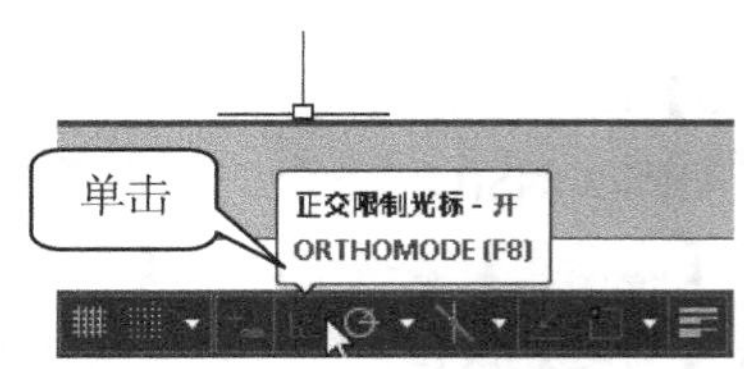

图 3-24　开启正交功能

提示

在 AutoCAD 中绘制水平或垂直线条时，利用正交功能可以有效地提高绘图速度。如果要绘制非水平、垂直的线条，可以通过按 F8 键，关闭正交功能。

3.3.2　设置动态输入

在 AutoCAD 中，可以使用动态输入功能在指针位置显示标注输入和命令提示等信息，从而方便绘图操作。

1. 启用指针输入

在【草图设置】对话框中选择【动态输入】选项卡，然后选中【启用指针输入】复选框，可以启用指针输入功能，如图 3-25 所示。单击【指针输入】选项组中的【设置】按钮，可以在打开的【指针输入设置】对话框中设置指针的格式和可见性，如图 3-26 所示。

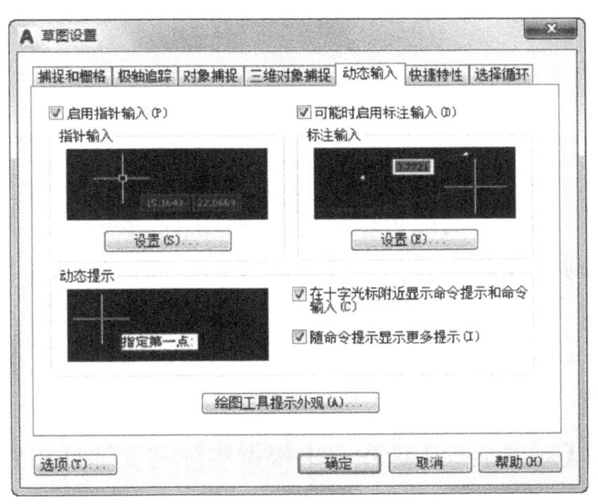

图 3-25　选中【启用指针输入】复选框

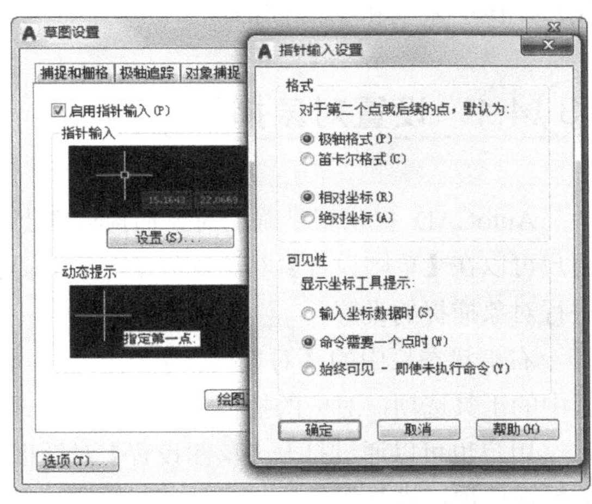

图 3-26　设置指针的格式和可见性

2. 启用标注输入

打开【草图设置】对话框，在【动态输入】选项卡中选中【可能时启用标注输入】复选框，可以启用标注输入功能。单击【标注输入】选项组中的【设置】按钮，可以在打开的【标注输入的设置】对话框中设置标注的可见性，如图 3-27 所示。

3. 使用动态提示

打开【草图设置】对话框，选择【动态输入】选项卡，然后选中【动态提示】选项组中的【在十字光标附近显示命令提示和命令输入】复选框。可以在光标附近显示命令提示，如图 3-28 所示。

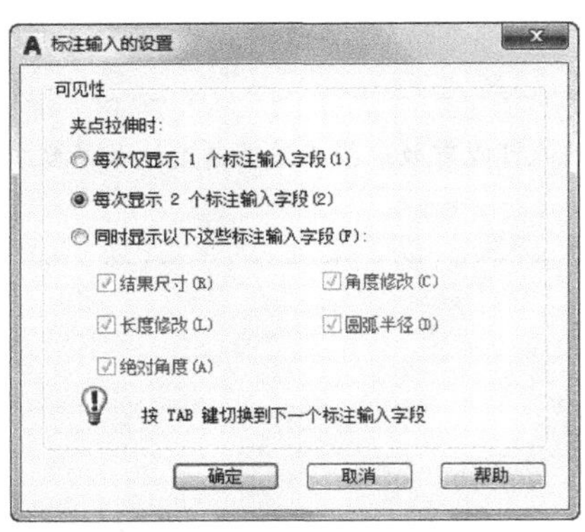

图 3-27　设置标注的可见性

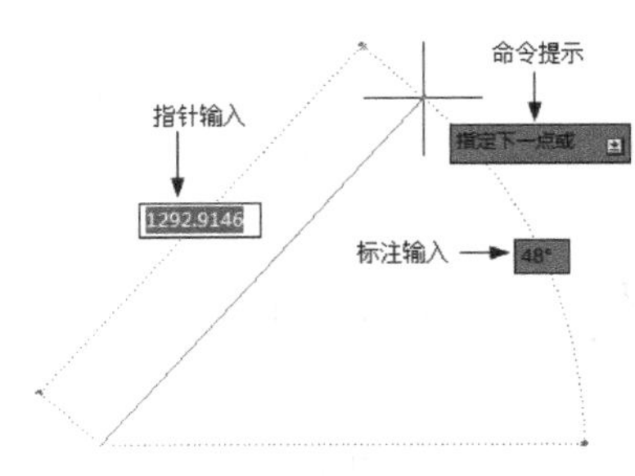

图 3-28　动态输入示意图

3.4　应用捕捉进行机械制图

本节将介绍应用捕捉功能进行机械制图的设置方法。对捕捉功能进行适当的设置，可以提高用户制图的效率和绘图的准确性。

3.4.1　设置对象捕捉

AutoCAD 提供了精确的对象捕捉特殊点功能。运用该功能可以精确绘制出所需要的图形。用户可以在【草图设置】对话框的【对象捕捉】选项卡中进行设置，或者在【对象捕捉】工具中进行对象捕捉的设置。

右击状态栏中的【对象捕捉】按钮，将弹出对象捕捉的各个工具选项。选中或取消选中其中的工具选项，对应的捕捉功能将被打开或关闭，如图 3-29 所示。

用户也可以通过打开【草图设置】对话框，在【对象捕捉】选项卡中根据实际需要选择相应的捕捉选项，进行对象特殊点的捕捉设置，如图 3-30 所示。

图 3-29　选择命令

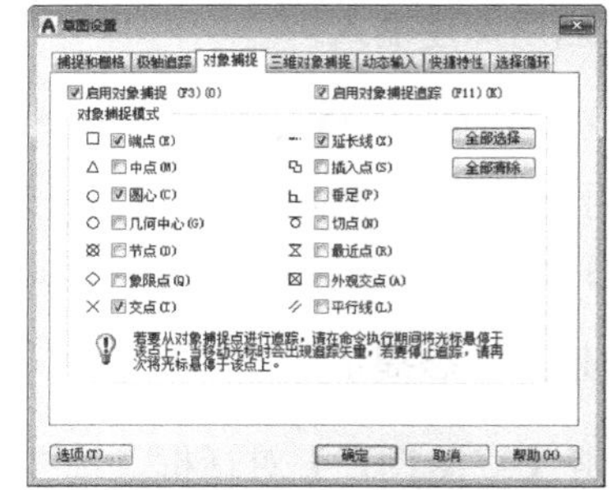

图 3-30　对象捕捉设置

打开【草图设置】对话框的操作方法有以下三种。

- 选择【工具】→【绘图设置】命令。
- 右击状态栏中的【对象捕捉】按钮，在弹出的菜单中选择【对象捕捉设置】命令。
- 输入 DSETTINGS(SE)命令并按空格键确认。

【对象捕捉】选项卡中主要选项的含义如下。

- 启用对象捕捉：打开或关闭对象捕捉功能。当对象捕捉打开时，在【对象捕捉模式】下选定的对象捕捉处于活动状态。
- 启用对象捕捉追踪：打开或关闭对象捕捉追踪功能。使用对象捕捉追踪，在命令中指定点时，光标可以沿基于其他对象捕捉点的对齐路径进行追踪。要使用对象捕捉追踪，必须打开一个或多个对象捕捉。
- 对象捕捉模式：列出可以在执行对象捕捉时打开的对象捕捉模式。
- 全部选择：打开所有对象捕捉模式。
- 全部清除：关闭所有对象捕捉模式。

提示

启用对象捕捉设置后，在绘图过程中，当光标靠近这些被启用的捕捉特殊点时，将自动对其进行捕捉。

【练习 3-10】使用对象捕捉功能对平垫圈中的圆进行准确移动。

(1) 打开【平垫圈.dwg】素材文件，图形效果如图 3-31 所示。

(2) 执行 DSETTINGS(SE)命令，打开【草图设置】对话框，选择【对象捕捉】选项卡，选中【启用对象捕捉】复选框，以及【对象捕捉模式】选项组中的【圆心】和【交点】复选框，并取消选中其余复选框，然后单击【确定】按钮，如图 3-32 所示。

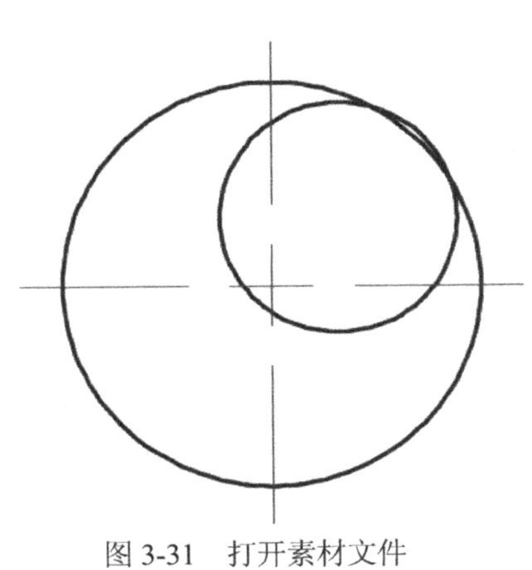

图 3-31　打开素材文件

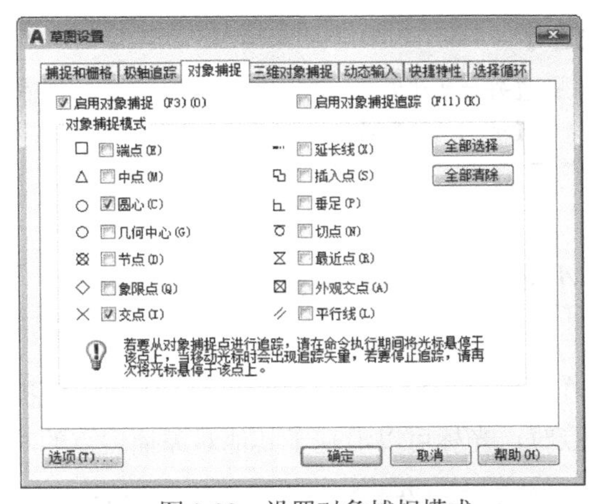

图 3-32　设置对象捕捉模式

(3) 输入 M 并按空格键执行【移动】命令，当系统提示【选择对象】时，将拾取框移动到图形中的小圆对象上，如图 3-33 所示，然后单击即可选中该圆。

(4) 当系统提示【指定基点或 [位移(D)]】时，捕捉如图 3-34 所示的圆心作为移动的基点。

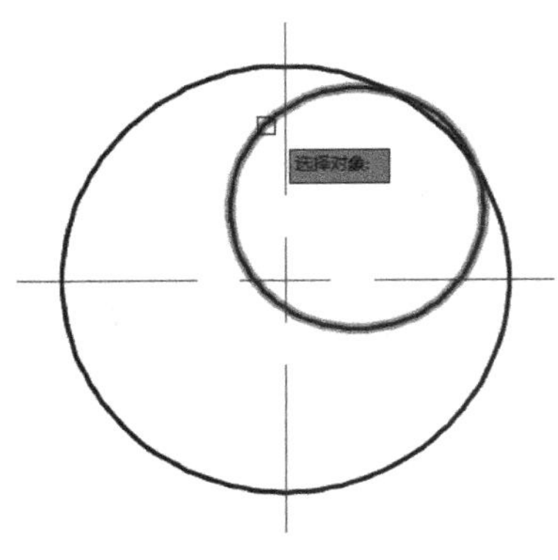

图 3-33 选择圆对象

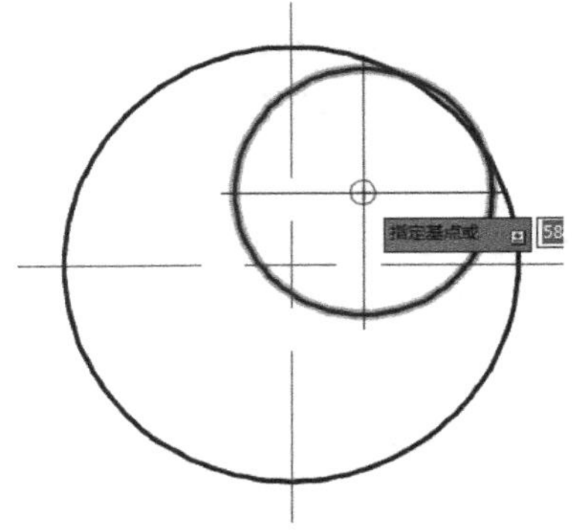

图 3-34 指定基点

(5) 当系统提示【指定第二个点或 <使用第一个点作为位移>:】时，向左下方捕捉如图 3-35 所示的交点作为移动的第二个点，即可将圆移动到指定的位置，效果如图 3-36 所示。

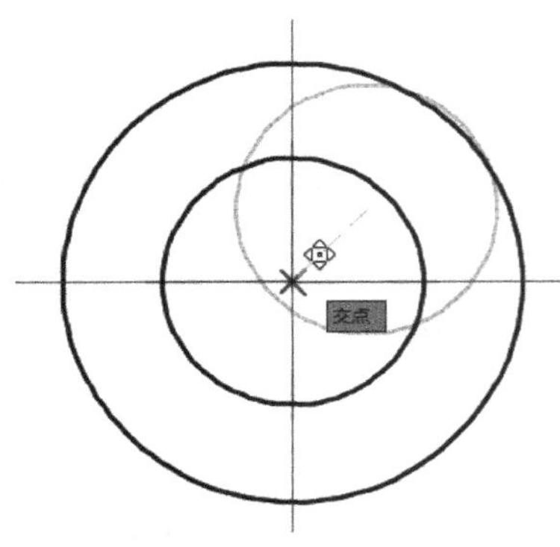

图 3-35 指定第二个点

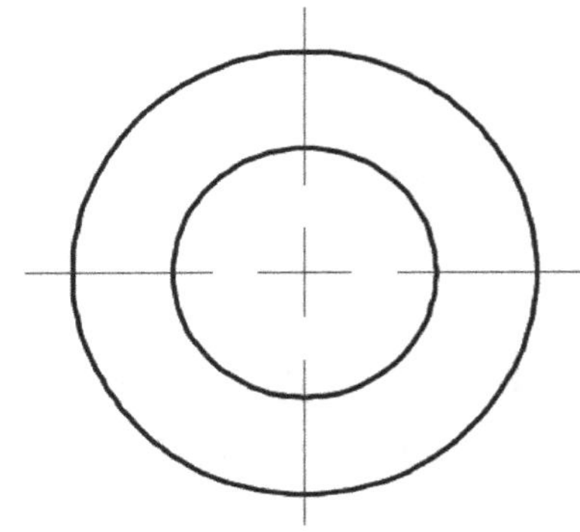
图 3-36 移动效果

提示

设置好对象捕捉功能后，在绘图过程中，通过单击状态栏中的【对象捕捉】按钮，或者按下 F3 键，可以对【对象捕捉】功能进行开/关切换。

3.4.2 对象捕捉追踪

在绘图过程中，使用对象捕捉追踪也可以提高绘图的效率。启用对象捕捉追踪后，在命令中指定点时，光标可以沿基于其他对象捕捉点的对齐路径进行追踪。

1. 在【草图设置】对话框中设置对象捕捉追踪

执行 DSETTINGS(SE)命令，打开【草图设置】对话框，选择【对象捕捉】选项卡，然后选中【启用对象捕捉追踪】复选框，即可启用对象捕捉追踪功能。如图 3-37 所示为圆心捕捉追踪效果，如图 3-38 所示为中点捕捉追踪效果。

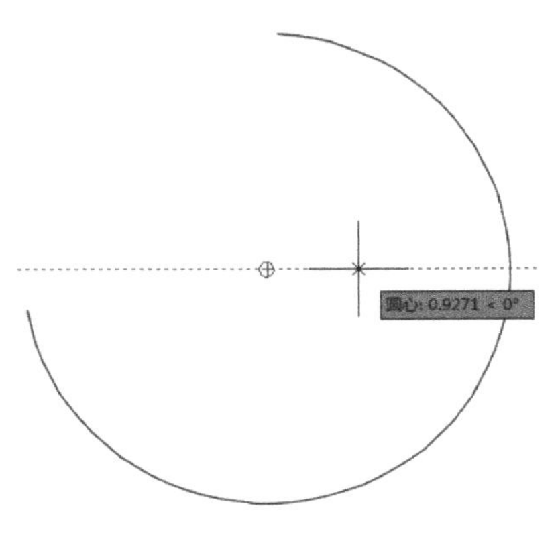

图 3-37　圆心捕捉追踪

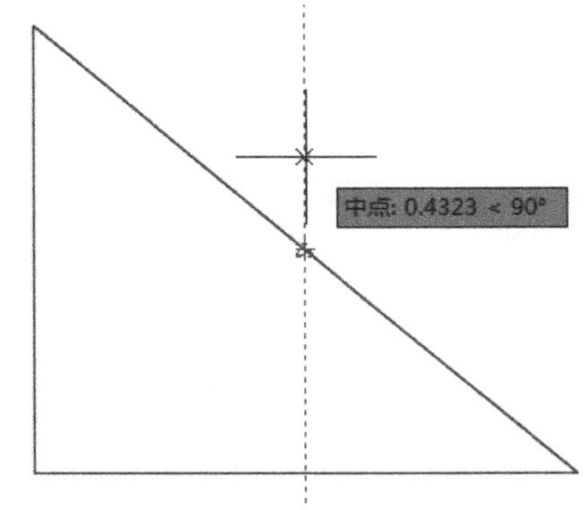

图 3-38　中点捕捉追踪

提示

由于对象捕捉追踪的使用是基于对象捕捉进行操作的，因此要使用对象捕捉追踪功能，必须启用一个或多个对象捕捉功能；按下 F11 键可以在开/关对象捕捉追踪功能之间进行切换。

2. 使用临时追踪点

使用对象捕捉追踪还可以设置临时追踪点，在提示输入点时，输入 tt，如图 3-39 所示，然后指定一个临时追踪点。该点上将出现一个小的加号+，如图 3-40 所示。移动光标时，将相对于这个临时点显示自动追踪对齐路径。

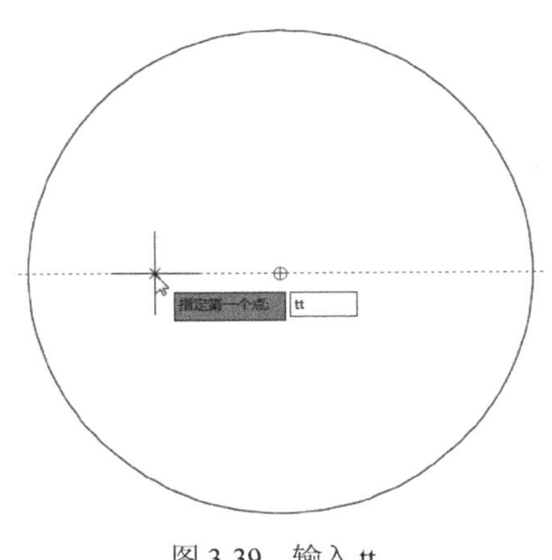

图 3-39　输入 tt

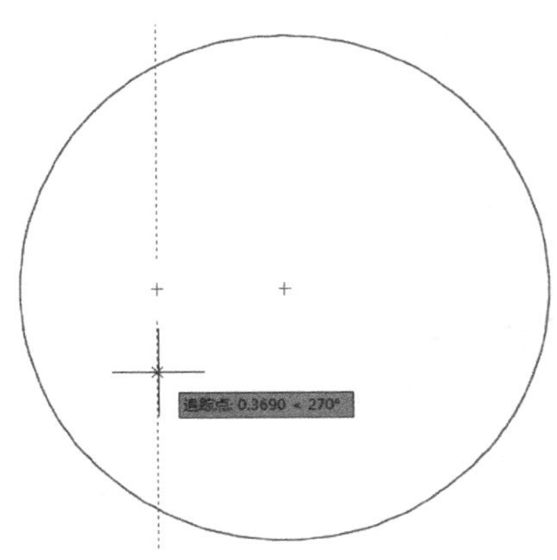

图 3-40　加号+为临时追踪点

3.4.3　捕捉和栅格模式

执行 DSETTINGS(SE)命令，打开【草图设置】对话框，选择【捕捉和栅格】选项卡，可以进行捕捉设置。选中【启用捕捉】复选框，将启用捕捉功能，如图 3-41 所示。选中【启用栅格】复选框，将启用栅格功能，在图形窗口中将显示栅格对象，如图 3-42 所示。

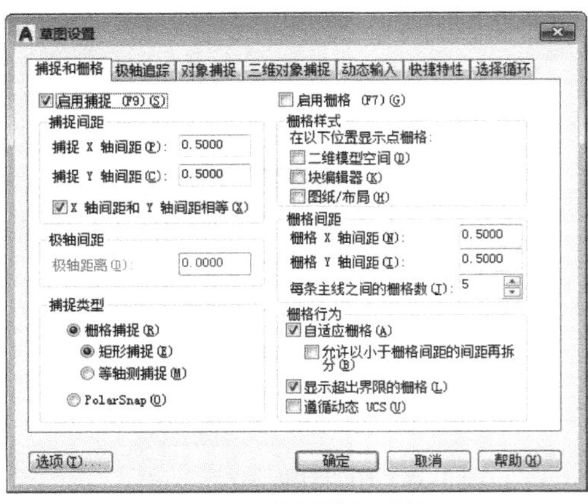

图 3-41　启用捕捉功能

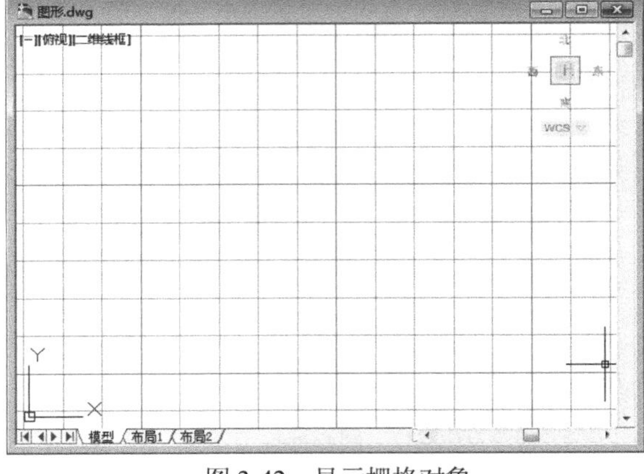

图 3-42　显示栅格对象

【捕捉和栅格】选项卡中主要选项的含义如下。

- 【捕捉间距】选项组用于控制捕捉位置的不可见矩形栅格，以限制光标仅在指定的 X 和 Y 间隔内移动。
- 【极轴间距】选项组用于控制 PolarSnap(极轴捕捉)的增量距离。当选中【捕捉类型】选项组中的 PolarSnap 单选按钮时，可以进行捕捉增量距离的设置。如果该值为0，则 PolarSnap 距离采用【捕捉 X 轴间距】的值。可以结合使用【极轴间距】设置与极坐标追踪和对象捕捉追踪。如果两个追踪功能都未启用，则【极轴间距】设置无效。
- 【栅格捕捉】：该单选按钮用于设置栅格捕捉类型，如果指定点，光标将沿垂直或水平栅格点进行捕捉。
- 【矩形捕捉】：选中该单选按钮，可以将捕捉样式设置为标准【矩形】捕捉模式。当捕捉类型设置为【栅格】并且打开【捕捉】模式时，将采用矩形栅格捕捉。
- 【等轴测捕捉】：选中该单选按钮，可以将捕捉样式设置为【等轴测】捕捉模式。
- PolarSnap(极轴捕捉)：选中该单选按钮，可以将捕捉类型设置为【极轴捕捉】。

提示

单击状态栏上的【捕捉模式】按钮，或者按下 F9 键，可以在打开或关闭捕捉功能之间进行切换；单击状态栏上的【栅格显示】按钮，或者按下 F7 键，可以在打开或关闭栅格模式之间进行切换。

3.4.4　极轴追踪

执行 DSETTINGS(SE)命令，在打开的【草图设置】对话框中选择【极轴追踪】选项卡，在该选项卡中可以启动极轴追踪，如图 3-43 所示。

在使用极轴追踪时，需要按照一定的角度增量和极轴距离进行追踪。极轴追踪以极轴坐标为基础，显示由指定的极轴角度定义的临时对齐路径，然后按照指定的距离进行捕捉，如图 3-44 所示。

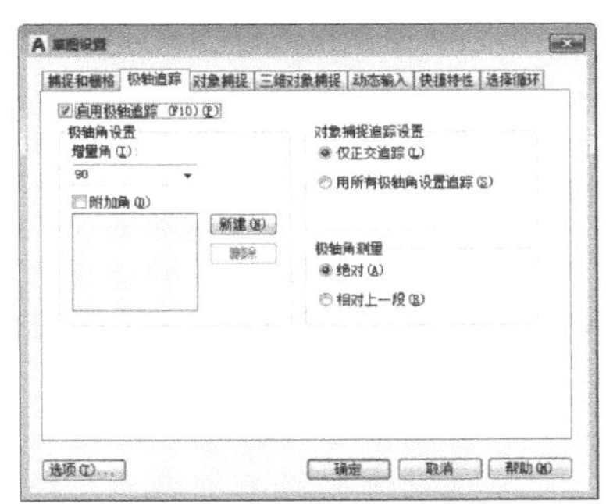

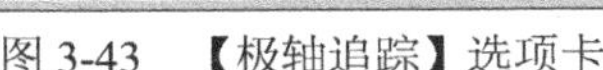

图 3-43　【极轴追踪】选项卡

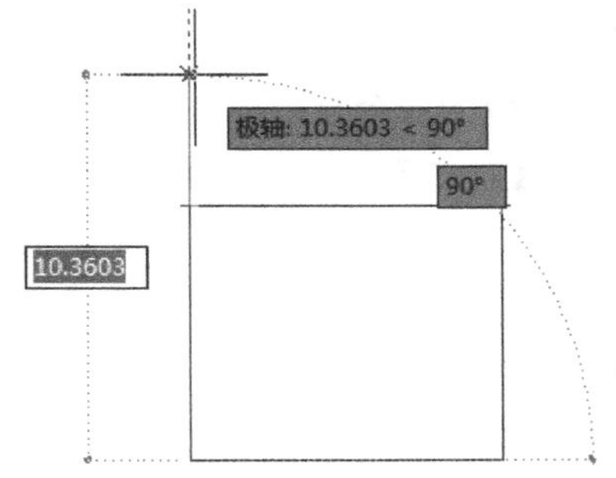

图 3-44　启用极轴追踪

在【极轴追踪】选项卡中，主要选项的含义如下。

- 启用极轴追踪：用于打开或关闭极轴追踪。也可以按 F10 键打开或关闭极轴追踪。
- 极轴角设置：设置极轴追踪的对齐角度。
- 增量角：设置用来显示极轴追踪对齐路径的极轴角增量。可以输入任何角度，也可以从列表中选择 90、45、30、22.5、18、15、10 或 5 这些常用角度。
- 附加角：对极轴追踪使用列表中的任何一种附加角度。注意附加角度是绝对的，而非增量的。
- 角度列表：如果选中【附加角】复选框，将列出可用的附加角度。要添加新的角度，单击【新建】按钮即可。要删除现有的角度，则单击【删除】按钮。
- 新建：最多可以添加10个附加极轴追踪对齐角度。
- 删除：删除选定的附加角度。
- 对象捕捉追踪设置：设置对象捕捉追踪选项。
- 仅正交追踪：当对象捕捉追踪打开时，仅显示已获得的对象捕捉点的正交(水平/垂直)对象捕捉追踪路径。

提示

单击状态栏上的【极轴追踪】按钮，或者按下 F10 键，也可以打开或关闭极轴追踪功能。另外，【正交】模式和极轴追踪不能同时打开，打开【正交】将关闭极轴追踪功能。

3.5　机械图形的视图控制

在 AutoCAD 中，用户可以对视图进行缩放和平移操作，以便观看图形的效果。另外，也可以执行全屏显示视图、重画与重生成图形等操作。

3.5.1　缩放视图

使用视图中的【缩放】命令可以对视图进行放大或缩小操作，以改变图形的显示大小，方便用户观察图形。

执行视图缩放的命令有以下两种常用操作方法。

- 选择【视图】→【缩放】命令，然后在子菜单中选择需要的命令。
- 输入 ZOOM(简化命令 Z)，然后按空格键进行确定。

执行 ZOOM 命令，系统将提示【[全部(A)/中心(C)/动态(D)/范围(E)/上一个(P)/比例(S)/窗口(W)/对象(O)] <实时>:】信息。然后只需在该提示后输入相应的字母，按下空格键，即可进行相应的操作。缩放视图命令中各选项的含义和用法如下。

- 全部(A)：输入 A 后按下空格键，将在视图中显示整个文件中的所有图形。
- 中心(C)：输入 C 后按下空格键，然后在图形中单击指定一个基点，再输入一个缩放比例或高度值来显示一个新视图，基点将作为缩放的中心点。
- 动态(D)：用一个可以调整大小的矩形框去框选要放大的图形。
- 范围(E)：用于以最大的方式显示整个文件中的所有图形，同【全部(A)】的功能相同。
- 上一个(P)：执行该命令后可以直接返回到上一次缩放的状态。
- 比例(S)：用于输入一定的比例来缩放视图。输入的数据大于1即可放大视图，小于1并大于0时将缩小视图。
- 窗口(W)：用于通过在屏幕上拾取两个对角点来确定一个矩形窗口，然后将该矩形窗口内的全部图形放大至整个屏幕。
- 对象(O)：执行该命令后，选择要最大化显示的图形对象，即可将该图形放大至整个绘图窗口。
- <实时>：执行该命令后，鼠标指针将变为🔍⁺，拖动即可放大或缩小视图。

3.5.2 平移视图

平移视图是指对视图中图形的显示位置进行相应的移动。平移视图的过程中，移动前后只是改变图形在视图中的位置，而图形不会发生大小变化。如图 3-45 和图 3-46 所示分别是对图形进行上、下平移前后的对比效果。

执行平移视图的命令包括以下两种常用操作方法。

- 选择【视图】→【平移】命令，然后在子菜单中选择需要的命令。
- 输入 PAN(简化命令 P)并按空格键进行确定。

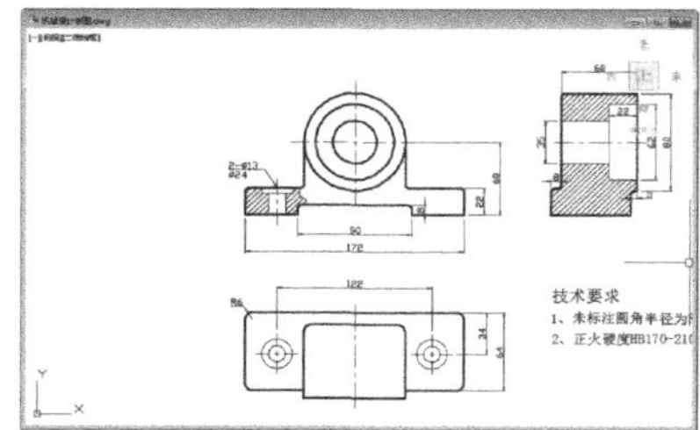

图 3-45　平移视图前

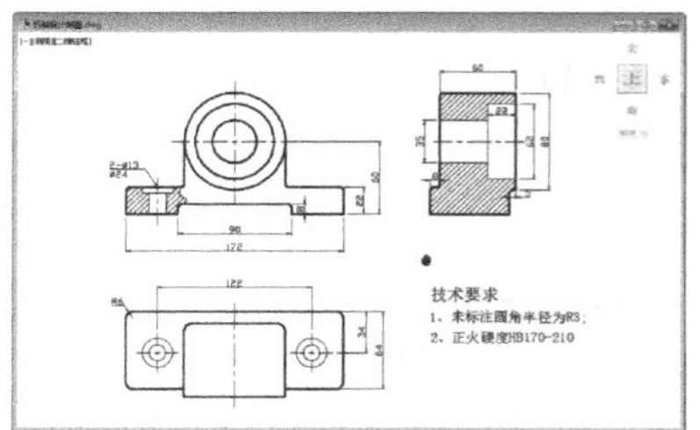

图 3-46　平移视图后

3.5.3　重画与重生成图形

下面将学习重画和重生成图形的方法，读者可以使用重画和重生成命令，对视图中的图形进行更新操作。

1. 重画图形

图形中某一图层被打开或关闭，或者栅格被关闭后，系统自动对图形刷新并重新显示，栅格的密度会影响刷新的速度。使用【重画】命令可以重新显示当前视窗中的图形，消除残留的标记点痕迹，使图形变得清晰。

执行重画图形的命令包括以下两种操作方法。

- 选择【视图】→【重画】命令。
- 输入 REDRAWALL(简化命令 REDRAW)，然后按空格键进行确定。

2. 重生成图形

使用【重生成】命令能将当前活动视窗中所有对象的有关几何数据及几何特性重新计算一次(即重生)。此外，使用 OPEN 命令打开图形时，系统自动重生视图，ZOOM 命令的【全部】、【范围】选项也可自动重生视图。被冻结图层上的实体不参与计算。因此，为了缩短重生时间，可将一些层冻结。

执行重生成图形的命令包括以下两种操作方法。

- 选择【视图】→【全部重生成】命令。
- 输入 REGEN(简化命令 RE)，然后按空格键进行确定。

提示

在视图重生计算过程中，用户可用 Esc 键将操作中断，使用 REGENALL 命令可对所有视窗中的图形进行重新计算。与 REDRAW 命令相比，REGEN 命令刷新显示较慢。

3.5.4　全屏显示视图

选择【视图】→【全屏显示】命令，或单击状态栏右下角的【全屏显示】按钮，在屏幕上将清除功能区面板和可固定窗口(命令行除外)，仅显示菜单栏、【模型】选项卡、【布局】选项卡、状态栏和命令行。再次执行该命令，又将返回到原来的窗口状态。全屏显示通常适合在绘制复杂图形并需要足够的屏幕空间时使用。

3.6　设置图形特性

在制图过程中，图形的基本特性可以通过图层指定给对象，也可以为图形对象单独赋予需要的特性。设置图形特性通常包括对象的线型、线宽和颜色等属性。

3.6.1 应用【特性】面板

在【特性】面板中可以修改对象的特性，包括颜色、线宽、线型等。选择要修改的对象，单击【特性】面板中相应的控制按钮，然后在弹出的列表中选择需要的特性，即可修改对象的特性，分别如图 3-47、图 3-48 和图 3-49 所示。

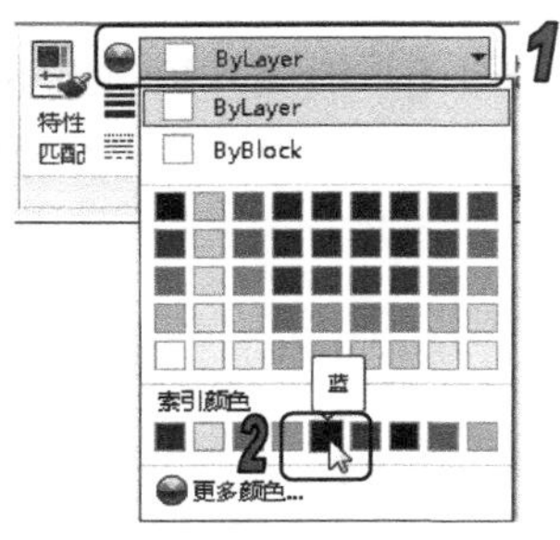

图 3-47 更改颜色

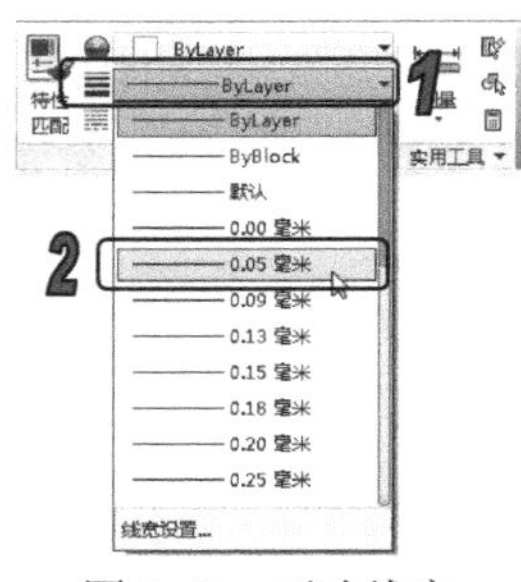

图 3-48 更改线宽

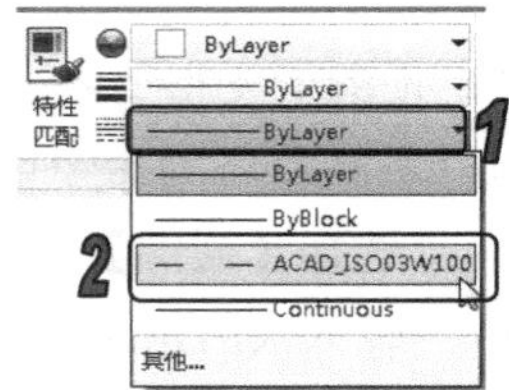

图 3-49 更改线型

提示

如果将特性设置为 ByLayer，将为对象指定与其所在图层相同的值；如果将特性设置为一个特定值，该值将替代为图层设置的值；在【特性】面板中单击【线型控制】下拉按钮，在弹出的列表框中选择【其他】选项，打开【线型管理器】对话框，然后单击【加载】按钮，可以在打开的【加载或重载线型】对话框中加载其他线型。

3.6.2 应用【特性】选项板

选择【修改】→【特性】命令，打开【特性】选项板，在该选项板中可以修改选定对象的完整特性，如图 3-50 所示。如果在绘图区选择了多个对象，【特性】选项板中将显示这些对象的共同特性，如图 3-51 所示。

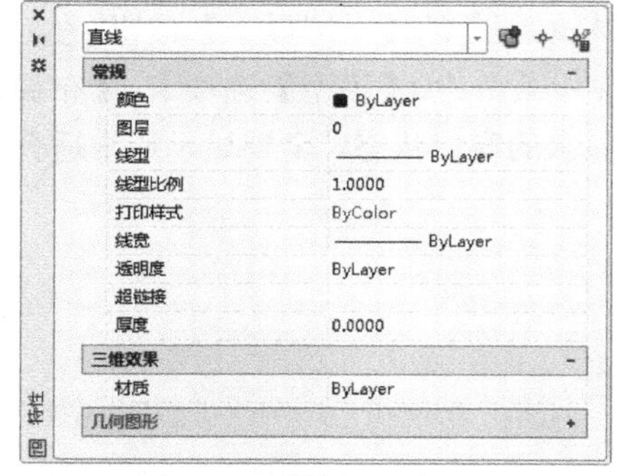

图 3-50 【特性】选项板

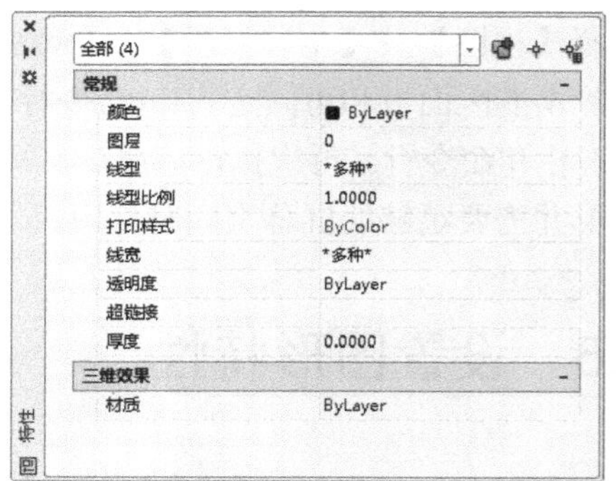

图 3-51 选择多个对象后的参数

3.6.3 复制图形特性

选择【修改】→【特性匹配】命令，或输入 MATCHPROP(MA)并按空格键，可以将一个对象所具有的特性复制给其他对象，可以复制的特性包括颜色、图层、线型、线型比例、厚度和打印样式，有时也包括文字、标注和图案填充特性。

执行 MATCHPROP(MA)命令后，系统将提示【选择源对象:】。此时需要用户选择已具有所需要特性的对象，如图 3-52 所示。选择源对象后，系统将提示【选择目标对象或［设置(S)]:】，此时选择应用源对象特性的目标对象即可，如图 3-53 所示。

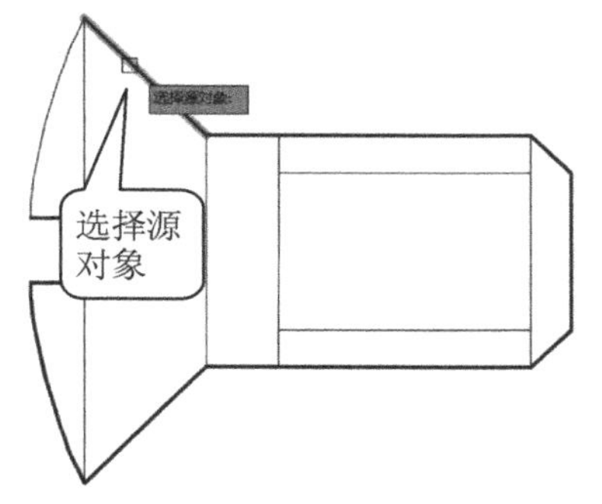

图 3-52 选择源对象

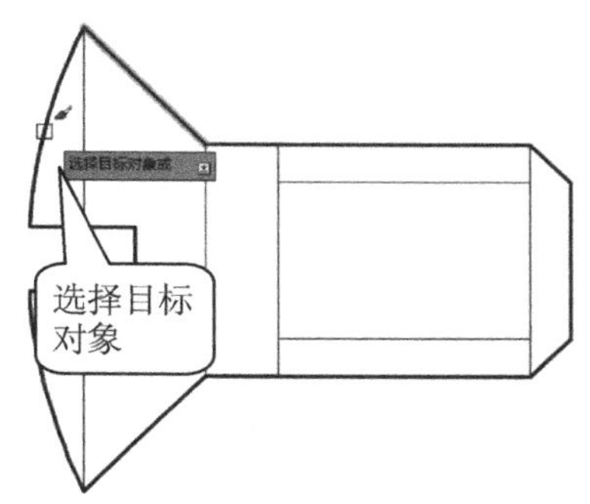

图 3-53 选择目标对象

在执行【特性匹配】命令的过程中，当系统提示【选择目标对象或［设置(S)]:】时，输入 S 并按下空格键进行确定，将打开【特性设置】对话框，用户在该对话框中可以设置复制所需要的特性，如图 3-54 所示。

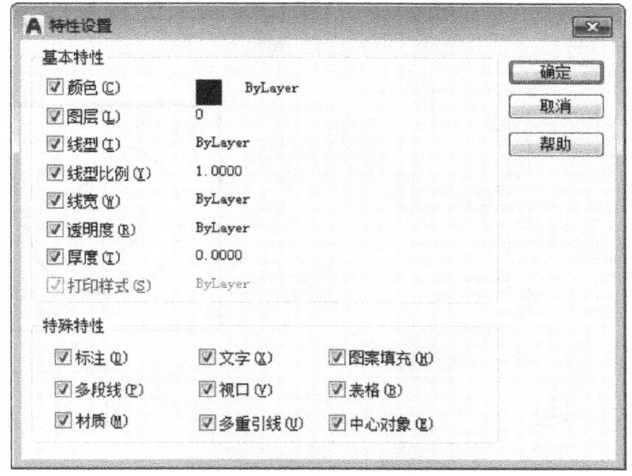

图 3-54 【特性设置】对话框

3.6.4 设置线型比例

线型是由实线、虚线、点和空格组成的重复图案，显示为直线或曲线。对于某些特殊的线型，

更改线型的比例将产生不同的线型效果。例如，在绘制机械中心线时，通常使用虚线样式表示中心线，但是，在图形显示时，往往会将虚线显示为实线，这时就可以更改线型的比例，达到修改线型效果的目的。

【练习 3-11】设置线型的全局比例为 0.5。

(1) 选择【格式】→【线型】命令，或在【特性】面板中单击【线型控制】下拉按钮，在弹出的列表框中选择【其他】选项，打开【线型管理器】对话框，如图 3-55 所示。

(2) 在该对话框中单击【显示细节】按钮，显示详细信息，然后在【全局比例因子】文本框中输入 0.5 并按空格键确定，如图 3-56 所示。

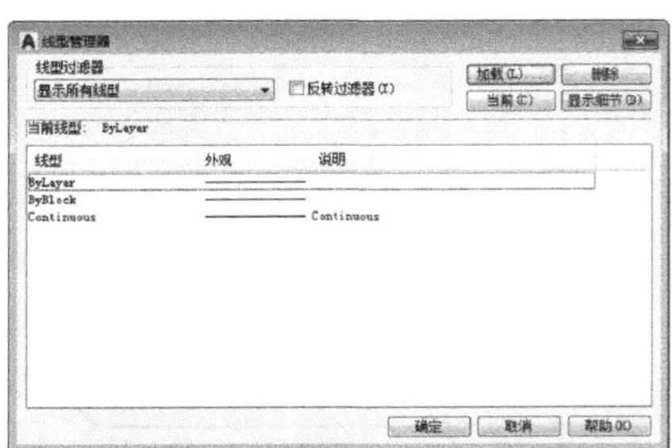
图 3-55 【线型管理器】对话框

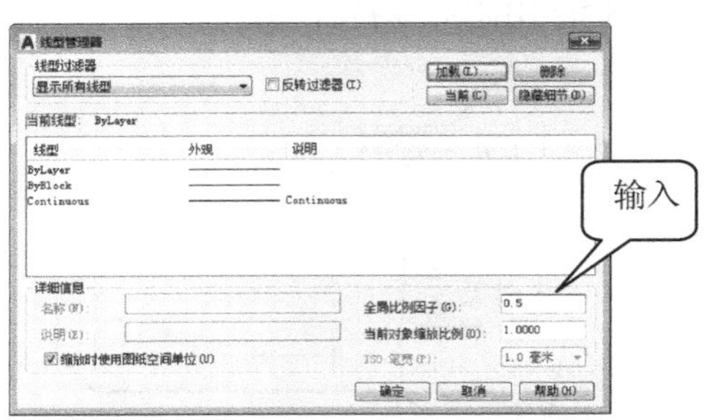

图 3-56 设置全局比例因子

3.6.5 控制线宽显示

在 AutoCAD 中，可以在图形中打开和关闭线宽，并在模型空间中以不同于图纸空间布局中的方式显示。图 3-57 所示为关闭线宽的效果，图 3-58 所示为打开线宽的效果。

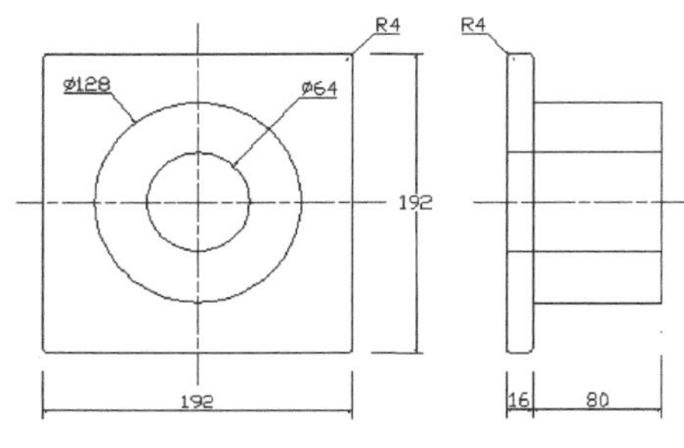

图 3-57 关闭线宽

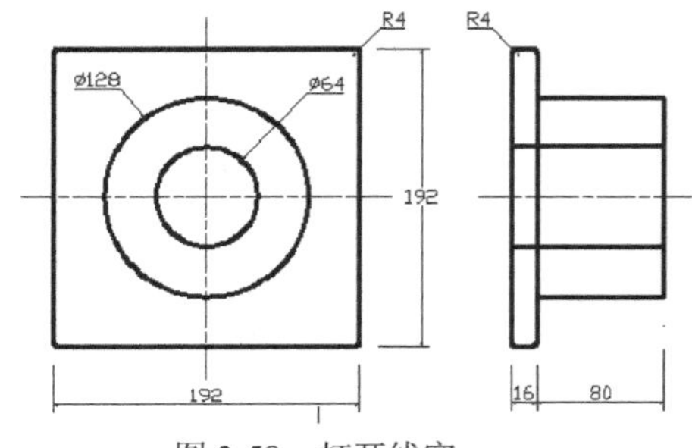

图 3-58 打开线宽

要打开或关闭线宽功能，可以使用以下两种操作方法。

- 选择【格式】→【线宽】命令，打开【线宽设置】对话框，选中或取消选中【显示线宽】复选框可以对线宽的显示进行控制，如图3-59所示。
- 单击状态栏上的【显示/隐藏线宽】按钮，可以打开或关闭线宽的显示，如图3-60所示。

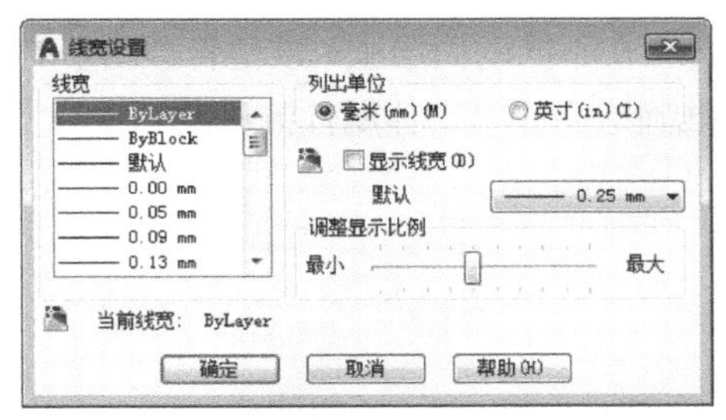

图 3-59　【线宽设置】对话框

图 3-60　显示/隐藏线宽

提示

打开和关闭线宽不会影响线宽的打印。在模型空间中，值为 0 的线宽显示为一个像素，其他线宽使用与其真实单位值成比例的像素宽度。关闭线宽可优化程序的性能。

3.7　图层管理

本节将介绍 AutoCAD 图层管理与应用的相关知识，包括如何新建图层、设置图层颜色、设置线型和线宽，以及控制图层的状态等。通过本节的学习，可以使用图层功能对图形进行分层管理，从而更快、更方便地绘制和修改复杂图形。

3.7.1　图层的作用

图层就像透明的覆盖层，用户可以在上面对图形中的对象进行组织和编组。在 AutoCAD 中，图层的作用一般是，用于按功能在图形中组织信息以及执行线型、颜色等其他标准。

在 AutoCAD 中，用户不但可以使用图层控制对象的可见性，还可以使用图层将特性指定给对象，也可以锁定图层从而防止对象被修改。图层有以下特性。

- 用户可以在一个图形文件中指定任意数量的图层。
- 每一个图层都应有一个名称，其名称可以是汉字、字母或个别的符号($、_、-)。在给图层命名时，最好根据绘图的实际内容以容易识别的名称命名，从而方便在再次编辑时快速、准确地了解图形文件中的内容。
- 通常情况下，同一个图层上的对象只能为同一种颜色、同一种线型；在绘图过程中，可以根据需要，随时改变各图层的颜色、线型。
- 每一个图层都可以设置为当前层，新绘制的图形只能生成在当前层上。
- 可以对一个图层进行打开、关闭、冻结、解冻、锁定和解锁等操作。
- 如果重命名某个图层并更改其特性，则可恢复除原始图层名外的所有原始特性。
- 如果删除或清理某个图层，则无法恢复该图层。
- 如果将新图层添加到图形中，则无法删除该图层。

- 在制图的过程中，将不同属性的实体建立在不同的图层上，以便管理图形对象，并可以通过修改所在图层的属性，快速、准确地完成对实体属性的修改。

3.7.2 认识图层特性管理器

在 AutoCAD 的【图层特性管理器】选项板中可以创建图层，设置图层的颜色、线型和线宽，以及进行其他设置与管理操作。

打开【图层特性管理器】选项板的命令有以下 3 种常用操作方法。

- 选择【格式】→【图层】命令。
- 单击【图层】面板中的【图层特性】按钮，如图3-61所示。
- 输入 LAYER(简化命令 LA)并按空格键确定。

执行以上任意一种命令后，即可打开【图层特性管理器】选项板，该选项板的左侧为图层过滤器区域，右侧为图层列表区域，如图 3-62 所示。

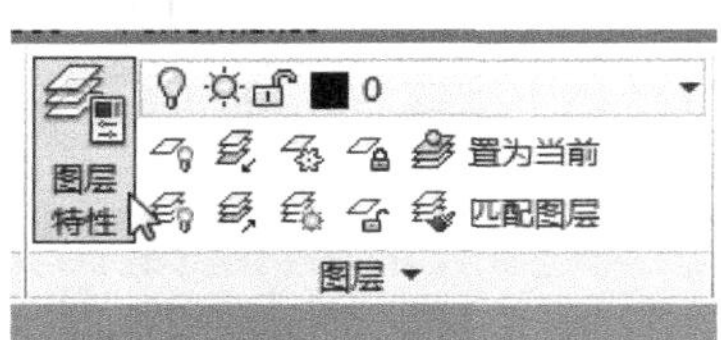

图 3-61　单击【图层特性】按钮

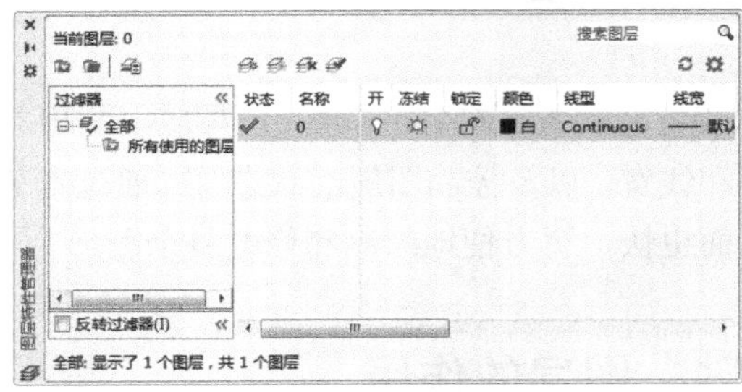

图 3-62　【图层特性管理器】选项板

【图层特性管理器】选项板中主要工具按钮和选项的作用如下。

- 【图层状态管理器】按钮：单击该按钮，可以打开图层状态管理器。
- 【新建图层】按钮：用于创建新图层，列表中将自动显示一个名为【图层1】的图层。
- 【在所有视口中都被冻结的新图层视口】按钮：用于创建新图层，然后在所有现有布局视口中将其冻结，可以在【模型】选项卡或【布局】选项卡中访问此按钮。
- 【删除图层】按钮：将选定的图层删除。
- 【置为当前】按钮：将选定的图层设置为当前图层，用户绘制的图形将存放在当前图层上。
- 状态：指示项目的类型，包括图层过滤器、正在使用的图层、空图层或当前图层。
- 名称：显示图层或过滤器的名称，按 F2键可以快速输入新名称。
- 开/关：用于显示或隐藏图层上的 AutoCAD 图形。
- 冻结/解冻：用于冻结图层上的图形，使其不可见，并且使该图层的图形对象不能进行打印，再次单击对应的按钮，可以进行解冻。
- 锁定：为了防止图层上的对象被误编辑，可以将绘制好图形内容的图层锁定，再次单击对应的按钮，可以进行解锁。

- 颜色：为了区分不同图层上的图形对象，可以为图层设置不同颜色。默认状态下，新绘制的图形将继承该图层的颜色属性。
- 线型：可以根据需要为每个图层分配不同的线型。
- 线宽：可以为线条设置不同的宽度，宽度值从0mm 到2.11mm。
- 打印样式：可以为不同的图层设置不同的打印样式，以及是否打印该图层样式。

3.7.3　创建与设置图层

应用 AutoCAD 进行工程制图之前，通常需要创建图层并对其进行设置，以便对图层进行管理和编辑。

1. 创建图层

执行【图层】命令，在打开的【图层特性管理器】选项板中可以进行图层的创建。

【练习 3-12】创建新图层。

(1) 执行 LAYER 命令，打开【图层特性管理器】选项板，单击【新建】按钮，创建一个图层，如图 3-63 所示。

(2) 在图层名处于激活的状态图层1时直接输入图层名字(如【中心线】)并按 Enter 键，如图 3-64 所示。

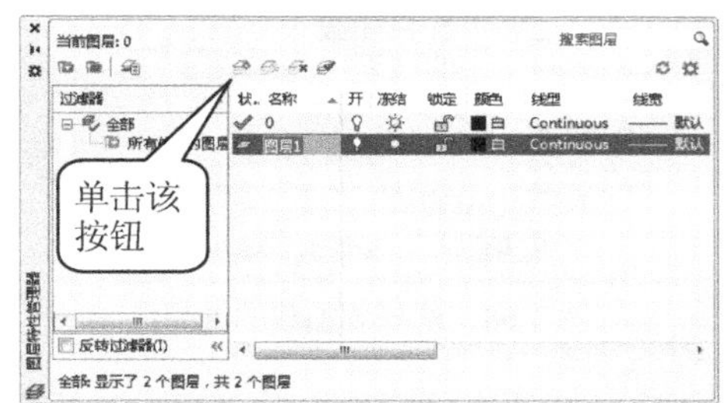

图 3-63　创建新图层

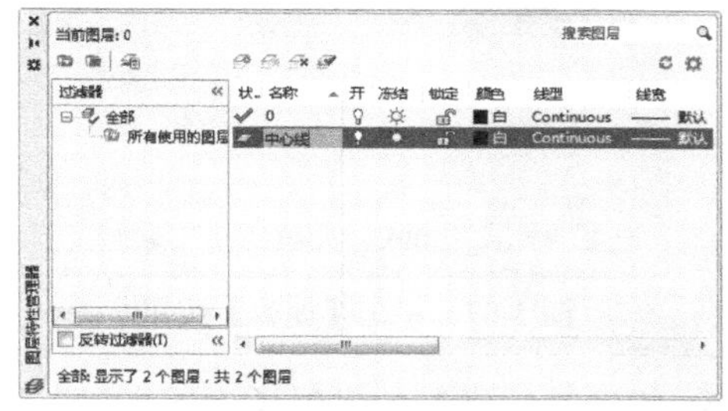

图 3-64　输入新的图层名

提示

如果图层名已经确定，即未处于激活状态，此时要修改图层的名称，可以单击图层的名称，使图层名处在激活状态，然后输入新的名称并按空格键确定即可。

2. 设置图层特性

由于图形中的所有对象都与图层相关联，因此在修改和创建图形的过程中，需要对图层特性进行修改、调整。在【图层特性管理器】选项板中，通过单击图层的各个属性对象，可以对图层的名称、颜色、线型和线宽等属性进行设置。

【练习 3-13】设置图层特性。

(1) 执行【图层】命令，打开【图层特性管理器】选项板，创建一个图层。

(2) 单击图层对应的【颜色】对象，打开【选择颜色】对话框，然后选择需要的图层颜色(如【红】)，如图 3-65 所示。

(3) 单击对话框中的【确定】按钮，即可将图层的颜色设置为选择的颜色，如图 3-66 所示。

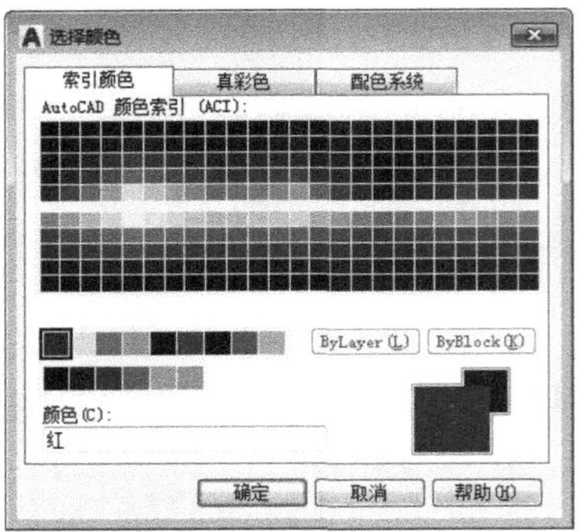

图 3-65 选择颜色

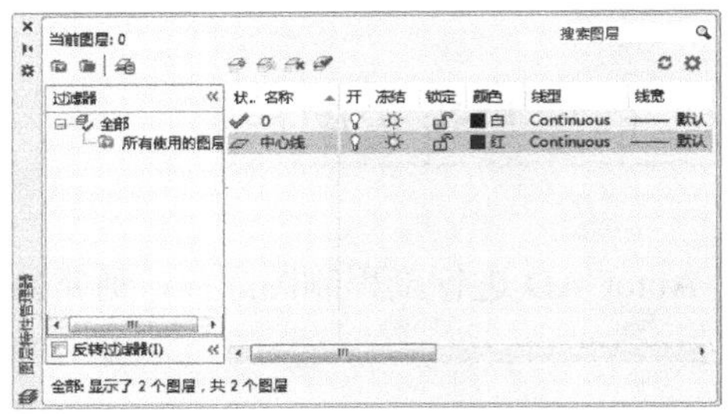

图 3-66 修改图层的颜色

(4) 在【图层特性管理器】选项板中单击图层对应的【线型】对象，打开【选择线型】对话框，然后单击【加载】按钮，如图 3-67 所示。

(5) 在打开的【加载或重载线型】对话框中选择需要加载的线型(如 ACAD_ISO08W100)，然后单击【确定】按钮，如图 3-68 所示。

图 3-67 单击【加载】按钮

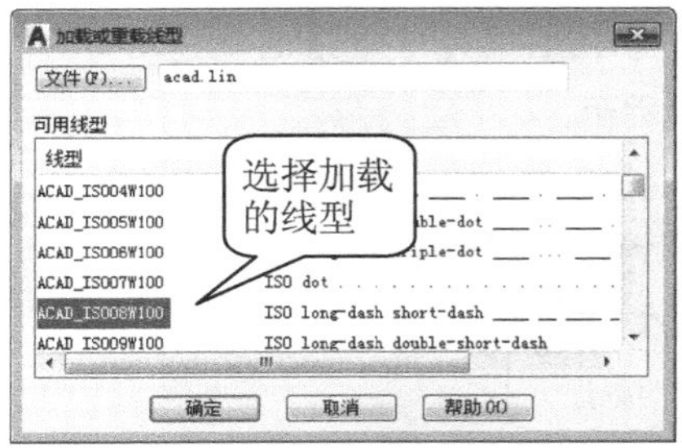

图 3-68 选择要加载的线型

(6) 将选择的线型加载到【选择线型】对话框中之后，在【选择线型】对话框中选择需要的线型，然后单击【确定】按钮，即可完成线型的设置。

(7) 在【图层特性管理器】选项板中单击【线宽】对象，打开【线宽】对话框，选择需要的线宽，如图 3-69 所示。然后单击【确定】按钮，即可完成线宽的设置，如图 3-70 所示。

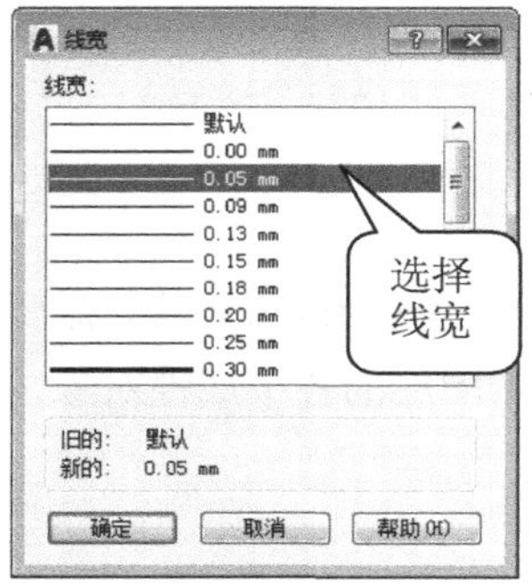

图 3-69 选择线宽

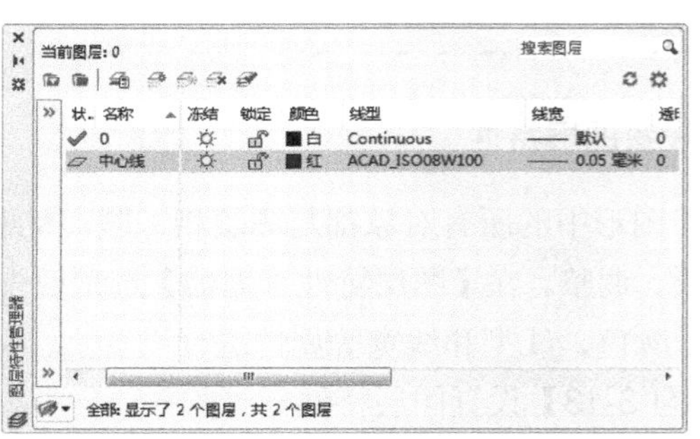

图 3-70 更改线宽

3. 设置当前图层

在 AutoCAD 中，当前层是指正在使用的图层，用户绘制的图形对象将存在于当前层上。默认情况下，在【特性】面板中显示了当前层的状态信息。

设置当前层有如下两种常用操作方法。

- 在【图层特性管理器】选项板中选择需设置为当前层的图层，再单击【置为当前】按钮，被设为当前层的图层前面有标记，如图3-71所示的【图层3】图层。
- 在【图层】面板中单击【图层控制】下拉按钮，在弹出的下拉列表框中选择需要设置为当前层的图层，如图3-72所示。

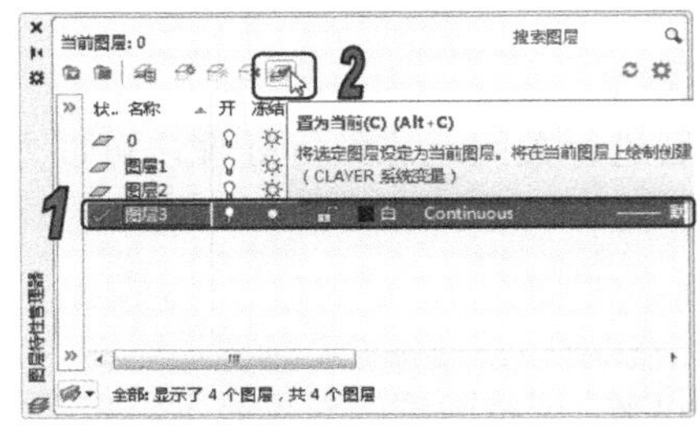

图 3-71　设置当前层

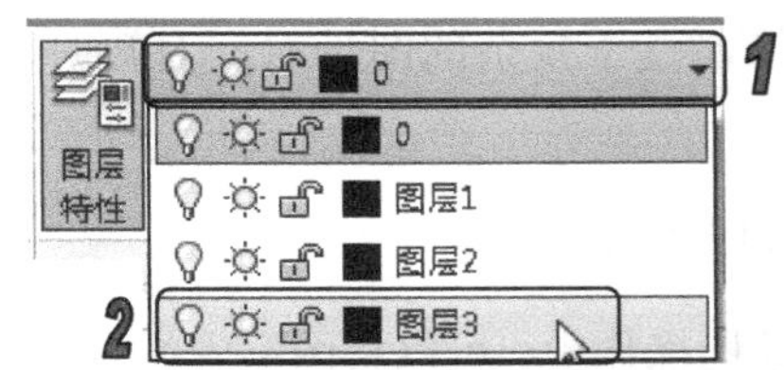

图 3-72　指定当前层

4. 转换图层

转换图层是指将一个图层中的图形转换到另一个图层中。例如，将图层 1 中的图形转换到图层 2 中，被转换后的图形的颜色、线型、线宽将拥有图层 2 的属性。

转换图层时，先在绘图区中选择需要转换图层的图形，然后单击【图层】面板中的【图层控制】下拉按钮，在弹出的列表中选择要将对象转换到的指定的图层即可。例如，在图 3-73 中，所选的 5 个圆的原图层为 0 图层，这里将它们放入【轮廓线】图层中，转换图层后，所选的 5 个圆将拥有【轮廓线】图层的属性，如图 3-74 所示。

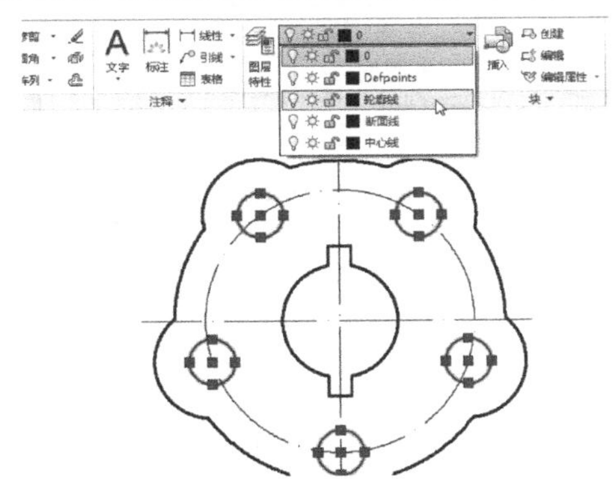

图 3-73　选择要转换到的图层

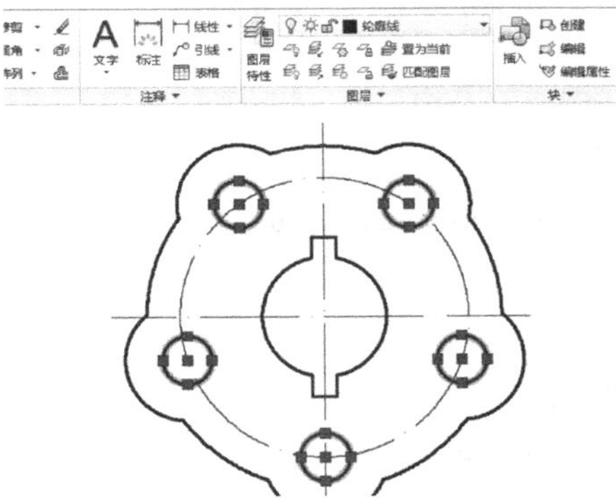

图 3-74　转换图层后的效果

5. 删除图层

在 AutoCAD 中进行图形绘制时，将不需要的图层删除，便于对有用的图层进行管理。执行

计算机　基础与实训教材系列

Layer 命令，打开【图层特性管理器】选项板，选择要删除的图层，然后单击【删除】按钮，即可将其删除。

提示

在删除图层的操作中，0 图层、默认层、当前层、含有图形实体的图层和外部引用依赖层均不能被删除。若对这些图层执行了删除操作，AutoCAD 会弹出提示不能删除的警告框。

3.7.4 控制图层状态

在绘制过于复杂的图形时，对暂时不用的图层进行关闭或冻结等处理，可以方便进行绘图操作。

1. 打开/关闭图层

在绘图操作中，可以将图层中的对象暂时隐藏起来，或将隐藏的对象显示出来。图层中隐藏的图形将不能被选择、编辑、修改、打印。默认情况下，0 图层和创建的图层都处于打开状态，通过以下两种操作方法可以关闭图层。

- 在【图层特性管理器】选项板中单击要关闭图层前面的图标，图层前面的图标将变为图标，表示该图层已关闭，如图3-75所示的【图层2】。
- 在【图层】面板中单击【图层控制】下拉列表中的【开/关图层】图标，图层前面的图标将变为图标，表示该图层已关闭，如图3-76所示的【图层2】。

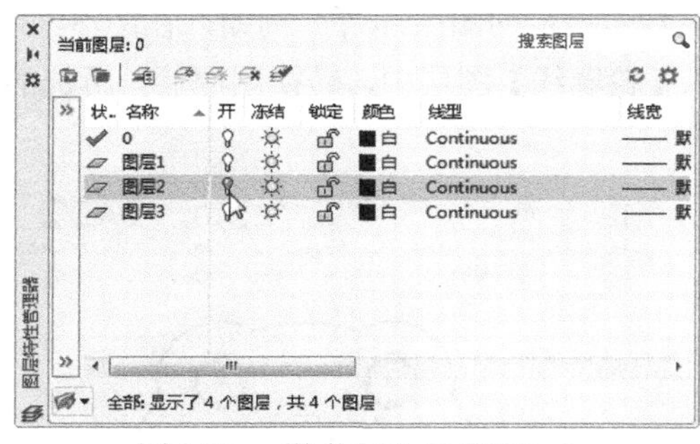

图 3-75 【图层 2】已关闭(一)

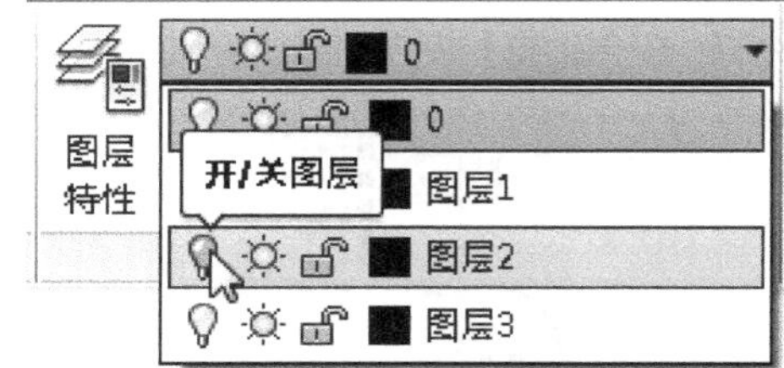

图 3-76 【图层 2】已关闭(二)

提示

如果关闭的图层是当前层，将弹出询问对话框，在该对话框中选择【关闭当前图层】选项即可。当图层被关闭后，在【图层特性管理器】选项板中单击图层前面的【开】图标，或在【图层】面板中单击【图层控制】下拉列表中的【开/关图层】图标，可以打开被关闭的图层，此时图层前面的图标将变为图标。

2. 冻结/解冻图层

对图层中不需要修改的对象进行冻结处理，可以避免这些图形受错误操作的影响。另外，冻结图层可以在绘图过程中减少系统生成图形的时间，从而提高计算机的运行速度，因此在绘制复杂的图形时冻结图层非常重要。被冻结后的图层对象将不能被选择、编辑、修改、打印。

默认情况下，0 图层和创建的图层都处于解冻状态。用户可以通过以下两种操作方法将指定的图层冻结。

- 在【图层特性管理器】选项板中单击要冻结图层前面的【冻结】图标 ☼，图标 ☼ 将变为图标 ❄，表示该图层已经被冻结，如图3-77所示的【图层1】。
- 在【图层】面板中单击【图层控制】下拉列表中的【在所有视口中冻结/解冻】图标 ☼，图层前面的图标 ☼ 将变为图标 ❄，表示该图层已经被冻结，如图3-78所示的【图层1】。

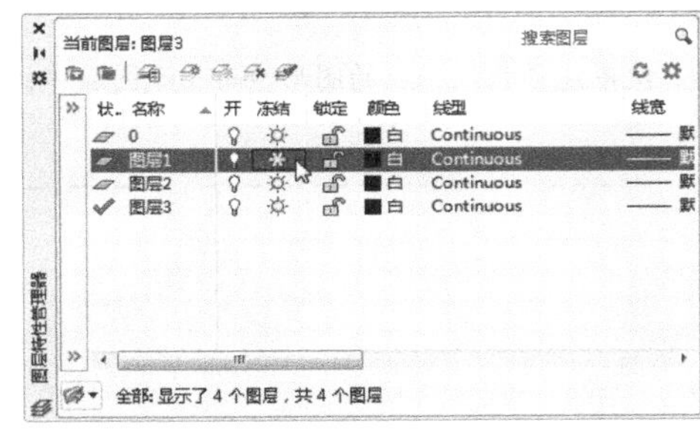

图 3-77　【图层 1】已冻结(一)

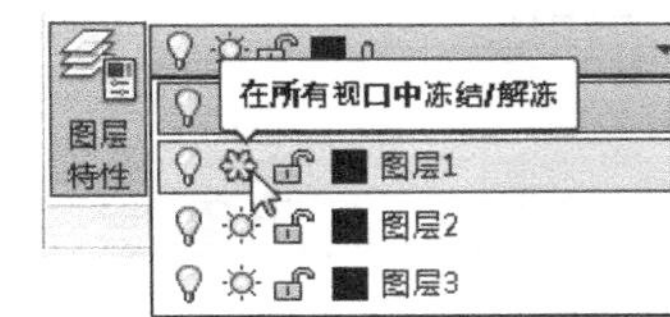

图 3-78　【图层 1】已冻结(二)

当图层被冻结后，在【图层特性管理器】选项板中单击图层前面的【解冻】图标 ❄，或在【图层】面板中单击【图层控制】下拉列表中的【在所有视口中冻结/解冻】图标 ❄，可以解冻被冻结的图层，此时图层前面的图标 ❄ 将变为图标 ☼。

> **提示**
>
> 由于图形绘制操作是在当前层上进行的，因此不能对当前层进行冻结操作。如果用户对当前层进行了冻结操作，系统将给出无法冻结的提示。

3. 锁定/解锁图层

锁定图层可以将图层中的对象锁定。锁定图层后，图层上的对象仍然处于显示状态，但是用户无法对其进行选择、编辑等操作。默认情况下，0 图层和创建的图层都处于解锁状态，可以通过以下两种操作方法将图层锁定。

- 在【图层特性管理器】选项板中单击要锁定图层前面的【锁定】图标🔓，图标🔓将变为图标🔒，表示该图层已经被锁定，如图3-79所示的【图层3】。
- 在【图层】面板中单击【图层控制】下拉列表中的【锁定/解锁图层】图标🔓，图标🔓将变为图标🔒，表示该图层已锁定，如图3-80所示的【图层3】。

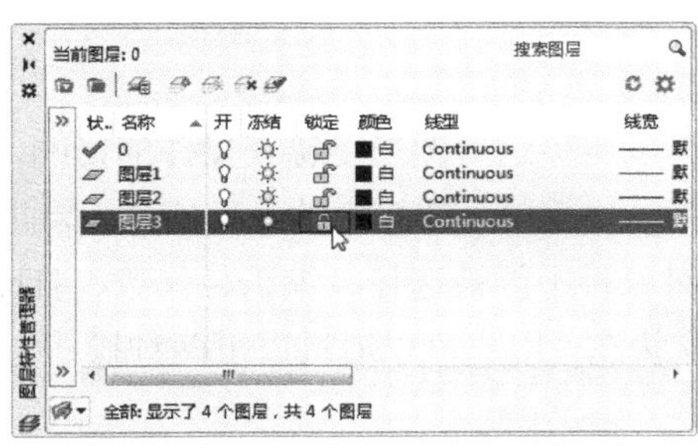

图 3-79 【图层 3】已锁定(一)

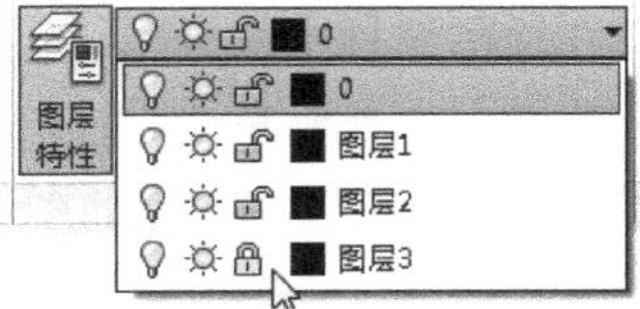

图 3-80 【图层 3】已锁定(二)

解锁图层的操作与锁定图层的操作相似。当图层被锁定后，在【图层特性管理器】选项板中单击图层前面的【解锁】图标 ，或在【图层】面板中单击【图层控制】下拉列表中的【锁定/解锁图层】图标 ，可以解锁被锁定的图层，此时图层前面的图标 将变为图标 。

 **提示**

隐藏图层中的图形不同于删除图形。删除图形后，便不能再找到相应的图形。而隐藏图层中的图形，可以在打开图层后找到并使用其中的图形。

3.7.5 输出与调用图层

如果需要经常进行同类型图形的绘制，可以对图层状态进行保存、输出和输入等操作，从而提高绘图效率。

1. 输出图层

在【图层特性管理器】选项板中创建好图层并设置图层参数后，可以通过单击右键菜单中的【保存图层状态】命令将图层的设置保存下来，如图 3-81 所示。在【图层特性管理器】选项板中单击【图层状态管理器】按钮 ，打开【图层状态管理器】对话框，单击【输出】按钮对保存的图层进行输出，以方便创建相同或相似的图层时直接进行调用，从而提高绘图效率，如图 3-82 所示。

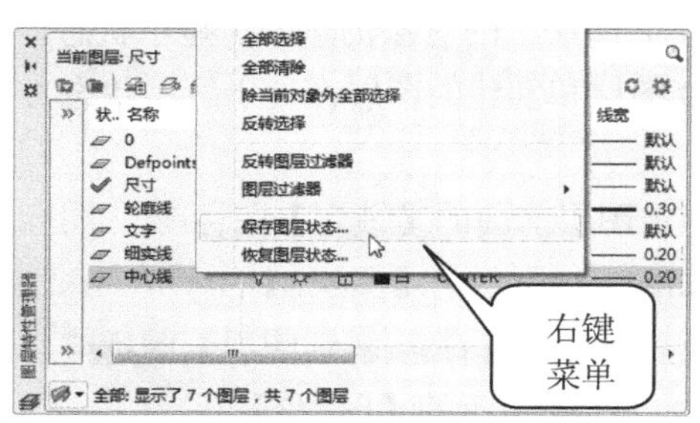

图 3-81 选择【保存图层状态】选项

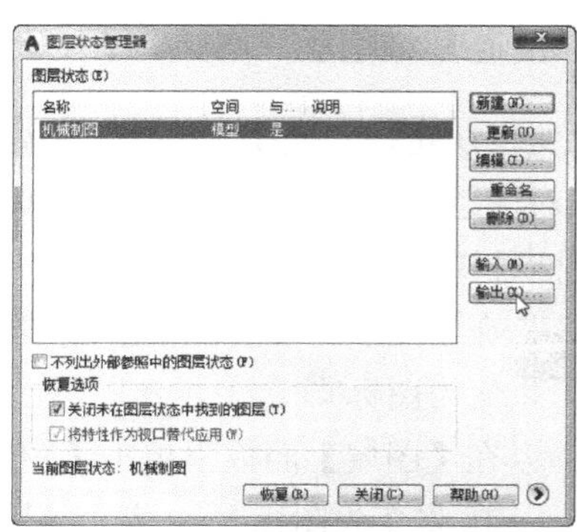

图 3-82 单击【输出】按钮

2. 输入图层

在绘制图形时，如果要设置相同或相似的图层，可以直接调用保存后的图层，从而提高工作的效率。在【图层特性管理器】选项板中单击【图层状态管理器】按钮，打开【图层状态管理器】对话框，单击【输入】按钮输入保存输出后的图层。

3.8　使用设计中心

AutoCAD 提供的设计中心是一个设计资源的集成管理工具。制图人员通常会通过设计中心进行图形的浏览、搜索、插入等操作，下面将介绍 AutoCAD 设计中心的作用和应用。

3.8.1　AutoCAD 设计中心的功能

使用 AutoCAD 设计中心，用户可以高效地管理块、外部参照、光栅图像以及来自其他源文件或应用程序的内容。此外，如果在绘图区中打开多个文档，在多个文档之间可以通过拖放操作来实现图形的复制和粘贴。粘贴不仅包含图形本身，而且包含图层定义、线型和字体等内容。

AutoCAD 2018 设计中心主要包括以下 4 方面的作用。

- 浏览用户计算机、网络驱动器和 Web 页上的图形内容(如图形或符号库)。
- 在定义表中查看图形文件中以命名对象(如块和图层)的定义，然后将定义插入、附着、复制和粘贴到当前图形中以更新(重定义)块。
- 创建指向常用图形、文件夹和 Internet 网址的快捷方式，向图形中添加外部参照、块和填充等内容。
- 在新窗口中打开图形文件，将图形、块和填充拖动到工具选项板上以便于访问。

3.8.2　AutoCAD 设计中心的启动和调整

要在 AutoCAD 中应用设计中心，以进行图形的浏览、搜索、插入等操作，首先需要打开【设计中心】选项板。

执行【设计中心】命令包括以下 3 种常用操作方法。

- 选择【工具】→【选项板】→【设计中心】命令。
- 执行 ADCENTER(ADC)命令。
- 按 Ctrl+2 组合键。

执行【设计中心】命令即可打开【设计中心】选项板，如图 3-83 所示。树状视图窗口中显示了图形源的层次结构，右边的控制板用于查看图形文件的内容。展开文件夹标签，选择指定文件的块选项，在右边的控制板中便显示该文件中的图块文件。设计中心界面的上方有一系列工具栏按钮，选取任一图标，即可显示相关的内容。

【选项说明】

- 加载：用于打开【加载】对话框，向控制板中加载内容，如图 3-84 所示。
- 上一页：单击该按钮，进入上一次浏览的页面。
- 下一页：在执行浏览上一页操作后，可以单击该按钮返回到后来浏览的页面。
- 上一级目录：回到上级目录。
- 搜索：搜索文件内容。
- 树状图切换：扩展或折叠子层次。
- 显示：控制图标的显示形式，单击右侧的下拉按钮可调出四种方式，分别为大图标、小图标、列表、详细内容。

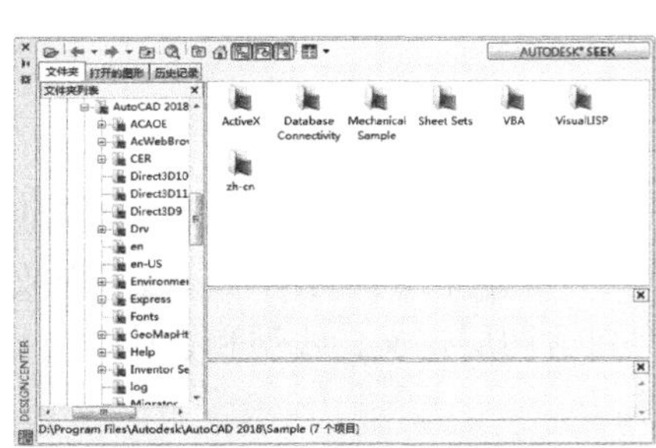

图 3-83　设计中心

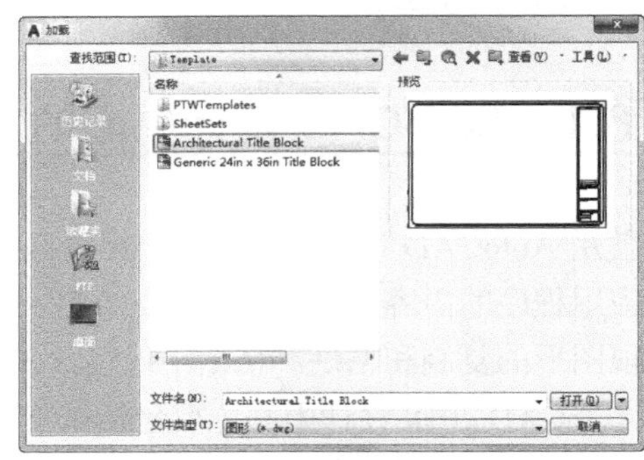

图 3-84　【加载】对话框

3.8.3　搜索图形

使用AutoCAD设计中心的搜索功能，可以搜索文件、图形、块和图层定义等。从AutoCAD设计中心的工具栏中单击【搜索】按钮，打开【搜索】对话框，在该对话框的查找栏中可以选择要查找内容的类型，包括标注样式、布局、块、填充图案、图层、图形等。

【练习 3-14】在【设计中心】选项板中搜索图形。

(1) 执行 ADCENTER(ADC)命令，打开【设计中心】选项板，单击工具栏中的【搜索】按钮，打开【搜索】对话框。然后单击【浏览】按钮，如图 3-85 所示。

(2) 在打开的【浏览文件夹】对话框中选择搜索的位置，然后单击【确定】按钮。

(3) 返回【搜索】对话框，输入要搜索图形的名称【法兰盘】，然后单击【立即搜索】按钮，即可开始搜索指定的文件，其结果显示在对话框下方的列表中，如图 3-86 所示。

(4) 双击搜索到的文件，可以将其加载到【设计中心】选项板中。

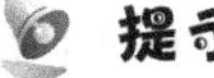

单击【立即搜索】按钮即可开始进行搜索，其结果显示在对话框下方的列表中。如果在完成全部搜索前就已经找到需要的内容，可单击【停止】按钮停止搜索；单击【新搜索】按钮可清除当前搜索的内容，重新进行搜索。在搜索到所需要的内容后，选中，双击即可直接将其加载到选项板中。

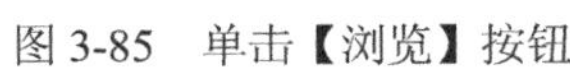

图 3-85　单击【浏览】按钮

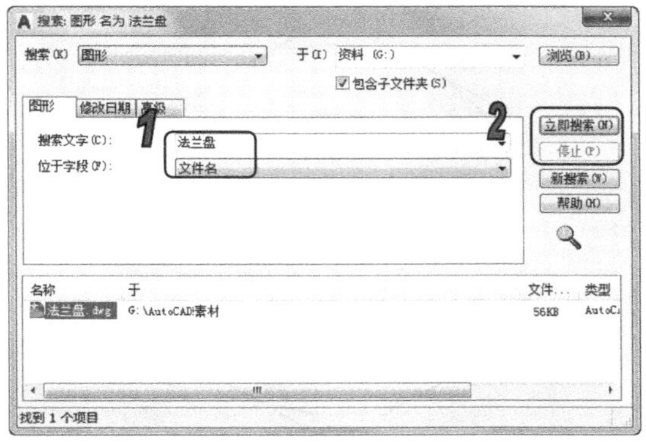

图 3-86　搜索文件

3.8.4　在绘图区中添加图形

应用 AutoCAD 设计中心不仅可以搜索需要的文件，还可以向图形中添加内容。在【设计中心】选项板中将块对象拖放到打开的图形中，即可将该内容加载到图形中。如果在【设计中心】选项板中双击块对象，可以打开【插入】对话框，然后将指定的块对象插入到图形中。

【练习 3-15】将设计中心的【六角螺母】图块插入到绘图区中。

(1) 执行 ADCENTER(ADC)命令，打开【设计中心】选项板。

(2) 参照图 3-87 所示的效果，在【设计中心】选项板的【文件夹列表】中选择要插入图块文件的位置，并单击【块】选项，在右端的文件列表中双击【六角螺母-10 毫米(俯视)】图标。

(3) 在打开的【插入】对话框中单击【确定】按钮，如图 3-88 所示。

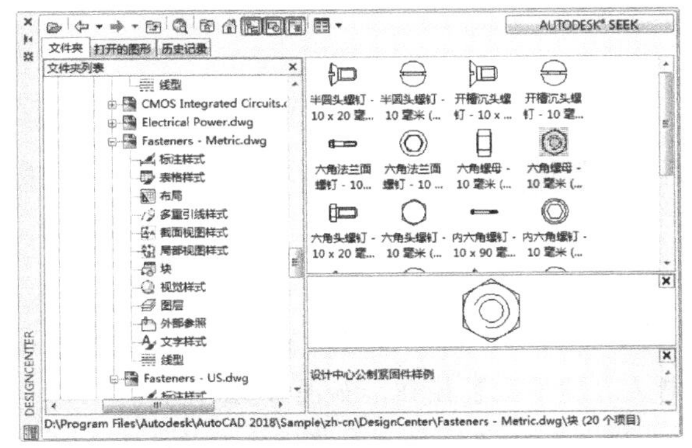

图 3-87　双击打开块对象的图标

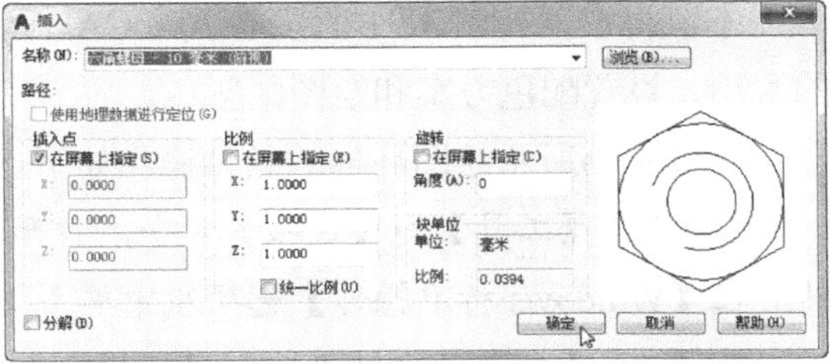

图 3-88　单击【确定】按钮

(4) 进入绘图区，指定图块的插入点，如图 3-89 所示，即可将指定的六角螺母图块插入到绘图区中，如图 3-90 所示。

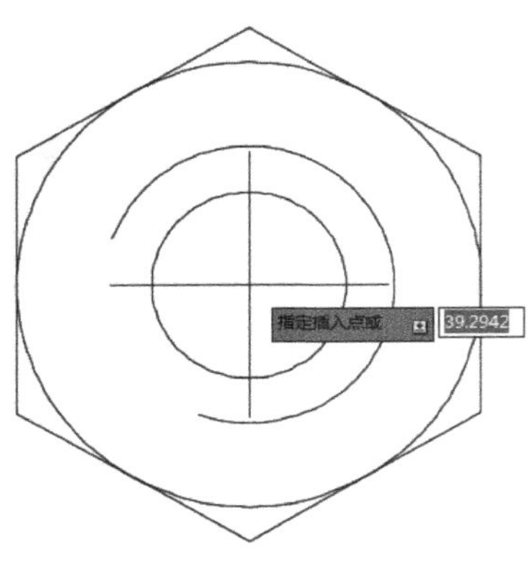

图 3-89 指定图块插入点

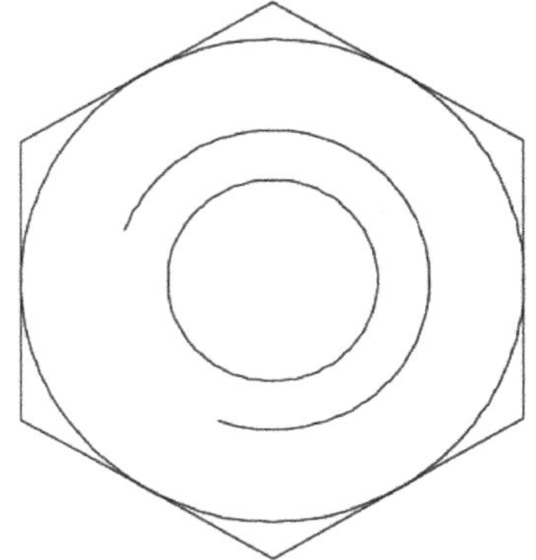

图 3-90 插入六角螺母的效果

提示

使用【设计中心】命令不仅可以插入 AutoCAD 自带的图块，也可以插入其他文件中的图块。在【设计心中】的选项板中找到并展开要打开的图块，双击该图块，打开【插入】对话框，将其插入到绘图区中，也可以将图块从【设计心中】的选项板中直接拖入绘图区。

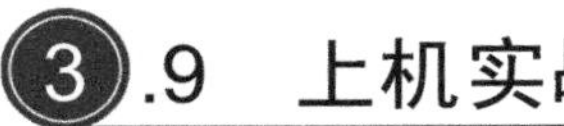

3.9 上机实战

本节综合应用所学的机械制图辅助功能，包括对象捕捉、对象捕捉追踪和光标样式、图形特性和图层管理等，练习设置个性化绘图环境、图层的创建与输出，以及简单机械图形的绘制等操作。

3.9.1 设置个性化绘图环境

本节将设置如图 3-91 所示的 AutoCAD 绘图环境，包括自定义右键单击功能、设置十字光标的大小、设置配色方案和绘图区颜色。

设置本例所示绘图环境的具体操作如下。

(1) 选择【工具】→【选项】命令，打开【选项】对话框，选择【用户系统配置】选项卡，然后在【Windows 标准操作】选项组中单击【自定义右键单击】按钮，如图 3-92 所示。

(2) 打开【自定义右键单击】对话框，在【命令模式】选项组中选中【快捷菜单：命令选项存在时可用】单选按钮，如图 3-93 所示。然后单击【应用并关闭】按钮，返回【选项】对话框。

(3) 选择【显示】选项卡，在【配色方案】下拉列表中选择【明】选项，然后在【十字光标大小】栏中拖动滑块到最右端，文本框中的数字将显示为 100，也就是将十字光标的大小设置为 100，充满整个屏幕，如图 3-94 所示。

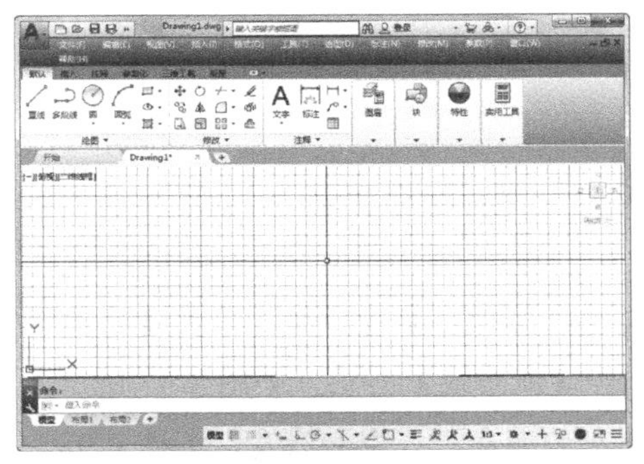

图 3-91　设置绘图环境

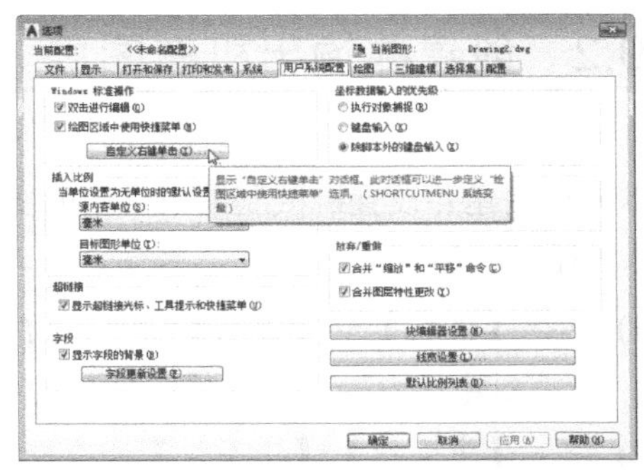

图 3-92　单击【自定义右键单击】按钮

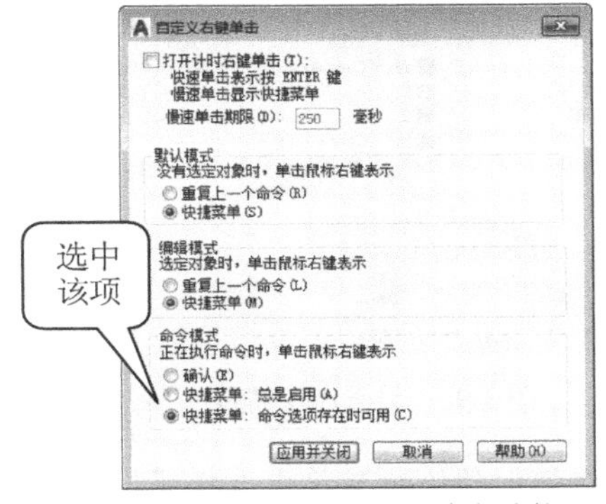

图 3-93　定义右键单击功能

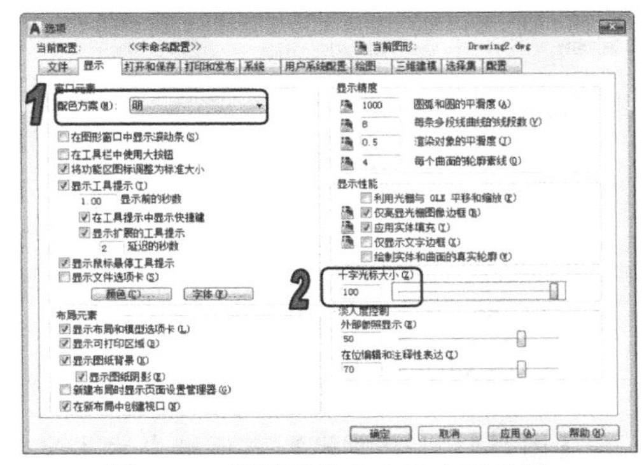

图 3-94　设置配色方案和十字光标

(4) 单击【显示】选项卡中的【颜色】按钮，然后在打开的【图形窗口颜色】对话框中依次选择【二维模型空间】、【统一背景】选项，在【颜色】选项栏中单击以打开下拉列表框，并选择【选择颜色】选项，如图 3-95 所示。

(5) 在打开的【选择颜色】对话框中选择白色，如图 3-96 所示。然后单击【确定】按钮，返回【图形窗口颜色】对话框，单击【应用并关闭】按钮，返回【选项】对话框，单击【确定】按钮，完成操作。

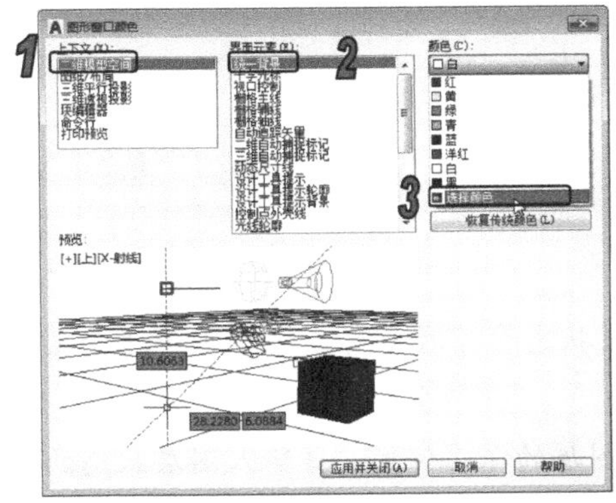

图 3-95　【图形窗口颜色】对话框

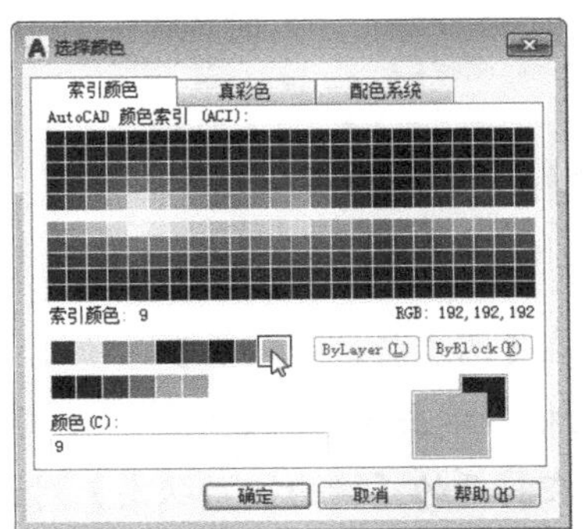

图 3-96　【选择颜色】对话框

3.9.2 创建并输出机械图层

本节将创建并设置机械制图中常用的图层，然后对其进行保存和输出。创建并输出机械图层的具体操作步骤如下。

(1) 选择【格式】→【图层】命令，打开【图层特性管理器】选项板，单击【新建图层】按钮，依次创建【中心线】、【轮廓线】、【细实线】和【断面线】图层，如图 3-97 所示。

(2) 设置【中心线】、【轮廓线】和【断面线】图层的颜色、线型和线宽，如图 3-98 所示。

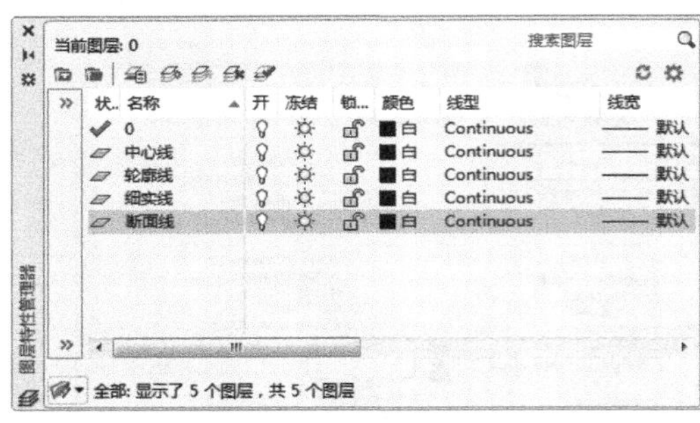

图 3-97 创建图层

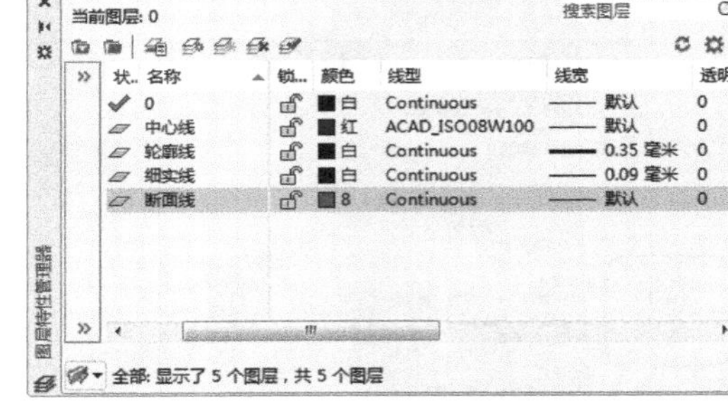

图 3-98 设置图层特性

(3) 在【图层特性管理器】选项板中右击鼠标，然后在弹出的快捷菜单中选择【保存图层状态】命令，如图 3-99 所示。

(4) 在打开的【要保存的新图层状态】对话框中输入新图层状态名为【机械制图】，如图 3-100 所示，单击【确定】按钮，即可对图层状态进行保存，并返回【图层特性管理器】选项板。

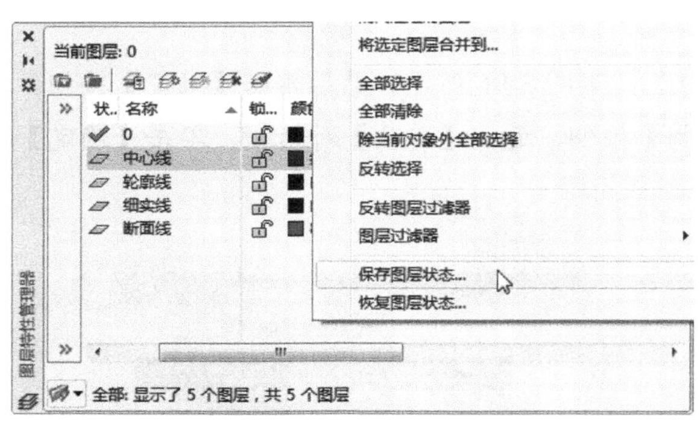

图 3-99 选择【保存图层状态】选项

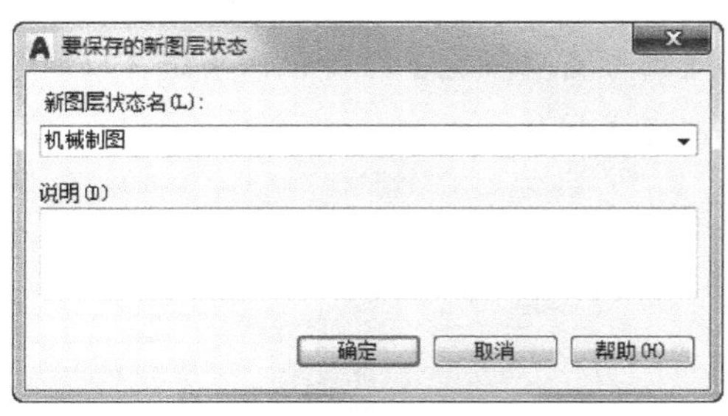

图 3-100 输入新图层状态名

(5) 在【图层特性管理器】选项板中单击【图层状态管理器】按钮，打开【图层状态管理器】对话框，单击【输出】按钮，如图 3-101 所示。

(6) 在打开的【输出图层状态】对话框中选择图层的保存位置，并输入图层状态的名称，然后单击【保存】按钮，即可保存并输出图层状态，如图 3-102 所示。

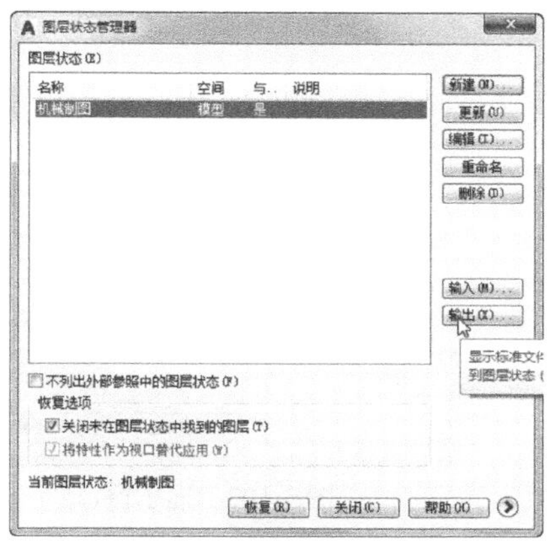

图 3-101　单击【输出】按钮

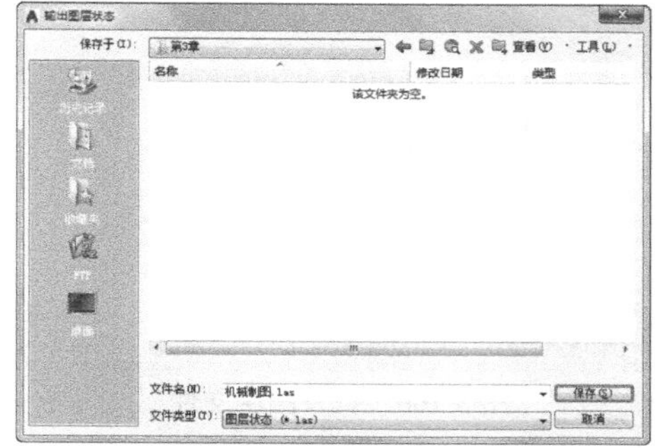

图 3-102　保存并输出图层

3.9.3　绘制六角螺母

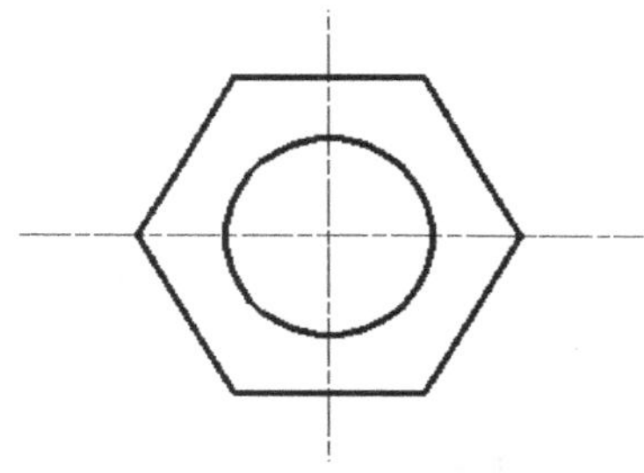

图 3-103　绘制六角螺母

在 AutoCAD 中可以使用对象捕捉功能方便地绘制图形，还可以使用图层对各个图形进行分层管理。这里可以直接调用之前输出的图层进行图形管理，本例绘制的六角螺母如图 3-103 所示。

绘制六角螺母的具体操作步骤如下。

(1) 新建一个空白文档，然后选择【格式】→【图层】命令，打开【图层特性管理器】选项板，单击【图层状态管理器】按钮，如图 3-104 所示。

(2) 在打开的【图层状态管理器】选项板中单击【输入】按钮，如图 3-105 所示。

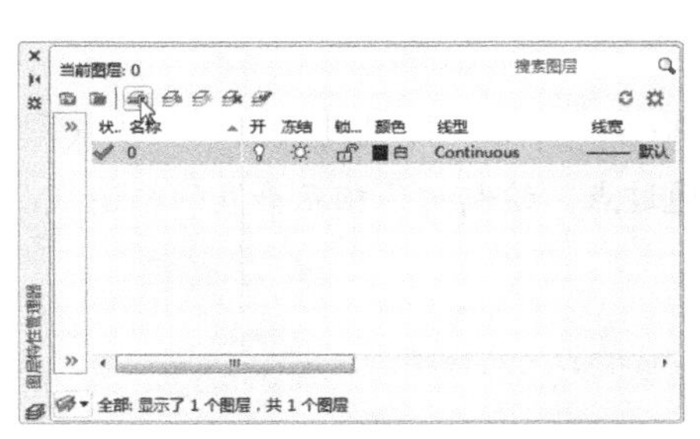

图 3-104　【图层特性管理器】选项板

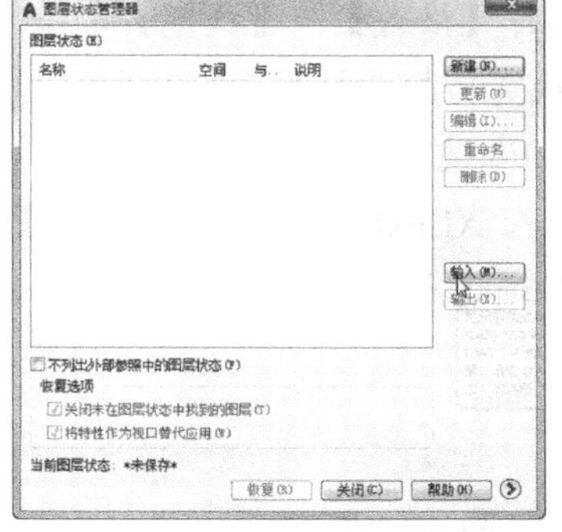

图 3-105　【图层状态管理器】对话框

(3) 在打开的【输入图层状态】对话框中单击【文件类型】选项右侧的下拉按钮，在弹出的下拉列表中选择*.las 选项，然后选择前面输出的【机械制图.las】图层状态文件，单击【打开】按钮，如图 3-106 所示。

(4) 在出现的 AutoCAD 提示窗口中，单击【恢复状态】按钮，如图 3-107 所示。

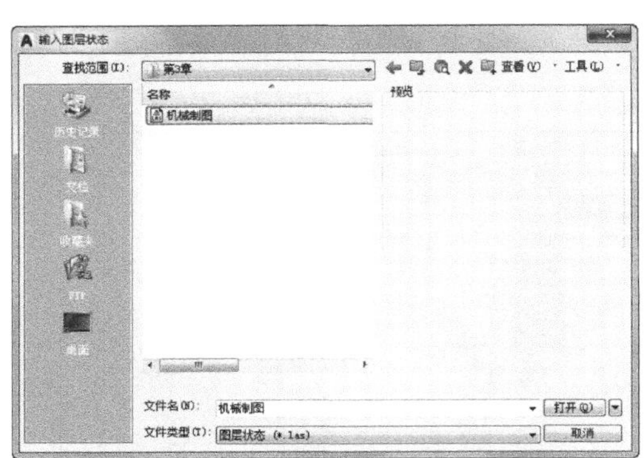
图 3-106　打开图层文件

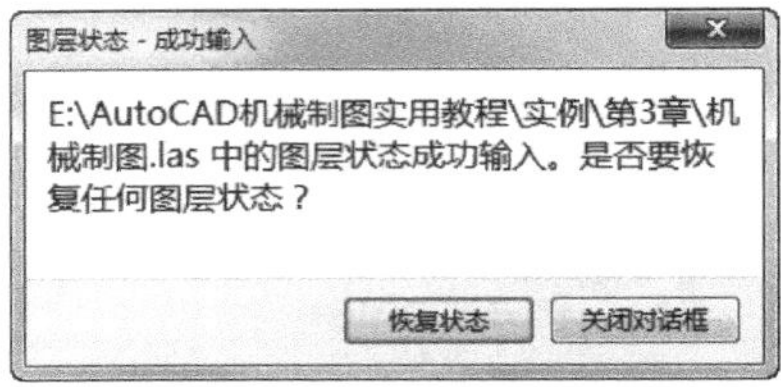

图 3-107　提示窗口

(5) 返回【图层特性管理器】选项板，即可将【机械制图.las】图层文件的图层状态输入到新建的图形文件中，然后修改图层的特性，并设置【中心线】图层为当前层，如图 3-108 所示。

(6) 执行 DSETTINGS(SE)命令，打开【草图设置】对话框，在【对象捕捉】选项卡中选中【启用对象捕捉】、【交点】和【圆心】复选框并单击【确定】按钮，如图 3-109 所示。

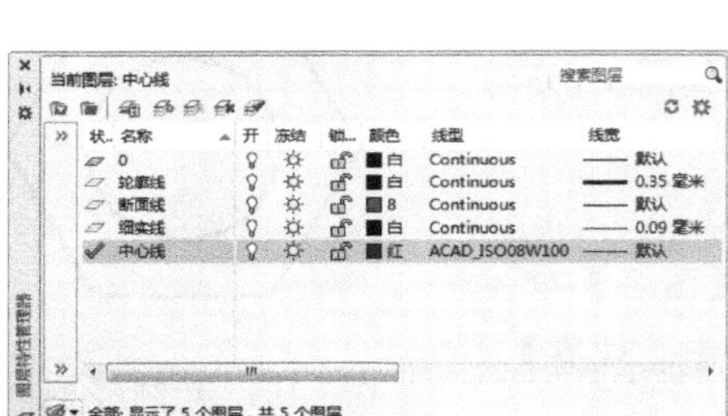
图 3-108　设置【中心线】图层为当前层

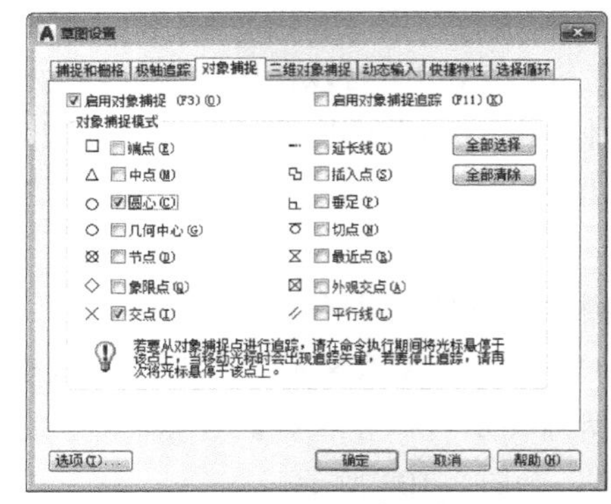
图 3-109　设置对象捕捉

(7) 选择【格式】→【线宽】命令，在打开的【线宽设置】对话框中选中【显示线宽】复选框，打开线宽功能，如图 3-110 所示。

(8) 按 F8 键，开启【正交】模式。

(9) 输入 XLINE 并按空格键执行【构造线】命令，单击指定构造线的第一个点，然后向右指定构造线的通过点，再向下指定另一条构造线的通过点，绘制两条相互垂直的构造线，如图 3-111 所示。

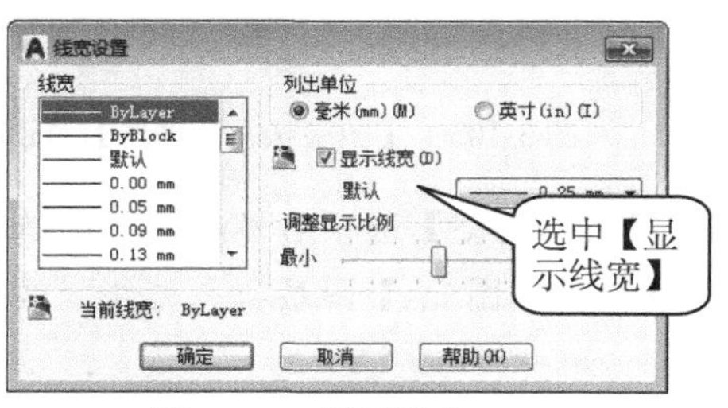

图 3-110　显示线宽

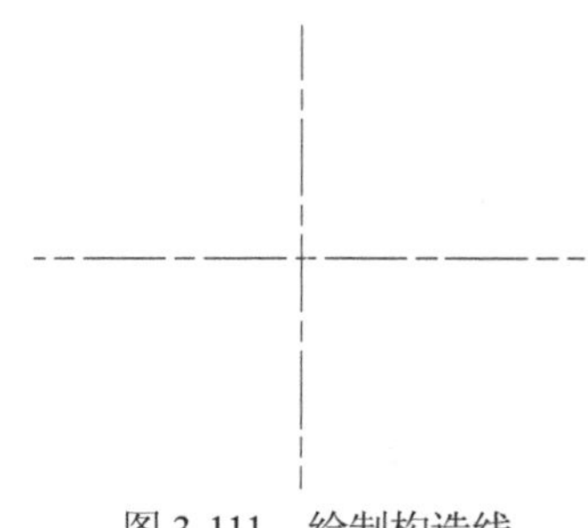
图 3-111　绘制构造线

(10) 将【轮廓线】图层设置为当前层，然后选择【绘图】→【圆】→【圆心、半径】命令，当系统提示【指定圆的圆心或[三点(3P)/两点(2P)/切点、切点、半径(T)]:】时，在如图 3-112 所示的交点处单击指定圆心。

(11) 当系统提示【指定圆的半径或 [直径(D)] <>:】时，输入圆的半径为 50 并按空格键确定，如图 3-113 所示，即可创建一个圆。

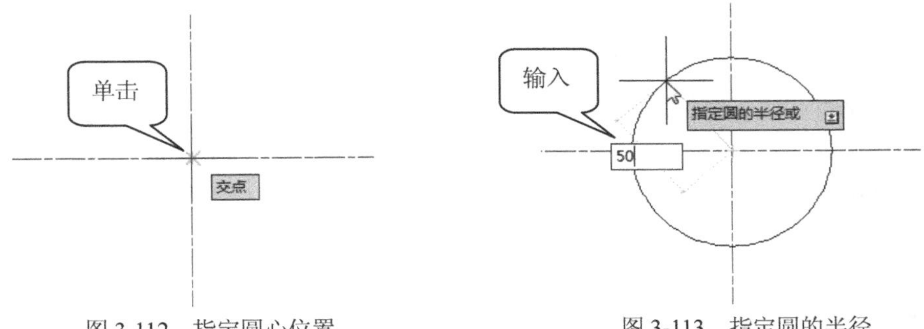

图 3-112　指定圆心位置　　图 3-113　指定圆的半径

(12) 选择【绘图】→【多边形】命令，根据系统提示输入多边形的侧面数(即边数)为 6 并按空格键，如图 3-114 所示。

(13) 当系统提示【指定正多边形的中心点或 [边(E)]:】时，在构造线的交点处单击指定多边形的中心点，如图 3-115 所示。

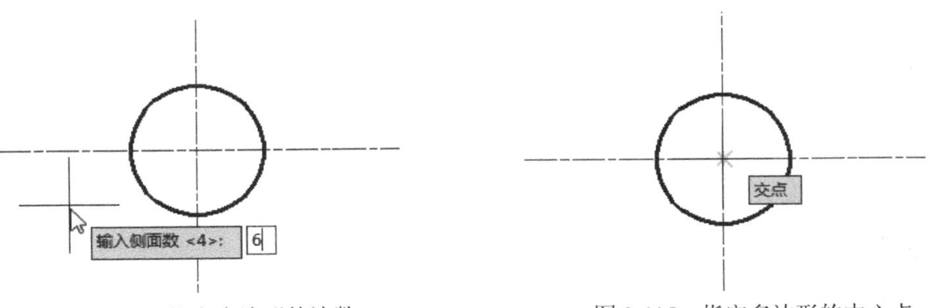

图 3-114　指定多边形的边数　　图 3-115　指定多边形的中心点

(14) 在弹出的菜单列表中选择【外切于圆】选项，如图 3-116 所示。

(15) 当系统提示【指定圆的半径:】时，输入多边形的半径为 80 并按空格键确定，如图 3-117 所示，即可完成本例。

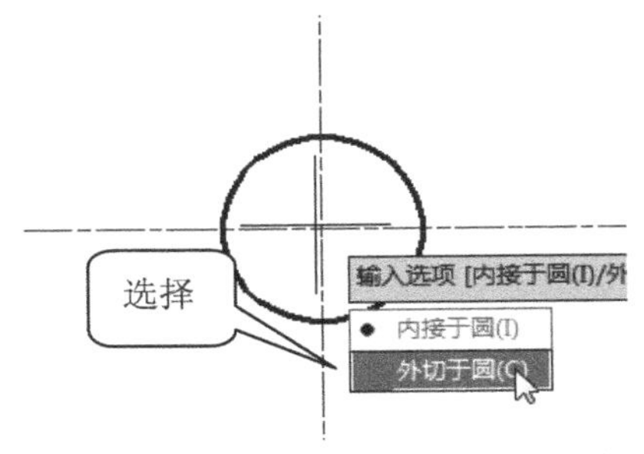

图 3-116　选择【外切于圆】选项

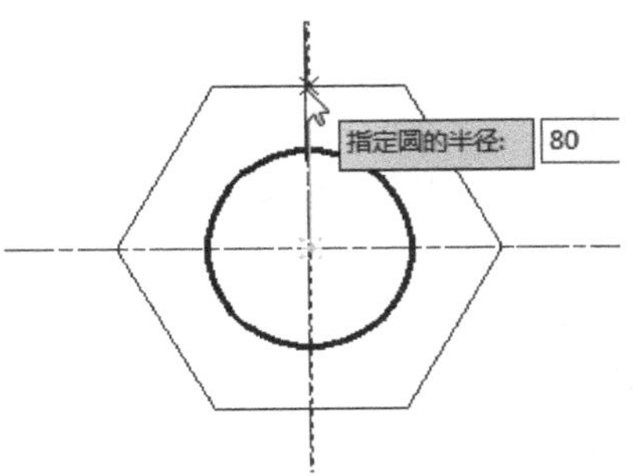

图 3-117　指定圆的半径

计算机基础与实训教材系列

3.10 思考与练习

3.10.1 填空题

1. 输入________并按空格键确定，可以执行缩放视图命令。

2. 要绘制垂直和水平直线，应开启__________功能。

3. 要启用临时追踪功能，应在对象捕捉追踪时输入_________。

4. 设置光标样式，应执行___________命令，在打开的________对话框中进行设置。

5. 创建图层是在__________________对话框中进行的，在该对话框中可以创建图层、设置图层的颜色、线型和线宽，以及进行其他的设置与管理。

6. 在【图层特性管理器】选项板中单击_____________按钮，可以将选定图层设置为当前层。

7. 要输出已保存的图层状态，应在【图层特性管理器】选项板中单击_____________按钮，然后在【图层状态管理器】对话框中单击________按钮，对保存的图层状态进行输出。

3.10.2 选择题

1. 缩放视图的命令是以下哪一个(　　)?

   A. P　　B. Scale

   C. Zpam　　D. Zoom

2. 平移视图的命令是以下哪一个(　　)?

   A. Zoom　　B. Scale

   C. pam　　D. Pan

3. 设置图形界限的命令是(　　)。

   A. UNITS　　B. LAYER

   C. LIMITS　　D. DSETTINGS

4. 开启或关闭正交模式的快捷键是(　　)。

   A. F1　　B. F3

   C. F7　　D. F8

5. 开启或关闭对象捕捉功能的快捷键是(　　)。

   A. F2　　B. F3

   C. F4　　D. F5

6. 执行图层的命令是(　　)。

   A. UNITS　　B. LAYER

   C. LIMITS　　D. DSETTINGS

7. 在删除图层的操作中，下面哪个图层不能被删除(　　)?

A. 空白图层　　　　　　B. 特殊颜色的图层

C. 含有图形的层　　　　D. 重命名后的图层

3.10.3　操作题

1. 选择【工具】→【选项】命令，设置十字光标、夹点和拾取框的大小，然后设置绘图区的颜色。

2. 打开【机械设计制图.dwg】素材图形，练习使用【缩放】和【平移】命令对视图进行缩放和平移控制。

3. 参照如图 3-118 所示的效果，进行对象捕捉设置。

4. 参照如图 3-119 所示的图层效果，创建并设置图层。

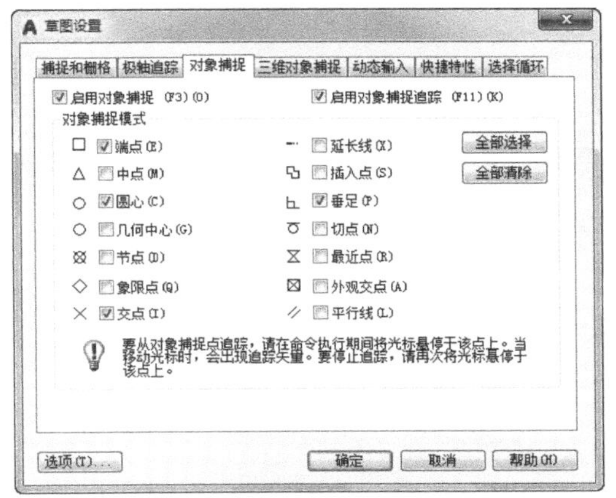

图 3-118　对象捕捉设置

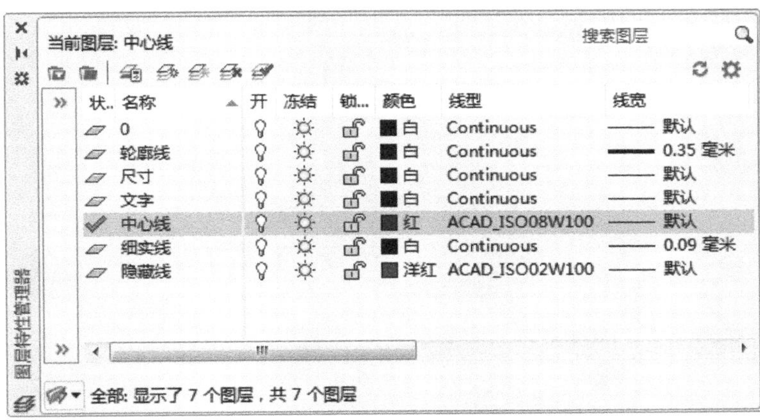

图 3-119　创建并设置图层

第4章 二维图形的创建

学习目标

在机械制图中，二维图形对象主要是通过一些基本二维图形的绘制并编辑得到的。AutoCAD为用户提供了大量的基本图形绘制、图案填充和块命令，用户可以结合使用这些命令方便而快速地绘制出常见的机械图形。

本章将介绍二维图形的绘制方法。通过本章的学习，读者可以掌握二维图形的绘制、图案填充、图块的创建和插入等方法。

本章重点

- 绘制常用二维图形
- 创建和编辑面域
- 创建和插入块
- 图案填充

4.1 绘制常用二维图形

AutoCAD 具有强大的二维绘图功能，在【草图与注释】工作空间中提供的【绘图】面板包含了常用二维绘图命令按钮，用户可以使用 AutoCAD 提供的各种绘图命令绘制点、直线、弧线以及其他图形，如图 4-1 所示。

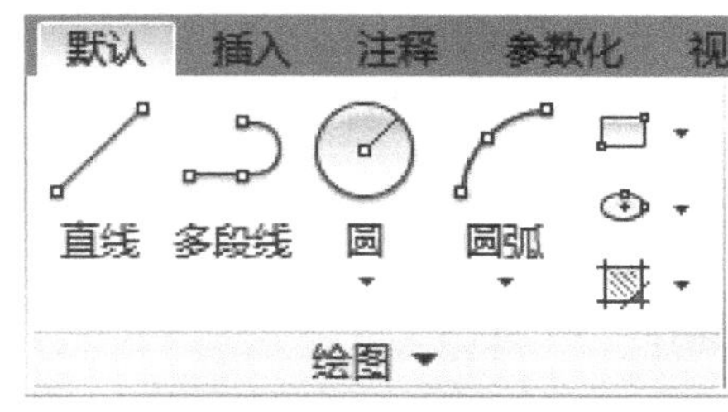

图 4-1　【绘图】面板

4.1.1 绘制点图形

在 AutoCAD 中，绘制点的命令包括【点(POINT)】、【定数等分(DIVIDE)】和【定距等分(MEASUREH)】命令。在学习绘制点的操作之前，通常先需要设置点的样式。

1. 设置点样式

选择【格式】→【点样式】命令，或输入 DDPTYPE 命令并按空格键，打开【点样式】对话框，可以设置多种不同的点样式，包括点的大小和形状，如图 4-2 所示。更改点样式后，在绘图区中的点对象也将发生相应的变化。

【点样式】对话框中主要选项的含义如下。

- 点大小：用于设置点的显示大小，可以相对于屏幕设置点的大小，也可以设置点的绝对大小。
- 相对于屏幕设置大小：选中该单选按钮，将按屏幕尺寸的百分比设置点的显示大小。当进行显示比例的缩放时，点的显示大小并不改变。
- 按绝对单位设置大小：选中该单选按钮，将使用实际单位设置点的大小。当进行显示比例的缩放时，AutoCAD 显示的点的大小随之改变。

2. 绘制点

在 AutoCAD 中，绘制点对象的命令包括单点和多点命令。绘制单点和绘制多点的操作方法如下。

(1) 绘制单点

在 AutoCAD 中，执行【单点】命令，通常有以下两种方法。

- 选择【绘图】→【点】→【单点】命令。
- 在命令行中输入 POINT(PO)命令并按空格键确定。

执行【单点】命令后，系统将出现【指定点:】的提示，当在绘图区内单击时，即可创建一个点。

(2) 绘制多点

在 AutoCAD 中，执行【多点】命令，通常有以下两种方法。

- 选择【绘图】→【点】→【多点】命令。
- 在【绘图】面板中单击【绘图】下拉按钮，如图4-3所示，在展开的面板中单击【多点】按钮·，如图4-4所示。

执行【多点】命令后，系统将出现【指定点:】的提示，多次单击即可在绘图区连续绘制多个点，直到按下 Esc 键终止操作。

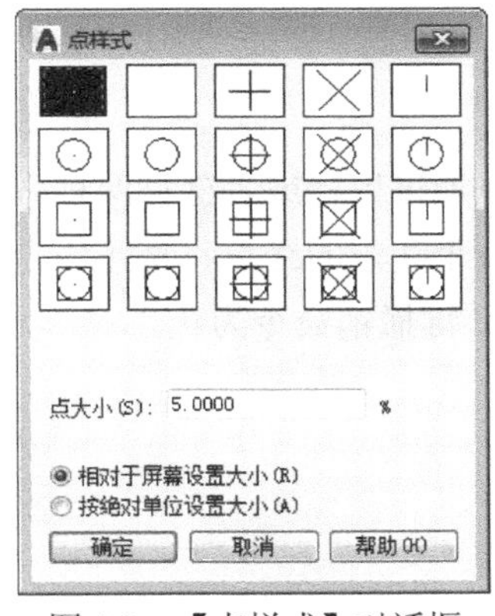

图 4-2　【点样式】对话框

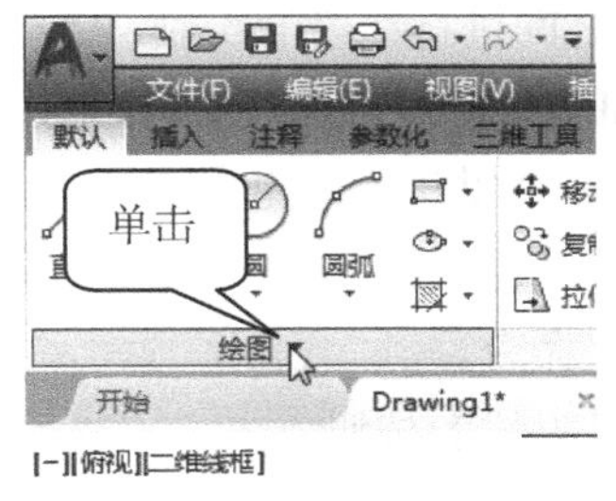

图 4-3　单击下拉按钮

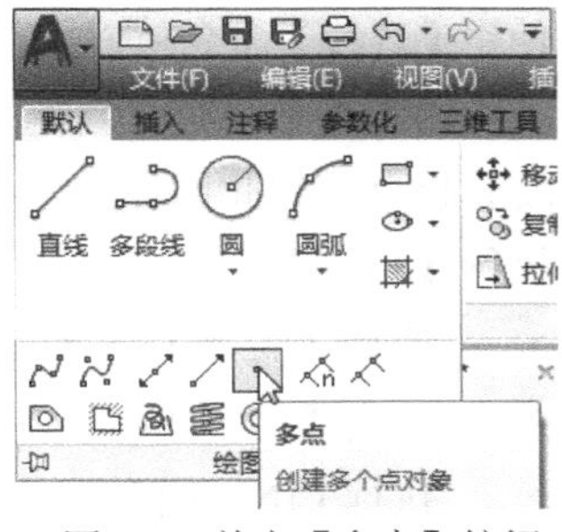

图 4-4　单击【多点】按钮

3. 绘制定数等分点

使用【定数等分】命令能够在某一图形上以等分数目创建点或插入图块，被等分的对象可以是直线、圆、圆弧、多段线等。在定数等分点的过程中，用户可以指定等分数目。

执行【定数等分】命令，通常有以下两种方法。

◉　选择【绘图】→【点】→【定数等分】命令。

◉　在命令行中输入 DIVIDE(DIV)命令并按空格键确定。

执行 DIVIDE 命令创建定数等分点时，当系统提示【选择要定数等分的对象:】时，用户需要选择要等分的对象，选择后，系统将继续提示【输入线段数目或[块(B)]:】，此时输入等分的数目，然后按空格键结束操作。

提示

使用 DIVIDE 命令创建的点对象，主要用于作为其他图形的捕捉点，生成的点标记只是起到等分测量的作用，而非将图形真正断开。

4. 绘制定距等分点

除了可以在图形上绘制定数等分点外，还可以绘制定距等分点，即将一个对象以一定的距离进行划分。使用【定距等分】命令便可以在选择对象上创建指定距离的点或图块，将图形以指定的长度分段。

执行【定距等分】命令有以下两种方法。

◉　选择【绘图】→【点】→【定距等分】命令。

◉　在命令行中输入 MEASURE(ME)命令并按空格键确定。

技巧

在 AutoCAD 中输入命令的过程中，系统将给出包含当前命令字母的一系列命令供用户进行选择，如果第一个命令是用户所需要的命令，直接按下空格键进行确定即可启动该命令。

4.1.2 绘制直线

使用【直线】命令可以在两点之间进行线段的绘制。用户可以通过鼠标或者键盘两种方式来指定线段的起点和终点。当使用 LINE 命令连续绘制线段时，上一个线段的终点将直接作为下一个线段的起点，如此循环直到按下空格键进行确定，或者按下 Esc 键撤销命令为止。

执行【直线】命令的常用方法有以下 3 种。

- 选择【绘图】→【直线】命令。
- 单击【绘图】面板中的【直线】按钮。
- 执行 LINE(L)命令。

在使用 LINE(L)命令的绘图过程中，如果绘制了多条线段，系统将提示【指定下一点或[闭合(C)/放弃(U)]:】，该提示中各选项的含义如下。

- 指定下一点：要求用户指定线段的下一个端点。
- 闭合(C)：在绘制多条线段后，如果输入 C 并按下空格键进行确定，则最后一个端点将与第一条线段的起点重合，从而组成一个封闭图形。
- 放弃(U)：输入 U 并按下空格键进行确定，则最后绘制的线段将被撤销。

技巧

在绘制直线的过程中，如果绘制了错误的线段，可以输入 U 命令并按空格键确定将其取消，然后再重新执行下一步绘制操作即可。

【练习 4-1】使用【直线】命令绘制三角图形。

(1) 执行 LINE(L)命令，在系统提示【指定第一个点:】时，在需要创建线段的起点位置单击，如图 4-5 所示。

(2) 在系统提示【指定下一点或[放弃(U)]:】时，向右方移动光标并单击指定线段的下一点，如图 4-6 所示。

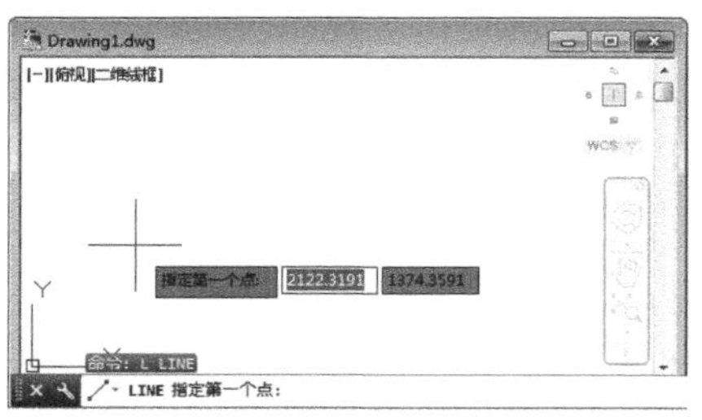

图 4-5　指定直线起点

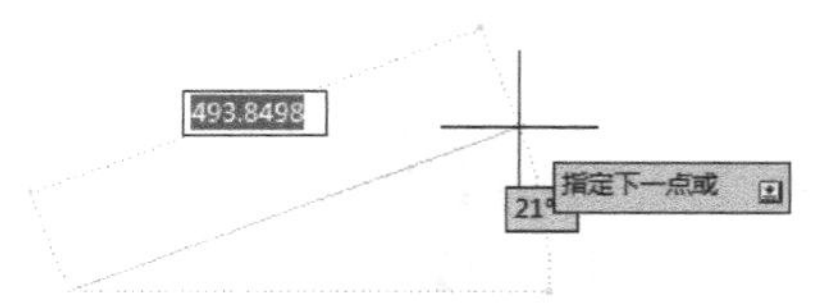

图 4-6　指定直线下一点

(3) 应用【对象捕捉追踪】功能，捕捉线段左下方的端点，并向上移动光标，单击捕捉追踪线上的一个点，指定直线下一点，如图 4-7 所示。

(4) 在系统提示【指定下一点或 [闭合(C)/放弃(U)]:】时，输入 C 并按空格键确定，以选择【闭合(C)】选项，即可绘制闭合的三角图形，如图 4-8 所示。

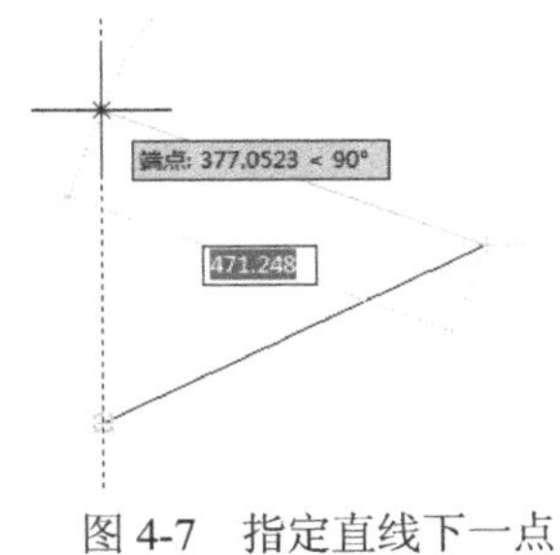

图 4-7　指定直线下一点

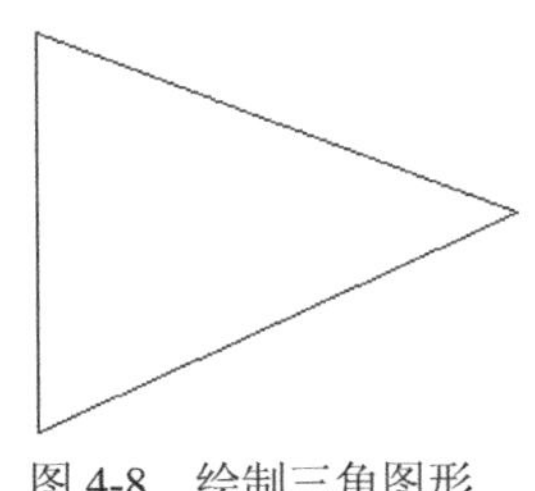

图 4-8　绘制三角图形

4.1.3　绘制构造线

在机械制图中，构造线通常作为绘制图形过程中的辅助线，如中心线。执行【构造线】命令可以绘制向两边无限延伸的直线(即【构造线】)。

执行【构造线】命令主要有以下几种方法。

- 选择【绘图】→【构造线】命令。
- 展开【绘图】面板，然后单击其中的【构造线】按钮。
- 执行 XLINE(XL)命令。

1. 绘制水平或垂直构造线

执行 XLINE(XL)命令，通过选择【水平(H)】或【垂直(V)】命令选项可以绘制水平或垂直构造线。

2. 绘制倾斜构造线

执行 XLINE(XL)命令，通过选择【角度(A)】命令选项可以绘制指定倾斜角度的构造线。

3. 绘制角平分构造线

执行 XLINE(XL)命令，通过选择【二等分(B)】命令选项可以绘制角平分构造线。

4. 绘制偏移构造线

执行 XLINE(XL)命令，通过选择【偏移(O)】命令选项可以绘制指定对象的偏移构造线。

【练习 4-2】绘制正交和倾斜构造线。

(1) 执行XLINE(XL)命令，系统将提示【指定点或 [水平(H)/垂直(V)/角度(A)/二等分(B)/偏移(O)]: 】，输入 H 或 V 并确定，选择【水平】或【垂直】选项。

(2) 系统提示【指定通过点:】时，在绘图区中单击一点作为通过点。

(3) 按空格键结束命令，绘制的水平或垂直构造线如图 4-9 所示。

(4) 执行XLINE(XL)命令，系统将提示【指定点或 [水平(H)/垂直(V)/角度(A)/二等分(B)/偏移(O)]: 】，输入 A 并确定，选择【角度】选项。

(5) 系统提示【输入构造线的角度(0)或[参照(R)]:】时，输入构造线的倾斜角度为45并确定。

(6) 根据系统提示指定构造线的通过点，然后按空格键结束命令，绘制的倾斜构造线如图 4-10 所示。

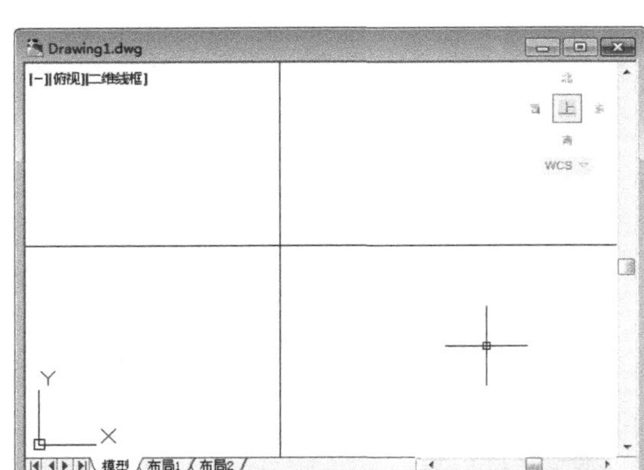

图 4-9　绘制水平或垂直构造线

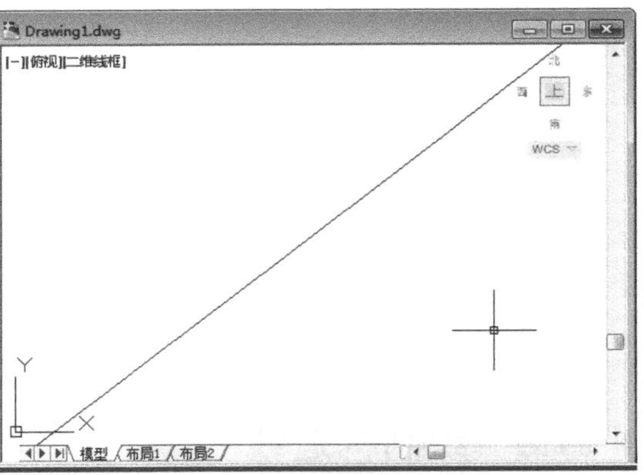

图 4-10　倾斜构造线

4.1.4　绘制矩形

使用【矩形】命令可以通过单击指定两个对角点的方式绘制矩形，也可以通过输入坐标指定两个对角点的方式绘制矩形。当矩形的两个角点形成的边长相同时，则生成正方形。

执行【矩形】命令的常用方法有以下 3 种。

- 选择【绘图】→【矩形】命令。
- 单击【绘图】面板中的【矩形】按钮。
- 执行 RECTANG(REC)命令。

执行 RECTANG(REC)命令后，系统将提示【指定第一个角点或 [倒角(C)/标高(E)/圆角(F)/厚度(T)/宽度(W)]: 】，各选项的含义如下。

- 倒角(C)：用于设置矩形的倒角距离。
- 标高(E)：用于设置矩形在三维空间中的基面高度。
- 圆角(F)：用于设置矩形的圆角半径。
- 厚度(T)：用于设置矩形的厚度，即三维空间 Z 轴方向的高度。
- 宽度(W)：用于设置矩形的线条粗细。

1. 绘制直角矩形

执行 RECTANG(REC)命令，可以通过直接单击确定矩形的两个对角点，绘制一个随意大小的直角矩形，也可以确定矩形的第一个角点后，通过选择【尺寸(D)】命令选项绘制指定大小的矩形，或是通过指定矩形另一个角点的坐标绘制指定大小的矩形。

【练习 4-3】通过选择【尺寸(D)】命令选项绘制长度为 200，宽度为 150 的直角矩形。

(1) 执行 RECTANG(REC)命令，单击指定矩形的第一个角点。

(2) 输入参数 d 并按空格键确定，选择【尺寸(D)】命令选项，如图 4-11 所示。

(3) 根据系统提示依次输入矩形的长度和宽度并按空格键确定。

(4) 根据系统提示指定矩形另一个角点的位置，如图 4-12 所示，即可创建指定大小的矩形。

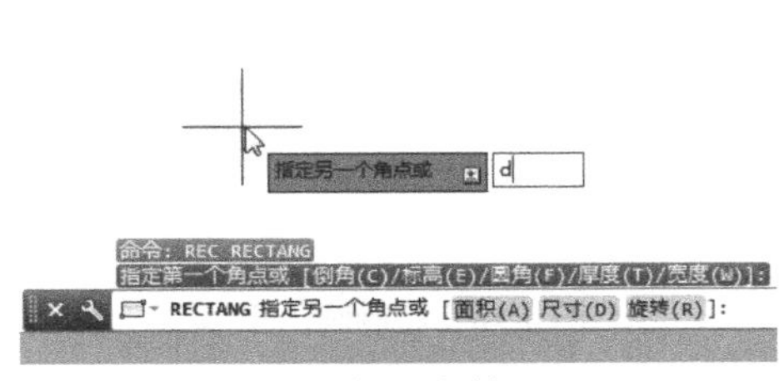

图 4-11 输入参数 d

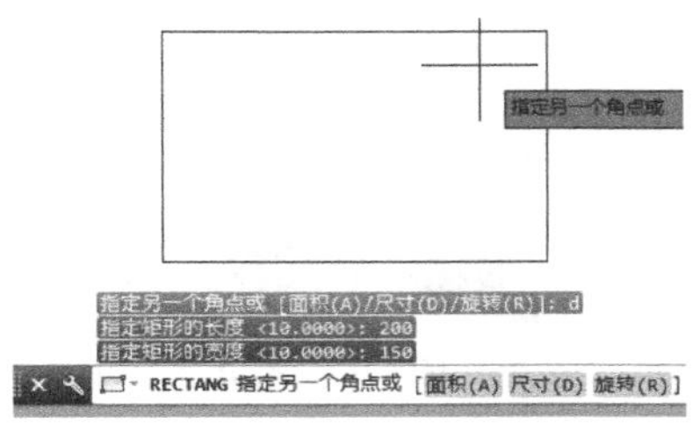

图 4-12 指定另一个角点的位置

【练习 4-4】通过指定矩形角点坐标绘制长度为 200，宽度为 150 的直角矩形。

(1) 执行 RECTANG(REC)命令，单击指定矩形的第一个角点，然后根据系统提示输入矩形另一个角点的相对坐标值(如@200,150)，如图 4-13 所示。

(2) 输入另一个角点的相对坐标值后，按下空格键进行确定，即可创建一个指定大小的矩形，如图 4-14 所示。

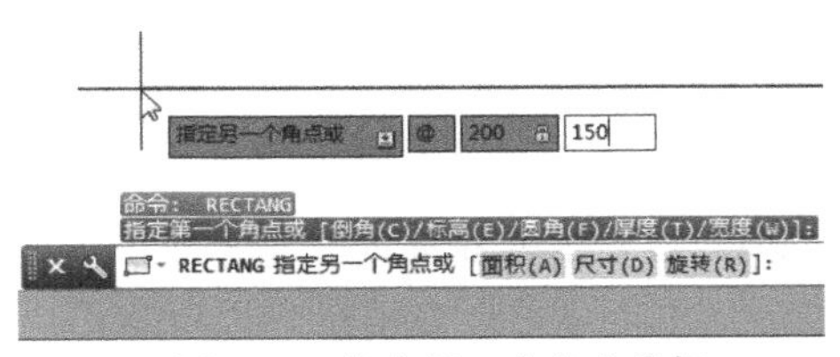

图 4-13 指定另一个角点坐标

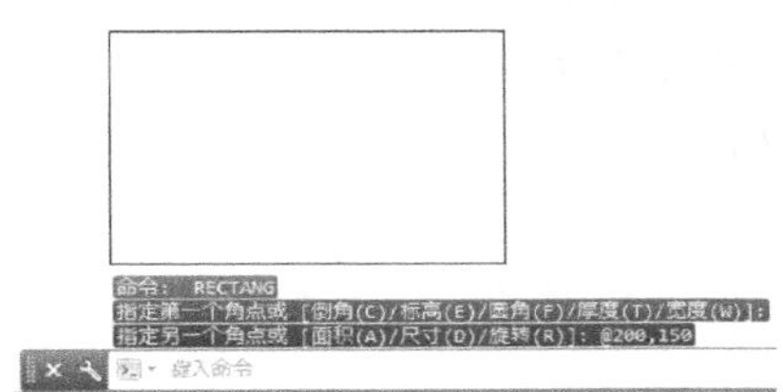

图 4-14 创建指定大小的矩形

2. 绘制圆角矩形

在绘制矩形的操作中，除了可以绘制指定大小的直角矩形外，还可以通过选择【圆角(F)】命令选项绘制带圆角的矩形，并且可以指定矩形的大小和圆角大小。

【练习 4-5】绘制长度为 60、宽度为 50、圆角半径为 5 的圆角矩形。

(1) 执行 RECTANG(REC)命令，根据系统提示【指定第一个角点或 [倒角(C)/标高(E)/圆角(F)/厚度(T)/宽度(W)]: 】，输入参数 F 并按空格键确定，以选择【圆角(F)】选项，如图 4-15 所示。

(2) 根据系统提示输入矩形圆角的大小为 5 并按空格键确定，如图 4-16 所示。

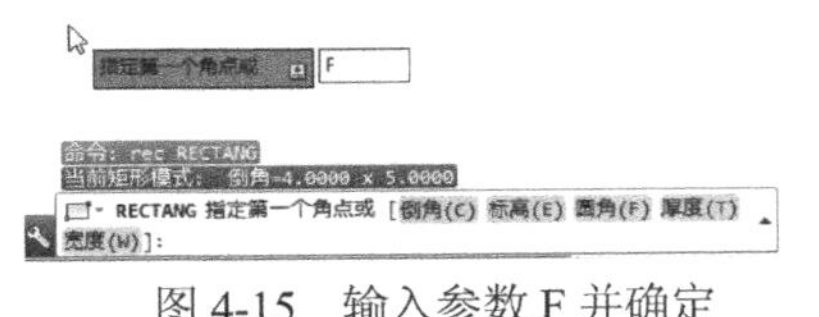

图 4-15 输入参数 F 并确定

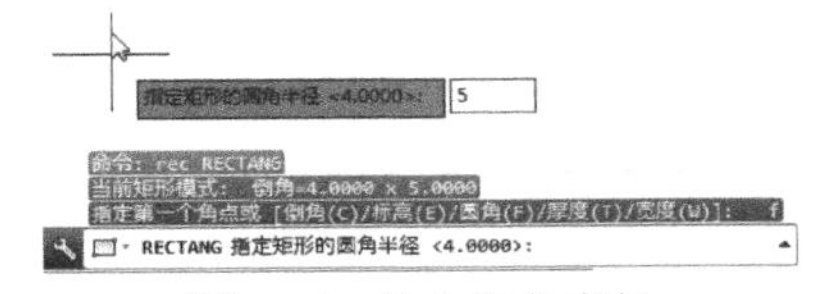

图 4-16 输入圆角半径

(3) 单击指定矩形的第一个角点，再输入矩形另一个角点的相对坐标为(@60,50)，如图 4-17 所示，按空格键进行确定，即可绘制指定的圆角矩形，如图 4-18 所示。

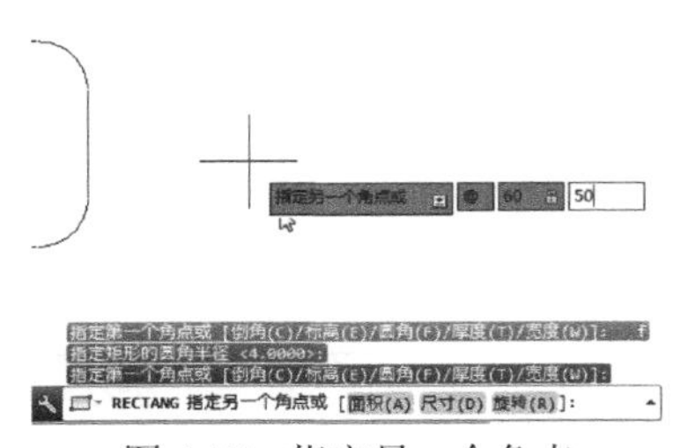

图 4-17　指定另一个角点

图 4-18　绘制圆角矩形

3. 绘制倒角矩形

除了可以绘制圆角矩形外，还可以通过选择【倒角(C)】命令选项绘制带倒角的矩形，并且可以指定矩形的大小和倒角大小。

【练习 4-6】绘制长度为 50、宽度为 40、倒角距离 1 为 4、倒角距离 2 为 5 的倒角矩形。

(1) 执行 RECTANG(REC)命令，根据系统提示【指定第一个角点或 [倒角(C)/标高(E)/圆角(F)/厚度(T)/宽度(W)]: 】，输入参数 C 并按空格键确定，以选择【倒角(C)】选项，如图 4-19 所示。

(2) 根据系统提示输入矩形的第一个倒角距离为 4 并确定，继续输入矩形的第二个倒角距离为 5 并确定。

(3) 根据系统提示单击指定矩形的第一个角点。

(4) 输入矩形另一个角点的相对坐标值为(@50,40)，按空格键即可创建指定的倒角矩形，如图 4-20 所示。

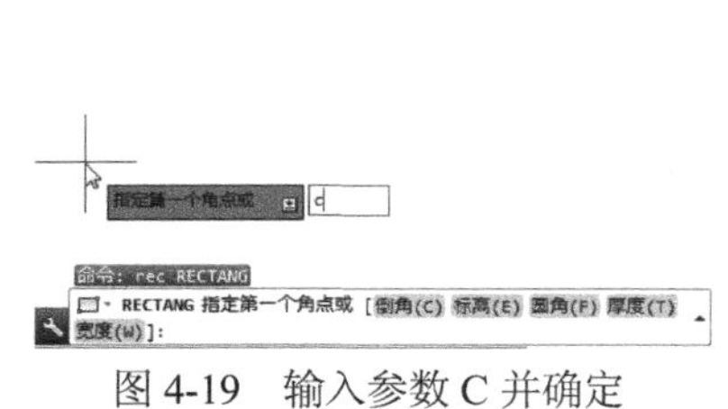

图 4-19　输入参数 C 并确定

图 4-20　创建倒角矩形

知识点

在绘制矩形的过程中，可以通过选择【矩形】命令中的【旋转(R)】选项绘制旋转的矩形。

4.1.5　绘制圆

在默认状态下，圆形的绘制步骤是先确定圆心，再确定半径。用户也可以通过指定两点确定圆的直径或是通过三个点确定圆形等方式绘制圆形。

执行【圆】命令的常用方法有以下 3 种。

- 选择【绘图】→【圆】命令，再选择其中的子命令。
- 单击【绘图】面板中的【圆】按钮。
- 执行 CIRCLE(C)命令。

执行 CIRCLE(C)命令，系统将提示【指定圆的圆心或[三点(3P)/两点(2P)/相切、相切、半径(T)]: 】，用户可以指定圆的圆心或选择某种绘制圆的方式。

- 三点(3P)：通过在绘图区内确定三个点来确定圆的位置与大小。输入3P 后，系统将分别提示指定圆上的第一点、第二点、第三点。
- 两点(2P)：通过确定圆的直径的两个端点绘制圆。输入2P 后，命令行分别提示指定圆的直径的第一端点和第二端点。
- 相切、相切、半径(T)：通过确定两条切线和半径绘制圆，输入 T 后，系统分别提示指定圆的第一条切线和第二条切线上的点以及圆的半径。

1. 以圆心和半径绘制圆

执行 CIRCLE(C)命令，用户可以直接通过单击依次指定圆的圆心和半径，从而绘制出一个圆，也可以在指定圆心后，通过输入圆的半径，绘制一个指定圆心和半径的圆。

【练习 4-7】以指定的圆心，绘制半径为 20 的圆。

(1) 执行 CIRCLE(C)命令，在指定位置单击指定圆的圆心，如图 4-21 所示。

(2) 输入圆的半径为 20 并按空格键确定，如图 4-22 所示，即可创建半径为 20 的圆。

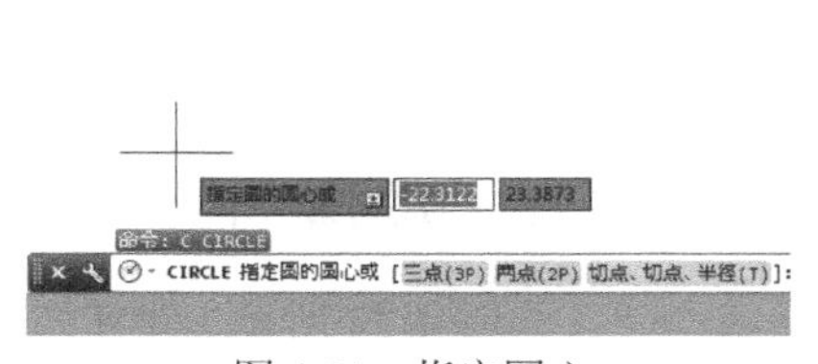

图 4-21　指定圆心

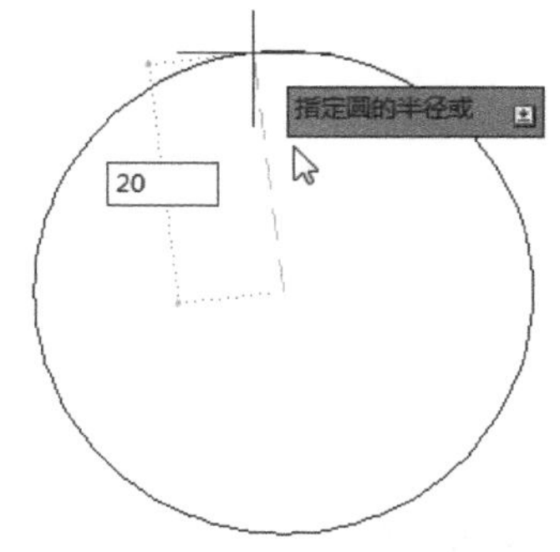

图 4-22　指定圆的半径

2. 以两点绘制圆

选择【绘图】→【圆】→【两点】命令，或执行 CIRCLE(C)命令后，输入参数 2P 并按空格键确定，可以通过指定两个点确定圆的直径，从而绘制出指定直径的圆形。

【练习 4-8】通过指定的两个点，绘制指定直径的圆。

(1) 使用【直线】命令绘制一条长为 50 的直线。

(2) 执行 CIRCLE(C)命令，在系统提示下输入 2P 并按空格键确定。

(3) 根据系统提示在直线的左端点单击指定圆直径的第一个端点，如图 4-23 所示。

(4) 根据系统提示在直线的右端点单击指定圆直径的第二个端点，如图 4-24 所示，即可绘制一个通过指定两点的圆。

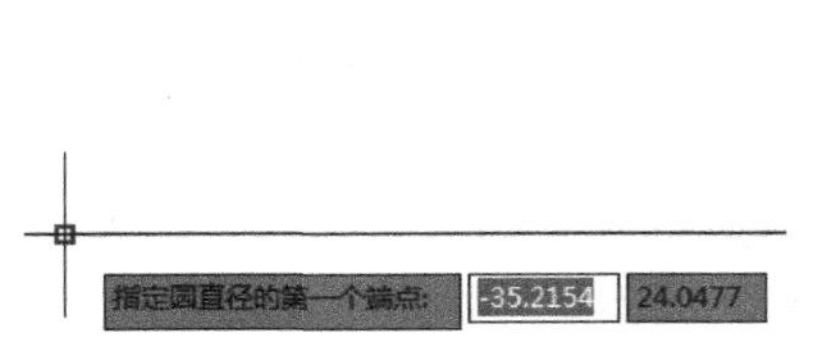

图 4-23　指定直径第一个端点

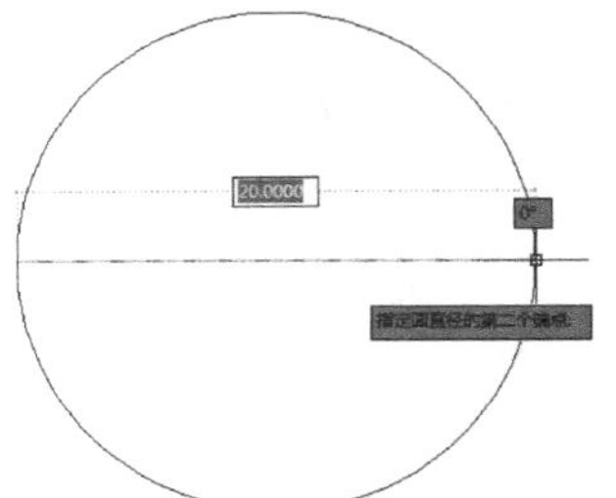

图 4-24　指定直径第二个端点

3. 以三点绘制圆

由于指定三点可以确定一个圆的形状，因此，选择【绘图】→【圆】→【三点】命令，或执行 CIRCLE(C)命令，输入参数 3P 并确定，通过指定圆所经过的三个点即可绘制圆。

【练习 4-9】通过三角形的三个顶点，绘制指定的圆。

(1) 使用【直线】命令，绘制一个三角形。

(2) 执行【圆(C)】命令，然后输入参数 3P 并确定。

(3) 在三角形的任意一个角点处单击指定圆通过的第一个点，如图 4-25 所示。

(4) 在三角形的下一个角点处单击指定圆通过的第二个点，如图 4-26 所示。

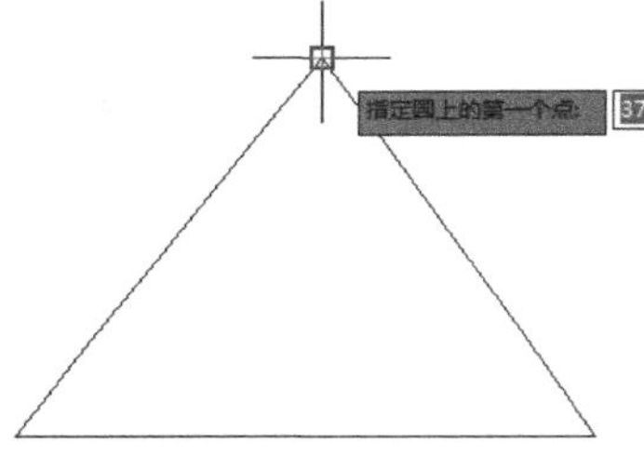

图 4-25　指定通过的第一个点

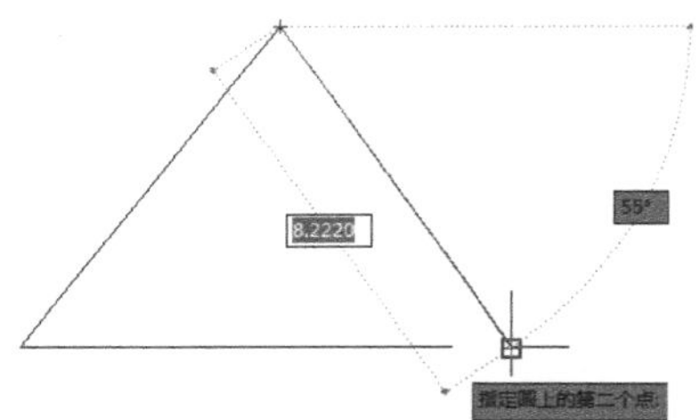

图 4-26　指定通过的第二个点

(5) 在三角形的另一个角点处单击指定圆通过的第三个点，如图 4-27 所示，即可绘制出通过指定三个点的圆，效果如图 4-28 所示。

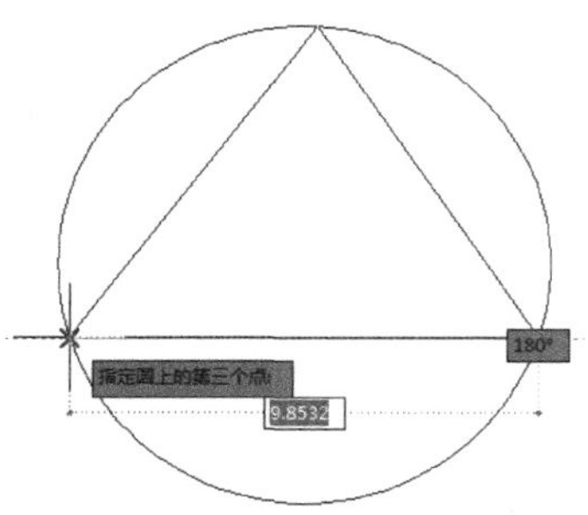

图 4-27　指定通过的第三个点

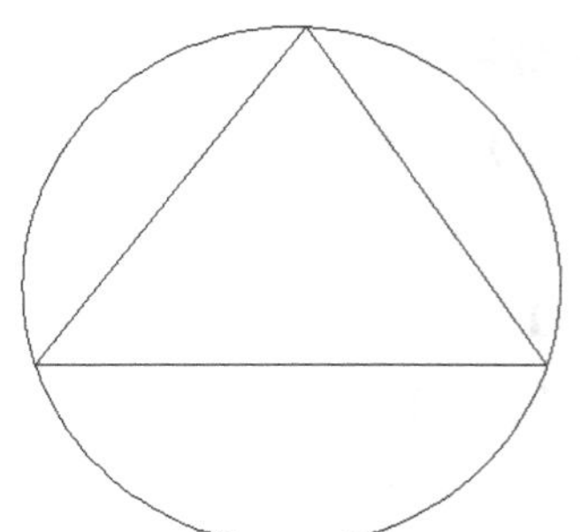

图 4-28　绘制圆

4. 以切点和半径绘制圆

选择【绘图】→【圆】→【相切、相切、半径】命令，或执行 CIRCLE(C)命令，输入参数 T 并确定，然后指定圆通过的切点和圆的半径绘制相应的圆。

【练习 4-10】通过指定切点和半径的方式绘制圆。

(1) 绘制两条互相垂直的直线，以线段的边作为绘制圆的切边。

(2) 执行【圆(C)】命令，然后输入参数 T 并确定。

(3) 根据系统提示指定对象与圆的第一条切边，如图 4-29 所示。

(4) 根据系统提示指定对象与圆的第二条切边，如图 4-30 所示。

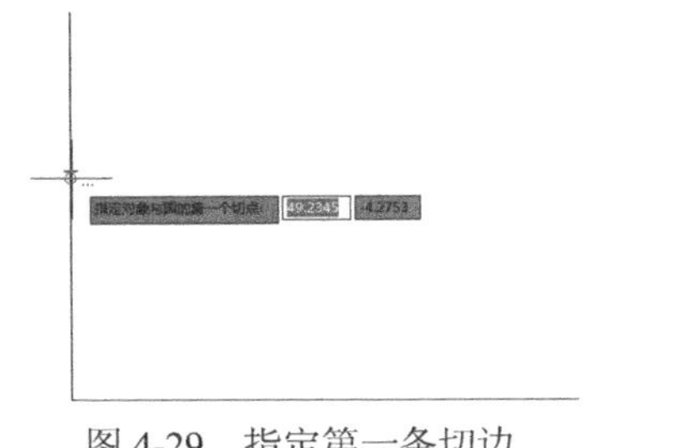

图 4-29　指定第一条切边

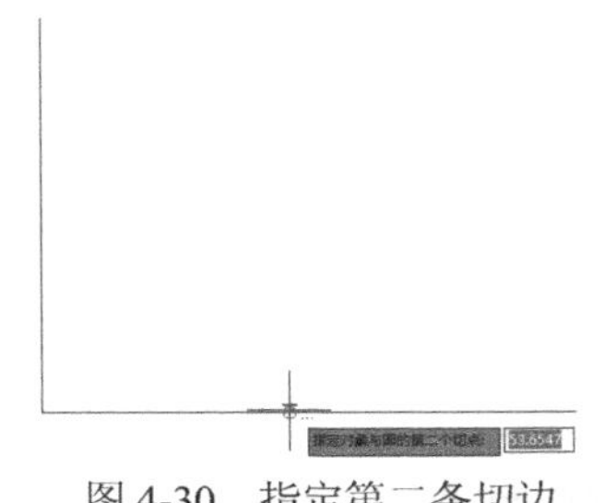

图 4-30　指定第二条切边

(5) 根据系统提示输入圆的半径(如 6)并确定，如图 4-31 所示，所绘制的通过指定切边和半径的圆如图 4-32 所示。

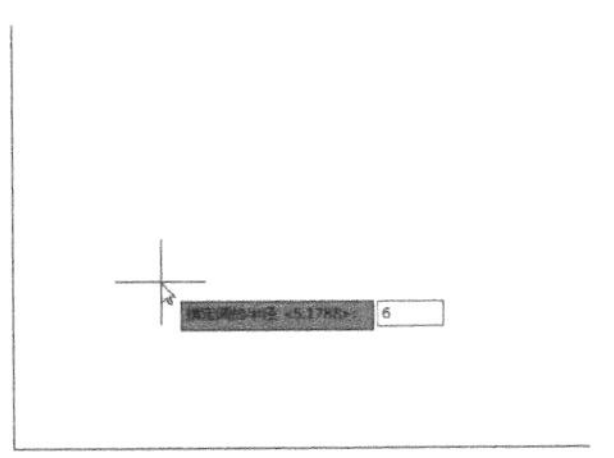

图 4-31　指定圆的半径

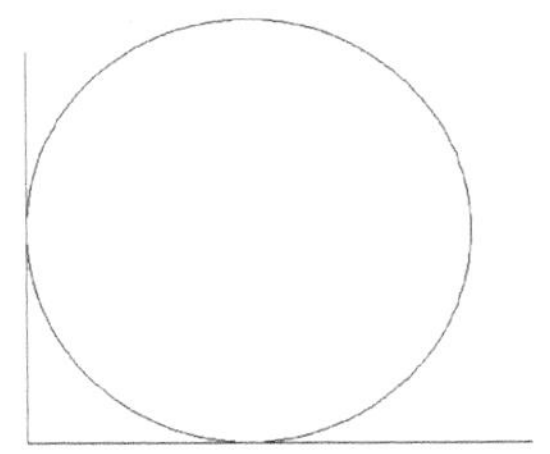

图 4-32　绘制圆形

4.1.6　绘制多边形

使用【多边形】命令，可以绘制由 3~1024 条边所组成内接于圆或外切于圆的多边形。执行【多边形】命令有以下 3 种常用方法。

- 选择【绘图】→【多边形】命令。
- 单击【绘图】面板中的【多边形】按钮⬠。
- 执行 POLYGON(POL)命令。

【练习 4-11】绘制半径为 20 的外切于圆的五边形。

(1) 执行 POLYGON(POL)命令，然后输入多边形的侧面数(即边数)为 5 并按空格键确定。

(2) 指定多边形的中心点，在弹出的菜单中选择【外切于圆(C)】选项。

(3) 根据系统提示【指定圆的半径:】，输入多边形外切于圆的半径为 20 并确定，按空格键进行确定，即可绘制指定的多边形，如图 4-33 所示。

使用【多边形】命令绘制的外切于圆五边形与内接于圆五边形，尽管它们具有相同的边数和半径，但是其大小却不同。外切于圆的多边形和内接于圆的多边形与指定圆之间的关系如图 4-34 所示。

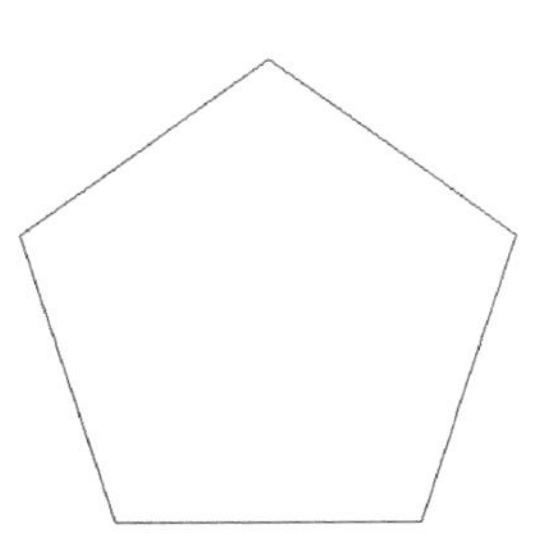

图 4-33　绘制多边形

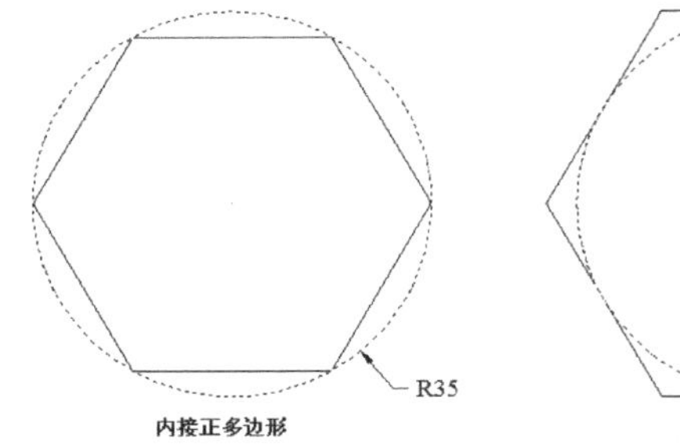

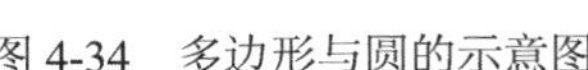
图 4-34　多边形与圆的示意图

4.1.7　绘制椭圆

在 AutoCAD 中，椭圆是由定义其长度和宽度的两条轴决定的，当两条轴的长度不相等时，形成的对象为椭圆；当两条轴的长度相等时，则形成的对象为圆。

执行【椭圆】命令可以使用以下 3 种常用操作方法。

- 选择【绘图】→【椭圆】命令，然后选择其中的子命令。
- 单击【绘图】面板中的【椭圆】按钮。
- 执行 ELLIPSE(EL)命令。

执行 ELLIPSE(EL)命令后，将提示【指定椭圆的轴端点或 [圆弧(A)/中心点(C)]:】，其中各选项的含义如下。

- 轴端点：以椭圆轴端点绘制椭圆。
- 圆弧(A)：用于创建椭圆弧。
- 中心点(C)：以椭圆圆心和两轴端点绘制椭圆。

1. 通过指定轴端点绘制椭圆

通过轴端点绘制椭圆的方式是先以两个固定点确定椭圆的一条轴长，再指定椭圆的另一条半轴长。

【练习 4-12】通过指定轴端点绘制椭圆。

(1) 执行 ELLIPSE(EL)命令，根据系统提示【指定椭圆的轴端点或 [圆弧(A)/中心点(C)]: 】，单击以指定椭圆的第一个端点。

(2) 移动光标指定椭圆轴的另一个端点，如图 4-35 所示。

(3) 移动光标指定椭圆的另一条半轴长度，即可绘制指定的椭圆，如图 4-36 所示。

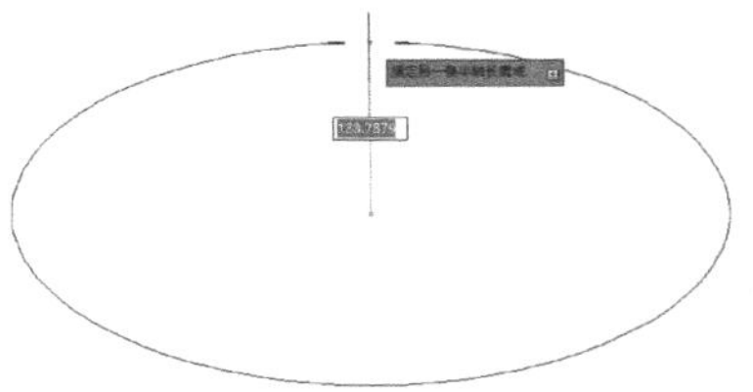

图 4-35　指定轴的另一个端点　　　图 4-36　指定另一条半轴长度

2. 通过指定圆心绘制椭圆

通过中心点绘制椭圆的方式是先确定椭圆的中心点，再指定椭圆的两条轴的长度。

【练习 4-13】通过指定椭圆的圆心绘制椭圆。

(1) 执行 ELLIPSE(EL)命令，根据系统提示【指定椭圆的轴端点或 [圆弧(A)/中心点(C)]:】，输入 C 并确定，以选择【中心点(C):】选项。

(2) 单击指定椭圆的中心点，再移动并单击指定椭圆的端点，如图 4-37 所示。

(3) 移动光标指定椭圆的另一条半轴长度，即可绘制指定的椭圆，如图 4-38 所示。

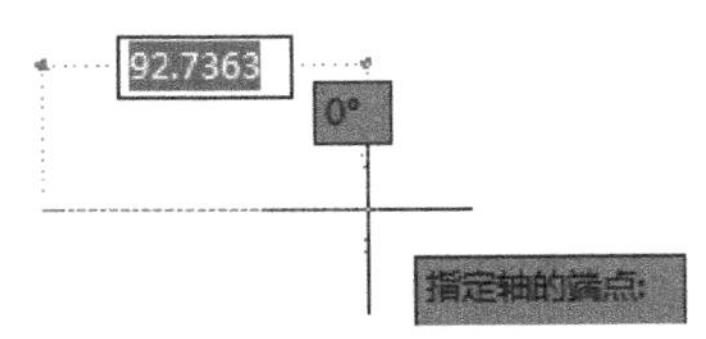

图 4-37　指定椭圆的端点

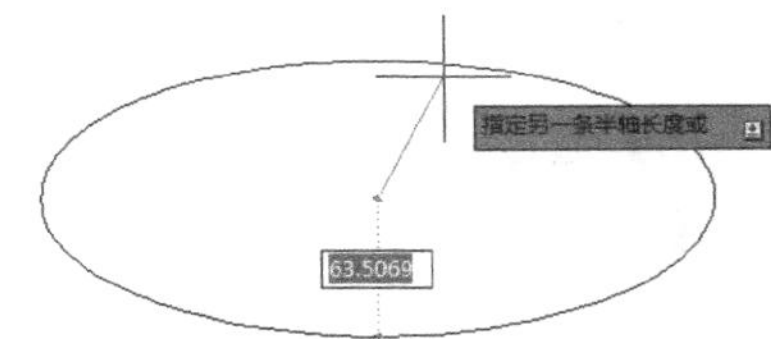

图 4-38　指定另一条半轴长度

3. 绘制椭圆弧

执行 ELLIPSE(EL)命令，然后输入参数 A 并确定，选择【圆弧(A)】选项，或者单击【绘图】面板中的【椭圆弧】按钮，即可绘制椭圆弧线条。

【练习 4-14】绘制弧度为 225 的椭圆弧。

(1) 执行 ELLIPSE(EL)命令，根据系统提示【指定椭圆的轴端点或 [圆弧(A)/中心点(C)]: 】，输入 A 并确定，选择【圆弧】选项。

(2) 依次指定椭圆的第一个轴端点、另一个轴端点和另一条半轴的长度，在系统提示【指定起点角度或 [参数(P)]:】时，指定椭圆弧的起点角度为 0，如图 4-39 所示。

(3) 输入椭圆弧的端点角度为 225，按空格键进行确定，完成椭圆弧的绘制，效果如图4-40 所示。

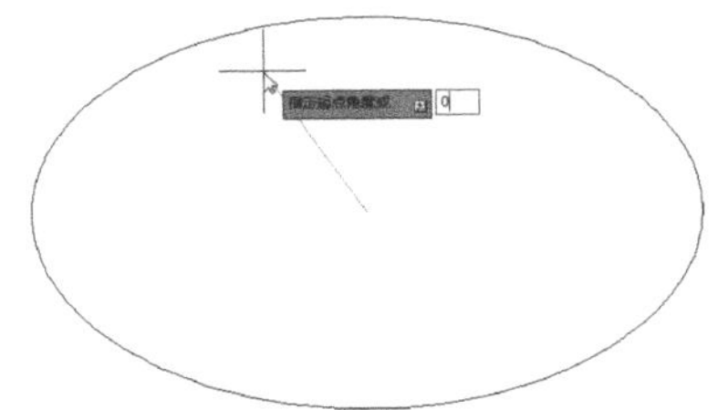

图 4-39　指定起点角度

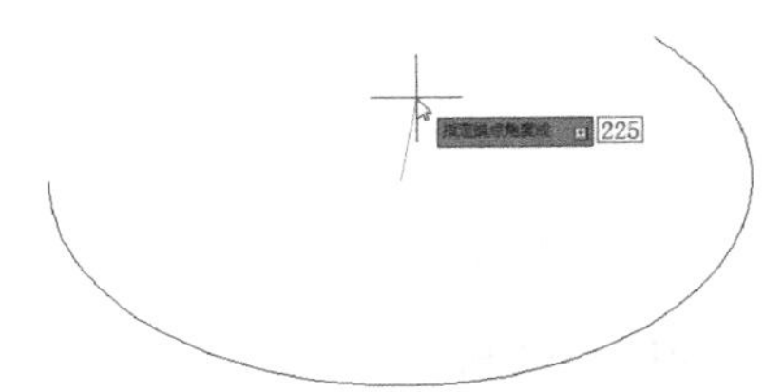

图 4-40　指定端点角度

4.1.8 绘制圆弧

绘制圆弧的方法很多，可以通过起点、方向、中点、终点、弦长等参数进行确定。执行【圆弧】命令的常用方法有以下 3 种。

- 选择【绘图】→【圆弧】命令，再选择其中的子命令。
- 单击【绘图】面板中的【圆弧】按钮。
- 执行 ARC(A)命令。

执行 ARC(A)命令后，系统将提示【指定圆弧的起点或 [圆心(C)]:】，指定起点后，接着提示【指定圆弧的第二点或[圆心(C)/端点(E)]:】，其中各项含义如下。

- 圆心(C)：用于确定圆弧的中心点。
- 端点(E)：用于确定圆弧的终点。

1. 通过三点绘制圆弧

选择【绘图】→【圆弧】→【三点】命令，或者执行 ARC(A)命令，系统提示【指定圆弧的起点或 [圆心(C)]: 】时，依次指定圆弧的起点、圆心和端点即可绘制圆弧。

【练习 4-15】通过三角形的端点绘制圆弧。

(1) 使用【直线】命令，绘制一个三角形。

(2) 执行 ARC(A)命令，在三角形左下角的端点处单击以指定圆弧的起点，如图 4-41 所示。

(3) 在三角形上方的端点处指定圆弧的第二个点，如图 4-42 所示。

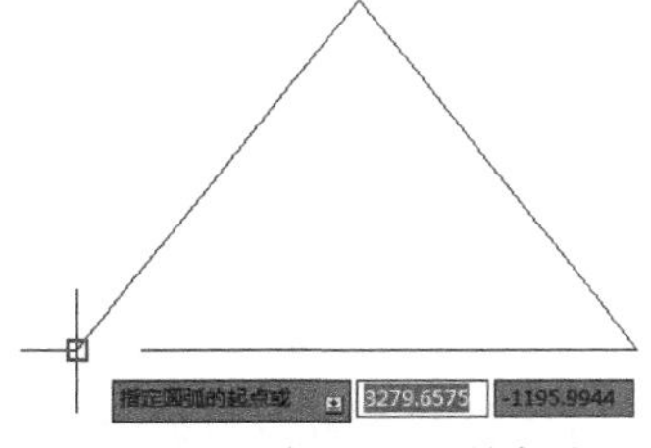

图 4-41 指定圆弧的起点

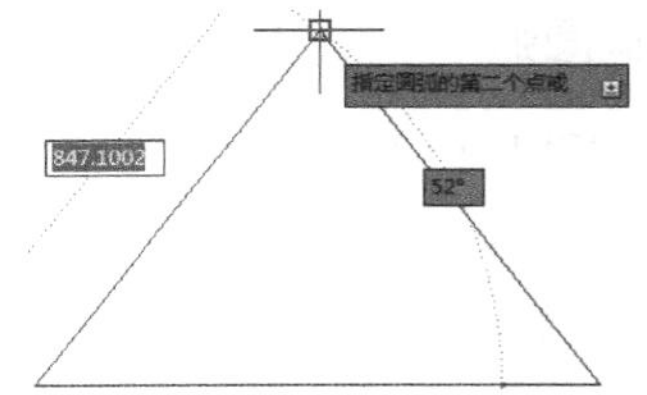

图 4-42 指定圆弧的第二个点

(4) 在三角形右下方的端点处指定圆弧的端点，如图 4-43 所示，即可创建一个圆弧，效果如图 4-44 所示。

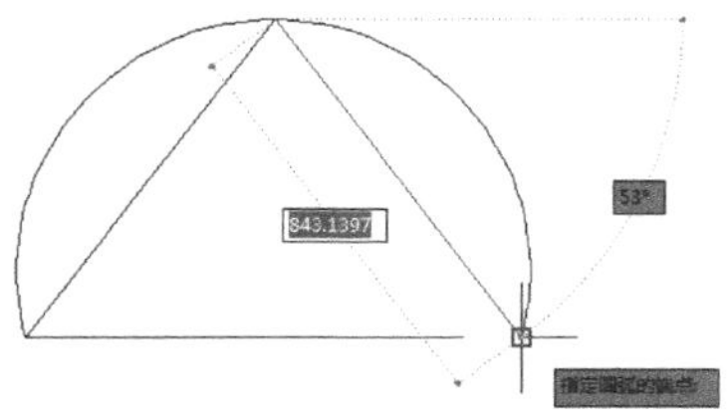

图 4-43 指定圆弧的端点

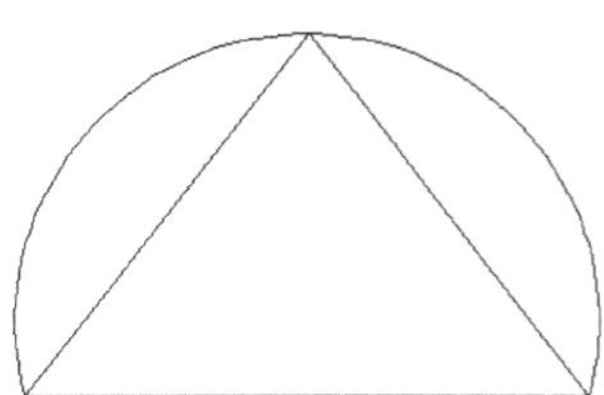

图 4-44 创建圆弧

2. 通过圆心绘制圆弧

在绘制圆弧的过程中，用户可以输入参数 C(圆心)并确定，然后根据提示先确定圆弧的圆心，

再确定圆弧的端点，绘制一段指定圆心的圆弧。

【练习 4-16】绘制指定圆心的圆弧。

(1) 使用【直线】命令，绘制两条相互垂直的线段。

(2) 执行 ARC(A)命令，根据系统提示【指定圆弧的起点或 [圆心(C)]:】，输入 C 并确定，选择【圆心】选项。

(3) 在线段的交点处指定圆弧的圆心，如图 4-45 所示。

(4) 在垂直线段的上端点处指定圆弧的起点，如图 4-46 所示。

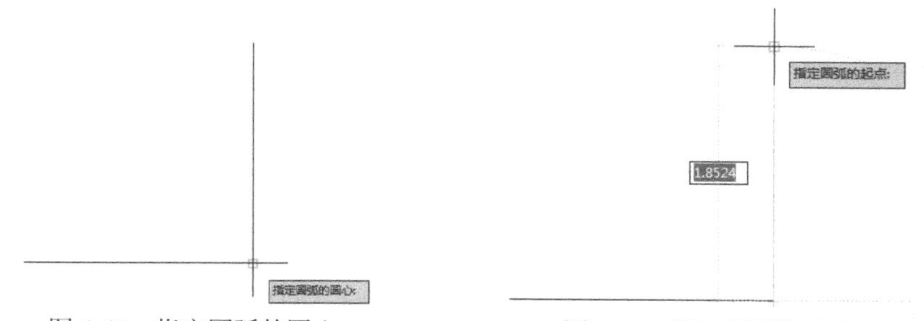

图 4-45　指定圆弧的圆心　　　　图 4-46　指定圆弧的起点

(5) 在水平线段的左端点处指定圆弧的端点，如图 4-47 所示，即可创建一段圆弧，效果如图 4-48 所示。

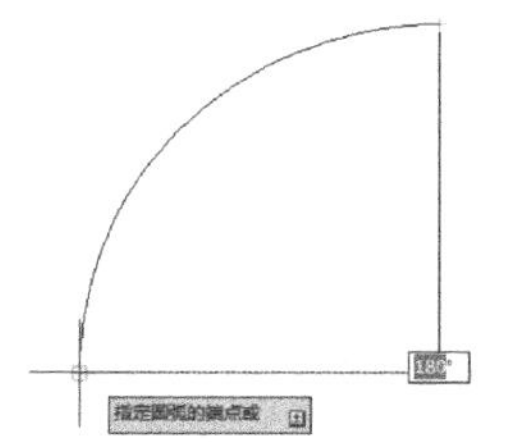

图 4-47　指定圆弧的端点

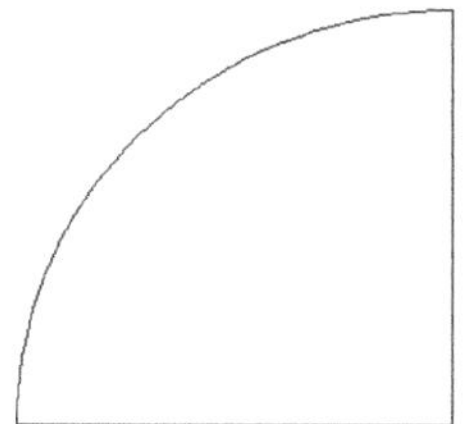

图 4-48　创建圆弧

3. 绘制指定角度的圆弧

执行 ARC(A)命令，输入 C(圆心)并确定，在指定圆心的位置后，系统将继续提示【指定圆弧的端点或 [角度(A)/弦长(L)]:】。此时，用户可以通过输入圆弧的角度或弦长来绘制圆弧。

【练习 4-17】绘制弧度为 140 的圆弧。

(1) 使用【直线】命令，绘制一条线段。

(2) 执行 ARC(A)命令，输入 C 并确定，选择【圆心】选项。

(3) 在线段的中点处指定圆弧的圆心，如图 4-49 所示。

(4) 在线段的右端点处指定圆弧的起点，如图 4-50 所示。

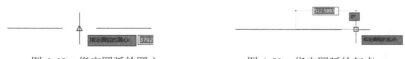

图 4-49　指定圆弧的圆心　　　　图 4-50　指定圆弧的起点

(5) 根据系统提示【指定圆弧的端点或 [角度(A)/弦长(L)]:】，输入 A 并确定，选择【角度】选项。

(6) 输入圆弧所包含的角度为 140，如图 4-51 所示，按空格键即可创建一个包含角度为 140 的圆弧，效果如图 4-52 所示。

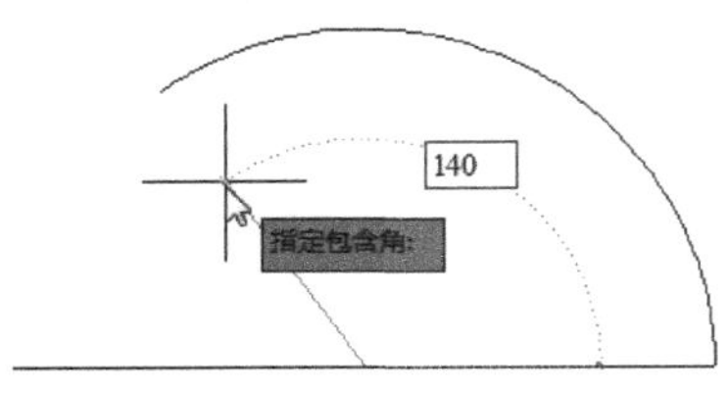

图 4-51　输入圆弧包含的角度

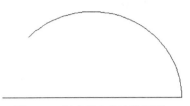

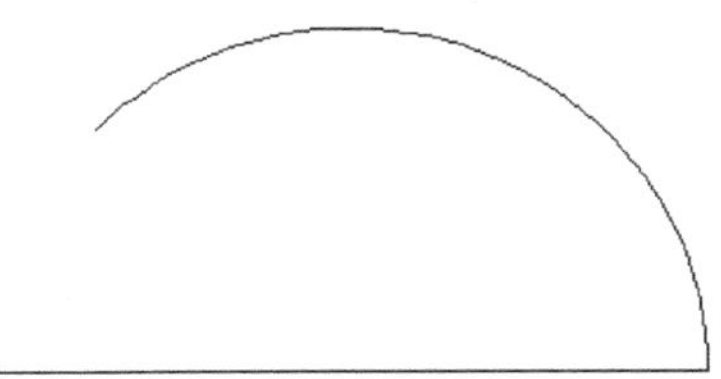
图 4-52　创建指定角度的圆弧

4.1.9　绘制多段线

执行【多段线】命令，可以创建相互连接的序列线段，创建的多段线可以是直线段、弧线段或两者的组合线段。

执行【多段线】命令有以下 3 种常用方法。

- 选择【绘图】→【多段线】命令。
- 单击【绘图】面板中的【多段线】按钮。
- 执行 PLINE(PL)命令。

执行 PLINE(PL)命令，在绘制多段线的过程中，命令行中主要选项的含义如下。

- 圆弧(A)：输入 A，以绘制圆弧的方式绘制多段线。
- 半宽(H)：用于指定多段线的半宽值，AutoCAD 将提示用户输入多段线的起点半宽值与终点半宽值。
- 长度(L)：指定下一段多段线的长度。
- 放弃(U)：输入该命令将取消刚刚绘制的一段多段线。
- 宽度(W)：输入该命令将设置多段线的宽度值。

1. 绘制直线与弧线结合的多段线

在绘制多段线的过程中，可以通过输入 L 并确定，绘制直线对象；通过输入 A 并确定，绘制圆弧对象。

【练习 4-18】绘制直线与弧线结合的多段线。

(1) 执行 PLINE(PL)命令，单击以指定多段线的起点。根据系统提示【指定下一个点或 [圆弧(A)/半宽(H)/长度(L)/放弃(U)/宽度(W)]:】，向右指定多段线的下一个点，如图 4-53 所示。

(2) 根据系统提示继续向上指定多段线的下一个点，如图 4-54 所示。

(3) 当系统再次提示【指定下一点或 [圆弧(A)/闭合(C)/半宽(H)/长度(L)/放弃(U)/宽度(W)]:】时，输入 A 并确定，选择【圆弧(A)】选项。向右移动并单击以指定圆弧的端点，如图 4-55 所示。

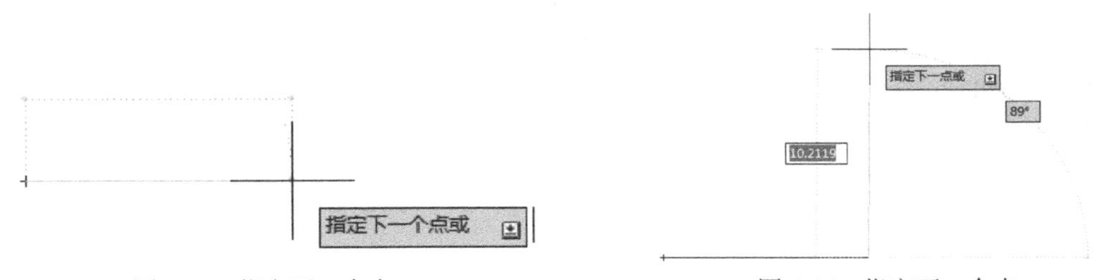

图 4-53　指定下一个点　　　　图 4-54　指定下一个点

(4) 当系统提示【指定圆弧的端点或[角度(A)/圆心(CE)/闭合(CL)/方向(D)/半宽(H)/直线(L)/半径(R)/第二个点(S)/放弃(U)/宽度(W)]:】时，输入 L 并确定，选择【直线(L)】选项。

(5) 根据系统提示指定多段线的下一个点和端点，然后按空格键进行确定，完成多段线的创建，效果如图 4-56 所示。

图 4-55　指定圆弧端点　　　　图 4-56　创建的多段线

2. 绘制带箭头的多段线

在绘制多段线的过程中，可以通过输入 W 或 H 并按空格键确定，指定多段线的宽度，通过设置线段起点和端点的宽度，即可绘制带箭头的多段线。

【练习 4-19】绘制带箭头的多段线。

(1) 执行 PLINE(PL)命令，单击以指定多段线的起点，然后依次向右和向上指定多段线的下一个点，如图 4-57 所示。

(2) 根据系统提示【指定下一点或 [圆弧(A)/闭合(C)/半宽(H)/长度(L)/放弃(U)/宽度(W)]:】，输入 W 并按空格键，选择【宽度(W)】选项。

(3) 根据系统提示【指定起点宽度<0.0000>:】，输入起点宽度为0.5并按空格键确定。

(4) 根据系统提示【指定端点宽度<0.5000>:】，输入端点宽度为0并按空格键确定。

(5) 根据系统提示指定多段线的下一个点，然后按空格键进行确定，即可绘制带箭头的多段线，效果如图 4-58 所示。

图 4-57　指定下一个点　　　　图 4-58　绘制带箭头的多段线

提示

执行 PLINE(PL)命令，默认状态下绘制的线条为直线，输入参数 A(圆弧)并确定，可以创建圆弧线条，如果要重新切换到直线的绘制中，则需要输入参数 L(直线)并确定。在绘制多段线时，AutoCAD 将按照上一线段的方向绘制新的一段多段线。若上一段是圆弧，将绘制出与此圆弧相切的线段。

4.1.10 绘制多线

执行【多线】命令可以绘制多条相互平行的线。在绘制多线的操作中，可以将每条线的颜色和线型设置为相同，也可以将其设置为不同；其线宽、偏移、比例、样式和端头交接方式，可以使用 MLSTYLE 命令控制。

1. 设置多线样式

选择【格式】→【多线样式】命令，或在命令行中输入 MLSTYLE 命令并按空格键确定，打开【多线样式】对话框。在【多线样式】对话框中的【样式】区域列出了目前存在的样式，在预览区域中显示了所选样式的多线效果，如图 4-59 所示。

在【多线样式】对话框中单击【新建】按钮，打开【新建多线样式】对话框，可以创建并设置多线的样式，如图 4-60 所示。

图 4-59 【多线样式】对话框

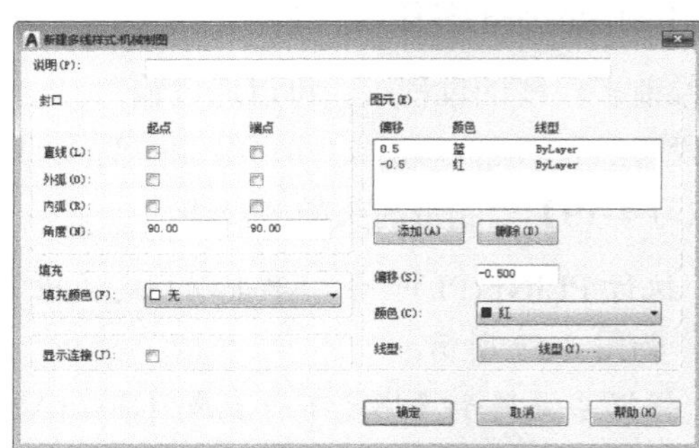

图 4-60 设置多线的样式

提示

在【新建多线样式】对话框中选中【封口】选项组中【直线】选项的起点和端点选项，绘制的多线两端将呈封闭状态；在【新建多线样式】对话框中取消选中【封口】选项组中【直线】选项的起点和端点选项，绘制的多线两端将呈打开状态。

2. 创建多线

使用【多线】命令可以绘制由直线段组成的平行多线，但不能绘制弧形的平行线。绘制的平行线可以用【分解(EXPLODE)】命令将其分解成单条独立的线段。

执行【多线】命令有以下两种常用方法。

- 选择【绘图】→【多线】命令。
- 执行 MLINE(ML)命令。

【练习 4-20】绘制宽度为 240 的多线。

(1) 执行 MLINE 命令并确定，系统提示【指定起点或 [对正(J)/比例(S)/样式(ST)]:】时，输入 S 并确定，启用【比例(S)】选项，然后输入多线的比例值为 240 并按空格键。

(2) 输入 J 并确定，启用【对正(J)】选项，在弹出的菜单中选择【无(Z)】选项。

(3) 根据系统提示指定多线的起点，然后指定多线的下一点，并输入多线的长度。

(4) 继续指定多线的下一个点，如图 4-61 所示。按空格键进行确定，完成多线的创建，效果如图 4-62 所示。

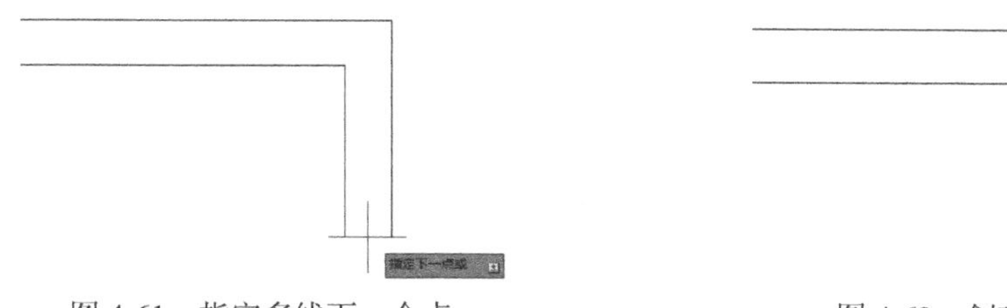

图 4-61　指定多线下一个点　　　　图 4-62　创建的多线

执行 MLINE(ML)命令后，系统将提示【指定起点或 [对正(J)/比例(S)/样式(ST)]:】，其中各项的含义如下。

- 对正(J)：用于控制多线相对于用户输入端点的偏移位置。
- 比例(S)：该选项用于控制多线比例。用不同的比例绘制，多线的宽度不一样。负比例将偏移顺序反转。
- 样式(ST)：该选项用于定义平行多线的线型。在提示【输入多线样式名或[?]】后即可输入已定义的线型名。如输入？，则可在列表显示当前图中已有的平行多线样式。

在绘制多线的过程中，选择【对正(J)】选项后，系统将继续提示【输入对正类型 [上(T)/无(Z)/下(B)] <>:】，其中各选项含义如下。

- 上(T)：多线顶端的线将随着光标点移动。
- 无(Z)：多线的中心线将随着光标点移动。
- 下(B)：多线底端的线将随着光标点移动。

3. 修改多线

选择【修改】→【对象】→【多线】命令，或执行 MLEDIT 命令，打开【多线编辑工具】对话框，可以修改多线的效果，该对话框中提供了多线的 12 种多线编辑工具。

【练习 4-21】打开多线的接头。

(1) 使用【多线】命令，绘制两条相交的多线。

(2) 执行 MLEDIT 命令，打开【多线编辑工具】对话框，选择【T 形打开】选项，如图 4-63 所示。

(3) 进入绘图区选择垂直多线作为第一条多线，如图 4-64 所示。

(4) 选择水平多线作为第二条多线，即可将其在接头处打开，效果如图 4-65 所示。

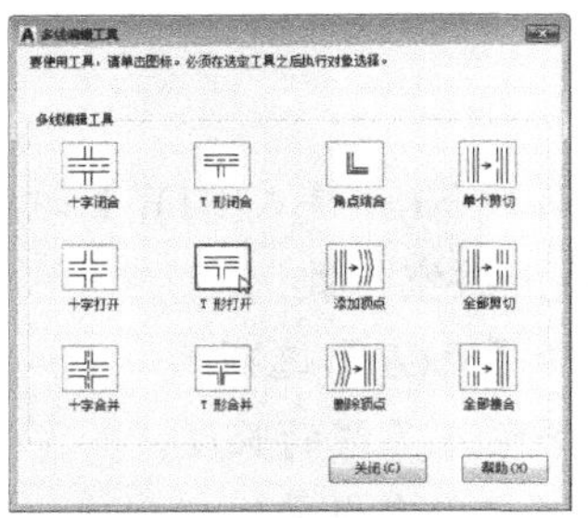

图 4-63　选择【T 形打开】选项

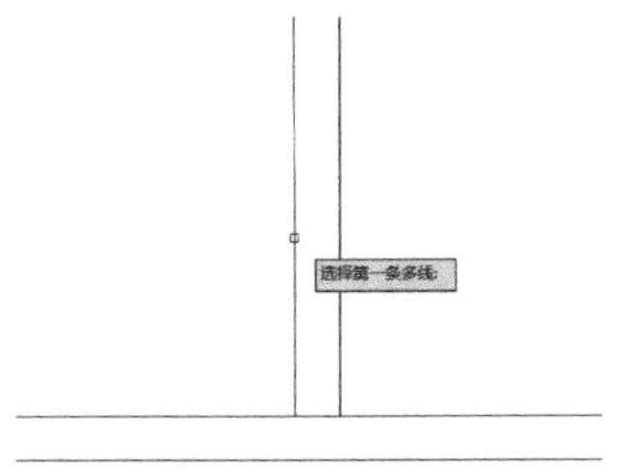

图 4-64　选择第一条多线

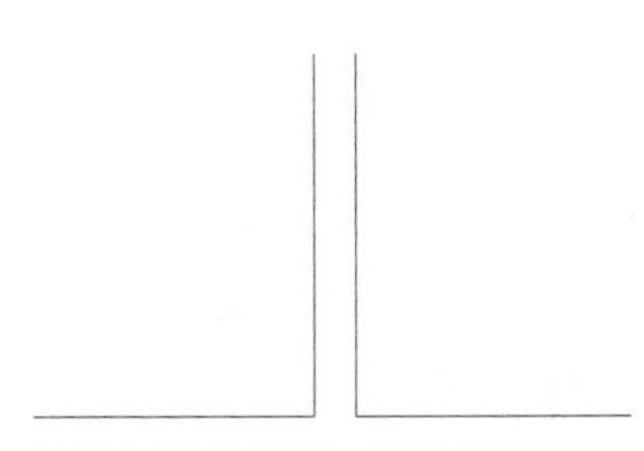

图 4-65　T 形打开多线

4.1.11　绘制样条曲线

使用【样条曲线】命令可以绘制各类光滑的曲线图元，这种曲线是由起点、终点、控制点及偏差来控制的。

执行【样条曲线】命令有以下 3 种常用方法。

- 选择【绘图】→【样条曲线】命令，再选择其中的子命令。
- 单击【绘图】面板中的【样条曲线拟合】按钮或【样条曲线控制点】按钮。
- 执行 SPLINE(SPL)命令。

【练习 4-22】绘制波浪线。

(1) 执行 SPLINE(SPL)命令，根据系统提示，依次指定样条曲线的第一个点和下一个点，如图 4-66 所示。

(2) 根据系统提示，继续指定样条曲线的其他点，然后按空格键结束命令，绘制的波浪线如图 4-67 所示。

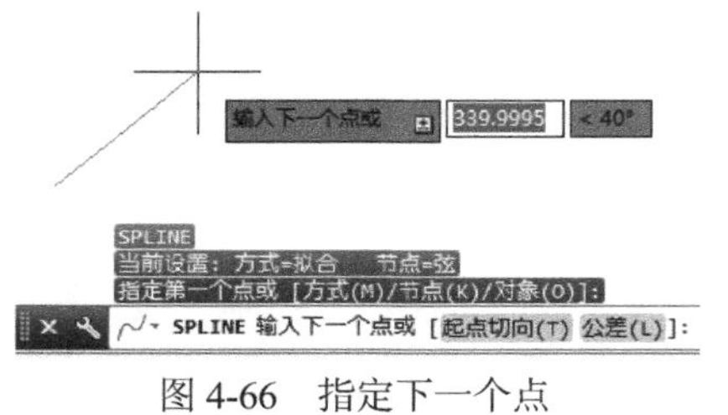

图 4-66　指定下一个点

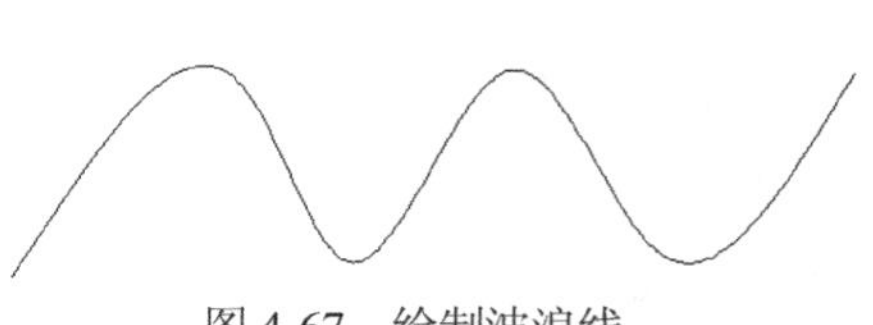

图 4-67　绘制波浪线

技巧

FROM(捕捉自)是用于偏移基点的命令，在执行各种绘图命令时，可以通过该命令偏移绘图的基点位置。在绘制各种图形时，用户均可以使用 FROM(捕捉自)功能来指定图形对象的起点坐标位置。

4.2　创建图块

块是一组图形实体的总称，是多个不同颜色、线型和线宽特性的对象的组合。块是一个独立的、完整的对象。用户可以根据需要按一定比例和角度将图块插入到任意指定位置。

尽管块总是在当前图层上，但块参照保存包含在该块中对象的有关原图层、颜色和线型特性的信息。用户可以根据需要选择控制块中的对象是保留其原特性还是继承当前的图层、颜色、线型或线宽设置。

4.2.1　创建内部块

创建内部块是将对象组合在一起，储存在当前图形文件内部，可以对其进行移动、复制、缩放或旋转等操作。

执行创建块的命令有以下 3 种方法。

- ◉　选择【绘图】→【块】→【创建】命令。
- ◉　单击【块】面板中的【创建】按钮。
- ◉　执行 BLOCK(B)命令。

执行 BLOCK(B)命令，将打开【块定义】对话框，如图 4-68 所示。在该对话框中可进行定义内部块操作，其中主要选项的含义如下。

- ◉　名称：在该框中输入将要定义的图块名。单击列表框右侧的下拉按钮，系统显示图形中已定义的图块名，如图4-69所示。
- ◉　拾取点：在绘图中拾取一点作为图块插入基点。
- ◉　选择对象：选取组成块的实体。
- ◉　转换为块：创建块以后，将选定对象转换成图形中的块引用。
- ◉　删除：生成块后将删除源实体。
- ◉　快速选择：单击该按钮，将打开【快速选择】对话框，可以定义选择集。
- ◉　按统一比例缩放：选中该复选框，在对块进入缩放时将按统一的比例进行缩放。
- ◉　允许分解：选中该复选框，可以对创建的块进行分解；如果取消选中该复选框，将不能对创建的块进行分解。

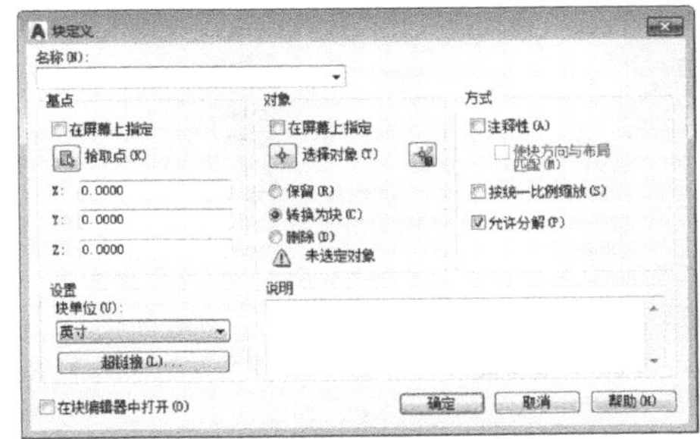

图 4-68　【块定义】对话框

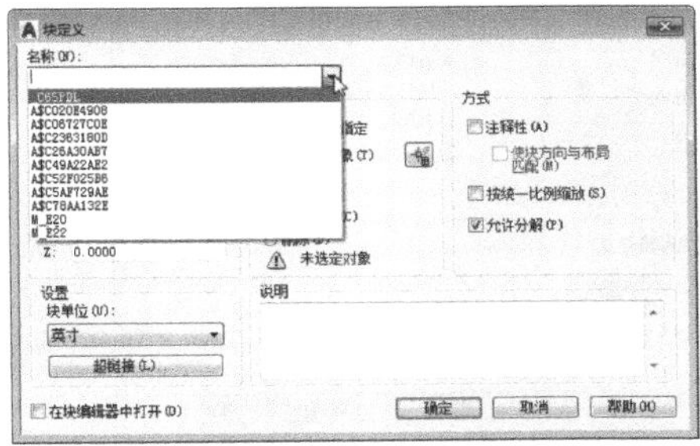

图 4-69　已定义的图块

提示

通常情况下，选择块的中心点或左下角点作为块的基点。块在插入过程中，可以围绕基点旋转。旋转角度为 0 的块，将根据创建时使用的 UCS 定向。如果输入的是一个三维基点，则按照指定标高插入块。如果忽略 Z 坐标数值，系统将使用当前标高。

4.2.2 创建外部块

执行【写块】命令WBLOCK(W)，可以创建一个独立存在的图形文件，使用WBLOCK(W)命令定义的图块被称作外部块。其实外部块就是一个DWG图形文件，当使用WBLOCK(W)命令将图形文件中的整个图形定义成外部块写入一个新文件时，将自动删除文件中未用的层定义、块定义、线型定义等。

执行 WBLOCK(W)命令，将打开【写块】对话框，如图 4-70 所示。【写块】对话框中主要选项的含义如下。

- 块：指定要存为文件的现有图块。
- 整个图形：将整个图形写入外部块文件。
- 对象：指定存为文件的对象。
- 保留：将选定对象存为文件后，在当前图形中仍将它保留。
- 转换为块：将选定对象存为文件后，从当前图形中将它转换为块。
- 从图形中删除：将选定对象存为文件后，从当前图形中将它删除。
- 选择对象：选择一个或多个保存至该文件的对象。
- 文件名和路径：在列表框中可以指定保存块或对象的文件名。单击列表框右侧的浏览按钮，在打开的【浏览图形文件】对话框中可以选择合适的文件路径，如图4-71所示。
- 插入单位：指定新文件插入块时所使用的单位值。

图 4-70 【写块】对话框

图 4-71 【浏览图形文件】对话框

提示

所有的 DWG 图形文件都可以视为外部块插入到其他的图形文件中，不同的是，使用 WBLOCK 命令定义的外部块文件的插入基点是用户设置好的，而用 NEW 命令创建的图形文件，在插入其他图形中时将以坐标原点(0,0,0)作为其插入点。

4.2.3　插入块

在绘图过程中，如果要多次使用相同的图块，可以使用插入块的方法提高绘图效率。通常可以使用【插入】命令和【设计中心】命令插入需要的块。用户可以根据需要，使用【插入】命令按一定比例和角度将需要的图块插入到指定位置。

执行【插入】命令包括以下 3 种常用方法。

- 选择【插入】→【块】命令。
- 单击【块】面板中的【插入块】按钮。
- 执行 INSERT(I)命令。

执行【插入(I)】命令，将打开【插入】对话框，在该对话框中可以选择并设置插入的对象，如图 4-72 所示。对话框中主要选项的含义如下。

- 名称：在该文本框中可以输入要插入的块名，或在其下拉列表框中选择要插入的块对象的名称。
- 浏览：用于浏览文件。单击该按钮，将打开【选择图形文件】对话框，用户可在该对话框中选择要插入的外部块文件，如图4-73所示。
- 路径：用于显示插入外部块的路径。

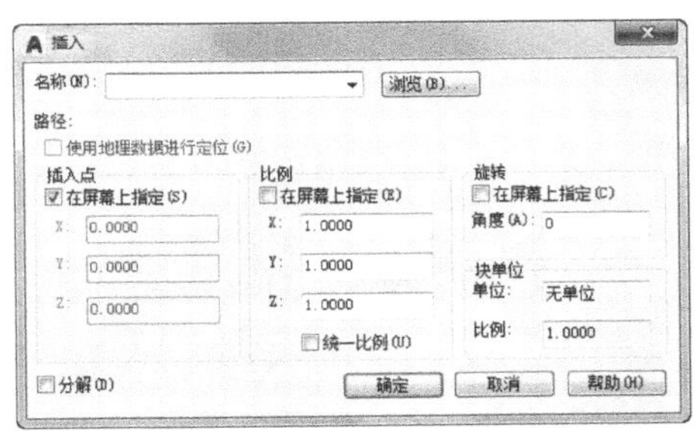

图 4-72　【插入】对话框

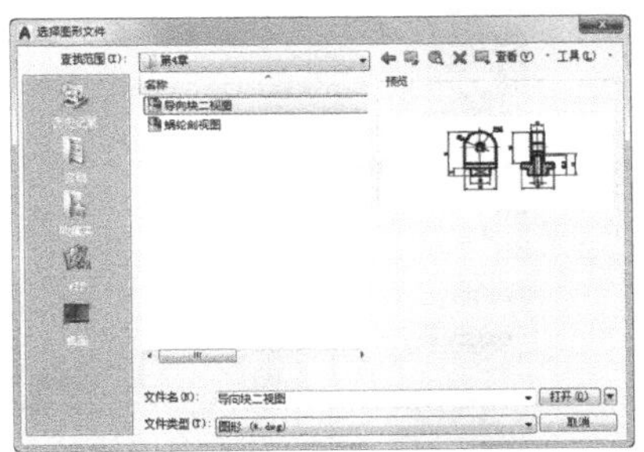

图 4-73　【选择图形文件】对话框

- 统一比例：该复选框用于统一3个轴向上的缩放比例。当选中【统一比例】复选框后，Y、Z 文本框呈灰色，在 X 轴文本框输入比例因子后，Y、Z 文本框中显示相同的值。
- 角度：该文本框用于预先输入旋转角度值，预设值为0。
- 分解：该复选框用于确定是否将图块在插入时分解成原有组成实体。

外部块文件插入当前图形后，其内包含的所有块定义(外部嵌套块)也同时带入当前图形，并

生成同名的内部块，以后在该图形中可以随时调用。当外部块文件中包含的块定义与当前图形中已有的块定义同名，则当前图形中的块定义将自动覆盖外部块包含的块定义。

技巧

将图块作为一个实体插入当前图形的过程中，AutoCAD 将图块作为一个整体的对象来操作，其中的实体，如线、面和三维实体等均具有相同的图层和线型等。当插入的是内部块则可以直接输入块名；当插入的是外部块时，则需要指定块文件的路径。如果图块在插入时选中了【分解】复选框，插入图块会自动分解成单个的实体，其特性如层、颜色、线型等也将恢复为生成块之前实体具有的特性。

4.2.4 重命名块

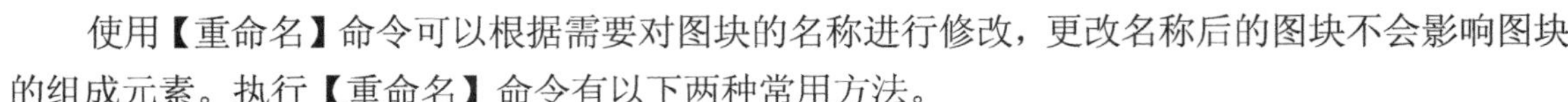

使用【重命名】命令可以根据需要对图块的名称进行修改，更改名称后的图块不会影响图块的组成元素。执行【重命名】命令有以下两种常用方法。

- 选择【格式】→【重命名】命令。
- 输入 Rename 命令并确定。

【练习 4-23】修改块的名称。

(1) 打开【吊钩.dwg】素材文件。选择【格式】→【重命名】命令，打开【重命名】对话框。

(2) 在对话框的【命名对象】列表框中选择【块】选项，在【项数】列表中选择要更改的块名称，在【旧名称】选项中将显示选中块的名称，然后在【重命名为】按钮后的文本框中输入新的块名称，如图 4-74 所示。

(3) 单击【确定】按钮，即可修改指定块的名称，并在命令行显示已重命名的提示，如图 4-75 所示。

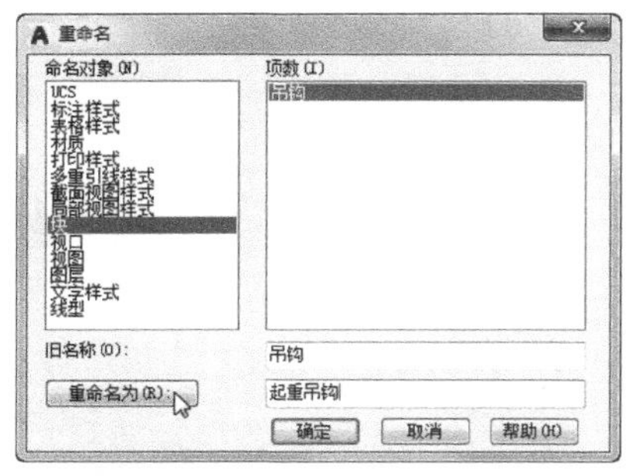

图 4-74 重命名图块

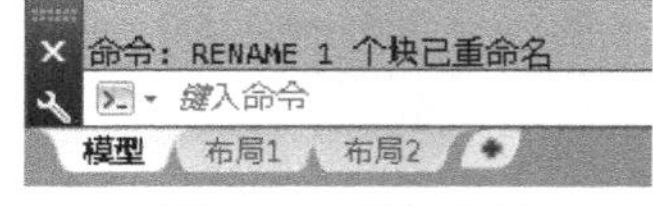

图 4-75 系统提示

4.2.5 分解块

块作为一个整体进行操作，用户可以对其进行移动、旋转、复制等操作，但不能直接对其进行缩放、修剪、延伸等操作。如果想对图块中的元素进行编辑，可以先将块分解，然后对其中的

每一条线进行编辑。

执行【分解(X)】命令，在命令提示后选择要进行分解的块对象，按空格键即可将图块分解为多个图形对象。

4.2.6　清理未使用的块

绘制图形的过程中，如果当前图形文件中定义了某些图块，但是没有插入到当前图形中，可以将这些块清除。

【练习 4-24】清理图形中未使用的块。

(1) 选择【文件】→【图形实用工具】→【清理】命令，打开【清理】对话框。

(2) 选中【查看能清理的项目】单选按钮，在【图形中未使用的项目】中展开【块】选项，将显示所有可以清理的块名称，如图 4-76 所示。

(3) 单击【清理】按钮，将打开【清理-确认清理】对话框，如图 4-77 所示，即可根据需要清除多余的块。完成清理后，单击【清理】对话框中的【关闭】按钮结束操作。

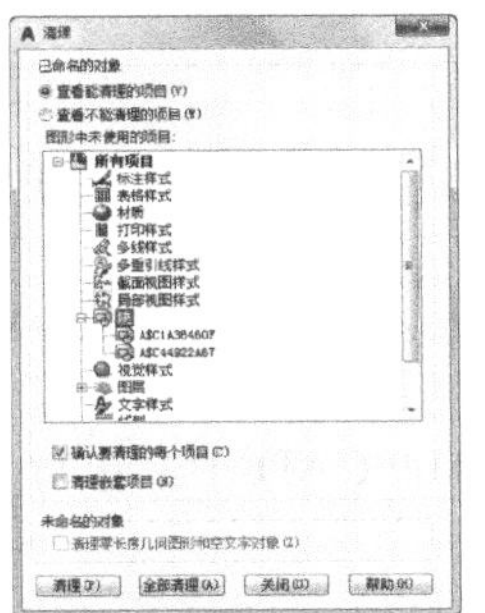

图 4-76　【清理】对话框

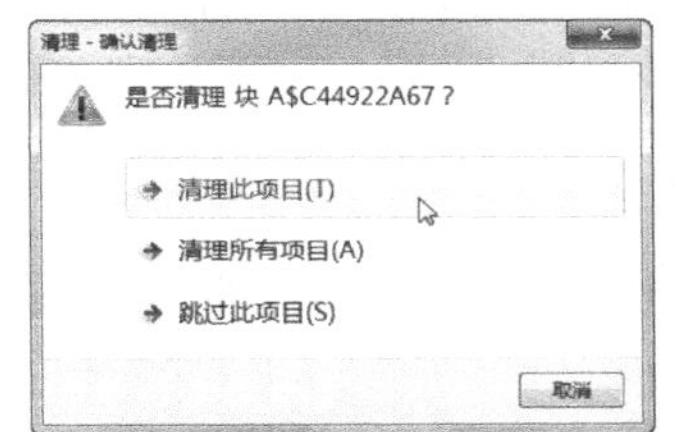

图 4-77　【清理-确认清理】对话框

4.3　创建面域

在填充复杂图形的图案时，可以通过创建和编辑面域，快速确定填充图案的边界。在 AutoCAD 中，面域是由封闭区域所形成的二维实体对象，其边界可以由直线、多段线、圆、圆弧或椭圆等对象形成。用户可以对面域进行布尔运算，创建出各种各样的形状。

4.3.1　建立面域

使用【面域】命令可以将封闭的图形创建为面域对象。在创建面域对象之前，首先要确定存在封闭的图形，如多边形、圆形或椭圆等。

执行【面域】命令有以下 3 种常用方法。

◉　选择【绘图】→【面域】命令。

◉　单击【绘图】面板中的【面域】按钮。

◉　执行 REGION(REG)命令。

【练习 4-25】 将矩形创建为面域对象。

(1) 使用【矩形(REC)】命令，绘制一个矩形。

(2) 执行【面域(REG)】命令，选择矩形作为创建面域的对象，如图 4-78 所示。

(3) 按空格键进行确定，即可将选择的对象转换为面域对象，将鼠标指针移向面域对象时，将显示该面域的属性，如图 4-79 所示。

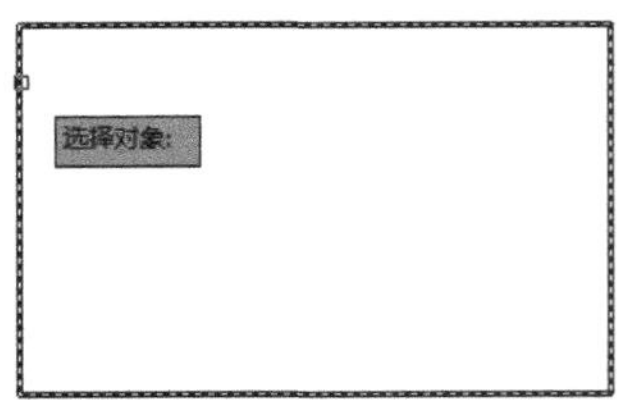

图 4-78　选择图形

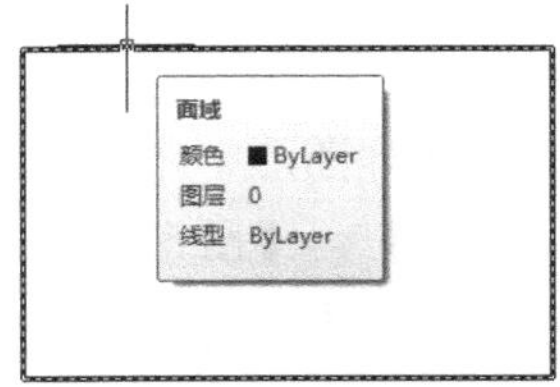

图 4-79　显示面域属性

4.3.2　运算面域

在 AutoCAD 中，可以对面域进行并集、差集和交集这 3 种布尔运算。并可以通过不同的组合来创建复杂的新面域。

1. 并集运算

并集运算是将多个面域对象相加合并成一个对象。在 AutoCAD 中，执行【并集】运算命令有以下两种常用方法。

◉　选择【修改】→【实体编辑】→【并集】命令。

◉　执行 UNION(UNI)命令。

【练习 4-26】 对面域对象进行并集运算。

(1) 绘制一个矩形和一个圆，然后将其创建为面域对象，如图 4-80 所示。

(2) 执行【并集(UNION)】命令，然后选择创建好的两个面域对象并确定，即可将两个面域进行并集运算，并集效果如图 4-81 所示。

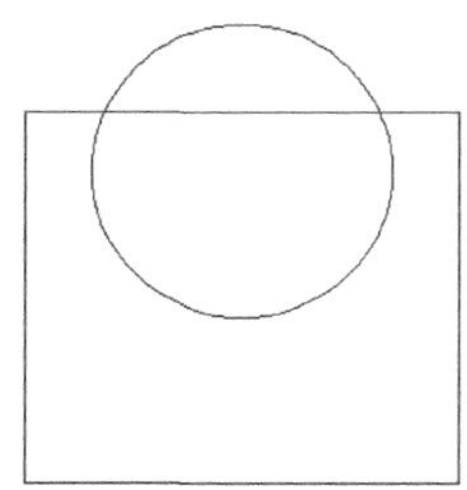
图 4-80　创建面域

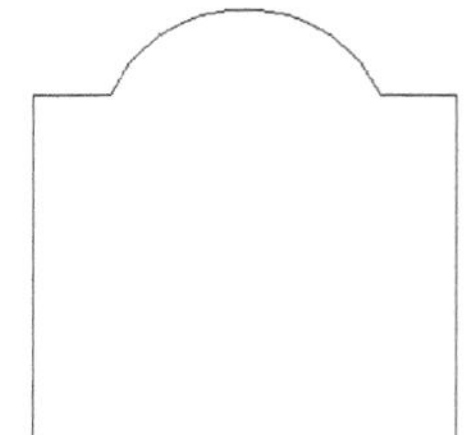
图 4-81　并集效果

2. 差集运算

差集运算是在一个面域中减去其他与之相交面域的部分。执行面域的差集运算命令有以下两

种常用方法。

- 选择【修改】→【实体编辑】→【差集】命令。
- 执行 SUBTRACT(SU)命令。

【练习 4-27】对面域对象进行差集运算。

(1) 绘制一个矩形和一个圆，然后将其创建为面域对象，如图 4-82 所示。

(2) 执行【差集(SU)】命令，选择矩形面域作为差集运算的源对象，如图 4-83 所示。

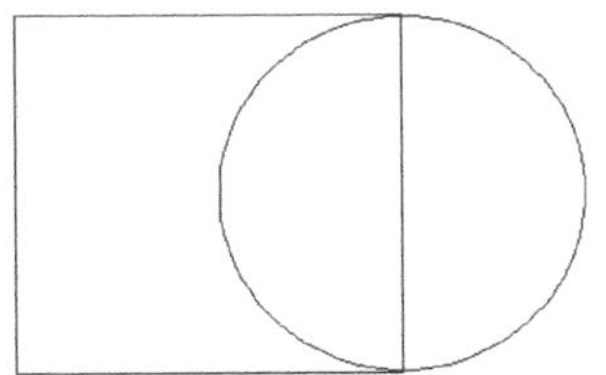

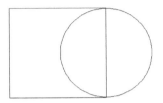

图 4-82　创建面域

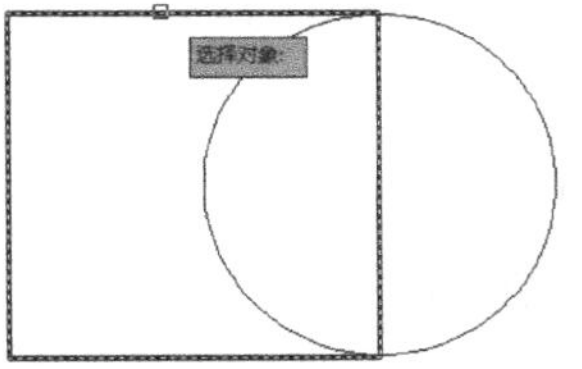

图 4-83　选择源对象

(3) 选择圆面域作为要减去的对象，如图 4-84 所示。然后按空格键进行确定，差集运算面域的效果如图 4-85 所示。

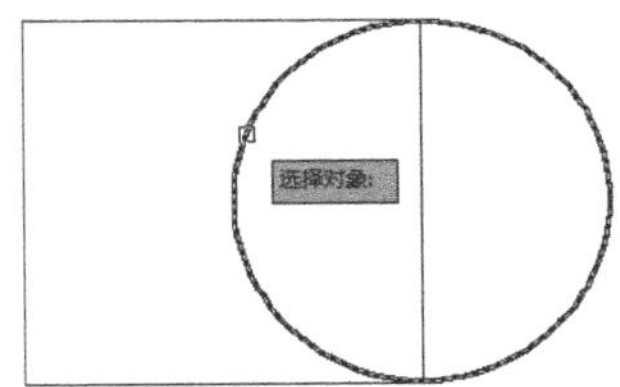

图 4-84　选择减去的对象

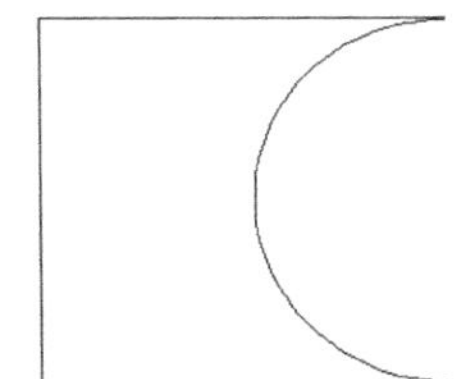

图 4-85　差集效果

3．交集运算

交集运算是保留多个面域相交的公共部分，而除去其他部分的运算方式。执行面域的交集运算命令有以下两种常用方法。

- 选择【修改】→【实体编辑】→【交集】命令。
- 执行 INTERSECT(IN)命令。

【练习 4-28】对面域对象进行交集运算。

(1) 绘制一个矩形和一个圆，然后将其创建为面域对象，如图 4-86 所示。

(2) 执行【交集(IN)】命令，选择创建的两个面域并按空格键确定，即可对其进行交集运算，效果如图 4-87 所示。

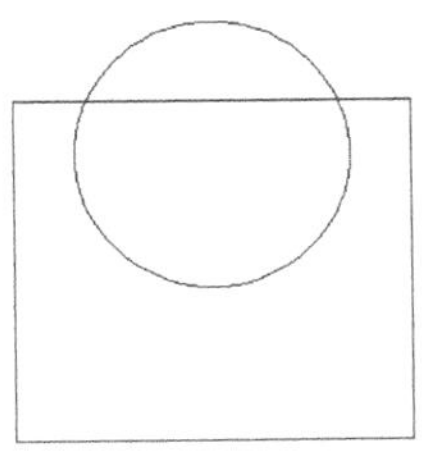

图 4-86　创建面域

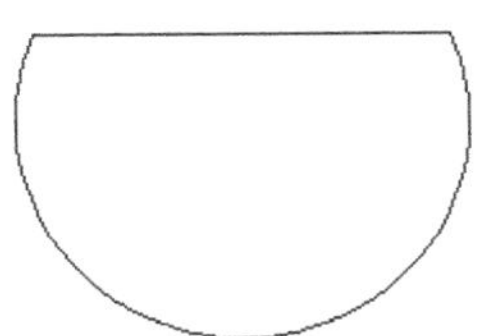

图 4-87　交集效果

4.4 图案填充

在 AutoCAD 制图操作中，可以对图形进行图案和渐变色填充，使图形看起来更加清晰，更加具有表现力。

4.4.1 认识图案填充

在机械制图中，图案填充通常用来区分工程的部件或用来表现组成对象的材质，通常可以使用以下 3 种方法执行【图案填充】命令。

- 选择【绘图】→【图案填充】命令。
- 单击【绘图】面板中的【图案填充】按钮。
- 执行 HATCH(H)命令。

执行【图案填充】命令，将打开【图案填充创建】功能区，在该功能区中可以设置填充的边界和填充的图案等参数，如图 4-88 所示。其中，各选项的作用与【图案填充和渐变色】对话框中对应的选项相同。

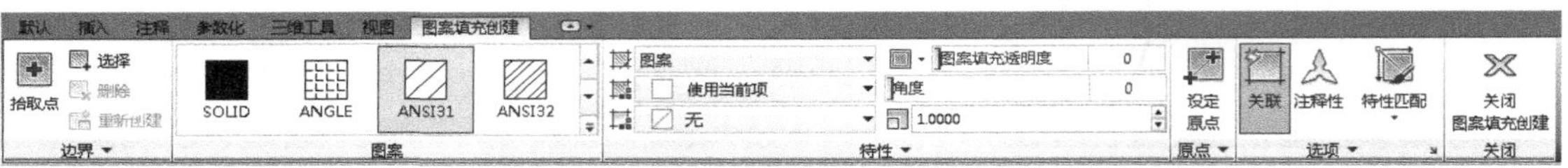

图 4-88 【图案填充创建】功能区

执行【图案填充(H)】命令，系统将提示【拾取内部点或 [选择对象(S)/放弃(U)/设置(T)]:】，输入 T 并按空格键确定。启用【设置】选项，可以打开【图案填充和渐变色】对话框。单击对话框右下方的【更多】按钮，将展开【孤岛】、【边界保留】等更多选项组的选项，如图 4-89 所示。

图 4-89 【图案填充和渐变色】对话框

【类型和图案】选项组中主要选项的含义如下。

- 类型：在该下拉列表中可以选择图案的类型。其中，用户定义的图案基于图形中的当前线型。自定义图案是在任何自定义 PAT 文件中定义的图案，这些文件已添加到搜索路径中，可以控制任何图案的角度和比例。
- 图案：单击【图案】选项右方的下拉按钮，可以在弹出的下拉列表中选择需要的图案，如图4-90所示；单击【图案】选项右方的...按钮，将打开【填充图案选项板】对话框，在此显示各种预置的图案及效果有助于用户做出选择，如图4-91所示。

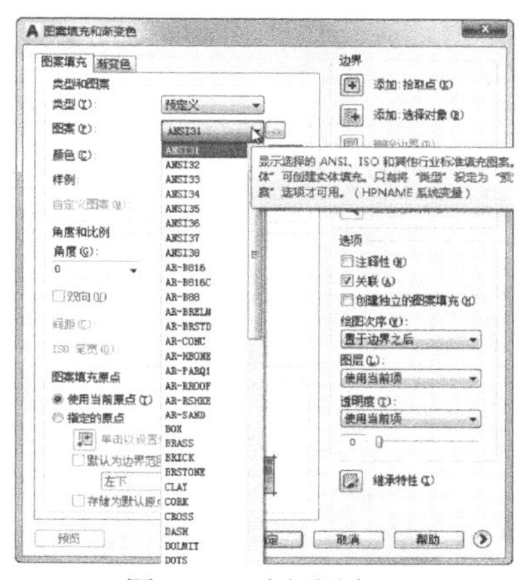

图 4-90　选择图案

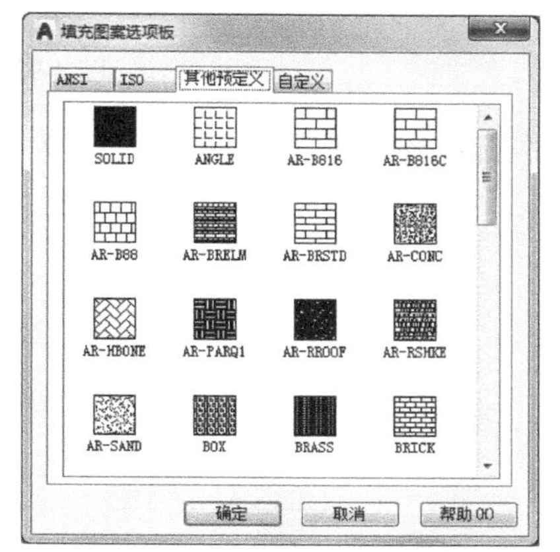

图 4-91　【填充图案选项板】对话框

- 颜色：单击【颜色】选项的颜色下拉按钮，可以在弹出的下拉列表中选择需要的图案颜色。
- 样例：在该显示框中显示了当前使用的图案效果。单击该显示框，可以打开【填充图案选项板】对话框。

在【角度和比例】选项组中可以指定填充图案的角度和比例，其中主要选项的含义如下。

- 角度：在该下拉列表中可以设置图案填充的角度。
- 比例：在该下拉列表中可以设置图案填充的比例。
- 双向：当使用【用户定义】方式填充图案时，此复选框才可用。选中该复选框可自动创建两个方向相反并互成90度的图样。
- 间距：指定用户定义图案中的直线间距。

【边界】选项组中主要选项的含义如下。

- 【添加：拾取点】按钮：在一个封闭区域内部任意拾取一点，AutoCAD 将自动搜索包含该点的区域边界，并将其边界以虚线显示。
- 【添加：选择对象】按钮：用于选择实体，单击该按钮可以选择组成填充区域边界的实体。
- 【删除边界】按钮：用于取消边界，边界即为在一个大的封闭区域内存在的一个独立的小区域。

【孤岛】选项组中主要选项的含义如下。

- 普通：用普通填充方式填充图形时，是从最外层的外边界向内边界填充，即第一层填充，第二层则不填充，如此交替进行填充，直到选定边界填充完毕，如图4-92所示。

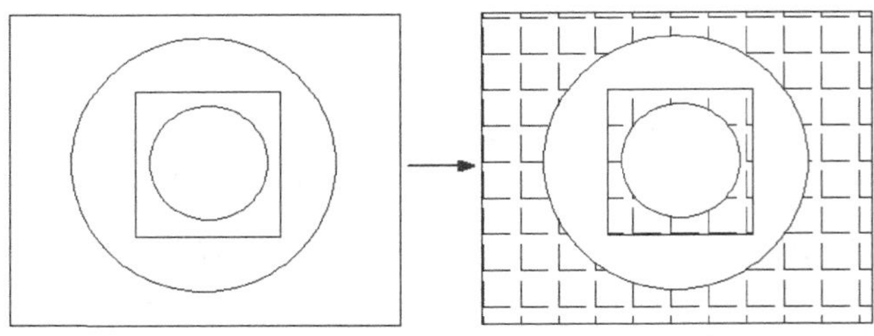

图 4-92　普通填充方式

- 外部：该方式只填充从最外边界向内第一边界之间的区域，如图4-93所示。

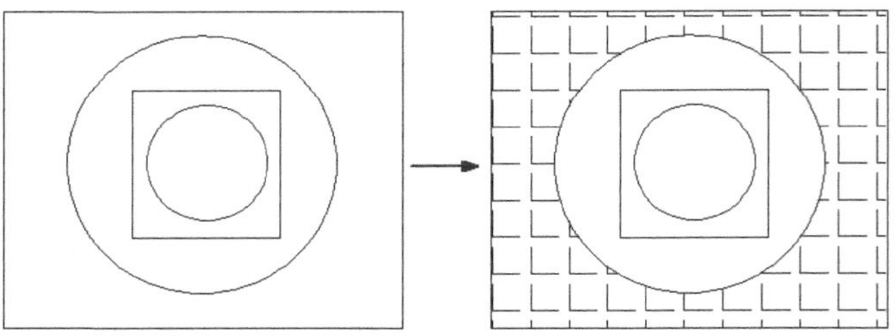

图 4-93　外部填充方式

- 忽略：该方式将忽略最外层边界包含的其他任何边界，从最外层边界向内填充全部图形，如图4-94所示。

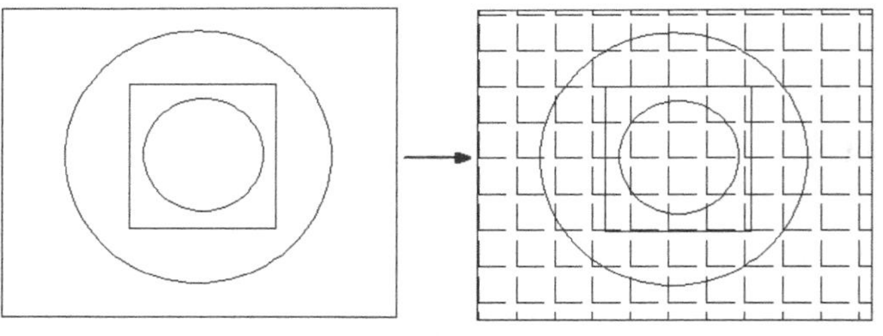

图 4-94　忽略填充方式

4.4.2　填充图形图案

执行 HATCH(H)命令，打开【图案填充和渐变色】对话框，设置好图案参数后，指定要填充的区域，单击【预览】按钮可以预览填充的效果，单击【确定】按钮完成填充操作。

【练习 4-29】填充零件剖视图。

(1) 打开【法兰盘剖视图.dwg】素材图形，如图 4-95 所示。

(2) 选择【绘图】→【图案填充】命令，打开【图案填充创建】功能区，展开【图案】面板，选择其中的 ANSI31 图案，如图 4-96 所示。

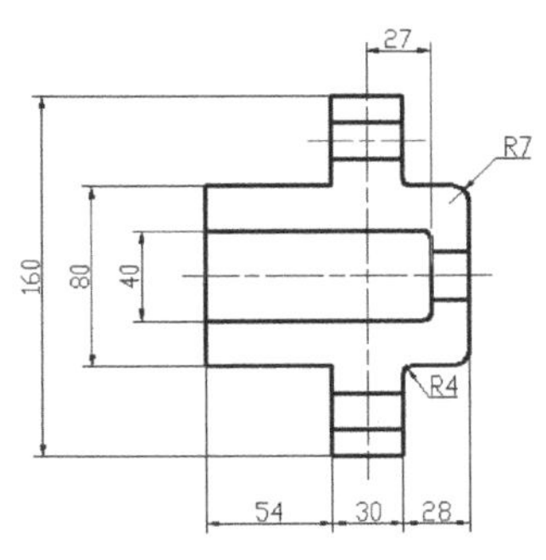

图 4-95　素材图形

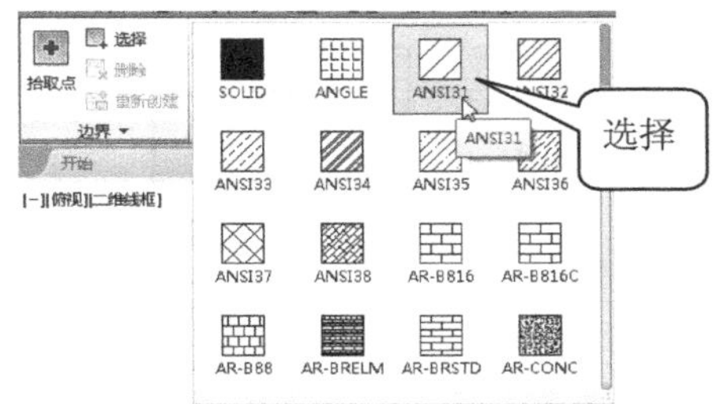

图 4-96　选择 ANSI31 图案

(3) 单击【边界】面板中的【拾取点】按钮进入绘图区，然后指定要填充的区域，如图 4-97 所示。

(4) 在【特性】面板中设置填充比例值为 1.5，如图 4-98 所示。

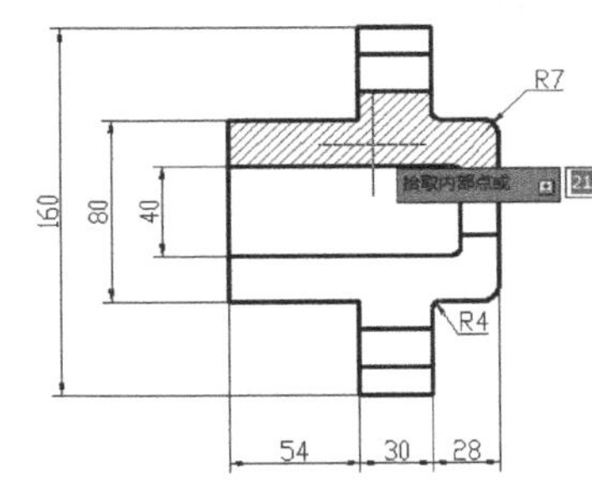

图 4-97　指定填充区域

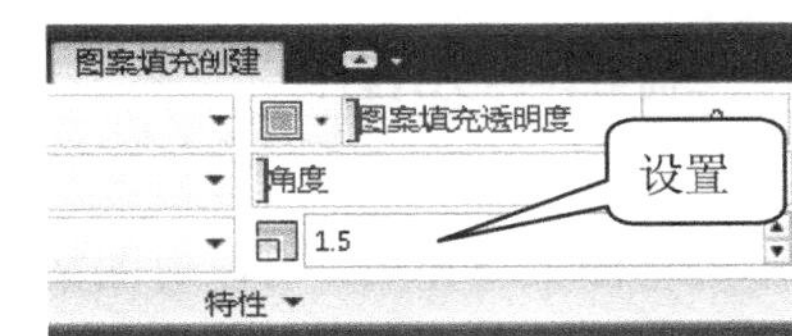

图 4-98　设置填充比例

(5) 单击【关闭】面板中的【关闭图案填充创建】按钮，填充图案的效果如图 4-99 所示。

(6) 执行 Hatch(H)命令，输入 T 并按空格键确定，打开【图案填充和渐变色】对话框，设置图案为 ANSI31，比例为 1.5，如图 4-100 所示。

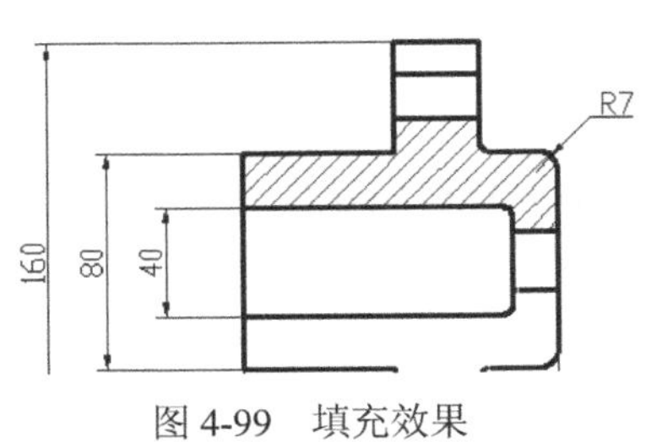

图 4-99　填充效果

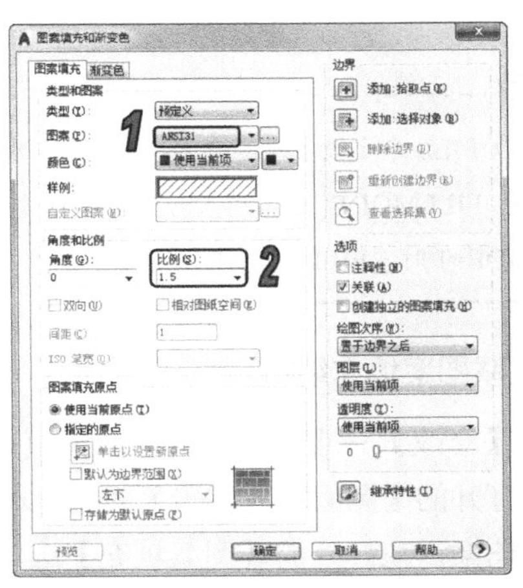

图 4-100　设置图案填充参数

(7) 单击对话框中的【添加：拾取点】按钮，依次在剖视图的其他位置指定填充区域，如图 4-101 所示，然后按空格键进行确定，得到的填充效果如图 4-102 所示，完成本例的制作。

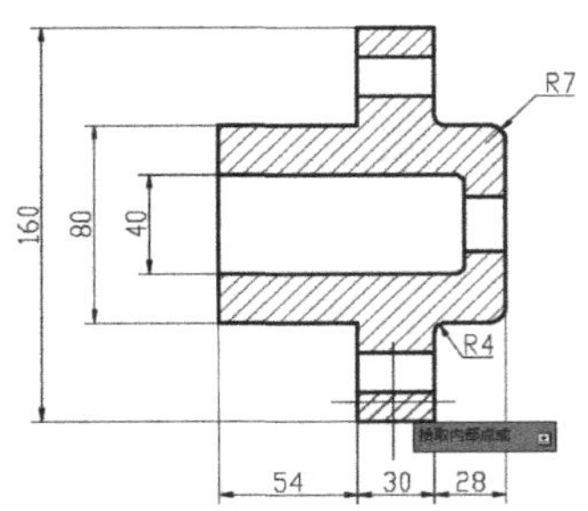

图 4-101　指定其他填充区域

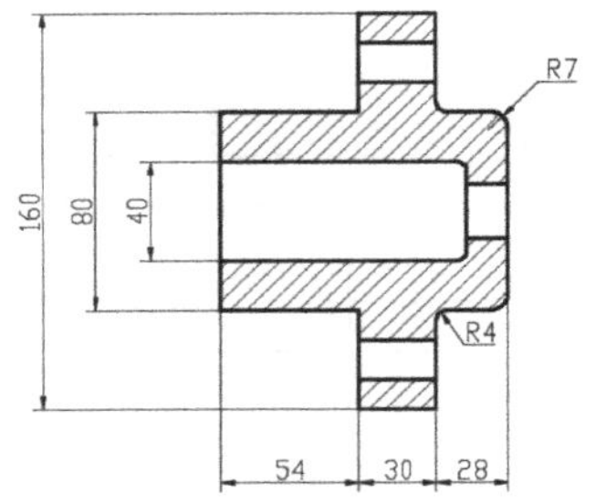

图 4-102　图案填充效果

提示

在【图案填充和渐变色】对话框中选择【渐变色】选项卡，可以通过设置渐变色参数，对图形进行渐变色填充，填充渐变色的操作与填充图案的操作相似，也可直接执行【渐变色】命令进行渐变色填充。

4.4.3　编辑填充图案

对图形进行图案填充后，可以对图案进行编辑，如控制填充图案的可见性、关联图案填充编辑、以及夹点编辑关联图案填充等。

1. 控制填充图案的可见性

执行 FILL 命令可以控制填充图案的可见性。当 FILL 命令设为【开(ON)】时，填充图案可见；设为【关(OFF)】时，填充图案则不可见。

提示

更改 FILL 命令设置后，需要执行【重生成(REGEN)】命令重新生成图形，才能更新填充图案的可见性。系统变量 FILLMODE 也可用来控制图案填充的可见性。当 FILLMODE=0 时，FILL 值为【关(OFF)】；FILLMODE=1 时，FILL 值为【开(ON)】。

2. 关联图案填充编辑

选择【修改】→【对象】→【图案填充】命令，或执行 HATCHEDIT 命令，然后选择图案对象，在打开的【图案填充编辑】对话框中即可对图案进行编辑，如图 4-103 所示。另外，双击要编辑的图案，在打开的【图案填充】选项板中也可以对图案进行编辑，如图 4-104 所示。

提示

使用编辑命令修改填充边界后，如果其填充边界继续保持封闭，则图案填充区域自动更新，并保持关联性；如果填充边界不再保持封闭，则消失其关联性。

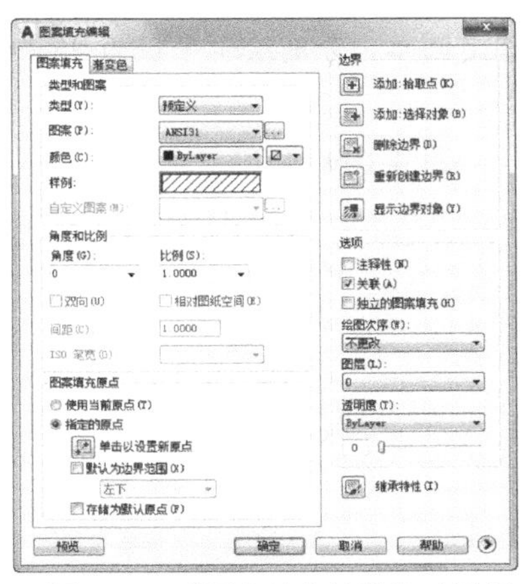

图 4-103 【图案填充编辑】对话框

图案填充	
颜色	■ ByLayer
图层	0
类型	预定义
图案名	ANGLE
注释性	否
角度	0
比例	1
关联	是
背景色	☐ 无

图 4-104 【图案填充】选项板

4.5 上机实战

本例将使用【构造线】、【矩形】和【圆】命令绘制底座主视图，巩固本章所学的绘图知识，本例完成后的效果如图 4-105 所示。制作该图形对象的关键是使用【构造线】命令通过捕捉矩形的中点，绘制水平和垂直构造线作为辅助线，然后绘制圆形。

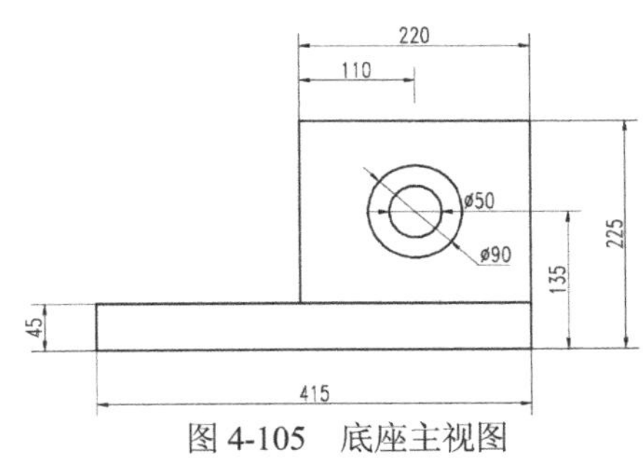

图 4-105　底座主视图

绘制本例底座主视图的具体操作如下。

(1) 执行【矩形(REC)】命令，绘制一个长为 220、宽为 180 的矩形，如图 4-106 所示。

(2) 执行【构造线(XL)】命令，通过捕捉矩形各边的中点，绘制一条水平构造线和垂直构造线作为辅助线，如图 4-107 所示。

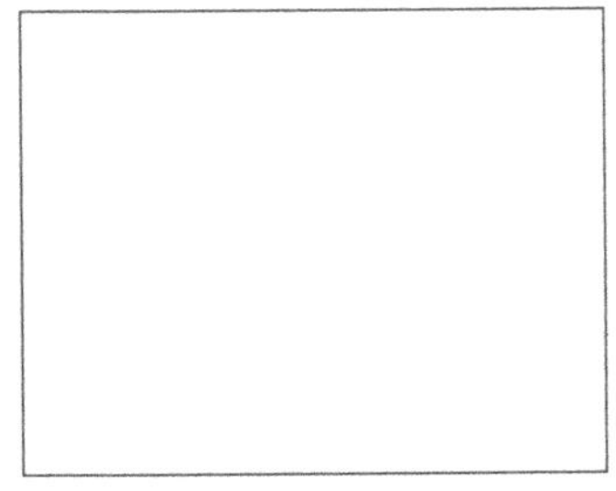

图 4-106　绘制矩形

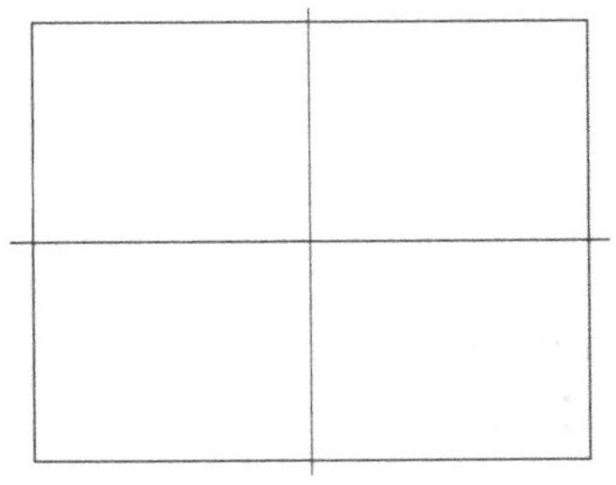

图 4-107　绘制构造线

(3) 执行【圆(C)】命令，在两条构造线的交点处指定圆心，分别绘制半径为 25 和 45 的同心圆，如图 4-108 所示。

(4) 选中构造线，然后按 Delete 键将其删除，效果如图 4-109 所示。

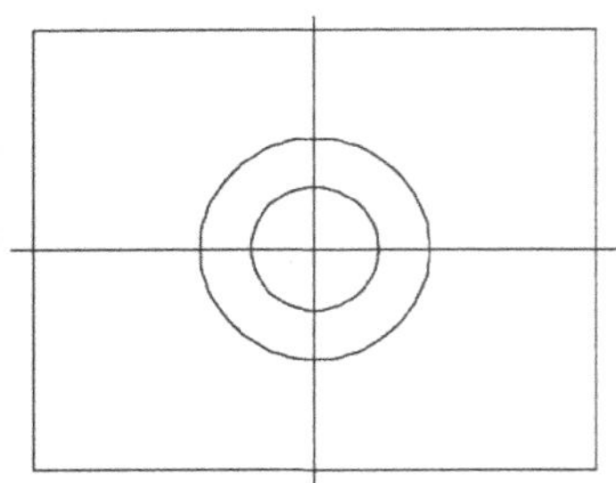

图 4-108　绘制两个同心圆

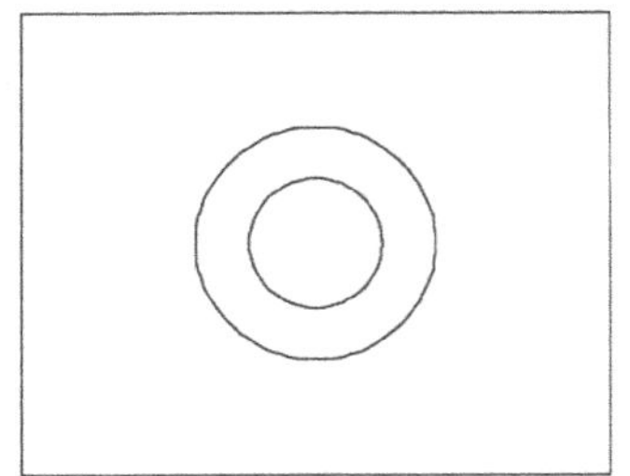

图 4-109　删除构造线

(5) 执行【矩形(REC)】命令，捕捉前面所绘制矩形右下方的角点作为当前矩形的第一个角点，如图 4-110 所示。然后根据提示输入矩形另一个角点的坐标为【@-415,-45】并按空格键确定，绘制的矩形效果如图 4-111 所示，完成本例的制作。

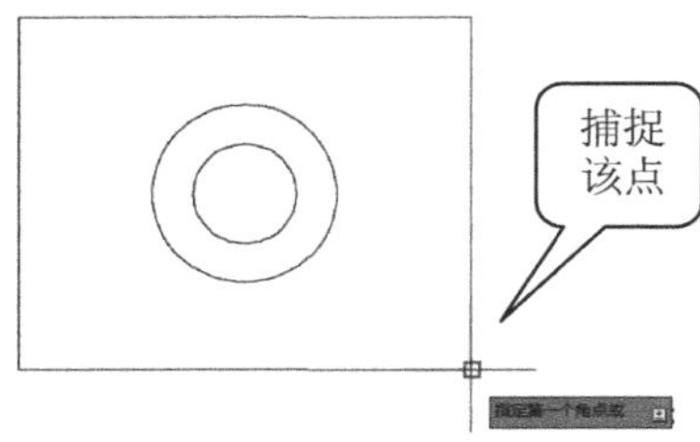

图 4-110　指定矩形第一个角点

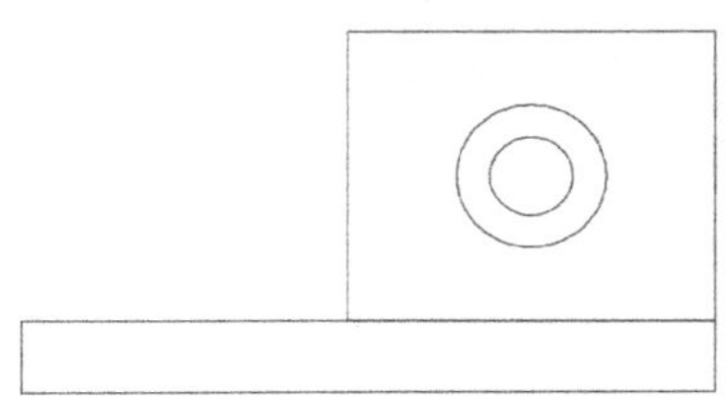

图 4-111　绘制下方矩形

4.6　思考与练习

4.6.1　填空题

1. 绘制垂直构造线，在执行【构造线】命令后，应输入________并确定，以选择__________选项。

2. 绘制圆角矩形，在执行【矩形】命令后，应输入________并确定，以选择__________选项。

3. 在绘图操作中，要通过偏移指定基点，从而进行图形的绘制，可以输入________并确定，启用【捕捉自】功能。

4. 绘制多段线的过程中，可以输入______或______并确定，指定多段线的宽度。

5. 执行【椭圆(EL)】命令，输入________并确定，可以绘制椭圆弧。

6. 在绘制圆弧的过程中，输入________并确定，可以根据提示先确定圆弧的圆心，再指定圆

弧的起点和端点，绘制指定圆弧。

7. 在插入块的操作中，除了使用【插入】命令插入块对象外，还可以使用________命令插入块对象。

8. 在创建块的操作中，除了可以定义内块对象外，还可以使用________命令定义外部块。

9. 执行【图案填充】命令，然后输入________，可以打开对话框设置________和________选项卡中的参数内容。

4.6.2 选择题

1. 绘制点的命令是(　　)。

　A. PO　　B. ME　　C. DIV　　D. F

2. 将对象定数等分的命令是(　　)。

　A. PO　　B. ME　　C. DIV　　D. F

3. 绘制圆的命令是(　　)。

　A. C　　B. F　　C. REC　　D. H

4. 执行多线的命令是(　　)。

　A. PL　　B. ML　　C. SPL　　D. XL

5. 绘制多段线的命令是(　　)。

　A. L　　B. PL　　C. ML　　D. SPL

6. 绘制圆弧的命令是(　　)。

　A. C　　B. F　　C. REC　　D. A

7. 绘制多边形的命令是(　　)。

　A. REC　　B. POL　　C. ML　　D. SPL

8. 执行插入的命令是(　　)。

　A. In　　B. I　　C. B　　D. W

9. 执行块定义的命令是(　　)。

　A. UNI　　B. BE　　C. W　　D. B

10. 执行图案填充的命令是(　　)。

　A. X　　B. E　　C. C　　D. H

4.6.3 操作题

1. 使用所学的绘图知识，参照图 4-112 所示的主动轴右视图的尺寸和效果，使用【直线】和【矩形】命令绘制该图形。

提示

绘制本实例的主动轴右视图时，首先使用【矩形】命令绘制一个直角矩形，再使用【矩形】命令结合 FROM 命令绘制指定位置的圆角矩形，然后执行【直线】命令，通过指定直线各个端点的相对坐标绘制左右两侧的矩形框。

2. 使用所学的绘图知识，参照图 4-113 所示的内六角螺钉的尺寸和效果，使用【多边形】和【圆】命令绘制该图形。

提示

首先绘制中心线，然后使用【圆】和【多边形】命令以中心线交点为圆心和中心点，绘制圆形和内接于圆的正 6 边形。

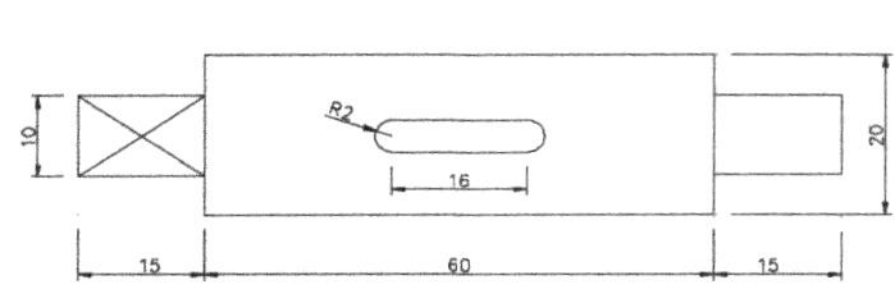

图 4-112　主动轴右视图

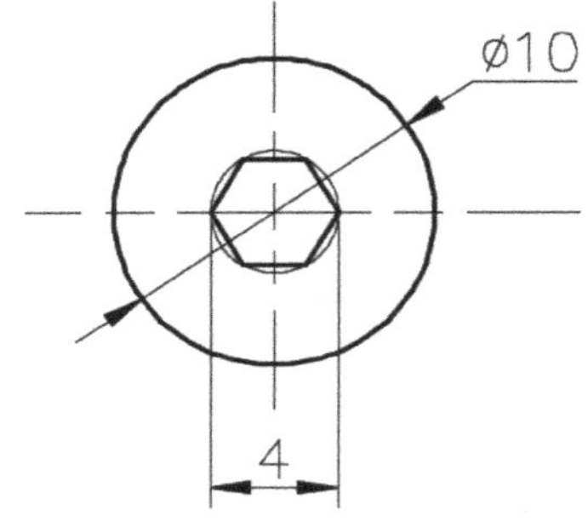

图 4-113　绘制内六角螺钉

3. 应用所学的图案填充知识，打开【盘盖剖视图.dwg】素材图形，在如图 4-114 所示的盘盖剖视图的基础上进行图案填充，最终效果如图 4-115 所示。

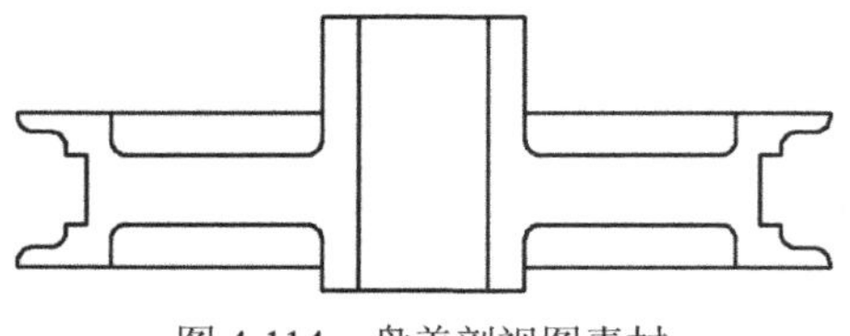

图 4-114　盘盖剖视图素材

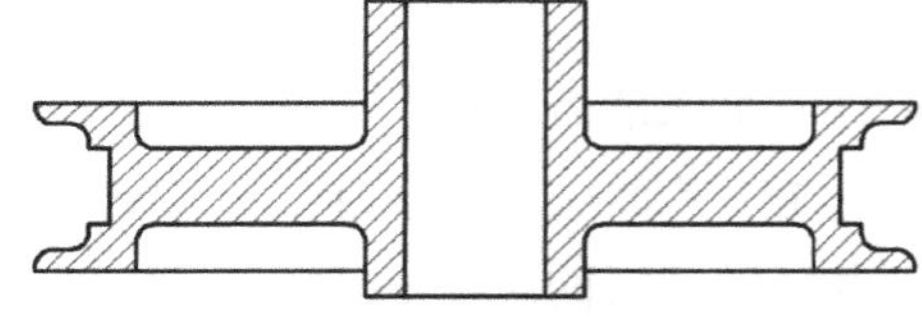

图 4-115　填充盘盖剖视图

提示

填充该图形时，可以使用【图案填充】命令对图形填充，设置填充图案为 ANSI31、比例为 0.5。

二维图形的编辑

学习目标

前面学习了各种图形的绘制方法，为了创建图形的更多细节并提高绘图的效率，在机械制图中还需要合理使用各种编辑命令。通过对图形进行编辑，可以得到各种复杂的机械图形。

本章将介绍二维图形的编辑方法。通过本章的学习，读者可以掌握二维图形的基本编辑、快速创建图形副本、编辑特定图形和使用夹点编辑图形等方法。

本章重点

- 二维图形的基本编辑
- 复制图形
- 镜像图形
- 阵列图形
- 编辑特定图形
- 使用夹点编辑图形

5.1　二维图形的基本编辑

AutoCAD 提供了功能强大的二维图形编辑命令。用户可以通过编辑命令对图形进行修改，使图形更准确、直观，以达到制图的最终目的。在【草图与注释】工作空间中提供的【修改】面板包含了二维图形常用编辑命令按钮，如图 5-1 所示。

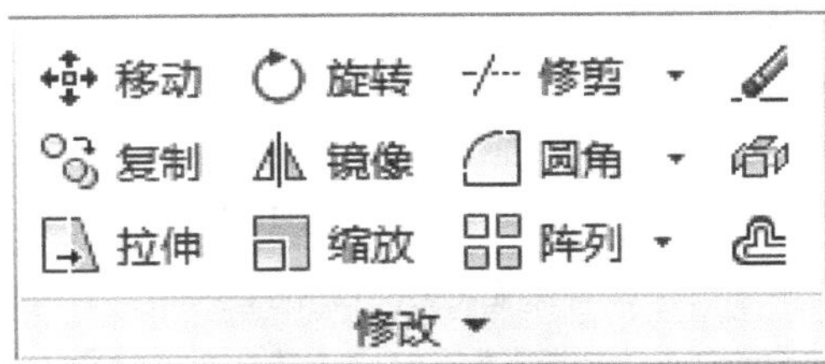

图 5-1　【修改】面板

5.1.1 删除图形

使用【删除】命令可以将选定的图形对象从绘图区中删除。执行【删除】命令的常用方法有以下 3 种。

- 选择【修改】→【删除】命令。
- 单击【修改】面板中的【删除】按钮。
- 执行 ERASE (E)命令。

执行【ERASE(E)】命令后，选择要删除的对象，按空格键进行确定，即可将其删除。如果在操作过程中，要取消删除操作，可以按 Esc 键退出删除操作。

技巧

选择要删除的图形对象后，按 Delete 键也可以将其删除。

5.1.2 移动图形

使用【移动】命令可以在指定方向上按指定距离移动对象，移动对象后并不改变其方向和大小。执行【移动】命令的常用方法有以下 3 种。

- 选择【修改】→【移动】命令。
- 单击【修改】面板中的【移动】按钮。
- 执行 MOVE(M)命令。

5.1.3 旋转图形

使用【旋转】命令可以转换图形对象的方位，即以某一点为旋转基点，将选定的图形对象旋转一定的角度。

执行【旋转】命令的常用方法有以下 3 种。

- 选择【修改】→【旋转】命令。
- 单击【修改】面板中的【旋转】按钮。
- 执行 ROTATE(RO)命令。

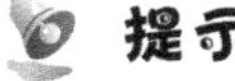

提示

在执行旋转的过程中，命令行中会出现【复制(C)】和【参照(R)】两个选项。选择【复制(C)】选项表示以旋转的角度创建选定对象的副本；选择【参照(R)】选项表示将对象从指定的角度旋转到新的绝对角度，绝对角度可以直接输入，也可以通过两点来指定。

5.1.4　修剪图形

使用【修剪】命令可以通过指定的边界对图形对象进行修剪。运用该命令可以修剪的对象包括直线、圆、圆弧、射线、样条曲线、面域、尺寸、文本以及非封闭的 2D 或 3D 多段线等对象；作为修剪的边界可以是除图块、网格、三维面、轨迹线以外的其他任何对象。

执行【修剪】命令通常有以下 3 种方法。

- 选择【修改】→【修剪】命令。
- 单击【修改】面板中的【修剪】按钮。
- 执行 TRIM(TR)命令。

执行【修剪】命令，选择修剪边界后，系统将提示【选择要修剪的对象，或按住 Shift 键选择要延伸的对象，或[栏选(F)/窗交(C)/投影(P)/边(E)/删除(R)/放弃(U)]: 】，其中主要选项的含义如下。

- 栏选(F)：启用栏选的选择方式来选择对象。
- 窗交(C)：启用窗交的选择方式来选择对象。
- 投影(P)：确定命令执行的投影空间。执行该选项后，命令行中提示【输入投影选项 [无(N)/UCS(U)/视图(V)] <UCS>：】，选择适当的修剪方式。
- 边(E)：该选项用来确定修剪边的方式。执行该选项后，命令行中提示【输入隐含边延伸模式 [延伸(E)/不延伸(N)] <不延伸>：】，然后选择适当的修剪方式。
- 删除(R)：删除选择的对象。
- 放弃(U)：用于取消由 TRIM 命令最近所完成的操作。

【练习 5-1】以指定的边修剪圆形。

(1) 使用【圆】和【直线】命令绘制一个圆和一条线段作为操作对象，如图 5-2 所示。

(2) 执行 TRIM 命令，选择线段为修剪边界，如图 5-3 所示。

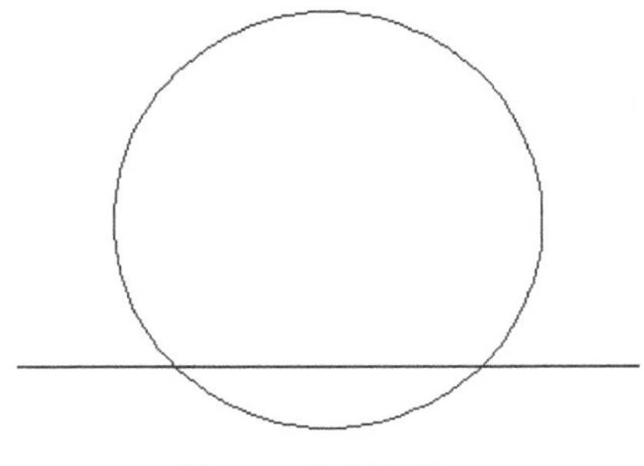

图 5-2　绘制图形

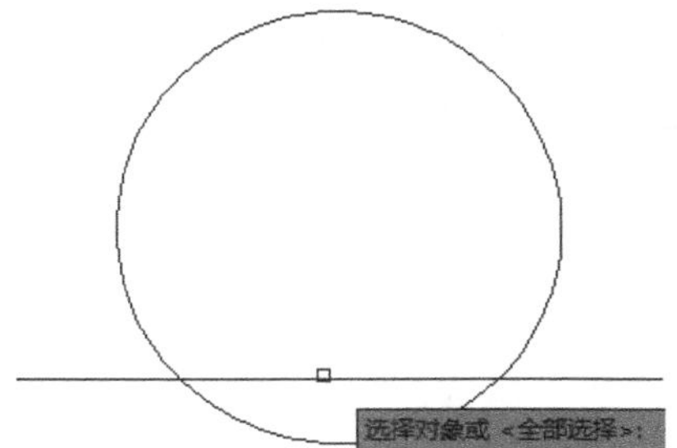

图 5-3　选择修剪边界

(3) 系统提示【选择要修剪的对象，或按住 Shift 键选择要延伸的对象，或[栏选(F)/窗交(C)/投影(P)/边(E)/删除(R)/放弃(U)]:】时，在线段下方单击圆作为修剪对象，如图 5-4 所示。按空格键结束修剪操作，效果如图 5-5 所示。

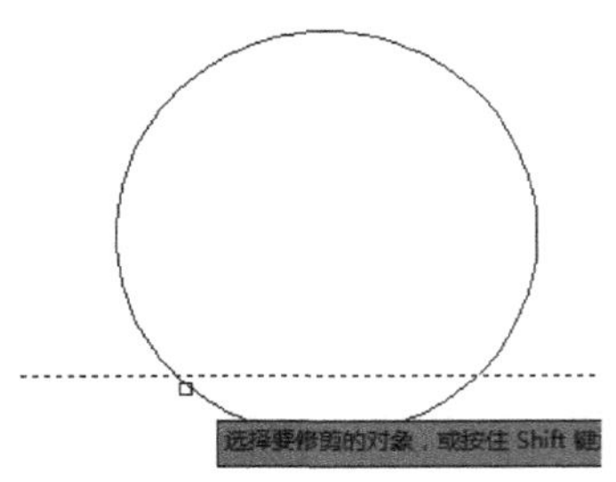

图 5-4　选择修剪对象

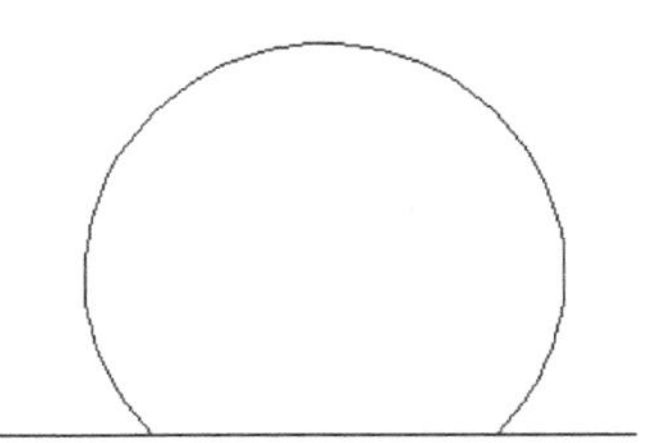

图 5-5　修剪效果

技巧

当 AutoCAD 提示选择剪切边时，如果不选择任何对象并按下空格键进行确定，在修剪对象时将以最靠近的候选对象作为剪切边。

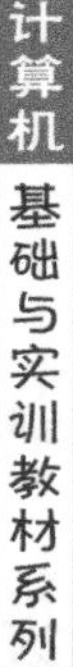

5.1.5　延伸图形

使用【延伸】命令可以把直线、弧和多段线等图元对象的端点延长到指定的边界。延伸的对象包括圆弧、椭圆弧、直线、非封闭的 2D 和 3D 多段线等。

启动【延伸】命令通常有以下 3 种方法。

- 选择【修改】→【延伸】命令。
- 单击【修改】面板中的【延伸】按钮。
- 执行 EXTEND(EX)命令。

执行延伸操作时，系统提示中的各项含义与修剪操作中的命令相同。使用【延伸】命令进行延伸对象的过程中，可随时选择【放弃(U)】选项取消上一次的延伸操作。

【练习 5-2】以指定的边延伸线段。

(1) 使用【圆】和【直线】命令，绘制一个圆和一条线段作为操作对象，如图 5-6 所示。

(2) 执行 EXTEND(EX)命令，选择圆作为延伸边界，如图 5-7 所示。

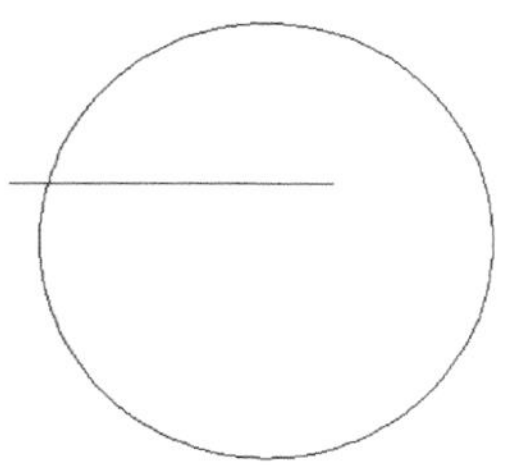

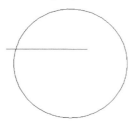

图 5-6　绘制图形

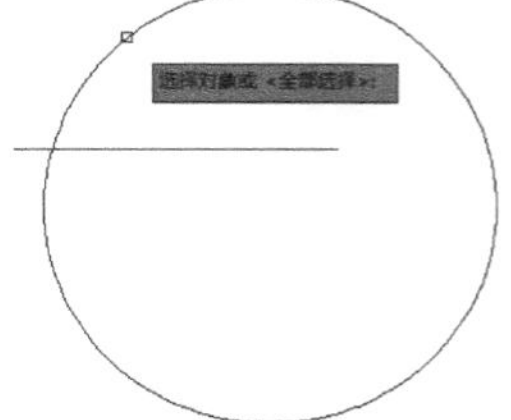

图 5-7　选择延伸边界

(3) 系统提示【选择要延伸的对象，或按住 Shift 键选择要修剪的对象，或[栏选(F)/窗交(C)/投影(P)/边(E)/放弃(U)]:】时，选择如图 5-8 所示的线段作为延伸线段，然后按空格键进行确定，延伸后的效果如图 5-9 所示。

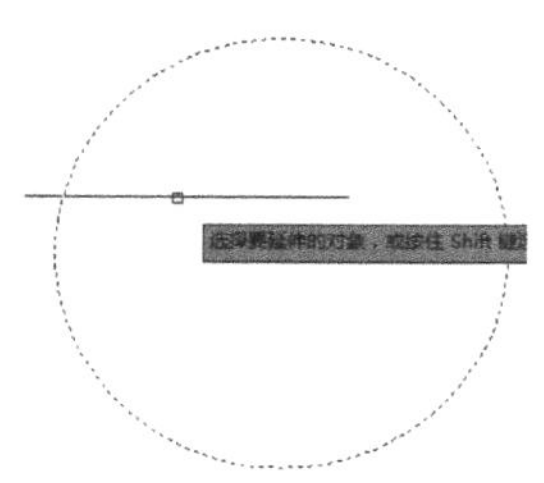

图 5-8　选择延伸对象

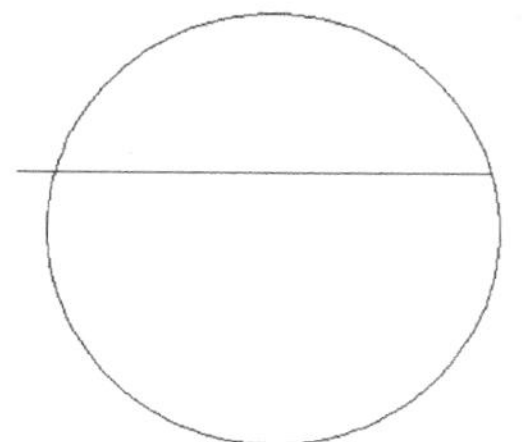

图 5-9　延伸效果

技巧

执行【延伸(EX)】命令对图形进行延伸的过程中，按住 Shift 键，可以对图形进行修剪操作；执行【修剪(TR)】命令对图形进行修剪的过程中，按住 Shift 键，可以对图形进行延伸操作。

5.1.6　圆角图形

使用【圆角】命令，可以用一段指定半径的圆弧将两个对象连接在一起，还能将多段线的多个顶点一次性圆角。使用此命令应先设定圆弧半径，再进行圆角操作。

执行【圆角】命令通常有以下 3 种方法。

- 选择【修改】→【圆角】命令。
- 单击【修改】面板中的【圆角】按钮◻。
- 执行 FILLET(F)命令。

执行 FILLET 命令，系统将提示【选择第一个对象或 [放弃(U)/多段线(P)/半径(R)/修剪(T)/多个(M)]:】，其中各选项的含义如下。

- 选择第一个对象：在此提示下选择第一个对象，该对象是用来定义二维圆角的两个对象之一，或者是要加圆角的三维实体的边。
- 多段线(P)：在两条多段线相交的每个顶点处插入圆角弧。用户用点选的方法选中一条多段线后，会在多段线的各个顶点处进行圆角。
- 半径(R)：用于指定圆角的半径。
- 修剪(T)：控制 AutoCAD 是否修剪选定的边到圆角弧的端点。
- 多个(M)：可对多个对象进行重复修剪。

技巧

执行【圆角(F)】命令，在对图形进行圆角的操作中，输入参数 P 并按空格键确定，选择【多段线(P)】选项，可以对多段线图形的所有边角进行一次性圆角操作。用【多边形(POL)】和【矩形(REC)】命令绘制的图形均属于多段线对象。

【练习 5-3】圆角处理矩形的一个角，设置圆角半径为 10。

(1) 使用【矩形(REC)】命令，绘制一个长为 100、宽为 80 的矩形，如图 5-10 所示。

(2) 执行【圆角(F)】命令，根据系统提示输入 r 并按空格键确定，选择【半径(R)】选项，如图 5-11 所示。

图 5-10　绘制矩形　　　　图 5-11　输入 r 并确定

(3) 根据系统提示输入圆角的半径为 10 并按空格键确定，如图 5-12 所示。

(4) 选择矩形的上方线段作为圆角的第一个对象，如图 5-13 所示。

图 5-12　设置圆角半径　　　　图 5-13　选择第一个对象

(5) 选择矩形的右方线段作为圆角的第二个对象，如图 5-14 所示，即可对矩形上方和右方线段进行圆角，效果如图 5-15 所示。

图 5-14　选择第二个对象　　　　图 5-15　圆角效果

【练习 5-4】将矩形作为多段线进行圆角，设置圆角半径为 10。

(1) 使用【矩形(REC)】命令，绘制一个长为 100、宽为 80 的矩形。

(2) 执行【圆角(F)】命令，设置圆角半径为 10，然后输入 P 并按空格键确定，选择【多段线(P)】选项，如图 5-16 所示。

(3) 选择矩形作为圆角的多段线对象，即可对矩形的所有边进行圆角操作，效果如图 5-17 所示。

图 5-16　输入 P 并确定　　　　图 5-17　圆角效果

5.1.7　倒角图形

使用【倒角】命令可以通过延伸或修剪的方法，用一条斜线连接两个非平行的对象。使用该命令执行倒角操作时，应先设定倒角距离，再指定倒角线。

执行【倒角】命令通常有以下 3 种方法。

- 选择【修改】→【倒角】命令。
- 单击【修改】面板中的【倒角】按钮。
- 执行 CHAMFER(CHA)命令。

执行 CHAMFER 命令，系统将提示【选择第一条直线或 [放弃(U)/多段线(P)/距离(D)/角度(A)/修剪(T)/方式(E)/多个(M)]:】，其中各选项的含义如下。

- 选择第一条直线：指定倒角所需的两条边中的第一条边或要倒角的二维实体的边。
- 多段线(P)：将对多段线每个顶点处的相交直线段作倒角处理，倒角将成为多段线新的组成部分。
- 距离(D)：设置选定边的倒角距离值。执行该选项后，系统继续提示指定第一个倒角距离和指定第二个倒角距离。
- 角度(A)：该选项通过第一条线的倒角距离和第二条线的倒角角度设定倒角距离。执行该选项后，命令行中提示指定第一条直线的倒角长度和指定第一条直线的倒角角度。
- 修剪(T)：该选项用来确定倒角时是否对相应的倒角边进行修剪。执行该选项后，命令行中提示输入并执行修剪模式选项【[修剪(T)/不修剪(N)] <修剪>】。
- 方式(T)：控制 AutoCAD 是用两个距离还是用一个距离和一个角度的方式来倒角。
- 多个(M)：可重复对多个图形进行倒角修改。

【练习 5-5】 对矩形左上角进行倒角，设置倒角 1 为 10、倒角 2 为 15。

(1) 使用【矩形(REC)】命令，绘制一个长为 100、宽为 80 的矩形。

(2) 执行【倒角(CHA)】命令，输入 d 并确定，选择【距离(D)】选项，如图 5-18 所示。

(3) 系统提示【指定第一个倒角距离:】时，设置第一个倒角距离为 15，如图 5-19 所示。

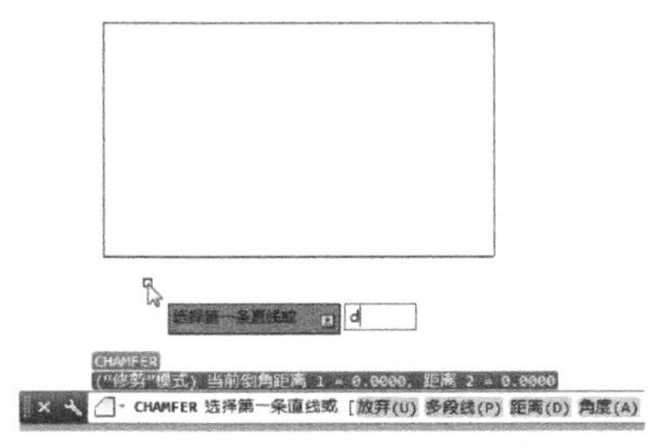

图 5-18　输入 d 并确定

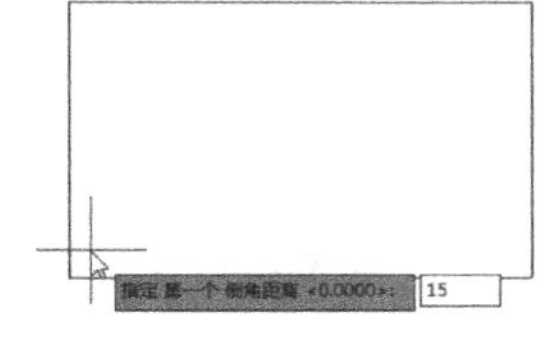

图 5-19　设置第一个倒角

(4) 根据系统提示设置第二个倒角距离为 10，如图 5-20 所示。

(5) 根据系统提示选择矩形的左方线段作为倒角的第一个对象，如图 5-21 所示。

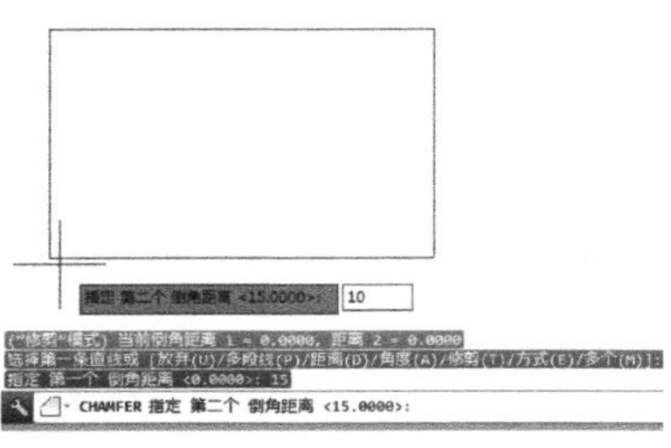

图 5-20　设置第二个倒角

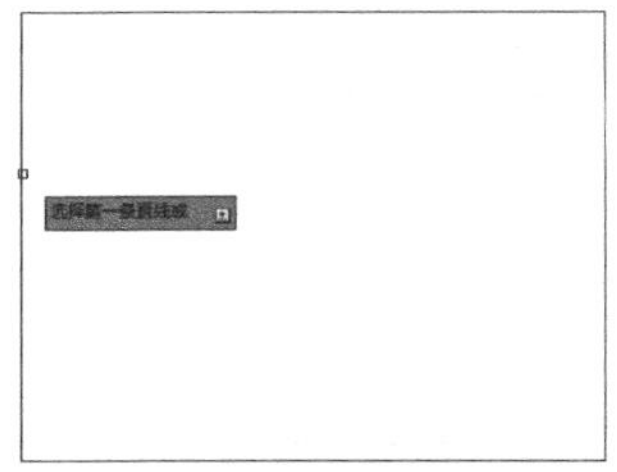

图 5-21　选择第一个对象

(6) 根据系统提示选择矩形的上方线段作为倒角的第二个对象，如图 5-22 所示，即可对矩形进行倒角，效果如图 5-23 所示。

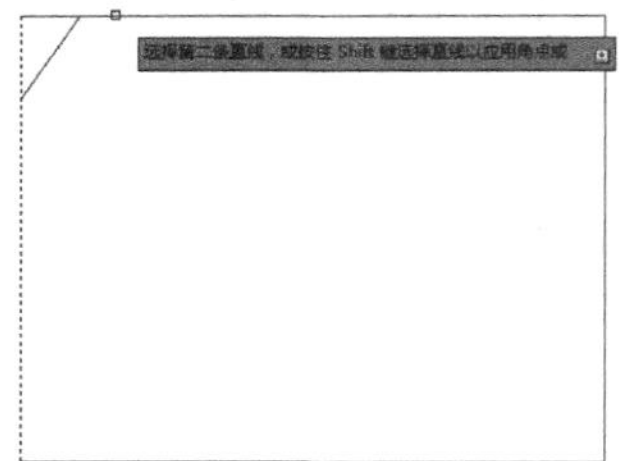

图 5-22　选择第二个对象

图 5-23　倒角效果

技巧

执行【倒角(CHA)】命令，在对图形进行倒角的操作中，输入参数 P 并确定，选择【多段线(P)】选项，可以对多段线图形的所有边角进行一次性倒角操作。

5.1.8　拉伸图形

使用【拉伸】命令可以按指定的方向和角度拉长或缩短实体，也可以调整对象大小，使其在一个方向上或是按比例增大或缩小；还可以通过移动端点、顶点或控制点来拉伸某些对象。使用【拉伸】命令可以拉伸线段、弧、多段线和轨迹线等实体，但不能拉伸圆、文本、块和点等对象。

执行【拉伸】命令通常有以下 3 种方法。

- 选择【修改】→【拉伸】命令。
- 单击【修改】面板中的【拉伸】按钮。
- 执行 STRETCH(S)命令。

提示

执行【拉伸】命令改变对象的形状时，只能以窗选方式选择实体，与窗口相交的实体将被执行拉伸操作，窗口内的实体将随之移动。

【练习 5-6】以线段为边界，对矩形进行拉伸。

(1) 使用【矩形】和【直线】命令，绘制一个矩形和一条线段作为拉伸对象。

(2) 执行 STRETCH(S)命令，使用窗交选择的方式选择矩形的右侧部分图形并按空格键确定，如图 5-24 所示。

(3) 在矩形右上角端点处单击指定拉伸的基点，如图 5-25 所示。

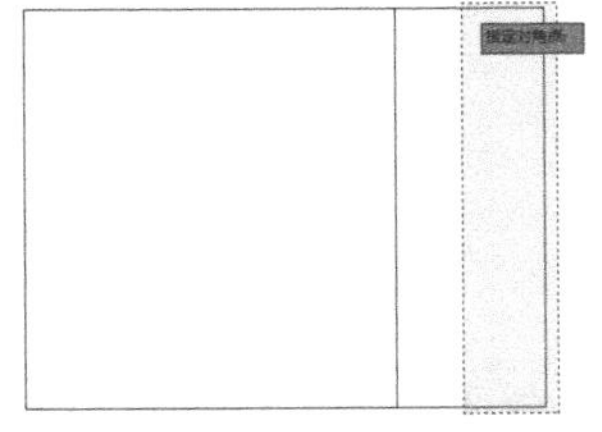

图 5-24 选择图形

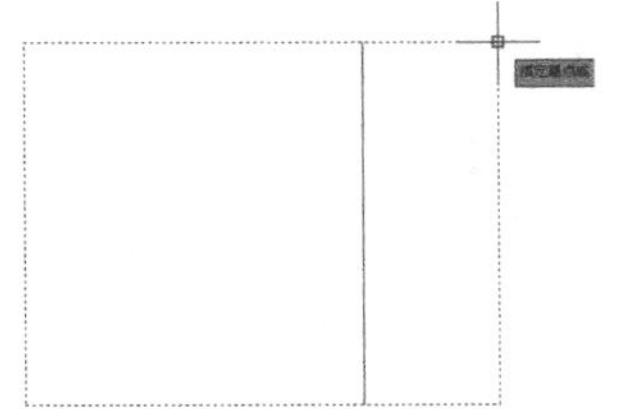

图 5-25 指定拉伸基点

(4) 根据系统提示向右移动光标捕捉线段与矩形的交点，以指定拉伸的第二个点，如图 5-26 所示。拉伸矩形后的效果如图 5-27 所示。

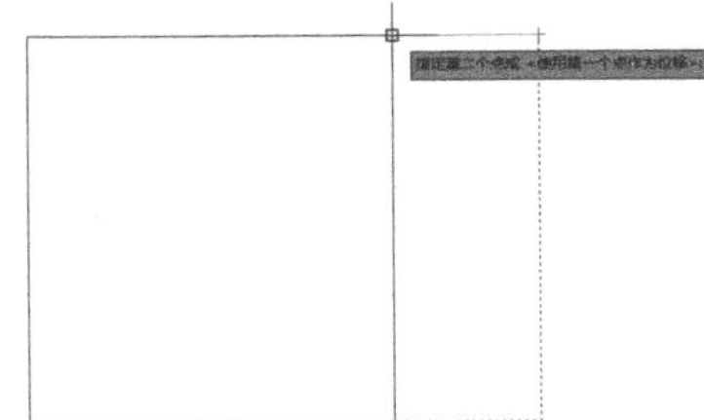

图 5-26 指定拉伸的第二个点

图 5-27 拉伸效果

5.1.9 缩放图形

使用【缩放】命令可以将对象按指定的比例因子改变实体的尺寸大小，从而改变对象的尺寸，但不改变其状态。在缩放图形时，可以把整个对象或者对象的一部分沿 X、Y、Z 方向以相同的比例放大或缩小，由于 3 个方向上的缩放率相同，因此保证了对象的形状不会发生变化。

执行【缩放】命令的常用方法有以下 3 种。

- 选择【修改】→【缩放】命令。
- 单击【修改】面板中的【缩放】按钮。
- 执行 SCALE(SC)命令。

提示

【缩放(SCALE)】命令与【缩放(ZOOM)】命令的区别在于：【缩放(SCALE)】可以改变实体的尺寸大小，而【缩放(ZOOM)】是对视图进行整体缩放，且不会改变实体的尺寸值。

5.1.10 拉长图形

使用【拉长】命令可以延伸和缩短直线，或改变圆弧的圆心角。使用该命令执行拉长操作，允许以动态方式拖拉对象终点，可以通过输入增量值、百分比值或输入对象总长的方法来改变对象的长度。

执行【拉长】命令通常有以下 3 种方法。

- 选择【修改】→【拉长】命令。
- 展开【修改】面板，单击【拉长】按钮。
- 执行 LENGTHEN(LEN)命令。

执行 LENGTHEN(LEN)命令，系统将提示【选择对象或 [增量(DE)/百分数(P)/总计(T)/动态(DY)]:】，其中各选项的含义如下。

- 增量(DE)：将选定图形对象的长度增加一定的数值。
- 百分数(P)：通过指定对象总长度的百分数设置对象长度。【百分数(P)】选项也按照圆弧总包含角的指定百分比修改圆弧角度。执行该选项后，系统继续提示【输入长度百分数<当前>:】，这里需要输入非零正数值。
- 总计(T)：通过指定从固定端点测量的总长度的绝对值来设置选定对象的长度。【总计(T)】选项也按照指定的总角度设置选定圆弧的包含角。系统继续提示【指定总长度或 [角度(A)]:】，指定距离、输入非零正值、输入 A 或按 Enter 键。
- 动态(DY)：打开动态拖动模式。通过拖动选定对象的端点之一来改变其长度。其他端点保持不变。系统继续提示【选择要修改的对象或[放弃(U)]:】，选择一个对象或输入放弃命令 U。

1. 以指定增量拉长对象

执行 LENGTHEN(LEN)命令，根据系统提示输入 DE 并确定，以选择【增量(DE)】选项，可以将图形以指定增量进行拉长。

2. 以指定百分数拉长对象

执行 LENGTHEN(LEN)命令，根据系统提示输入 P 并确定，以选择【百分数(P)】选项，可以将图形以指定百分数进行拉长。

3. 以指定总长度拉长对象

执行 LENGTHEN(LEN)命令，根据系统提示输入 T 并确定，以选择【总计(T)】选项，可以将图形以指定总长度进行拉长。

4. 以动态方式拉长对象

执行 LENGTHEN(LEN)命令，根据系统提示输入 DY 并确定，以选择【动态(DY)】选项，可以通过拖动鼠标将图形以动态方式进行拉长。

5.1.11　打断图形

使用【打断】命令可以将对象从某一点处断开，从而将其分成两个独立的对象，该命令常用于剪断图形，但不删除对象，可以打断的对象包括直线、圆弧、多段线、样条线、构造线等。

执行【打断】命令的方法有以下 3 种。

- 选择【修改】→【打断】命令。
- 单击【修改】面板中的【打断】按钮。
- 执行 BREAK(BR)命令。

【练习 5-7】将圆弧打断成两段圆弧。

(1) 使用【圆弧(A)】命令，绘制一段圆弧作为操作对象，如图 5-28 所示。

(2) 执行【打断(BR)】命令，选择圆弧作为要打断的对象，如图 5-29 所示。

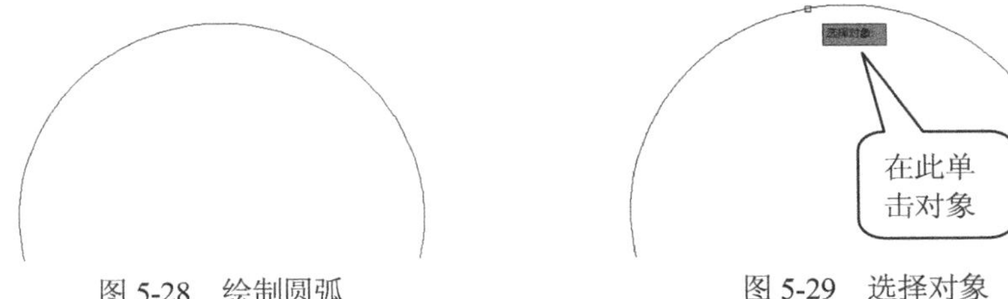

图 5-28　绘制圆弧　　图 5-29　选择对象

(3) 系统提示【指定第二个打断点或 [第一点(F)]:】时，指定要打断对象的第二个点，如图 5-30 所示，即可以第一次选择点和指定的第二点将圆弧打断。效果如图 5-31 所示。

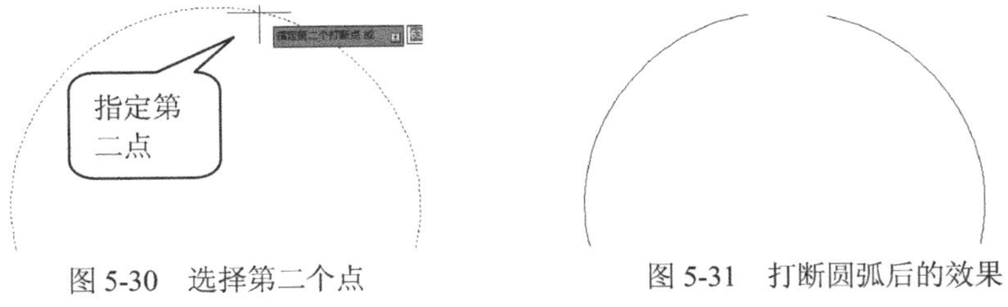

图 5-30　选择第二个点　　图 5-31　打断圆弧后的效果

技巧

打断图形的过程中，系统提示【指定第二个打断点或 [第一点(F)]:】时，直接输入@并按空格键确定，则第一断开点与第二断开点是同一个点。如果输入 F 并按空格键确定，则可以重新指定第一个断开点。

5.1.12　合并图形

使用【合并】命令可以将相似的对象合并以形成一个完整的对象。执行【合并】命令通常有以下 3 种方法。

- 选择【修改】→【合并】命令。
- 单击【修改】面板中的【合并】按钮。
- 执行 JOIN 命令并确定。

使用【合并(JOIN)】命令进行合并操作，可以合并的对象包括直线、多段线、圆弧、椭圆弧、样条曲线，但是要合并的对象必须是相似的对象，且位于相同的平面上，每种类型的对象均有附加限制，其附加限制如下。

- 直线：直线对象必须共线，即位于同一条无限长的直线上，但是它们之间可以有间隙，如图5-32和图5-33所示。

图 5-32　合并前的两条直线　　图 5-33　合并直线效果

- 多段线：对象可以是直线、多段线或圆弧。对象之间不能有间隙，并且必须位于与 UCS 的 XY 平面平行的同一平面上。
- 圆弧：圆弧对象必须位于同一假想的圆上，但是它们之间可以有间隙，使用【闭合(C)】选项可将圆弧转换成圆，如图5-34和图5-35所示。

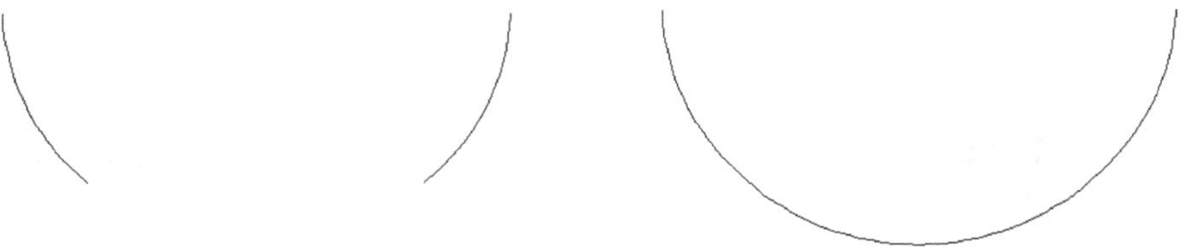

图 5-34　合并前的两条弧线　　图 5-35　合并弧线效果

- 椭圆弧：椭圆弧必须位于同一椭圆上，但是它们之间可以有间隙。使用【闭合(C)】选项可将源椭圆弧闭合成完整的椭圆。
- 样条曲线：样条曲线和螺旋对象必须相接(端点对端点)，合并样条曲线的结果是单个样条曲线。

【练习 5-8】两条共线直线合并在一起。

(1) 使用【直线】命令绘制如图 5-36 所示的图形，上方两条线段处于同一水平线上。

(2) 执行【合并(JOIN)】命令，选择左上方的线段作为源对象，如图 5-37 所示。

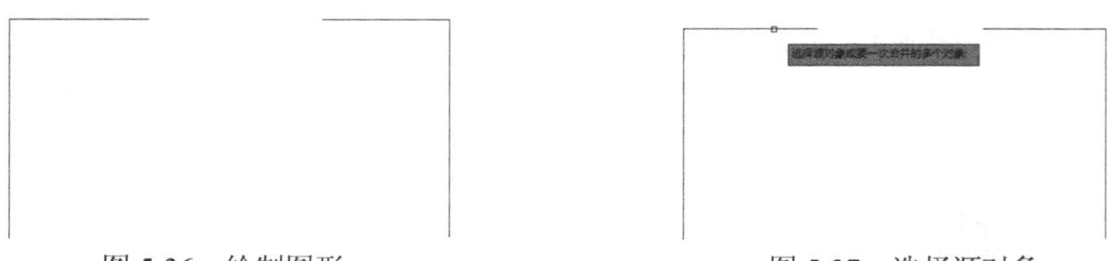

图 5-36　绘制图形　　图 5-37　选择源对象

(3) 系统提示【选择要合并的对象:】时，选择右上方的线段作为要合并的另一个对象，如图 5-38 所示。按空格键结束【合并】命令，效果如图 5-39 所示。

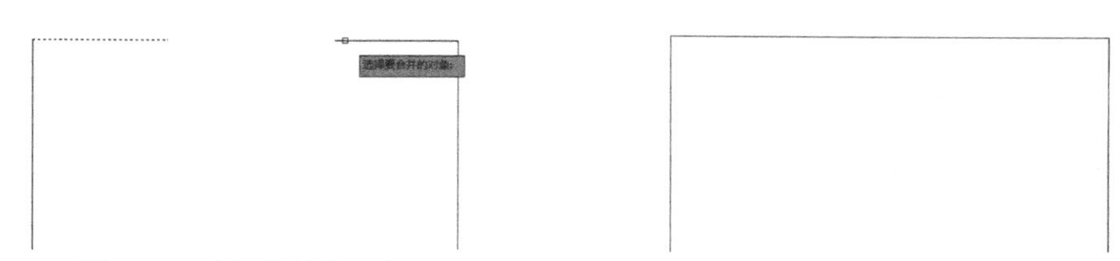

图 5-38　选择合并的对象　　　　图 5-39　合并效果

5.1.13　分解图形

使用【分解】命令可以将多个组合实体分解为单独的图元对象，可以分解的对象包括矩形、多边形、多段线、图块、图案填充和标注等。

执行【分解】命令，通常有以下 3 种方法。

- 选择【修改】→【分解】命令。
- 单击【修改】面板中的【分解】按钮。
- 执行 EXPLODE(X)命令。

执行 EXPLODE(X)命令，系统提示【选择对象:】时，选择要分解的对象，然后按空格键进行确定，即可将其分解。

使用 EXPLODE(X)命令分解带属性的图块后，属性值将消失，并被还原为属性定义的选项，具有一定宽度的多段线被分解后，系统将放弃多段线的所有宽度和切线信息，分解后的多段线的宽度、线型、颜色将变为当前层的属性。

提示

使用 MINSERT 命令插入的图块或外部参照对象，不能用 EXPLODE(X)命令分解。

5.2　复制对象

使用【复制】命令可以为对象在指定的位置创建一个或多个副本，该操作以选定对象的某一基点将其复制到绘图区内的其他地方。

执行【复制】命令的常用方法有以下 3 种。

- 选择【修改】→【复制】命令。
- 单击【修改】面板中的【复制】按钮。
- 执行 COPY(CO)命令。

5.2.1　直接复制对象

在复制图形的过程中，如果不需要准确指定复制对象的位置，可以直接拖动鼠标对图形进行复制。

【练习 5-9】使用【复制】命令将指定圆复制到矩形的右下方端点处。

(1) 使用【矩形】和【圆】命令绘制一个矩形和圆，圆的圆心在矩形的左上方端点处，如图 5-40 所示。

(2) 执行 COPY(CO)命令，选择圆形并按空格键确定，然后在圆心处指定复制的基点，如图 5-41 所示。

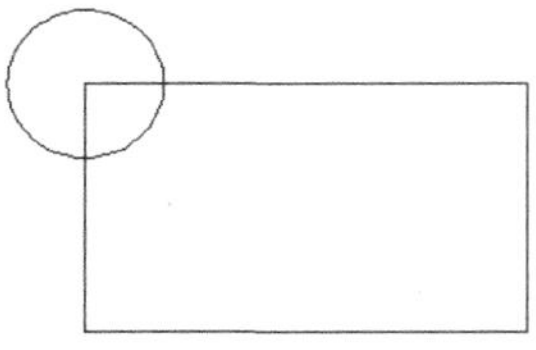

图 5-40　绘制矩形和圆

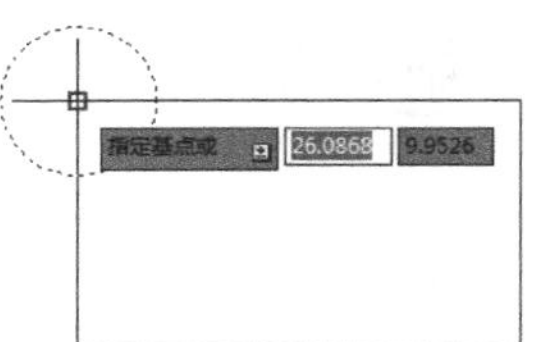

图 5-41　指定复制基点

(3) 移动光标捕捉矩形右下方的端点，指定复制图形所复制到的位置，如图 5-42 所示。单击鼠标进行确定，结束【复制】命令，效果如图 5-43 所示。

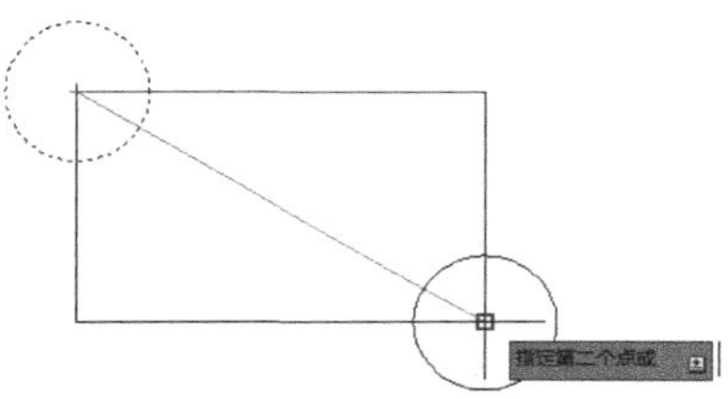

图 5-42　指定复制的第二点

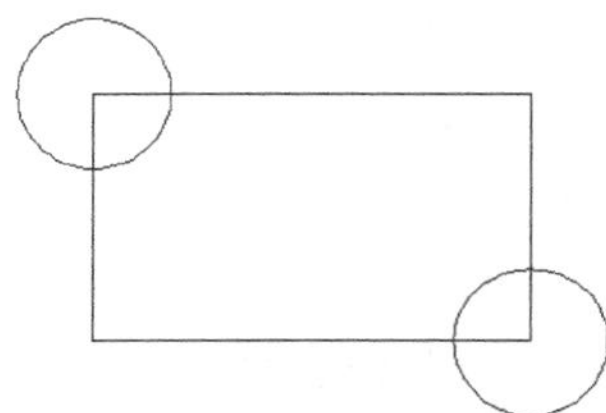

图 5-43　复制圆的效果

5.2.2　按指定距离复制对象

如果在复制对象时，需要准确指定目标对象和源对象之间的距离，可以在复制对象的过程中输入具体的数值。

【练习 5-10】使用【复制】命令按指定距离复制圆。

(1) 绘制一个长为 50、宽为 25 的矩形，然后以矩形左上线段中点为圆心绘制一个半径为 5 的圆，如图 5-44 所示。

(2) 执行 COPY 命令，选择圆形并按空格键确定，然后在圆心处指定复制的基点，如图 5-45 所示。

图 5-44　绘制图形

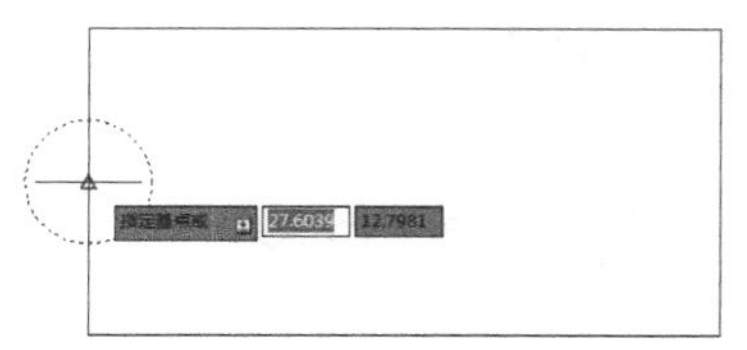

图 5-45　指定基点

(3) 开启【正交模式】功能，然后向右移动光标，并输入第二个点的距离为 50，如图 5-46 所示。按下空格键进行确定，结束【复制】命令，效果如图 5-47 所示。

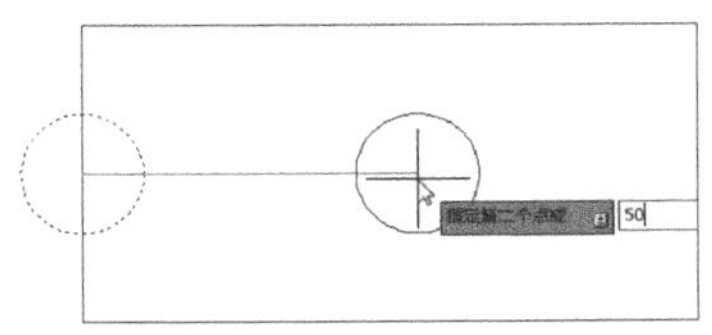

图 5-46　指定复制的间距

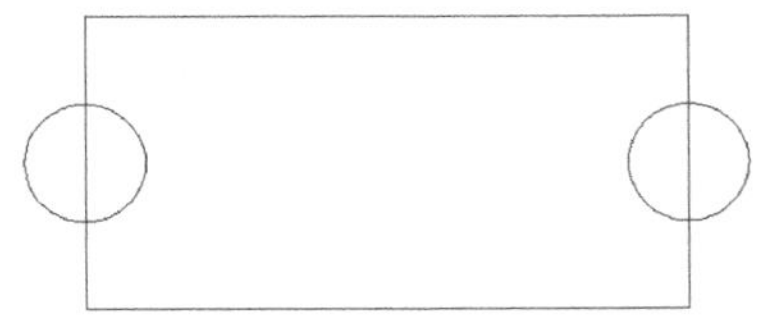
图 5-47　复制圆后的效果

5.2.3　连续复制对象

在默认状态下，执行【复制(CO)】命令可以对图形进行连续复制。如果复制模式被修改为【单个(S)】模式后，执行【复制(CO)】命令则只能对图形进行一次复制。这时需要在选择复制对象后，输入 M 参数并确定，启用【多个(M)】命令选项，即可对图形进行连续复制。

【练习 5-11】使用【复制】命令对圆进行连续复制。

(1) 使用【圆】命令绘制一个圆。

(2) 执行 COPY 命令，选择圆形并按空格键确定，根据系统提示【指定基点或 [位移(D)/模式(O)/多个(M)]:】，输入 M 参数并按空格键确定，如图 5-48 所示。

(3) 移动光标指定复制图形的第二个点，如图 5-49 所示。

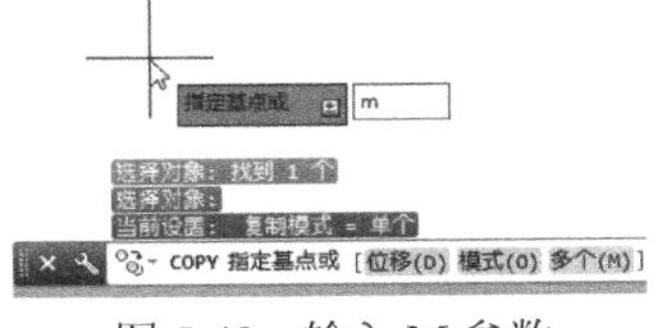

图 5-48　输入 M 参数

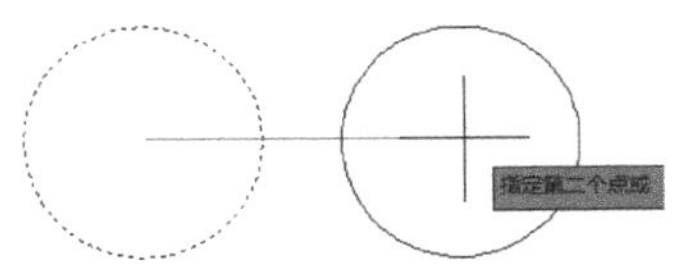

图 5-49　指定复制图形的第二个点

(4) 继续指定复制图形的第二个点，如图 5-50 所示。

(5) 根据提示，指定复制图形的其他点，然后按空格键进行确定，结束【复制】命令，如图 5-51 所示是对圆复制 3 次的效果。

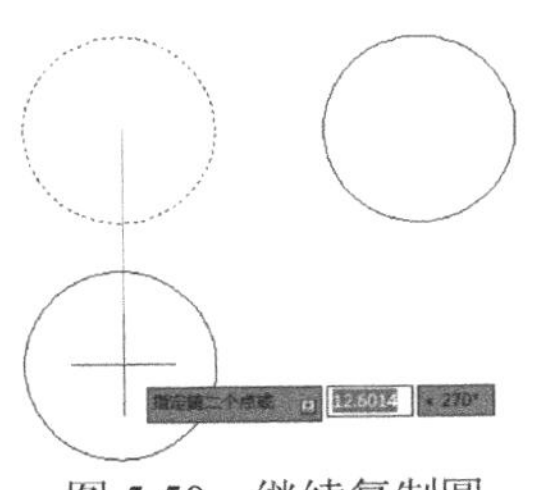
图 5-50　继续复制圆

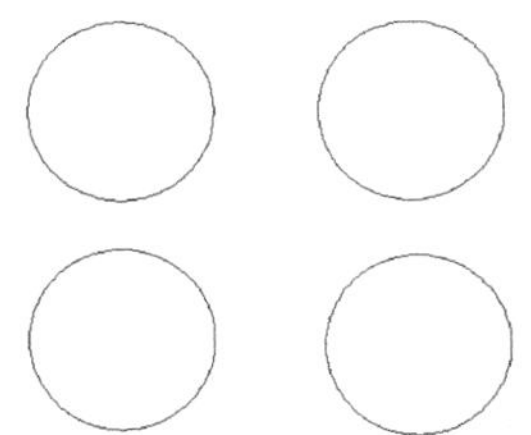
图 5-51　复制 3 次圆

提示

执行【复制(CO)】命令，选择图形对象后，根据提示输入 O 并按空格键确定，可以启用【模式(O)】选项，然后根据需要选择【单个(S)】或【多个(M)】选项，从而进行单次复制或连续复制操作。

5.2.4 阵列复制对象

在 AutoCAD 中，使用【复制】命令除了可以对图形进行常规的复制操作外，还可以在复制图形的过程中通过使用【阵列(A)】命令，对图形进行阵列操作。

【练习 5-12】使用阵列复制方式绘制楼梯的梯步图形。

(1) 使用【直线】命令绘制两条相互垂直的线段作为第一个梯步图形，如图 5-52 所示。

(2) 执行 COPY 命令，然后选择绘制的图形，然后在左下方端点处指定复制的基点，如图 5-53 所示。

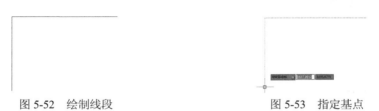

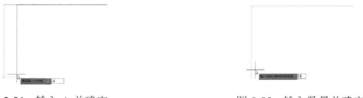

图 5-52　绘制线段　　　图 5-53　指定基点

(3) 当系统提示【指定第二个点或 [阵列(A)] < >:】时，输入 A 并按空格键确定，启用【阵列(A)】功能，如图 5-54 所示。

(4) 根据系统提示【输入要进行阵列的项目数:】，输入阵列的项目数量(如 5)并确定，如图 5-55 所示。

图 5-54　输入 A 并确定　　　图 5-55　输入数量并确定

(5) 根据系统提示【指定第二个点或 [布满(F)]:】，在图形右上方端点处指定复制的第二个点，如图 5-56 所示，即可完成阵列复制操作，效果如图 5-57 所示。

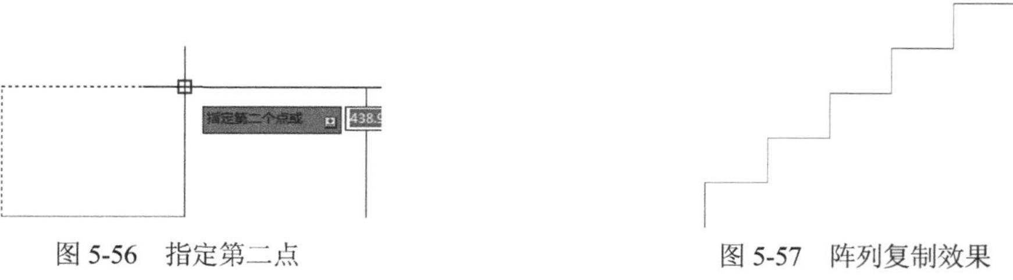

图 5-56　指定第二点　　　图 5-57　阵列复制效果

5.3 镜像图形

使用【镜像】命令可以将选定的图形对象以某一对称轴镜像得到该对称轴的另一边，还可以

使用镜像复制功能将图形以某一对称轴进行镜像复制，如图 5-58、图 5-59 和图 5-60 所示。

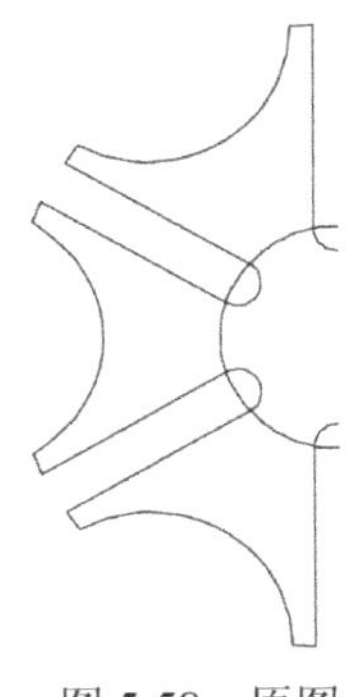

图 5-58　原图

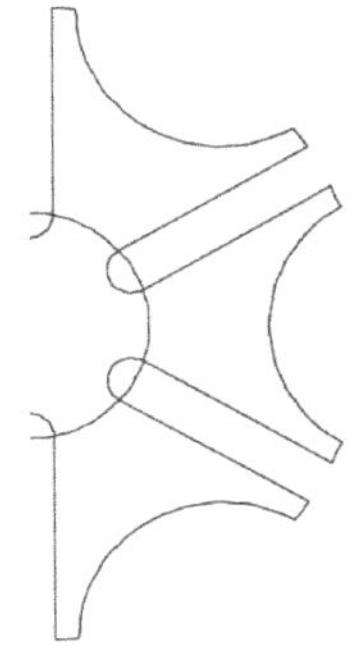

图 5-59　镜像效果

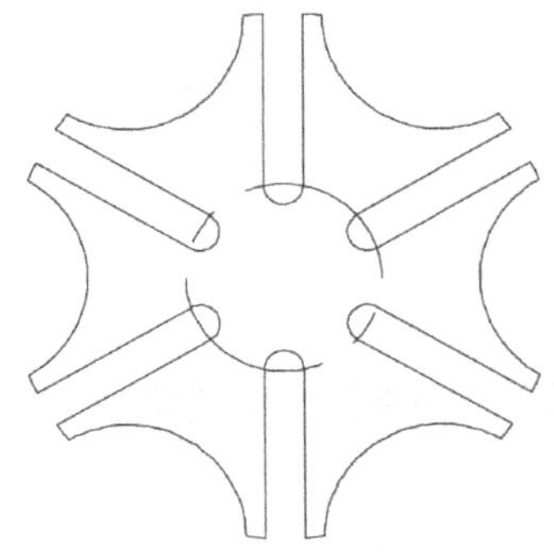

图 5-60　镜像复制效果

执行【镜像】命令的常用方法有以下 3 种。

- 选择【修改】→【镜像】命令。
- 单击【修改】面板中的【镜像】按钮。
- 执行 MIRROR(MI)命令。

5.3.1　镜像源对象

执行【镜像(MI)】命令，选择要镜像的对象，指定镜像的轴线后，在系统提示【要删除源对象吗？[是(Y)/否(N)]:】时，输入 Y 并按空格键进行确定，即可将源对象镜像处理。

【练习 5-13】对圆弧进行镜像。

(1) 使用【多段线】命令绘制一条带圆弧和直线的多段线。

(2) 执行 MIRROR(MI)命令，选择多段线并按空格键确定，然后根据系统提示在线段的左端点指定镜像线的第一点，如图 5-61 所示。

(3) 根据系统提示在线段的右端点处指定镜像线的第二点，如图 5-62 所示。

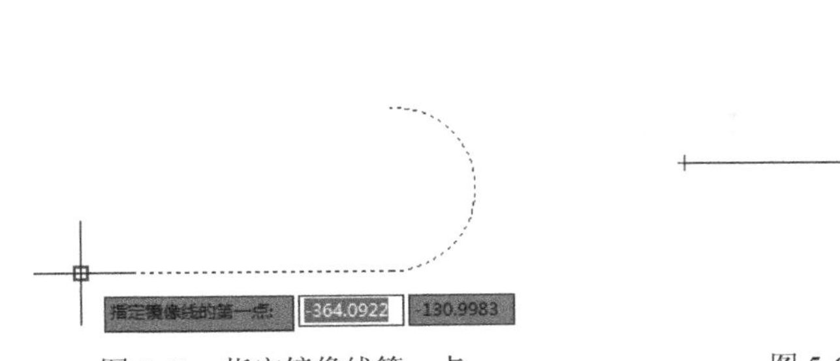

图 5-61　指定镜像线第一点　　图 5-62　指定镜像线第二点

(4) 根据系统提示【要删除源对象吗？[是(Y)/否(N)]:】，输入 Y 并按空格键确定，如图 5-63 所示，即可对圆弧进行镜像，效果如图 5-64 所示。

图 5-63　输入 Y 并确定　　　图 5-64　镜像圆弧

5.3.2　镜像复制源对象

执行【镜像(MI)】命令，选择要镜像的对象。指定镜像的轴线后，在系统提示【要删除源对象吗？[是(Y)/否(N)]:】时，输入 N 并按空格键进行确定，可以保留源对象，即对源对象进行镜像并复制，如图 5-65 和图 5-66 所示。

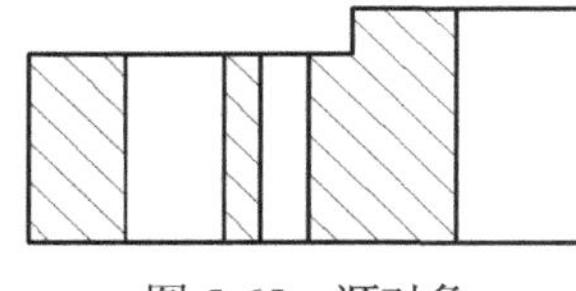

图 5-65　源对象

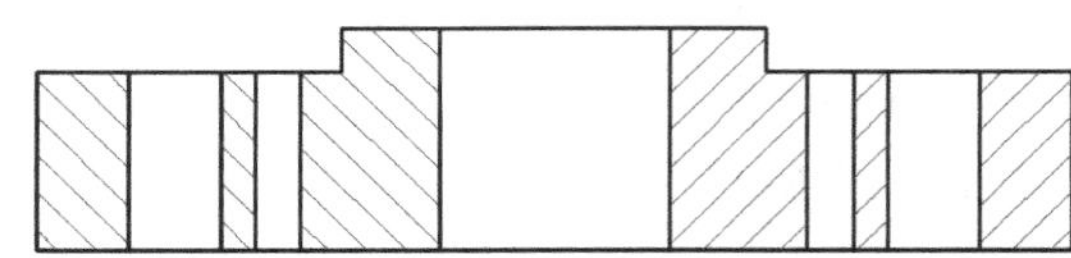

图 5-66　镜像复制源对象

技巧

在绘制对称型机械剖视图时，通常可以在绘制好局部剖视图后，使用【镜像】命令对其进行镜像复制，从而快速完成图形的绘制。

5.4　偏移对象

使用【偏移】命令可以将选定的图形对象以一定的距离增量值单方向复制一次，偏移图形的操作主要包括通过指定距离、通过指定点、通过指定图层 3 种方式。

执行【偏移】命令的常用方法有以下 3 种。

- 选择【修改】→【偏移】命令。
- 单击【修改】面板中的【偏移】按钮。
- 执行 OFFSET(O)命令。

5.4.1　按指定距离偏移对象

在偏移对象的过程中，可以通过指定偏移对象的距离，从而准确、快速地将对象偏移到需要的位置。

【练习 5-14】将边长为 200 的正方形向内偏移 60。

(1) 使用【矩形】命令绘制一个边长为 200 的正方形，如图 5-67 所示。

(2) 执行 OFFSET(O)命令，输入偏移距离为 60 并按空格键确定，如图 5-68 所示。

图 5-67　绘制正方形

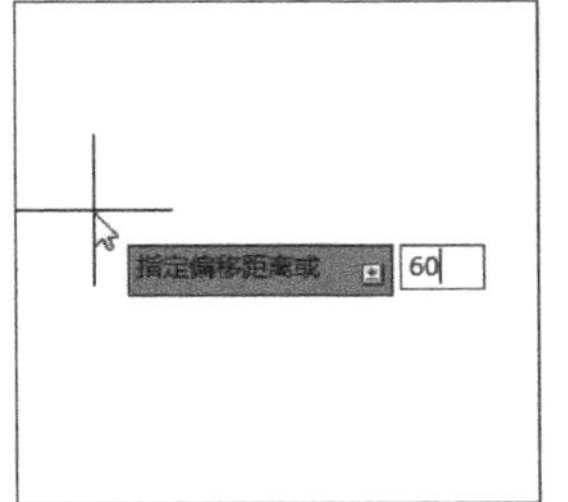

图 5-68　设置偏移距离

(3) 选择绘制的正方形作为偏移的对象，然后在正方形内单击指定偏移正方形的方向，如图 5-69 所示，即可将选择的矩形向内偏移 60 个单位，效果如图 5-70 所示。

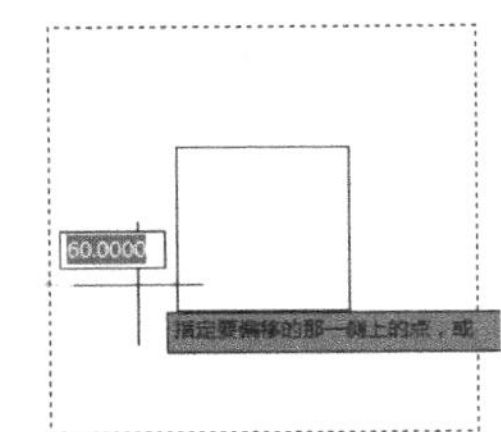

图 5-69　指定偏移的方向

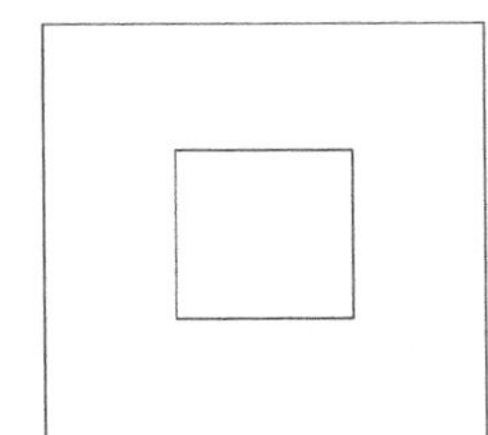

图 5-70　偏移正方形

5.4.2　按指定点偏移对象

使用【通过】方式偏移图形可以将图形以通过某个点进行偏移，该方式需要指定偏移对象所要通过的点。

【练习 5-15】将线段以矩形的中点进行偏移。

(1) 使用【直线】和【矩形】命令绘制一条水平线段和一个矩形，如图 5-71 所示。

(2) 执行【偏移(O)】命令，根据系统提示【指定偏移距离或 [通过(T)/删除(E)/图层(L)] :】，输入 t 并按空格键，选择【通过(T)】选项，如图 5-72 所示。

图 5-71　绘制图形

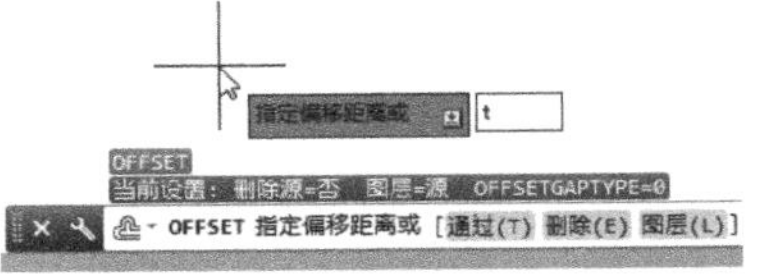

图 5-72　输入 t 并确定

(3) 选择水平线段作为偏移对象，根据系统提示【指定通过点或 [退出(E)/多个(M)/放弃(U)]:】，在矩形的中点处指定偏移对象通过的点，如图 5-73 所示，即可在矩形中点位置偏移线段。

计算机基础与实训教材系列

效果如图 5-74 所示。

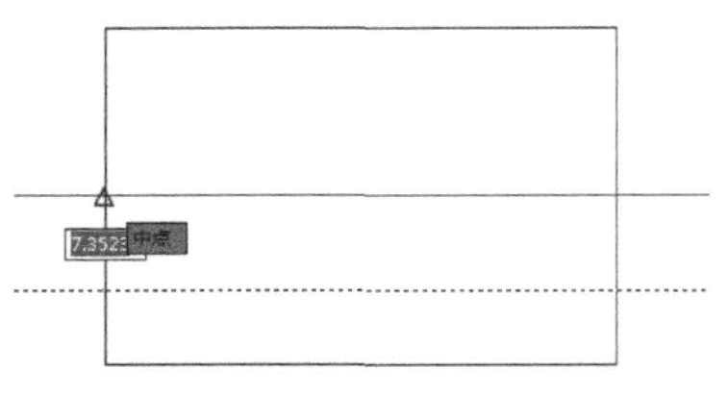

图 5-73　指定通过点

图 5-74　偏移对象

5.4.3　按指定图层偏移对象

使用【图层】方式偏移图形可以将图形以指定的距离或通过指定的点进行偏移，并且将偏移后的图形存放于指定的图层中。

执行【偏移(O)】命令，当系统提示【指定偏移距离或 [通过(T)/删除(E)/图层(L)]:】时，输入 L 并按空格键，即可选择【图层(L)】选项，系统将继续提示【输入偏移对象的图层选项 [当前(C)/源(S)] :】信息，其中各选项的含义如下。

- 当前：用于将偏移对象创建在当前图层上。
- 源：用于将偏移对象创建在源对象所在的图层上。

5.5　阵列图形

使用【阵列】命令可以对选定的图形对象进行阵列操作，对图形进行阵列操作的方式包括矩形方式、路径方式和环形(即极轴)方式。

执行【阵列】命令的常用方法有以下 3 种。

- 选择【修改】→【阵列】命令，然后选择其中的子命令。
- 单击【修改】面板中的【矩形阵列】下拉按钮，然后选择子选项。
- 执行 ARRAY(AR)命令。

5.5.1　矩形阵列对象

矩形阵列图形是将阵列的图形按矩形的方式进行排列，用户可以根据需要设置阵列图形的行数和列数。

【练习 5-16】将正方形以 4 行 5 列的矩形方式进行阵列。

(1) 绘制一个边长为 10 的正方形作为阵列操作对象。

(2) 单击【修改】面板中的【矩形阵列】按钮，或执行 ARRAY(AR)命令，选择正方形作为阵列对象，在弹出的菜单中选择【矩形(R)】选项，如图 5-75 所示。

(3) 在系统提示下输入参数 cou 并确定，选择【计数(COU)】选项，如图 5-76 所示。

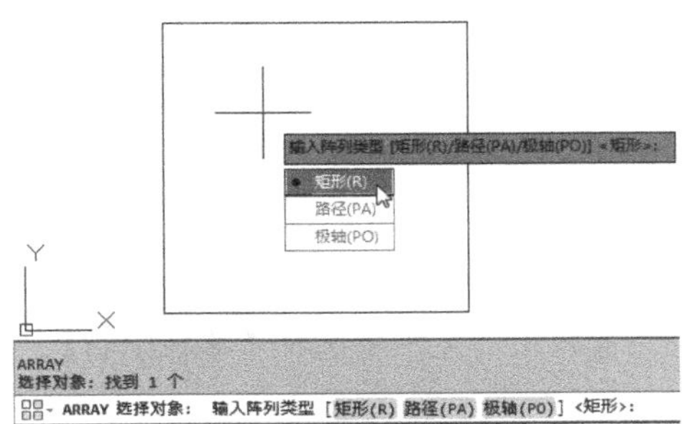

图 5-75　选择【矩形(R)】选项

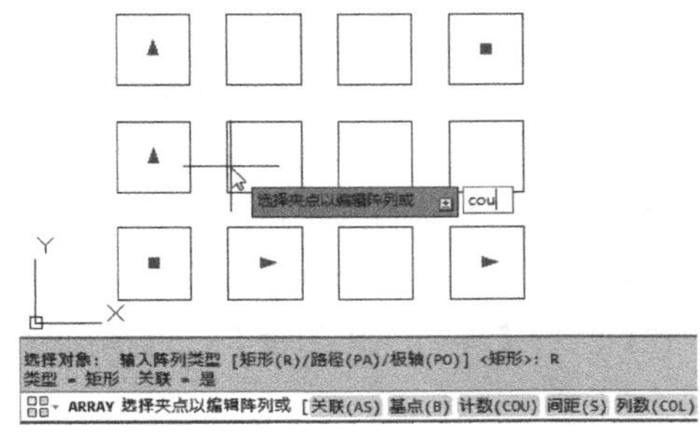

图 5-76　输入 cou 并确定

提示

矩形阵列对象时，默认参数的行数为 3、列数为 4，对象间的距离为原对象尺寸的 1.5 倍。如果阵列结果正好符合默认参数，可以在执行该操作步骤时直接按空格键进行确定，完成矩形阵列操作。

(4) 根据系统提示输入阵列的列数为 5 并确定，如图 5-77 所示。

(5) 输入阵列的行数为 4 并确定，如图 5-78 所示。

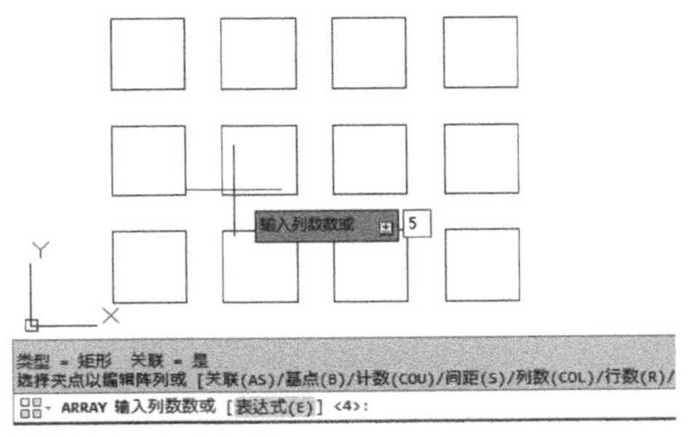

图 5-77　设置列数

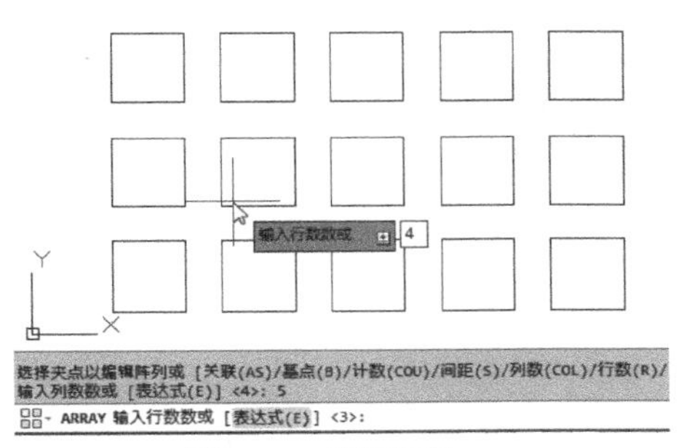

图 5-78　设置行数

(6) 在系统提示下输入参数 S 并确定，选择【间距(S)】选项，如图 5-79 所示。

(7) 根据系统提示输入列间距和行间距为 15 并确定，然后按空格键结束阵列操作，效果如图 5-80 所示。

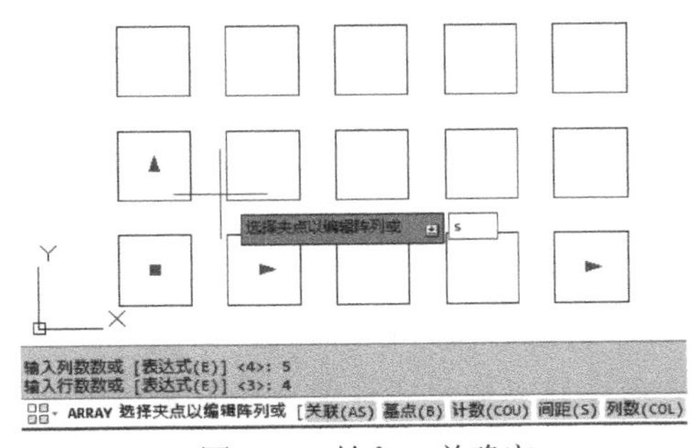

图 5-79　输入 S 并确定

图 5-80　矩形阵列效果

5.5.2 路径阵列对象

路径阵列图形是指将阵列的图形按指定的路径进行排列，用户可以根据需要设置阵列的总数和间距。

【练习 5-17】以直线为阵列路径，对圆进行阵列。

(1) 绘制一个半径为 25 的圆和一条倾斜线段作为阵列操作对象。

(2) 执行【阵列(AR)】命令，选择圆作为阵列对象，在弹出的菜单中选择【路径(PA)】选项，如图 5-81 所示。

(3) 选择线段作为阵列的路径。然后根据系统提示输入参数 I 并确定，选择【项目(I)】选项，如图 5-82 所示。

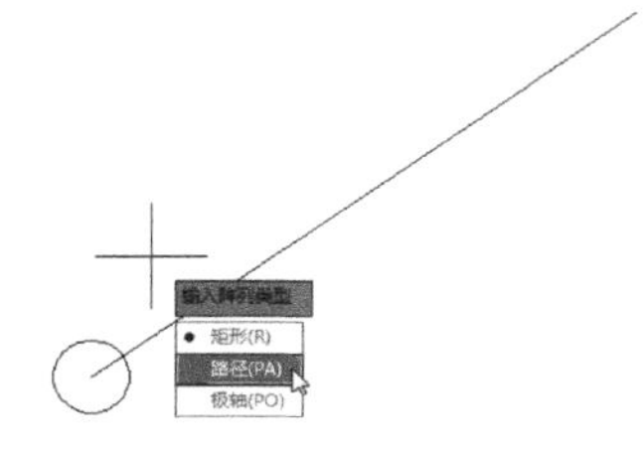

图 5-81　选择【路径(PA)】选项

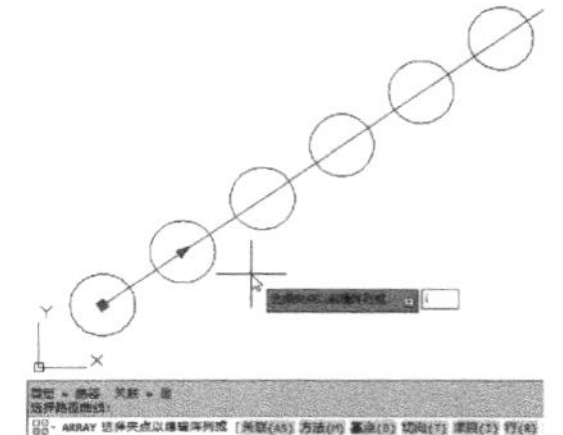

图 5-82　设置阵列的方式

(4) 在系统提示下输入项目之间的距离为 60 并确定，如图 5-83 所示，完成路径阵列操作，效果如图 5-84 所示。

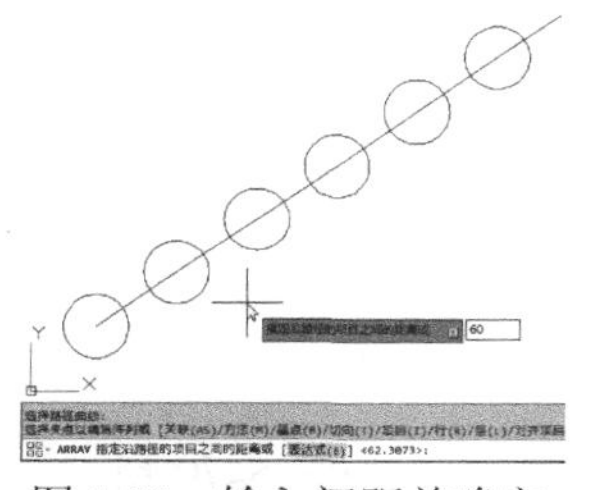

图 5-83　输入间距并确定

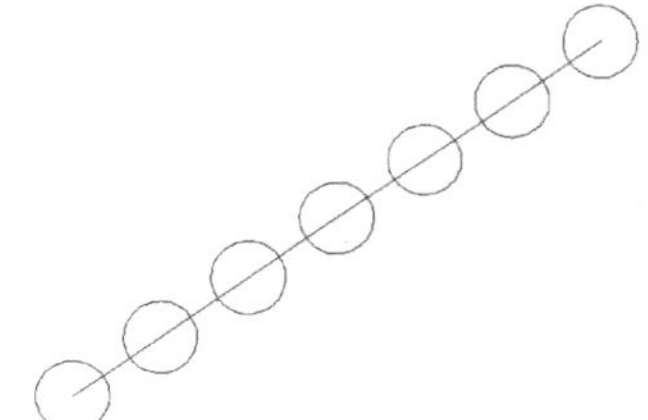

图 5-84　路径阵列效果

5.5.3 环形阵列对象

环形阵列(即极轴阵列)图形是指将阵列的图形按环形进行排列，用户可以根据需要设置阵列的总数和填充的角度。

【练习 5-18】对图形进行环形阵列，设置阵列数量为 8。

(1) 使用【直线】和【圆】命令绘制如图 5-85 所示的图形作为阵列对象。

(2) 执行【阵列(AR)】命令，然后选择绘制的直线和圆并确定，在弹出的菜单中选择【极轴(PO)】选项，如图 5-86 所示。

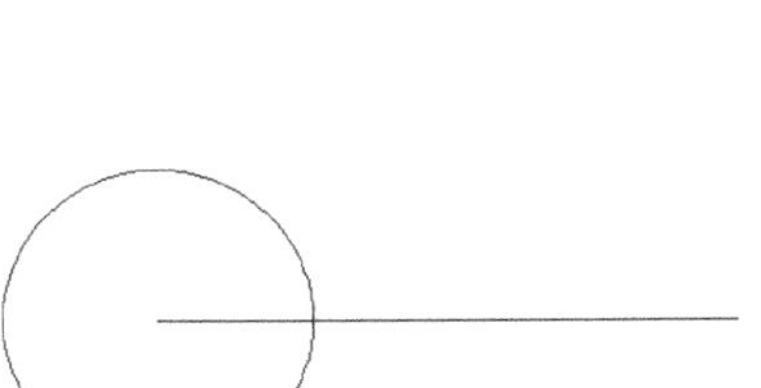

图 5-85　绘制图形

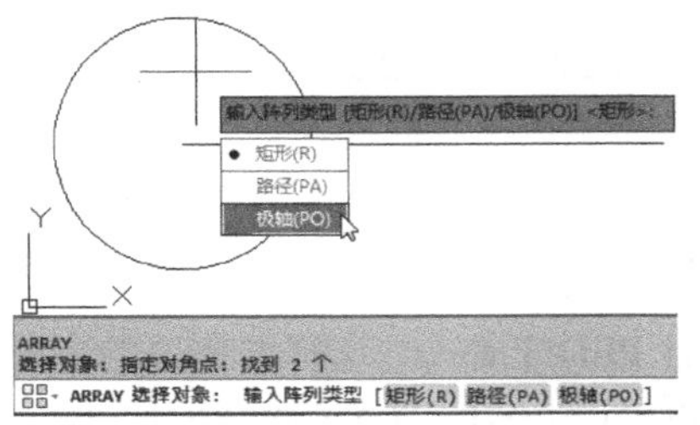

图 5-86　选择【极轴(PO)】选项

(3) 根据系统提示在线段的右端点处指定阵列的中心点，如图 5-87 所示。

(4) 根据系统提示输入 i 并确定，选择【项目(I)】选项，如图 5-88 所示。

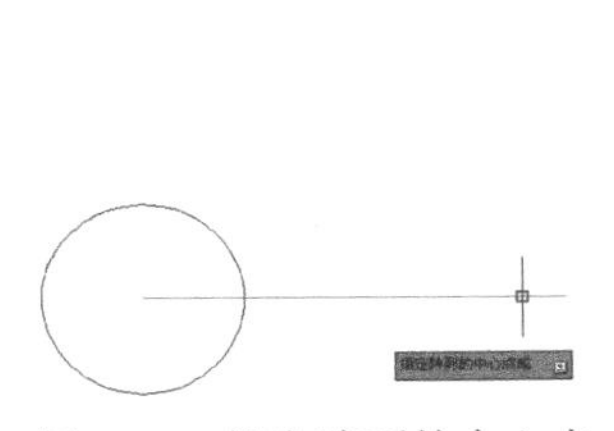

图 5-87　指定阵列的中心点

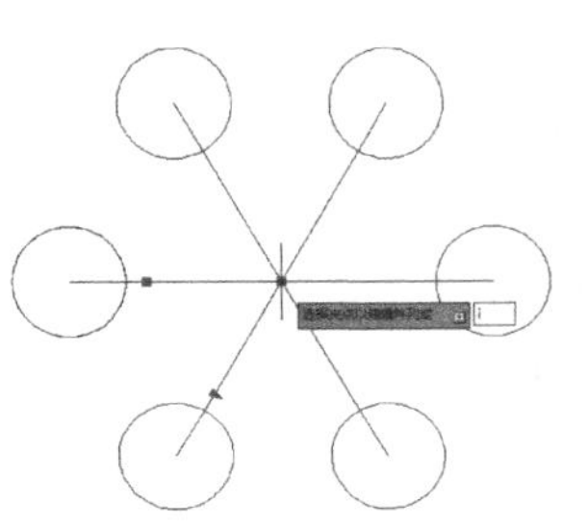

图 5-88　输入 i 并确定

提示

极轴阵列对象时，默认参数的阵列总数为 6。如果阵列结果正好符合默认参数，可以在指定阵列中心点后直接按空格键进行确定，完成极轴阵列操作。

(5) 根据系统提示输入阵列的总数为 8 并确定，如图 5-89 所示。完成环形阵列的操作，效果如图 5-90 所示。

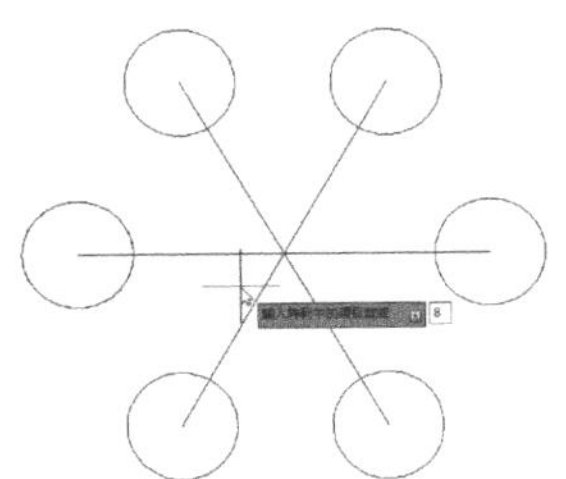

图 5-89　设置阵列的数目

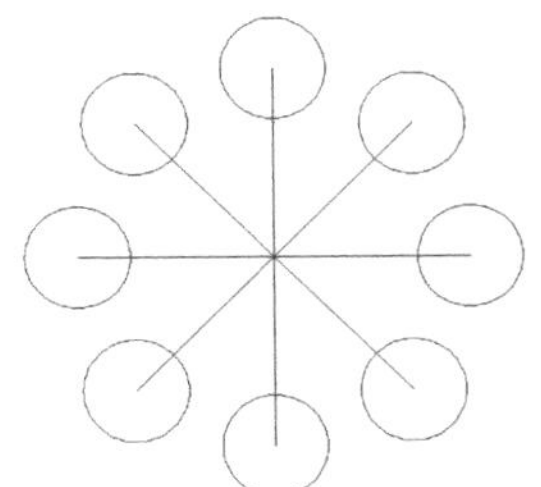

图 5-90　环形阵列效果

5.6　编辑特定图形

除了可以使用各种编辑命令对图形进行修改外，也可以采用特殊的方式对特定的图形进行编辑，如编辑多段线、样条曲线、阵列对象等。

5.6.1 编辑多段线

选择【修改】→【对象】→【多段线】命令，或执行 PEDIT 命令，可以对绘制的多段线进行编辑修改。

执行 PEDIT 命令，选择要修改的多段线，系统将提示【输入选项 [闭合(C) /合并(J)/宽度(W)/编辑顶点(E)/拟合(F)/样条曲线(S)/非曲线化(D)/线型生成(L)/反转(R)/放弃(U)]:】，其中主要选项的含义如下。

- 闭合(C)：用于创建封闭的多段线。
- 合并(J)：用于将直线段、圆弧或其他多段线连接到指定的多段线。
- 宽度(W)：用于设置多段线的宽度。
- 编辑顶点(E)：用于编辑多段线的顶点。
- 拟合(F)：可以将多段线转换为通过顶点的拟合曲线。
- 样条曲线(S)：可以使用样条曲线拟合多段线。
- 非曲线化(D)：删除在拟合曲线或样条曲线时插入的多余顶点，并拉直多段线的所有线段。保留指定给多段线顶点的切向信息，用于随后的曲线拟合。
- 线型生成(L)：可以将通过多段线顶点的线设置成连续线型。
- 反转(R)：用于反转多段线的方向，使起点和终点互换。
- 放弃(U)：用于放弃上一次操作。

【练习 5-19】拟合编辑多段线。

(1) 使用【多段线(PL)】命令绘制一条多段线作为编辑对象。

(2) 执行 PEDIT 命令，选择绘制的多段线，在弹出的菜单中选择【拟合(F)】选项，如图 5-91 所示。

(3) 按空格键进行确定，拟合编辑多段线的效果如图 5-92 所示。

图 5-91　选择【拟合(F)】选项

图 5-92　拟合多段线效果

5.6.2 编辑样条曲线

选择【修改】→【对象】→【样条曲线】命令，或者执行 SPLINEDIT 命令，可以对样条曲线进行编辑，包括定义样条曲线的拟合点，移动拟合点，以及闭合开放的样条曲线等。

执行 SPLINEDIT 命令，选择编辑的样条曲线后，系统将提示【输入选项 [闭合(C)/合并(J)/拟合数据(F)/编辑顶点(E)/转换为多段线(P)/反转(R)/放弃(U)/退出(X)]:】，其中主要选项的含义如下。

- 闭合(C)：如果选择打开的样条曲线，则闭合该样条曲线，使其在端点处切向连续(平滑)；如果选择闭合的样条曲线，则打开该样条曲线。
- 拟合数据(F)：用于编辑定义样条曲线的拟合点数据。
- 移动顶点(M)：用于移动样条曲线的控制顶点并且清理拟合点。
- 反转(R)：用于反转样条曲线的方向，使起点和终点互换。
- 放弃(U)：用于放弃上一次操作。
- 退出(X)：退出编辑操作。

【练习 5-20】编辑样条曲线的顶点。

(1) 使用【样条曲线(SPL)】命令绘制一条样条曲线作为编辑对象。

(2) 执行 SPLINEDIT 命令，选择绘制的曲线，在弹出的下拉菜单中选择【编辑顶点(E)】选项，如图 5-93 所示。

(3) 在继续弹出的下拉菜单中选择【移动(M)】选项，如图 5-94 所示。

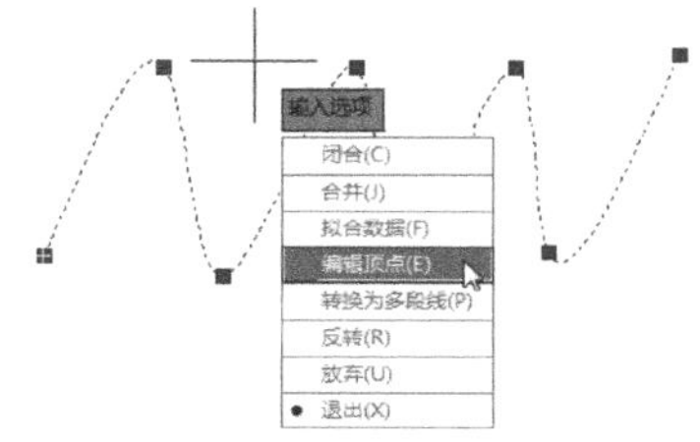

图 5-93 选择【编辑顶点(E)】选项

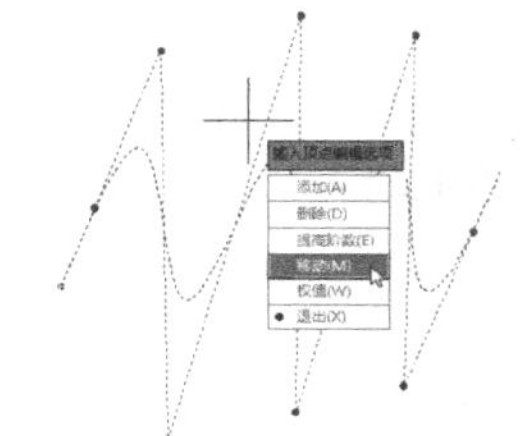

图 5-94 选择【移动(M)】选项

(4) 拖动鼠标移动样条曲线的顶点，如图 5-95 所示。

(5) 当系统提示【指定新位置或 [下一个(N)/上一个(P)/选择点(S)/退出(X)]:】时，输入 X 并按空格键确定，选择【退出(X)】选项，结束样条曲线的编辑，效果如图 5-96 所示。

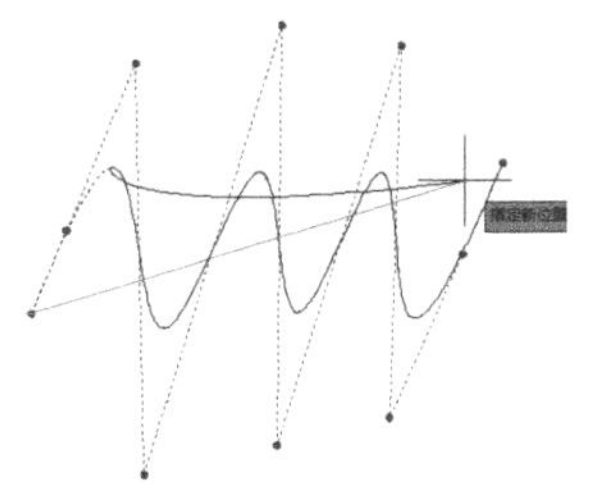

图 5-95 移动顶点

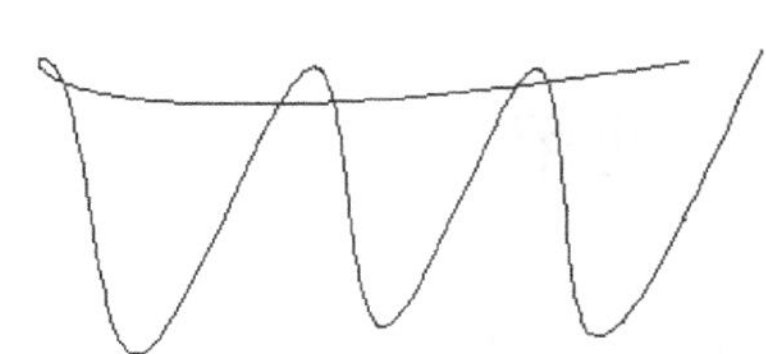

图 5-96 编辑效果

5.6.3 编辑阵列对象

在 AutoCAD 中，阵列的对象为一个整体对象，可以选择【修改】→【对象】→【阵列】命令，或者执行 ARRAYEDIT 命令并确定，对关联阵列对象及其源对象进行编辑。

【练习 5-21】修改阵列对象的行数。

(1) 绘制一个半径为 10 的圆，然后使用【阵列(AR)】命令对圆进行矩形阵列，设置行数为 3，列数为 4，行、列间的间距为 30，阵列效果如图 5-97 所示。

(2) 选择【修改】→【对象】→【阵列】命令，或者执行 ARRAYEDIT 命令，选择阵列图形作为编辑的对象，然后在弹出的下拉菜单中选择【行(R)】选项，如图 5-98 所示。

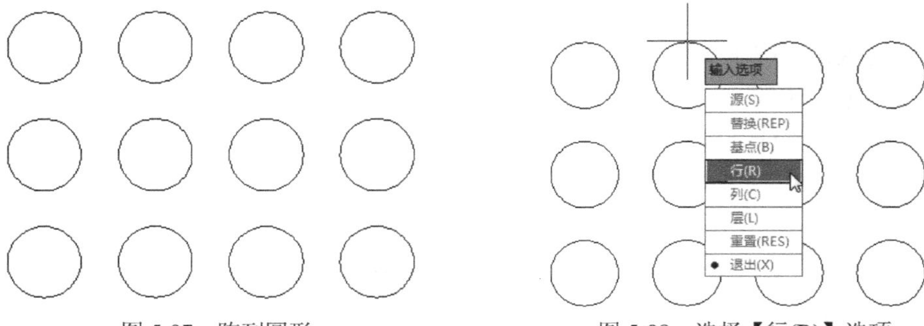

图 5-97　阵列圆形　　图 5-98　选择【行(R)】选项

(3) 根据系统提示重新输入阵列的行数为 4，如图 5-99 所示。

(4) 保持默认的行间距并按空格键确定，然后在弹出的下拉菜单中选择【退出(X)】选项，完成阵列图形的编辑，效果如图 5-100 所示。

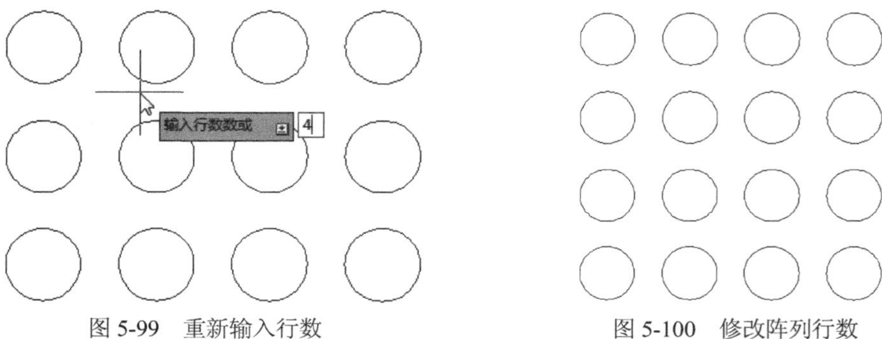

图 5-99　重新输入行数　　图 5-100　修改阵列行数

5.7　使用夹点编辑图形

在编辑图形的操作中，可以通过拖动夹点的方式，改变图形的形状和大小。在拖动夹点时，可以根据系统提示对图形进行移动、复制等操作。

5.7.1　使用夹点编辑直线

在命令提示处于等待状态下，选择直线型线段，将显示对象的夹点，如图 5-101 所示。选择端点处的夹点，然后拖动该夹点即可调整线段的长度和方向，如图 5-102 所示。

图 5-101　显示对象的夹点

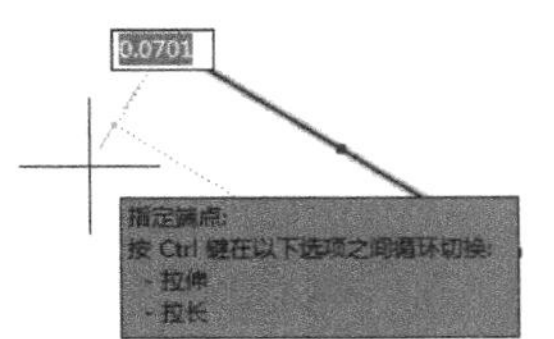

图 5-102　拖动夹点

5.7.2　使用夹点编辑圆弧

在命令提示处于等待状态下，选择弧线型线段，将显示对象的夹点，然后选择并拖动弧线端点处的夹点，即可调整弧线的弧长和大小，如图 5-103 所示；选择并拖动弧线中间的夹点，将改变弧线的弧度大小，如图 5-104 所示。

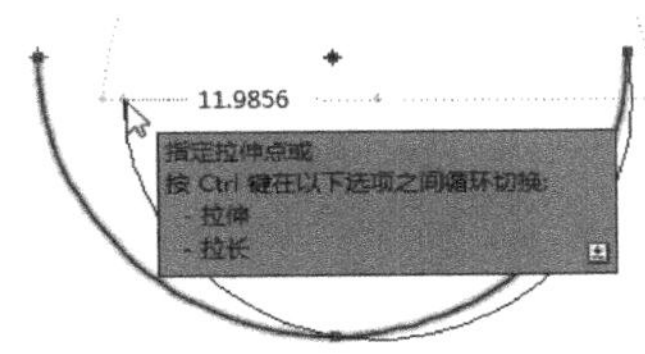

图 5-103　拖动端点处的夹点

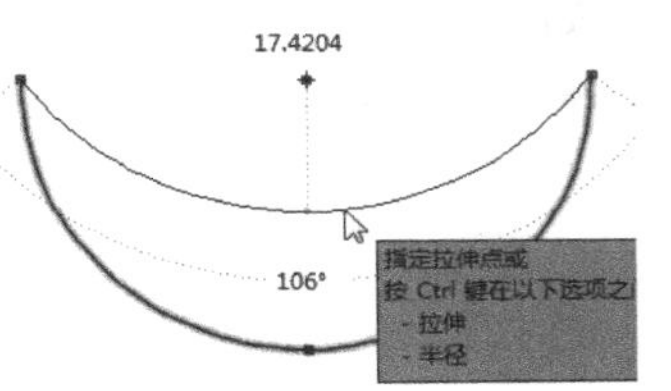

图 5-104　拖动中间的夹点

5.7.3　使用夹点编辑多边形

在命令提示处于等待状态下，选择多边形图形，将显示对象的夹点，然后选择并拖动端点处的夹点，如图 5-105 所示，即可调整多边形的形状，效果如图 5-106 所示。

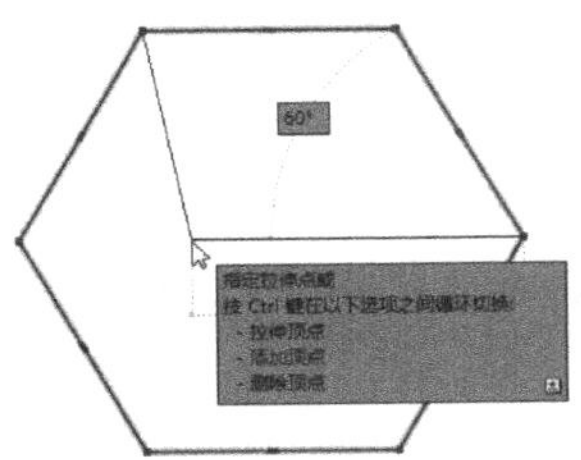

图 5-105　拖动端点处的夹点

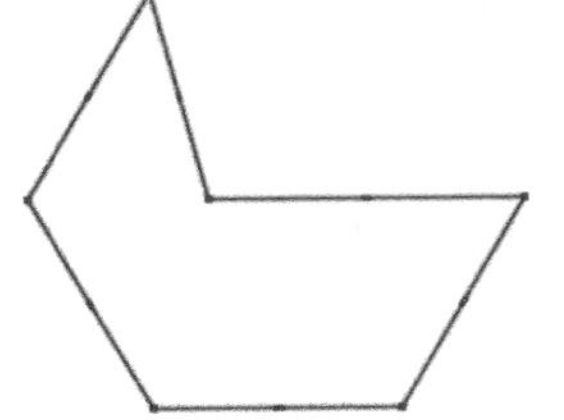

图 5-106　调整多边形的形状

5.7.4　使用夹点编辑圆

在命令提示处于等待状态下，选择圆形，将显示对象的夹点，选择并拖动圆上的夹点，将改变圆的大小，如图 5-107 所示；选择并拖动圆心处的夹点，将调整圆的位置，效果如图 5-108 所示。

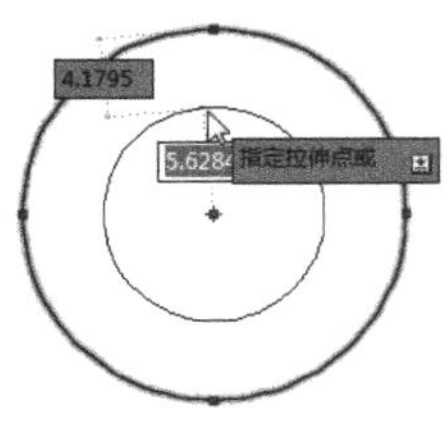

图 5-107　拖动圆上的夹点

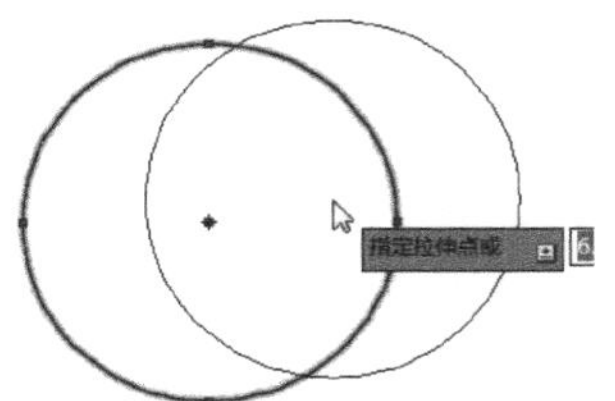

图 5-108　调整圆位置的效果

5.8　参数化编辑图形

运用【参数】菜单中的约束命令可以指定二维对象或对象上的点之间的几何约束，对图形进行编辑，如图 5-109 所示。编辑受约束的图形时将保留约束。

例如，为如图 5-110 所示的图形应用了以下约束。

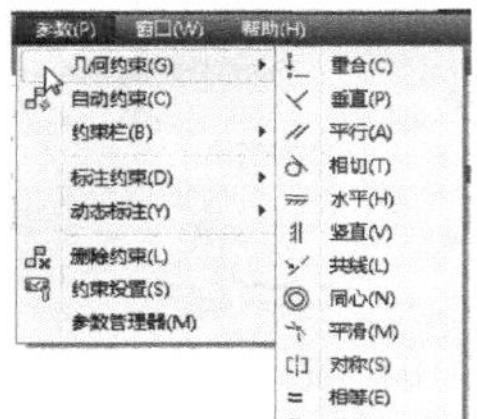

图 5-109　【参数】菜单

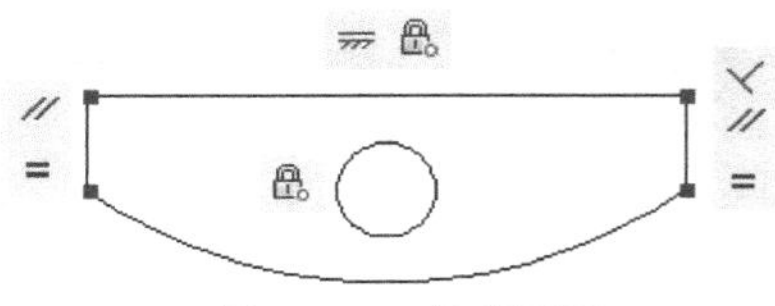
图 5-110　约束图形

- 每个端点都约束为与每个相邻对象的端点保持重合，这些约束显示为夹点。
- 垂直线被约束为保持相互平行且长度相等。
- 右侧的垂直线被约束为与水平线保持垂直。
- 水平线被约束为保持水平。
- 圆和水平线的位置约束为保持固定距离，这些固定约束显示为锁定图标。

【练习 5-22】使用【相切】约束编辑圆与直线。

(1) 绘制两个同心圆和一条水平线段作为操作对象，如图 5-111 所示。

(2) 选择【参数】→【几何约束】→【相切】命令，系统提示【选择第一个对象:】时，选择大圆，如图 5-112 所示。

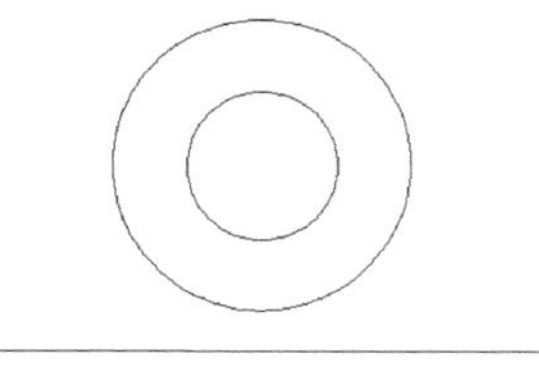
图 5-111　绘制图形

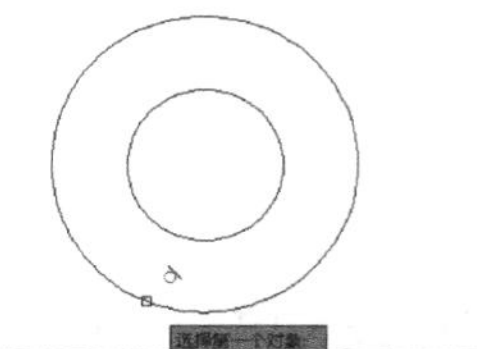

图 5-112　选择第一个对象

(3) 根据系统提示选择直线作为相切的第二个对象，如图 5-113 所示，即可将直线与圆相切，如图 5-114 所示。

计算机基础与实训教材系列

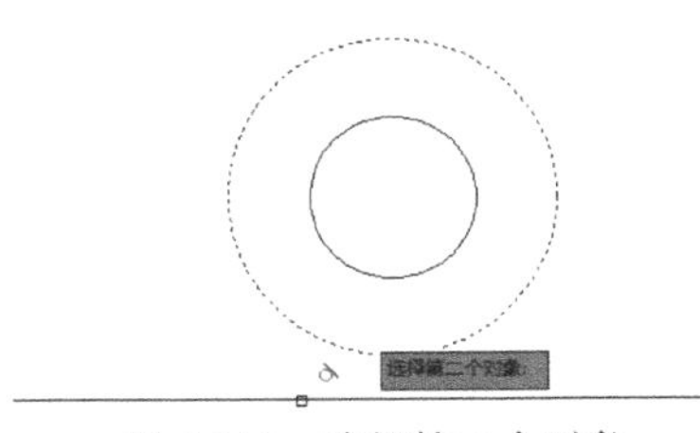

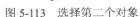

图 5-113　选择第二个对象

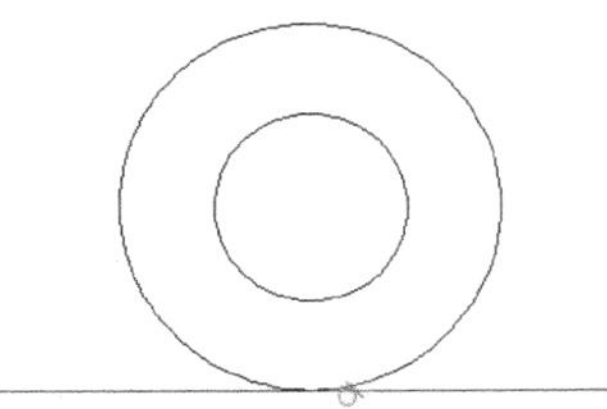
图 5-114　相切效果

(4) 拖动直线右方的夹点，调整直线的形状，如图 5-115 所示。调整直线后，圆始终与直线保持相切，效果如图 5-116 所示。

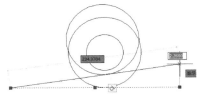

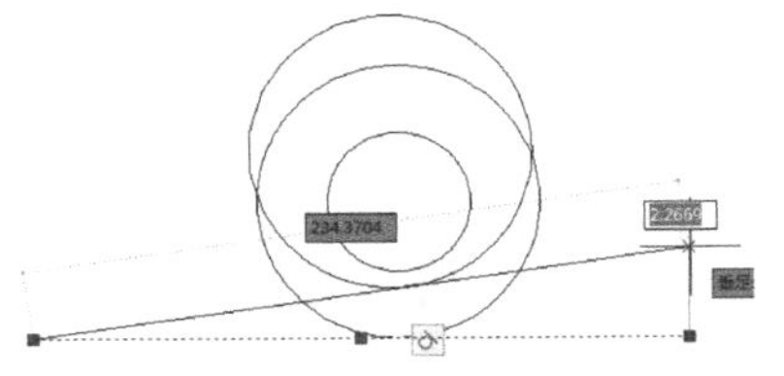
图 5-115　调整直线的形状

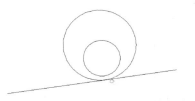

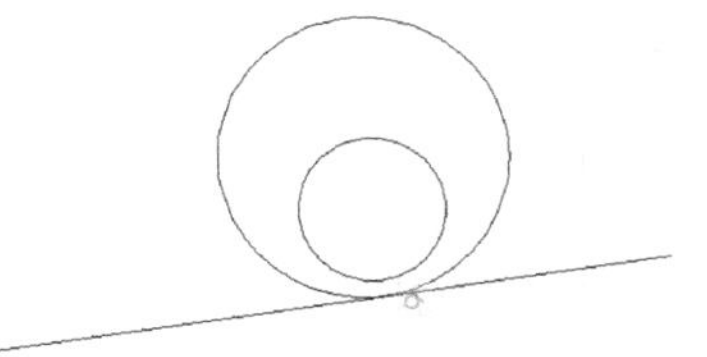
图 5-116　圆与直线保持相切

5.9　上机实战

本小节练习绘制球轴承主视图，巩固所学的图形绘制与编辑的知识。本例完成后的效果如图 5-117 所示，首先创建图层，然后使用【构造线】和【偏移】命令绘制辅助线，接着参照辅助线绘制各个圆，再使用【修剪】和【环形阵列】命令对滚珠图形进行修剪和阵列。

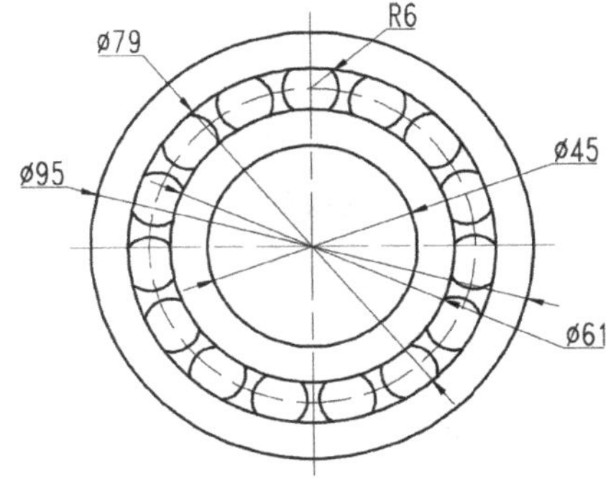

图 5-117　绘制球轴承

绘制本例图形的具体操作步骤如下。

(1) 执行【图层(LA)】命令，创建【中心线】、【轮廓线】和【隐藏线】图层，并设置各个图层的属性，再将【中心线】图层设置为当前层，如图 5-118 所示。

(2) 执行【构造线(XL)】命令，绘制一条水平构造线。

(3) 执行【偏移(O)】命令，将构造线向上偏移 6 次，偏移距离依次为 35、22.5、8、4.5、4.5、8，效果如图 5-119 所示。

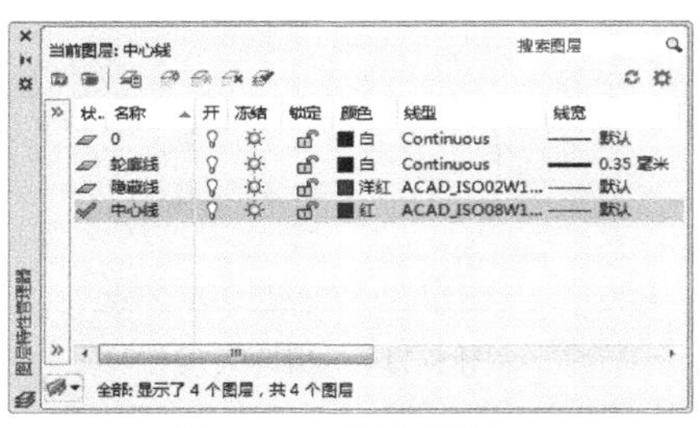

图 5-118 创建图层

图 5-119 偏移构造线

技巧

在使用【偏移】命令进行多次偏移图形的操作中，为了操作方便，通常是在前一次偏移的结果上继续进行下一次偏移。因此偏移的距离通常是指两个偏移对象之间的距离，而不是与第一次偏移对象之间的距离。

(4) 执行【构造线(XL)】命令，绘制一条垂直构造线，效果如图 5-120 所示。

(5) 设置【轮廓线】为当前图层，执行【圆(C)】命令，参照如图 5-121 所示的效果，以 O 点为圆心，以线段 OL 为半径绘制一个圆。

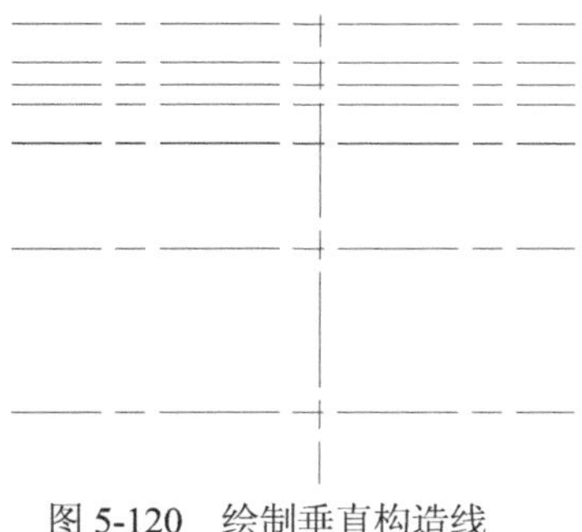
图 5-120 绘制垂直构造线

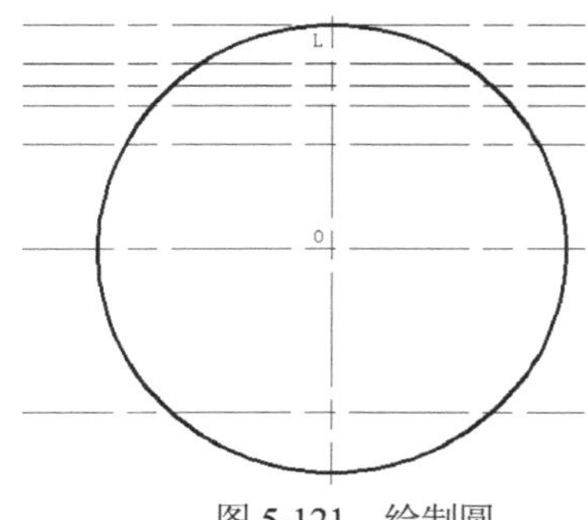

图 5-121 绘制圆

(6) 执行【圆(C)】命令，仍以 O 点为圆心，依次绘制如图 5-122 所示的各个同心圆。

(7) 执行【圆(C)】命令，以圆和垂直构造线的交点为圆心，绘制半径为 6mm 的圆，作为滚珠轮廓线，效果如图 5-123 所示。

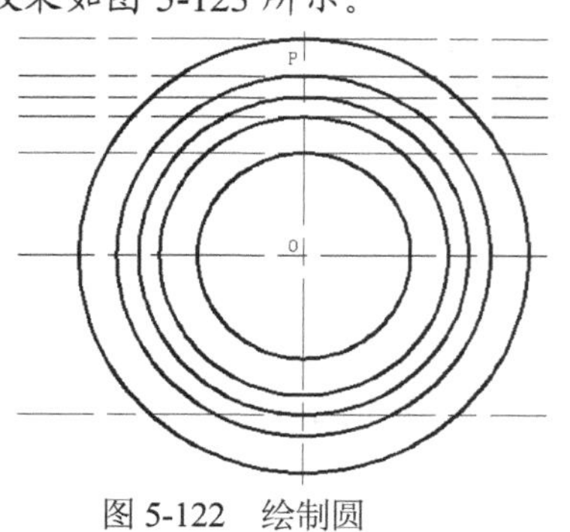

图 5-122 绘制圆

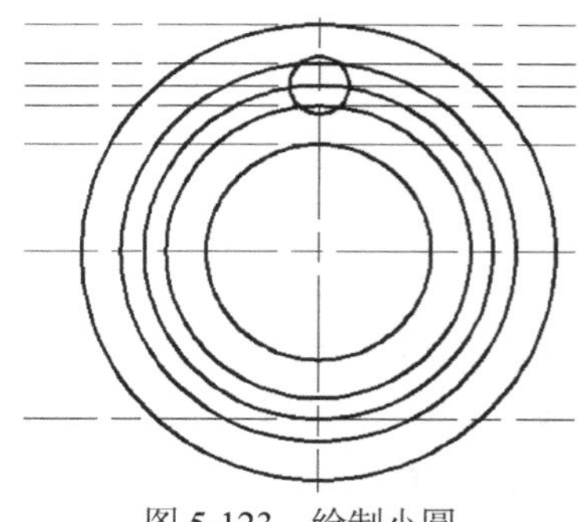
图 5-123 绘制小圆

(8) 执行【修剪(TR)】命令，参照如图 5-124 所示的效果，以圆 1 和圆 2 为修剪边界，对刚绘制的小圆进行修剪。

(9) 选择【修改】→【阵列】→【环形阵列】命令，选择修剪后的两段圆弧，以圆心为阵列中心点，设置项目数为 15，对选择的圆弧进行环形阵列，效果如图 5-125 所示。

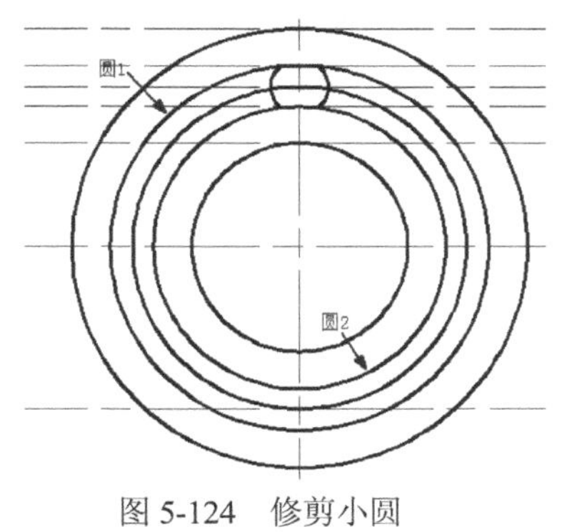

图 5-124　修剪小圆

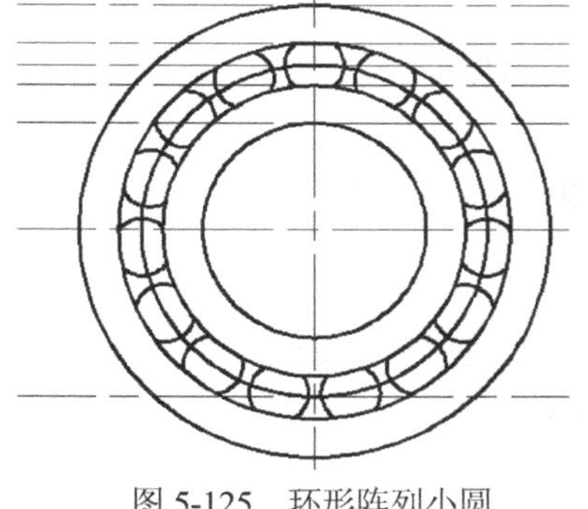

图 5-125　环形阵列小圆

(10) 执行【删除(E)】命令，删除掉不需要的构造线。然后执行【修剪(TR)】命令，对构造线进行修剪，效果如图 5-126 所示。

(11) 选择半径为 35 的圆，然后将其放入【隐藏线】图层中，效果如图 5-127 所示。

(12) 执行【拉长(LEN)】命令，将两条中心线的两端拉长 5 个单位，完成本例图形的绘制。

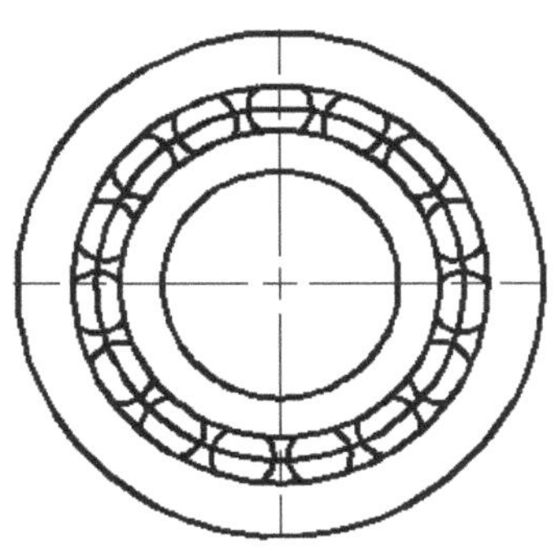

图 5-126　删除和修剪辅助线

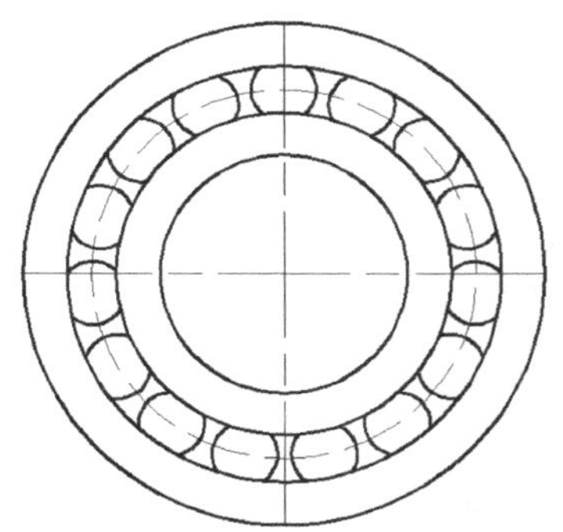

图 5-127　修改圆所在的图层

5.10　思考与练习

5.10.1　填空题

1. 要将线段拉长为原长度的 1.5 倍，可以使用【拉长】命令中的________选项快速完成。

2. 绘制好图形后，发现某些图形超出了指定图形的范围，这时可以使用________命令对其进行修改。

3. 绘制直角矩形后，可以使用________命令将其转换为圆角矩形。

4. 合并图形时，合并的对象必须是________的对象，且位于________的平面上。

5. 如果要绘制大量相同且有规律矩形阵列排列或环形排列的对象，可以使用________命令快速完成。

6. 运用______________菜单中的约束命令可以指定二维对象或对象上的点之间的几何约束，对图形进行编辑。

5.10.2 选择题

1. 对图形进行圆角处理的命令是(　　)。

A. CHA　　B. F
C. TR　　D. EX

2. 对图形进行修剪的命令是(　　)。

A. TR　　B. F
C. ML　　D. SPL

3. 分解图形的命令是(　　)。

A. X　　B. E
C. C　　D. H

4. 移动图形的命令是(　　)。

A. M　　B. E
C. RO　　D. CO

5. 旋转图形的命令是(　　)。

A. M　　B. E
C. RO　　D. CO

6. 对图形进行镜像的命令是(　　)。

A. CHA　　B. HI
C. TR　　D. MI

7. 对图形进行阵列的命令是(　　)。

A. AR　　B. POL
C. ML　　D. SPL

8. 打断图形的命令是(　　)。

A. X　　B. JION
C. BR　　D. H

9. 合并图形的命令是(　　)。

A. X　　B. JION
C. BR　　D. H

5.10.3 操作题

1. 应用所学的绘图和编辑知识，参照如图 5-128 所示的底座俯视图尺寸和效果，使用【圆】、【直线】、【圆角】、【偏移】、【修剪】和【延伸】等命令绘制该图形。

提示

(1) 参照图形绘制一个长为 172、宽为 64 的矩形，然后将其分解。

(2) 使用【偏移】命令对矩形各条边进行偏移。

(3) 使用【修剪】命令对偏移的线段进行修剪。

(4) 参照图形使用【圆角】命令对图形的直角边进行倒圆。

2. 应用所学的绘图和编辑知识，参照如图 5-129 所示的圆螺母尺寸和效果绘制该图形。

提示

(1) 使用【构造线】命令绘制中心线，然后以中心线交点为圆心绘制各个圆。

(2) 使用【打断】命令将其中的一个圆打断。

(3) 使用【直线】命令绘制凹形造型，然后对其进行修剪。

(4) 使用【阵列】命令对凹形造型进行阵列，然后对图形进行修剪。

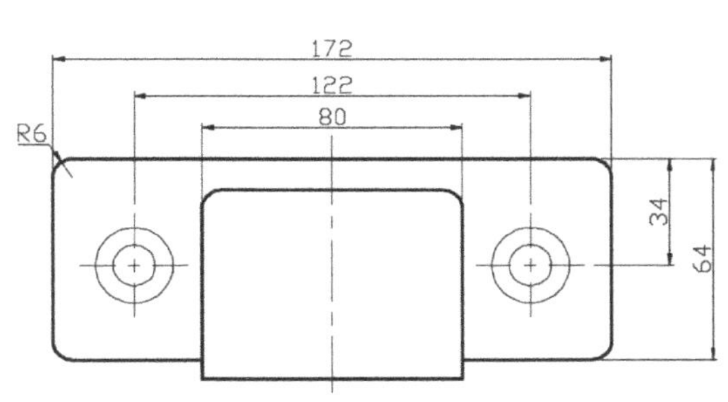

图 5-128　绘制底座俯视图

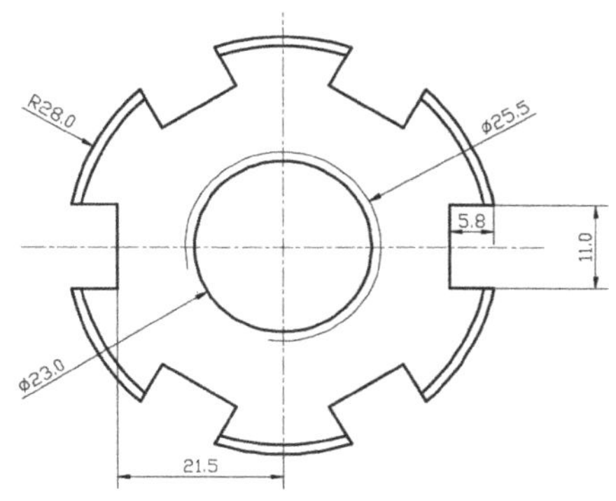

图 5-129　绘制圆螺母

第6章 机械图形的尺寸标注

学习目标

使用 AutoCAD 设计绘图时，图形中的线条长度并不代表物体的真实尺寸，一切数值应以标注尺寸为准。尺寸标注是机械制图中非常重要的一个环节，只有对图形进行具体的尺寸标注，才能让人看懂图形需要表达的内容。通过尺寸标注，能准确地反映物体的形状、大小和相互关系，它是识别图形和机械加工的主要依据。

本章重点

- 尺寸标注的组成与规则
- 创建与设置标注样式
- 创建标注
- 图形标注技巧
- 编辑标注
- 创建引线标注
- 标注形位公差

6.1 尺寸标注的组成与规则

图样中的图形用来表达机件的结构形状，而机件的大小及各部分的相对位置关系则需要用尺寸来表示。

6.1.1 标注的组成

一般情况下，图样上的尺寸标注主要由尺寸线、尺寸界线、尺寸箭头和尺寸文本和圆心标记组成，如图 6-1 所示。

- 尺寸线：在图纸中使用尺寸来标注距离或角度。在预设状态下，尺寸线位于两条尺寸界线之间，尺寸线的两端有两个箭头，尺寸文本沿着尺寸线显示。在机械图样中，一般采用箭头作为尺寸线的终端，当空间不够时也可以用圆点代替或采用斜线形式。

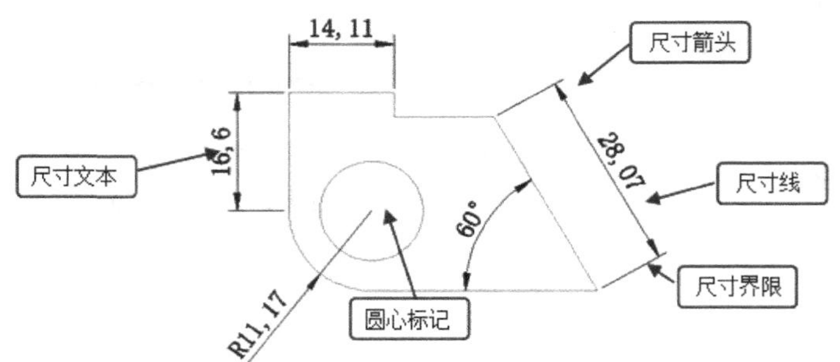

图 6-1　尺寸标注的组成

- 尺寸界线：这是由测量点引出的延伸线。通常尺寸界线用于直线型及角度型尺寸的标注。在预设状态下，尺寸界线与尺寸线是互相垂直的，用户也可以将它改变成自己所需的角度。
- 尺寸箭头：箭头位于尺寸线与尺寸界线相交处，表示尺寸线的终止端。不同的情况使用不同样式的箭头符号来表示。
- 尺寸文本：这是用来标明图纸中的距离或角度等的数值及说明文字。标注时可以使用 AutoCAD 中自动给出的尺寸文本，也可以自己输入新的文本。尺寸文本表示尺寸的大小。一般应注写在尺寸线的上方中间处，也允许注写在尺寸线的中断处。
- 圆心标记：其通常用来标示圆或圆弧的中心，它由两条相互垂直的短线组成。

 **提示**

线性尺寸的尺寸线必须与所标注的线段平行；尺寸文字不能被任何图线穿过，当不可避免时，必须将该图线断开。

6.1.2　标注的基本规则

在机械制图中，标注尺寸时要遵守国家标准《尺寸注法》中的基本规则和基本规定，主要包括如下几点。

(1) 机件的真实大小均以图样上所标注的尺寸数值为依据，与图形的大小及绘图的准确度无关。

(2) 图样中的尺寸，一般以 mm 为单位，此时，无须标注其计量单位的名称或代号。若采用其他单位，则必须注明相应计量单位的名称或代号。

(3) 图样中所标注的尺寸，一般为该图样所示机件的最后完工尺寸。否则，需要应另加说明。

(4) 机件的每一个尺寸，在图样上一般只标注一次，并应标注在反映该结构最清晰的图形上。

6.1.3　常见尺寸标注方法

在机械制图中，常见尺寸标注的规定和示例见表 6-1。

表 6-1　常见尺寸标注的规定和示例

标注内容	基本规定	标注示例
线性尺寸	尺寸数字一般应按右图所示的方向标注，并尽可能避免在图示 30° 范围内标注尺寸。当无法避免时，应按右侧右图的形式引出标注	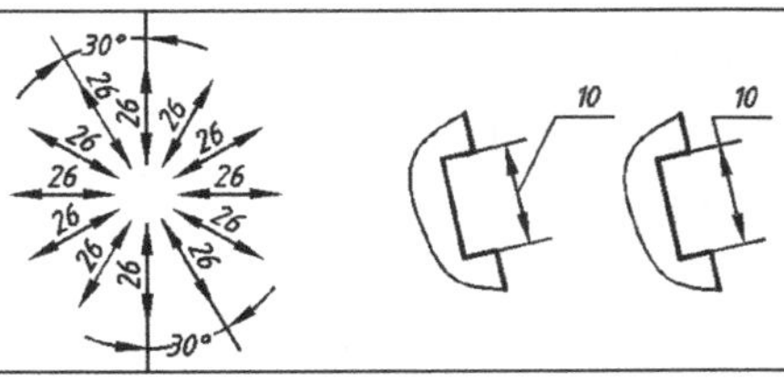
角度	尺寸界线应沿径向引出，尺寸线画成圆弧，圆心为角的顶点。尺寸数字应一律水平书写，一般标注在尺寸线的中断处，必要时可引出标注	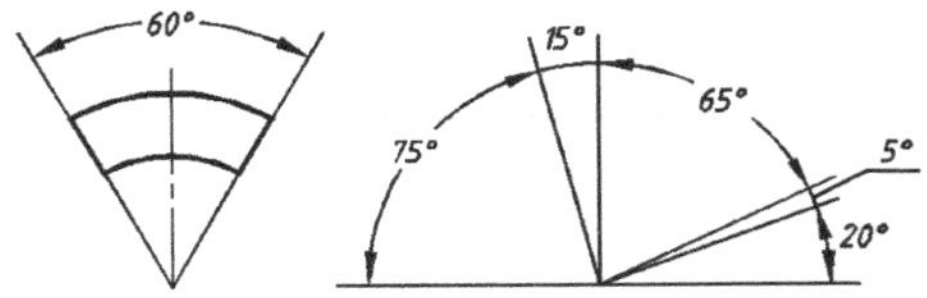
圆和圆弧	圆或大于 180° 的圆弧，应标注直径，在尺寸数字前加注符号 ϕ	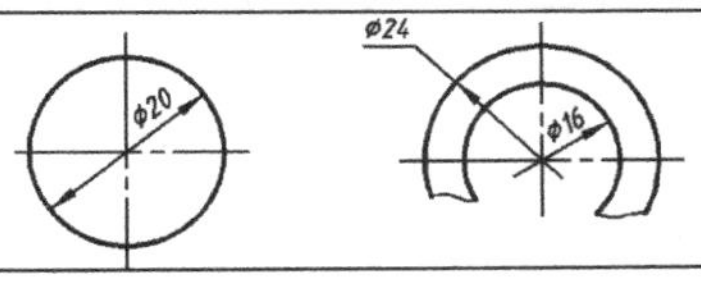
	等于或小于 180° 的圆弧，应标注半径，在尺寸数字前加注符号 R。当圆弧半径过大或在图纸范围内无法标出其圆心位置时，可按右侧中图的形式标注；若不需要标出其圆心位置时，可按右侧右图形式标注	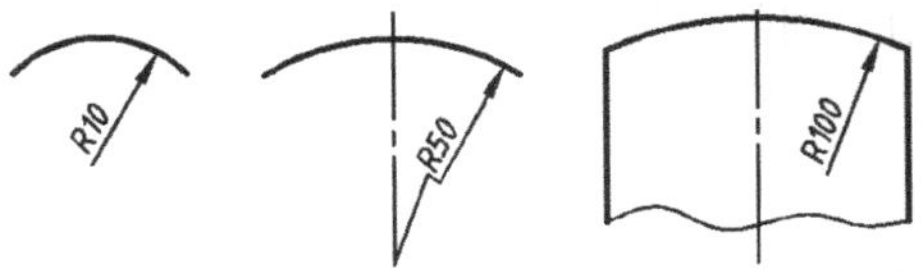
球面	应在直径符号 ϕ 或半径符号 R 前加注符号 S。对于螺钉、铆钉的头部，轴及手柄的端部等，在不致引起误解的情况下可省略符号 S	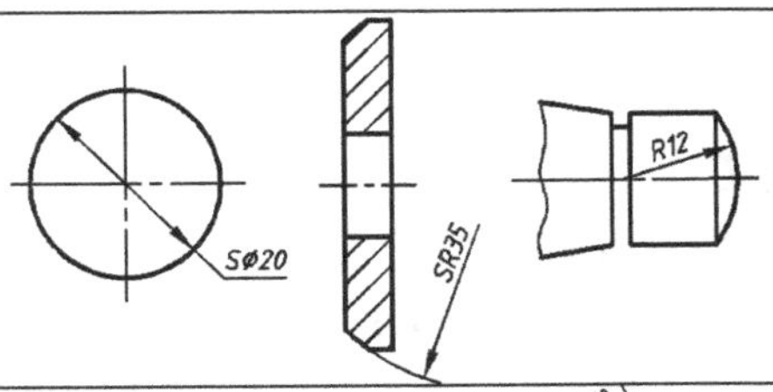
弦长和弧长	尺寸界线应平行于该弦的垂直平分线，在弧长数值前加注符号⌒；当弧度较大时，可径向引出	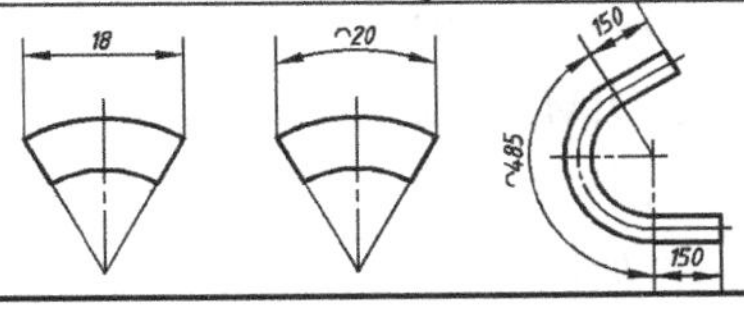

(续表)

标注内容	基 本 规 定	标 注 示 例
狭小部位	在没有足够位置画箭头或注写尺寸数字时，可将其布置在尺寸界线外侧，或用圆点、斜线代替两个箭头	
正方形断面	标注断面为正方形结构的尺寸时，可在正方形边长数字前加注符号□，或采用 $B\times B$(B 为边长)形式注出	
板状零件	标注板状零件(只有一个视图)的厚度时，可在尺寸数字前加注符号 t	

6.2 创建与设置机械标注样式

尺寸标注样式决定着尺寸各组成部分的外观形式。在没有改变尺寸标注格式时，当前尺寸标注格式将作为预设的标注格式。系统预设标注格式为 STANDARD，有时可以根据实际情况重新建立并设置尺寸标注样式。

绘制不同的机械工程图纸，需要设置不同的尺寸标注样式，要了解尺寸设计和制图的知识，请参考有关机械制图的图家规范和标准，以及其他相关资料。

6.2.1 创建机械标注样式

AutoCAD 默认的标注格式是 STANDARD，用户可以根据有关规定及所标注图形的具体要求，使用【标注样式】命令新建标注样式。

执行【标注样式】命令有以下 3 种常用方法。

- 选择【格式】→【标注样式】命令。
- 展开【注释】面板，单击【标注样式】按钮。
- 执行 DIMSTYLE(D) 命令。

执行【标注样式(D)】命令后，打开【标注样式管理器】对话框，如图 6-2 所示。在该对话框中可以新建一种标注格式，还可以对原有的标注格式进行修改。

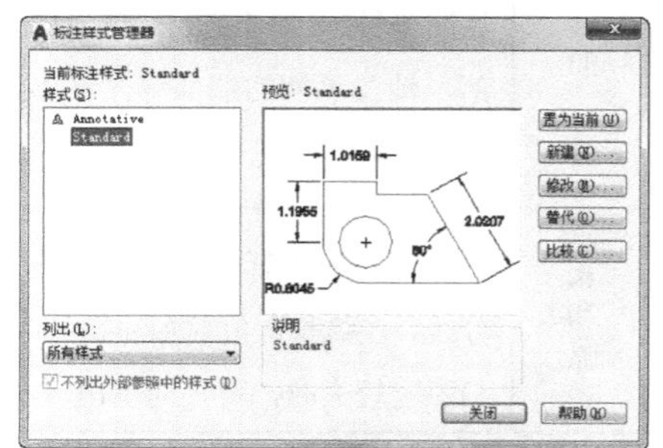

图 6-2 【标注样式管理器】对话框

【标注样式管理器】对话框中主要选项的作用如下。

- 置为当前：单击该按钮，可以将选定的标注样式设置为当前标注样式。
- 新建：单击该按钮，将打开【创建新标注样式】对话框，用户可以在该对话框中创建新的标注样式。
- 修改：单击该按钮，将打开【修改当前样式】对话框，用户可以在该对话框中修改标注样式。
- 替代：单击该按钮，将打开【替代当前样式】对话框，用户可以在该对话框中设置标注样式的临时替代。

【练习 6-1】创建机械标注样式。

(1) 新建一个 acadiso 模板图形文档。

(2) 执行 DIMSTYLE(D) 命令，打开【标注样式管理器】对话框，单击【新建】按钮，在打开的【创建新标注样式】对话框中输入新标注样式名【机械】，如图 6-3 所示。

(3) 在【基础样式】下拉列表中选择ISO-25选项，然后单击【继续】按钮，如图6-4所示。

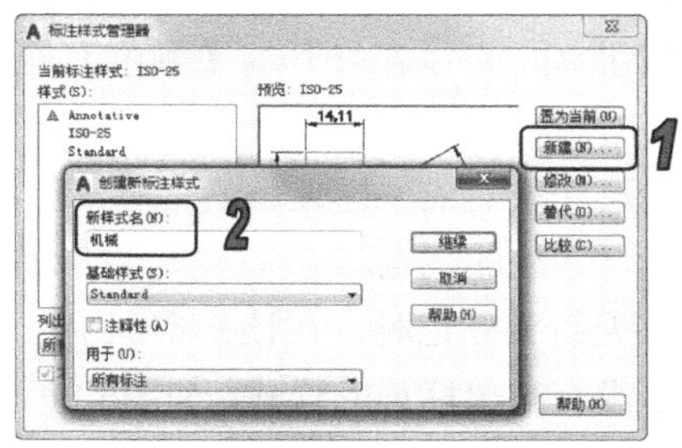

图 6-3　输入新样式名

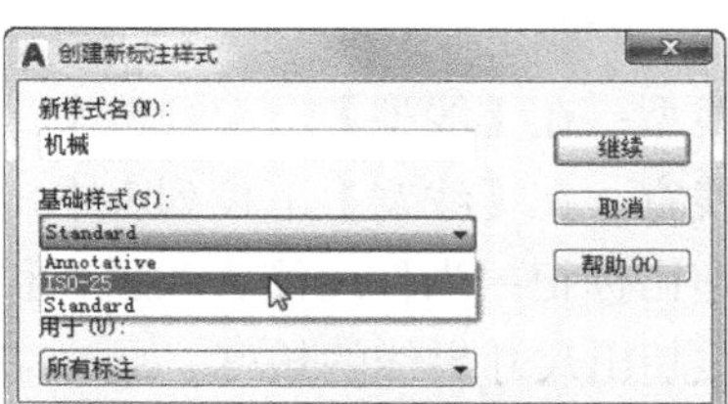

图 6-4　选择基础样式

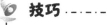

技巧

在【基础样式】下拉列表中选择一种基础样式，可以在该样式的基础上进行修改，从而快速建立新样式。

(4) 在打开的【新建标注样式：机械】对话框中可以设置样式效果，如图 6-5 所示。

(5) 单击【确定】按钮，即可新建一个【机械】标注样式，该样式将显示在【标注样式管理器】对话框中，并自动作为当前使用的标注样式，如图 6-6 所示。

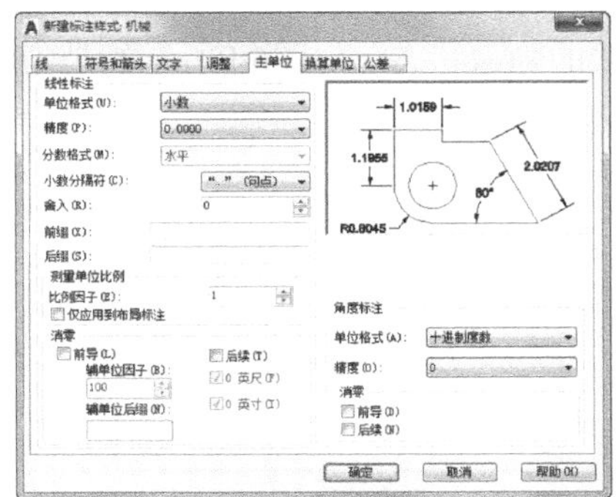

图 6-5　设置标注样式

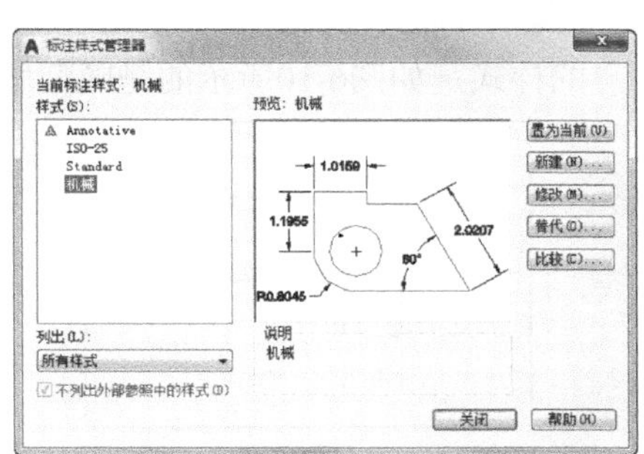

图 6-6　新建的机械标注样式

6.2.2 设置机械标注样式

创建新标注样式的过程中，在打开的【新建标注样式】对话框中可以设置新的尺寸标注样式，设置的内容包括线、符号和箭头、文字、调整、主单位、换算单位以及公差等。

提示

在【标注样式管理器】对话框中选择要修改的样式，单击【修改】按钮，可以在【修改标注样式】对话框中修改尺寸标注样式，其参数与【新建标注样式】对话框相同。

1. 设置标注尺寸线

在【线】选项卡中，可以设置尺寸线和尺寸界线的颜色、线型、线宽以及超出尺寸线的距离、起点偏移量的距离等内容，其中主要选项的含义如下。

- 颜色：单击【颜色】列表框右侧的下拉按钮，可以在打开的【颜色】列表中选择尺寸线的颜色。
- 线型：在【线型】下拉列表中，可以选择尺寸线的线型样式。
- 线宽：在【线宽】下拉列表中，可以选择尺寸线的线宽。
- 超出标记：当使用箭头倾斜、积分标记或无箭头标记时，在该文本框中可以设置尺寸线超出尺寸界线的长度。如图6-7所示的是没有超出标记的样式，如图6-8所示的是超出标记长度为3个单位的样式。

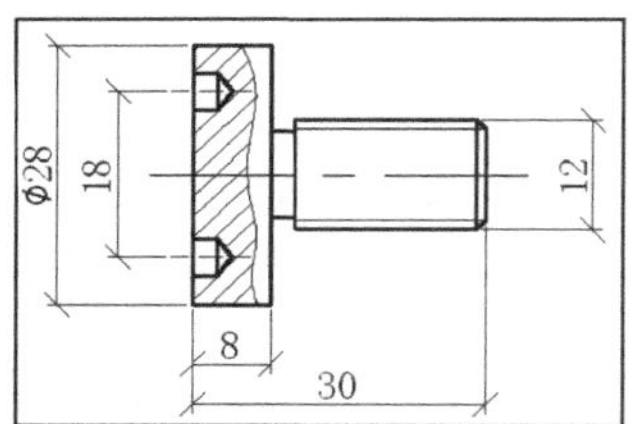

图 6-7　没有超出标记的样式

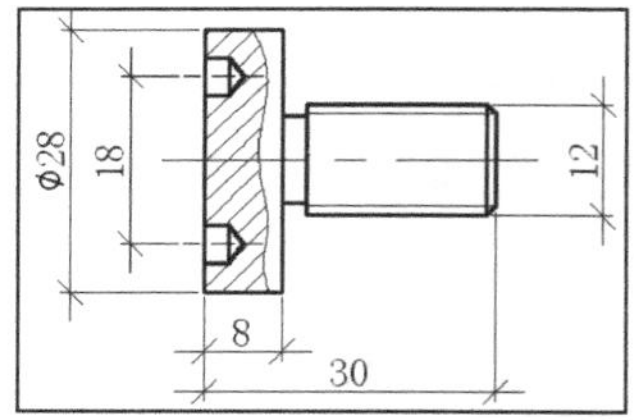

图 6-8　超出标记的样式

- 基线间距：设置在进行基线标注时尺寸线之间的间距。
- 隐藏尺寸线：用于控制第1条和第2条尺寸线的隐藏状态。如图6-9所示的是隐藏尺寸线1的样式，如图6-10所示的是隐藏所有尺寸线的样式。

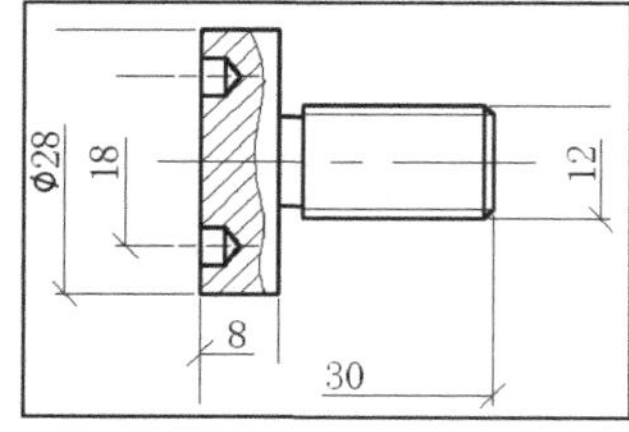

图 6-9　隐藏尺寸线 1 的样式

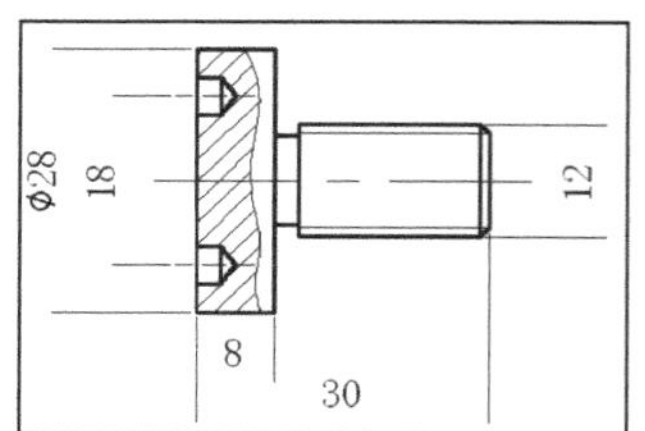

图 6-10　隐藏所有尺寸线的样式

在【尺寸界线】选项组中可以设置尺寸界线的颜色、线型和线宽等，也可以隐藏某条尺寸界线，其中主要选项的含义如下。

- 颜色：在该下拉列表中，可以选择尺寸界线的颜色。
- 尺寸界线1的线型：可以在相应下拉列表中选择第1条尺寸界线的线型。
- 尺寸界线2的线型：可以在相应下拉列表中选择第2条尺寸界线的线型。
- 线宽：在该下拉列表中，可以选择尺寸界线的线宽。
- 超出尺寸线：用于设置尺寸界线伸出尺寸的长度。如图6-11所示是超出尺寸线长度为2个单位的样式，如图6-12所示是超出尺寸线长度为5个单位的样式。

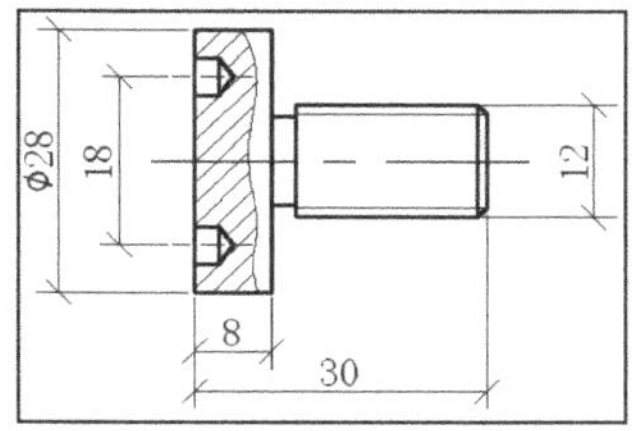

图 6-11　超出 2 个单位

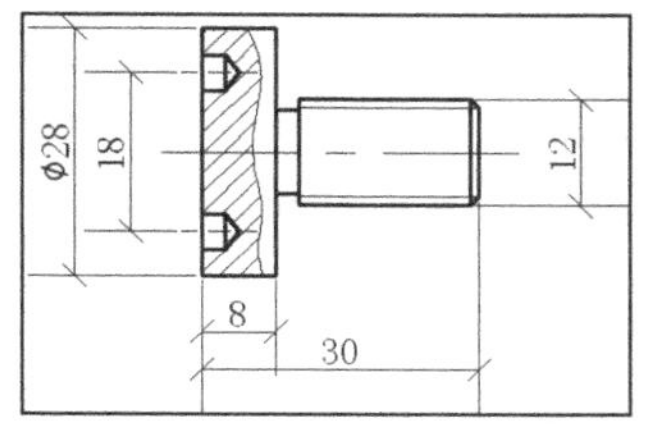

图 6-12　超出 5 个单位

- 起点偏移量：设置标注点到尺寸界线起点的偏移距离。如图6-13所示是起点偏移量为2个单位的样式，如图6-14所示是起点偏移量为5个单位的样式。

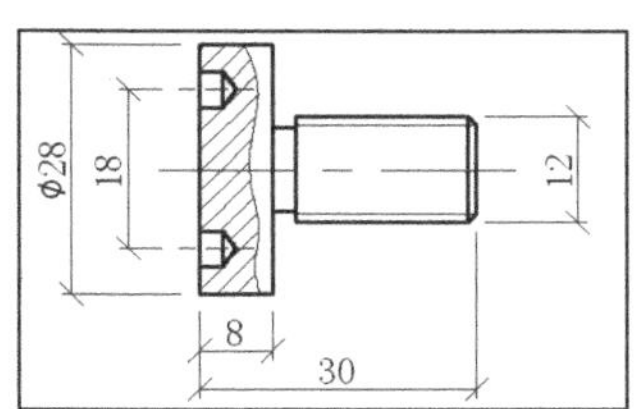

图 6-13　起点偏移量为 2 个单位的样式

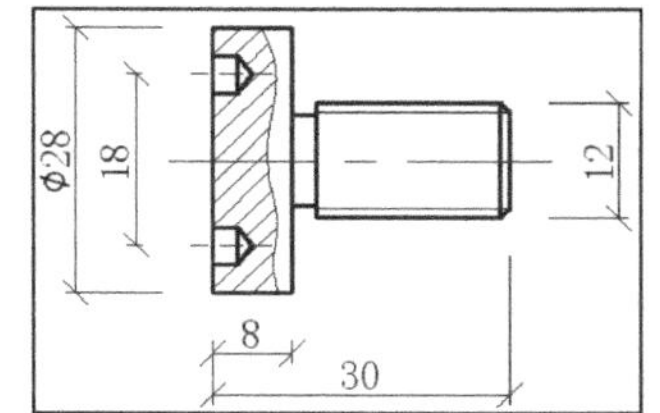

图 6-14　起点偏移量为 5 个单位的样式

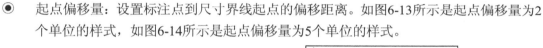

提示

尺寸界线一般与尺寸线垂直，并超出尺寸线末端 2～3mm（即将起点偏移量设置为 2～3mm）。

- 固定长度的尺寸界线：选中该复选框后，可以在下方的【长度】文本框中设置尺寸界线的固定长度。
- 隐藏尺寸界线：用于控制第一条和第二条尺寸界线的隐藏状态。如图6-15所示是隐藏尺寸界线1的样式，如图6-16所示是隐藏两条尺寸界线的样式。

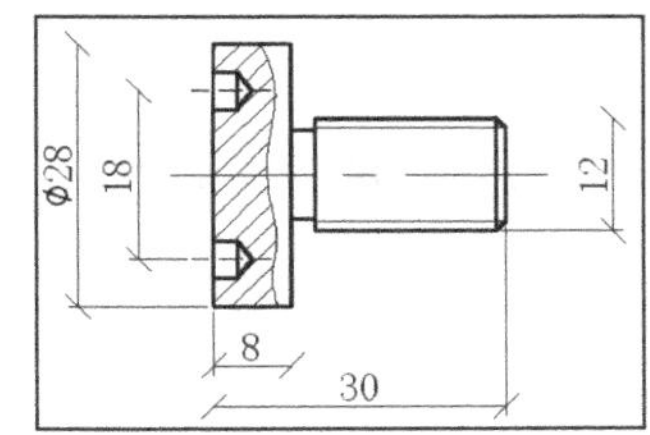

图 6-15　隐藏尺寸界线 1 的样式

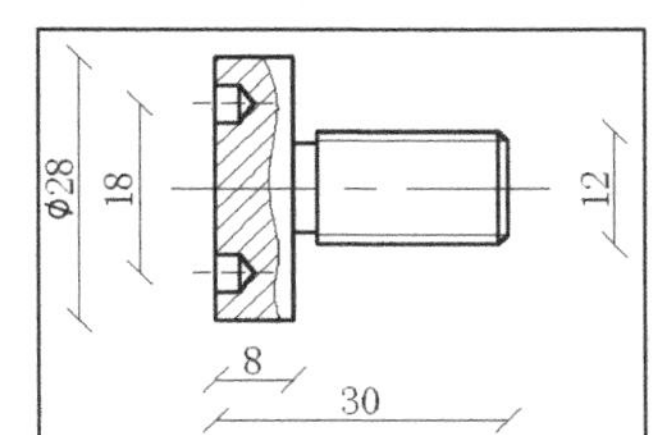

图 6-16　隐藏两条尺寸界线的样式

2. 设置标注符号和箭头

选择【符号和箭头】选项卡，可以设置符号和箭头的样式与大小、圆心标记的大小、弧长符号以及半径与线性折弯标注等，如图 6-17 所示。

【符号和箭头】选项卡中主要选项的含义如下。

- 第一个：在该下拉列表中选择第一条尺寸线的箭头样式。在改变第一个箭头的样式时，第二个箭头将自动改变成与第一个箭头相匹配的箭头样式。
- 第二个：在该下拉列表中，可以选择第二条尺寸线的箭头样式。
- 引线：在该下拉列表中，可以选择引线的箭头样式。
- 箭头大小：用于设置箭头的大小。
- 【圆心标记】选项组用于控制直径标注和半径标注的圆心标记以及中心线的外观。
- 【折断标注】选项组用于控制折断标注的间距宽度。

3. 设置标注文字

选择【文字】选项卡，可以设置文字的外观、位置和对齐方式，如图 6-18 所示。

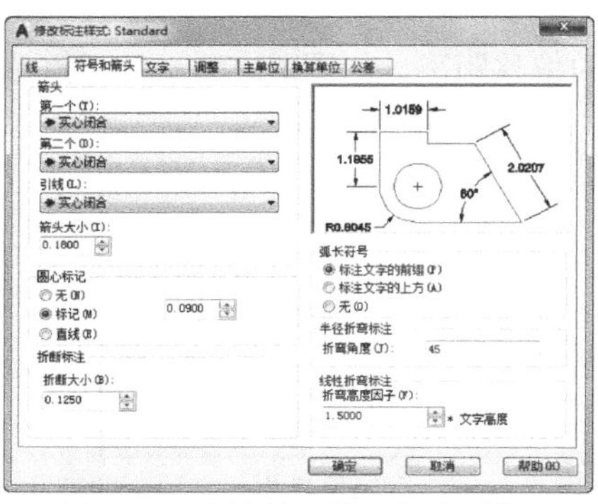

图 6-17 【符号和箭头】选项卡

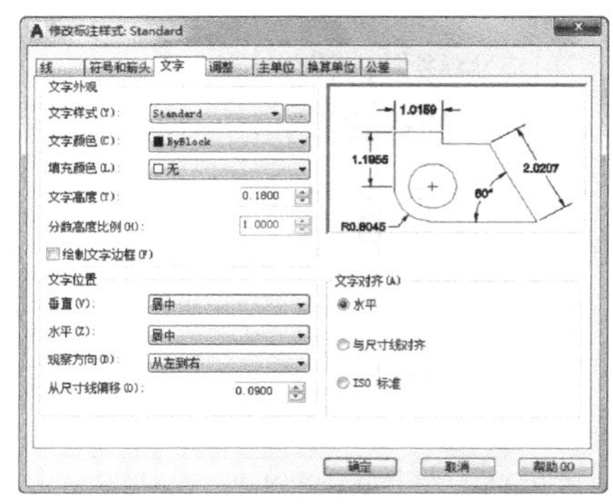

图 6-18 【文字】选项卡

【文字外观】选项组中主要选项的含义如下。

- 文字样式：在该下拉列表中，可以选择标注文字的样式。单击右侧的按钮，打开【文字样式】对话框，可以在该对话框中设置文字样式。
- 文字颜色：在该下拉列表中，可以选择标注文字的颜色。
- 填充颜色：在该下拉列表中，可以选择标注中文字背景的颜色。
- 文字高度：用于设置标注文字的高度。
- 分数高度比例：用于设置相对于标注文字的分数比例，只有当选择了【主单位】选项卡中的【分数】作为【单位格式】时，此选项才可用。

【文字位置】选项组用于控制标注文字的位置，其中主要选项的含义如下。

- 垂直：在该下拉列表中，可以选择标注文字相对尺寸线的垂直位置，如图6-19所示。
- 水平：在该下拉列表中，可以选择标注文字相对于尺寸线和尺寸界线的水平位置，如图6-20所示。

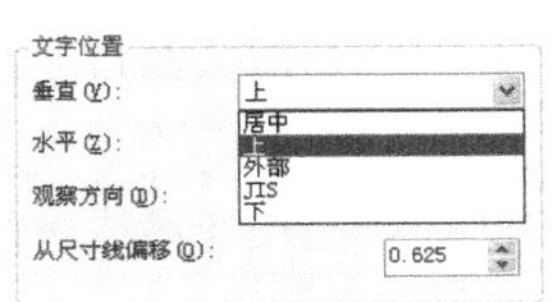

图 6-19　选择垂直位置

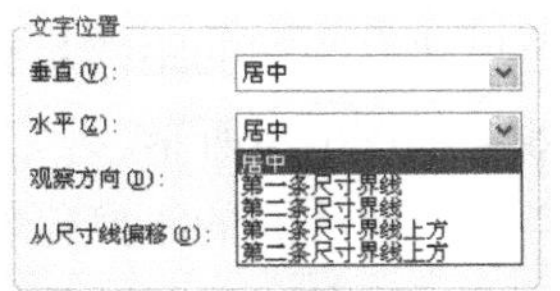

图 6-20　设置水平位置

- 从尺寸线偏移：用于设置标注文字与尺寸线的距离。如图6-21所示的是文字从尺寸线偏移1个单位的样式，如图6-22所示的是文字从尺寸线偏移4个单位的样式。

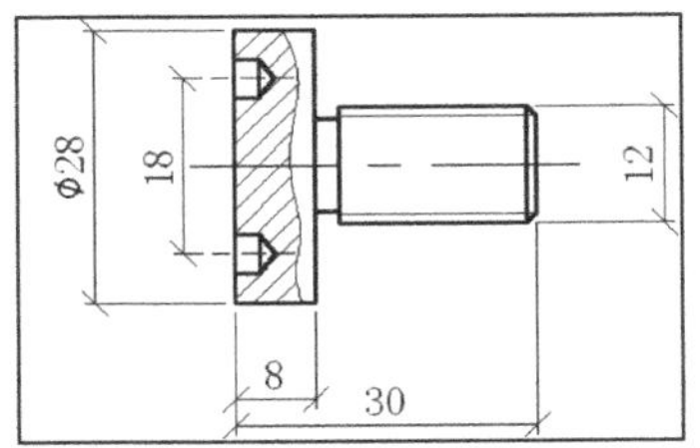

图 6-21　文字从尺寸线偏移 1 个单位

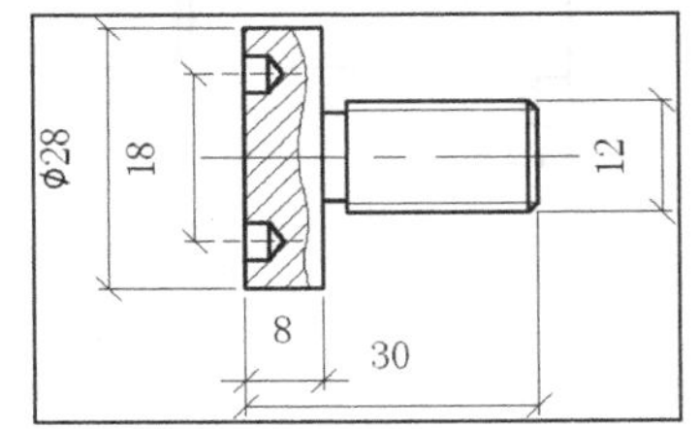

图 6-22　文字从尺寸线偏移 4 个单位

提示

在对图形进行尺寸标注时，注意设置一定的文字偏移距离，这样能够更清楚地显示文字内容。

【文字对齐】选项组用于控制标注文字放在尺寸界线外边或里边时的方向是保持水平还是与尺寸界线对齐，其中各选项的含义如下。

- 水平：水平放置文字。
- 与尺寸线对齐：文字与尺寸线对齐。
- ISO 标准：当文字在尺寸界线内时，文字与尺寸线对齐。当文字在尺寸界线外时，文字水平排列。

4. 调整尺寸样式

选择【调整】选项卡，可以在该选项卡中设置尺寸的尺寸线与箭头的位置、尺寸线与文字的位置、标注特征比例以及优化等内容，如图 6-23 所示。

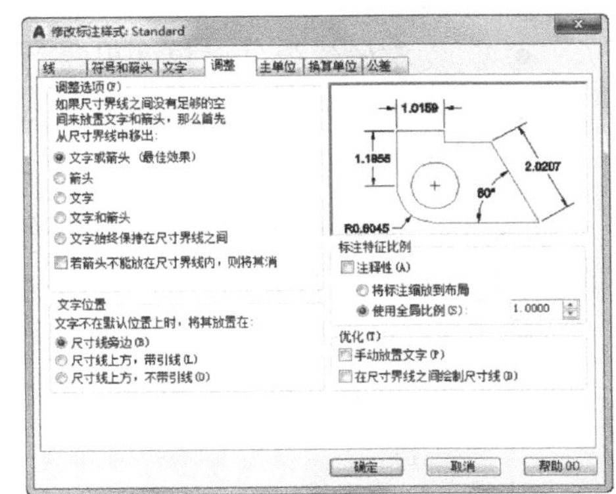

图 6-23　【调整】选项卡

【调整选项】选项组中各选项含义如下。

- 文字或箭头(最佳效果)：选中该单选按钮，按照最佳布局移动文字或箭头，包括当尺寸界线间的距离足够放置文字和箭头时、当尺寸界线间的距离仅够容纳文字时、当尺寸界线间的距离仅够容纳箭头时和当尺寸界线间的距离既不够放文字又不够放箭头时这4种布局情况，各种布局情况的含义如下。

⊙ 当尺寸界线间的距离足够放置文字和箭头时，文字和箭头都将放在尺寸界线内，效果如图6-24所示。

⊙ 当尺寸界线间的距离仅够容纳文字时，则将文字放在尺寸界线内，而将箭头放在尺寸界线外，效果如图6-25所示。

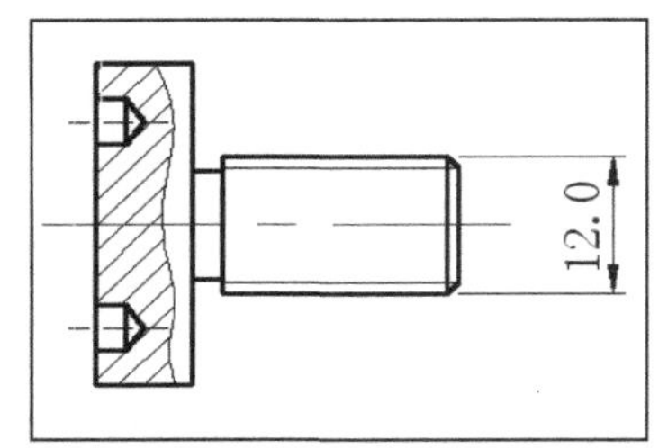

图 6-24　足够放置文字和箭头时的效果

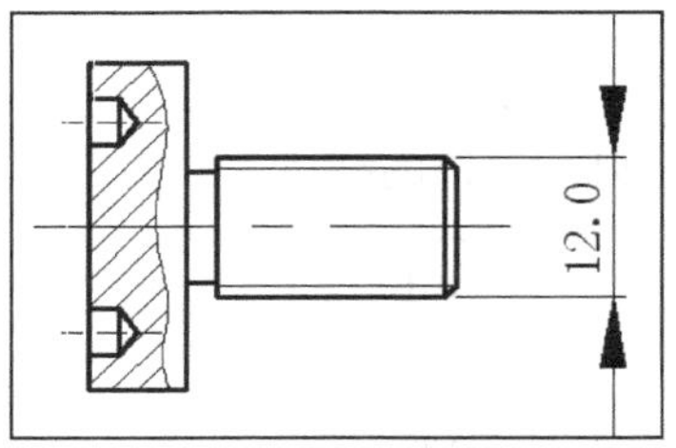

图 6-25　仅够容纳文字时的效果

⊙ 当尺寸界线间的距离仅够容纳箭头时，则将箭头放在尺寸界线内，而将文字放在尺寸界线外，效果如图 6-26 所示。

⊙ 当尺寸界线间的距离既不够放文字又不够放箭头时，文字和箭头将全部放在尺寸界线外，效果如图 6-27 所示。

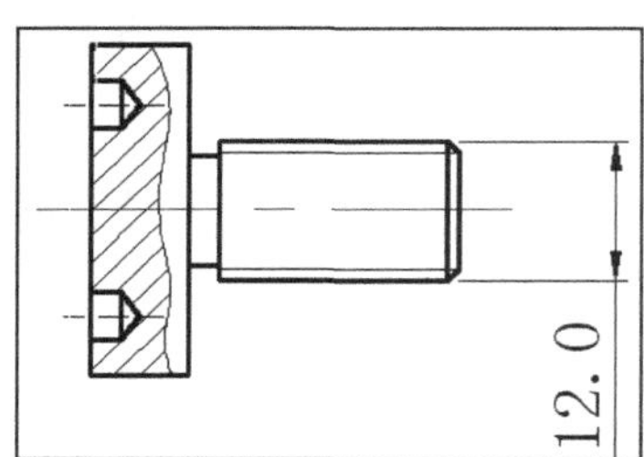

图 6-26　仅够容纳箭头时的效果

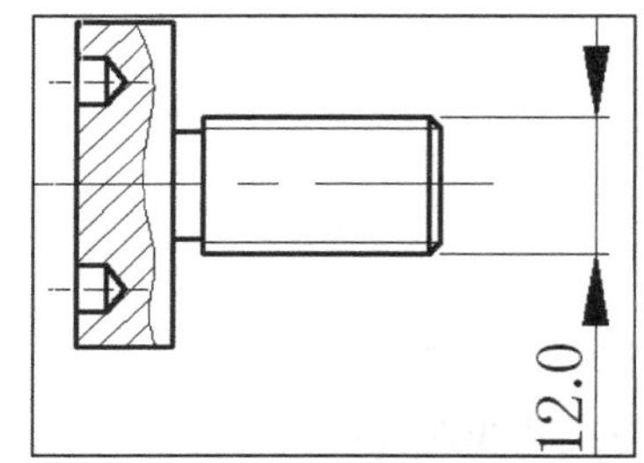

图 6-27　文字或箭头都不够放时的效果

◉ 箭头：指定当尺寸界线间距离不足以放下箭头时，箭头都放在尺寸界线外。

◉ 文字和箭头：当尺寸界线间距离不足以放下文字和箭头时，文字和箭头都放在尺寸界线外。

◉ 文字始终保持在尺寸界线之间：始终将文字放在尺寸界线之间。

◉ 若箭头不能放在尺寸界线内，则将其消除：当尺寸界线内没有足够空间时，将自动隐藏箭头。

【文字位置】选项组用于设置特殊尺寸文本的摆放位置。当标注文字不能按【调整选项】选项组中选项所规定位置摆放时，可以通过以下的选项来确定其位置。

◉ 尺寸线旁边：选中该单选按钮，可以将标注文字放在尺寸线旁边。

◉ 尺寸线上方，带引线：选中该单选按钮，可以将标注文字放在尺寸线上方，并加上引线。

◉ 尺寸线上方，不带引线：选中该单选按钮，可以将标注文字放在尺寸线上方，但不加引线。

5. 设置尺寸主单位

选择【主单位】选项卡，在该选项卡中可以设置线性标注和角度标注。线性标注包括单位格式、精度、舍入、测量单位比例和消零等内容。角度标注包括单位格式、精度和消零，如图 6-28 所示。

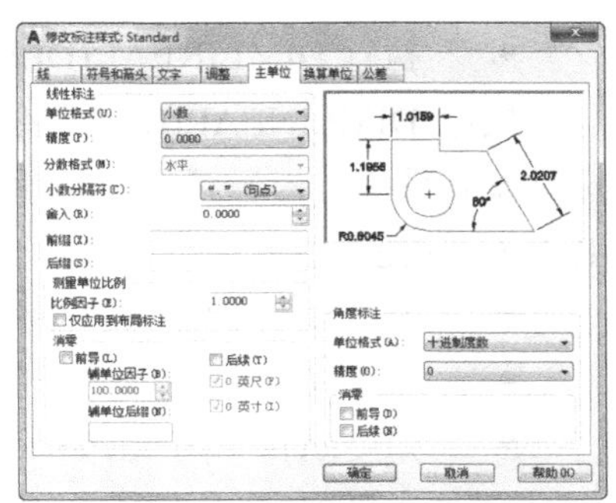

图 6-28　【主单位】选项卡

【主单位】选项卡中常用选项的含义如下。

- 单位格式：在该下拉列表中，可以选择标注的单位格式，如图6-29所示。
- 精度：在该下拉列表中，可以选择标注文字的小数位数，如图6-30所示。
- 【消零】选项组：设置是否消除标注数字中的前导和后续零。

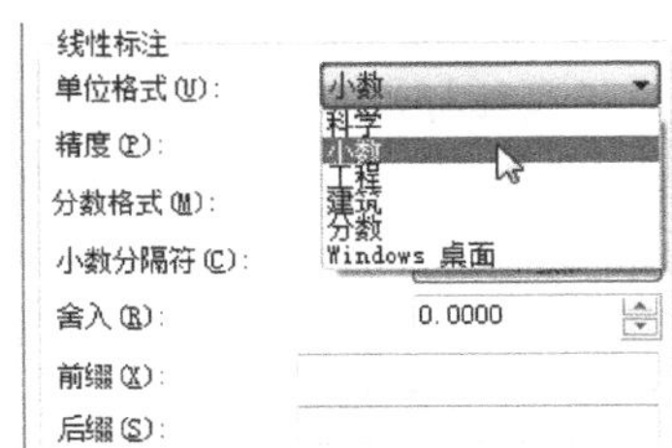

图 6-29　选择单位格式

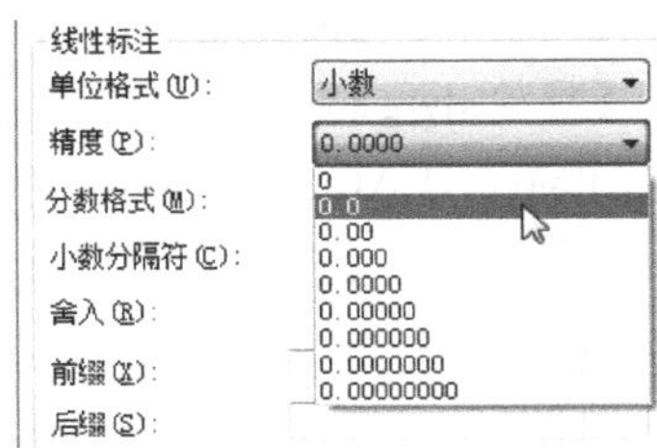

图 6-30　选择小数位数

提示

在设置标注样式时，一般要求将机械图形主单位的精度设置为两位小数，对于不重要的尺寸，可以将主单位的精度设置在一位小数内，这样有利于在标注中更清楚地查看数字内容。

6.3　标注机械图形

在机械制图中，针对不同的图形形状，可以使用不同的标注命令，其中包括线性标注、对齐标注、半径标注、角度标注和折弯标注等。

6.3.1　线性标注

使用线性标注可以标注长度类型的尺寸，用于标注垂直、水平和旋转的线性尺寸，线性标注可以水平、垂直或对齐放置。创建线性标注时，可以修改文字内容、文字角度或尺寸线的角度。

执行【线性】标注命令有以下 3 种常用操作方法。

- 选择【标注】→【线性】命令。
- 单击【注释】面板中的【线性】按钮。
- 执行 DIMLINEAR(DLI)命令。

执行 DIMLINEAR(DLI)命令，系统将提示【指定第一条尺寸界线原点或<选择对象>:】，选择对象后系统将提示【指定尺寸线位置或[多行文字(M)/文字(T)/角度(A)/水平(H)/垂直(V)/旋转(R)]:】，该提示中各选项含义如下。

- 多行文字(M)：用于改变多行标注文字，或者给多行标注文字添加前缀、后缀。
- 文字(T)：用于改变当前标注文字，或者给标注文字添加前缀、后缀。
- 角度(A)：用于修改标注文字的角度。
- 水平(H)：用于创建水平线性标注。
- 垂直(V)：用于创建垂直线性标注。
- 旋转(R)：用于创建旋转线性标注。

【练习 6-2】使用【线性】命令标注螺栓的长度。

(1) 打开【螺栓.dwg】图形文件，下面对螺栓图形进行线性标注。

(2) 执行 DIMLINEAR(DLI)命令，参照图 6-31 所示的效果指定标注的第一个原点。

(3) 继续指定标注对象的第二个原点，如图 6-32 所示。

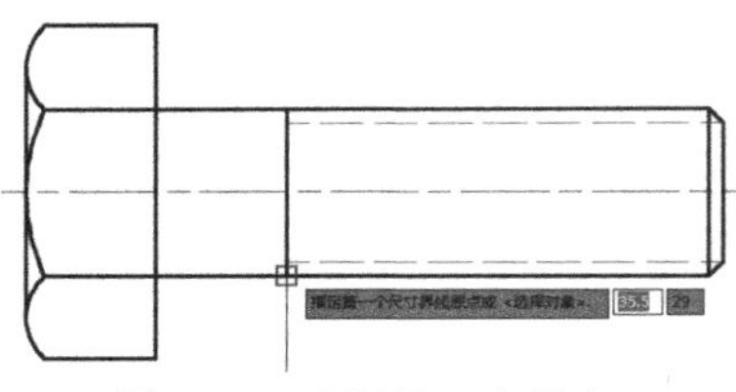
图 6-31　选择第一个原点

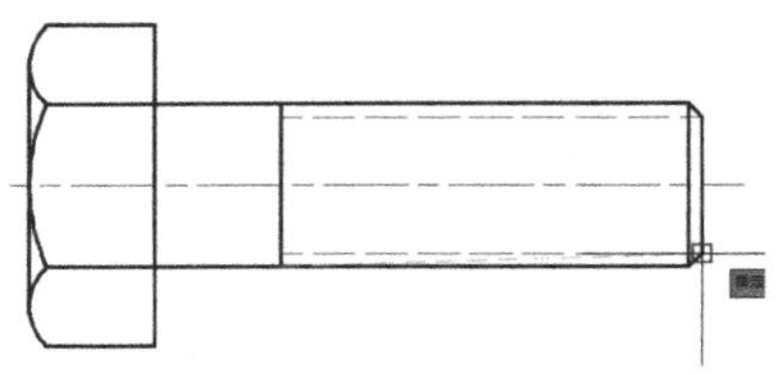
图 6-32　指定第二个原点

(4) 移动光标指定尺寸标注线的位置，如图 6-33 所示，单击鼠标，即可完成线性标注，如图 6-34 所示。

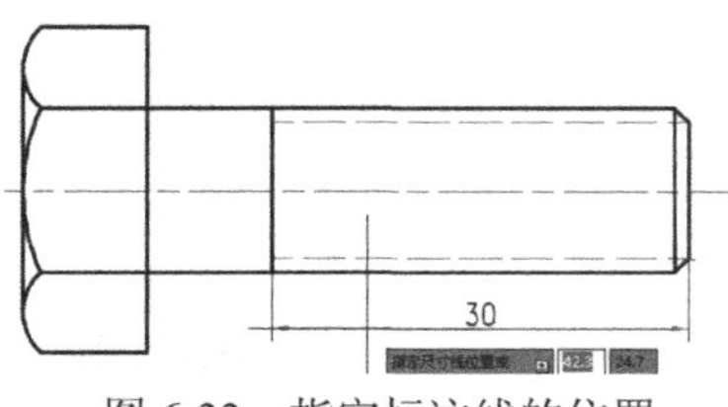

图 6-33　指定标注线的位置

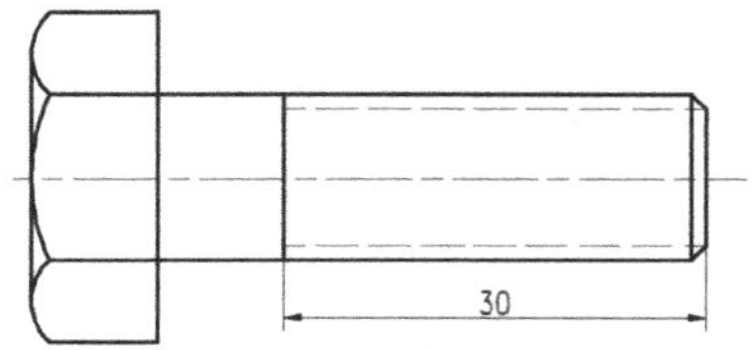

图 6-34　完成线性标注

6.3.2　对齐标注

对齐标注是线性标注的一种形式，尺寸线始终与标注对象保持平行，若标注的对象是圆弧，则对齐标注的尺寸线与圆弧的两个端点所连接的弦保持平行，效果分别如图 6-35 和图 6-36 所示。

执行【对齐】标注命令有以下 3 种常用操作方法。

- 选择【标注】→【对齐】命令。
- 单击【注释】面板中的标注下拉按钮▾，在下拉列表中单击【对齐】按钮。
- 执行 DIMALIGNED(DAL)命令。

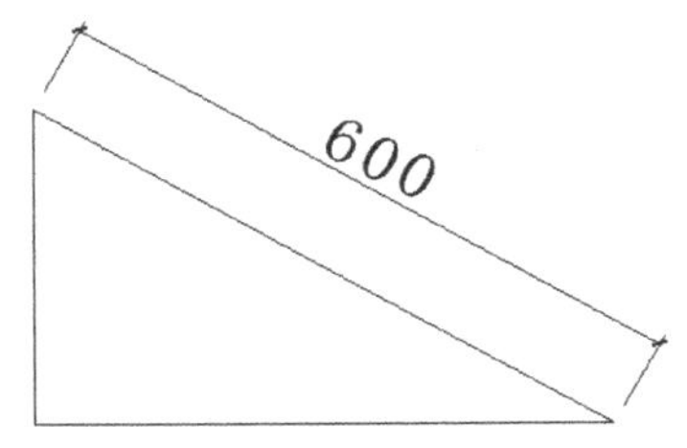

图 6-35　对齐标注斜线

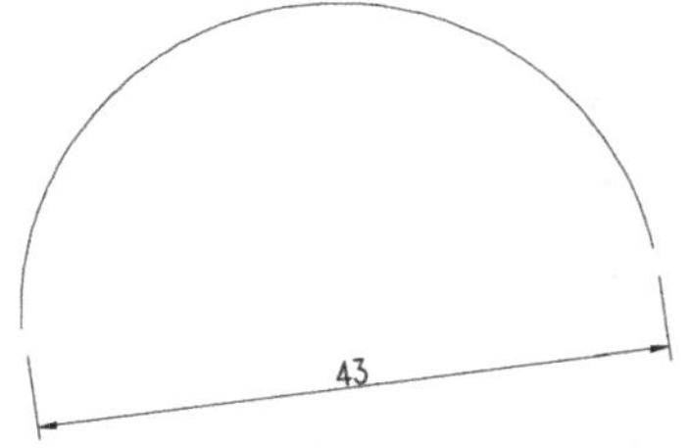

图 6-36　对齐标注圆弧

6.3.3　半径标注

使用【半径】命令可以根据圆和圆弧的半径大小、标注样式的选项设置以及光标的位置来绘制不同类型的半径标注。标注样式控制圆心标记和中心线。当尺寸线画在圆弧或圆内部时，AutoCAD 不绘制圆心标记或中心线。

执行【半径】标注命令有以下 3 种常用方法。

- 选择【标注】→【半径】命令。
- 单击【注释】面板中的标注下拉按钮▾，在下拉列表中单击【半径】按钮。
- 执行 DIMRADIUS(DRA)命令。

【练习 6-3】使用【半径】命令标注螺栓图形中的圆弧半径。

(1) 打开前面进行线性标注的【螺栓.dwg】图形文件。

(2) 执行 DIMRADIUS(DRA)命令，选择图形中的大圆弧作为半径标注对象。

(3) 指定尺寸标注线的位置，如图 6-37 所示，系统将根据测量值自动标注圆的半径，效果如图 6-38 所示。

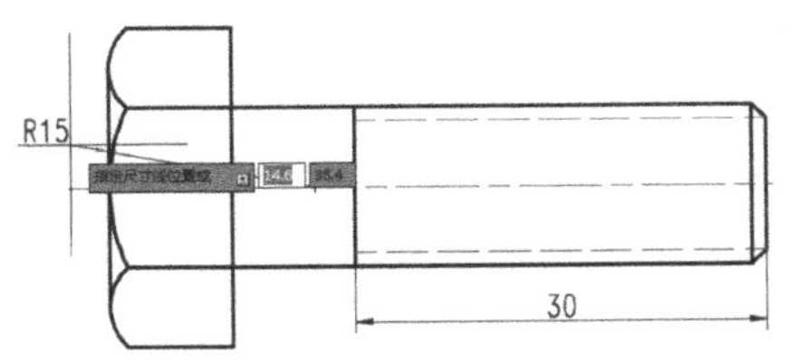

图 6-37　指定标注线位置

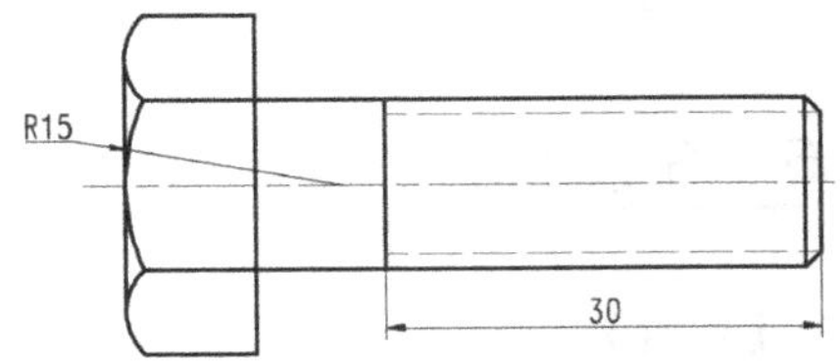

图 6-38　半径标注效果

技巧

进行尺寸样式的设置时，可设置一个只用于半径尺寸标注的附属样式，以满足半径尺寸标注的要求。

6.3.4 直径标注

直径标注用于标注圆或圆弧的直径，直径标注由一条具有指向圆或圆弧的箭头的直径尺寸线组成。

执行【直径】标注命令有以下 3 种常用方法。

- 选择【标注】→【直径】命令。
- 单击【注释】面板中的标注下拉按钮▾，在下拉列表中单击【直径】按钮⃠。
- 执行 DIMDIAMETER(DDI)命令。

【练习 6-4】使用【直径】命令标注圆弧的直径。

(1) 打开【法兰套.dwg】图形文件，下面对圆形进行直径标注。

(2) 执行【直径(DDI)】命令，选择图形中最大的圆形作为直径标注对象。

(3) 指定尺寸标注线的位置，如图 6-39 所示，系统将根据测量值自动标注圆弧的直径，效果如图 6-40 所示。

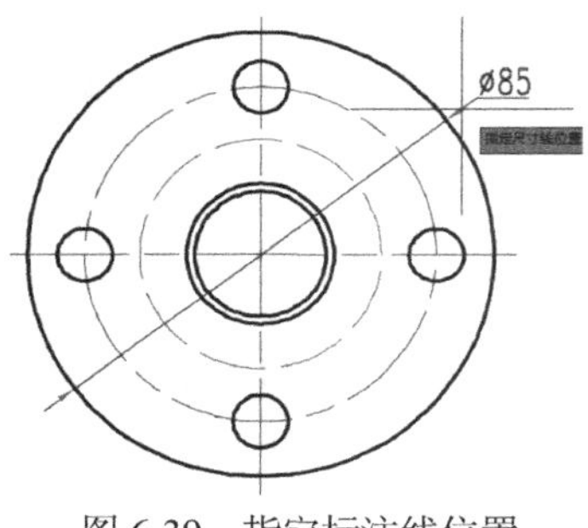

图 6-39 指定标注线位置

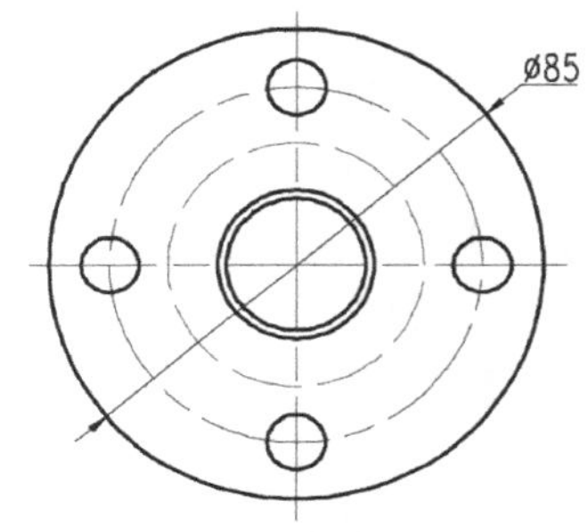

图 6-40 直径标注效果

提示

一般而言，在机械制图中，圆或大于 180° 的圆弧，应使用直径标注；等于或小于 180° 的圆弧，应使用半径标注。

6.3.5 角度标注

使用【角度】命令可以准确标注线段间的夹角或圆弧的弧度，效果分别如图 6-41 和图 6-42 所示。

图 6-41 角度标注

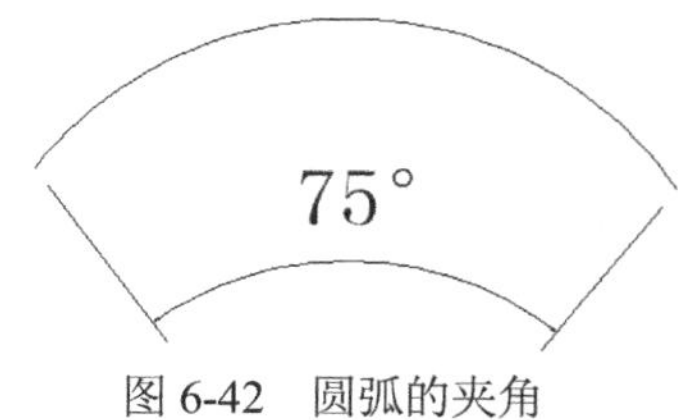

图 6-42 圆弧的夹角

执行【角度】标注命令有以下 3 种常用方法。

- 选择【标注】→【角度】命令。
- 单击【注释】面板中的标注下拉按钮▾，在下拉列表中单击【角度】按钮。
- 执行 DIMANGULAR(DAN)命令。

【练习 6-5】使用【角度】命令标注三角形的夹角。

(1) 绘制一个三角形作为标注对象。

(2) 执行【角度(DAN)】命令，选择标注角度图形的第一条边，如图 6-43 所示。

(3) 根据提示选择标注角度图形的第二条边，如图 6-44 所示。

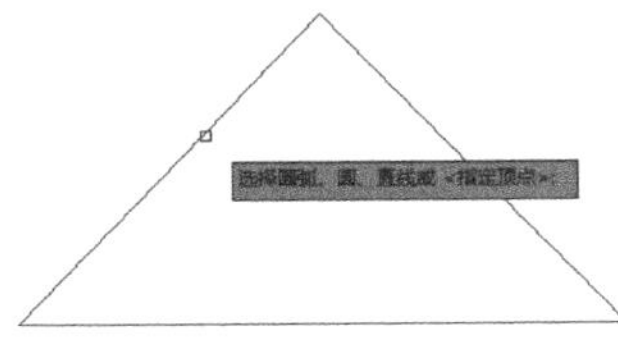

图 6-43　选择第一条边

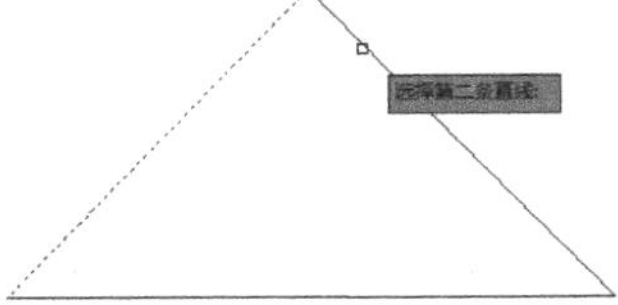

图 6-44　选择第二条边

(4) 指定标注弧线的位置，如图 6-45 所示，标注夹角角度的效果如图 6-46 所示。

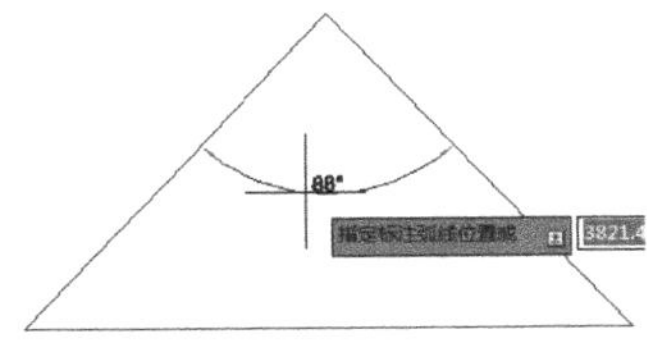

图 6-45　指定标注的位置

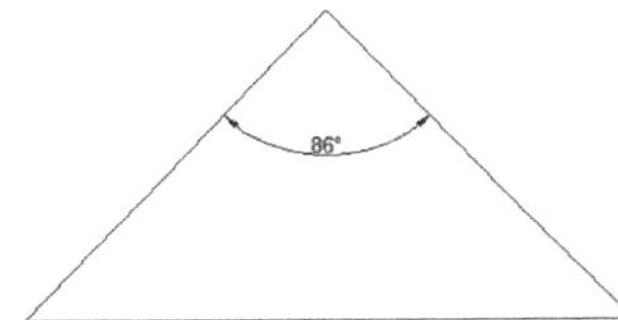

图 6-46　角度标注

【练习 6-6】使用【角度】命令标注圆弧的弧度。

(1) 绘制一段圆弧作为标注对象。

(2) 执行【角度(DAN)】命令，选择绘制的圆弧作为标注对象。

(3) 指定尺寸标注线的位置，如图 6-47 所示，系统将根据测量值自动标注圆弧的弧度，效果如图 6-48 所示。

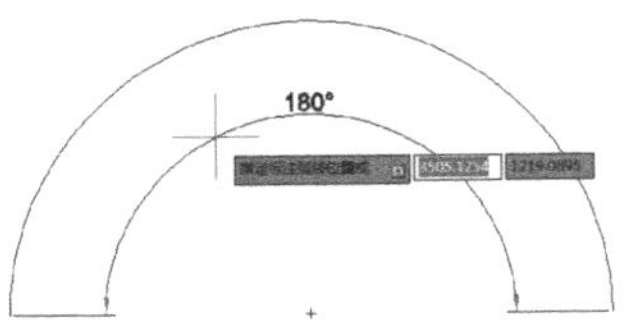

图 6-47　指定标注线位置

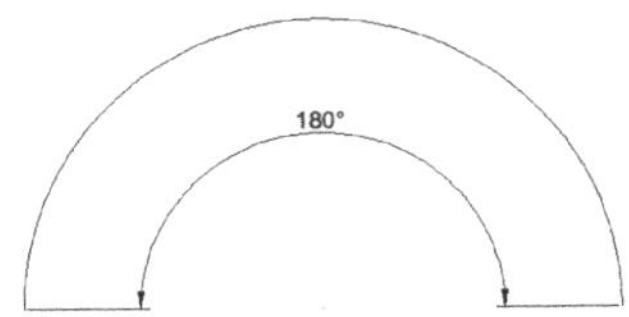

图 6-48　弧度标注效果

6.3.6　弧长标注

【弧长】标注用于测量圆弧或多段线圆弧上的距离。弧长标注的尺寸界线可以是正交或径向。在标注文字的上方或前面将显示圆弧符号。

执行【弧长】标注命令有以下 3 种常用方法。

- 选择【标注】→【弧长】命令。
- 单击【注释】面板中的标注下拉按钮▾，在下拉列表中单击【弧长】按钮。
- 执行 DIMARC(DAR)命令。

【练习 6-7】使用【弧长】命令标注圆弧的弧长。

(1) 绘制一段圆弧作为标注对象。

(2) 执行 DIMARC(DAR)命令，选择圆弧作为标注的对象。

(3) 当系统提示【指定弧长标注位置或 [多行文字(M)/文字(T)/角度(A)/部分(P)/引线(L)]:】时，指定弧长标注位置，如图 6-49 所示。

(4) 单击结束弧长标注操作，效果如图 6-50 所示。

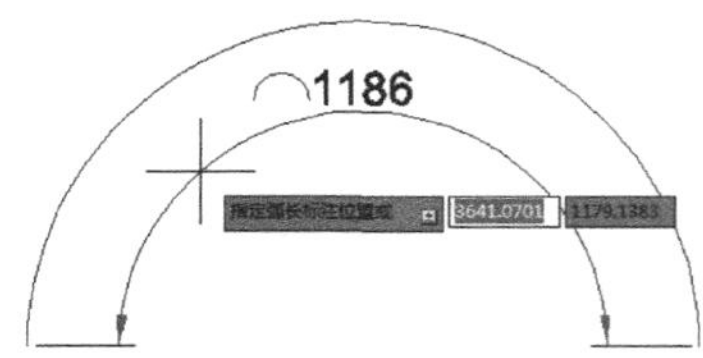

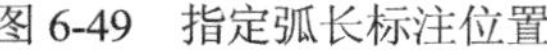

图 6-49　指定弧长标注位置

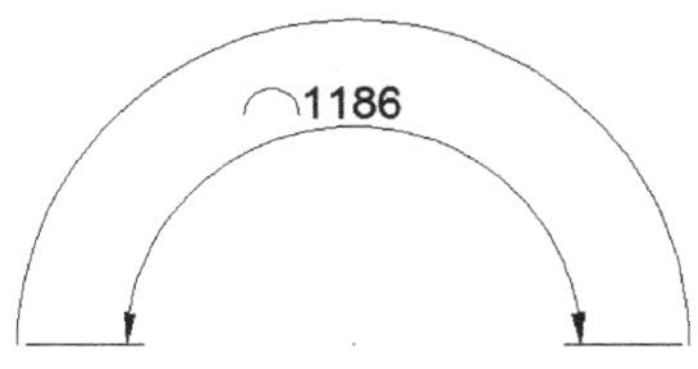

图 6-50　弧长标注效果

6.3.7　圆心标注

使用【圆心标记】命令可以标注圆或圆弧的圆心点，执行【圆心标记】命令有以下两种常用操作方法。

- 选择【标注】→【圆心标记】菜单命令。
- 执行 DIMCENTER(DCE)命令。

执行【圆心标记(DCE)】命令后，系统将提示【选择圆或圆弧：】，然后选择要标注的圆或圆弧，即可标注出圆或圆弧的圆心，效果分别如图 6-51 和图 6-52 所示。

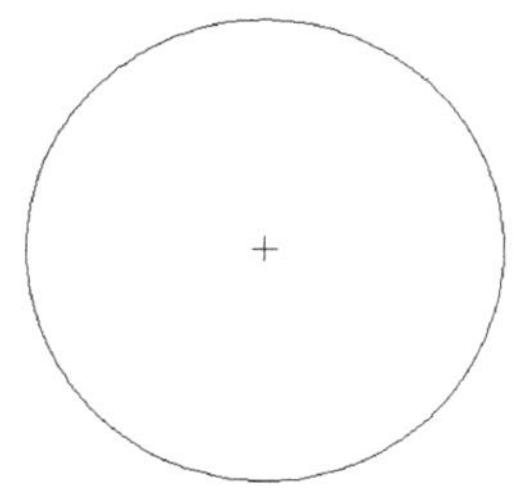

图 6-51　标注圆形的圆心

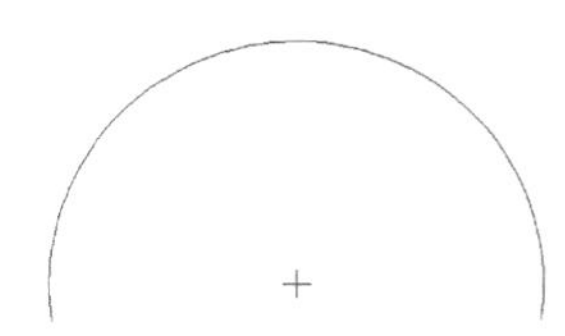

图 6-52　标注圆弧的圆心

6.4　运用机械标注技巧

在标注图形的操作中，AutoCAD 提供了连续标注、基线标注和快速标注等标注技巧，应用这些技巧可以更容易地标注特殊图形，并提高标注的速度。下面具体介绍这些标注的使用方法。

6.4.1　连续标注

连续标注用于标注在同一方向上连续的线型或角度尺寸。执行【连续】命令，可以从上一个或选定标注的第二条尺寸界线处创建线性、角度或坐标的连续标注。

执行【连续】标注命令有以下 3 种常用操作方法。

- 选择【标注】→【连续】命令。
- 在功能区中选择【注释】选项卡，然后单击【标注】面板中的【连续】按钮⊢⊣。
- 执行 DIMCONTINUE(DCO)命令。

【练习 6-8】使用【线性】和【连续】命令标注连杆图形。

(1) 打开【连杆.dwg】素材图形文件，如图 6-53 所示。

(2) 执行【线性(DLI)】标注命令，在连杆下方进行一次线性标注，如图 6-54 所示。

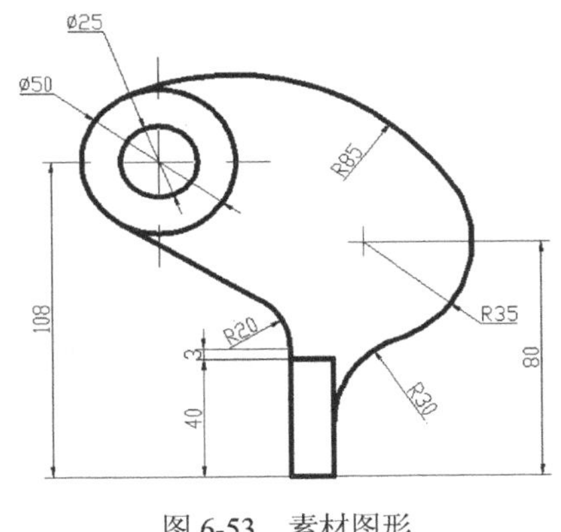

图 6-53　素材图形

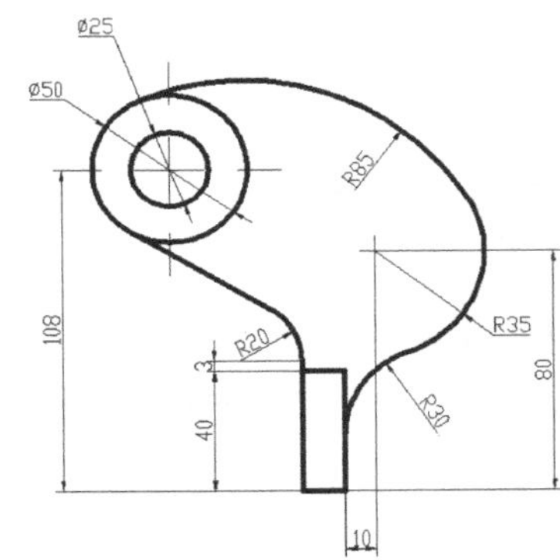

图 6-54　进行线性标注

(3) 单击【标注】面板中的【连续】按钮⊢⊣，执行【连续】标注命令，如图 6-55 所示。

(4) 在系统提示下，向左指定连续标注的第二条尺寸界线的原点，如图 6-56 所示。

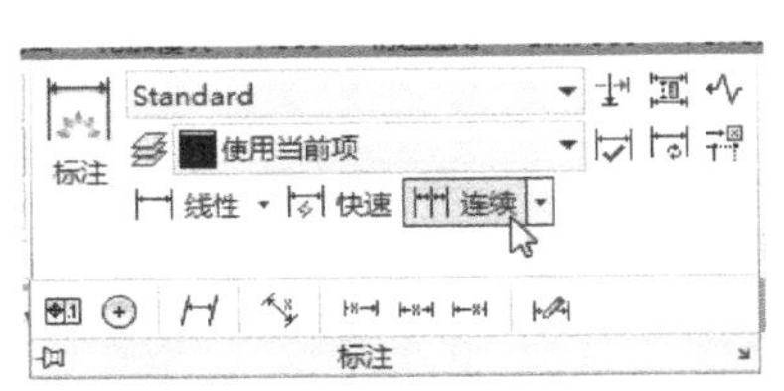

图 6-55　单击【连续】按钮

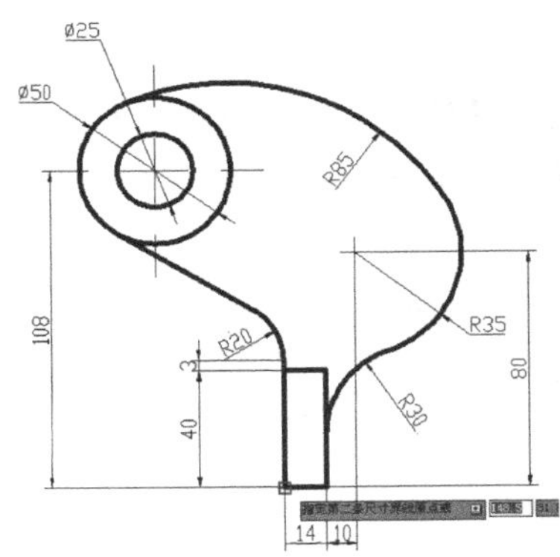

图 6-56　指定标注界线的原点

(5) 根据系统提示，再次指定连续标注的第二条尺寸界线的原点，如图 6-57 所示。

(6) 按空格键进行确定，完成连续尺寸标注，效果如图 6-58 所示。

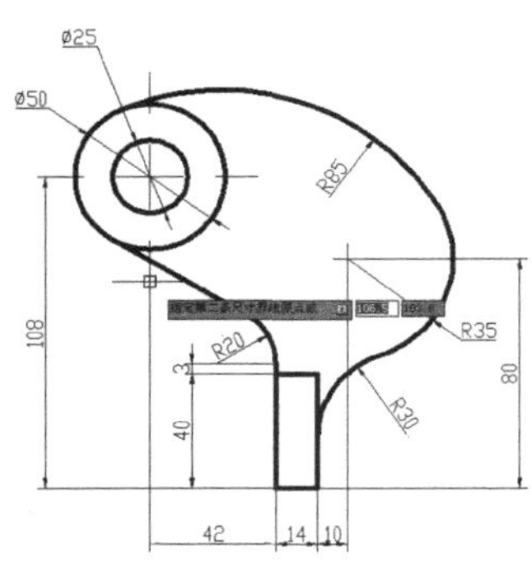

图 6-57　指定标注界线的原点

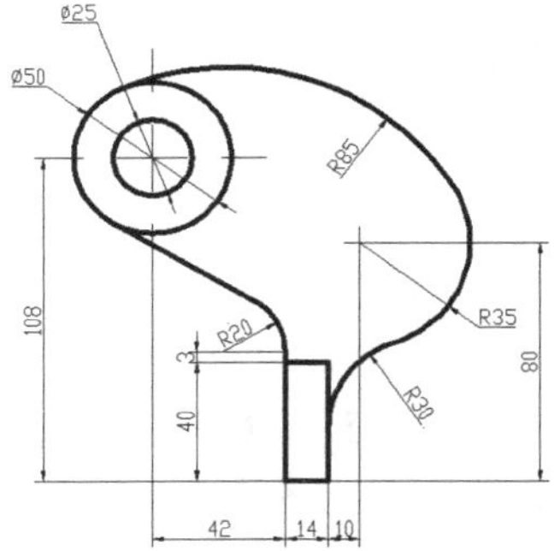

图 6-58　完成连续标注

提示

在进行连续标注图形之前，需要对图形进行一次标注操作，以确定连续标注的起始点，否则无法进行连续标注。

6.4.2　基线标注

【基线】标注命令用于标注图形中有一个共同基准的线型或角度尺寸。基线标注是以某一点、线、面作为基准，其他尺寸按照该基准进行定位。因此，在使用【基线】标注之前，需要对图形进行一次标注操作，以确定基线标注的基准点，否则无法进行基线标注。

执行【基线】标注命令有以下 3 种常用方法。

- 选择【标注】→【基线】命令。
- 在功能区中选择【注释】选项卡，然后在【标注】面板中单击【连续】下拉按钮，在弹出的列表中单击【基线】按钮。
- 执行 DIMBASELINE(DBA)命令。

【练习 6-9】使用【线性】和【基线】命令标注法兰套剖视图形。

(1) 打开【法兰套剖视图.dwg】素材图形文件，如图 6-59 所示。

(2) 执行 DIMASTYLE(D)命令，打开【标注样式管理器】对话框，然后单击【修改】按钮，如图 6-60 所示。

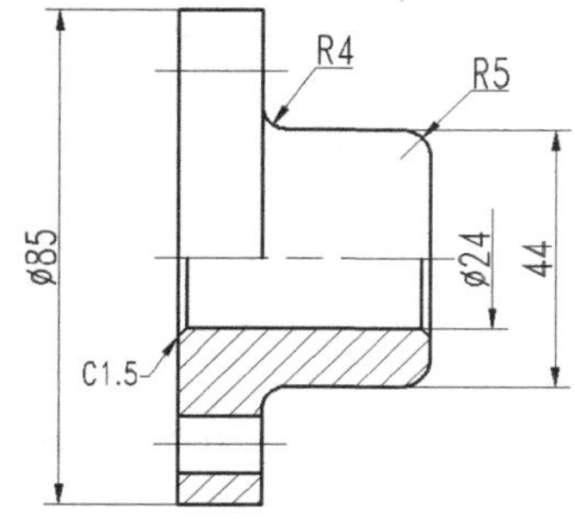

图 6-59　素材图形

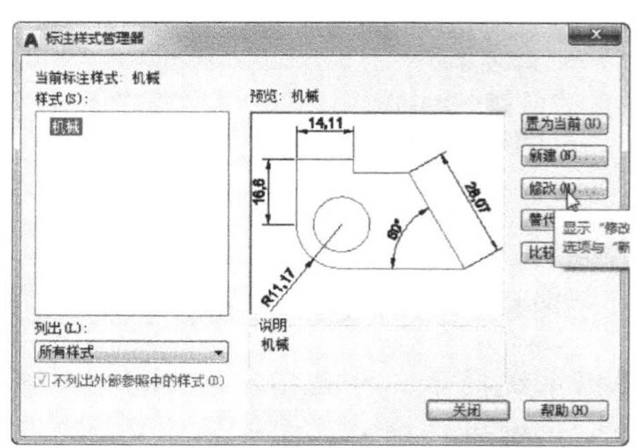

图 6-60　单击【修改】按钮

(3) 在打开的【修改标注样式：机械】对话框中选择【线】选项卡，设置【基线间距】值为7.5，然后进行确定，如图 6-61 所示。

(4) 执行【线性】标注命令，在图形上方进行线性标注，如图 6-62 所示。

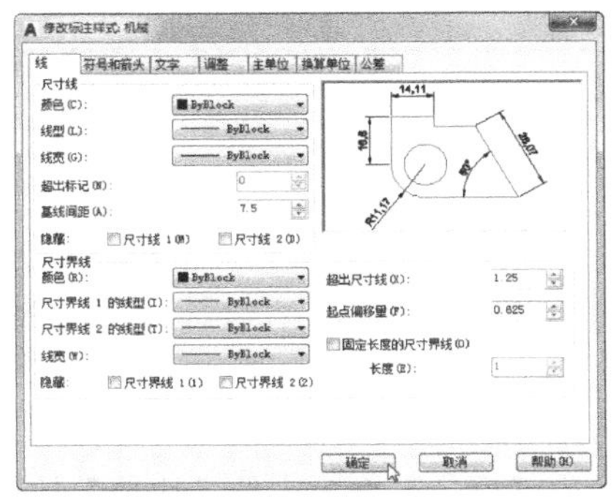

图 6-61　修改基线间距

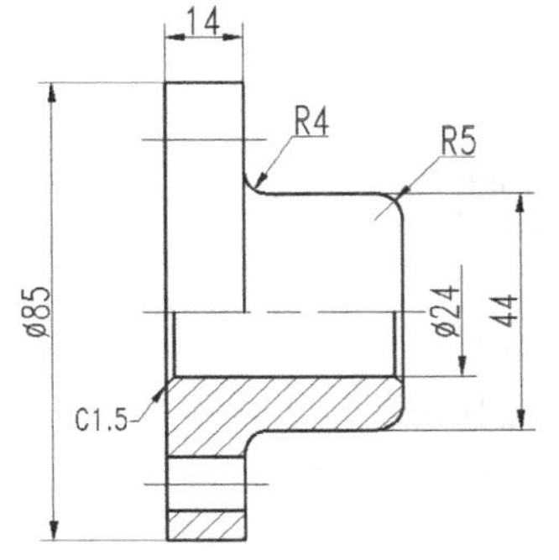

图 6-62　进行线性标注

(5) 执行 DIMBASELINE(DBA)命令，当系统提示【指定第二条尺寸界线原点或 [放弃(U)/选择(S)] 】时，输入 S 并确定，启用【选择(S)】选项，如图 6-63 所示。

(6) 当系统提示【选择基准标注:】时，在前面创建的线性标注左方单击，选择该标注作为基准标注，如图 6-64 所示。

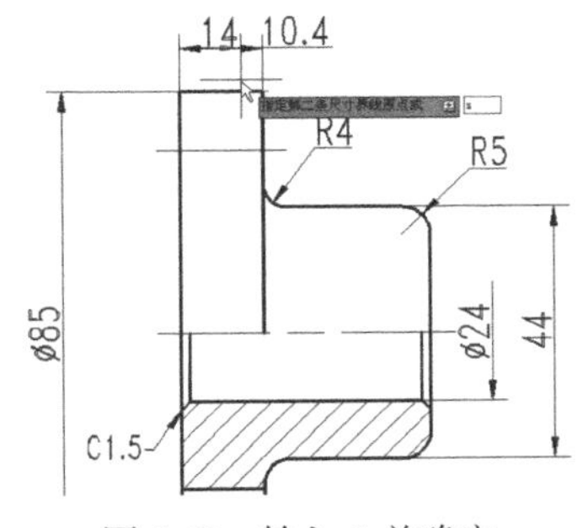

图 6-63　输入 S 并确定

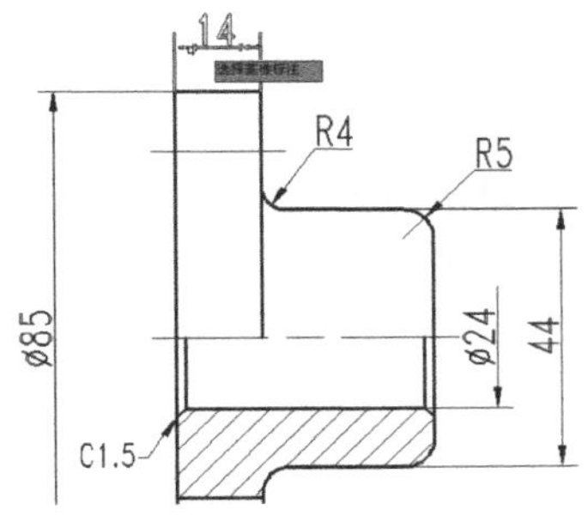

图 6-64　选择基准标注

(7) 当系统再次提示【指定第二条尺寸界线原点或 [放弃(U)/选择(S)] 】时，指定基准标注第二条尺寸界线的原点，如图 6-65 所示。

(8) 按空格键进行确定，完成基线标注操作，效果如图 6-66 所示。

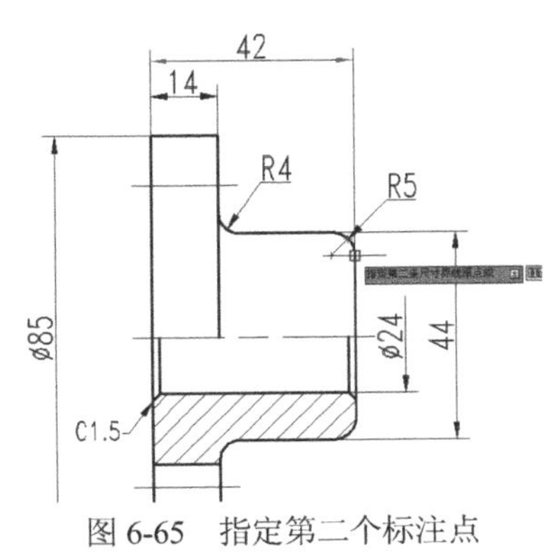

图 6-65　指定第二个标注点

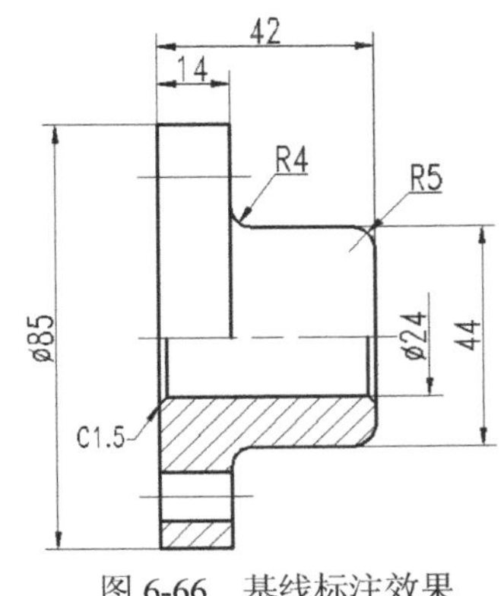

图 6-66　基线标注效果

 **提示**

对图形进行基线标注时，如果基线标注间的距离太近，将无法正常显示标注的内容。用户可以在【修改标注样式】对话框的【线】选项卡中重新设置基线的间距，以调整各个基线标注间的间距。

6.4.3 快速标注

快速标注用于快速创建标注，其中包含了创建基线标注、连续尺寸标注、半径标注和直径标注等。执行【快速标注】命令有以下 3 种常用方法。

- ◉ 选择【标注】→【快速标注】命令。
- ◉ 在功能区中选择【注释】选项卡，然后单击【标注】面板中的【快速】按钮。
- ◉ 执行 QDIM 命令。

执行【快速标注(QDIM)】命令，系统将提示【选择要标注的几何图形:】，在此提示下选择标注图样，系统将提示【指定尺寸线位置或[连续/并列/基线/坐标/半径/直径/基准点/编辑]<>:】，该提示中各选项含义如下。

- ◉ 连续：用于创建连续标注。
- ◉ 并列：用于创建并列标注。
- ◉ 基线：用于创建基线标注。
- ◉ 坐标：以基点为准，标注其他端点相对于基点的相对坐标。
- ◉ 半径：用于创建半径标注。
- ◉ 直径：用于创建直径标注。
- ◉ 基准点：确定用【基线】和【坐标】方式标注时的基点。
- ◉ 编辑：启动尺寸标注的编辑命令，用于增加或减少尺寸标注中尺寸界线的端点数。

【练习 6-10】使用【快速标注】命令标注阶梯轴图形。

(1) 打开【阶梯轴主视图.dwg】素材图形文件，如图 6-67 所示。

(2) 执行【快速标注(QDIM)】命令，然后使用窗交选择方式选择要标注的图形，如图 6-68 所示。

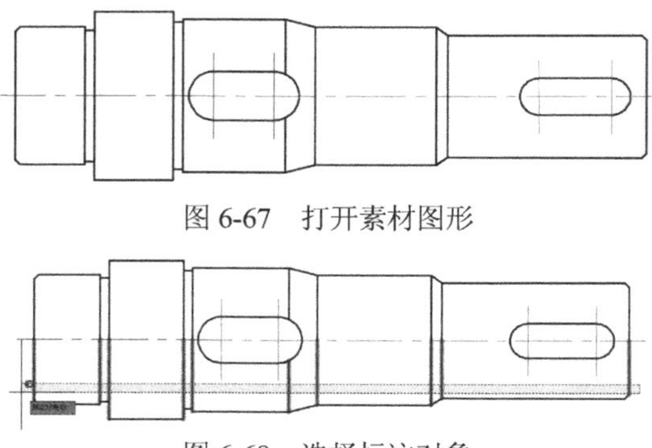

图 6-67　打开素材图形

图 6-68　选择标注对象

(3) 根据系统提示指定尺寸线位置，如图 6-69 所示，即可对选择的所有图形进行快速标注，效果如图 6-70 所示。

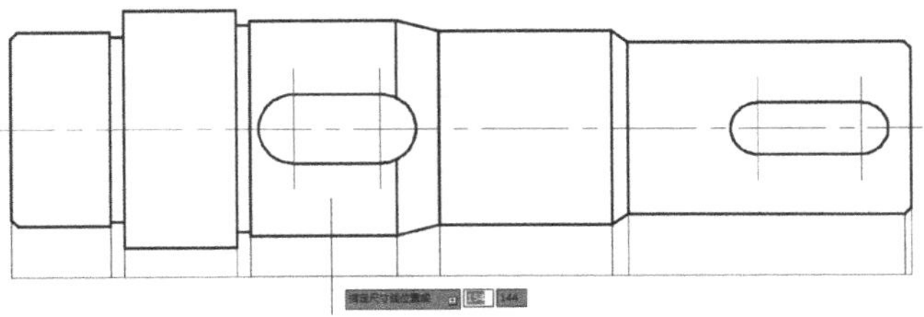

图 6-69　指定尺寸线位置

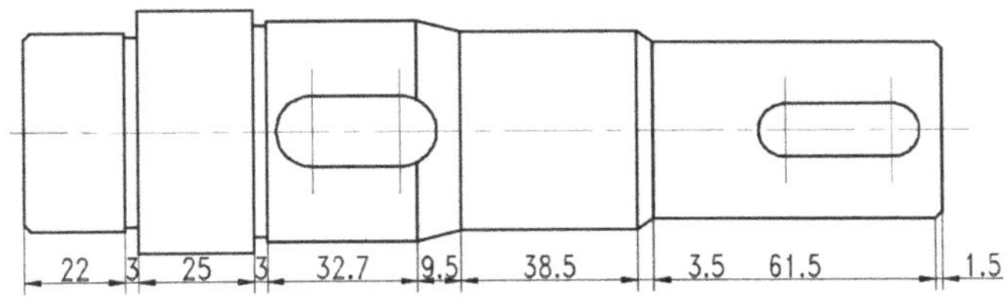

图 6-70　快速标注效果

6.4.4　折弯标注

使用【折弯】命令可以创建折弯半径标注。当圆弧的中心位置位于布局外，并且无法在其实际位置显示时，可以使用折弯半径标注来标注。

执行【折弯】标注命令有以下 3 种常用方法。

- 选择【标注】→【折弯】命令。
- 单击【注释】面板中的标注下拉按钮▾，在下拉列表中单击【折弯】按钮。
- 执行 DIMJOGGED (DJO)命令。

【练习 6-11】对圆弧进行折弯标注。

(1) 打开【吊钩.dwg】素材图形，如图 6-71 所示。

(2) 执行 DIMJOGGED(DJO)命令，然后选择吊钩图形的大圆弧，如图 6-72 所示。

(3) 将十字光标向右下方移动，在绘图区拾取一点，指定图示中心位置，如图 6-73 所示。

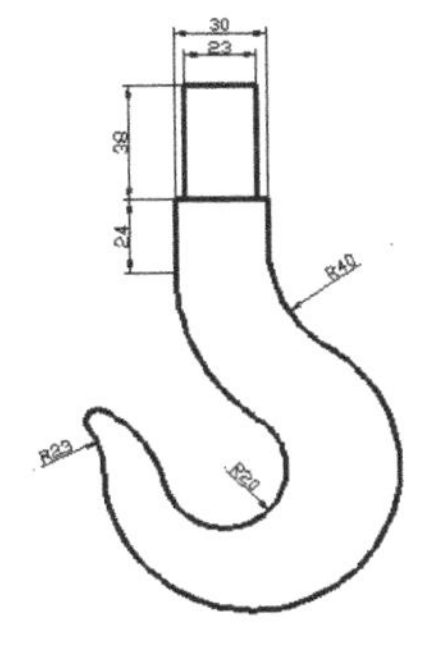

图 6-71　素材图形

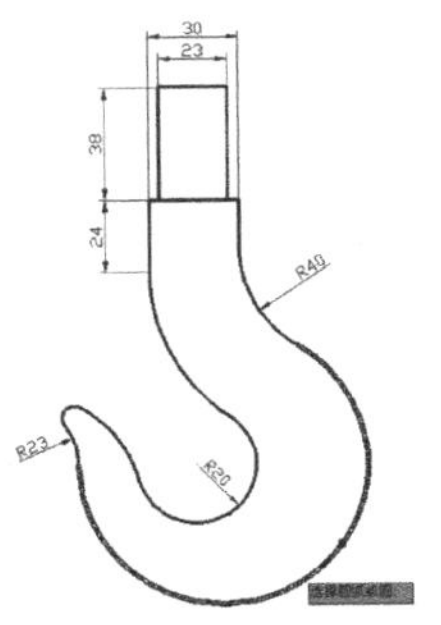

图 6-72　选择标注对象

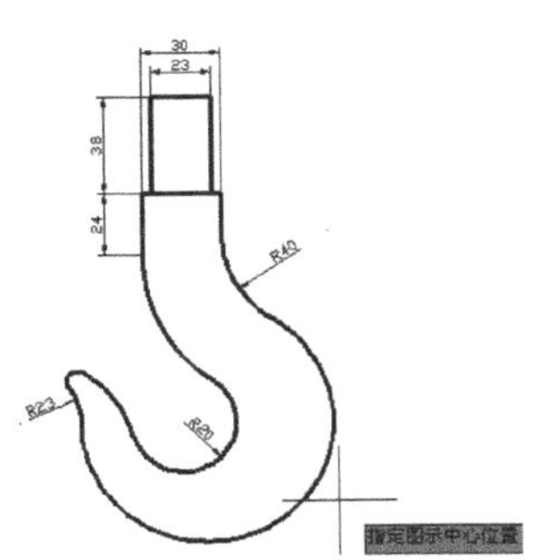

图 6-73　指定图示中心位置

计算机基础与实训教材系列

(4) 将十字光标向右上方移动，然后在绘图区中拾取一点，指定尺寸线位置，如图 6-74 所示。

(5) 移动十字光标到合适的点，然后单击，指定折弯位置，如图 6-75 所示。创建的折弯标注如图 6-76 所示。

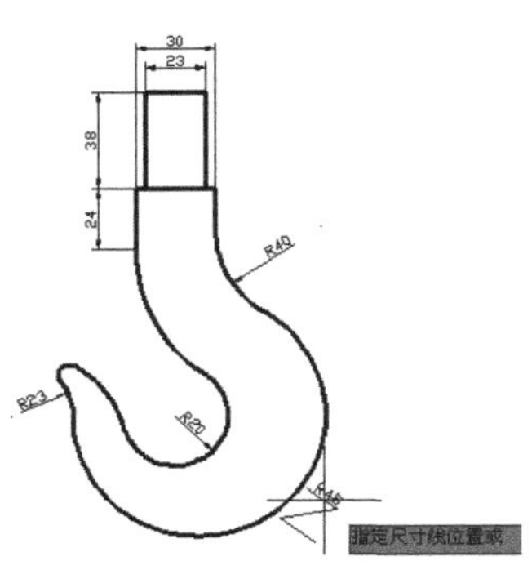

图 6-74　指定尺寸线位置

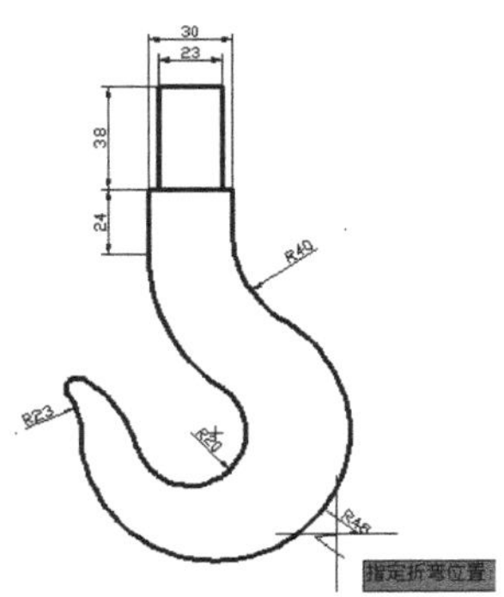

图 6-75　指定折弯位置

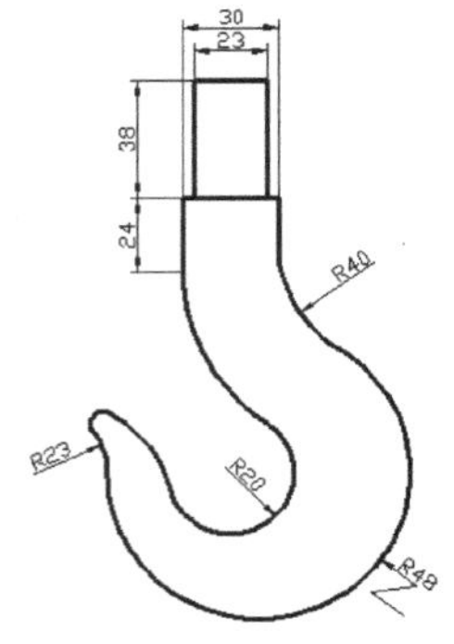

图 6-76　标注折弯半径

6.5　编辑标注

当创建尺寸标注后，如果需要对其进行修改，可以对所有标注进行修改，也可以单独修改图形中的部分标注对象。

6.5.1　修改标注样式

在进行尺寸标注的过程中，可以先设置好尺寸标注的样式，也可以在创建标注后，对标注的样式进行修改，以适合标注的图形。

【练习 6-12】 修改标注的样式。

(1) 选择【标注】→【样式】命令，在打开的【标注样式管理器】对话框中选中需要修改的样式，然后单击【修改】按钮，如图 6-77 所示。

(2) 在打开的【修改标注样式】对话框中即可根据需要对标注的各部分样式进行修改，修改标注样式后，进行确定即可，如图 6-78 所示。

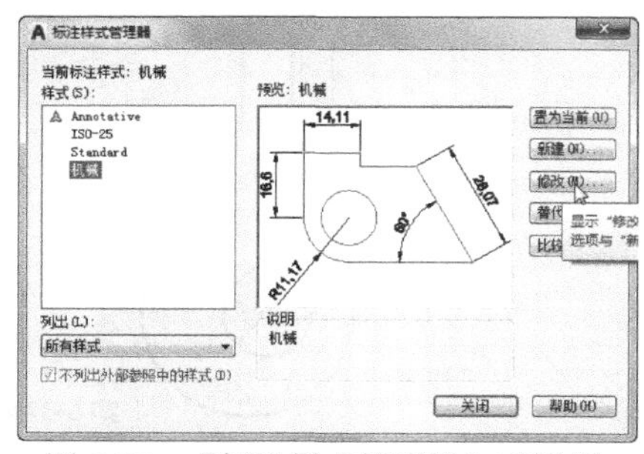

图 6-77　【标注样式管理器】对话框

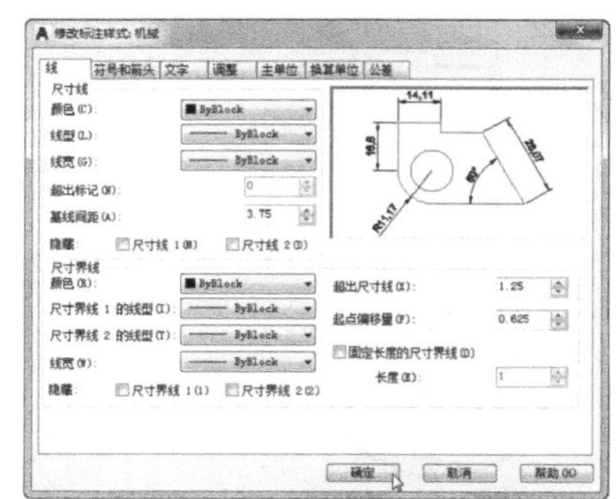

图 6-78　修改标注样式

6.5.2　编辑标注文字

使用 DIMEDIT 命令可以修改一个或多个标注对象上的文字标注和尺寸界线。执行 DIMEDIT 命令后，系统将提示【输入标注编辑类型 [默认(H)/新建(N)/旋转(R)/倾斜(O)]<默认>:】，其中各选项的含义如下。

- 默认(H)：将旋转标注文字移回默认位置。
- 新建(N)：使用【多行文字编辑器】编辑标注文字。
- 旋转(R)：旋转标注文字。
- 倾斜(O)：调整线性标注尺寸界线的倾斜角度。

【练习 6-13】修改标注中的尺寸数值。

(1) 打开【球轴承剖视图.dwg】图形文件，然后使用【线性】命令对图形进行标注，如图 6-79 所示。

(2) 执行 DIMEDIT 命令，在弹出的菜单中选择【新建】选项，如图 6-80 所示。

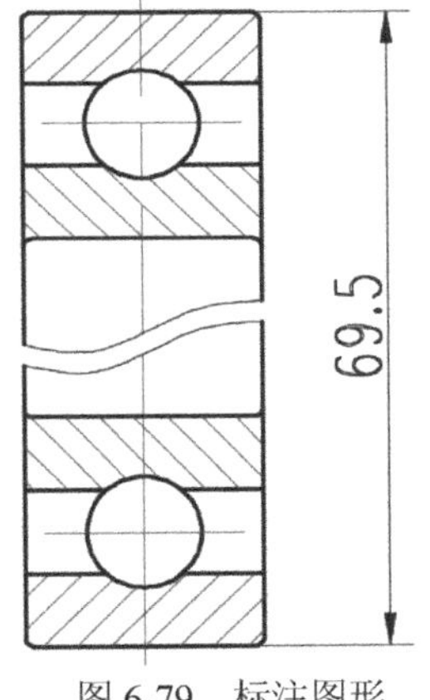

图 6-79　标注图形

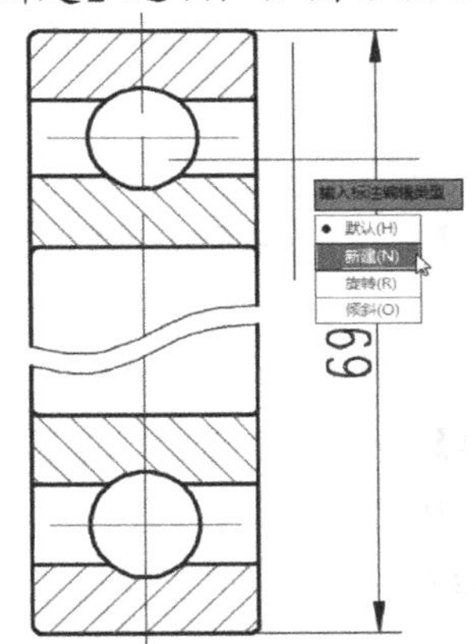

图 6-80　选择【新建】选项

(3) 根据系统提示输入新的尺寸数值为 80 并确定，如图 6-81 所示。

(4) 根据提示选择要修改的标注对象并确定，即可修改其尺寸数值，如图 6-82 所示。

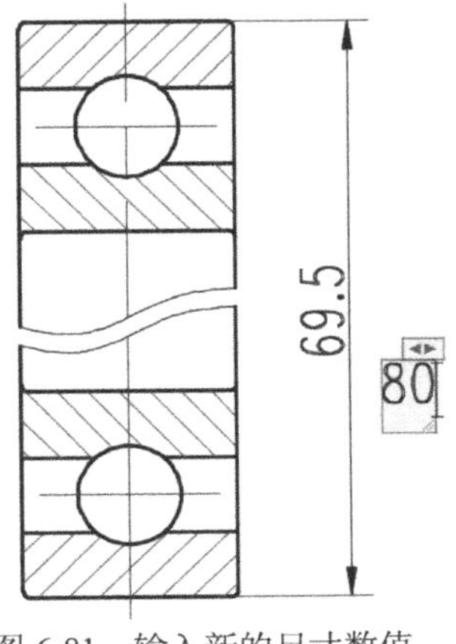

图 6-81　输入新的尺寸数值

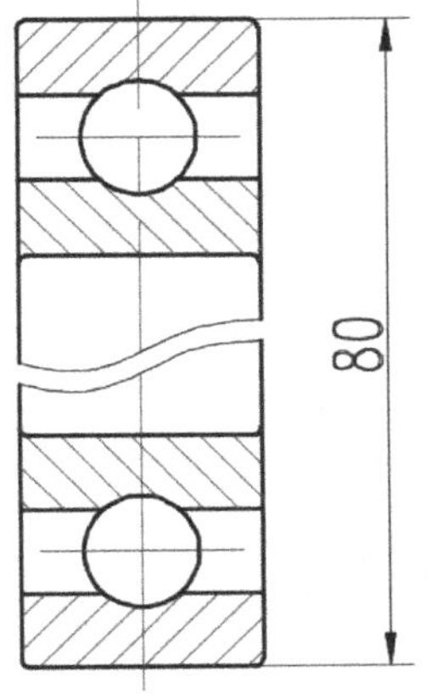

图 6-82　修改尺寸数值

6.5.3 编辑标注文字的位置

使用 DIMTEDIT 命令可以移动和旋转标注文字。执行 DIMTEDIT 命令，选择要编辑的标注后，系统将提示【指定标注文字的新位置或 [左对齐(L)/右对齐(R)/居中(C)/默认(H)/角度(A)]:】。其中各选项的含义如下。

- 指定标注文字的新位置：拖动时动态更新标注文字的位置。
- 左对齐(L)：沿尺寸线左对齐标注文字。
- 右对齐(R)：沿尺寸线右对齐标注文字。
- 居中(C)：将标注文字放在尺寸线的中间。
- 默认(H)：将标注文字移回默认位置。
- 角度(A)：修改标注文字的角度。

6.5.4 折弯线性标注

执行【折弯线性】命令，可以在线性标注或对齐标注中添加或删除折弯线。执行【折弯线性】命令的常用方法有以下 3 种。

- 选择【标注】→【折弯线性】命令。
- 单击【标注】面板中的【折弯标注】按钮。
- 执行 DIMJOGLINE(DJL)命令。

【练习 6-14】折弯线性标注球轴承剖视图的尺寸线。

(1) 打开修改尺寸数值后的【球轴承剖视图.dwg】图形文件，执行 DIMJOGLINE 命令(DJL)，选择其中的线性标注。

(2) 根据提示指定折弯线性标准的位置，如图 6-83 所示，创建的折弯线性效果如图 6-84 所示。

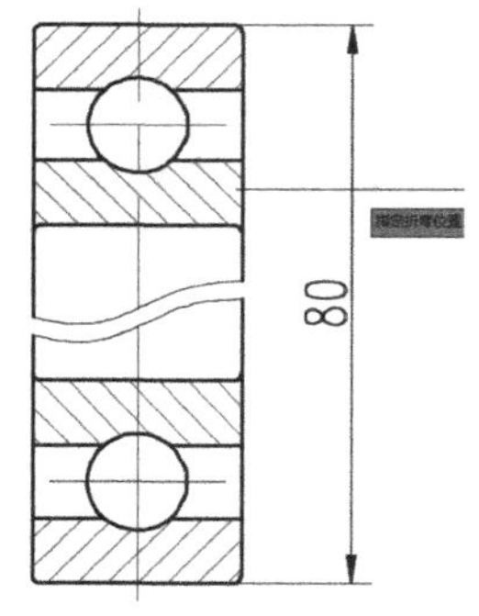

图 6-83 指定折弯的位置

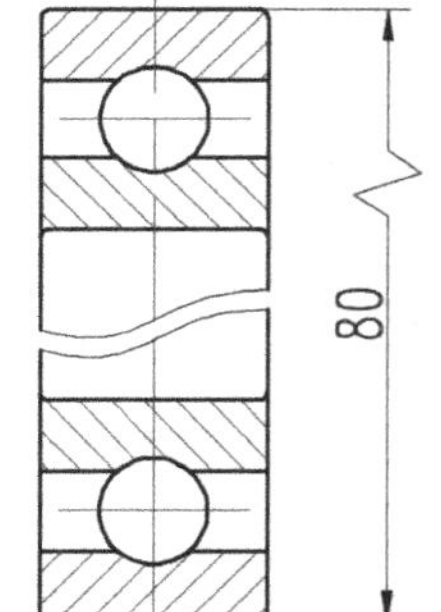

图 6-84 折弯线性效果

6.5.5 打断标注

使用【标注打断】命令可以将标注对象以某一对象为参照点或以指定点打断，执行【标注打

断】命令的常用方法有以下 3 种。

- 选择【标注】→【标注打断】命令。
- 单击【标注】面板中的【折断标注】按钮。
- 执行 DIMBREAK 命令。

执行 DIMBREAK 命令，选择要打断的一个或多个标注对象，然后进行确定，系统将提示【选择要打断标注的对象或 [自动(A)/恢复(R)/手动(M)]<>:】。用户可以根据提示设置打断标注的方式。

- 选择要打断标注的对象：直接选择要打断标注的对象，或者选择相应的选项并按下空格键进行确定。
- 自动(A)：自动将折断标注放置在与选定标注相交的对象的所有交点处。修改标注或相交对象时，会自动更新使用此选项创建的所有折断标注。
- 恢复(R)：从选定的标注中删除所有折断标注。
- 手动(M)：使用手动方式为打断位置指定标注或尺寸界线上的两点。如果修改标注或相交对象，则不会更新使用此选项创建的任何折断标注。执行此选项，一次仅可以放置一个手动折断标注。

【练习 6-15】折断标注中的尺寸线。

(1) 打开【螺栓 2.dwg】图形文件，如图 6-85 所示。

(2) 执行 DIMBREAK 命令，然后选择图形左侧的线性标注，如图 6-86 所示。

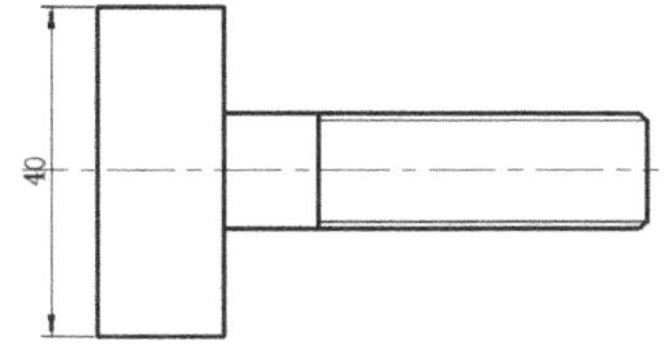

图 6-85　打开图像文件

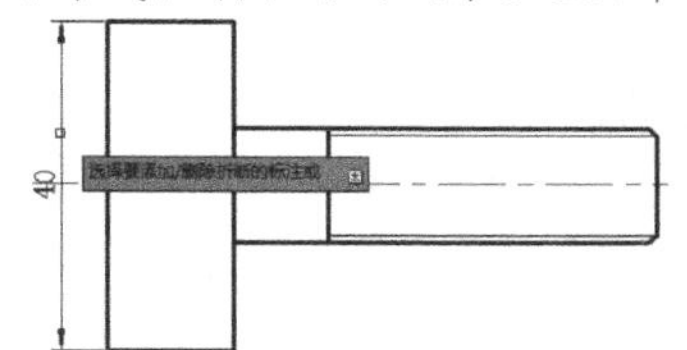

图 6-86　选择标注

(3) 根据系统提示选择点划线作为要折断标注的对象，如图 6-87 所示。系统即可自动在点划线的位置折断标注，效果如图 6-88 所示。

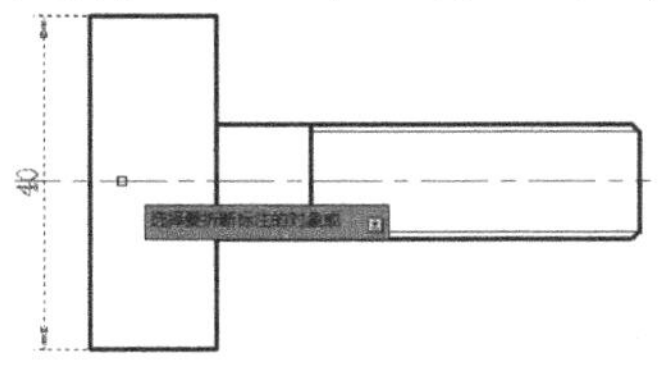

图 6-87　选择折断标注的对象

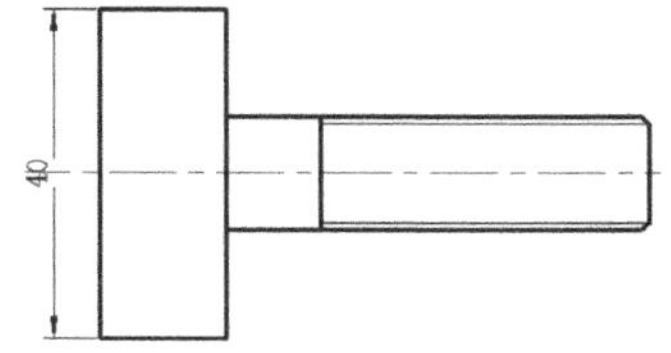

图 6-88　折断标注

6.5.6　调整标注间距

执行【标注间距】命令，可以调整线性标注或角度标注之间的间距。该命令仅适用于平行的线性标注或共用一个顶点的角度标注。

执行【标注间距】命令的常用方法有以下 3 种。

- 选择【标注】→【标注间距】命令。
- 单击【标注】面板中的【调整标注】按钮。
- 执行 DIMSPACE 命令。

【练习 6-16】调整两个标注中的间距。

(1) 打开【剖视图形.dwg】图形文件。

(2) 执行 DIMSPACE 命令，然后选择图形左侧的线性标注，如图 6-89 所示。

(3) 选择下一个与选择标注相邻的线性标注，如图 6-90 所示。

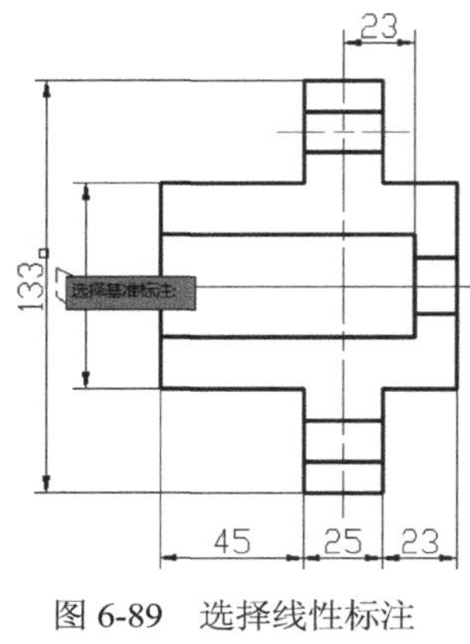

图 6-89　选择线性标注

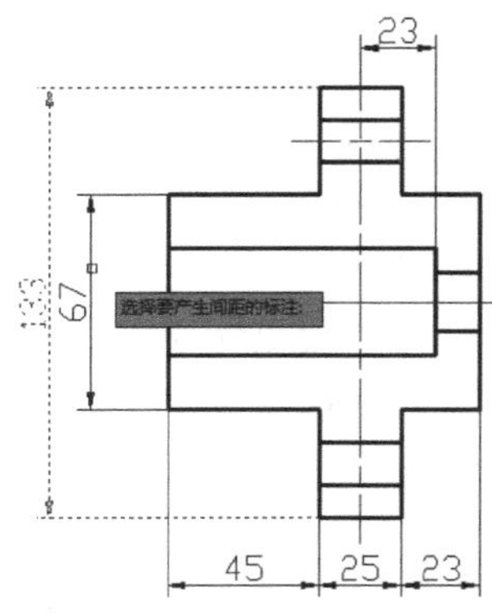

图 6-90　选择另一个标注

(4) 在弹出的列表选项中选择【自动(A)】选项，如图 6-91 所示。系统即可自动调整两个标注之间的间距，如图 6-92 所示。

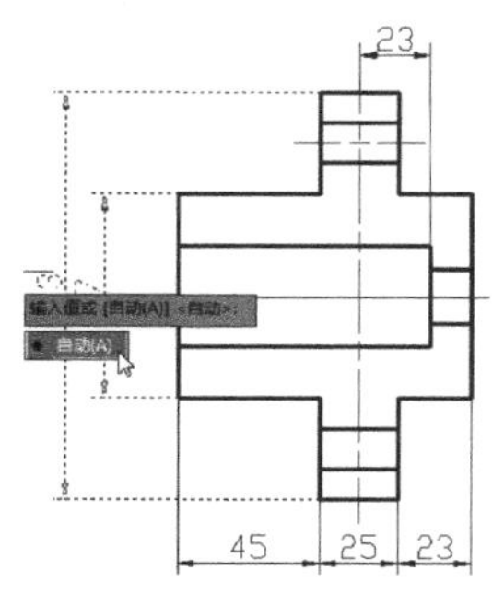

图 6-91　选择【自动(A)】选项

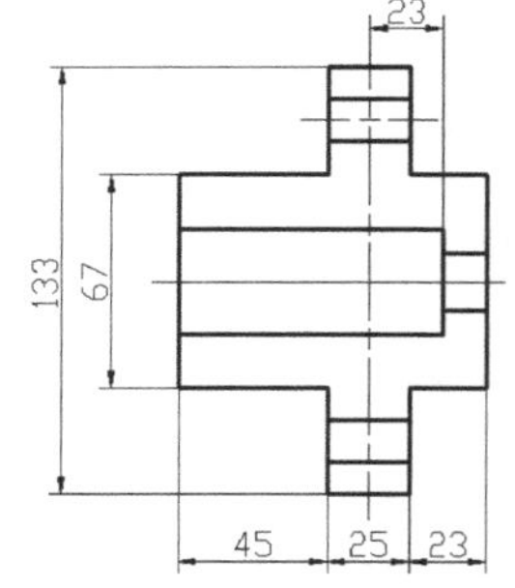

图 6-92　调整标注间距

6.6　创建引线标注

在 AutoCAD 中，引线是由样条曲线或直线段连着箭头组成的对象，通常由一条水平线将文字和特征控制框连接到引线上。绘制图形时，通常可以使用引线功能标注图形特殊部分的尺寸或进行文字注释。

6.6.1 绘制多重引线

执行【多重引线】命令，可以创建连接注释与几何特征的引线，对图形进行标注。执行【多重引线】命令的常用方法有以下 3 种。

- 选择【标注】→【多重引线】命令。
- 单击【引线】面板中的【多重引线】按钮 。
- 执行 MLEADER 命令。

【练习 6-17】使用【多重引线】命令标注螺栓图形的倒角尺寸。

(1) 打开【螺栓 2.dwg】图形文件。

(2) 执行 MLEADER 命令，当系统提示【指定引线箭头的位置或 [引线基线优先(L)/内容优先(C)/选项(O)] <选项>:】时，在图形中指定引线箭头的位置，如图 6-93 所示。

(3) 当系统提示【指定引线基线的位置:】时，在图形中指定引线基线的位置，如图 6-94 所示。

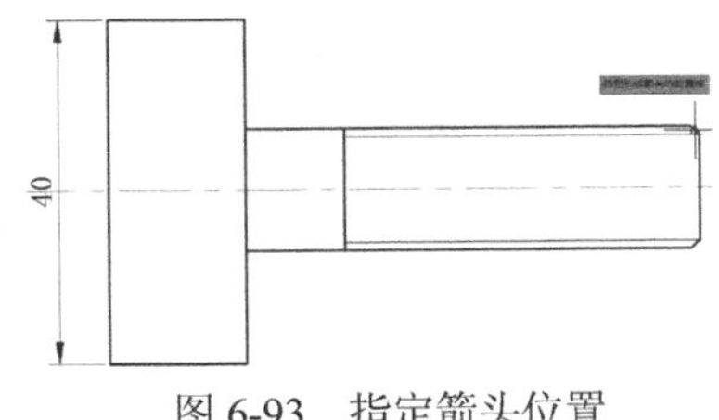

图 6-93　指定箭头位置

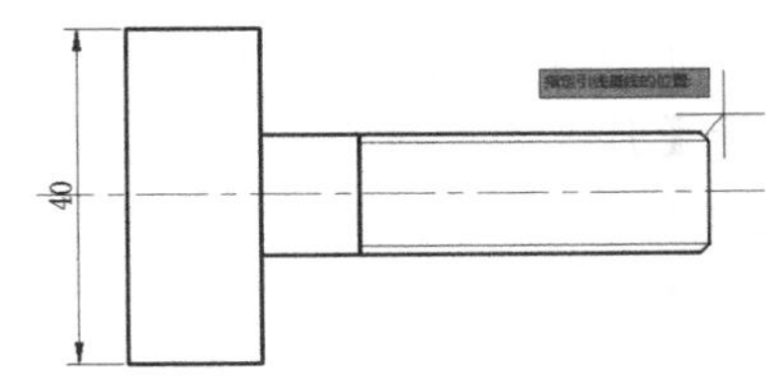

图 6-94　指定引线位置

(4) 在指定引线基线的位置后，系统将要求用户输入引线的文字内容，此时可以输入标注文字，如图 6-95 所示。

(5) 在弹出的【文字编辑器】功能区中单击【关闭】按钮，完成多重引线的标注，效果如图 6-96 所示。

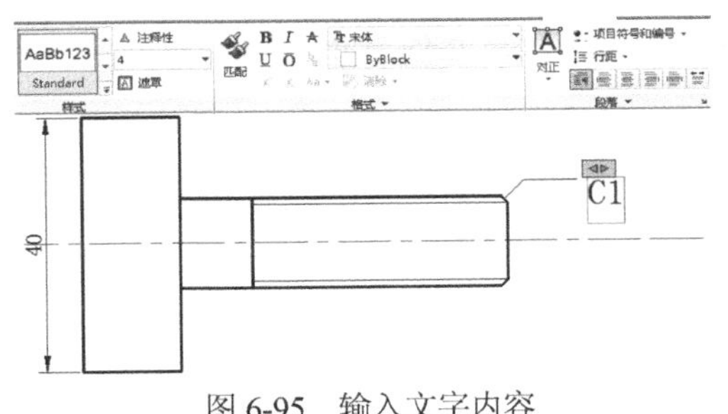

图 6-95　输入文字内容

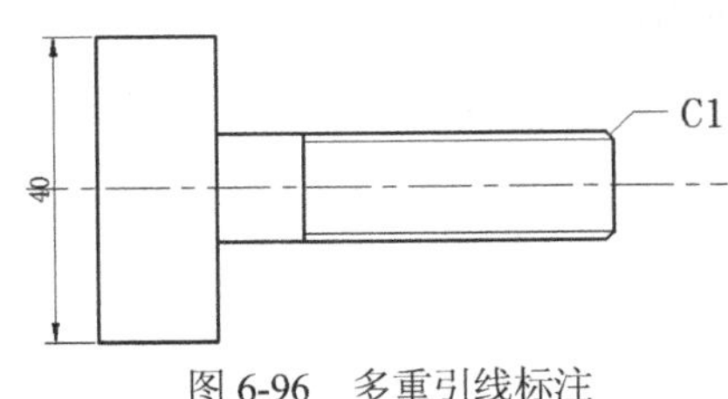

图 6-96　多重引线标注

技巧

在机械制图中，在不方便进行倒角或圆角的尺寸标注时，通常可以使用引线标注方式标注对象的倒角或圆角，C 表示直倒角，默认角度为 45°，C1 表示直角边长是 1mm，R 表示圆角标注的尺寸。如果遇到有 N 个大小相同的直倒角或圆角，可以标注为 N-CX 或 N-RX，也可以标注为 N×CX 或 N×RX。

6.6.2 绘制快速引线

使用 QLEADER(QL)命令可以快速创建引线和引线注释。执行 QLEADER(QL)命令后，可以通过输入 S 并确定，打开【引线设置】对话框，以便用户设置适合绘图需要的引线点数和注释类型。

【练习 6-18】使用【快速引线】命令标注圆头螺栓图形的倒角尺寸。

(1) 打开【圆头螺栓.dwg】图形文件，如图 6-97 所示。

(2) 执行【快速引线(QL)】命令，然后输入 S 并确定，如图 6-98 所示。

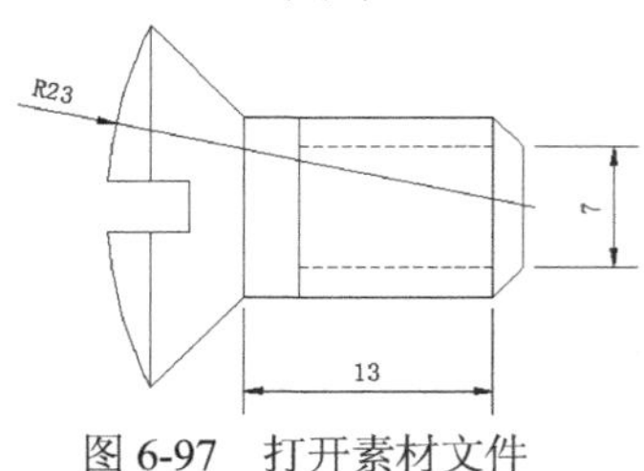

图 6-97　打开素材文件

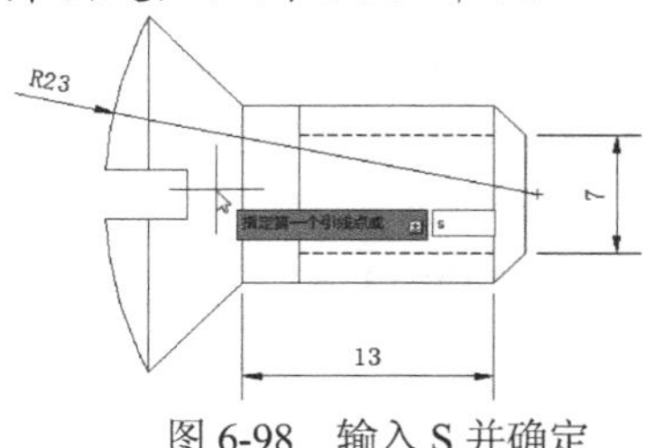

图 6-98　输入 S 并确定

(3) 在打开的【引线设置】对话框中设置注释类型为【多行文字】，如图 6-99 所示。

(4) 选择【引线和箭头】选项卡，设置点数为 3，箭头样式为【实心闭合】，设置第一段的角度为【任意角度】，设置第二段的角度为【水平】，如图 6-100 所示，单击【确定】按钮。

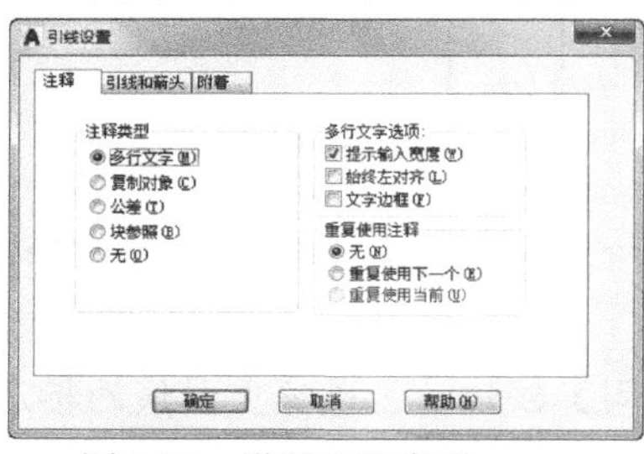

图 6-99　设置注释类型

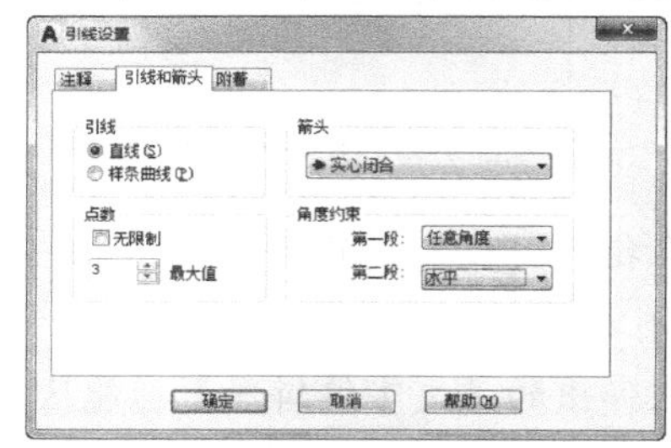

图 6-100　设置引线和箭头

(5) 当系统提示【指定第一个引线点或 [设置(S)]:】时，在图形中指定引线的第一个点，如图 6-101 所示。

(6) 当系统提示【指定下一点:】时，向右上方移动鼠标指定引线的下一个点，如图 6-102 所示。

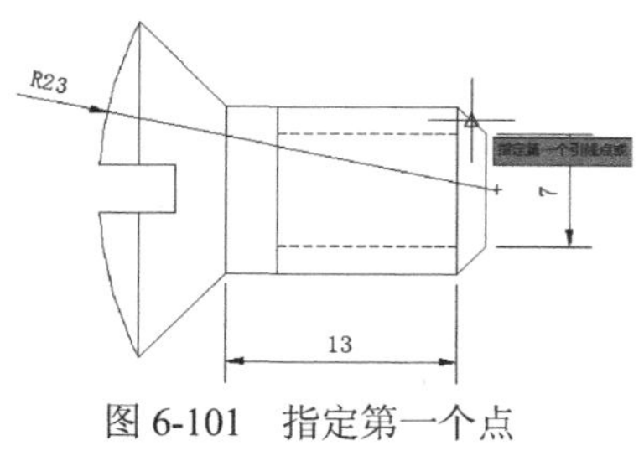

图 6-101　指定第一个点

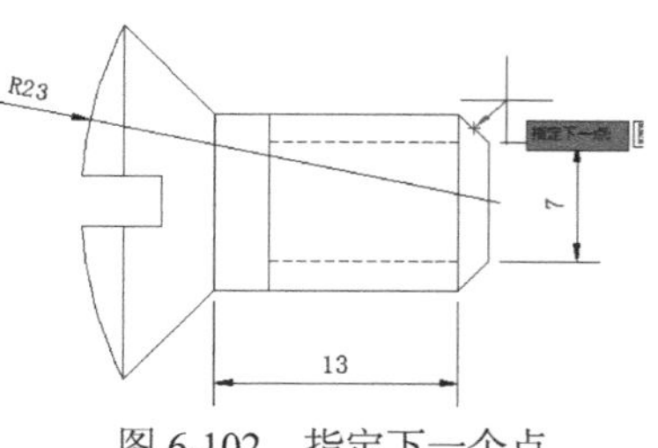

图 6-102　指定下一个点

(7) 当系统提示【指定下一点:】时，向右方移动鼠标指定引线的下一个点，如图 6-103 所示。

(8) 当系统提示【输入注释文字的第一行 <多行文字(M)>:】时，输入快速引线的文字内容 C2，如图 6-104 所示。

(9) 输入文字内容后，连续按两次Enter键完成快速引线的绘制，效果如图 6-105 所示。

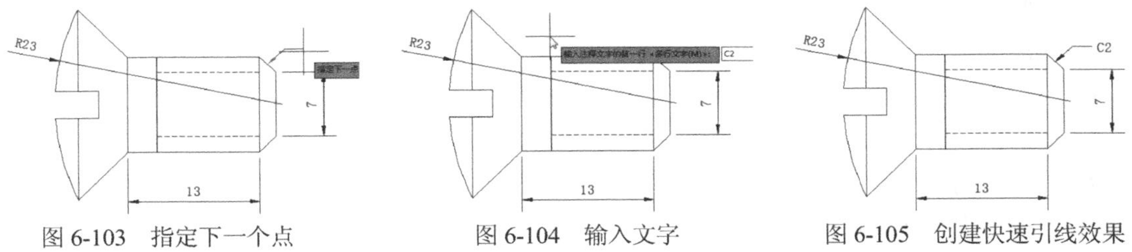

图 6-103　指定下一个点　　图 6-104　输入文字　　图 6-105　创建快速引线效果

6.7　形位公差

机械加工零件的实际要素相对于理想要素总有误差，包括形状误差和位置误差。这类误差影响机械产品的功能，设计时应规定相应的公差并按规定的标准符号标注在图样上。

6.7.1　认识形位公差

对要求较高的零件，应该根据相应表面的形状误差和相应表面之间的位置误差的允许范围，标注出表面形状和位置公差，简称形位公差。

AutoCAD 向用户提供了 14 种常用的形位公差符号，如表 6-2 所示。当然，用户也可以自定义工程符号，常用的方法是通过定义块来定义基准符号或粗糙度符号。

表 6-2　形位公差符号

符号	特征	类型	符号	特征	类型	符号	特征	类型
⌖	位置度	位置	//	平行度	方向	⌭	圆柱度	形状
◎	同轴(同心)度	位置	⊥	垂直度	方向	▱	平面度	形状
⌯	对称度	位置	∠	倾斜度	方向	○	圆度	形状
⌓	面轮廓度	轮廓	↗	圆跳动	跳动	—	直线度	形状
⌒	线轮廓度	轮廓	⌰	全跳动	跳动			

- 位置度：用来控制被测实际要素相对于其理想位置的变动量，其理想位置由基准和理论正确尺寸确定。
- 同轴度：用来控制理论上应同轴的被测轴线基准轴线的不同轴程度。
- 对称度：一般用来控制理论上要求共面的被测要素(中心平面、中心线或轴线) 与基准要素(中心平面、中心线或轴线)的不重合程度。
- 平行度：用来控制零件上被测要素(平面或直线)相对于基准要素(平面或直线)的方向偏

离0º 的要求，即要求被测要素对基准等距。

- 重直度：用来控制零件上被测要素(平面或直线)相对于基准要素(平面或直线)的方向偏离90º 的要求，即要求被测要素对基准成90º 。
- 倾斜度：用来控制零件上被测要素(平面或直线)相对于基准要素(平面或直线)的方向偏离某一给定角度(0º ～90º)的程度，即要求被测要素对基准成一定角度(除90º 外)。
- 圆跳动：圆跳动是被测实际要素绕基准轴线作无轴向移动、回转一周中，由位置固定的指示器在给定方向上测得的最大与最小读数之差。
- 全跳动：全跳动是被测实际要素绕基准轴线作无轴向移动的连续回转，同时指示器沿理想素线连线移动，由指示器在给定方向上测得的最大与最小读数之差。
- 圆柱度：是限制实际圆柱面对理想圆柱面变动量的一项指标。它控制了圆柱体横截面和轴截面内的各项形状误差，如圆度、素线直线度、轴线直线度等。圆柱度是圆柱体各项形状误差的综合指标。
- 平面度：是限制实际平面对理想平面变动量的一项指标。它是针对平面发生不平而提出的要求，将被测实际表面与理想平面进行比较，两者之间的线值距离即为平面度公差值。
- 圆度：是限制实际圆对理想圆变动量的一项指标。它是对具有圆柱面(包括圆锥面、球面)的零件，在一正截面(与轴线垂直的面)内的圆形轮廓要求。
- 直线度：是限制实际直线对理想直线变动量的一项指标。它是针对直线发生不直而提出的要求，表示被测特征的素线(如果公差前带 ∅ 则表示是被测圆的轴)应该在公差范围内。
- 面轮廓度：是限制实际曲面对理想曲面变动量的一项指标。它是指对曲面的形状精度要求，理想曲面与实际曲面的线值距离即为面轮廓度的公差带。
- 线轮廓度：是限制实际曲线对理想曲线变动量的一项指标。它是指对非圆曲线的形状精度要求，理想曲线与实际曲线的线值距离即为线轮廓度的公差带。

6.7.2 形位公差的组成

形位公差应按国家标准 GB/T1182 规定的方法在图样上按要求进行正确的标注。形位公差的标注效果 6-106 所示，从表格的左边起。第一格填写形位公差特征符号，第二格填写形位公差值，第三格填写条件符号，第四格填写基准字母。被测要素为单一要素时，框格只有两格，只标注前两项内容。

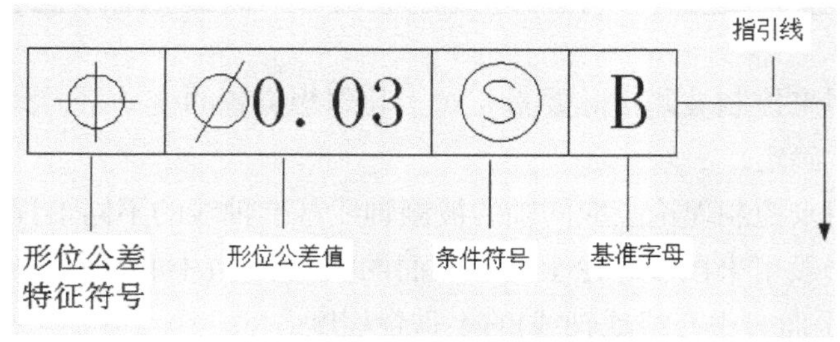

图 6-106　形位公差的组成

6.7.3 形位公差的标注方法

在产品生产过程中，如果在加工零件时所产生的形状误差和位置误差过大，将会影响机器的质量。因此对要求较高的零件，必须根据实际需要在图纸上标注出形位公差。

形位公差的标注包括以下几种情况。

- 当被测要素为轮廓要素时，指引线的箭头应指在该要素的轮廓线或其引出线上，并应明显地与尺寸线错开(应与尺寸线至少错开3mm)。
- 当被测要素为中心要素时，指引线的箭头应与被测要素的尺寸线对齐，当箭头与尺寸线的箭头重叠时，可代替尺寸线箭头，指引线的箭头不允许直接指向中心线。
- 当被测要素为圆锥体的轴线时，指引线的箭头应与圆锥体直径尺寸线(大端或小端)对齐，必要时也可在圆锥体内画出空白的尺寸线，并将指引线的箭头与该空白的尺寸线对齐；如圆锥体采用角度尺寸标注，则指引线的箭头对应着该角度的尺寸线。
- 当多个被测要素有相同的形位公差(单项或多项)要求时，可以在从框格引出的指引线上绘制多个指示箭头，并分别与被测要素相连，用同一公差带控制几个被测要素时，应在公差框格上注明“共面”或“共线”。
- 当同一个被测要素有多项形位公差要求，其标注方法又一致时，可以将这些框格绘制在一起，并引用一条指引线。

【练习 6-19】创建公差为 0.02 的直径公差。

(1) 执行 QLEADER 命令，然后输入 S 并确定，打开【引线设置】对话框，在其中选中【公差】单选按钮，然后单击【确定】按钮，如图 6-107 所示。

(2) 根据命令提示绘制如图 6-108 所示的引线。

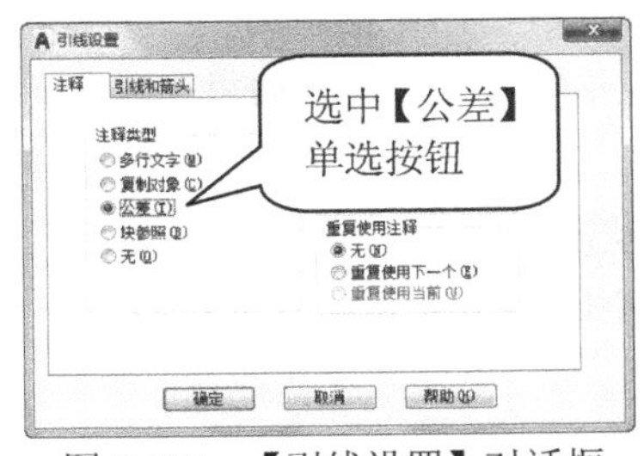

图 6-107　【引线设置】对话框

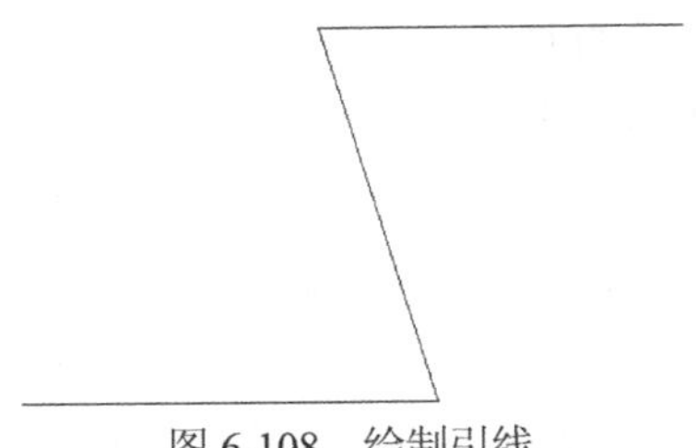

图 6-108　绘制引线

(3) 打开【形位公差】对话框，单击【符号】参数栏下的黑框，如图 6-109 所示。

(4) 在打开的【特征符号】对话框中选择符号 ⌖，如图 6-110 所示。

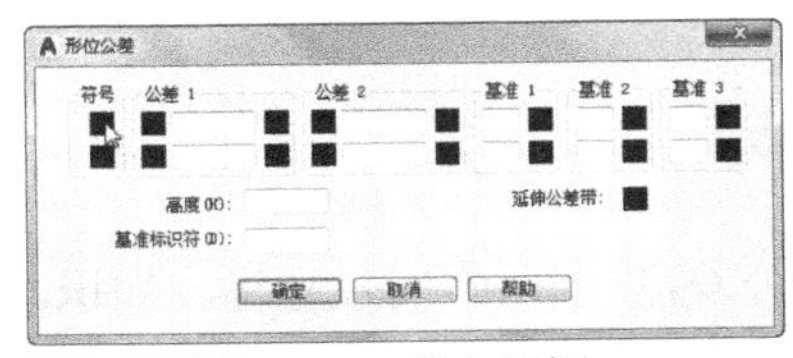

图 6-109　单击黑框

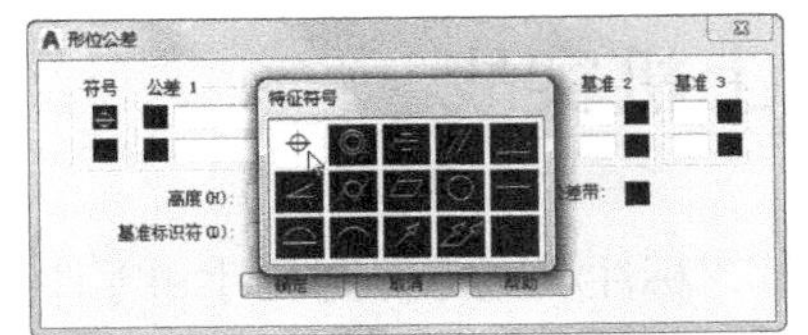

图 6-110　选择符号

(5) 单击【公差 1】参数栏中的第一个小黑框，里面将自动出现直径符号，如图 6-111 所示。

(6) 在【公差 1】参数栏中的白色文本框里输入公差值 0.02，如图 6-112 所示。

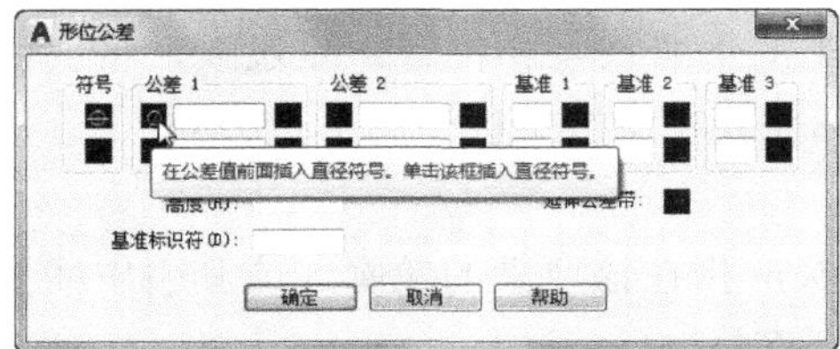

图 6-111　添加直径符号

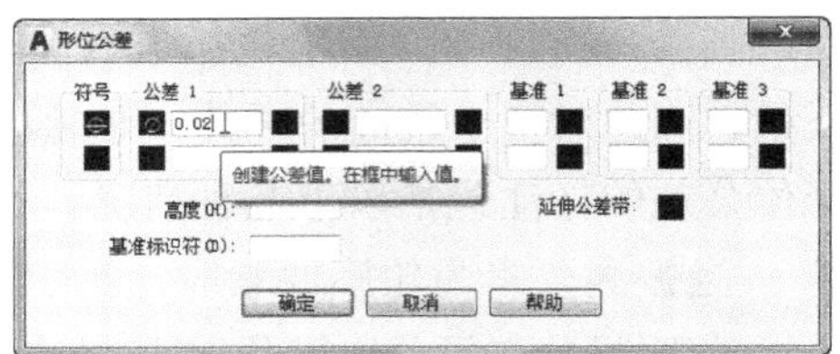

图 6-112　输入公差值

(7) 单击【公差 1】参数栏中的第二个小黑框，打开【附加符号】对话框，从中选择附加符号，如图 6-113 所示。

(8) 单击【确定】按钮，完成形位公差标注，效果如图 6-114 所示。

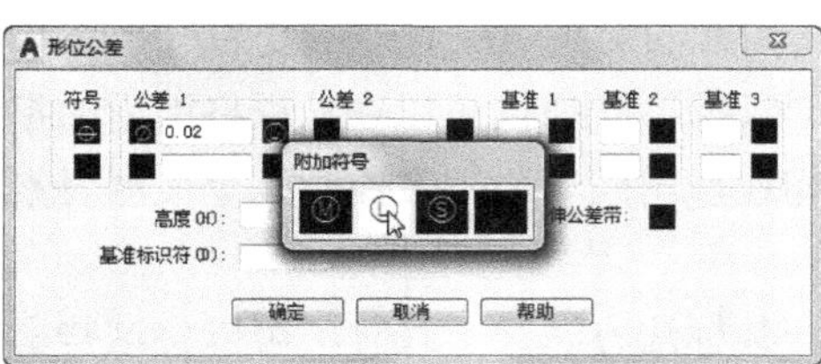

图 6-113　选择附加符号

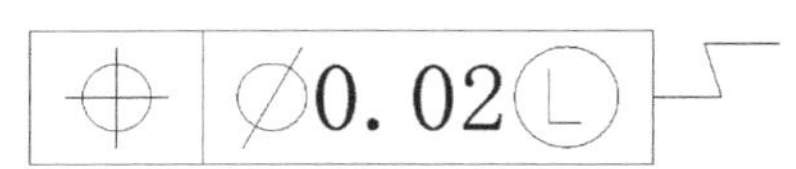

图 6-114　形位公差标注效果

通过【形位公差】对话框，可添加特征控制框里的各个符号及公差值等。【形位公差】对话框中各个区域的含义如下。

- 【符号】区域：单击■框，将弹出【特征符号】对话框，在该对话框中可以选择公差符号。再次单击■框，表示清空已填入的符号。
- 【公差1】和【公差2】区域：每个【公差】区域包含3个框。第一个为■框，单击可以插入直径符号；第二个为文本框，可输入公差值；第三个为■框，单击可以弹出【附加符号】对话框，用来插入公差的包容条件。其中符号 M 代表材料的一般中等情况；L 代表材料的最大状况；S 代表材料的最小状况。
- 【基准1】、【基准2】和【基准3】区域：这3个区域用来添加基准参照，3个区域分别对应第一级、第二级和第三级基准参照。
- 【高度】文本框：在特征控制框中输入投影公差带的值。
- 【基准标识符】文本框：输入参照字母组成的基准标识符。
- 【延伸公差带】选项：单击可以在延伸公差带值的后面插入延伸公差带符号。

6.8　上机实战

本小节练习标注机械零件图尺寸和零件图形位公差，巩固所学的尺寸标注知识，如线性标注、半径标注、直径标注、基线标注和形位公差标注。

6.8.1　标注零件图尺寸

本例将结合前面所学的标注内容，在图 6-115 所示导向块二视图中标注图形的尺寸，完成后的效果如图 6-116 所示。首先设置好标注样式，然后使用线性标注、半径标注和基线标注对图形进行标注。

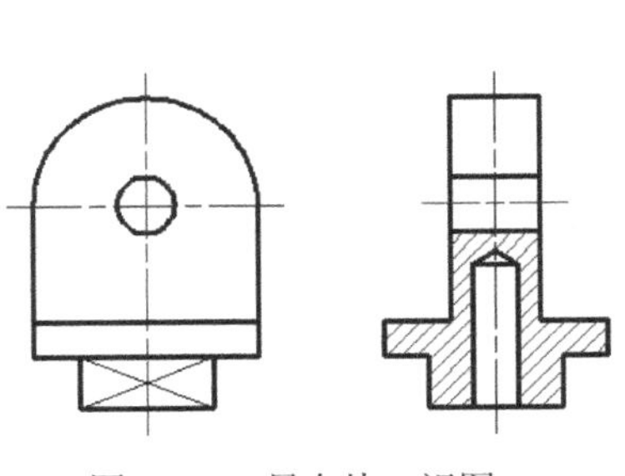

图 6-115　导向块二视图

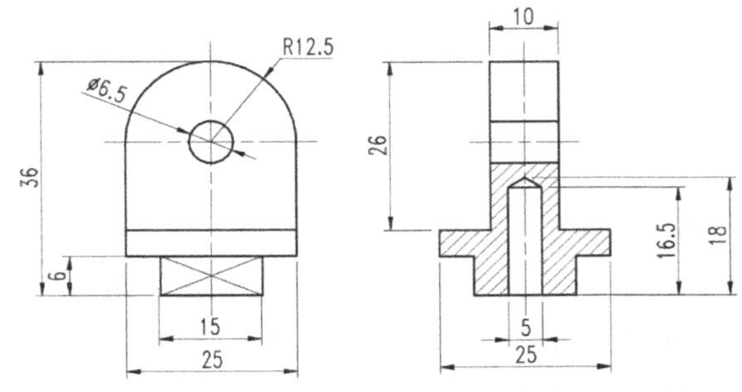

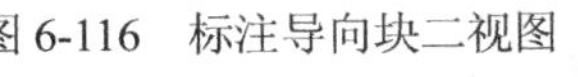

图 6-116　标注导向块二视图

标注本例图形尺寸的具体操作步骤如下。

(1) 打开【导向块二视图.dwg】图形文件。

(2) 选择【格式】→【标注样式】命令，打开【标注样式管理器】对话框，单击【新建】按钮，如图 6-117 所示。

(3) 在打开的【创建新标注样式】对话框中输入新样式名【机械】，然后单击【继续】按钮，如图 6-118 所示。

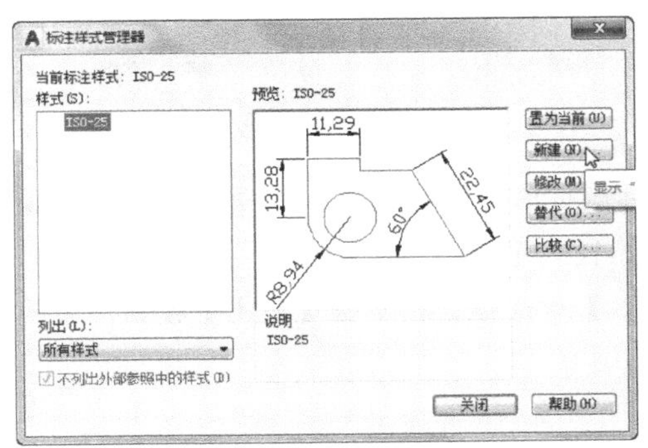

图 6-117　单击【新建】按钮

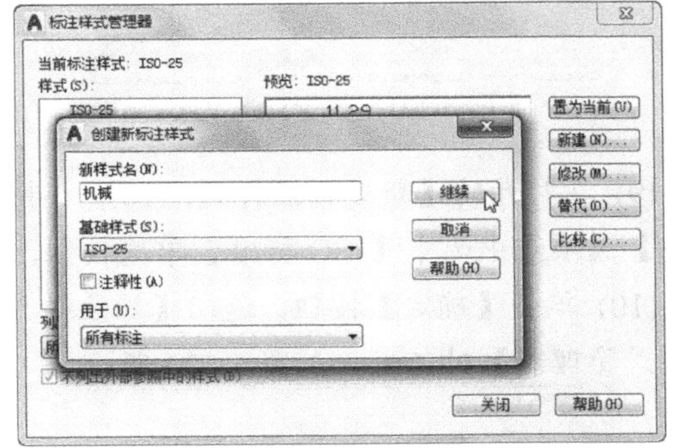

图 6-118　输入新样式名

(4) 在打开的【新建标注样式：机械】对话框中选择【线】选项卡，设置【基线间距】选项为 4，设置【超出尺寸线】和【起点偏移量】为 1，如图 6-119 所示。

(5) 选择【符号和箭头】选项卡，将【箭头大小】设置为 2，在【圆心标记】选项组中选中【无(N)】单选按钮，如图 6-120 所示。

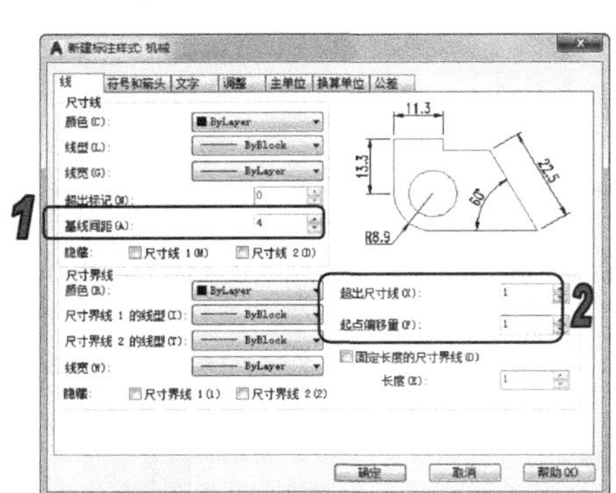

图 6-119　设置尺寸界线

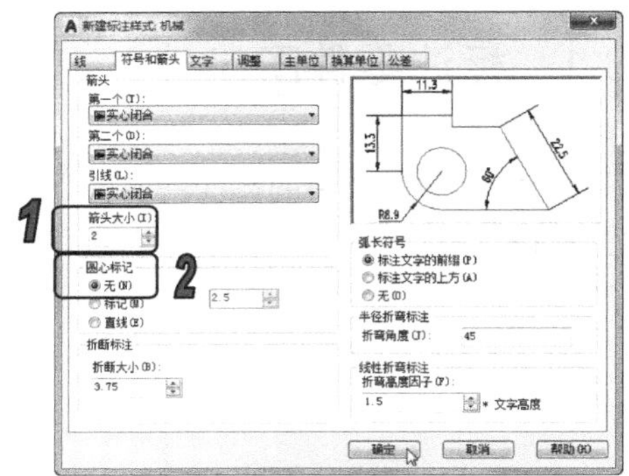

图 6-120　设置箭头大小

(6) 选择【文字】选项卡，将【文字高度】设置为 2.5，在【文字对齐】选项组中选中【与尺寸线对齐】单选按钮，然后单击【确定】按钮，如图 6-121 所示。

(7) 返回【标注样式管理器】对话框，然后单击【新建】按钮。

(8) 打开【创建新标注样式】对话框，在【用于】下拉列表中选择【半径标注】选项，然后单击【继续】按钮，如图 6-122 所示。

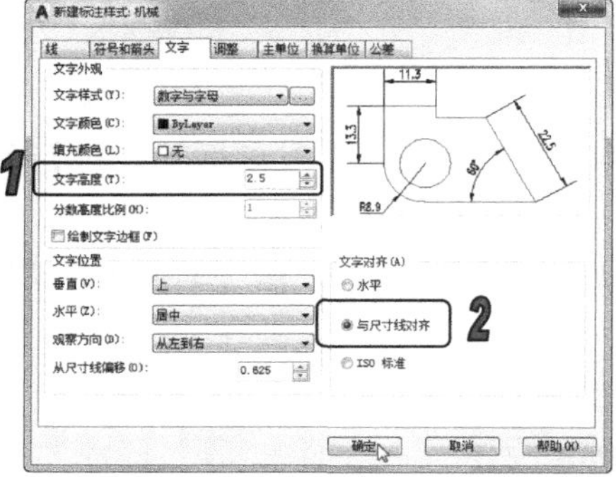

图 6-121　设置标注文字

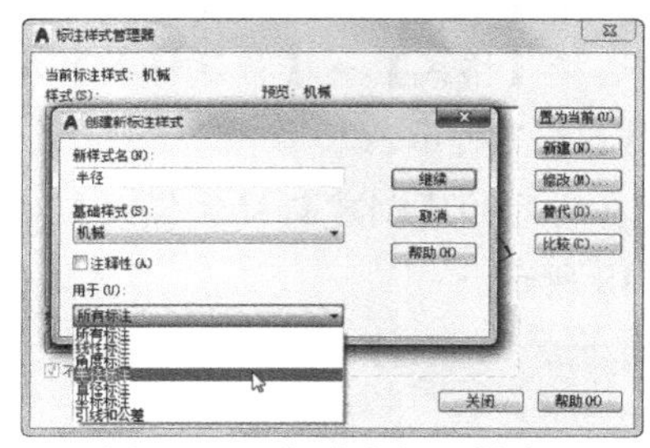

图 6-122　创建半径子样式

(9) 在打开的【新建标注样式：机械：半径】对话框中选择【文字】选项卡，然后在【文字对齐】选项组中选中【ISO 标准】单选按钮，如图 6-123 所示。

(10) 单击【确定】按钮，返回【标注样式管理器】对话框。再单击【关闭】按钮，关闭【标注样式管理器】对话框，如图 6-124 所示。

图 6-123　设置文字对齐方式

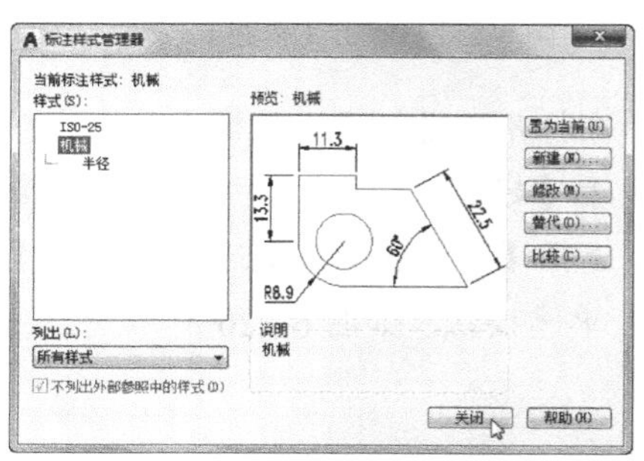

图 6-124　单击【关闭】按钮

(11) 执行【线性标注(DLI)】命令，捕捉图形左下角的直线端点，指定第一条尺寸界线的原点，如图 6-125 所示。

(12) 向上移动光标捕捉线段的交点，指定第二条尺寸界线的原点，如图 6-126 所示。

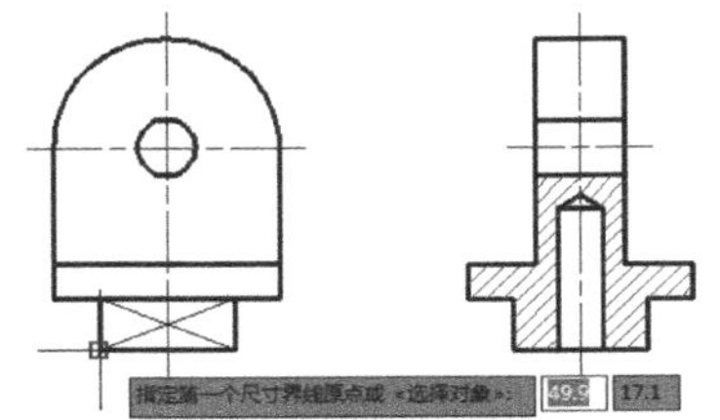

图 6-125　指定第一条尺寸界线原点

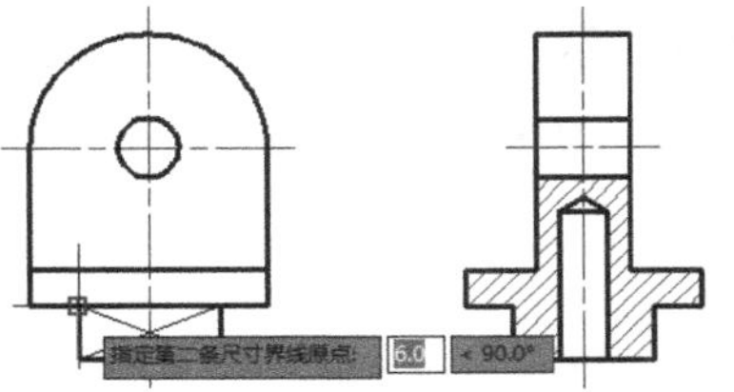

图 6-126　指定第二条尺寸界线原点

(13) 将光标向左移动，并在绘图区单击指定尺寸线位置，如图 6-127 所示，完成的线性标注效果如图 6-128 所示。

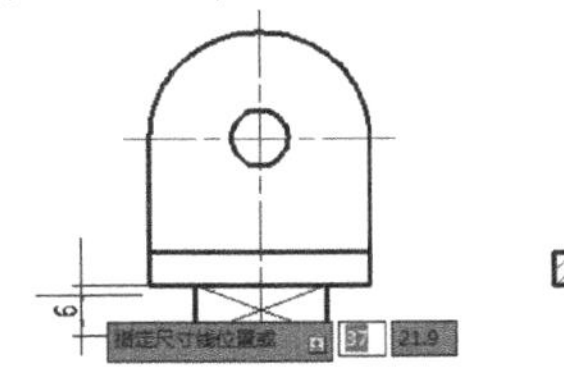

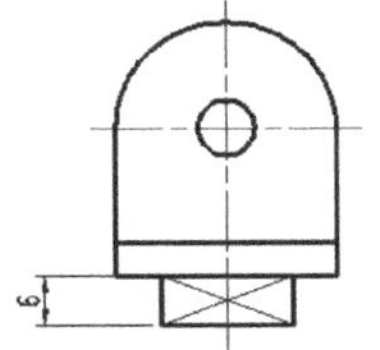

图 6-127　指定尺寸线位置

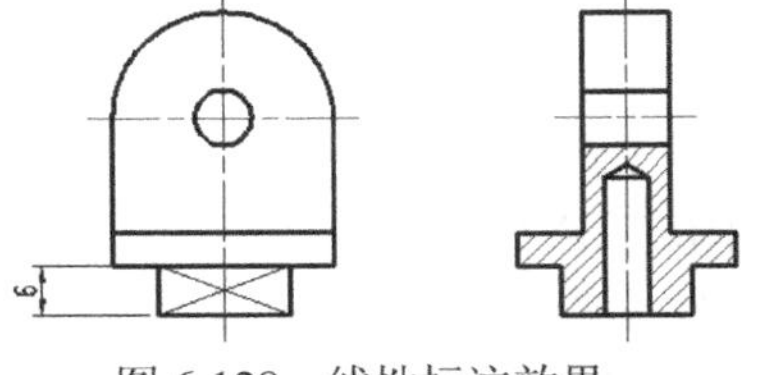

图 6-128　线性标注效果

(14) 选择【标注】→【基线】命令，在绘图区中捕捉垂直辅助线与圆弧的交点，指定第二条尺寸线位置，如图 6-129 所示。按空格键进行确定，完成的基线标注效果如图 6-130 所示。

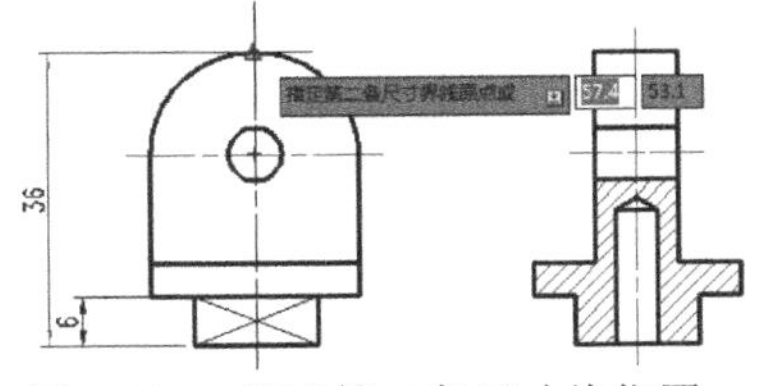

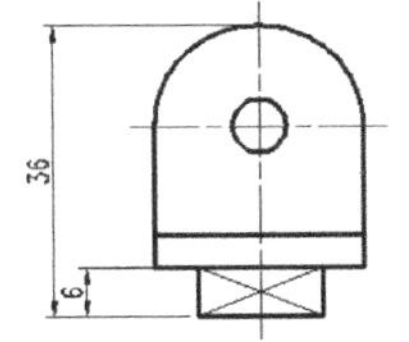

图 6-129　指定第二条尺寸线位置

图 6-130　基线标注效果

(15) 使用【线性】和【基线】标注命令，对图形进行尺寸标注，效果如图 6-131 所示。

(16) 选择【标注】→【半径】命令，选择左侧图形中的圆弧作为标注对象，然后指定尺寸线的位置，标注效果如图 6-132 所示。

(17) 选择【标注】→【直径】命令，选择左侧图形中的小圆作为标注对象，然后指定尺寸线的位置，完成本例图形的标注。

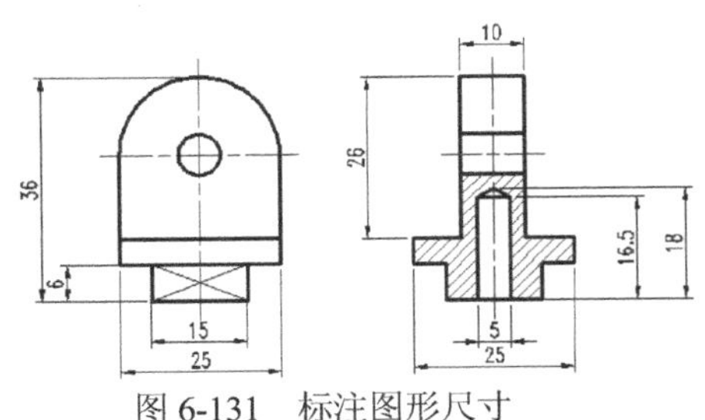

图 6-131　标注图形尺寸

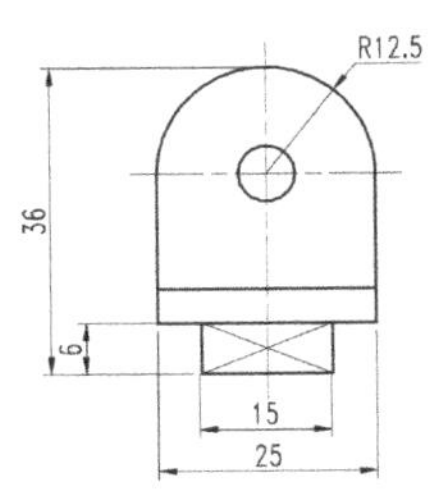

图 6-132　标注半径

计算机基础与实训教材系列

6.8.2 标注零件图形位公差

本例将结合前面所学的形位公差标注内容，对零件图形进行形位公差标注，本例的效果如图 6-133 所示。在创建公差对象时需要执行 QLEADER(QL)命令，打开【引线设置】对话框，选择注释类型为【公差】，然后创建一条引线，指定引线的位置，再指定形位公差的符号。

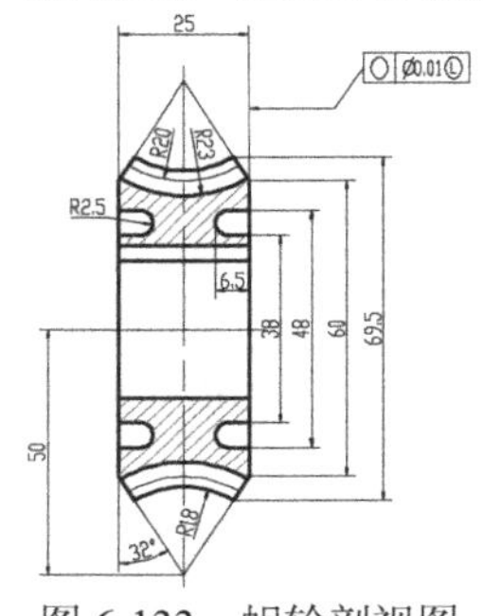

图 6-133 蜗轮剖视图

标注本例形位公差的具体操作步骤如下。

(1) 打开【蜗轮剖视图.dwg】素材图形，如图 6-134 所示。

(2) 执行 QLEADER 命令，然后输入 S 并确定，打开【引线设置】对话框，在其中选中【公差】单选按钮，然后单击 【确定】按钮，如图 6-135 所示。

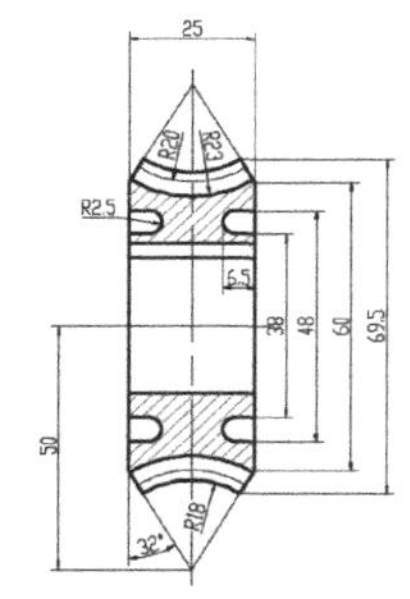

图 6-134 素材图形

图 6-135 选中【公差】单选按钮

(3) 根据命令提示在如图 6-136 所示的位置指定第一个引线点，然后指定引线的下一点，如图 6-137 所示。

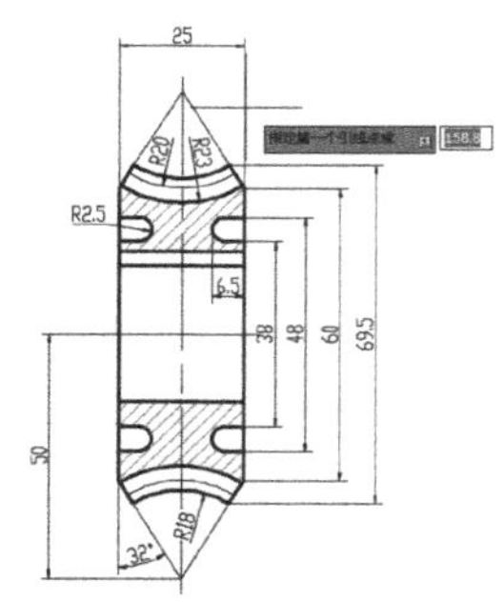

图 6-136 指定第一个引线点

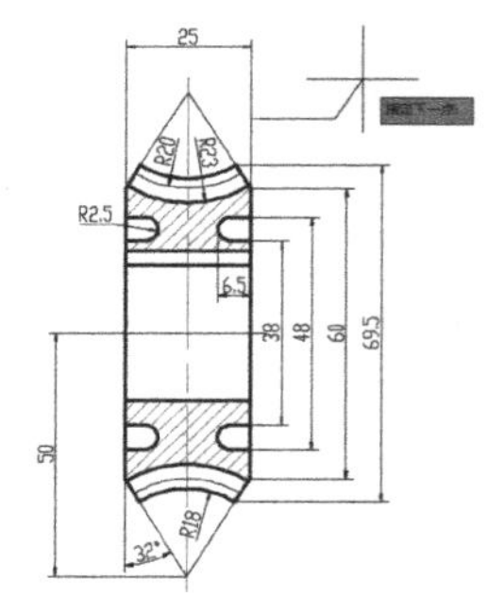

图 6-137 指定引线的下一点

计算机基础与实训教材系列

(4) 在打开的【形位公差】对话框中单击【符号】参数栏下的黑框，如图 6-138 所示。

(5) 在打开的【特征符号】对话框中选择【圆度】符号，如图 6-139 所示。

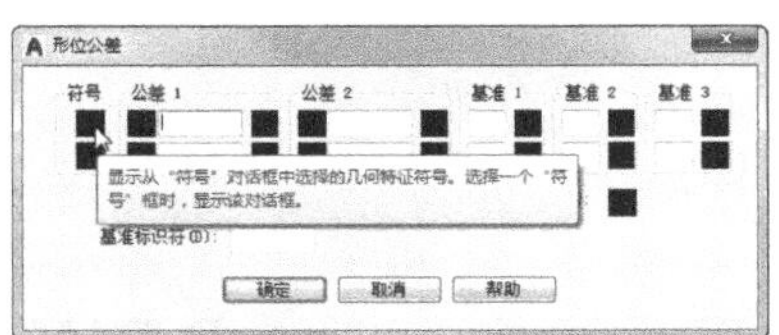

图 6-138　单击黑框

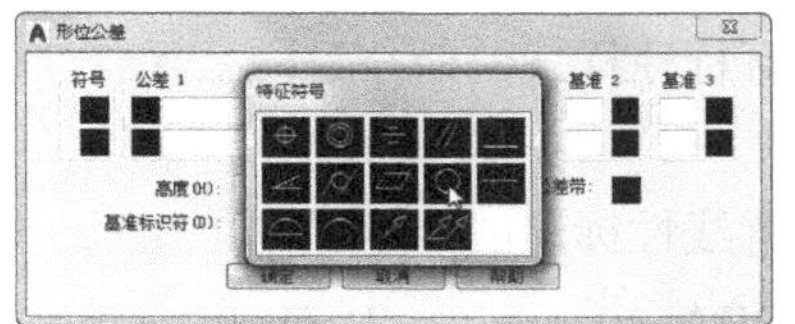

图 6-139　选择符号

(6) 单击【公差 1】参数栏中的第一个小黑框，其中将自动出现直径符号，然后在【公差 1】参数栏中的白色文本框里输入公差值 0.01，如图 6-140 所示。

(7) 单击【公差 1】参数栏中的第二个小黑框，打开【附加符号】对话框，从中选择【最小实体要求】附加符号，如图 6-141 所示。

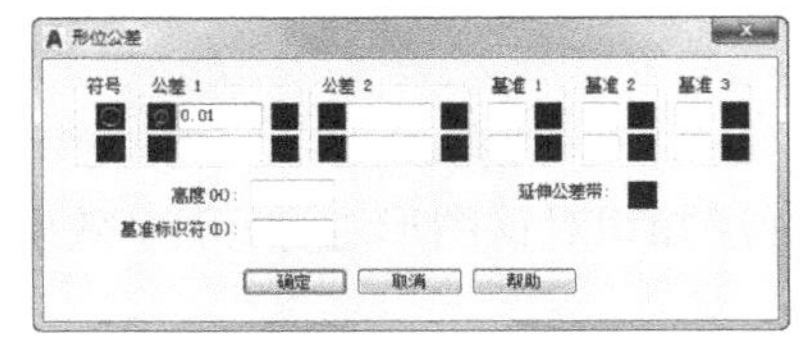

图 6-140　输入公差值

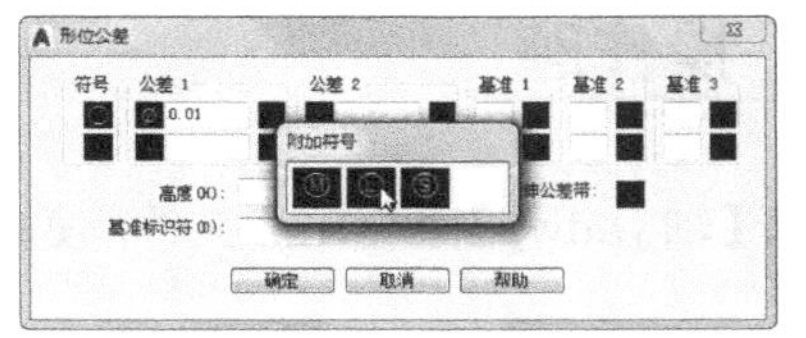

图 6-141　选择附加符号

(8) 在【形位公差】对话框中单击【确定】按钮，如图 6-142 所示，创建的形位公差效果如图 6-143 所示，完成本例的制作。

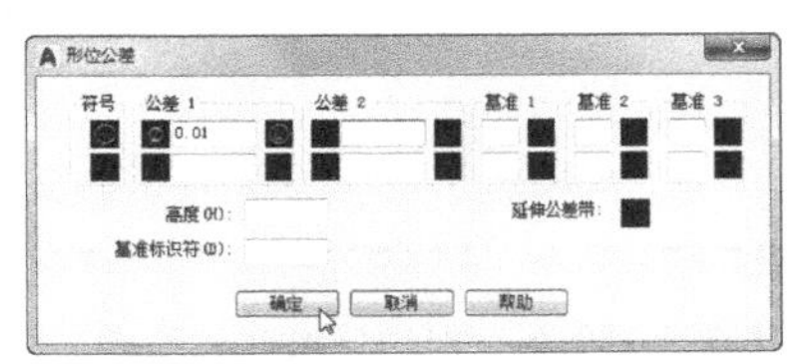

图 6-142　单击【确定】按钮

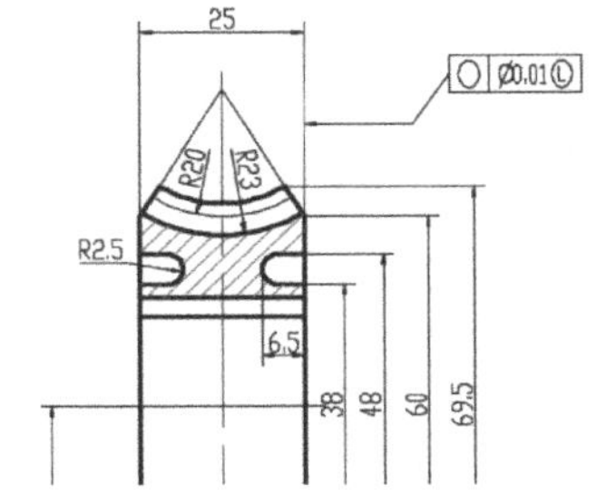

图 6-143　形位公差标注效果

6.9　思考与练习

6.9.1　填空题

1. 一般情况下，尺寸标注由尺寸界线、________、________、________和圆心标记组成。
2. ________是线性标注的一种形式，尺寸线始终与标注对象保持平行。
3. ________用于标注在同一方向上连续的线型或角度尺寸。
4. ________命令用于调整线性标注或角度标注之间的间距。

6.9.2 选择题

1. 执行标注样式的命令是(　　)。

A. A　　B. B　　C. C　　D. D

2. 执行线性标注的命令是(　　)。

A. DRA　　B. DLI　　C. DDI　　D. DAM

3. 执行半径标注的命令是(　　)。

A. DRM　　B. DLI　　C. DRA　　D. DIA

4. 执行快速引线的命令是(　　)。

A. Q　　B. QL　　C. ML　　D. M

6.9.3 操作题

1. 打开【轴盖.dwg】素材图形文件，使用所学的标注知识对该图形进行标注，效果如图 6-144 所示。

提示

先使用【标注样式】命令对尺寸标注的样式进行设置，然后使用【线性标注】和【直径标注】命令对图形进行长度和直径标注，再使用【快速引线】命令标注其中的 5 个小圆形和圆弧。

2. 打开【壳体.dwg】素材图形文件，使用所学的标注知识对该图形进行标注，效果如图 6-145 所示。

提示

首先设置标注样式，然后依次使用【线性】、【直径】、【角度】命令分别标注图形的长度、直径和弧度，并对直径标注文字进行修改。

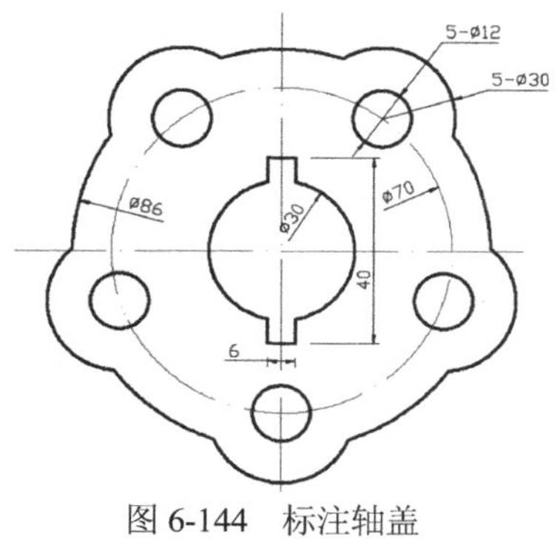

图 6-144　标注轴盖

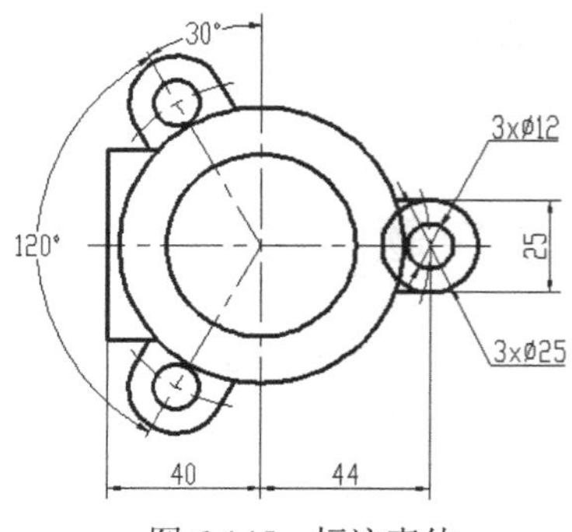

图 6-145　标注壳体

机械图形的文字与表格

学习目标

在机械制图中，文字与表格是重要的内容之一。在进行机械图形的绘制过程中，常常需要对图形进行文字注释和表格说明，如机械的加工要求、零部件的名称以及装配图明细表等。

本章重点

- 机械制图的字体要求
- 设置机械文字样式
- 创建机械注释文字
- 编辑机械注释文字
- 创建机械图形表格

7.1 机械制图的字体要求

在图样上除了要表达机件的形状外，还需要用各种文字来标注尺寸和说明设计、制作上的各项要求等，因此文字是图样的一个重要组成部分。

7.1.1 字体的书写要求

在机械制图中，对字体总的要求是易于辨认和书写，适当注意字体的美观。书写时必须认真细致，掌握要领。具体做到：字体工整、笔画清楚、间隔均匀和排列整齐。

7.1.2 字体的号数

在 AutoCAD 制图中，常用字体大小包括 20、14、10、7、5、3.5、2.5、1.8 八种号数，字体

的号数即字体的高度(单位:mm)。需要书写更大的字时，其字体高度应按 $\sqrt{2}$ 的比例递增。

7.1.3 常用字体示例

对机械图形进行文字说明时，主要有两种字体，一种是中文字体，另一种是数字及英文字母的字体。我国规定中文字按长仿宋字书写，字母和数字按规定的结构书写。

1. 中文字

在机械图样中，其中中文文字应采用国家正式公布执行的简化字，中文字的高度不应小于 3.5mm，其字体的宽度一般为 $h/\sqrt{2}$ 。

中文字的书写要求是：横平竖直、注意起落、结构均匀、填满方格，如图 7-1 所示。

横平竖直注意起落结构均匀填满
方格机械制图轴旋转技术要求键

图 7-1　中文字示例

2. 字母和数字

字母和数字主要分为斜体和直体两种。斜体字体的笔画宽度为字高的 1/14，其倾斜角度与水平线约成 75 度；直体字体的笔画宽度为字高的 1/10，即直体字体比斜体字体笔画粗一些，如图 7-2 所示。

大写斜体拉丁字母

ABCDEFGHIJKLMNOPQRSTUVWXYZ

小写斜体拉丁字母

abcdefghijklmnopqrstuvwxyz

A 型斜体阿拉伯数字　　B 型斜体阿拉伯数字

0123456789　　*0123456789*

A 型斜体罗马字母

I II III IV V VI VII VIII IX X

图 7-2　字母和数字斜体示例

7.2 创建机械注释文字

在创建文字注释的操作中，包括创建多行文字和单行文字。当输入文字对象时，将使用默认的文字样式，用户也可以在创建文字之前，对文字样式进行设置。

7.2.1　设置机械文字样式

AutoCAD 的文字拥有相应的文字样式。文字样式是用来控制文字基本形状的一组设置，包括文字的字体、字型和文字的大小。

执行【文字样式】命令有以下 3 种操作方法。

- 选择【格式】→【文字样式】命令。
- 在【默认】功能区展开【注释】面板，单击【文字样式】按钮，如图7-3所示。
- 执行 DDSTYLE 命令。

【练习 7-1】新建并设置文字样式。

(1) 执行【文字样式(DDSTYLE)】命令，打开【文字样式】对话框。

(2) 单击【文字样式】对话框中的【新建】按钮，打开【新建】对话框，在【样式名】文本框中输入新建文字样式的名称为“机械图形”，如图 7-4 所示。

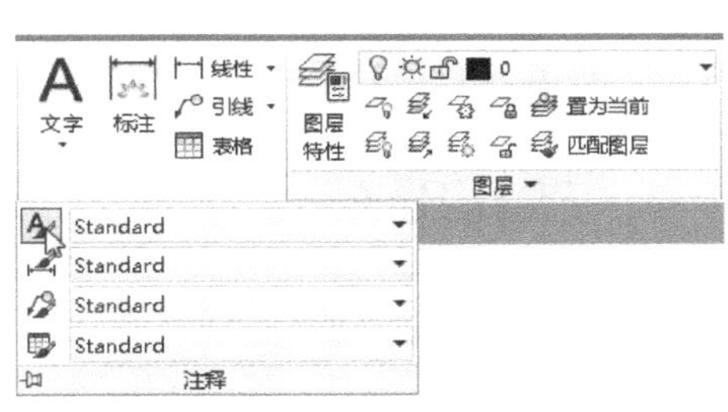

图 7-3　单击【文字样式】按钮

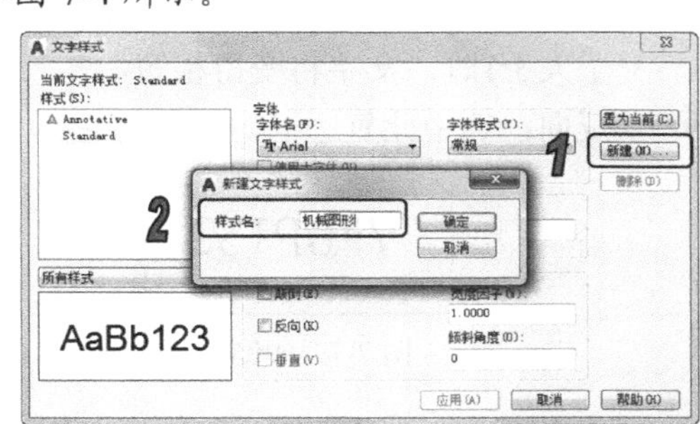

图 7-4　输入文字样式名称

提示

在【样式名】文本框中输入的新建文字样式的名称，不能与已经存在的样式名称重复。

(3) 单击【确定】按钮，即可创建新的文字样式。在样式名称列表框中将显示新建的文字样式，单击【字体名】列表框，在弹出的下拉列表中选择文字的字体，如图 7-5 所示。

(4) 在【大小】选项组中的【高度】文本框中输入文字的高度，如图 7-6 所示。在【效果】选项组中可以修改字体的【颠倒】、【反向】、【宽度因子】、【倾斜角度】等，然后单击【应用】按钮。

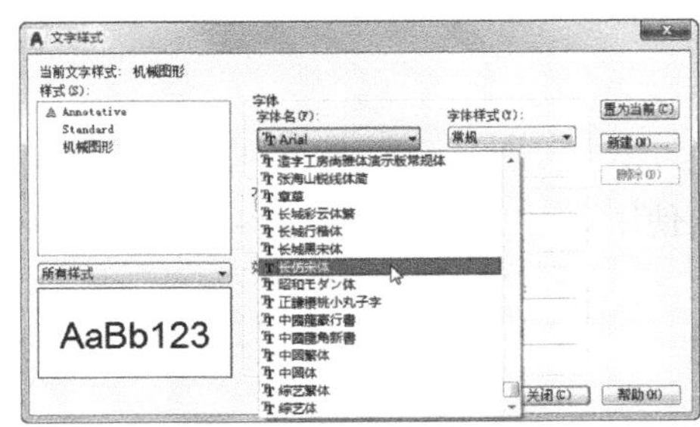

图 7-5　设置文字字体

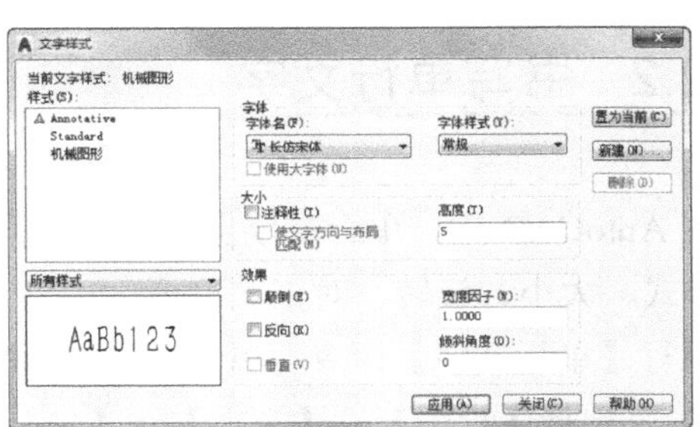

图 7-6　设置文字高度

【文字样式】对话框中主要选项的含义如下。

- 置为当前：将选择的文字样式设置为当前样式，在创建文字时，将使用该样式。
- 新建：创建新的文字样式。
- 删除：将选择的文字样式删除，但不能删除默认的 Standard 样式和正在使用的样式。
- 字体名：列出所有注册的中文字体和其他语言的字体名。
- 字体样式：在该列表中可以选择其他的字体样式。
- 高度：根据输入的值设置文字高度。如果输入 0.0，则每次用该样式输入文字时，系统都将提示输入文字高度。输入大于0.0的高度值则为该样式设置固定的文字高度。
- 颠倒：选中此复选框，在用该文字样式来标注文字时，文字将被垂直翻转，如图7-7所示。
- 宽度因子：在【宽度因子】文本框中可以输入作为文字宽度与高度的比例值。系统在标注文字时，会以该文字样式的高度值与宽度因子相乘来确定文字的高度。当宽度因子为1时，文字的高度与宽度相等；当宽度因子小于1时，文字将变得细长；当宽度因子大于1时，文字将变得粗短。
- 反向：选中此复选框，可以将文字水平翻转，使其呈镜像显示，如图7-8所示。

图 7-7　颠倒文字

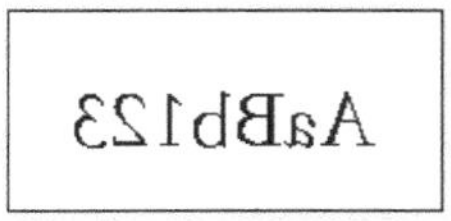

图 7-8　反向文字

- 垂直：选中此复选框，标注文字将沿竖直方向显示，如图7-9所示。该选项只有当字体支持双重定向时才可用，并且不能用于 TrueType 类型的字体。
- 倾斜角度：在【倾斜角度】文本框中输入的数值将作为文字旋转的角度，如图7-10所示。设置此数值为0时，文字将处于水平方向。文字的旋转方向为顺时针方向，也就是说当输入一个正值时，文字将会向右方倾斜。

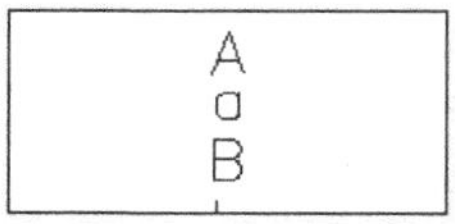

图 7-9　垂直排列

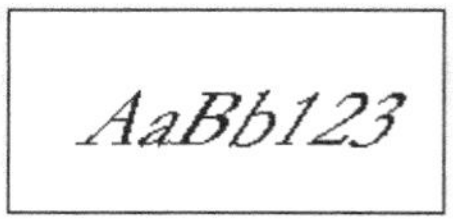

图 7-10　倾斜文字

7.2.2　书写单行文字

在 AutoCAD 中，单行文字主要用于制作不需要使用多种字体的简短内容，可以对单行文字进行样式、大小、旋转、对正等设置。

执行【单行文字】命令有以下 3 种常用操作方法。

- 选择【绘图】→【文字】→【单行文字】命令。

- 单击【注释】面板中的【多行文字】下拉按钮，选择【单行文字】工具 AI，如图7-11所示。
- 执行 TEXT(DT)命令。

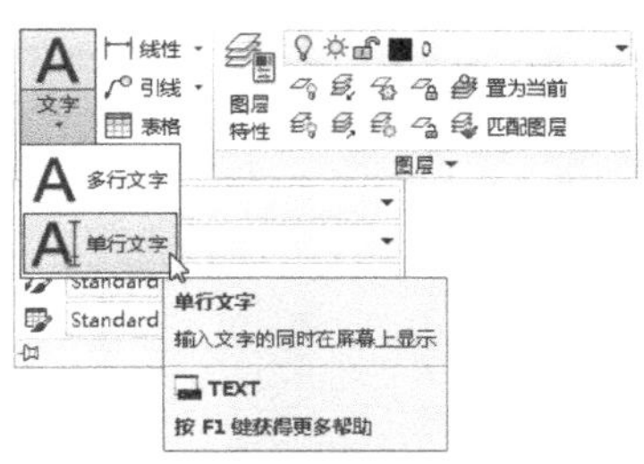

图 7-11　选择【单行文字】工具

执行 TEXT(DT)命令，系统将提示【指定文字的起点或[对正(J)/样式(S)]:】，其中的【对正】选项用于设置标注文本的对齐方式；【样式】选项用于设置标注文本的样式。

选择【对正】选项后，系统将提示：【[左(L)/居中(C)/右(R)/对齐(A)/中间(M)/布满(F)/左上(TL)/中上(TC)/右上(TR)/左中(ML)/正中(MC)/右中(MR)/左下(BL)/中下(BC)/右下(BR)]:】。其中主要选项的含义如下。

- 居中(C)：从基线的水平中心对齐文字，此基线是由用户给出的点指定的。
- 对齐(A)：通过指定基线端点来指定文字的高度和方向。
- 中间(M)：文字在基线的水平中点和指定高度的垂直中点上对齐。

【练习 7-2】使用【单行文字】命令书写【技术要求】文字。

(1) 执行 TEXT(DT)命令，在绘图区单击鼠标确定输入文字的起点，如图 7-12 所示。

(2) 当系统提示【指定高度 <>:】时，输入文字的高度为 20 并按空格键确定，如图 7-13 所示。

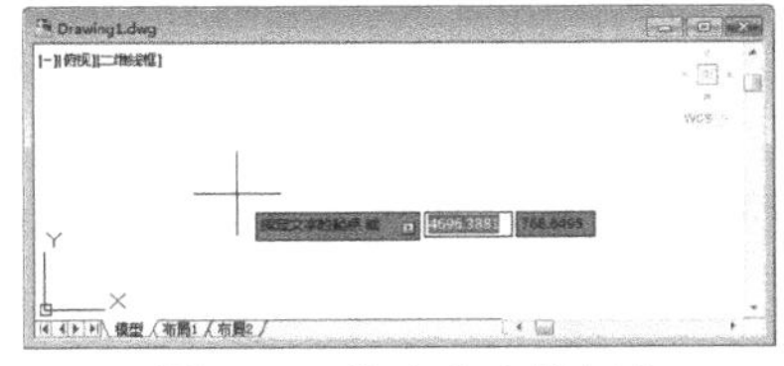

图 7-12　指定文字的起点

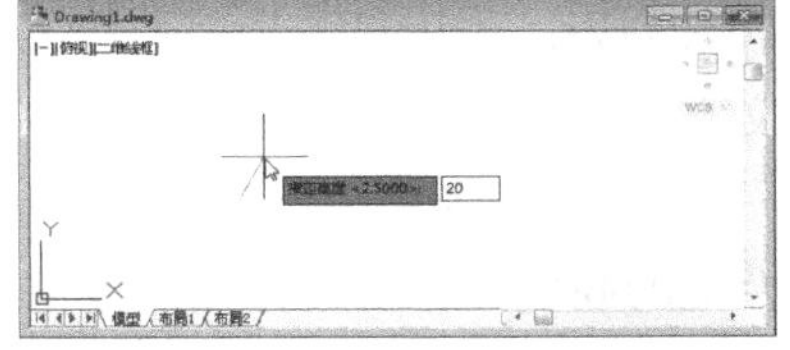

图 7-13　输入文字的高度

(3) 当系统提示【指定文字的旋转角度 <>:】时，输入文字的旋转角度为 0 并按空格键确定，如图 7-14 所示，此时将出现闪烁的光标，如图 7-15 所示。

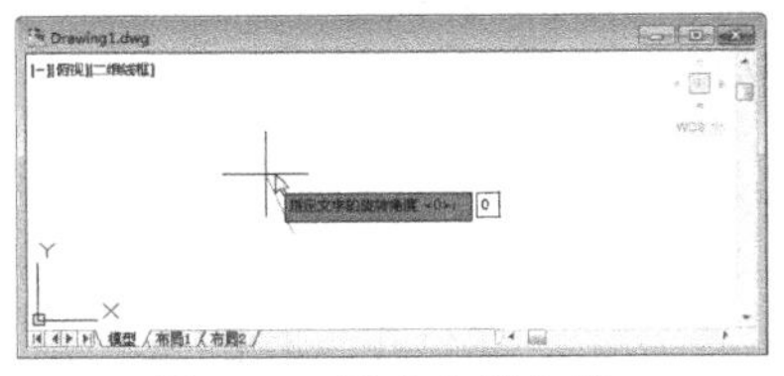

图 7-14　指定文字角度

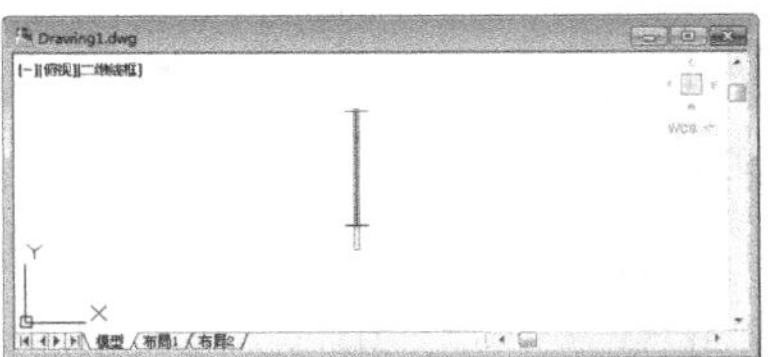

图 7-15　出现闪烁的光标

(4) 输入单行文字内容【技术要求】，如图 7-16 所示。

(5) 连续两次按下 Enter 键，或在文字区域外单击，即可完成单行文字的创建，如图 7-17 所示。

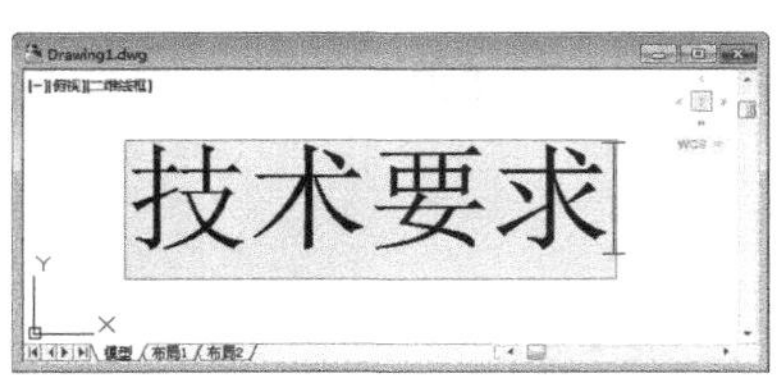

图 7-16　输入文字

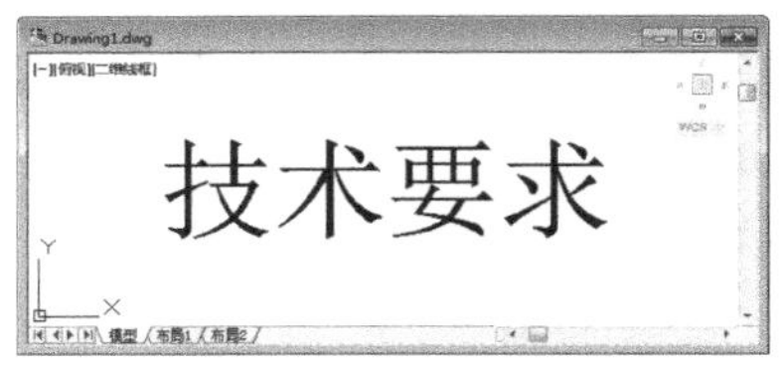

图 7-17　创建单行文字

7.2.3　书写多行文字

在 AutoCAD 中，多行文字是由沿垂直方向任意数目的文字行或段落构成的，可以指定文字行段落的水平宽度，主要用于制作一些复杂的说明性文字。

执行【多行文字】命令有以下 3 种常用操作方法。

- 选择【绘图】→【文字】→【多行文字】命令。
- 单击【注释】面板中的【多行文字】按钮A。
- 执行 MTEXT(T)命令。

执行【多行文字(T)】命令，然后进行拖动在绘图区指定一个文字区域，系统将弹出设置文字格式的【文字编辑器】功能区，如图 7-18 所示。

图 7-18　文字编辑器

在【文字编辑器】功能区中，主要选项的含义如下。

- 样式列表：用于设置当前使用的文本样式，可以从下拉列表框中选取一种已设置好的文本样式作为当前样式。
- 0.2000 文字高度：用于设置当前文字使用的字体高度。可以在下拉列表框中选取一种合适的高度，也可直接输入数值。
- Arial 字体：在该下拉列表中可以选择当前文字使用的字体类型。
- B、I、U、Ō：用于设置标注文本是否加粗、倾斜、加下划线、加上划线。反复单击这些按钮，可以在打开与关闭相应功能之间进行切换。
- ByLayer 颜色：在下拉列表中可以选择当前使用的文字颜色。
- 多行文字对正：显示【多行文字对正】列表选项，有9个对齐选项可用，如图7-19所示。
- 默认、左对齐、居中、右对齐、对正和分布：设置当前段落或选定段落的默认、左、中或右文字边界的对正和对齐方式。甚至在一行的末尾输入的空格，都会影响行的对正。
- 项目符号和编号：显示【项目符号和编号】菜单，显示用于创建列表的选项。
- 行距：显示建议的行距选项，用于在当前段落或选定段落中设置行距。

- 【查找和替换】按钮：单击该按钮，将打开【查找和替换】对话框，在该对话框中可以进行查找和替换文本的操作。
- 标尺：单击该按钮，将在文字编辑框顶部显示标尺。拖动标尺末尾的箭头可更改多行文字对象的宽度，如图7-20所示。

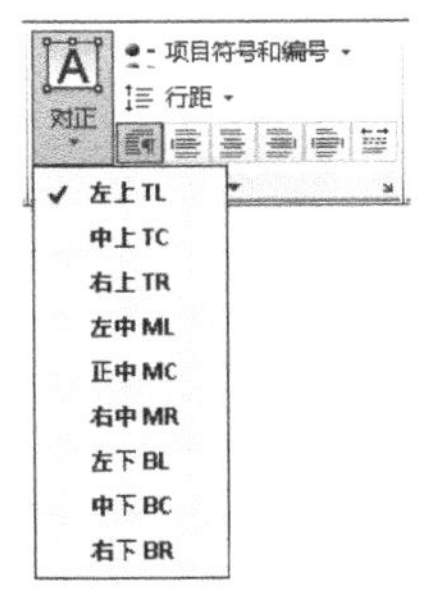

图 7-19 【对正】菜单

图 7-20　显示标尺

- 撤销：单击该按钮，用于撤销上一步操作。
- 恢复：单击该按钮，用于恢复上一步操作。

提示

使用 MTXET 创建的文本，无论是多少行，都将作为一个实体，可以对它进行整体选择和编辑；而使用 TEXT 命令输入多行文字时，每一行都是一个独立的实体，只能单独对每行进行选择和编辑。

【练习 7-3】使用【多行文字】命令创建段落文字。

(1) 执行 MTEXT(T)命令，在绘图区指定文字区域的第一个角点，如图 7-21 所示，然后进行拖动指定对角点，确定创建文字的区域，如图 7-22 所示。

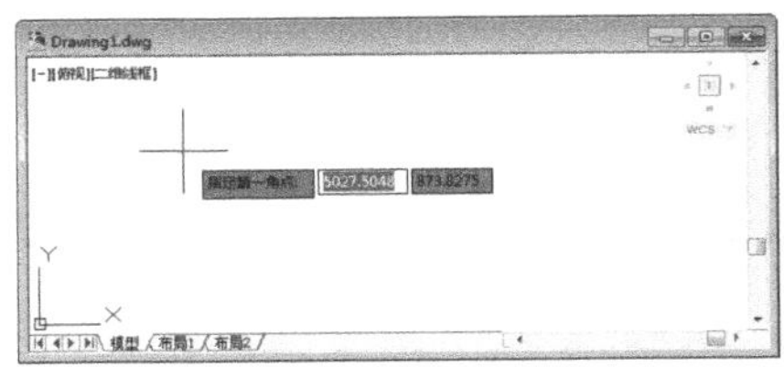

图 7-21　指定第一个角点

图 7-22　指定输入文字区域

(2) 在【文字编辑器】功能区中设置文字的字体、高度和颜色等参数，如图 7-23 所示。

图 7-23　设置字体参数

(3) 在文字输入窗口中输入文字内容，如图 7-24 所示，然后单击【文字编辑器】功能区中的【关闭】按钮，完成多行文字的创建。

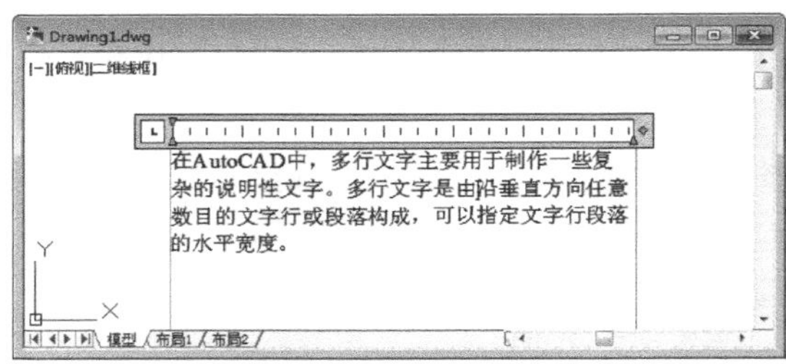

图 7-24　输入文字内容

7.2.4　书写特殊字符

在文本标注的过程中，有时需要输入一些控制码和专用字符，AutoCAD 根据用户的需要提供了一些特殊字符的输入方法。AutoCAD 提供的特殊字符内容如表 7-1 所示。

表 7-1　特殊字符

特殊字符	输入方式	字符说明
±	%%p	公差符号
‾	%%o	上画线
_	%%u	下画线
%	%%%	百分比符号
Φ	%%c	直径符号
°	%%d	度

7.3　编辑机械注释文字

用户在书写文字内容时，难免会出现一些错误，或者后期对于文字的参数进行修改时，都需要对文字进行编辑操作。

7.3.1　编辑文字内容

选择【修改】→【对象】→【文字】命令，或者执行 DDEDIT(ED)命令，可以增加或替换字符，以实现修改文本内容的目的。

【练习 7-4】将【机械】文字改为【法兰盘】。

(1) 创建一个内容为【机械】的单行文字。

(2) 执行 DDEDIT 命令，选择要编辑的文本【机械】，如图 7-25 所示。

(3) 在激活文字内容【机械】后，拖动选择【机械】文字，如图 7-26 所示。

图 7-25　选择对象

图 7-26　选取文字

(4) 输入新的文字内容【法兰盘】，如图 7-27 所示。

(5) 连续两次按下 Enter 键进行确定，完成文字的修改，效果如图 7-28 所示。

图 7-27　修改文字内容

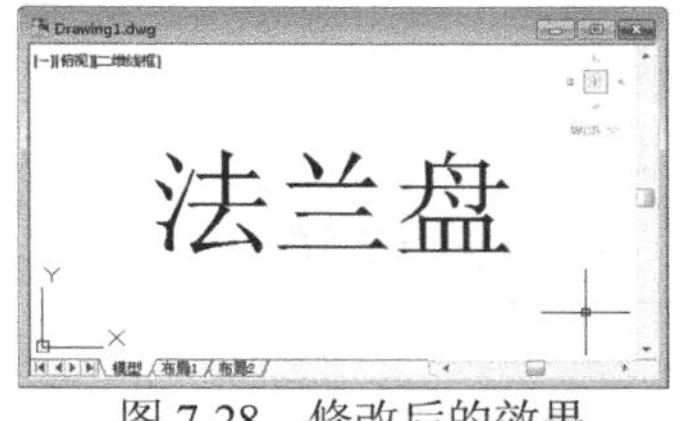

图 7-28　修改后的效果

7.3.2　编辑文字特性

使用【多行文字】命令创建的文字对象，可以通过执行 DDEDIT(ED)命令，在打开的【文字编辑器】功能区中修改文字的特性。但是 DDEDIT 命令不能修改单行文字的特性，单行文字的特性需要在【特性】选项板中进行修改。

打开【特性】选项板可以使用以下两种操作方法。

- 选择【修改】→【特性】命令。
- 执行 PROPERTIES(PR)命令。

【练习 7-5】修改【技术要求】单行文字的角度和高度。

(1) 使用【单行文字(DT)】命令创建【技术要求】文字内容，设置文字的高度为 30，如图 7-29 所示。

(2) 执行 PROPERTIES(PR)命令，打开【特性】选项板，选择创建的文字，在该选项板中将显示文字的特性，如图 7-30 所示。

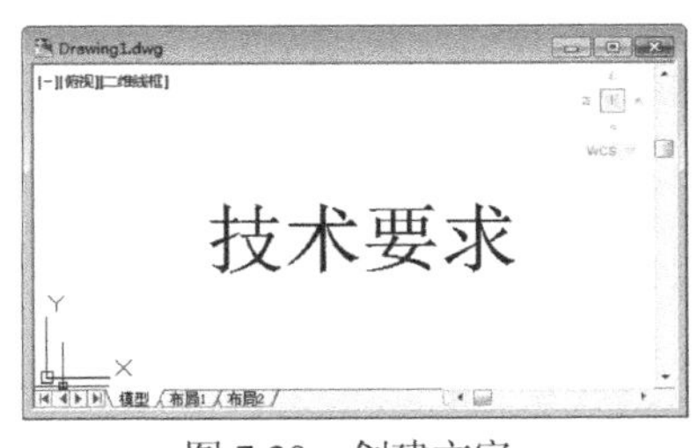

图 7-29　创建文字

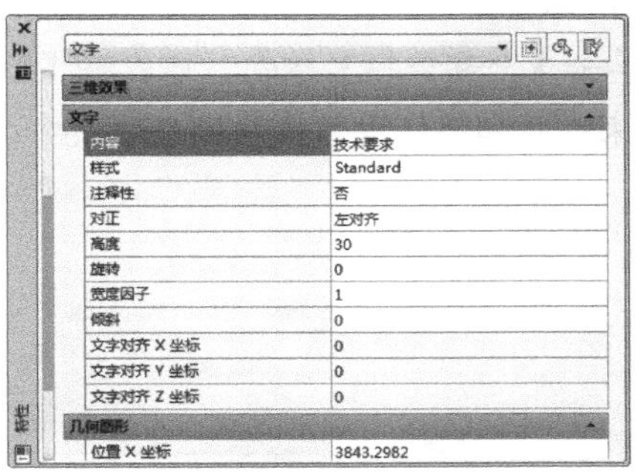

图 7-30　【特性】选项板

(3) 在【特性】选项板中设置文字旋转角度为 15°、文字高度为 50，如图 7-31 所示。修改后的文字效果如图 7-32 所示。

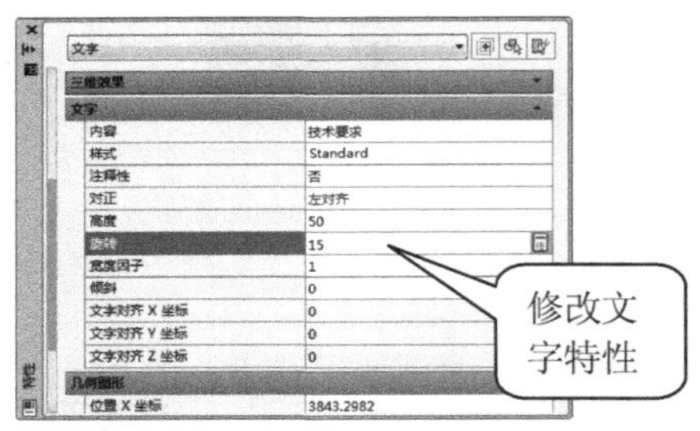

图 7-31　设置文字特性

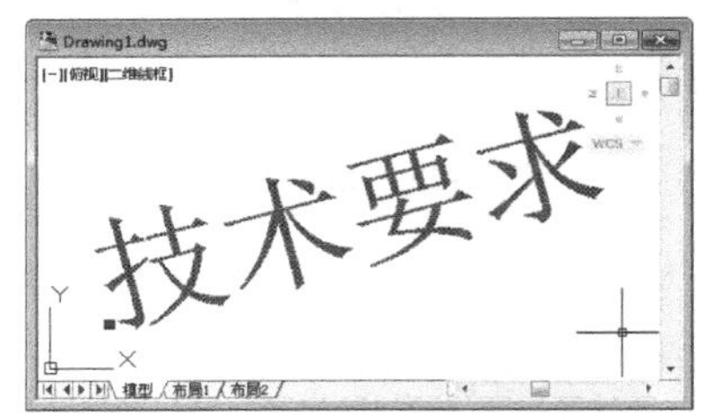

图 7-32　修改后的效果

7.3.3　查找和替换文字

在 AutoCAD 中可以对文本内容进行查找和替换操作。执行【查找】命令有如下两种常用操作方法。

- ◉　选择【编辑】→【查找】命令。
- ◉　执行 FIND 命令。

【练习 7-6】查找【绘图】文字内容，并将其替换为【制图】文字。

(1) 使用【多行文字(MT)】命令创建一段如图 7-33 所示的文字内容。

(2) 执行 FIND 命令，打开 【查找和替换】对话框，在【查找内容】文本框中输入文字【绘图】，然后在【替换为】文本框中输入文字【制图】，如图 7-34 所示。

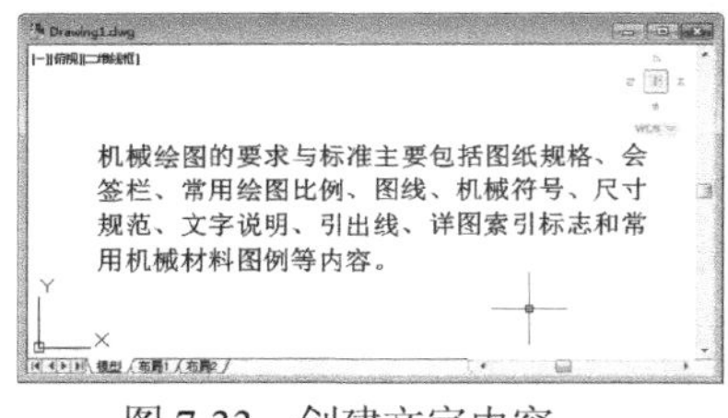

图 7-33　创建文字内容

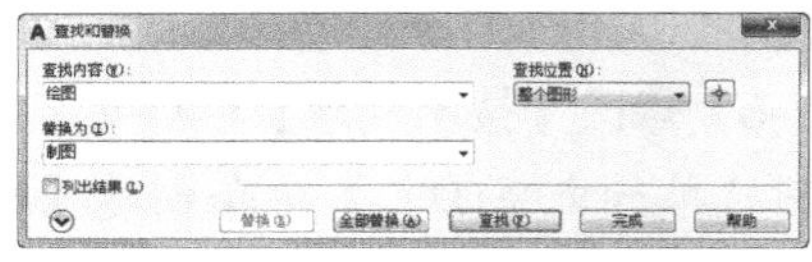

图 7-34　输入查找与替换的内容

(3) 单击【查找】按钮，将查找到图形中的第一个文字对象，并在窗口正中间显示该文字，如图 7-35 所示。

(4) 单击【全部替换】按钮，可以将【绘图】文字全部替换为【制图】文字，单击【完成】按钮，结束查找和替换操作，替换后的文字效果如图 7-36 所示。

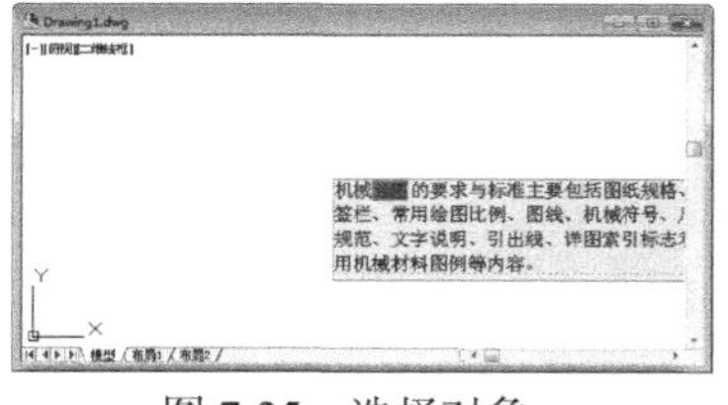

图 7-35　选择对象

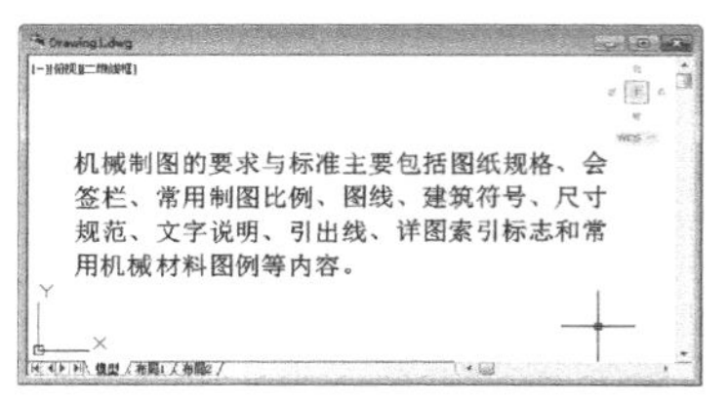

图 7-36　替换后的文字

提示

在【查找和替换】对话框中单击【更多】按钮，可以展示更多的选项内容，可以应用【区分大小写】、【使用通配符】和【半/全角】等选项。

7.4　创建机械图形表格

表格是在行和列中包含数据的复合对象，可用于绘制图纸中的标题栏和装配图明细栏。用户可以通过空的表格或表格样式创建表格对象。

7.4.1　表格样式

在创建表格之前可以先根据需要设置表格的样式，执行【表格样式】命令的常用操作方法有如下 3 种。

- 选择【格式】→【表格样式】命令。
- 单击【注释】面板中的【表格样式】按钮。
- 执行 TABLESTYLE 命令。

执行【表格样式(TABLESTYLE)】命令，打开【表格样式】对话框。在该对话框中可以修改当前表格样式，也可以新建和删除表格样式，如图 7-37 所示。

图 7-37　【表格样式】对话框

【表格样式】对话框中主要选项的含义如下。

- 当前表格样式：显示应用于所创建表格的表格样式的名称，STANDARD 为默认的表格样式。
- 样式：显示表格样式列表，当前样式被亮显。

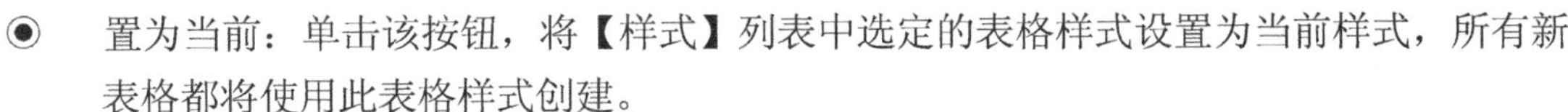

- 置为当前：单击该按钮，将【样式】列表中选定的表格样式设置为当前样式，所有新表格都将使用此表格样式创建。
- 新建：单击该按钮，将打开【创建新的表格样式】对话框，从中可以定义新的表格样式。
- 修改：单击该按钮，将打开【修改表格样式】对话框，从中可以修改表格样式。
- 删除：单击该按钮，将删除【样式】列表中选定的表格样式，但不能删除图形中正在使用的样式。

【练习 7-7】新建【虎钳装配明细】表格样式。

(1) 执行【表格样式(TABLESTYLE)】命令，打开【表格样式】对话框，单击【新建】按钮。

(2) 在打开的【创建新的表格样式】对话框中输入新的表格样式名称【虎钳装配明细】，然后单击【继续】按钮，如图 7-38 所示。

(3) 打开【新建表格样式】对话框，该对话框用于设置新表格样式的参数，如图 7-39 所示。设置好新样式的参数后，单击【确定】按钮，即可创建新的表格样式。

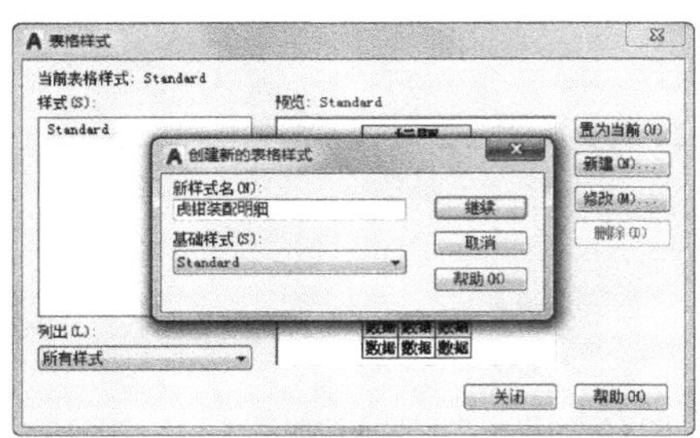

图 7-38　新建表格样式

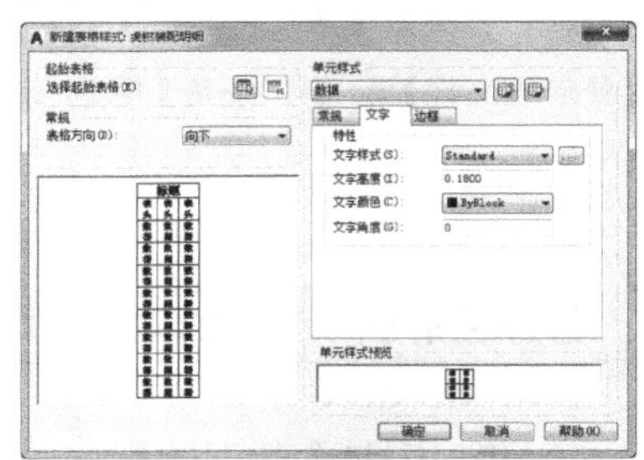

图 7-39　设置表格样式

7.4.2　创建表格

用户可以从空表格或表格样式创建表格对象。完成表格的创建后，用户可以单击该表格上的任意网格线选中该表格，然后通过【特性】选项板或夹点编辑修改该表格对象。

执行【表格】命令通常有以下 3 种常用操作方法。

- 选择【绘图】→【表格】命令。
- 单击【注释】面板中的【表格】按钮。
- 执行 TABLE 命令。

执行【表格(TABLE)】命令，打开【插入表格】对话框，可以在此设置创建表格的参数，如图 7-40 所示。

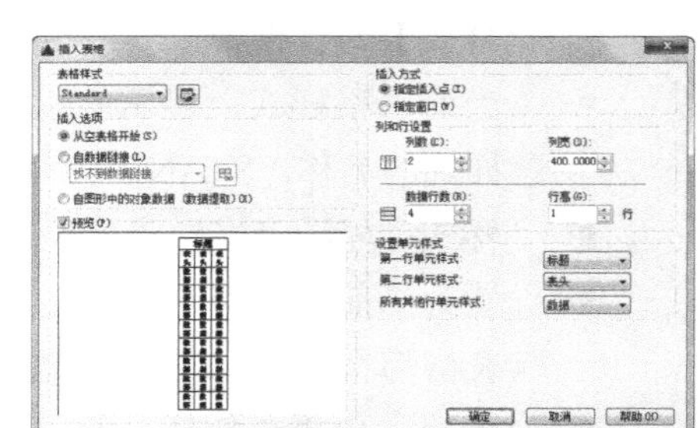

图 7-40　【插入表格】对话框

【插入表格】对话框中主要选项的含义如下。

- 表格样式：选择表格样式。通过单击下拉列表旁边的按钮，用户可以创建新的表格样式。
- 从空表格开始：创建可以手动填充数据的空表格。
- 自数据链接：通过外部电子表格中的数据创建表格。
- 指定插入点：选中该单选按钮，指定表格左上角的位置。可以使用定点设备，也可以在命令提示下输入坐标值。
- 指定窗口：选中该单选按钮，指定表格的大小和位置。
- 列和行设置：设置列和行的数目和大小。
- 列数：选中【指定窗口】单选按钮并指定列宽时，【自动】选项将被选定，且列数由表格的宽度控制。
- 列宽：指定列的宽度。

- 数据行数：选中【指定窗口】单选按钮并指定行高时，则选定【自动】选项，且行数由表格的高度控制。带有标题行和表格头行的表格样式最少应有三行。最小行高为一个文字行。如果已指定包含起始表格的表格样式，则可以选择要添加到此起始表格的其他数据行的数量。
- 行高：按照行数指定行高。文字行高基于文字高度和单元边距，这两项均在表格样式中设置。
- 设置单元样式：对于那些不包含起始表格的表格样式，可以指定新表格中行的单元格式。
- 第一行单元样式：指定表格中第一行的单元样式。在默认情况下，将使用标题单元样式。
- 第二行单元样式：指定表格中第二行的单元样式。在默认情况下，将使用表头单元样式。
- 所有其他行单元样式：指定表格中所有其他行的单元样式。默认情况下，使用数据单元样式。
- 标题：保留新插入表格中的起始表格表头或标题行中的文字。
- 表格：对于包含起始表格的表格样式，从插入时保留的起始表格中指定表格元素。
- 数据：保留新插入表格中的起始表格数据行中的文字。

【练习 7-8】创建表格及文字内容。

(1) 选择【绘图】→【表格】命令，打开【插入表格】对话框，在【表格样式】下拉列表框中选择表格样式。

(2) 设置列数为 5、列宽为 100、数据行数为 6、行高为 1，在【第二行单元样式】下拉列表框中选择【数据】选项，如图 7-41 所示。

(3) 在绘图区指定插入表格的位置，即可创建指定列数和行数的表格，如图 7-42 所示。

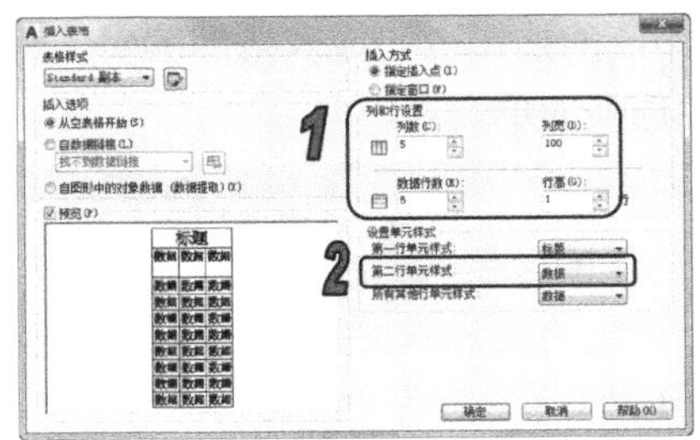

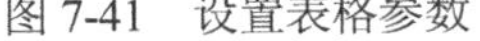

图 7-41　设置表格参数

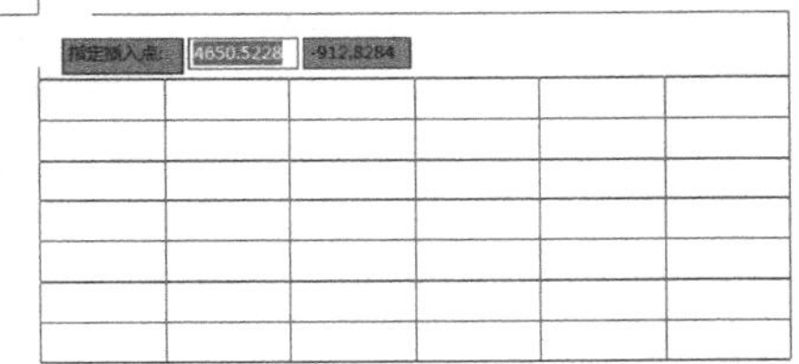

图 7-42　插入表格

(4) 在表格中输入文字，如图 7-43 所示，然后在表格以外的区域单击，即可完成表格的绘制，如图 7-44 所示。

提示

在【插入表格】对话框中虽设置的数据行数为 6，但是第一行为标题对象，第二行为表头对象，因此再加上另外 6 行数据行，插入的表格拥有 8 行对象。

	A	B	C	D	E
1	输入标题文字				
2					
3					
4					
5					
6					
7					
8					

图 7-43　输入文字

输入标题文字				

图 7-44　创建的表格

7.4.3　编辑表格

创建好表格后，还可以对表格进行编辑，包括编辑表格中的数据、编辑表格和单元格。例如，在表格中插入行和列，或将相邻的单元格进行合并等。

1. 编辑表格文字

使用表格功能，可以快速完成如标题栏和明细表等表格类图形的绘制，完成表格操作后，可以对表格内容进行编辑。执行编辑表格文字命令，选择要编辑的文字，可以修改文字的内容，还可以在打开的【文字编辑器】功能区中设置文字的对正方式。

执行编辑表格文字的操作有如下两种常用操作方法。

- ◉　双击要进行编辑的表格文字，使其呈可编辑状态。
- ◉　执行 TABLEDIT 命令。

2. 编辑表格和单元格

在【表格单元】功能区中可以对表格进行编辑操作。插入表格后，选择表格中的任意单元格，可打开如图 7-45 所示的【表格单元】功能区，单击相应的按钮可完成表格的编辑。例如选中多个相邻的单元格，单击【合并单元】按钮，可以合并选择的单元格。

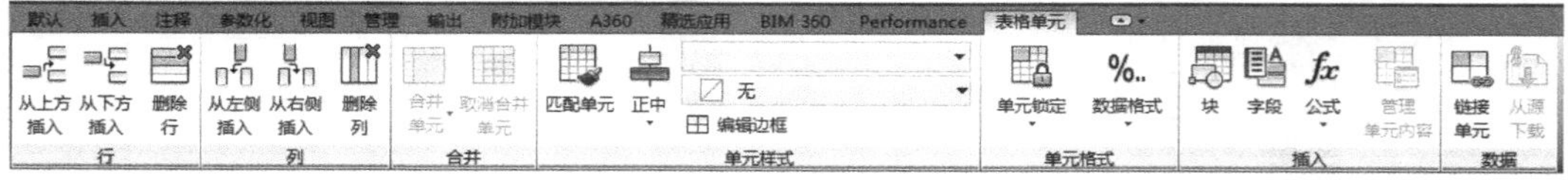

图 7-45　【表格单元】功能区

【选项说明】

- ◉　行：单击按钮，将在当前单元格上方插入一行单元格；单击按钮，将在当前单元格下方插入一行单元格；单击按钮，将删除当前单元格所在的行。
- ◉　列：单击按钮，将在当前单元格左侧插入一列单元格；单击按钮，将在当前单元格右侧插入一列单元格；单击按钮，将删除当前单元格所在的列。
- ◉　合并单元：当选择多个连续的单元格时，单击按钮，在弹出的下拉列表中选择相应的合并方式，可以对选择的单元格进行全部合并。

- 取消合并单元：选择合并后的单元格，单击▦按钮可取消合并的单元格。
- 公式：单击该按钮，在弹出的下拉列表中可以选择一种运算方式对所选单元格中的数据进行运算。

7.5　上机实战

本小节练习创建法兰盘图形中的技术要求文字和创建千斤顶装配明细表，巩固所学的文字和表格知识。

7.5.1　创建技术要求文字

本例将结合前面所学的文字内容，在图 7-46 所示法兰盘图形中书写技术要求文字，完成后的效果如图 7-47 所示。首先设置文字样式，然后使用【多行文字】命令书写技术要求文字内容。

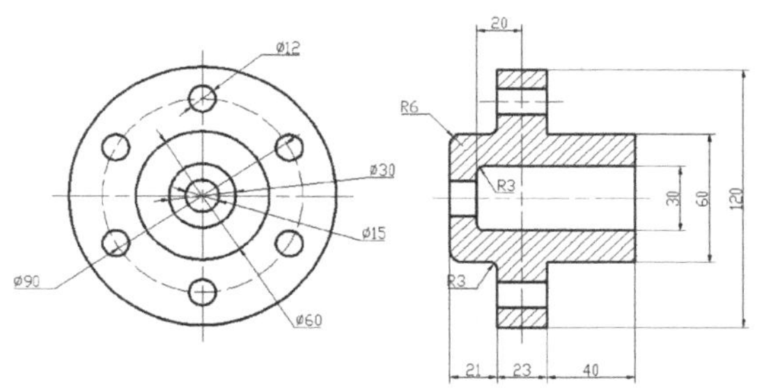

图 7-46　法兰盘

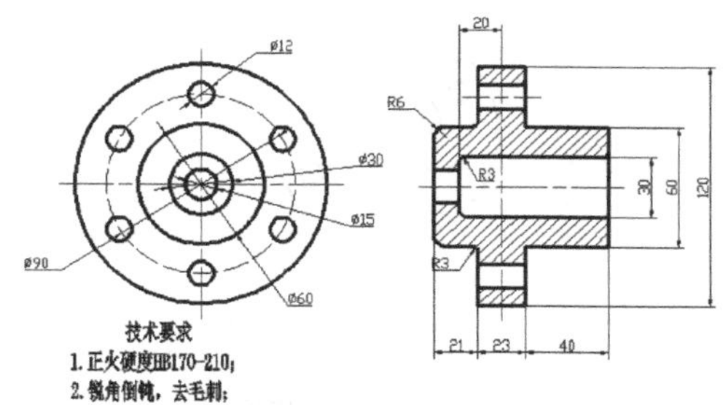

图 7-47　书写文字

绘制本例图形的具体操作步骤如下。

(1) 打开【法兰盘.dwg】文件。

(2) 选择【格式】→【文字样式】命令，打开【文字样式】对话框，单击【新建】按钮，如图 7-48 所示。

(3) 在打开的【新建文字样式】对话框中输入【技术要求】，然后单击【确定】按钮，如图 7-49 所示。

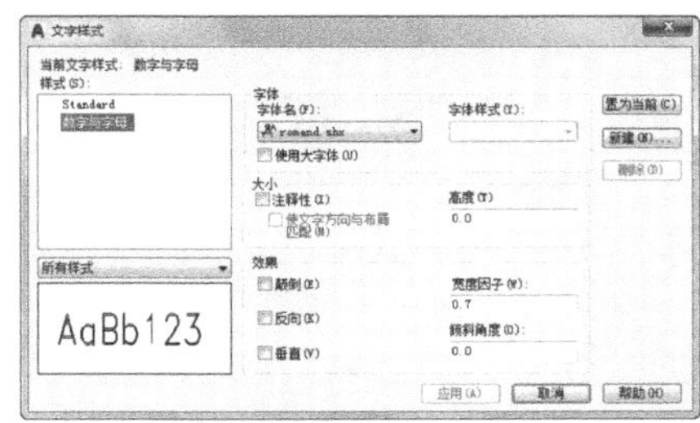

图 7-48　单击【新建】按钮

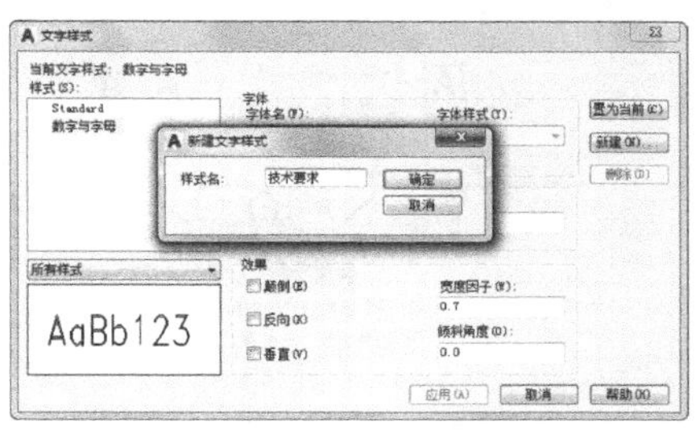

图 7-49　新建文字样式

(4) 返回【文字样式】对话框，在【字体】选项组的【字体名】下拉列表中选择【长仿宋体】选项，在【大小】选项组的【高度】文本框中输入 7，然后单击【应用】按钮，如图 7-50 所示。再关闭【文字样式】对话框。

(5) 执行【多行文字(T)】命令，在绘图区中拾取一点，指定多行文字的起点，如图 7-51 所示。

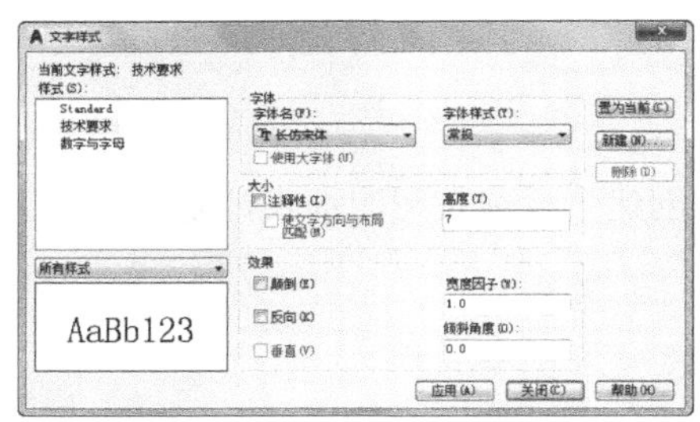

图 7-50　设置文字样式格式

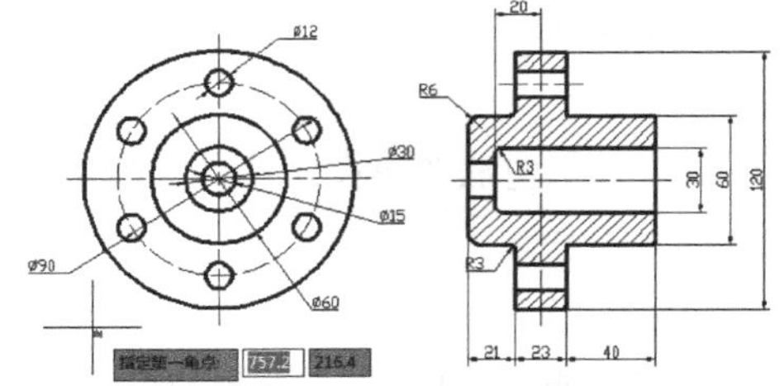

图 7-51　指定多行文字起点

(6) 将十字光标向右下方移动，指定文字区域的对角点，如图 7-52 所示。打开【文字编辑器】功能区和多行文字编辑框。

(7) 在文字编辑框中书写技术要求的文字内容，如图 7-53 所示。

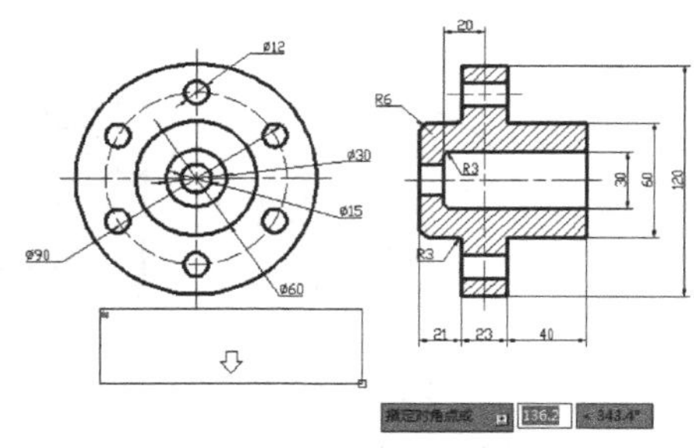

图 7-52　指定多行文字对角点

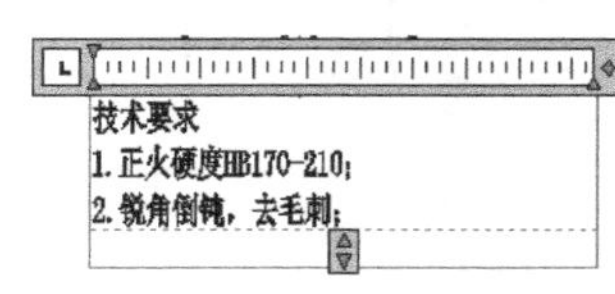

图 7-53　输入文字内容

(8) 选择【技术要求】标题内容，单击【文字编辑器】功能区中的【居中】按钮，将标题文字居中显示，如图 7-54 所示。

(9) 在多行文字编辑框中选择技术要求的文字内容，再单击【文字编辑器】功能区中的【段落】按钮，打开【段落】对话框。在【左缩进】选项组的【悬挂】文本框中输入8，如图7-55所示，单击【确定】按钮。

(10) 返回【文字编辑器】功能区和多行文字编辑框，在【文字编辑器】功能区中单击【关闭】按钮，结束多行文字的创建，完成法兰盘零件技术要求的书写操作。

图 7-54　将标题居中显示

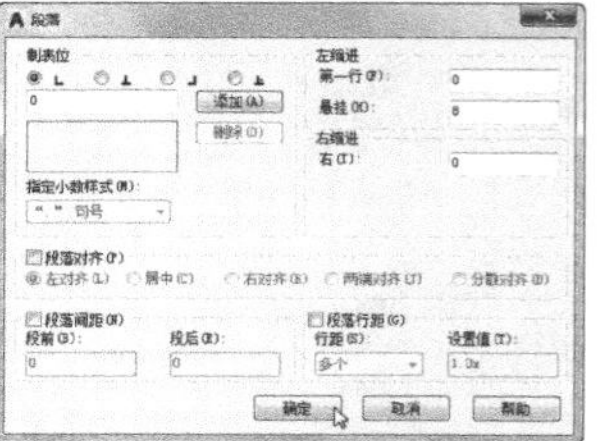

图 7-55　设置悬挂

7.5.2　创建装配明细表

本例将结合前面所学的表格知识，创建千斤顶装配明细表，完成后的效果如图 7-56 所示。首先设置表格的样式，然后插入表格，最后创建和编辑表格。

千斤顶装配明细表					
序号	图号	名称	数量	材料	备注
1	1-01	螺套	1	QA19-4	
2	1-02	螺栓	1	35钢	GB/T73-1985
3	1-03	绞杆	1	Q215	
4	1-04	螺杆	1	255	
5	1-05	底座	1	HT200	GB/T75-1985
6	1-06	顶垫	1	Q275	

图 7-56　千斤顶装配明细表

绘制本例图形的具体操作步骤如下。

(1) 选择【格式】→【表格样式】命令，打开【表格样式】对话框。单击【新建】按钮，在打开的【创建新的表格样式】对话框中输入新的表格样式名称【千斤顶装配明细表】，然后单击【继续】按钮，如图 7-57 所示。

(2) 在打开的【新建表格样式】对话框中单击【单元样式】下拉列表框，然后选择【标题】选项，如图 7-58 所示。

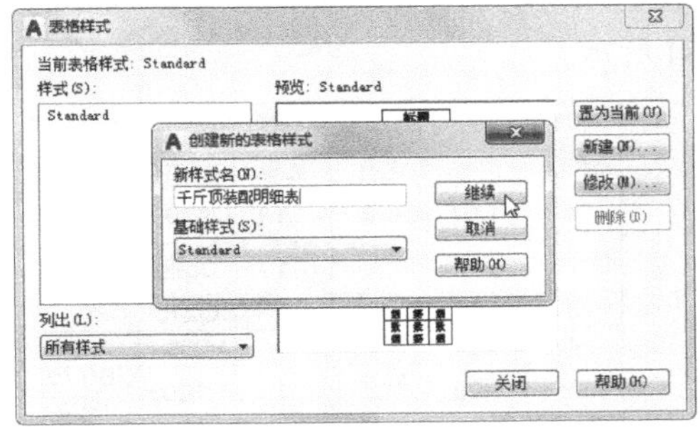

图 7-57　新建表格样式

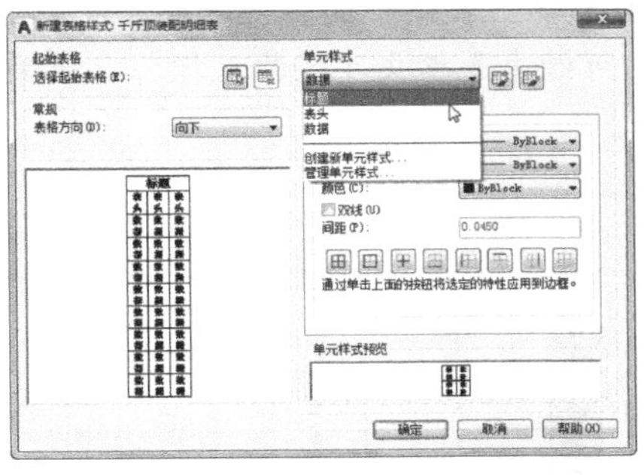

图 7-58　选择【标题】选项

(3) 选择【文字】选项卡，设置文字的高度为 80，文字的颜色为黑色，如图 7-59 所示。

(4) 选择【边框】选项卡，设置颜色为黑色，单击【所有边框】按钮田，如图 7-60 所示。

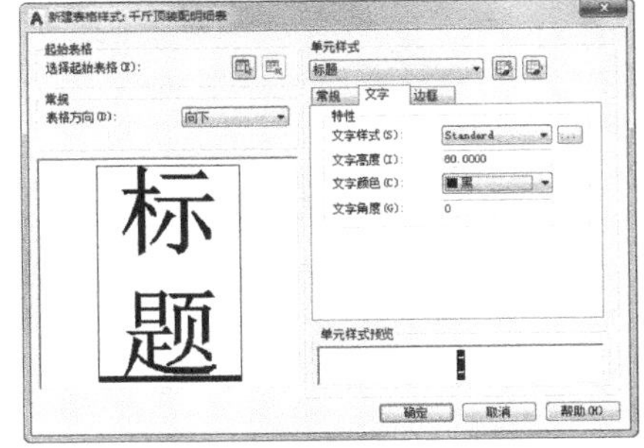

图 7-59　设置标题文字

图 7-60　设置标题边框

(5) 在【单元样式】下拉列表框中选择【数据】选项，再选择【文字】选项卡，设置文字的高度为 50，文字的颜色为黑色，如图 7-61 所示。

(6) 选择【边框】选项卡，设置数据所有边框为黑色，然后关闭【表格样式】对话框。

(7) 选择【绘图】→【表格】命令，打开【插入表格】对话框。在【表格样式】下拉列表框中选择前面创建的【千斤顶装配明细表】表格样式。

(8) 设置列数为 6、列宽为 200、数据行数为 6、行高为 1，在【第二行单元样式】下拉列表框中选择【数据】选项，如图 7-62 所示。

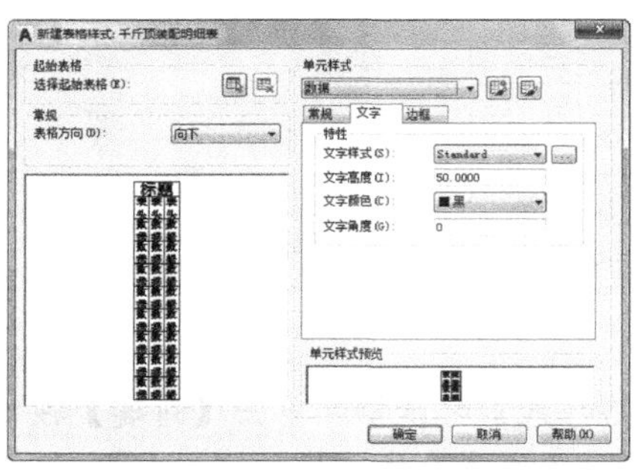

图 7-61　设置数据文字

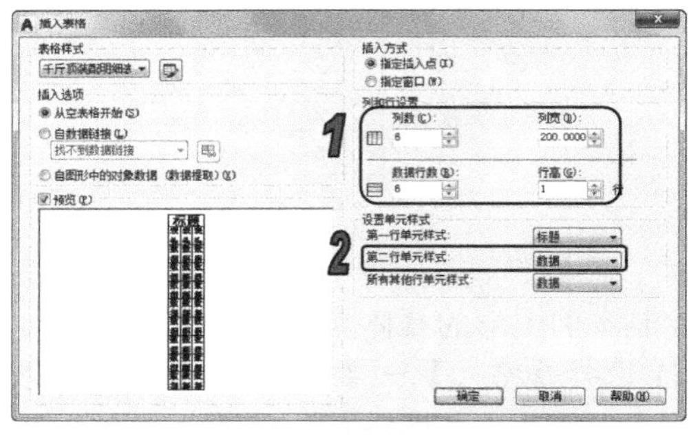

图 7-62　设置表格参数

(9) 在绘图区指定插入表格的位置，即可创建一个指定列数和行数的表格，然后输入标题内容【千斤顶装配明细表】，如图 7-63 所示。

(10) 单击表格中的其他单元格将其选中，直接输入需要的文字，然后在表格以外的地方单击，即可结束表格文字的输入操作，效果如图 7-64 所示。

图 7-63　输入标题内容

千斤顶装配明细表					
序号	图号	名称	数量	材料	备注
1	1-01	螺套	1	QA19-4	
2	1-02	螺栓	1	35钢	GB/T73-1985
3	1-03	绞杆	1	Q215	
4	1-04	螺杆	1	255	
5	1-05	底座	1	HT200	GB/T75-1985
6	1-06	顶垫	1	Q275	

图 7-64　输入数据内容

(11) 选择表格对象，将光标移动到表格右下角，如图 7-65 所示，然后向右拖动表格右下角的调节按钮，对表格的宽度进行调整，效果如图 7-66 所示。

	A	B	C	D	E	F
1	千斤顶装配明细表					
2	序号	图号	名称	数量	材料	备注
3	1	1-01	螺套	1	QA19-4	
4	2	1-02	螺栓	1	35钢	GB/T73-1985
5	3	1-03	绞杆	1	Q215	
6	4	1-04	螺杆	1	255	
7	5	1-05	底座	1	HT200	GB/T75-1985
8	6	1-06	顶垫	1	Q275	

图 7-65　选中表格

	A	B	C	D	E	F
1	千斤顶装配明细表					
2	序号	图号	名称	数量	材料	备注
3	1	1-01	螺套	1	QA19-4	
4	2	1-02	螺栓	1	35钢	GB/T73-1985
5	3	1-03	绞杆	1	Q215	
6	4	1-04	螺杆	1	255	
7	5	1-05	底座	1	HT200	GB/T75-1985
8	6	1-06	顶垫	1	Q275	

图 7-66　调整表格宽度

(12) 在【备注】列选择如图 7-67 所示的 3 个单元格。

(13) 在打开的【表格单元】功能区中单击【合并单元】下拉按钮，然后选择【合并全部】选项，如图 7-68 所示。

数量	材料	备注
1	QA19-4	
1	35钢	GB/T73-1985
1	Q215	
1	255	
1	HT200	GB/T75-1985
1	Q275	

图 7-67　选中单元格

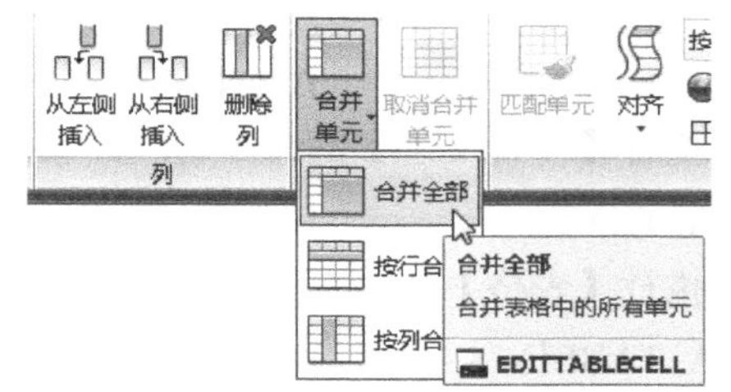

图 7-68　选择【合并全部】选项

(14) 合并单元格的效果如图 7-69 所示。然后合并下方的两个单元格，完成本例的制作，效果如图 7-70 所示。

数量	材料	备注
1	QA19-4	GB/T73-1985
1	35钢	
1	Q215	
1	255	
1	HT200	GB/T75-1985
1	Q275	

图 7-69　合并单元格的效果

千斤顶装配明细表

序号	图号	名称	数量	材料	备注
1	1-01	螺套	1	QA19-4	
2	1-02	螺栓	1	35钢	GB/T73-1985
3	1-03	绞杆	1	Q215	
4	1-04	螺杆	1	255	
5	1-05	底座	1	HT200	GB/T75-1985
6	1-06	顶垫	1	Q275	

图 7-70　完成效果

7.6　思考与练习

7.6.1　填空题

1. 在机械图样中，我国规定中文字按__________字书写，字母和数字按规定的结构书写。

2. 在机械图样中，中文字的高度不应小于___________。

3. 在 AutoCAD 中，_______是用来控制文字基本形状的一组设置，包括文字的字体、字型和文字的大小。

4. _______主要用于制作不需要使用多种字体的简短内容，可以对单行文字进行样式、大小、旋转、对正等设置。

5. _______是由沿垂直方向任意数目的文字行或段落构成的，可以指定文字行段落的水平宽度，主要用于制作一些复杂的说明性文字。

7.6.2 选择题

1. 执行【单行文字】的命令是(　　)。

A. T　　B. DT　　C. TABLE　　D. W

2. 执行【多行文字】的命令是(　　)。

A. TEXT　　B. DT　　C. TABLE　　D. T

3. 执行【表格】的命令是(　　)。

A. TABLE　　B. S　　C. C　　D. H

7.6.3 操作题

1. 应用所学的文字知识，打开【壳体三视图.dwg】素材图形，在该图形中填写技术要求文字，最终效果如图 7-71 所示。

2. 应用所学的表格知识，通过设置表格样式、插入表格和输入表格文字操作，创建如图 7-72 所示的变压器产品明细表。

提示

先使用【表格样式】命令对表格的样式进行设置，然后使用【表格】命令插入表格，再在表格中输入表格文字。

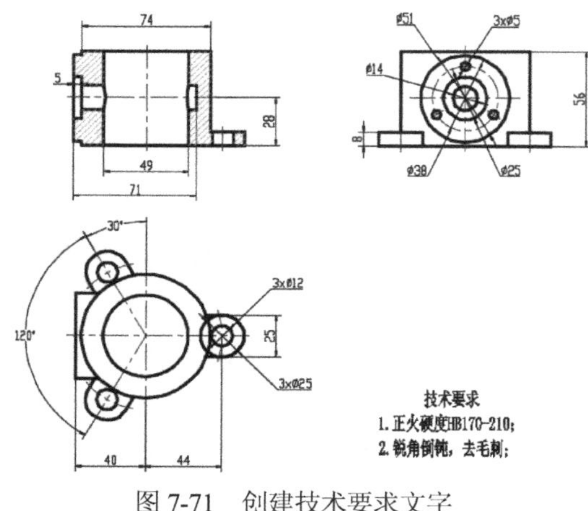

图 7-71　创建技术要求文字

变压器产品明细表			
编号	名称	型号	说明
1	矿用隔爆型干式变压器	KBSG-100/6	
2	矿用隔爆型干式变压器	KBSG-100/10	
3	矿用隔爆型干式变压器	KBSG-200/6	
4	矿用隔爆型干式变压器	KBSG-200/10	
5	矿用隔爆型干式变压器	KBSG-315/6	
6	矿用隔爆型干式变压器	KBSG-315/10	
7	矿用隔爆型干式变压器	KBSG-400/6	
8	矿用隔爆型干式变压器	KBSG-400/10	
9	矿用隔爆型干式变压器	KBSG-630/6	
10	矿用隔爆型干式变压器	KBSG-630/10	

图 7-72　变压器产品明细表

第8章 机械标准件的绘制

学习目标

通过前面章节的学习，读者已经掌握了机械制图的基本知识和 AutoCAD 2018 的软件技能。本章将详细介绍机械图形的绘制方法和机械图纸模板的创建。通过本章的学习，读者应该掌握机械模板的创建和标准机械零件的绘制方法。

本章重点

- 认识标准件对象
- 机械制图的表达方法
- 机械制图常见步骤
- 创建机械制图模板
- 绘制标准件零件图

8.1 认识标准件对象

在机械制图中，标准件是指结构、尺寸、画法、标记等各个方面已经完全标准化，并由专业工厂生产的常用的零(部)件，如螺纹件、键、销、滚动轴承等。

标准件是具有明确标准的机械零(部)件和元件，包括广义标准件和狭义标准件。

8.1.1 广义标准件

广义标准件是标准化程度高，行业通用性强的机械零部件和元件，也被称为通用件。使用标准主要有中国国家标准(GB)、美国机械工程师协会标准(ANSI /ASME)等，包括连结件、传动件、密封件、液压元件、气动元件、轴承、弹簧等机械零件，都有相应的国家标准，跨行业通用性强。

- 连结件(也称作连接件)：包括螺纹连结件(又称紧固件)和轴毂连结件、销连结件、铆接件、胶接件、焊接件等。
- 传动件：包括带传动件、链传动件、齿轮传动件、渐开线圆柱齿轮、锥齿轮以及蜗杆等。
- 轴承：包括滑动轴承、滚动轴承。
- 弹簧：包括圆柱弹簧、碟形弹簧、橡胶弹簧、片弹簧、环型弹簧等。
- 类似品：这些零部件难以说是机械标准件，但标准化程度高、与机械行业相关性强，包括润滑油、脂和润滑装置、起重搬运件和操作件(滑轮绳具等)、电动机和行程开关等。此外，还有常用材料，如铸铁、铸钢、钢及钢材、铜及合金、铝及合金、工程塑料、橡胶制品、复合材料及其他非金属材料和制品，标准化通用化程度高、相关性强。

8.1.2 狭义标准件

狭义标准件仅包括标准化紧固件，如图 8-1 所示。国内俗称的标准件是标准紧固件的简称，实际是连结件(连接件)的一种，但因为种类繁多、应用广泛，所以实际使用中单算一类，甚至简称为标准件，它通常包括以下 12 类零件。

图 8-1　机械零件中的标准件

1. 螺栓

由头部和螺杆(带有外螺纹的圆柱体)两部分组成的一类紧固件，需与螺母配合，用于紧固连接两个带有通孔的零件。这种连接形式称螺栓连接，如把螺母从螺栓上旋下，又可以使这两个零件分开，故螺栓连接是属于可拆卸连接。

2. 螺柱

没有头部的，仅有两端均外带螺纹的一类紧固件。连接时，它的一端必须旋入带有内螺纹孔的零件中，另一端穿过带有通孔的零件中，然后旋上螺母，即将这两个零件紧固连接成一件整体。这种连接形式称为螺柱连接，也是属于可拆卸连接。主要用于被连接零件之一厚度较大、要求结构紧凑，或因拆卸频繁，不宜采用螺栓连接的场合。

3. 螺钉

也是由头部和螺杆两部分构成的一类紧固件，按用途可以分为三类：机器螺钉、紧定螺钉和特殊用途螺钉。机器螺钉主要用于一个紧定螺纹孔的零件，与一个带有通孔的零件之间的紧固连接，不需要螺母配合(这种连接形式称为螺钉连接，也属于可拆卸连接；也可以与螺母配合，用于两个带有通孔的零件之间的紧固连接)。紧定螺钉主要用于固定两个零件之间的相对位置。特殊用途螺钉例如吊环螺钉等供吊装零件用。

4. 螺母

带有内螺纹孔，形状一般呈现为扁六角柱形，也有呈扁方柱形或扁圆柱形，配合螺栓、螺柱或机器螺钉，用于紧固连接两个零件，使之成为一件整体。

5. 自攻螺钉

与机器螺钉相似，但螺杆上的螺纹为专用的自攻螺钉用螺纹。用于紧固连接两个薄的金属构件，使之成为一个整体，构件上需要事先制出小孔，由于这种螺钉具有较高的硬度，可以直接旋入构件的孔中，使构件中形成相应的内螺纹。这种连接形式也是属于可拆卸连接。

6. 木螺钉

也是与机器螺钉相似，但螺杆上的螺纹为专用的木螺钉用螺纹，可以直接旋入木质构件(或零件)中，用于把一个带通孔的金属(或非金属)零件与一个木质构件紧固连接在一起。这种连接也是属于可以拆卸连接。

7. 垫圈

形状呈扁圆环形的一类紧固件。置于螺栓、螺钉或螺母的支撑面与连接零件表面之间，起着增大被连接零件接触表面面积，降低单位面积压力和保护被连接零件表面不被损坏的作用。另一类弹性垫圈，还能起着阻止螺母回松的作用。

8. 挡圈

供装在机器、设备的轴槽或孔槽中，起着阻止轴上或孔上的零件左右移动的作用。

9. 销

主要供零件定位用，有的也可供零件连接、固定零件、传递动力或锁定其他紧固件之用。

10. 铆钉

由头部和钉杆两部分构成的一类紧固件，用于紧固连接两个带通孔的零件(或构件)，使之成为一个整体。这种连接形式称为铆钉连接，简称铆接。属与不可拆卸连接。因为要使连接在一起的两个零件分开，必须破坏零件上的铆钉。

11. 组合件和连接副

组合件是指组合供应的一类紧固件，如将某种机器螺钉(或螺栓、自供螺钉)与平垫圈(或弹簧垫圈、锁紧垫圈)组合供应；连接副指将某种专用螺栓、螺母和垫圈组合供应的一类紧固件，如钢结构用高强度大六角头螺栓连接副。

12. 焊钉

由钉杆和钉头(或无钉头)构成的异类紧固件，用焊接方法把它固定连接在一个零件(或构件)上面，以便再与其他零件进行连接。

8.2 机械制图的表达方法

机械图样主要通过基本视图、剖视图、断面图和局部放大图进行表达，本节主要介绍基本视图的相关知识，剖视图和断面图的相关知识将在后面章节中进行详细介绍。

8.2.1 基本视图形成原理

机械图样用一组视图，并采用适当的投影法表示机械零件内外结构形状。视图是按正投影法(即机件向投影面投影)得到的图形，视图的绘制必须符合投影规律。

机件向投影面投影时，观察者、机件与投影面三者之间有两种相对位置：机件位于投影面和观察者之间时称为第一角投影法；投影面位于机件与观察者之间时称为第三角投影法。我国国家标准规定采用第一角投影法。

基本视图是机械图样中最基本的图形，它是将物体放在三投影面体系中，分别向 3 个投影面作投射所得到的图形，即主视图、俯视图、左视图，如图 8-2 所示。

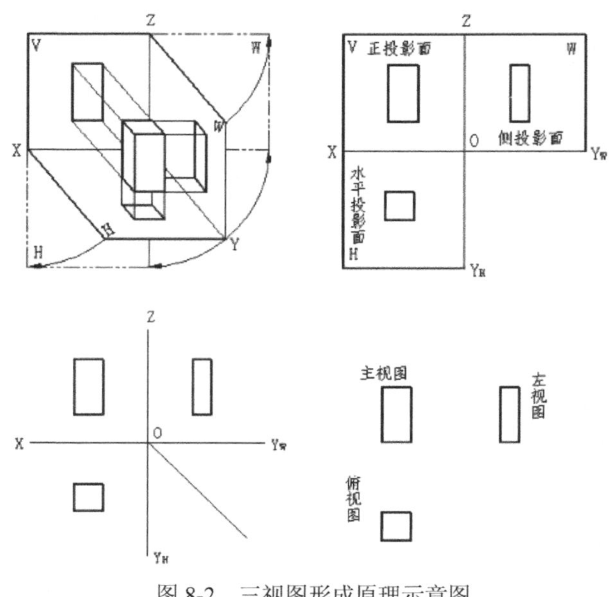

图 8-2　三视图形成原理示意图

8.2.2　基本视图的投影原则

当机件的结构十分复杂时，使用三视图来表达机件就十分困难。国标规定，在原有的三个投影面上增加 3 个投影面，使得整体 6 个投影面形成一个正六面体，它们分别是：右视图、主视图、左视图、后视图、仰视图和俯视图，各视图展开后都要遵循长对正、高平齐、宽相等的投影原则。

- 主视图：由前向后投影的是主视图。
- 俯视图：由上向下投影的是俯视图。
- 左视图：由左向右投影的是左视图。
- 右视图：由右向左投影的是右视图。
- 仰视图：由下向上投影的是仰视图。
- 后视图：由后向前投影的是后视图。

8.2.3　主视图的选择

主视图是表达零件形状最重要的视图，其选择是否合理将直接影响其他视图的选择和看图是否方便，甚至影响画图时图幅的合理利用。

一般来说，零件主视图的选择应满足【合理位置】和【形状特征】两个基本原则。所谓【合理位置】通常是指零件的加工位置和工作位置；【形状特征】原则就是将最能反映零件形状特征的方向作为主视图的投影方向，即主视图要较多地反映零件各部分的形状及它们之间的相对位置，以满足清晰表达零件的要求。

8.2.4　其他视图的选择

一般来讲，仅用一个主视图是不能完整反映零件的结构形状的，必须选择其他视图，包括剖视图、断面图和局部放大图等。主视图确定后，对其表达未尽的部分，再选择其他视图予以完善表达。

8.3　机械制图常见步骤

在机械制图中，不同零件的绘制方法不尽相同，但是它们的绘制步骤是基本一致的，基本上可以分为绘制零件的图形、尺寸标注和填写技术要求这几个基本步骤，有时也需要根据机械制造要求，标注零件的表面粗糙度和形位公差。

8.3.1 绘制零件图形

绘制零件图形就是选择机械设计的表达方案。而表达方案的选择，首先应考虑看图方便，根据零件的结构特点，选用适当的表示方法。选择表达方案的原则是在完整、清晰地表示零件形状的前提下，力求制图简便。

由于零件的结构形状是多种多样的，所以在画图前，应对零件进行结构形状分析，结合零件的工作位置和加工位置，选择最能反映零件形状特征的视图作为主视图，并选好其他视图，以确定最佳的表达方案。

零件分析是认识零件的过程，也是确定零件表达方案的前提。零件结构形状的工作位置或加工位置不同，所选择视图也应不同，在选择视图之前，应首先对零件进行形体分析和结构分析，并了解零件的制作和加工情况以便确切地表达零件的结构形状，反映零件的设计和工艺要求。工作位置是零件在装配体中所处的位置。零件主视图的放置，应尽量与零件在机器或部件中的工作位置一致。这样便于根据装配关系来考虑零件的形状及有关尺寸，便于校对。

8.3.2 图形尺寸标注

完成图形的绘制后，就可以对图形进行尺寸标注。尺寸标注是一项极为重要、严肃的工作，应严格遵守国家相关标准和规范，了解尺寸标注的规则、组成元素以及标注方法。

8.3.3 标注表面粗糙度

在加工零件时，由于零件表面的塑形变形、以及机床精度等因素的影响，加工表面不可能绝对平整，零件表面总存在较小间距和峰谷组成的微观几何形状特征，该特征即称为表面粗糙度。表面粗糙度是由设计人员根据具体的设计要求标注的，因此零件上各个面的表面粗糙度也可能不同。

8.3.4 标注形位公差

任何零件都是由点、线、面构成的，这些点、线、面称为要素。在产品设计及施工时，很难做到分毫不差，加工后零件的实际要素相对于理想要素总有误差，包括形状误差和位置误差。这类误差将影响机械产品的功能，因此必须考虑形位公差的标注。进行机械设计时应规定相应的公差并按规定的标准符号标注在图样上。

8.3.5 填写技术要求

机械图形、尺寸、粗糙度与形位公差创建完成后，就可以在图纸的空白处填写技术要求。图纸的技术要求一般包括以下内容。

- 零件的表面结构要求。
- 零件热处理和表面修饰的说明，如热处理的温度范围，表面是否渗氮或者镀铬等。
- 如果零件的材料特殊，也可以在技术要求中详细写明。
- 关于特殊加工的检验、实验的说明，如果是装配图，则可以写明装配顺序和装配后的使用方法。
- 补充零件图形的各种细节，如倒角、圆角等。
- 各种在图纸上不能表达出来的设计意图，均可填写在技术要求中。

8.4　创建机械制图模板

在机械制图中，通常需要设置绘图环境，如果每次在绘图之前都重复设置图纸的格式，难免影响绘图的效率。因此，在进行机械制图之前，可以创建一些机械模板，对图纸的幅面、标题栏、字体、标注样式和图层等进行设置，用户以后使用这些模板时，就不需要对绘图环境进行重复设置，从而大大提高了绘图效率。

8.4.1　设置图纸幅面尺寸

在机械制图的国家标准中对图纸的幅面大小作了统一的规定。在绘制机械图形时，应优先采用 A0、A1、A2、A3、A4 等规格的图纸。

下面以 A3 图纸为例，介绍设置图纸幅面尺寸的操作方法。

(1) 新建一个空白文档。选择【格式】→【图形界限】命令，当系统提示【指定左下角点或 [开(ON)/关(OFF)]: 】时，输入绘图区域左下角的坐标为(0,0)并按空格键确定。

(2) 当系统提示【指定右上角点:】时，设置绘图区域右上角的坐标为(297，420)并按空格键确定，即可将图纸幅面尺寸设置为 A0 图纸尺寸(即 297×420)。

(3) 重复执行【图形界限(LIMITS)】命令，输入参数 ON 并确定，打开【图形界限】功能。

8.4.2　设置机械制图常用图层

在机械制图中，不同的图形线型和线宽表示不同的含义，因此需要设置不同的图层分别绘制图形中各种图形的不同部分。在第 1 章中已经详细介绍了在机械制图国家标准中的各种图形的名称、线型、线宽及在图形中的应用。

提示

在机械制图中，通常在打印 A0、A1 图纸时，粗线选择 0.5mm，细实线选择 0.18mm；在打印其他 A2、A3、A4 图纸时，粗线选择 0.35mm，细实线选择 0.13mm。

设置机械制图常用图层的操作方法如下。

(1) 执行 LAYER 命令，打开【图层特性管理器】选项板，单击【新建】按钮，创建一个名为【中心线】的图层，如图 8-3 所示。

(2) 单击【中心线】图层对应的【颜色】对象，打开【选择颜色】对话框，设置该图层的颜色为红色，如图 8-4 所示。

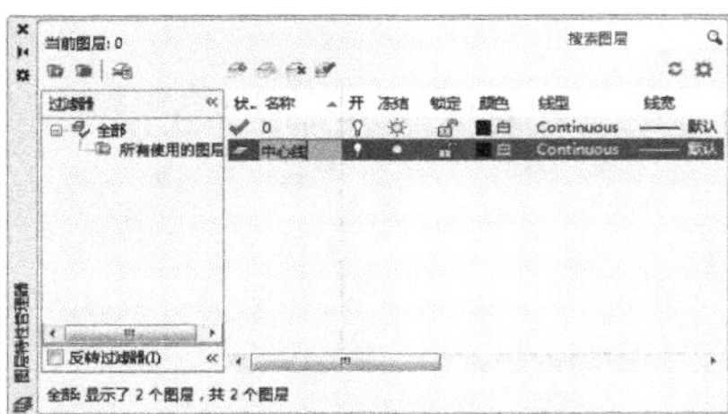

图 8-3 创建新图层

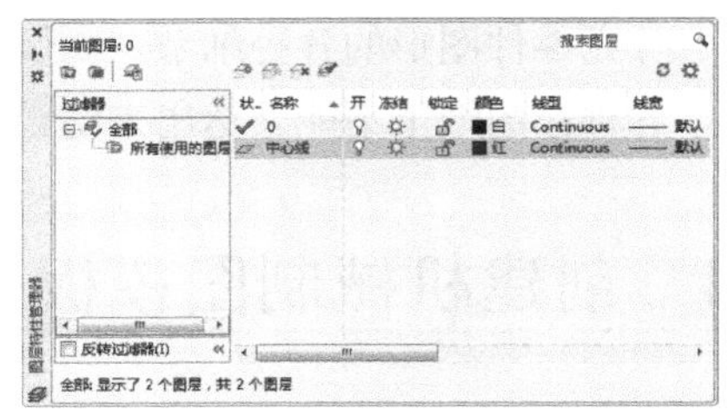

图 8-4 修改图层颜色

(3) 在【图层特性管理器】选项板中单击【中心线】图层对应的【线型】对象，打开【选择线型】对话框，然后单击【加载】按钮，如图 8-5 所示。

(4) 在打开的【加载或重载线型】对话框中选择需要加载的线型(如 ACAD_ISO08W100)，然后单击【确定】按钮，如图 8-6 所示。

(5) 将选择的线型加载到【选择线型】对话框中后，在【选择线型】对话框中选择需要的线型，然后单击【确定】按钮，完成线型的设置。

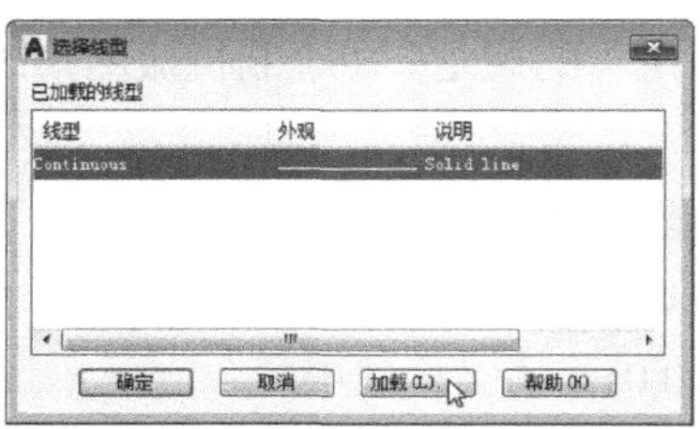

图 8-5 单击【加载】按钮

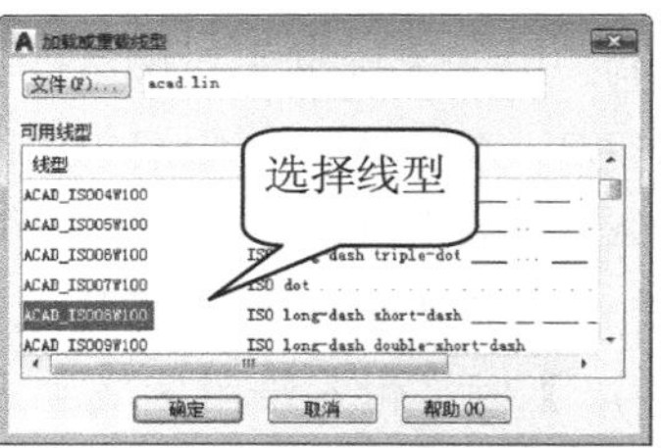

图 8-6 选择要加载的线型

(6) 新建一个【轮廓线】图层，设置图层颜色为白色(实际打印出来的颜色为黑色)，线型为默认线型 Continuous，如图 8-7 所示。

(7) 单击【轮廓线】图层的【线宽】对象，打开【线宽】对话框，设置图层的线宽为 0.35mm，如图 8-8 所示。

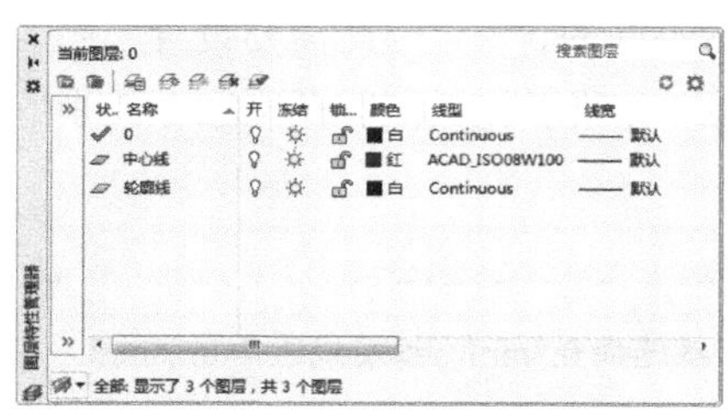

图 8-7 创建【轮廓线】图层

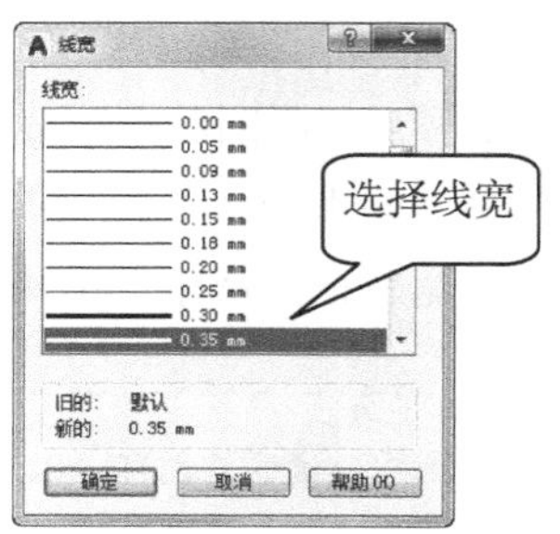

图 8-8 设置图层线宽

(8) 继续创建【细实线】、【隐藏线】、【断面线】、【尺寸线】和【图框】图层，然后分别设置各个图层的颜色、线型和线宽，效果如图 8-9 所示。

(9) 选择【图框】图层，单击【置为当前】按钮 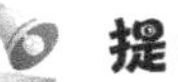，将其设为当前图层，如图 8-10 所示。

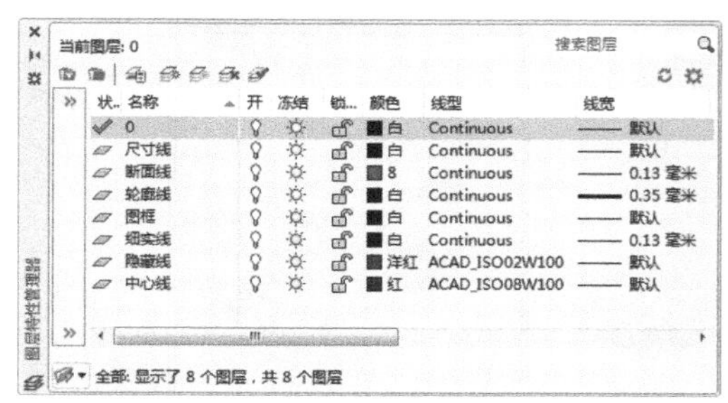

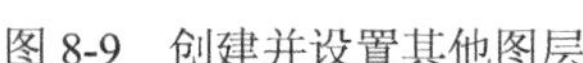

图 8-9　创建并设置其他图层

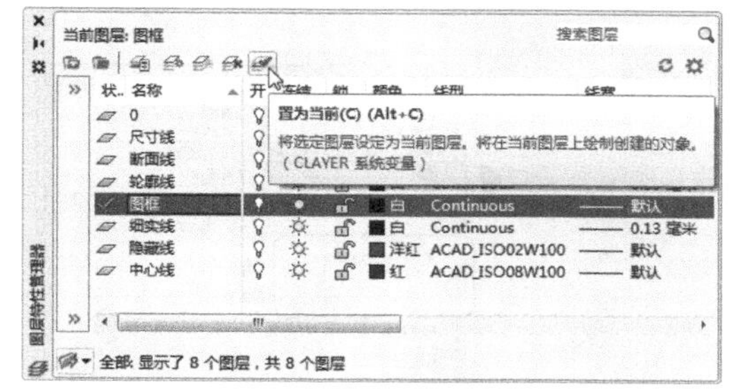

图 8-10　设置为当前图层

提示

在机械图形中进行尺寸标注后，系统会自动增加一个名为 Defpoints 的图层，用户可以在该图层中绘制图形，但是使用该图层绘制的所有内容将无法输出。

8.4.3　绘制机械图形图框

在绘制机械图形图框时，图纸一般是需要预留装订边，在表 8-1 中列出了各种图纸需要预留装订边的尺寸。其中留白 1 表示不留装订边时，图纸周边到图框线的距离；留白 2 表示在留装订边时，图纸周边到图框线的距离。

表 8-1　图纸预留装订边尺寸

单位：mm

图纸	宽	长	留白 1	留白 2	装订边
A0	841	1189	20	10	25
A1	594	841	20	10	25
A2	420	594	10	10	25
A3	297	420	10	5	25
A4	210	297	10	5	25

在机械图形中规定必须用粗实线绘制图框，图框一般是由矩形和线段组成的。下面以绘制 A3 图框为例，讲解图框的绘制方法与步骤。

(1) 选择【格式】→【单位】命令，打开【图形单位】对话框，设置精度为 0，单位为毫米，然后单击【确定】按钮，如图 8-11 所示。

(2) 执行【矩形(REC)】命令，指定矩形的第一个角点为(0,0)，然后指定矩形的另一个角点为(@297,420)，绘制一个长度为 297mm，宽度为 420mm 的矩形。

(3) 执行【偏移(O)】命令，将矩形向内偏移 5 mm，效果如图 8-12 所示。

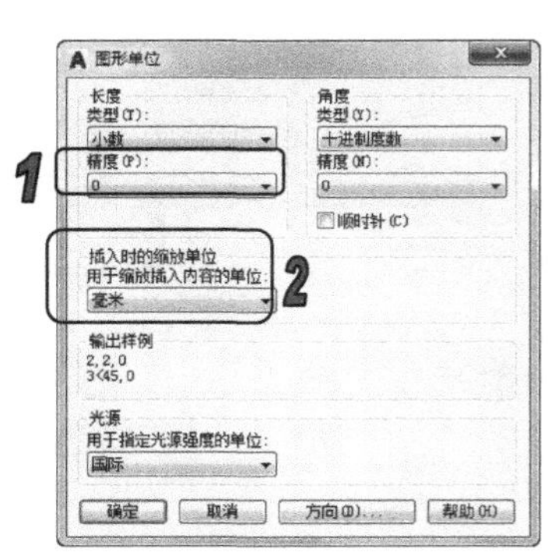

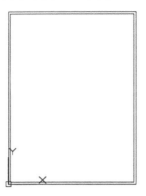

图 8-11　设置图形单位

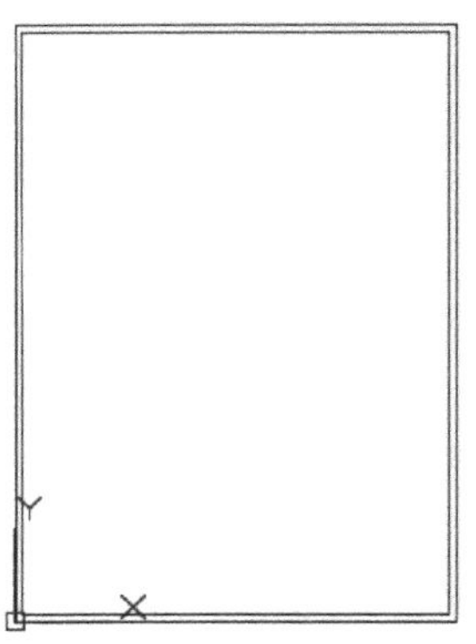

图 8-12　绘制并偏移矩形

(4) 执行【拉伸(S)】命令，将小矩形左方的线段向左拉伸 20 mm，使其离左方图框线的距离为 25mm，如图 8-13 所示。

(5) 选择【修改】→【特性】命令，打开【特性】选项板，然后选择小矩形，在【特性】选项板中设置其线宽为 0.5 mm，如图 8-14 所示，修改后的图框效果如图 8-15 所示。

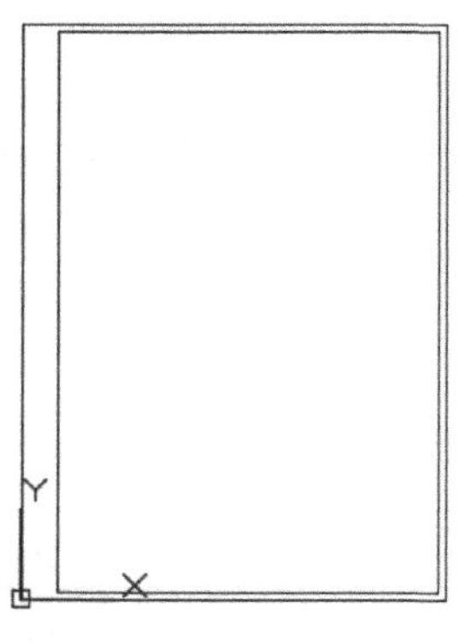

图 8-13　拉伸矩形线段

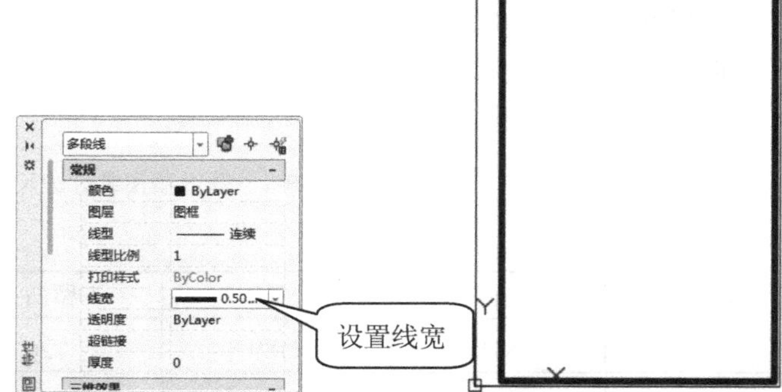

图 8-14　设置小矩形线宽

图 8-15　绘制的图框效果

8.4.4　绘制标题栏

正式打印的机械图样均须有标题栏，本节以绘制 A3 图纸的标题栏为例(如图 8-16 所示)，介绍标题栏的绘制方法，具体操作步骤如下。

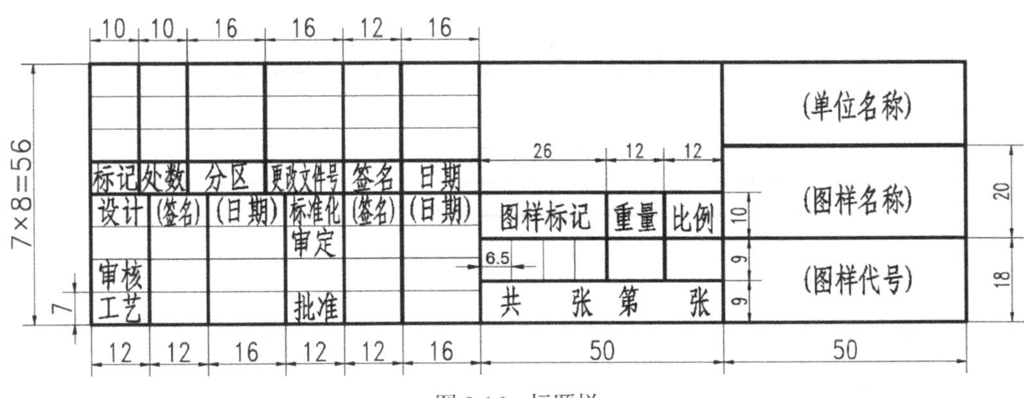

图 8-16　标题栏

(1) 将【轮廓线】图层置为当前图层。执行【矩形(REC)】命令，绘制一个长为 180、宽为 56 的矩形，如图 8-17 所示。

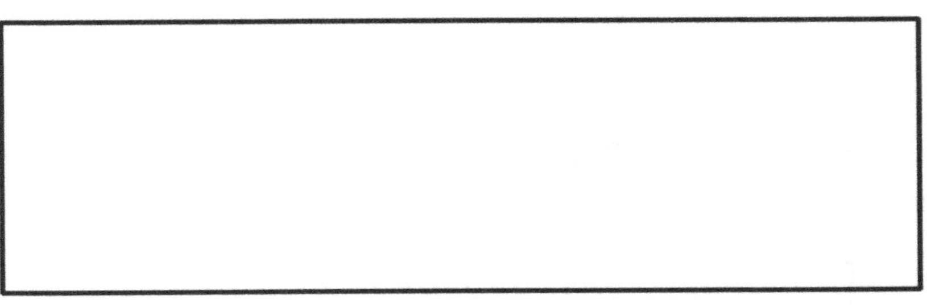

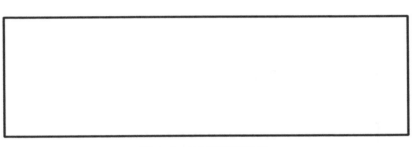

图 8-17　绘制标题栏边界

(2) 执行【分解(X)】命令，选择绘制的矩形，将其分解为 4 条线段。

(3) 执行【偏移(O)】命令，将右侧边界线向其左侧分别偏移 50、100、116、128，效果如图 8-18 所示。

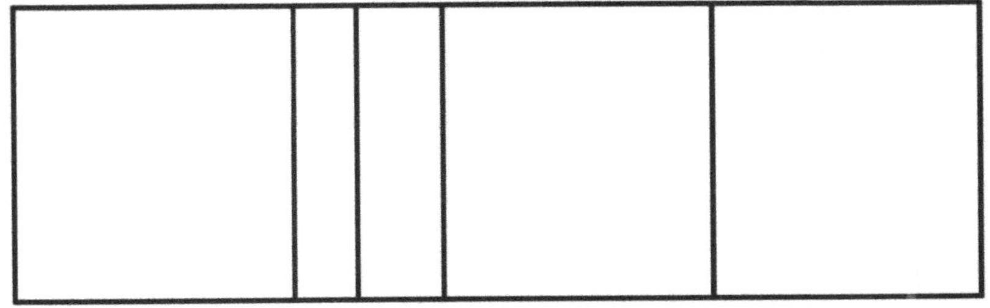

图 8-18　向左偏移右方线段

(4) 继续执行【偏移(O)】命令，将下侧边界线向上分别偏移 9、18、28、38，效果如图 8-19 所示。

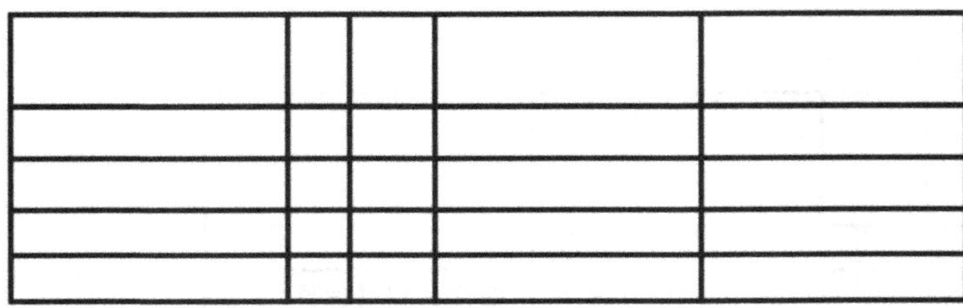

图 8-19　向上偏移下方线段

(5) 执行【修剪(TR)】命令，参照图 8-20 所示的图形效果，对图形中的线段进行修剪。

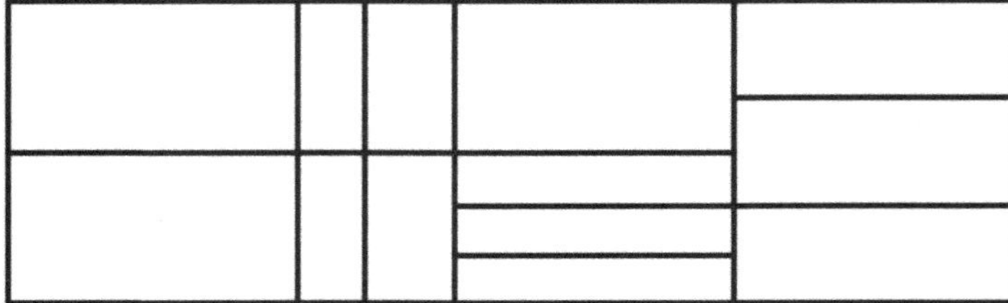

图 8-20　修剪线段

(6) 执行【偏移(O)】命令，参照图 8-21 所示的图形效果，将【线 2】线段向其左侧分别偏移 12、24、30.5、37、43.5。

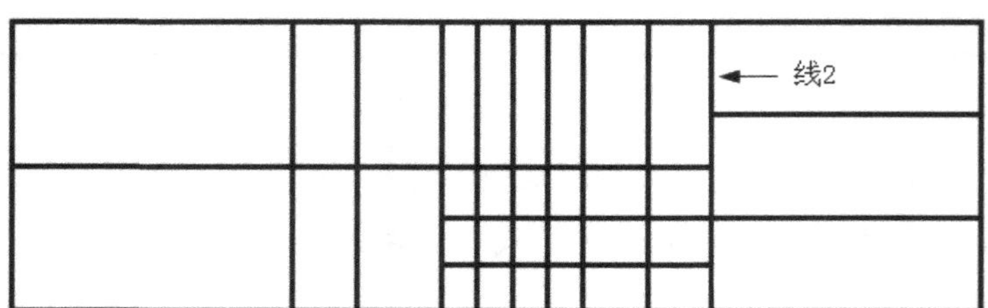

图 8-21　偏移【线 2】线段

(7) 执行【修剪(TR)】命令，参照图 8-22 所示的图形效果，对图形中的线段进行修剪。

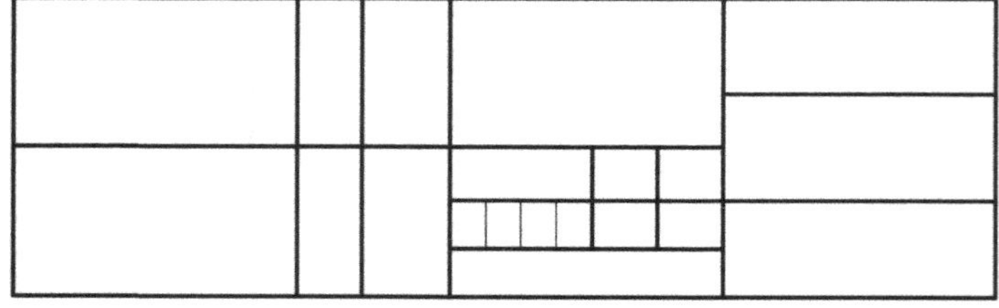

图 8-22　修剪线段

(8) 执行【偏移(O)】命令，参照图 8-23 所示的图形效果，将【线 3】线段向其左侧分别偏移 16、32、42。

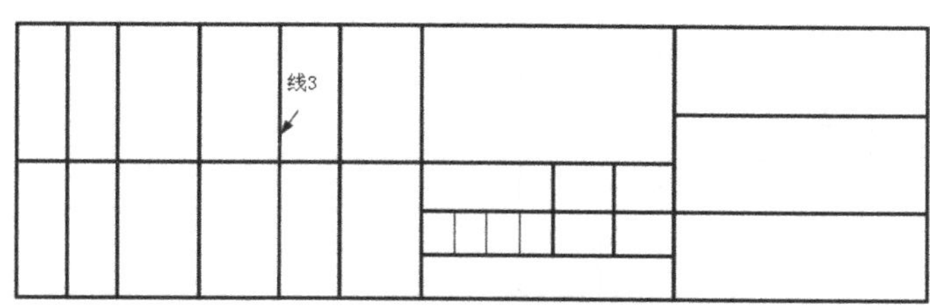

图 8-23　偏移【线 3】线段

(9) 执行【修剪(TR)】命令，参照图 8-24 所示的图形效果，对图形中的线段进行修剪。

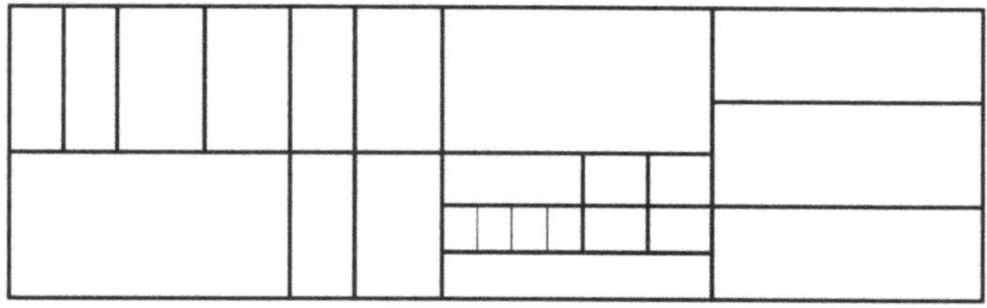

图 8-24　修剪线段

(10) 执行【偏移(O)】命令，参照图 8-25 所示的效果，将【线 3】线段向其左侧分别偏移 12、28、40，然后执行【修剪(TR)】命令对图形线段修剪。

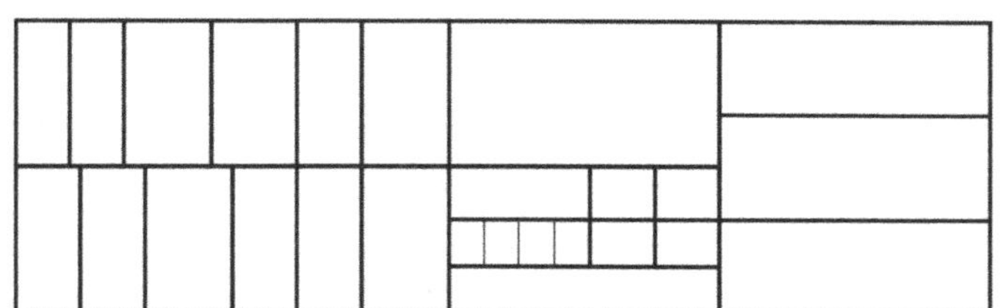

图 8-25　偏移并修剪线段

(11) 执行【偏移(O)】命令，设置偏移距离为 7，然后将下方的水平线段向上偏移，并重复偏移通过偏移得到的线段，效果如图 8-26 所示。

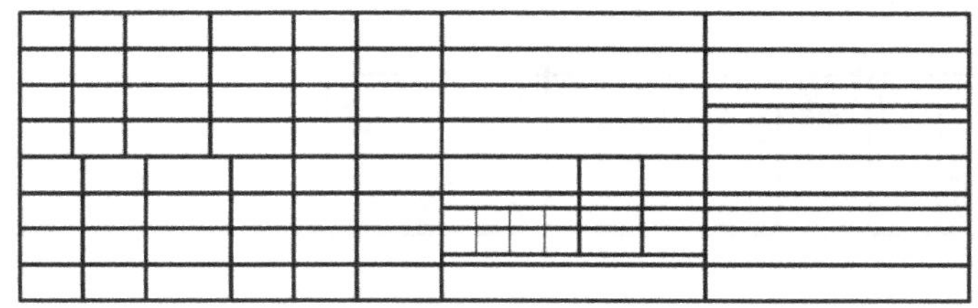

图 8-26　偏移线段

(12) 执行【修剪(TR)】命令，参照图 8-27 所示的图形效果，以【线 4】为修剪边界，对偏移得到的线段进行修剪，并将次要线段的线宽修改为默认线宽。

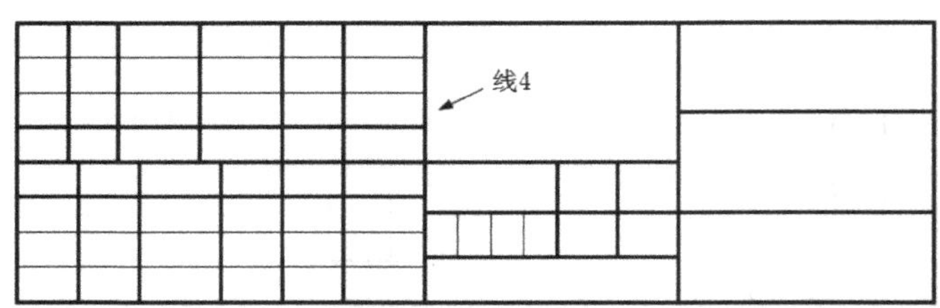

图 8-27　修剪线段

(13) 选择【格式】→【文字样式】命令，打开【文字样式】对话框，新建一个【数字与字母】文字样式，然后设置文字的字体、高度和宽度因子，如图 8-28 所示。

(14) 新建一个【中文字体】文字样式，然后设置文字字体为【仿宋_GB2312】、【高度】为 5，【宽度因子】为 0.7，如图 8-29 所示。

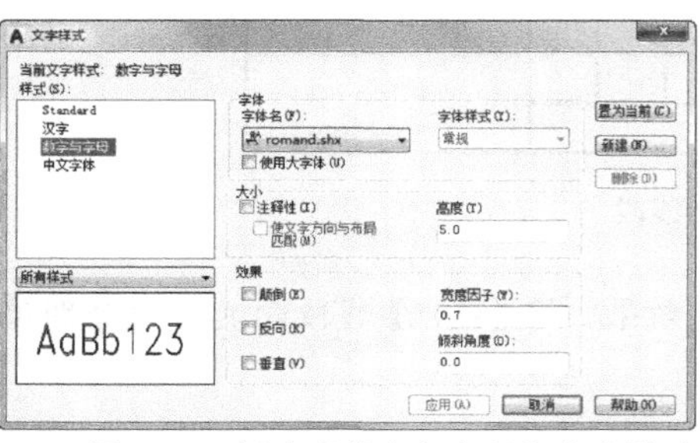

图 8-28　新建【数字与字母】文字样式

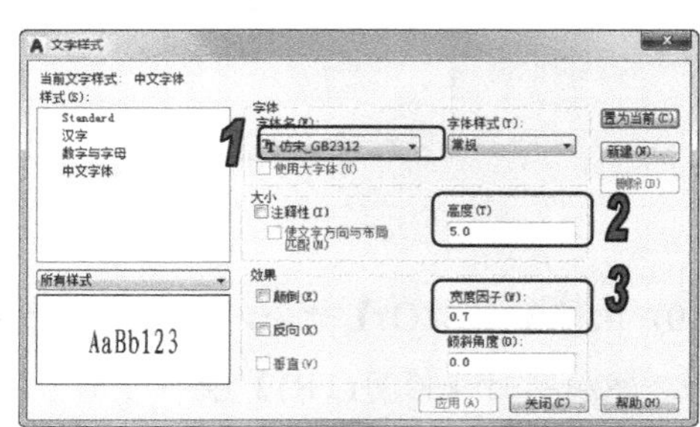

图 8-29　新建【中文字体】文字样式

提示

如果电脑中没有安装【长仿宋体】字体，在设置中文字体样式时，可以选择【仿宋】字体，然后设置【宽度因子】为 0.7 即可。

(15) 执行【多行文字(MT)】命令，参照图 8-30 所示的标题栏文字效果，在标题栏图形中填写标题栏文字。

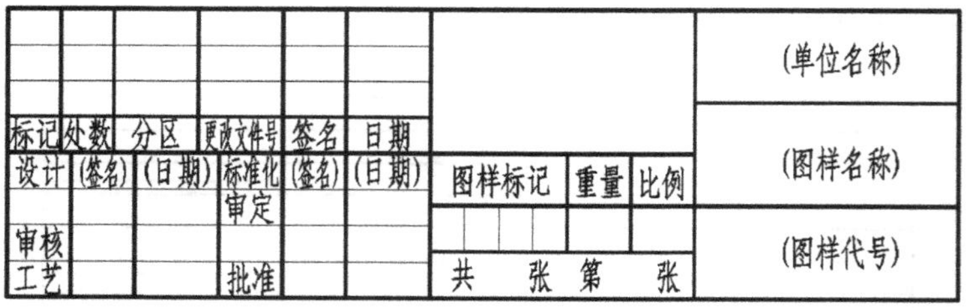

标记 处数 分区 更改文件号 签名 日期
设计 (签名) (日期) 标准化 (签名) (日期)　图样标记　重量　比例
审定
审核
工艺　批准　共　张　第　张
(单位名称)
(图样名称)
(图样代号)

图 8-30　填写标题栏文字

(16) 绘制完成标题栏后，一般应将其创建为块，然后插入到图框中。执行【块(B)】命令，打开【块定义】对话框，选择创建的标题栏，然后为块命名和指定块的基点，如图 8-31 所示。

(17) 执行【插入(I)】命令，将【标题栏】图块插入到图框的右下角，如图 8-32 所示。

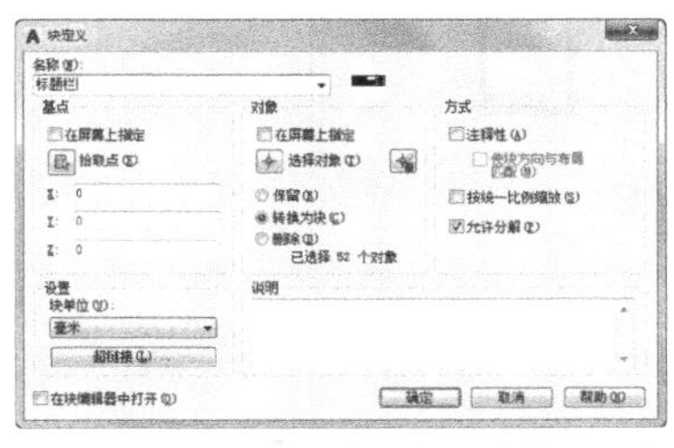

图 8-31　创建【标题栏】图块

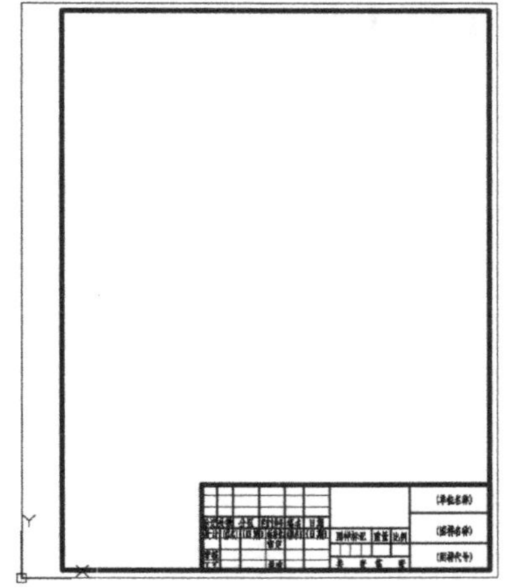

图 8-32　插入标题栏

提示

一个完整的机械模板除了绘制的图框和标题栏，以及前面设置的单位、图层、文字样式等，还需要设置基本标注样式，这些内容请读者参考前面相关内容进行设置即可。

8.4.5　模板的保存与使用

绘制机械图形模板的目的是为了在以后的制图过程中方便调用，以提高绘图效率，因此就需要将机械制图模板保存成样板图文件。

保存模板文件的方法及步骤如下。

(1) 选择【文件】→【另存为】命令，打开【图形另存为】对话框，如图 8-33 所示，在【文件类型】下拉列表框中选择【AutoCAD 图形样板(*.dwt)】选项，在【文件名】文本框中输入模板名称【A3 图纸模板-竖放】，然后单击【保存】按钮保存该文件。

(2) 在打开的【样板选项】对话框中输入对该模板图形的描述和说明，如图 8-34 所示。

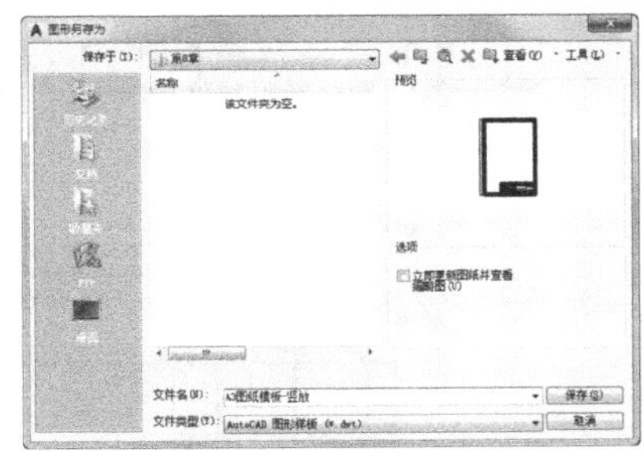

图 8-33　【图形另存为】对话框

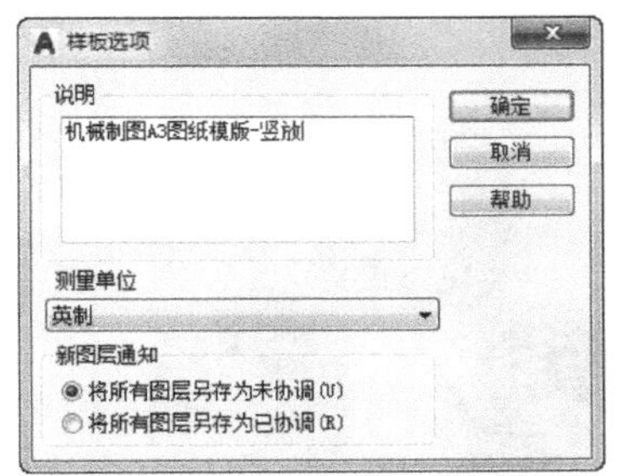

图 8-34　【样板选项】对话框

(3) 通过前面的操作建立了一个符合机械制图国家标准的 A3 图幅模板文件，用户可以选择

【文件】→【新建】命令，打开【选择样板】对话框，然后选择并打开保存的样板(如【A3 图纸模板-竖放.dwt】)，即可调用该模板，如图 8-35 所示。

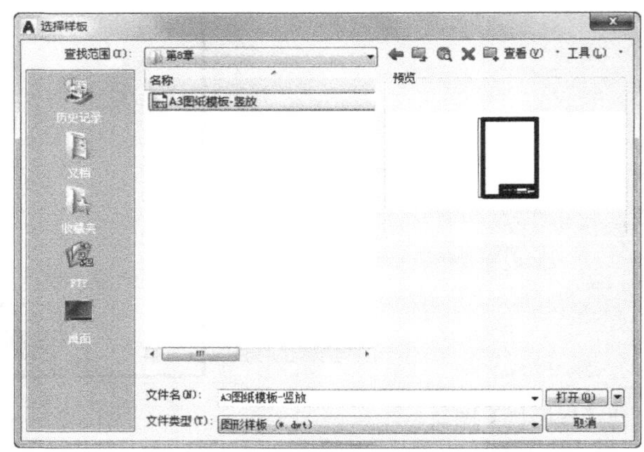

图 8-35 【选择样板】对话框

提示

这里介绍了创建 A3 图纸竖放模板的方法，用户还可以根据实际的绘图需求，创建其他制图模板，如其他图纸竖放模板和各种图纸横放模板，其操作方法与本例相似。

8.5 绘制标准件零件图

螺母是机械制造中常用标准件之一，是一种带有内螺纹孔的紧固件，一般呈现为扁六角柱形，如图 8-36 所示。本节以螺母为例，综合应用各种基本绘图和编辑工具，讲解标准零件图的绘制方法，本实例效果如图 8-37 所示。

本实例主要通过【多边形】、【圆】、【直线】、【修剪】、【镜像】和【偏移】等命令绘制该零件的三视图，具体的操作步骤如下。

图 8-36 螺母零件

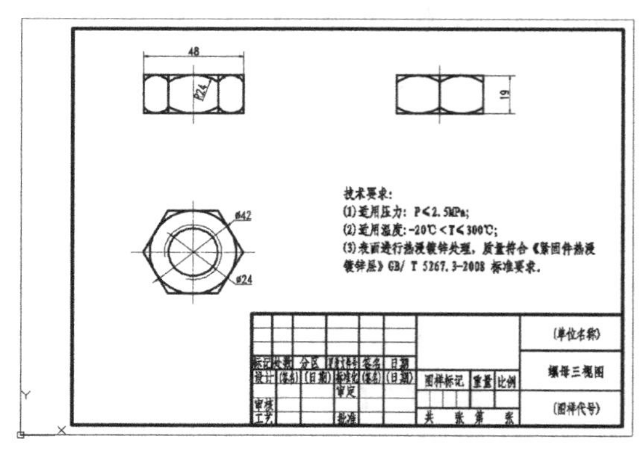

图 8-37 螺母三视图

8.5.1　绘制螺母俯视图

(1) 选择【文件】→【新建】命令，打开【选择样板】对话框，然后选择并打开【A4 图纸模板-横放.dwt】素材，如图 8-38 所示，新建的模板图形如图 8-39 所示。

图 8-38　选择并打开模板

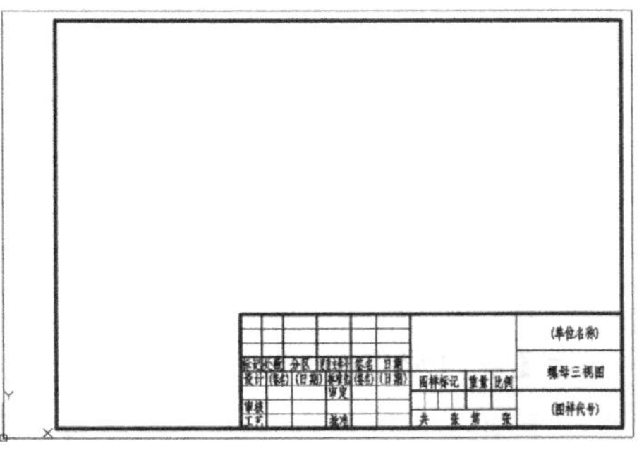

图 8-39　新建的模板图形

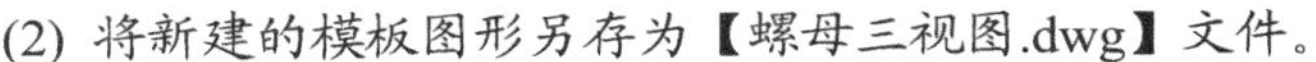

(2) 将新建的模板图形另存为【螺母三视图.dwg】文件。

(3) 在【图层】面板的【图层】下拉列表中选择【中心线】图层为当前层，然后在【特性】面板中设置当前层的线型为 ACAD_ISO08W100，如图 8-40 所示。

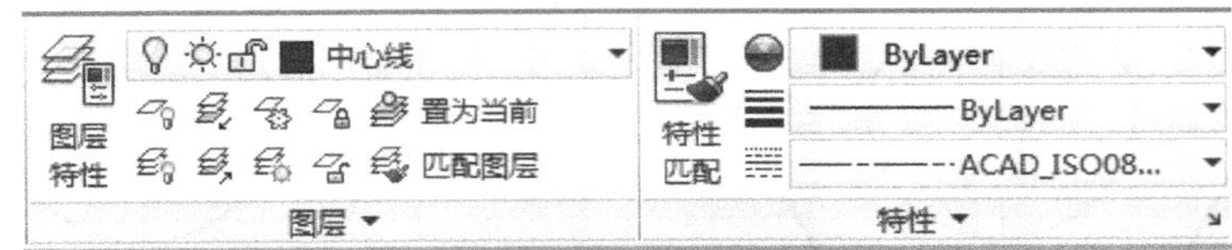

图 8-40　设置当前图层

(4) 选择【绘图】→【构造线】命令，绘制一条水平构造线和一条垂直线构造线作为绘图的定位辅助线，如图 8-41 所示。

(5) 选中绘制的两条构造线，然后选择【修改】→【特性】命令，打开【特性】选项板，在【常规】卷展栏的【线型比例】中设置构造线的【线型比例】为 0.25，如图 8-42 所示。

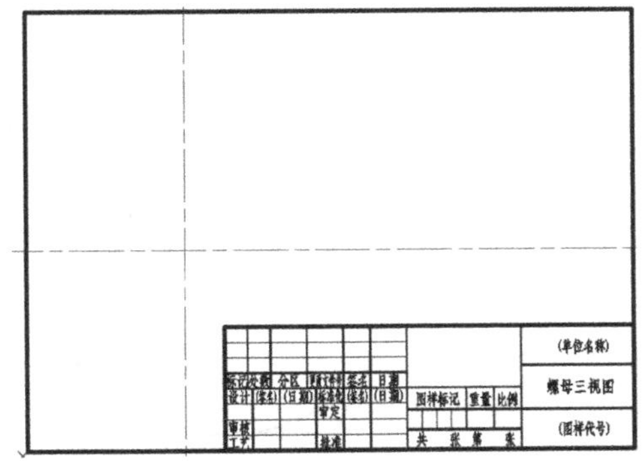

图 8-41　绘制中心线

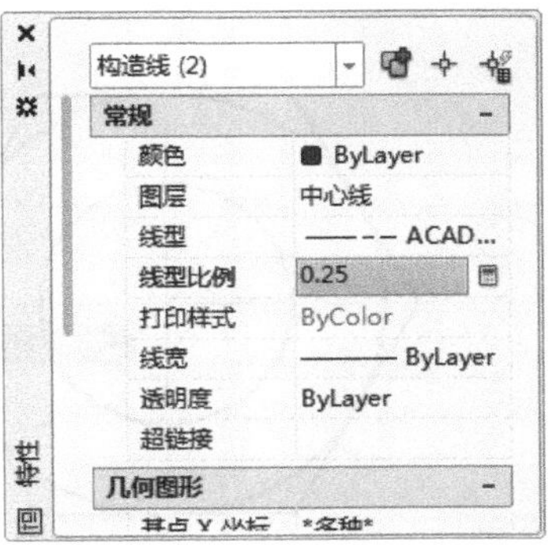

图 8-42　设置线型比例

(6) 将【轮廓线】图层置为当前图层，执行【圆(C)】命令，捕捉图 8-43 所示的中心线交点作为圆心，绘制一个半径为 12 的圆，作为内轮廓线，效果如图 8-44 所示。

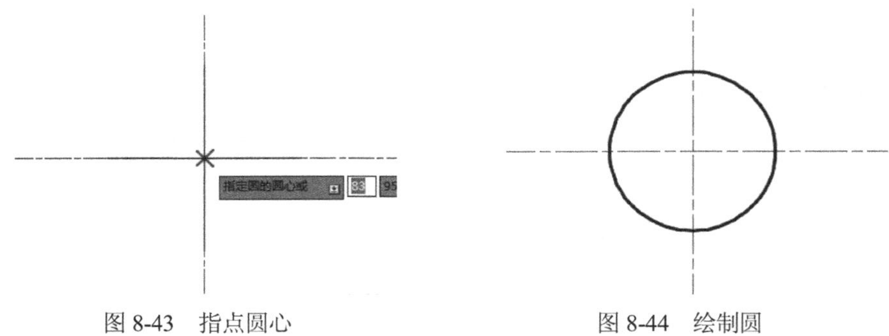

图 8-43　指点圆心　　　　图 8-44　绘制圆

(7) 执行【多边形(POL)】命令，设置侧面数为 6，以中心线的交点为圆心，绘制一个圆半径为 21 的外切于圆正六边形，作为外轮廓线，如图 8-45 所示。

(8) 执行【圆(C)】命令，以中心线交点作为圆心，绘制一个半径为 21 的圆，作为外轮廓圆，效果如图 8-46 所示。

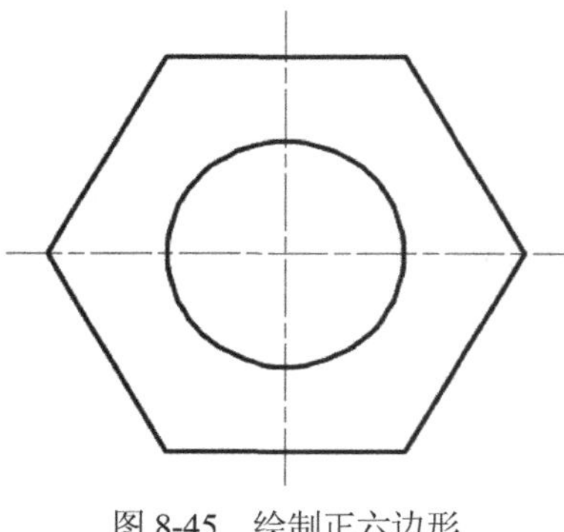

图 8-45　绘制正六边形

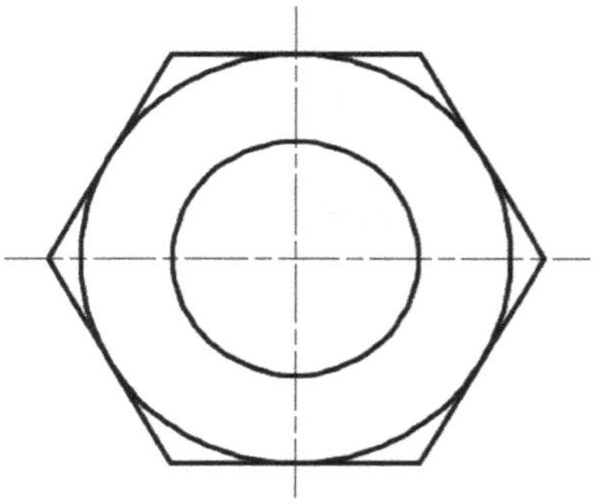

图 8-46　绘制圆

(9) 执行【圆弧(A)】命令，然后输入 C 并确定，启用【圆心】选项，以中心线交点作为圆心，如图 8-47 所示，再依次指定圆弧的起点和端点，绘制一个如图 8-48 所示的圆弧，完成螺母俯视图的绘制。

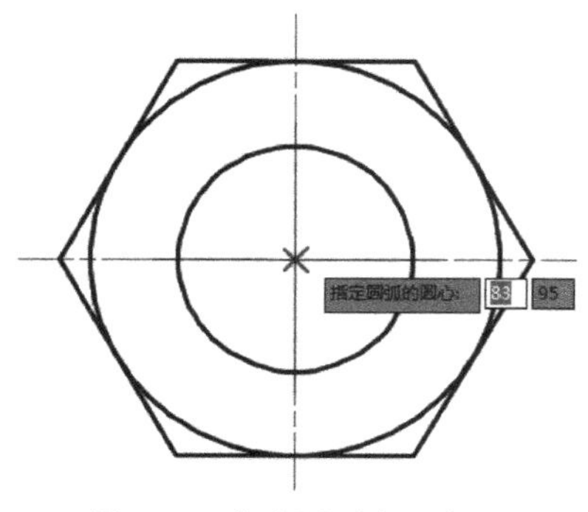

图 8-47　指点圆弧中心点

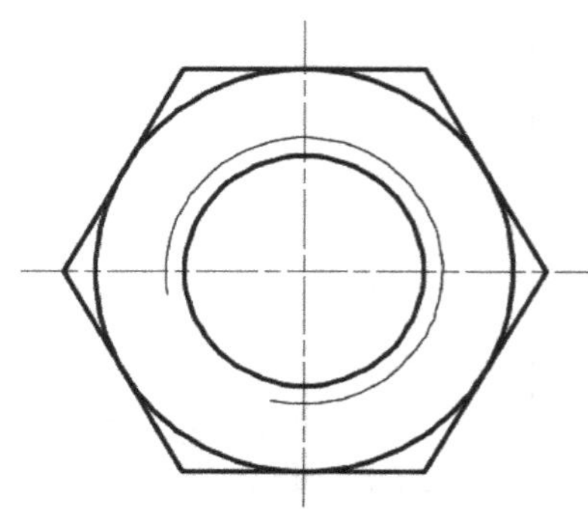

图 8-48　绘制圆弧

8.5.2　绘制螺母主视图

(1) 执行【复制(CO)】命令，选择水平构造线作为复制对象，然后单击鼠标指定复制基点，再向上移动光标，指定第二点与基点的距离为 80，对构造线进行复制，效果如图 8-49 所示。

(2) 执行【偏移(O)】命令，设置偏移距离为 9.6，然后将上方构造线向上和向下各偏移一次，效果如图 8-50 所示。

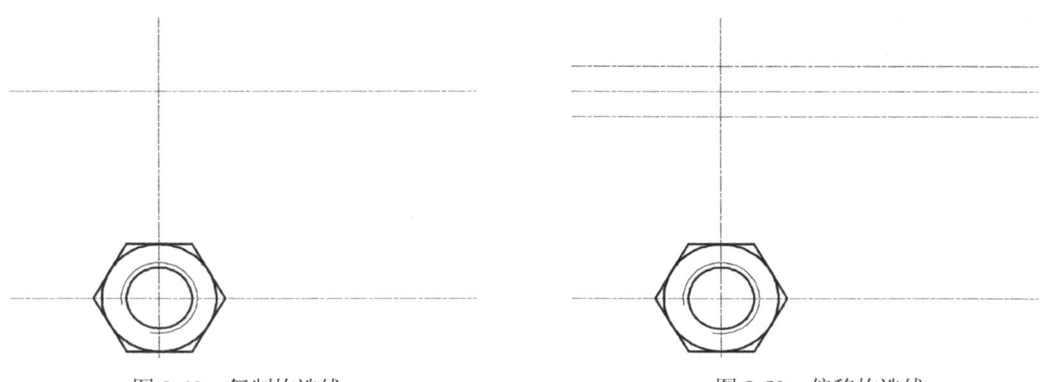

图 8-49　复制构造线　　　　图 8-50　偏移构造线

(3) 执行【设置(SE)】命令，打开【草图设置】对话框，在【对象捕捉】选项卡中启用对象捕捉和对象捕捉追踪功能，并设置对象捕捉模式，如图 8-51 所示。

(4) 将【轮廓线】图层设为当前层。

(5) 开启正交模式。然后执行【直线(L)】命令，当系统提示【指定第一点:】时，将光标移到多边形左方端点处作为对象捕捉点，如图 8-52 所示。

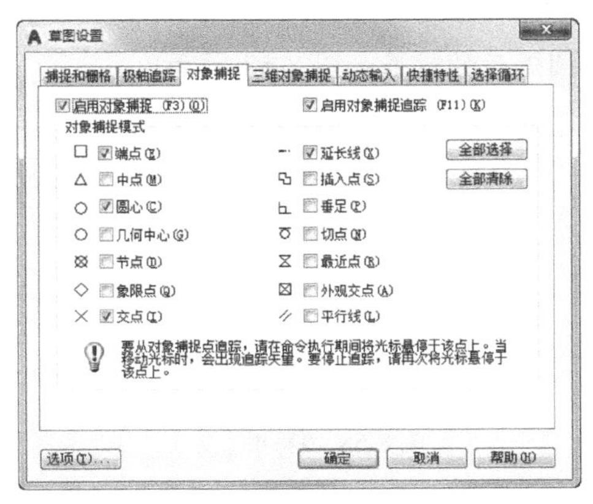

图 8-51　设置对象捕捉方式

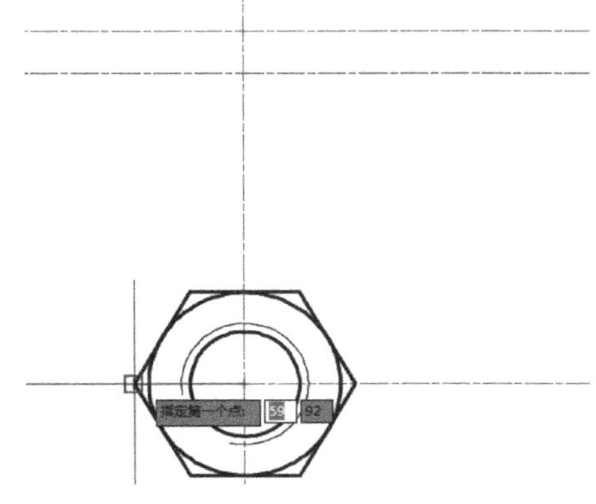

图 8-52　捕捉端点

(6) 垂直向上移动光标，捕捉并单击追踪线与上方构造线的交点作为直线的第一点，如图 8-53 所示，再向上移动光标，指定直线的长度为 19.2 并确定，绘制的直线如图 8-54 所示。

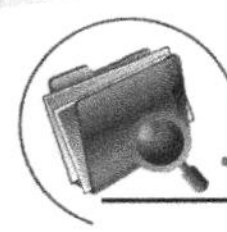

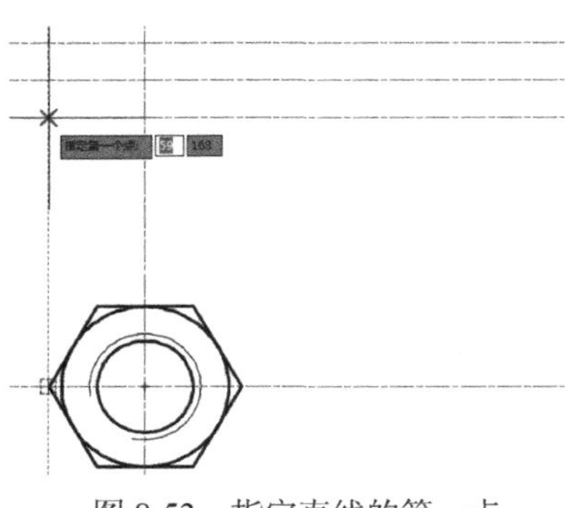
图 8-53 指定直线的第一点

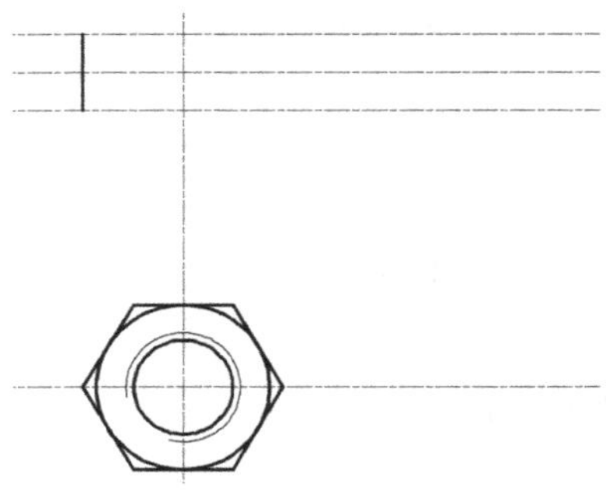
图 8-54 绘制直线

(7) 重复执行【直线(L)】命令，使用同样的方法在多边形各端点上方绘制另一条直线，效果如图 8-55 所示。

(8) 选择【绘图】→【圆弧】→【起点、端点、半径】命令，参照图 8-56 所示的效果，依次在第 3 条直线和第 2 条直线的上端点处指定圆弧的起点和端点，然后设置圆弧半径为 24。

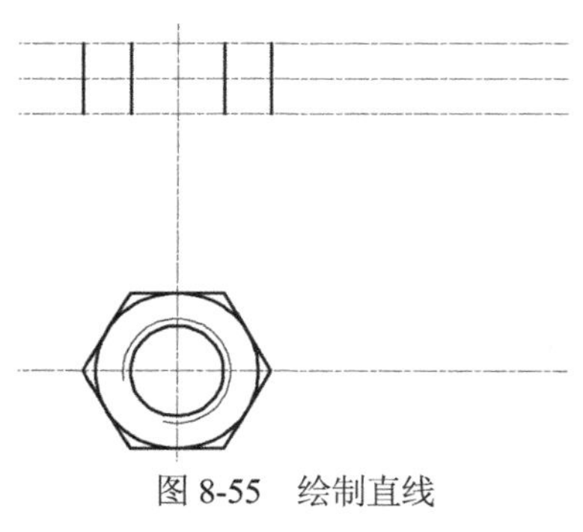
图 8-55 绘制直线

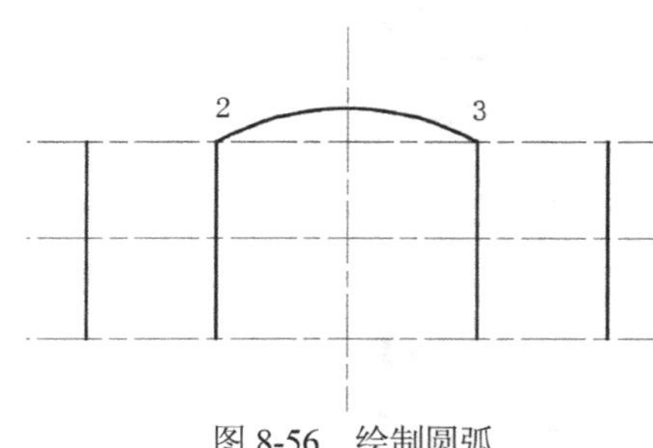

图 8-56 绘制圆弧

(9) 执行【移动(M)】命令，选择绘制的圆弧，然后在如图 8-57 所示的交点处指定移动的基点，向下捕捉构造线的交点作为移动的第二点，移动圆弧后的效果如图 8-58 所示。

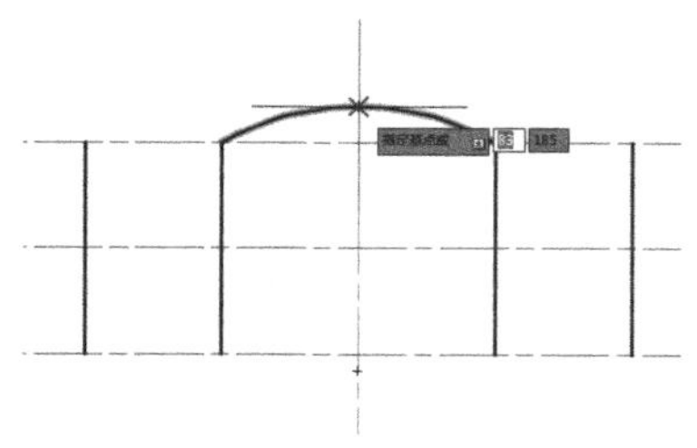
图 8-57 指定移动的基点

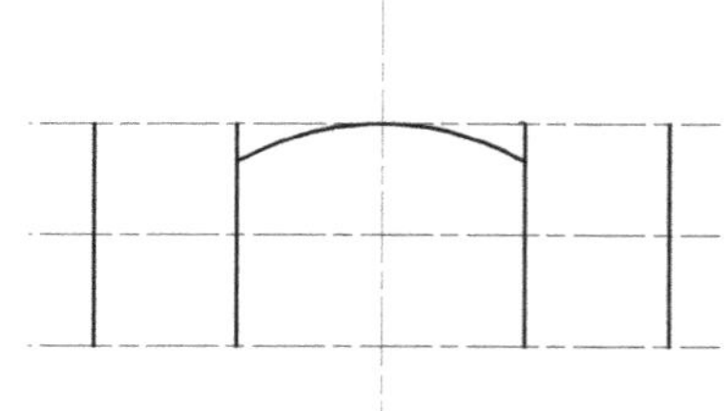
图 8-58 移动圆弧

(10) 选择【绘图】→【圆弧】→【三点】命令，捕捉已有圆弧的左端点为绘制圆弧的起点，然后以相切圆与正六边形的交点为追踪点，捕捉追踪线与线 1 的交点作为圆弧的第二点，如图 8-59 所示，再以已有圆弧的左端点为追踪点，捕捉追踪线与左边外轮廓线的交点作为圆弧的端点，如图 8-60 所示，在左侧绘制的圆弧效果如图 8-61 所示。

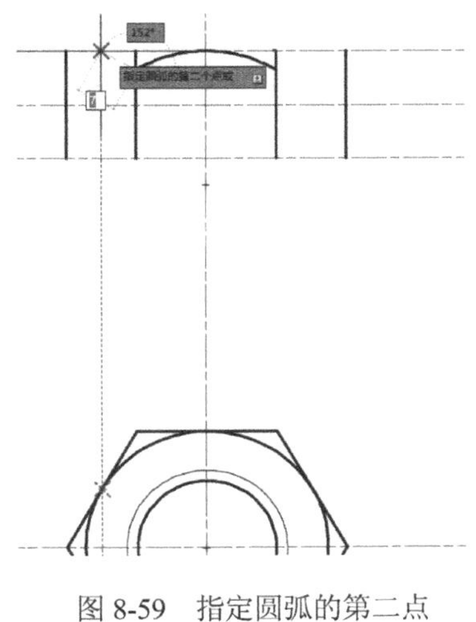

图 8-59　指定圆弧的第二点

图 8-60　指定圆弧的端点

(11) 选择【绘图】→【圆弧】→【三点】命令，参照前面的方法，绘制右侧的圆弧，效果如图 8-62 所示。

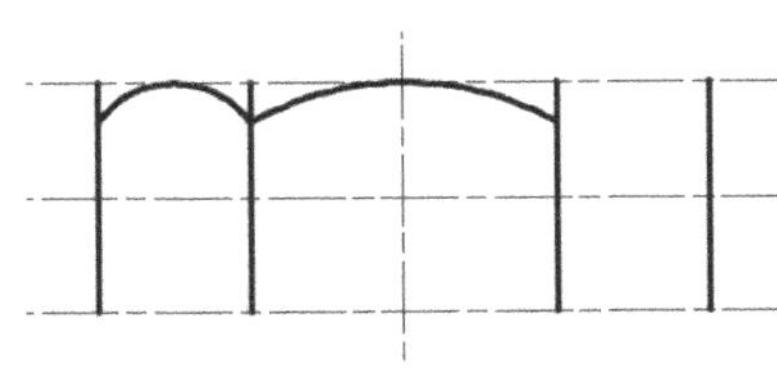

图 8-61　绘制左侧圆弧

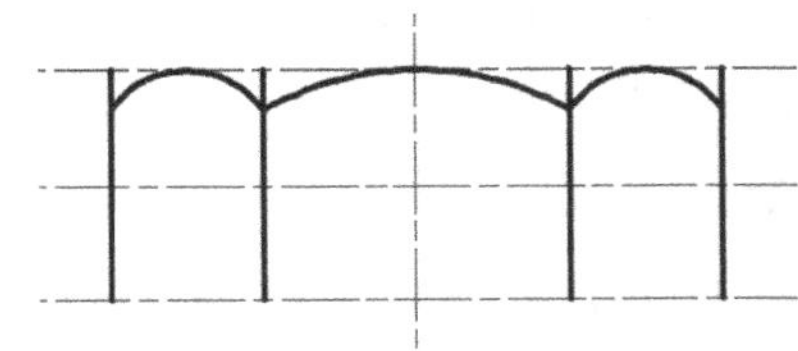

图 8-62　绘制右侧圆弧

(12) 执行【镜像(MI)】命令，选择上方的 3 个圆弧，以左右垂直线段的中点为镜像线的第一点和第二点，对圆弧进行镜像复制，效果如图 8-63 所示。

(13) 执行【直线(L)】命令，通过捕捉直线的端点，绘制两条直线，完成螺母主视图绘制，效果如图 8-64 所示。

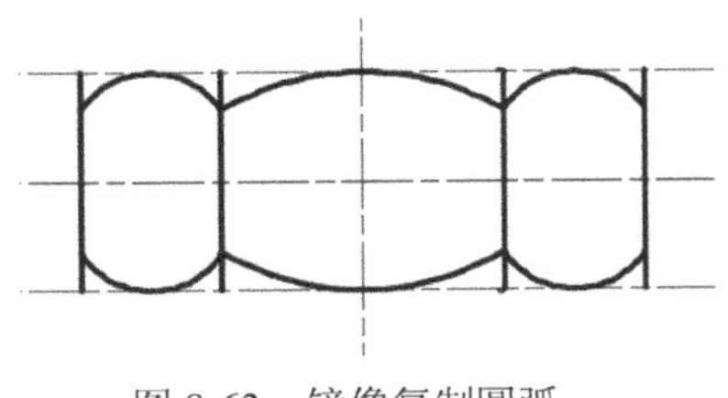

图 8-63　镜像复制圆弧

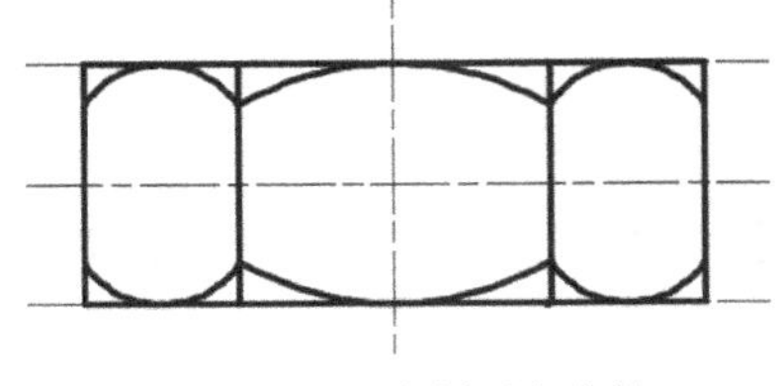

图 8-64　绘制两条直线

8.5.3　绘制螺母左视图

(1) 执行【复制(CO)】命令，选择垂直构造线作为复制对象，然后单击鼠标指定复制基点，再向右移动光标，指定第二点与基点的距离为 120，对构造线进行复制，效果如图 8-65 所示。

(2) 执行【多边形(POL)】命令，参照图 8-66 所示的效果，以交点 C 为中心点，绘制一个外切于圆半径为 21 的正六边形。

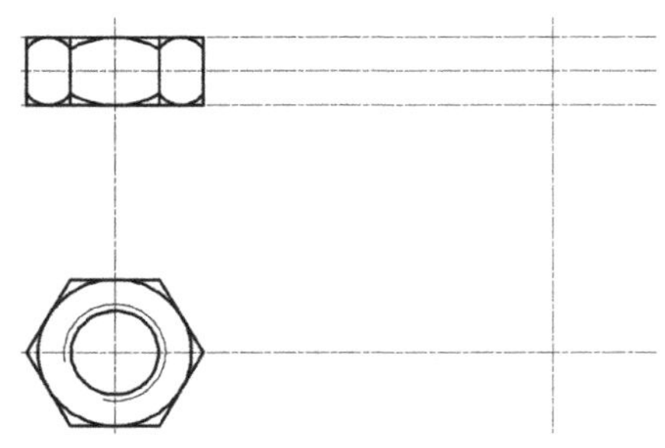

图 8-65　复制构造线

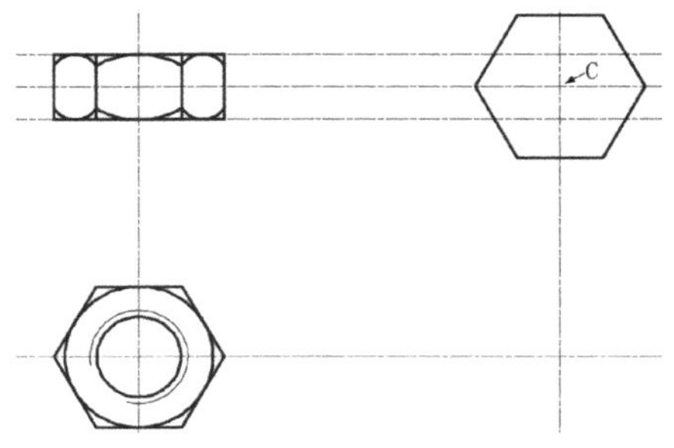

图 8-66　绘制正六边形

(3) 执行【旋转(RO)】命令，选择正六边形，以交点 C 为旋转基点，将正六边形旋转 90 度，效果如图 8-67 所示。

(4) 选择【绘图】→【圆】→【相切、相切、相切】命令，分别以正多边形的边为相切对象，绘制如图 8-68 所示的相切圆。

提示

选择【绘图】→【圆】→【相切、相切、相切】命令绘制相切圆时，需要打开【对象捕捉】的【切点】捕捉功能，并关闭其他特征点的功能，以免在绘图时影响切点的捕捉。

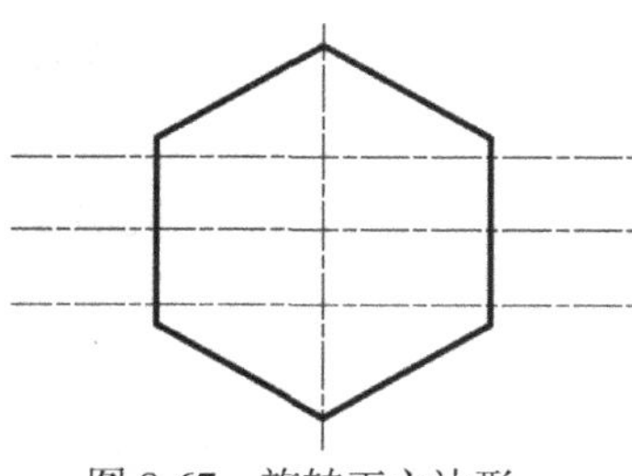

图 8-67　旋转正六边形

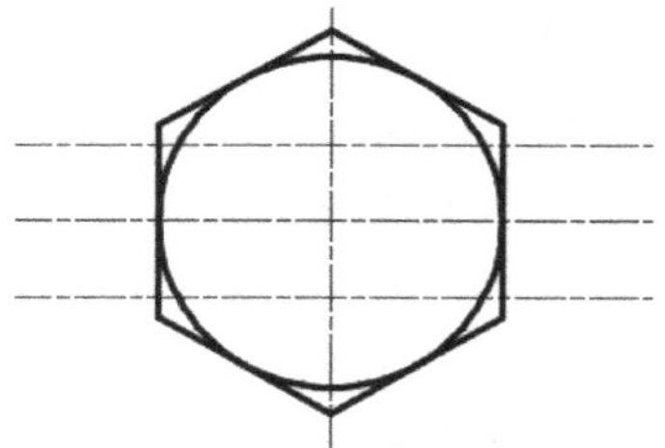

图 8-68　绘制相切圆

(5) 执行【直线(L)】命令，通过捕捉正六边形与构造线的交点，绘制两条水平直线和一条垂直直线，效果如图 8-69 所示。

(6) 选择【绘图】→【圆弧】→【三点】命令，参照图 8-70 所示的效果，以主视图一个圆弧的端点为追踪点，捕捉水平追踪线与构造线的交点为圆弧的起点。

(7) 参照图 8-71 所示的效果，以圆与正六边形的切点为追踪点，捕捉垂直追踪线与水平直线的交点为圆弧的第二点，然后以主视图一个圆弧的端点为追踪点，捕捉水平追踪线与正六边形的左交点为圆弧的端点，绘制一段圆弧，效果如图 8-72 所示。

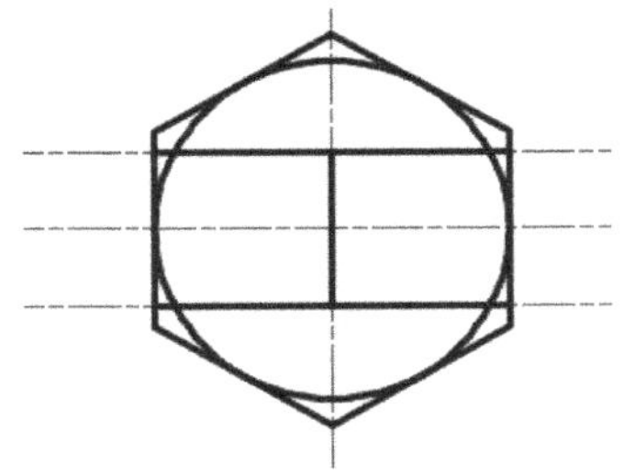

图 8-69　绘制直线

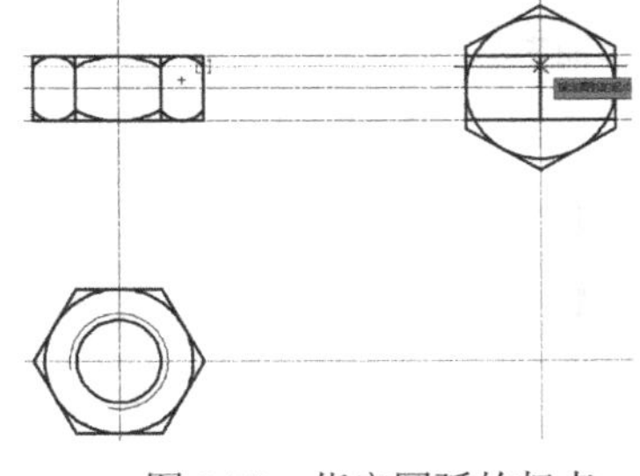

图 8-70　指定圆弧的起点

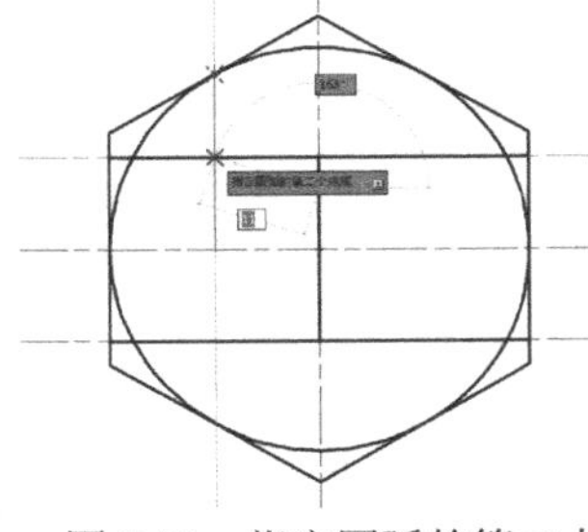

图 8-71　指定圆弧的第二点

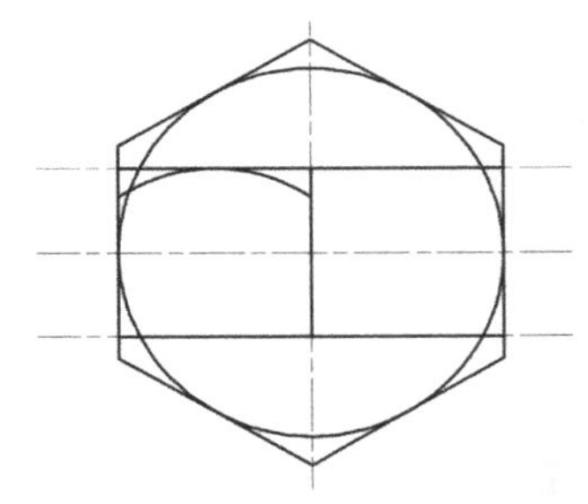

图 8-72　绘制圆弧

(8) 参照前面的方法，绘制右侧的圆弧，效果如图 8-73 所示。

(9) 执行【镜像(MI)】命令，以水平中心线为镜像轴，对绘制的两条圆弧进行镜像复制，效果如图 8-74 所示。

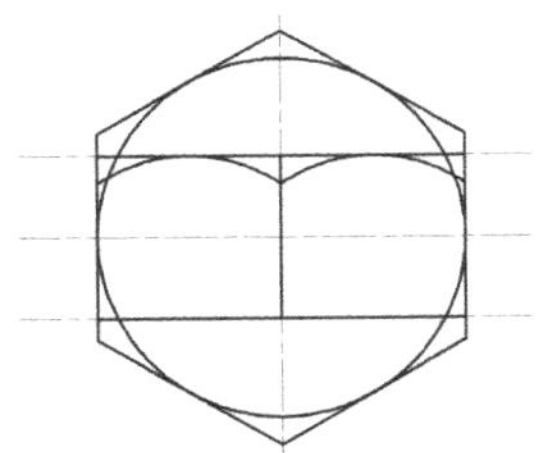

图 8-73　绘制右侧圆弧

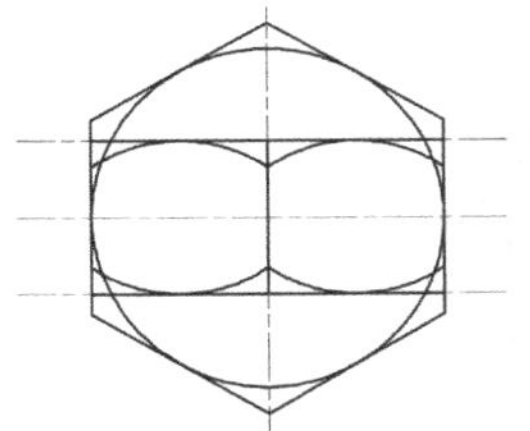

图 8-74　镜像复制圆弧

(10) 执行【删除(E)】命令，选择圆形将其删除，效果如图 8-75 所示。

(11) 执行【修剪(TR)】命令，以两条直线为修剪边界，对正六边形进行修剪，完成左视图的绘制，效果如图 8-76 所示。

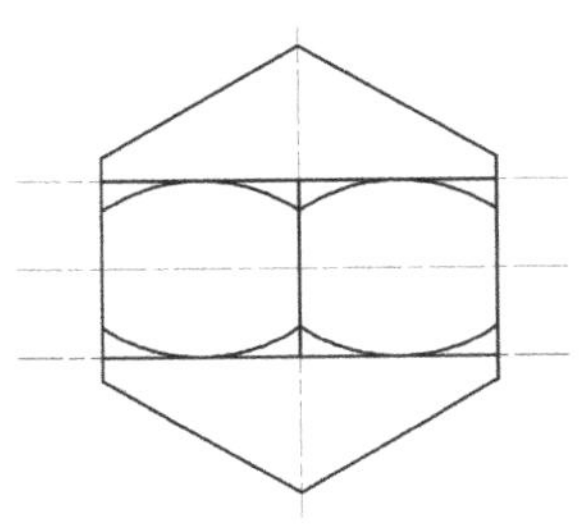

图 8-75　删除圆形

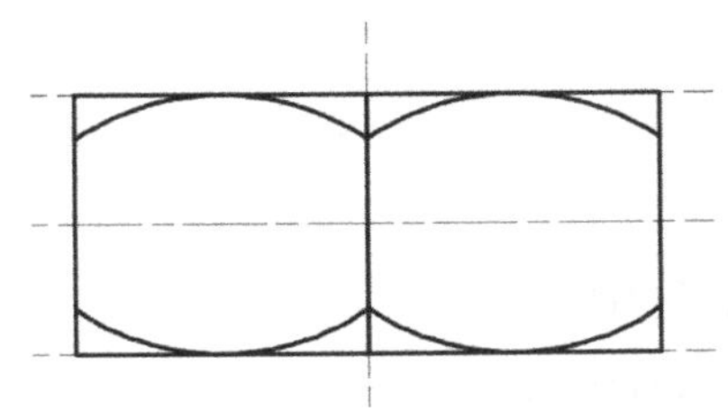

图 8-76　修剪正六边形

8.5.4 编辑三视图中心线

(1) 执行【删除(E)】命令，删除作为辅助线的三条构造线，效果如图 8-77 所示。

(2) 执行【偏移(O)】命令，将三视图的外轮廓线向外偏移 5 个单位，效果如图 8-78 所示。

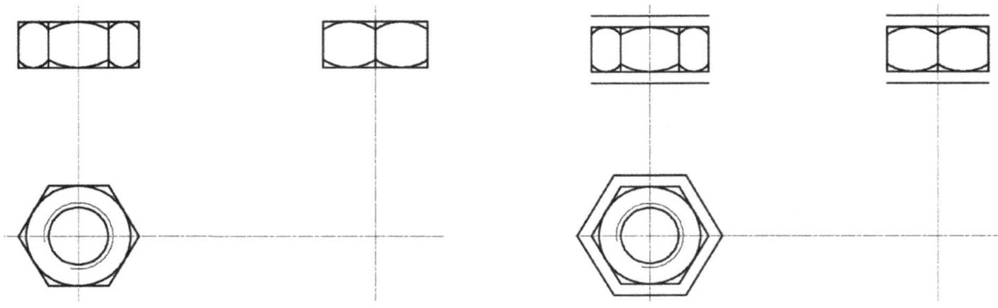

图 8-77 删除辅助构造线　　　　图 8-78 偏移外轮廓线

(3) 执行【修剪(TR)】命令，以偏移出的外轮廓线作为修剪边界，修剪掉外部的构造线，效果如图 8-79 所示。

(4) 执行【删除(E)】命令，删除作为辅助线的两条构造线，效果如图 8-80 所示。

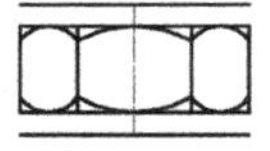
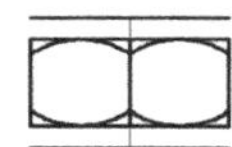
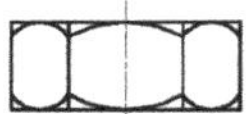
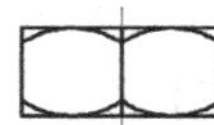
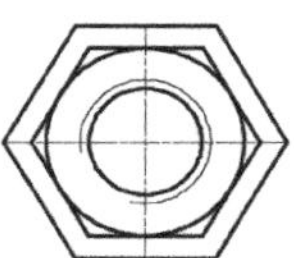
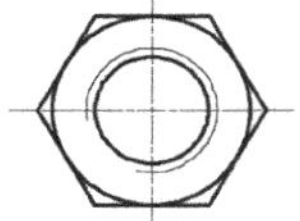

图 8-79 修剪构造线　　　　图 8-80 删除偏移出的轮廓线

8.5.5 标注螺母三视图

(1) 将【尺寸线】图层设置为当前层。执行【标注样式(D)】命令，打开【标注样式管理器】对话框，将【机械制图】标注样式设置为当前样式，如图 8-81 所示。

(2) 执行【直径(DDI)】标注命令，依次对俯视图中的两个圆进行直径标注，效果如图 8-82 所示。

(3) 执行【半径(DRA)】标注命令，对主视图的圆弧进行半径标注，效果如图 8-83 所示。

(4) 执行【线性(DLI)】标注命令，在主视图中进行线性标注，效果如图 8-84 所示。

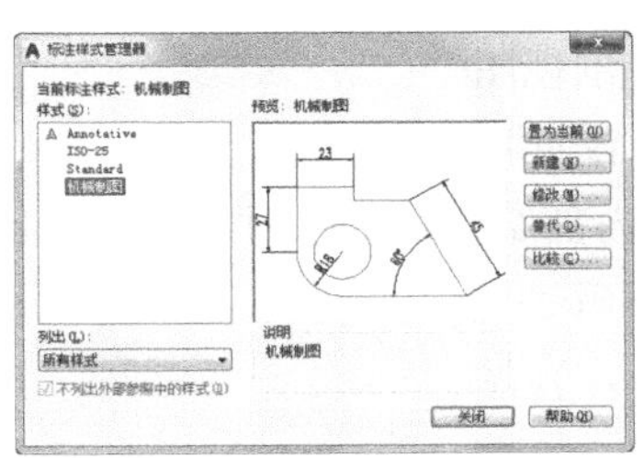

图 8-81　设置当前标注样式

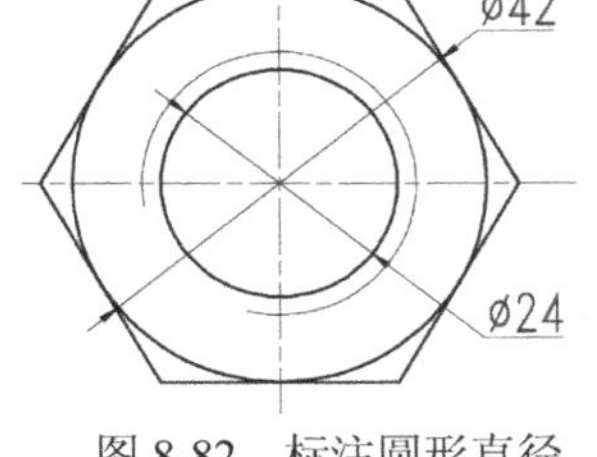

图 8-82　标注圆形直径

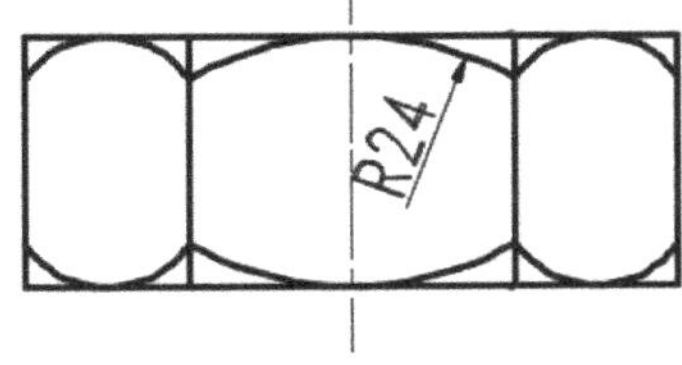

图 8-83　标注圆弧半径

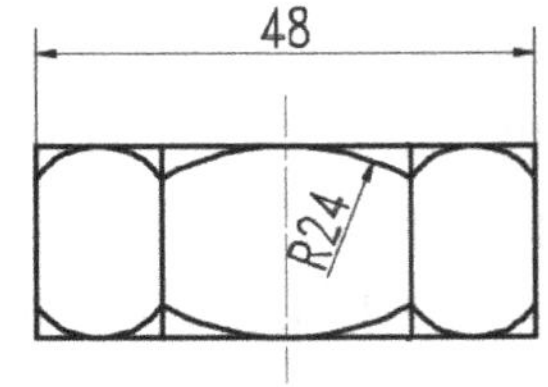

图 8-84　线性标注尺寸

(5) 重复执行【线性(DLI)】标注命令，在左视图中标注螺母高度，效果如图 8-85 所示。

(6) 执行【文字(T)】命令，参照图 8-86 所示的效果填写技术要求，完成本例的绘制。

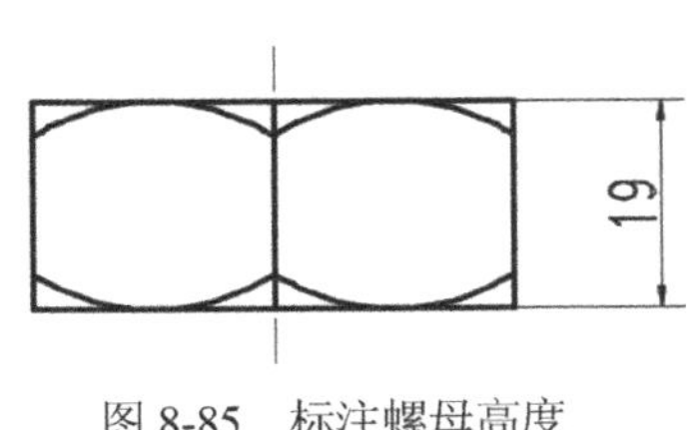

图 8-85　标注螺母高度

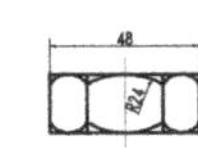

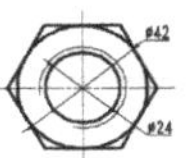

技术要求：
(1) 适用压力：P≤2.5MPa;
(2) 适用温度：-20℃<T≤300℃;
(3) 表面进行热浸镀锌处理，质量符合《紧固件热浸镀锌层》GB/ T 5267.3-2008 标准要求。

图 8-86　填写技术要求

8.6　思考与练习

8.6.1　填空题

1. 在机械制图中，标准件是指______________等各个方面已经完全标准化，并由专业工厂生产的常用的零(部)件。

2. 标准件是具有明确标准的机械零(部)件和元件，包括_______标准件和______标准件。

3. 基本视图是机械图样中最基本的图形，它是将物体放在三投影面体系中，分别向 3 个投影面作投射所得到的图形，即_______________。

8.6.2　选择题

1. 机械图样主要通过以下哪些图形进行表达(　　)。

A. 基本视图　　B. 剖视图
C. 局部放大图　　D. 断面图

2. 三视图可以基本表达机件外形，但当零件的内部结构较复杂时，视图的虚线也将增多，要清晰地表达机件内部形状和结构，就需要采用以下哪种图(　　)。

A. 剖视图　　B. 左视图
C. 局部放大图　　D. 主视图

3. 当物体某些细小结构在视图上表示不太清楚或不便于标注尺寸时，可以使用以下哪种图绘制该部分图形(　　　)。

A. 剖视图　　B. 左视图
C. 局部放大图　　D. 主视图

4. 机械图纸中的技术要求不用于标注以下哪个内容(　　)。

A. 设计的单位　　B. 零件的特殊材料
C. 倒角和圆角　　D. 零件的表面结构

8.6.3 操作题

1. 综合应用所学的知识，创建一个名称为【A3 图纸模板-横放】的模板(图纸大小为 420×297)，设置好图形界限、图框、标题栏、图层、标注样式和文字样式等，如图 8-87 所示。

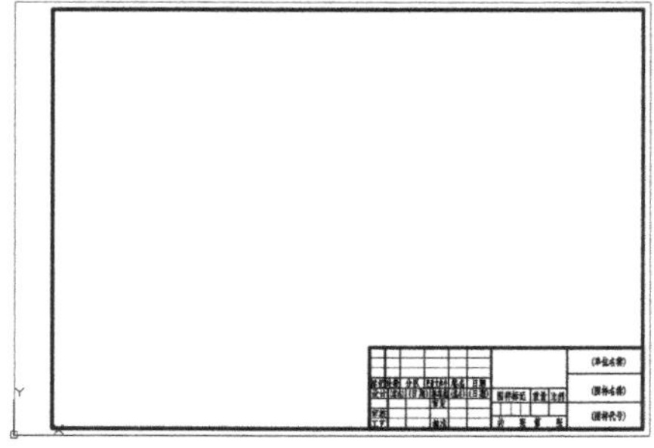

图 8-87 【A3 图纸模板-横放】模板

2. 综合应用所学的知识，使用【多边形】、【圆】、【直线】、【圆弧】、【修剪】和【偏移】等命令绘制如图 8-88 所示的螺栓二视图。

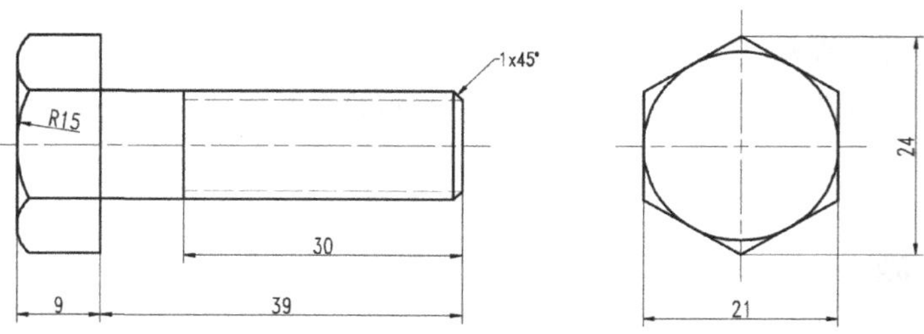

图 8-88　绘制螺栓二视图

机械剖视图和断面图的绘制

学习目标

虽然在机械制图中，可以使用三视图表达机件外形，但是当零件的内部结构较复杂时，仅仅使用三视图就无法清晰地表达机件内部的形状和结构，这时就需要采用剖视图和断面图进行表达。本章将详细介绍机械剖视图和断面图的相关知识，以及绘制机械剖视图和断面图的方法。

本章重点

- 机械剖视图基础
- 机械断面图基础
- 绘制机械剖视图
- 绘制机械断面图

9.1 机械剖视图基础

在机械制图中，有些零件结构在一般视图中并不能表现出来，需要剖开某个平面才能清楚地展现出来，尤其是某些内部结构，此时可使用剖视图来表现零件的结构。

剖视图包括全剖视、半剖视和局部剖视 3 种，用法各有不同。下面主要介绍剖视图的作用、分类及应用。

9.1.1 认识剖视图

为了表达机件内孔和槽的形状，假想使用剖切平面剖开机件，将处在观察者和剖切平面之间的部分移去，而将其与部分向投影面投射所得的图形称为剖视图，简称剖视，如图 9-1 所示。 剖视图将机件剖开，使得内部原来不可见的孔、槽变为可见，虚线变成了可见线，由此解决了内部虚线过多的问题。

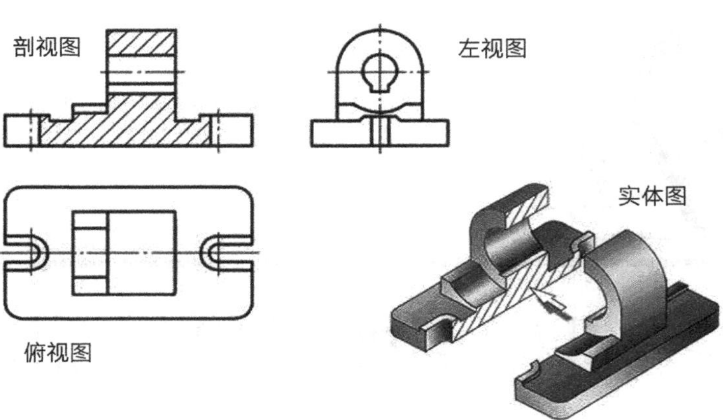

图 9-1　剖视示意图

机械零件内部有孔时，在视图上一般使用虚线来表示，但是当机件的内形比较复杂时，视图中表示内形的虚线会给看图和标注尺寸带来不便。为了解决这个矛盾，让机件的内部形状能够直接展现出来，国家标准《机械制图》中规定采用剖视图的表达方法来显示零件复杂的内部结构。

综上所述，【剖视】的概念可以归纳为 3 个字。

- 剖：假想用剖切面剖开物体。
- 移：将处于观察者与剖切面之间的部分移去。
- 视：将其余部分向投影面投射。

9.1.2　剖视图分类

按剖切范围大小，剖视图可分为全剖视图、半剖视图和局部剖视图；按剖切面的种类和数量，剖视图可分为阶梯剖视图、旋转剖视图、斜剖视图和复合剖视图。在同一个视图中将普通视图与剖视图结合使用，能够最大限度地表达更多结构。

9.1.3　剖视图的绘制原则

在机械制图中，剖视图的画法应遵循以下 3 个原则。

(1) 选择合适的剖切位置，使剖切平面尽量通过较多的内部结构(孔、槽等)的轴线或对称平面，并平行于选定的投影面。

(2) 机件内外轮廓要完整。机件剖开后，处在剖切平面后的所有可见轮廓线都应该完整绘制出来。

(3) 绘制出断面符号。在剖视图中，凡是被剖切的部分应绘制出断面符号。

9.1.4　剖视图的一般绘制步骤

机械制图中剖视图的一般绘制步骤如下。

(1) 确定剖切面的位置及投射方向：为了在主视图上反映机件内孔的实际大小，剖切面应通过孔的轴线并平行于 V 面，以垂直于 V 面的方向为投射方向。

(2) 将处于观察者与剖切面之间的部分移去后，画出余下部分在 V 面的投影，如图 9-2 所示。

(3) 在断面区域内画出断面符号，如图 9-3 所示。

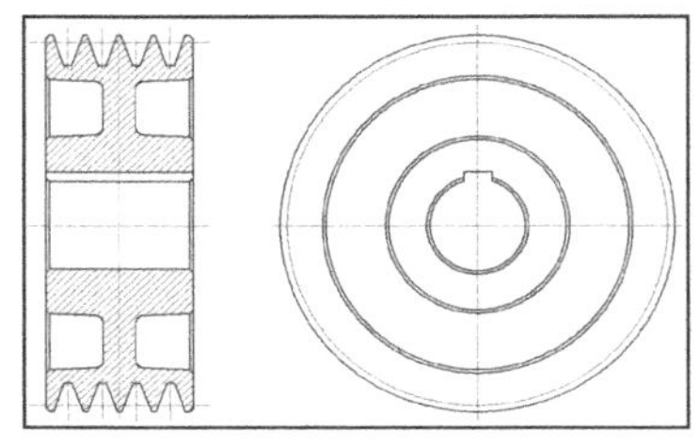

图 9-2　剖视图的画法(1)

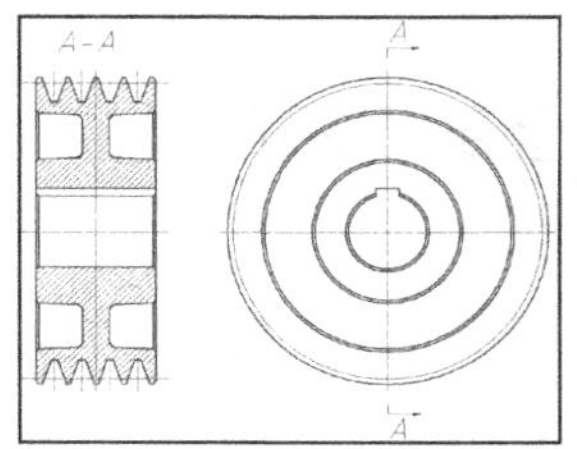

图 9-3　剖视图的画法(2)

提示

H 面、W 面、V 面是投影几何三个投影面的代称。V 面：(即铅垂投影面)正视图，从前往后看；H 面：(即平投影面)俯视图，从上往下看；W 面：(即侧投影面)侧(左)视图，从左往右看。

9.1.5　剖视图的标注

为了能够清晰地表示出剖视图与剖切位置及投射方向之间的对应关系，绘制剖视图时应将剖切线、剖切符号和剖视图名称标注在相应的视图上。剖切符号、剖切线和字母的组合标注如图 9-4 所示，剖切线也可以省略不画，如图 9-5 所示。

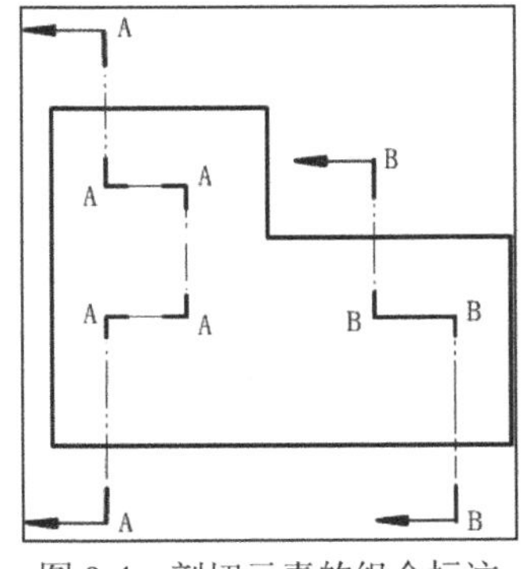

图 9-4　剖切元素的组合标注

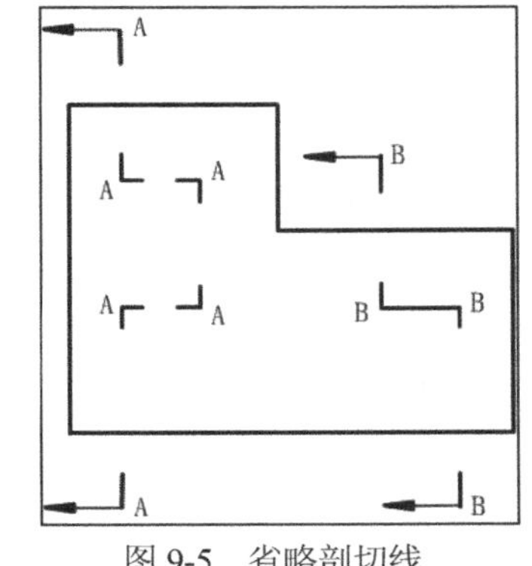

图 9-5　省略剖切线

剖视图的标注一般包括以下内容。

计算机基础与实训教材系列

(1) 剖切线：指示剖切位置的线(用点画线表示)。

(2) 剖切符号：指示剖切面起、止和转折位置及投射方向的符号，剖切面起、止和转折位置用粗短画线表示。

(3) 投射方向：用箭头或粗短线表示。机械图中均用箭头。

(4) 视图名称：一般应标注剖视图名称为×－×(×－×为大写拉丁字或阿拉伯数字)，在相应视图上用剖切符号表示剖切位置和投射方向，并标注相同的字母。

当图形符合下列条件时，可简化或省略标注。

(1) 当剖视图按投影关系配置，中间又无其他图形隔开时，可省略箭头。

(2) 当单一剖切平面通过物体的对称平面或基本对称的平面，且剖视图按投影关系配置，中间又无其他图形隔开时，可省略标注。

9.1.6 全剖视图的绘制

用剖切面完全地剖开物体所得的剖视图称为全剖视图。全剖视图可用下列剖切方法获得。

1. 单一剖切面剖切

当机件的外形较简单、内形较复杂而图形又不对称时，常采用这种剖视。外形简单而又对称的机件，为了使剖开后图形清晰、便于标注尺寸，也可采用这种剖视。

用单一剖切面剖切的全剖视同样适用于表达某些机件倾斜部分的内形。当物体倾斜部分的内、外形在基本视图上均不能反映实形时，可用一平行于倾斜部分而垂直于某一基本投影面的平面剖切，然后再投射到与剖切面平行的辅助投影面上，就能得到它的实形了，如图 9-6 所示。

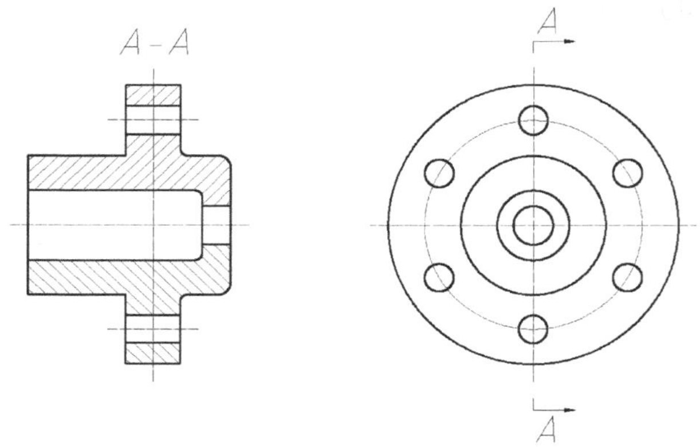

图 9-6 端盖全剖视图

在图 9-6 中弯管倾斜部分的内、外形在基本视图上均不能反映实形。此时用一平行于倾斜部分而垂直于 V 面的平面 A 剖切，弯管倾斜部分在与剖切面 A 平行的辅助投影面内的投影——剖视图 A-A 反映它的实形。

绘制图形时，剖视图最好按投射方向配置。在不致引起误解时，允许将图形旋转，但此时必须在视图上方标出旋转符号。

2. 几个平行的剖切平面剖切

机件上结构不同的孔的轴线分布在相互平行的两个平面内。要表达这些孔的形状，显然用单一剖切面剖切是不能实现的。此时，可采用一组相互平行的剖切平面依次将它们剖开。

这是用几个平行的剖切平面剖切物体获得的全剖视图。用两个平行于 V 面的剖切平面分别沿两组孔的轴线完全地剖开机件，并向 V 面投射，得到如图 9-7 所示的图形。当机件内形的层次较多，用单一剖切面剖切不能同时显示出来时，可采用这种剖视。

3. 几个相交的剖切面剖切

机件上有 3 个形状、大小不同的孔和槽，它们分布在同轴的、直径不同的圆柱面上。要同时表达它们的形状，显然用单一剖切面或几个平行的剖切平面剖切都是不能实现的。此时，可采用两个相交的剖切面分别沿不同的孔的轴线依次将它们剖开。

采用两个相交的剖切平面完全地剖开机件。其一，通过轴孔和阶梯孔的轴线，它平行于 V 面；其二，通过轴孔和小孔的轴线，它倾斜于 V 面。两个剖切平面的交线垂直于 W 面。将被剖切面剖开的结构要素及有关部分旋转到与选定的投影面—V 面平行的位置后再向 V 面进行投射，如图 9-8 所示。

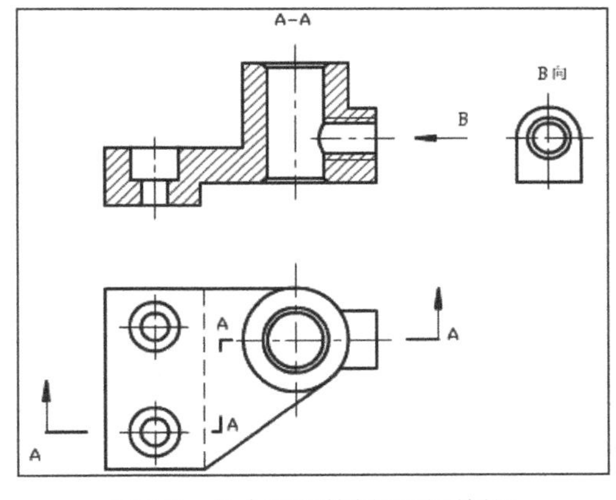

图 9-7　几个平行的剖切平面剖切

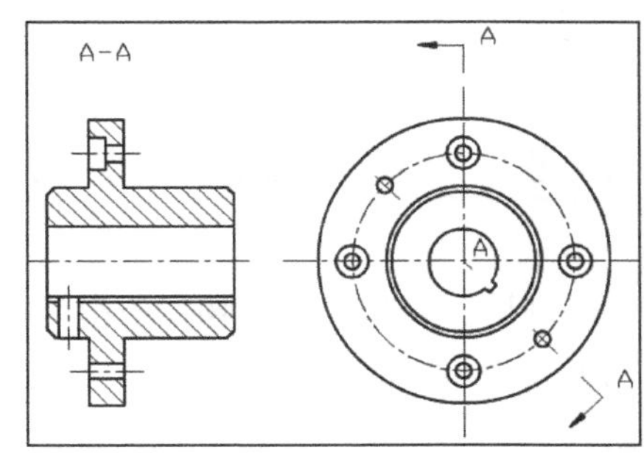

图 9-8　几个相交的剖切面剖切

从以上实例看出，这种剖视常用于盘类零件，如凸缘盘、轴承压盖、手轮和带轮等，以表达孔、槽的形状和分布情况，也可用于具有一个回转中心的非回转面零件。

9.1.7　半剖视图的绘制

当物体具有对称平面时，向垂直于对称平面的投影面上投射所得的图形，可以对称中心线为界，一半画成剖视图，另一半画成视图。这种剖视图称为半剖视图。

由于机件的结构左右对称，因此机件的主视图外形是左右对称的，主视图的全剖视图也是左右对称的。那么，主视图就可以对称中心线为界，一半画成剖视图、另一半画成视图，如图 9-9 所示。同理，机件的俯视图前后也是对称的，也可用半剖视图表示，如图 9-10 所示。

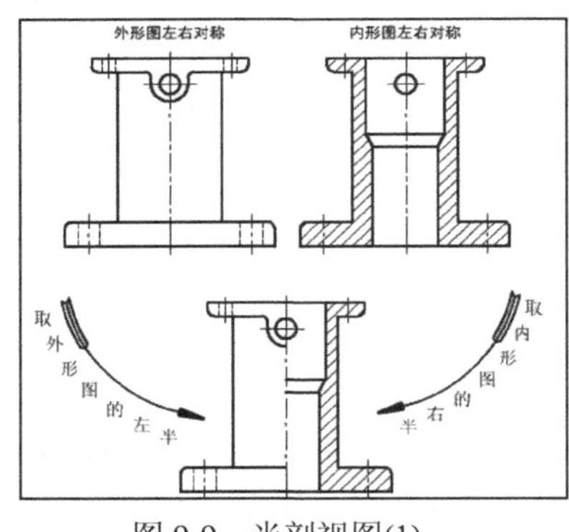

图 9-9　半剖视图(1)

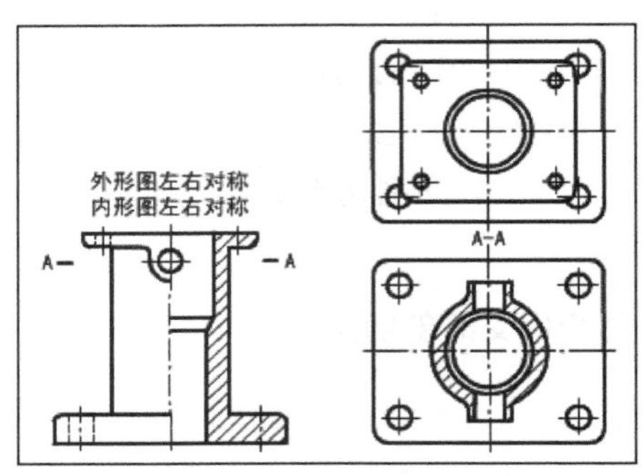

图 9-10　半剖视图(2)

由于图形对称，因此表示外形的视图中的虚线不必画出。同样，表示内形的剖视图中的虚线也不必画出。该例中，主视图的剖切面与机件前后方向的对称面重合，且视图按投射方向配置，则剖切符号和视图名称均可省略。而机件的上下方向没有对称面，因此俯视图必须标出剖切位置及视图名称。但由于视图是按投射方向配置的，则可以省略箭头。

提示

当机件的内形、外形均需表达，而其形状又具有对称平面时，常采用半剖视图。若机件的形状接近于对称，且不对称部分已另有图形表达清楚时，也允许采用半剖视图。

9.1.8　局部剖视图的绘制

用剖切面局部地剖开物体所得的剖视图称为局部剖视图。局部剖视图用波浪线或双折线分界，以示剖切范围。表示剖切范围的波浪线或双折线不应与图样中的其他图线重合，如图 9-11 所示。

当被剖结构为回转体时，允许将该处结构的中心线作为局部剖视与视图的分界线，如图 9-12 所示。

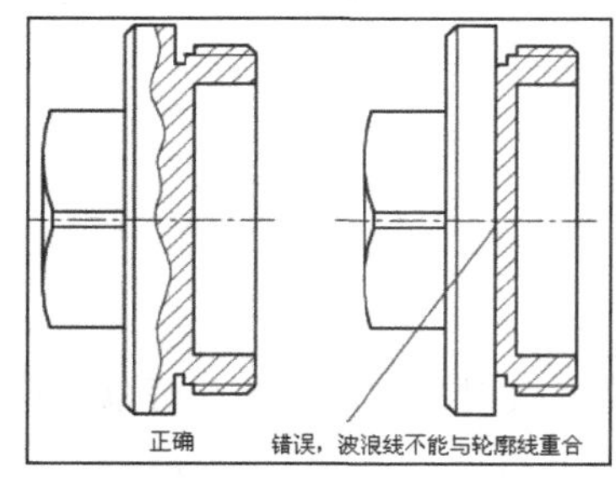

图 9-11　波浪线不应与轮廓线重合

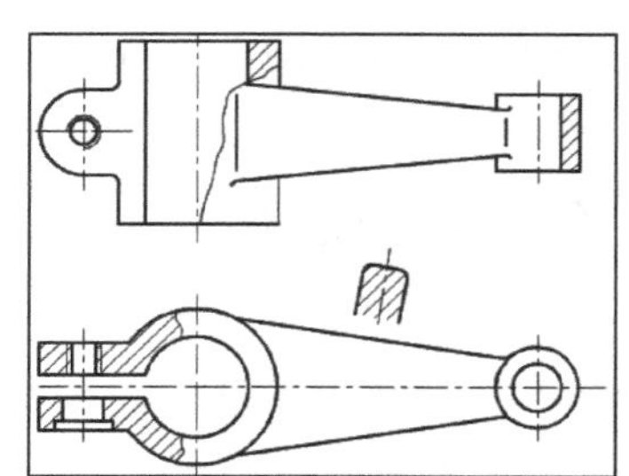

图 9-12　中心线作为局部剖视与视图的分界线

局部剖视图是一种灵活的表示方法，适用范围比较广，在何处剖切、剖切范围大小均应视具体情况而定。下面列举几种常用的情况。

- 机件仅局部内形需剖切表示，而又不宜采用全剖视图时，取局部剖视图。
- 轴、手柄等实心杆件上有孔、键槽需表达时，应采用局部剖视图。
- 对称机件的轮廓线与中心线重合，不宜采用半剖视图时，应采用局部剖视图。
- 当机件的内、外形均较复杂而图形又不对称时，为了将内、外形状都表达清楚，可采用局部剖视图。

提示

在同一视图中采用局部剖视的数量不宜过多，以免使图形支离破碎，影响视图的清晰。

9.1.9　机械剖视图的常见问题与技巧

对于初学者而言，绘制机械剖视图会感觉比较难一些。本节将介绍绘制机械剖视图时应注意的问题，以及一些处理技巧。

1. 平行剖切平面注意问题

绘制平行剖切平面时应注意以下几个问题。

- 剖切平面转折处必须是直角，转折边必须对齐。
- 剖切平面转折处不应与图样中的轮廓线重合，并且在剖视图上不能画线。
- 剖切符号。在剖切平面起、止和转折位置标注相同的字母，以表示剖切平面的名称。当剖切平面在转折处不至于引起误解时，允许省略字母，以箭头表示投射方向。
- 视图名称标注在剖视图的上方。

2. 相交剖切平面注意问题

采用几个相交的剖切面剖切的方法绘制剖视图时，应先剖切后旋转再投射。即：先假设按剖切位置剖开物体，然后将被倾斜剖切面剖开的结构要素及有关的部分旋转到与选定的投影面平行，最后再进行投射。位于剖切面后面的其他结构一般仍按原位置投射，如图 9-13 所示；当剖切后产生不完整要素时，应将此部分按不剖切方式绘制，如图 9-14 所示的中间机械臂。

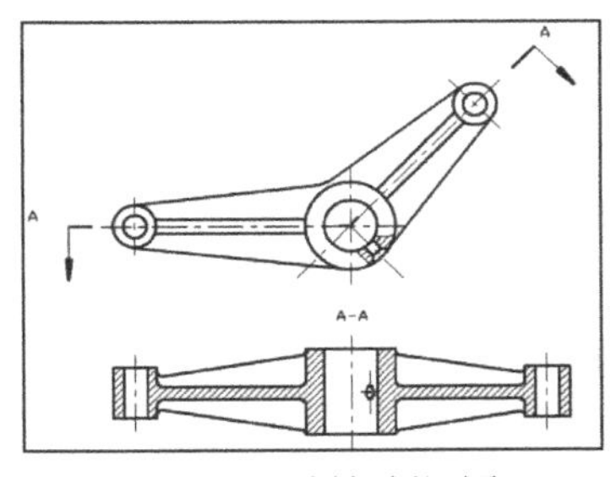

图 9-13　摇杆剖视图

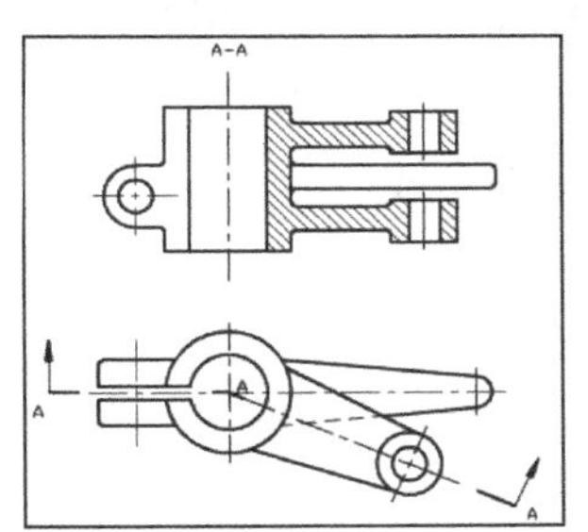

图 9-14　产生的不完整要素

9.2 机械断面图基础

断面图常用于表达物体某一局部的断面形状，如机件上的肋、轮辐或轴上的键槽、孔等。例如，绘制轴类零件一般先绘制一个基本视图，再画几处断面图来表达轴上的特殊结构等。

9.2.1 认识断面图

断面图(在早期的机械制图中也称为剖面图)是通过假想的剖切平面将物体切断，并将物体与剖切平面接触部分的面向与之平行的投影面(不一定是基本投影面)投影所得的图形。断面图与剖视图有所区别，断面图就是常说的剖面图，所生成的图形只是一个被剖切的断面线条，而剖视图剖切后，断面后所能观察到的轮廓线都能显示出来。因此，剖视图是体的投影，而断面图是面的投影，剖视图包含断面图，断面图则仅是剖视图的部分，并必为实形。断面图多用于表达构件截面的变化，且根据断面图在绘制时所配置位置的不同，可将断面图分为移出断面和重合断面两类。

9.2.2 断面图的绘制方法

一般情况下，断面图只需画出机件切开后的断面形状即可，但是在断面图的绘制步骤中有许多规定，如当断面图通过机件上的圆孔或圆孔的轴线时，这些结构应按剖视来画。绘制重合断面时，重合断面的轮廓线用细线绘制，当视图的轮廓与重合断面的图形重合时，视图的轮廓线仍需完整画出。国家标准《机械制图》规定如下。

(1) 对于零件上的肋、轮辐及薄壁等，若剖切平面通过板厚的对称平面或者轮辐的轴线时，这些结构都不画断面符号，而粗实线将它与邻接部分分开。但是，当剖切平面垂直于肋和轮辐等对称平面或者轴线时，应画上断面符号。

(2) 当零件的回转体上均匀分布的轮辐、肋和孔等结构不处于剖切面上时，可将这些结构旋转到剖切平面上画出。

(3) 当机件具有若干相同的结构并且按照一定规律分布时，只需画出几个完整的结构，其余用细实线连接，但在零件图中应该注明总数。

(4) 当图形不能充分表达平面时，可用平面符号表示。

(5) 在不致引起误解时，对称机件的视图可以只画出一半，并在对称中心线的两端画出两条与其垂直的平行细实线。

(6) 在圆柱上，因为钻有小孔、槽或者铣方头等出现的交线允许省略或者简化，但是必须有一个视图已经清楚地表示了它们的形状。

(7) 在不引起误解的情况下，零件图中的小圆角、锐边小倒角或 45°小倒角允许省略不画，但是必须注明尺寸或者在技术要求中说明。

(8) 当机件的部分结构图形过小时，可以采用局部放大的方法，用比原图更大的比例画出。

9.2.3 移出断面图的绘制

画在视图之外的断面图称为移出断面，移出断面的轮廓线用粗实线绘制。移出断面图的绘制需要注意以下几点。

(1) 移出断面应尽量配置在剖切线的延长线上，如图 9-15 所示。

(2) 断面对称时可画在视图的中断处，如图 9-16 所示。

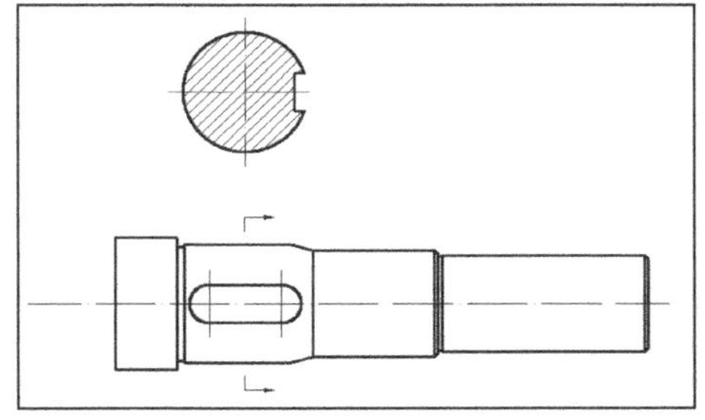

图 9-15 移出断面配置在剖切线的延长线上

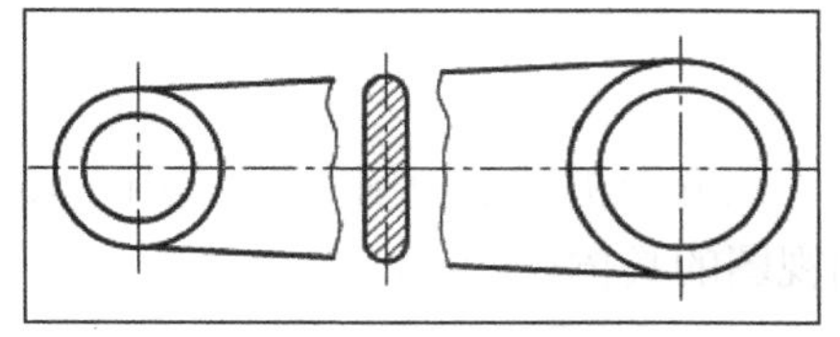

图 9-16 画在视图的中断处

(3) 必要时可将断面配置在其他适当的位置。在不致引起误解时，允许将图形旋转，但必须标注旋转符号，如图 9-17 所示。

(4) 移出断面图一般应标注断面图的名称×－×(×为大写拉丁字母或阿拉伯数字)，在相应视图上用剖切符号表示剖切位置和投射方向，并标注相同字母，如图9-18所示。剖切面通过水平圆孔和竖直圆孔的轴线，这两个孔均应按剖视绘制。

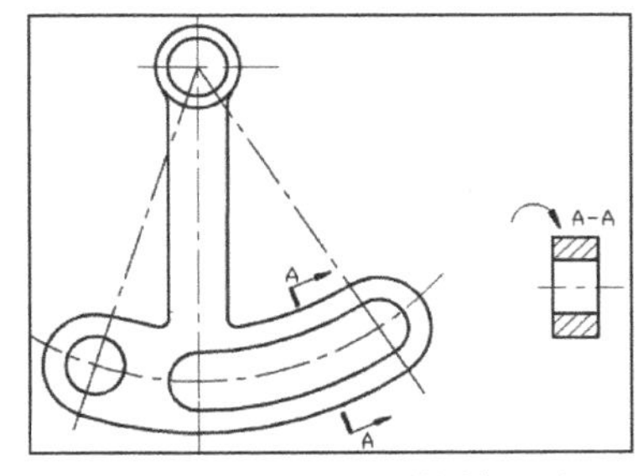

图 9-17 移出断面旋转配置

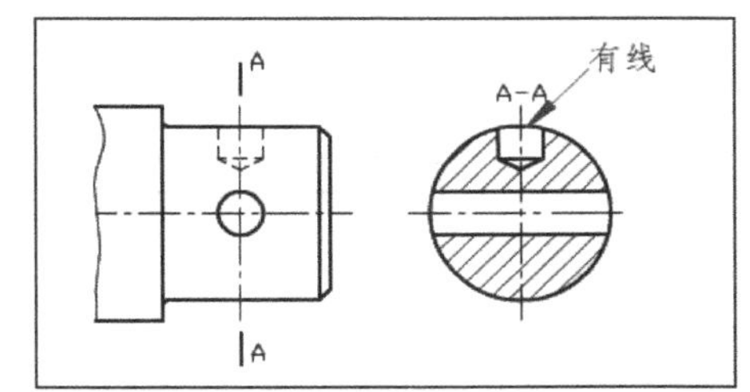

图 9-18 剖切面通过回转面形成的孔的轴线

(5) 对称的移出断面、按投影关系配置的移出断面，均可省略箭头。

(6) 对称的重合断面、配置在剖切线延长线上的对称的移出断面，以及配置在视图中断处的对称的移出断面均不必标注。

9.2.4 机械断面图的常见问题与技巧

绘制机械断面图时，重合断面、配置在剖切线延长线上的移出断面，均可省略字母。如图 9-19 所示为角钢的重合断面，省略了字母；如图 9-20 所示为断面配置在剖切线延长线上，也省略了字母。

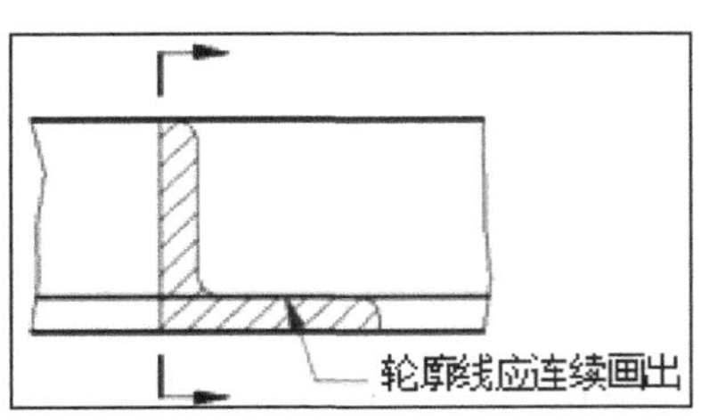

图 9-19 重合断面省略字母

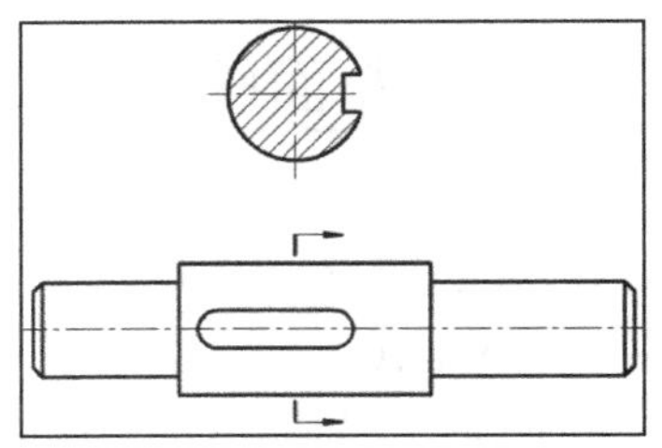
图 9-20 剖切线延长线上省略字母

9.3 绘制机械剖视图

前面介绍机械剖视图的相关知识，本节将通过活动钳身剖视图和底座局部剖视图案例讲解机械剖视图的具体绘制方法。

9.3.1 绘制活动钳身剖视图

本例将结合前面所学的标注内容，在活动钳身二视图的基础上绘制活动钳身的剖视图，完成后的效果如图 9-21 所示。首先根据活动钳身的俯视图和主视图确定剖视图的尺寸，然后使用绘图和编辑命令绘制剖视图形，然后对剖视图形进行标注。

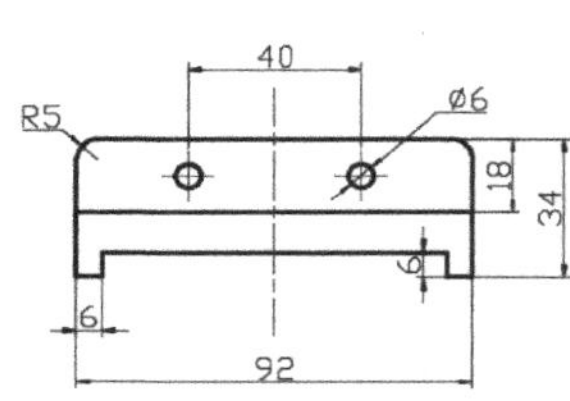

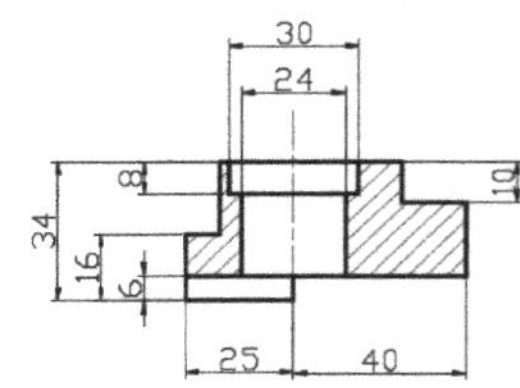

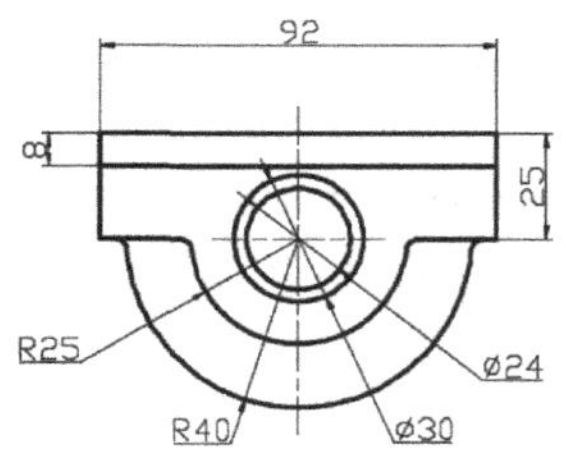

图 9-21 活动钳身零件图

绘制本例剖视图形的具体操作步骤如下。

(1) 打开【活动钳身二视图.dwg】图形文件，作为绘制本例剖视图的基础，如图 9-22 所示。

(2) 将【中心线】图层设置为当前层，执行【直线(L)】命令，在主视图的右侧绘制一条垂直中心线，如图 9-23 所示。

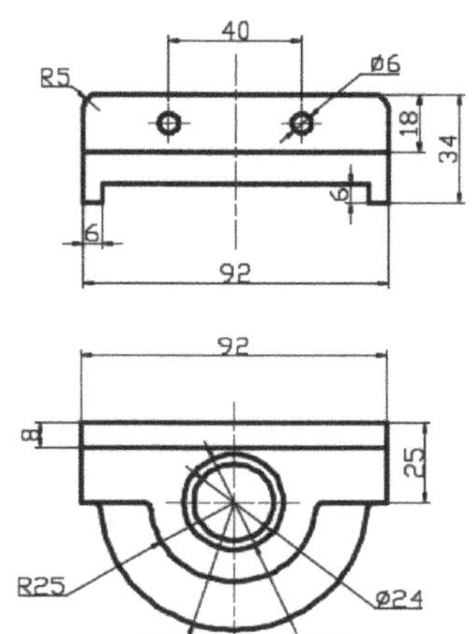

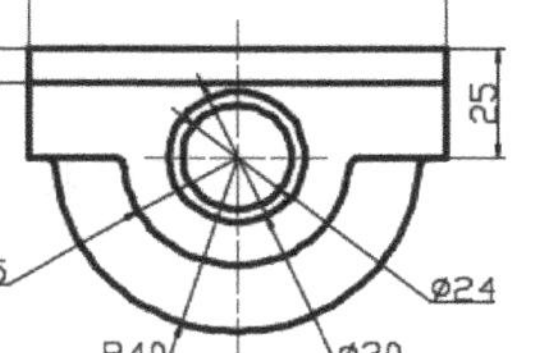

图 9-22　打开图形

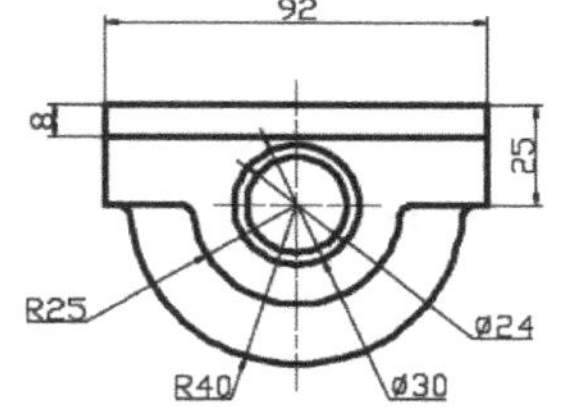

图 9-23　绘制中心线

(3) 将垂直中心线向左依次偏移 17、8，再将中心线向右依次偏移 25、15，然后将偏移得到的中心线和绘制的水平线段放在【轮廓线】图层中，如图 9-24 所示。

(4) 将【轮廓线】图层设置为当前层。然后执行【直线(L)】命令，通过追踪主视图上方的水平线在右侧绘制一条水平线，如图 9-25 所示。

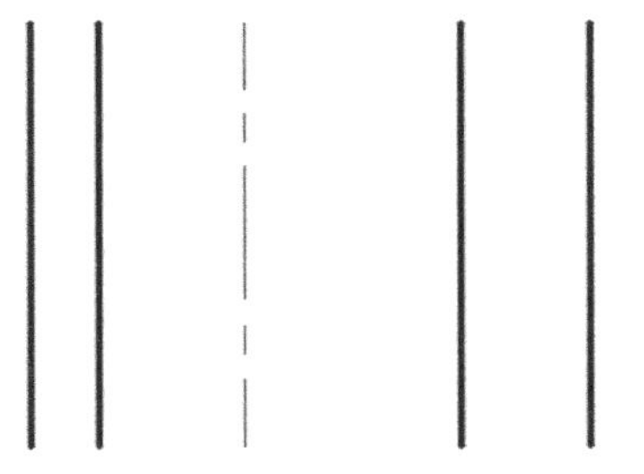

图 9-24　偏移中心线

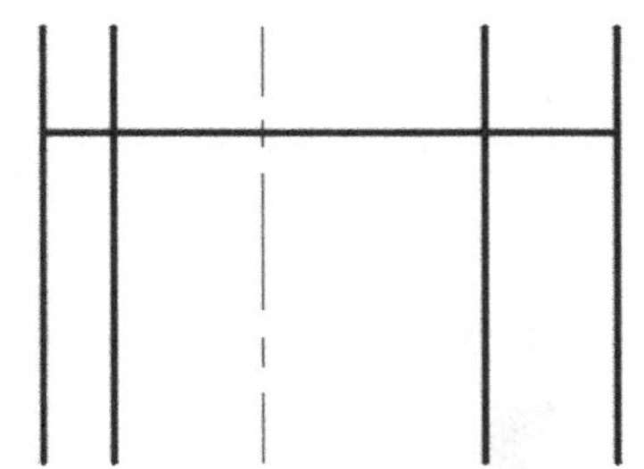

图 9-25　绘制水平线

(5) 执行【偏移(O)】命令，将水平直线向下依次偏移 10、8、10，效果如图 9-26 所示。

(6) 执行【修剪(TR)】命令，对偏移线段进行修剪，效果如图 9-27 所示。

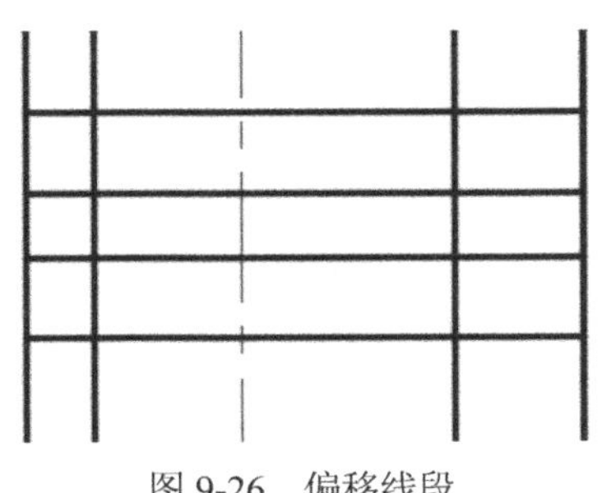

图 9-26　偏移线段

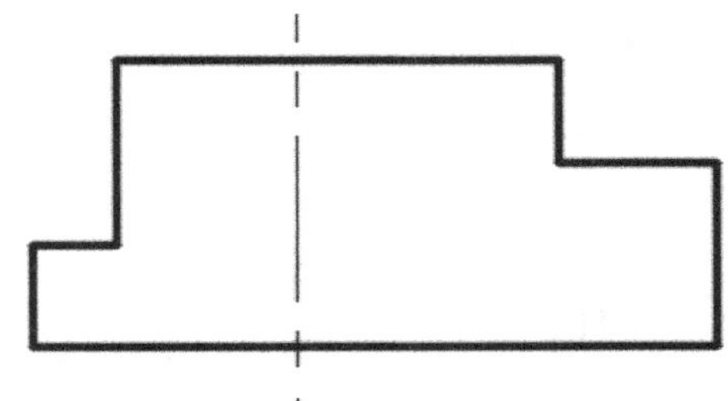

图 9-27　修剪图形

(7) 执行【偏移(O)】命令，将上方水平线向下偏移 8，然后将垂直中心线向左右依次各偏移 12、15，并将偏移得到的中心线放在【轮廓线】图层中，效果如图 9-28 所示。

(8) 执行【修剪(TR)】命令，对偏移线段进行修剪，效果如图 9-29 所示。

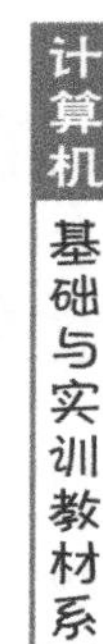

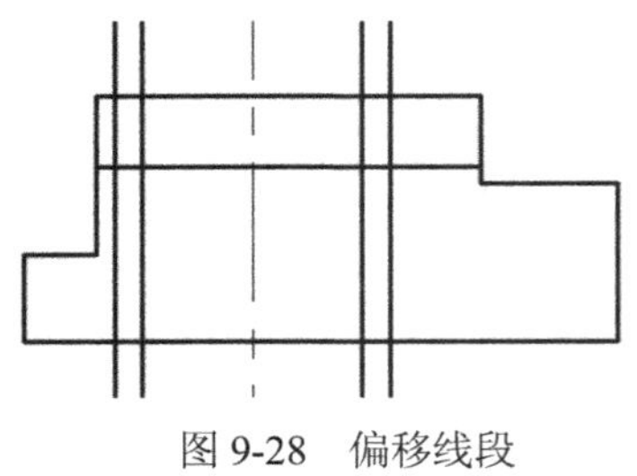
图 9-28　偏移线段

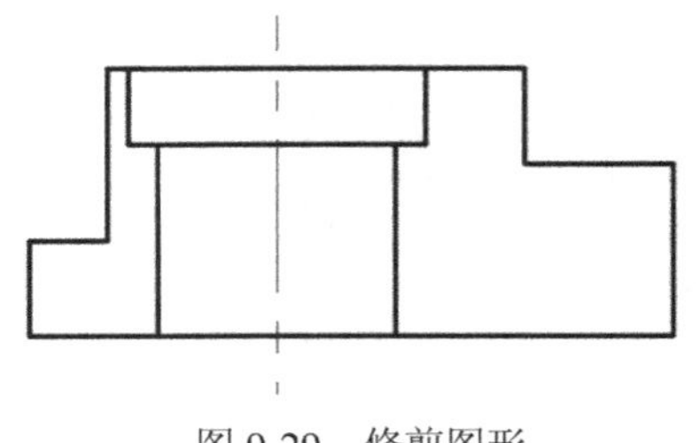
图 9-29　修剪图形

(9) 执行【偏移(O)】命令，将下方水平线向下偏移 6，效果如图 9-30 所示。

(10) 执行【直线(L)】命令，通过捕捉线段的端点，在图形左下方绘制两条连接线，效果如图 9-31 所示。

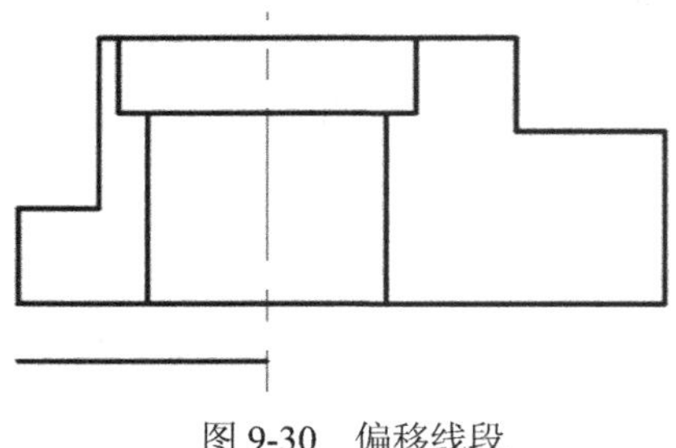
图 9-30　偏移线段

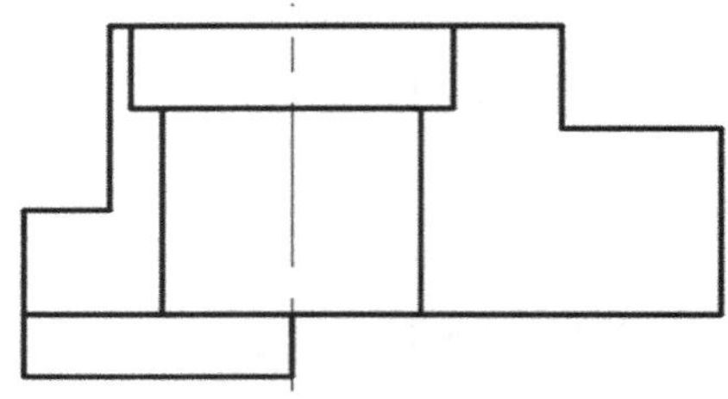
图 9-31　绘制连接线

(11) 将【剖面线】图层设置为当前层，然后执行【图案填充(H)】命令，设置填充图案为 ANSI31，如图 9-32 所示，在剖视图指定填充区域，如图 9-33 所示。

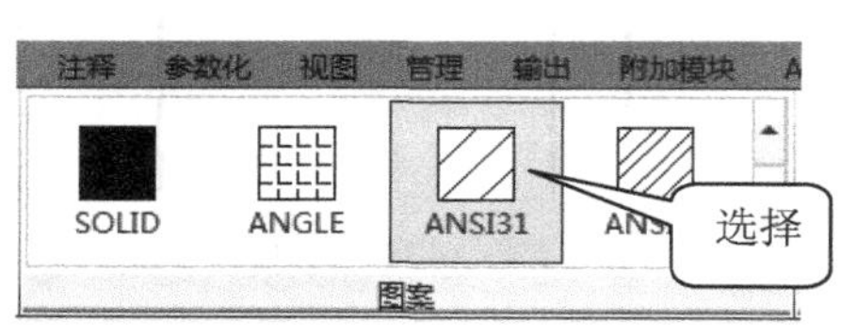

图 9-32　设置填充参数

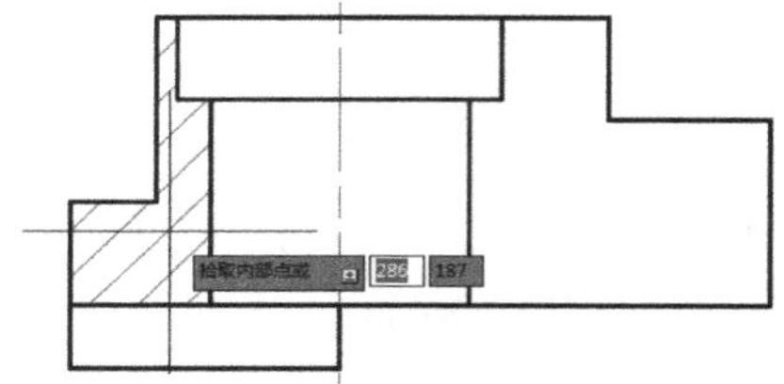
图 9-33　指定填充区域

(12) 参照图 9-34 所示的效果，继续对图形进行图案填充。

(13) 将【标注】图层设置为当前层，然后执行【线性(DLI)】命令，在剖视图中进行尺寸标注，完成本例的绘制，效果如图 9-35 所示。

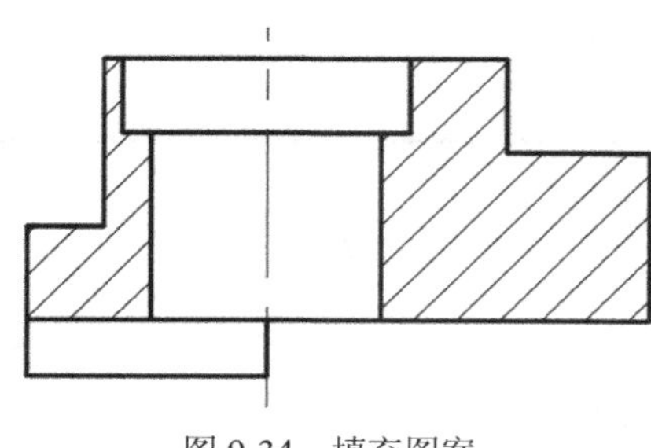
图 9-34　填充图案

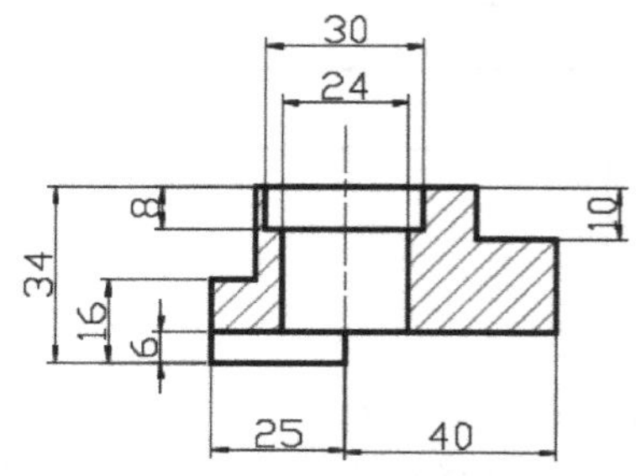

图 9-35　标注图形尺寸

9.3.2　绘制底座局部剖视图

本例将结合前面所学的标注内容，在底座俯视图的基础上绘制底座局部剖视图，完成后的效果如图 9-36 所示。首先根据底座俯视图效果确定底座主视图的尺寸，然后使用绘图和编辑命令绘制底座主视图和局部剖视图形，然后对图形进行标注。

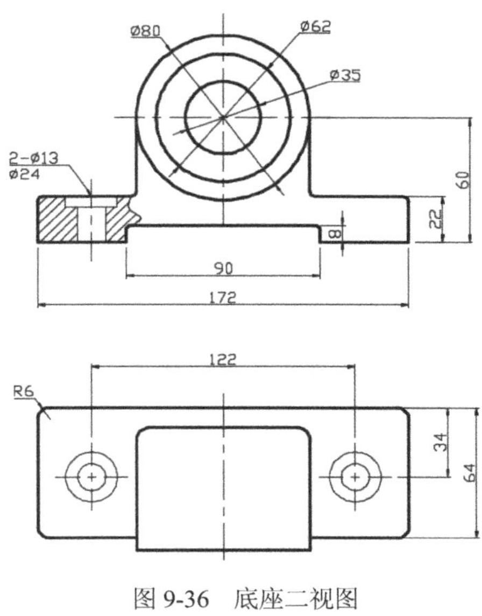

图 9-36　底座二视图

绘制本例局部剖视图形的具体操作步骤如下。

(1) 打开【底座俯视图.dwg】图形文件作为绘制本例图形的基础，如图 9-37 所示。

(2) 将【中心线】图层设置为当前图层。执行【直线(L)】命令，通过追踪俯视图的中心线，在上方绘制一条垂直中心线，再绘制一条水平中心线，如图 9-38 所示。

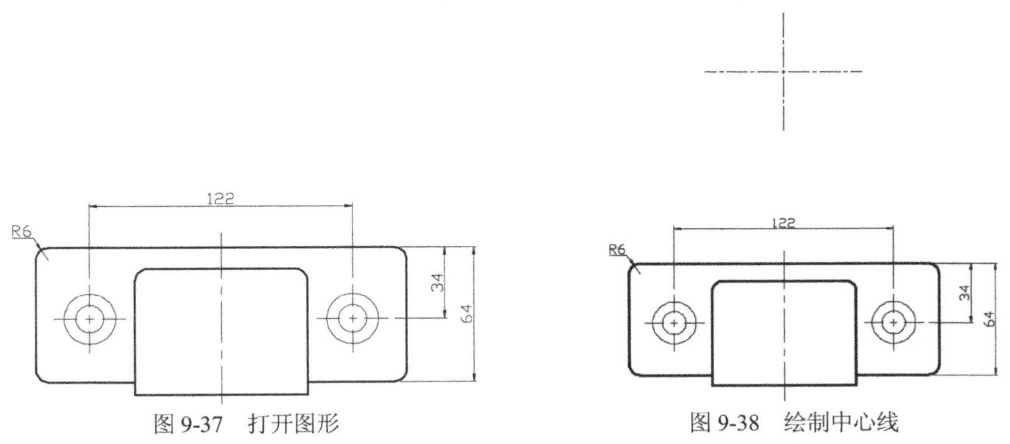

图 9-37　打开图形　　图 9-38　绘制中心线

(3) 将【轮廓线】图层设置为当前图层，执行【圆(C)】命令，以两条线段的交点为圆心，分别绘制半径为 17.5、31、40 的同心圆，如图 9-39 所示。

(4) 执行【直线(L)】命令，以水平中心线与大圆的交点为起点，向下绘制两条长度为 60 的直线，效果如图 9-40 所示。

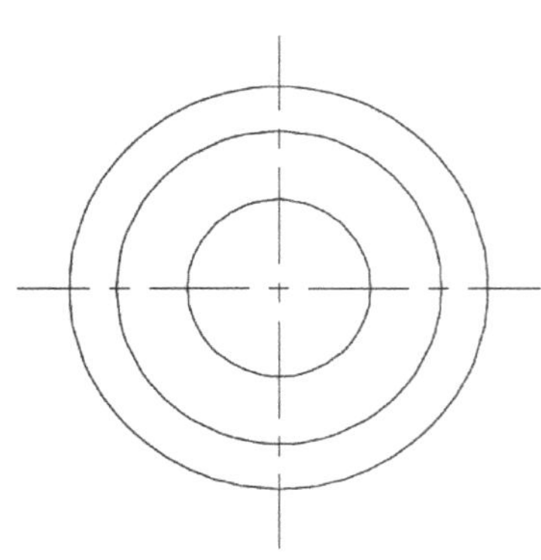

图 9-39　绘制同心圆

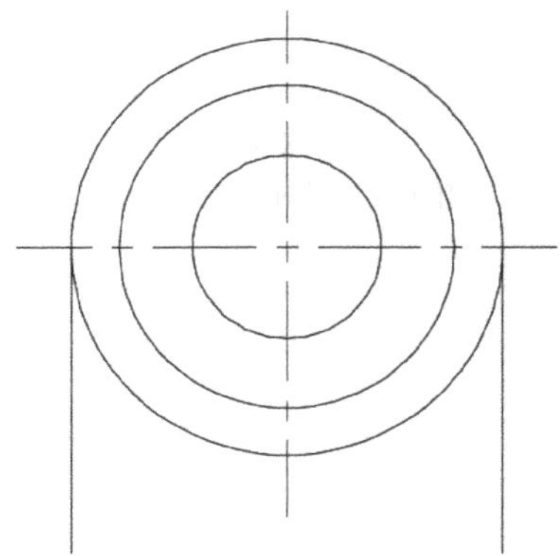

图 9-40　绘制直线

(5) 执行【偏移(O)】命令，将左右两条垂直线分别向两侧偏移 46，效果如图 9-41 所示。

(6) 执行【直线(L)】命令，通过捕捉直线下方的端点，绘制一条水平直线，然后将水平直线向上偏移 22，如图 9-42 所示。

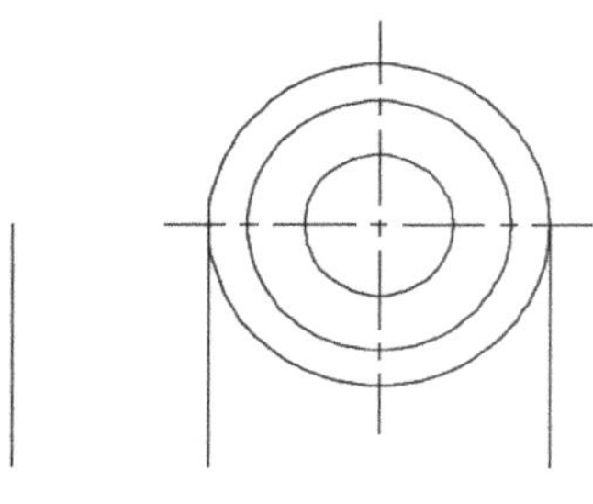

图 9-41　偏移直线

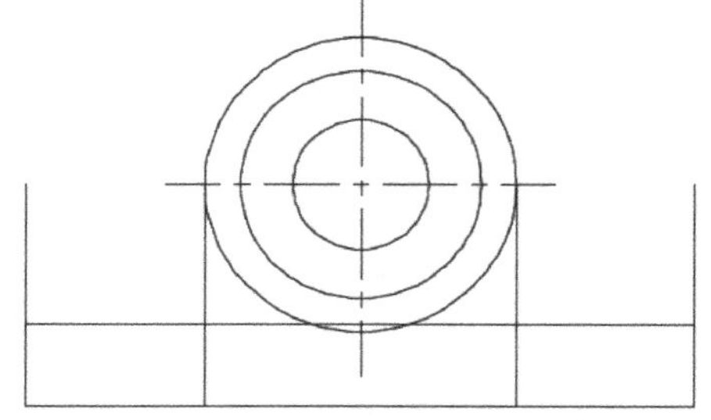

图 9-42　绘制直线

(7) 执行【修剪(TR)】命令，对图形中的直线进行修剪，效果如图 9-43 所示。

(8) 执行【偏移(O)】命令，将下方水平线向上偏移 8，将两端的垂直线向内偏移 41，效果如图 9-44 所示。

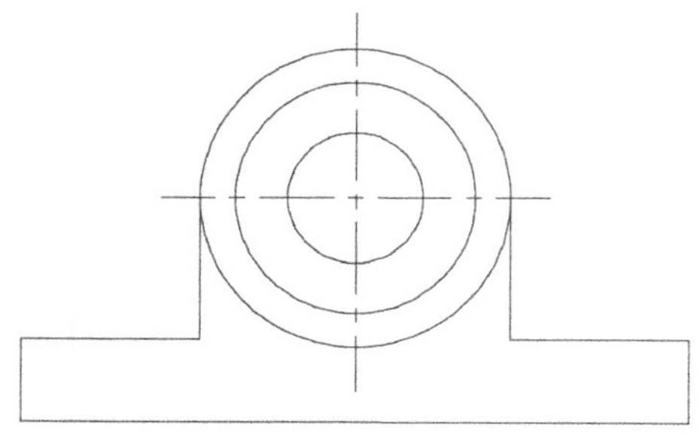

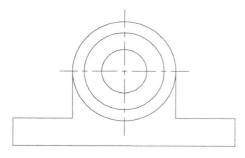

图 9-43　修剪直线

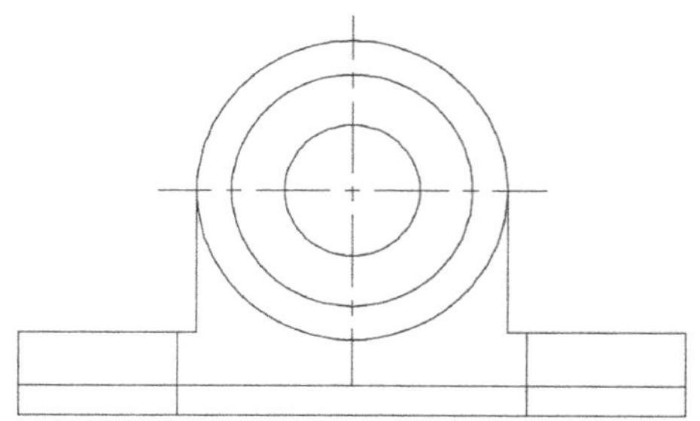

图 9-44　偏移直线

(9) 执行【修剪(TR)】命令，对图形下方的直线进行修剪，效果如图 9-45 所示。

(10) 执行【偏移(O)】命令，将左下方水平线向上偏移 17，将左下方垂直线向右依次偏移 13、5.5、13、5.5，效果如图 9-46 所示。

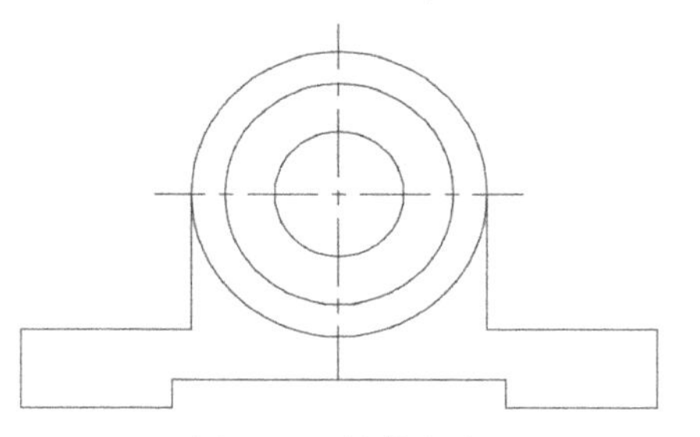

图 9-45　修剪直线

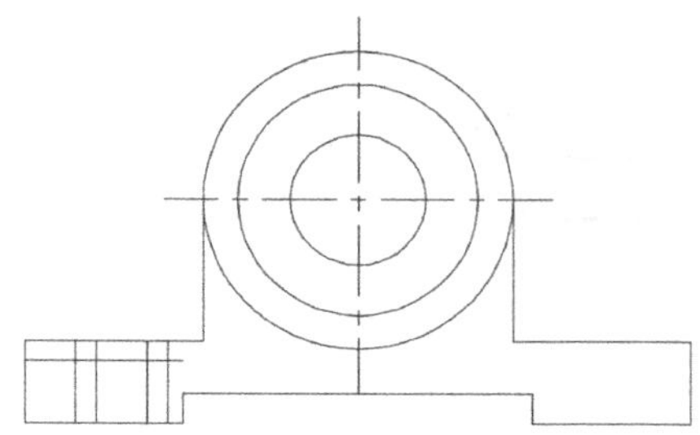

图 9-46　偏移直线

(11) 执行【修剪(TR)】命令，对左下方的直线进行修剪，效果如图 9-47 所示。

(12) 执行【圆角(F)】命令，设置圆角半径为 3，对图形中的部分直线夹角进行圆角处理，效果如图 9-48 所示。

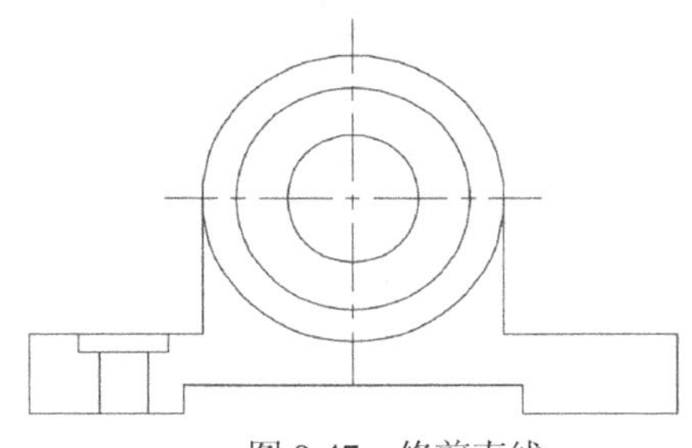

图 9-47　修剪直线

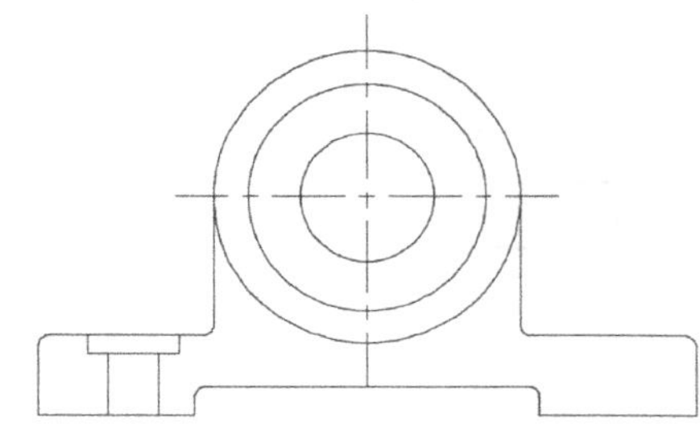

图 9-48　圆角处理

(13) 执行【直线(L)】命令，在图形左下方绘制一条中心线。然后执行【样条曲线(SPL)】命令，在图形左下方绘制一条样条曲线，绘制局部剖视图，如图 9-49 所示。

(14) 执行【图案填充(H)】命令，对局部剖视图进行图案填充，设置图案图例为 ANSI31，效果如图 9-50 所示，完成主视图的绘制。

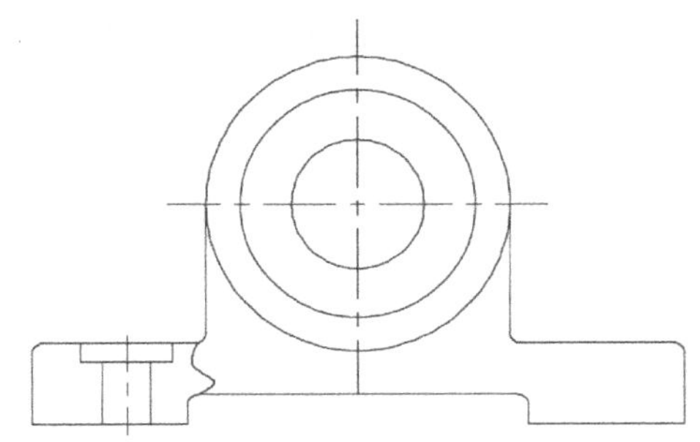

图 9-49　绘制样条曲线

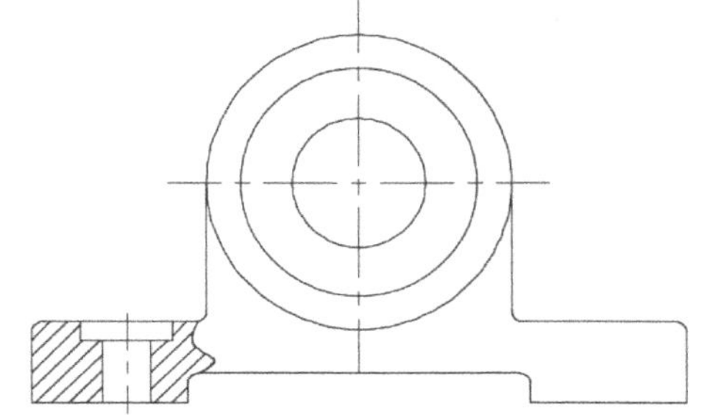

图 9-50　填充局部剖视图

(15) 将【标注】图层设置为当前图层。使用【线性(DLI)】命令，在主视图中进行线性标注，效果如图 9-51 所示。

(16) 执行【直径(DDI)】命令，在主视图中标注各个圆形的直径，效果如图 9-52 所示。

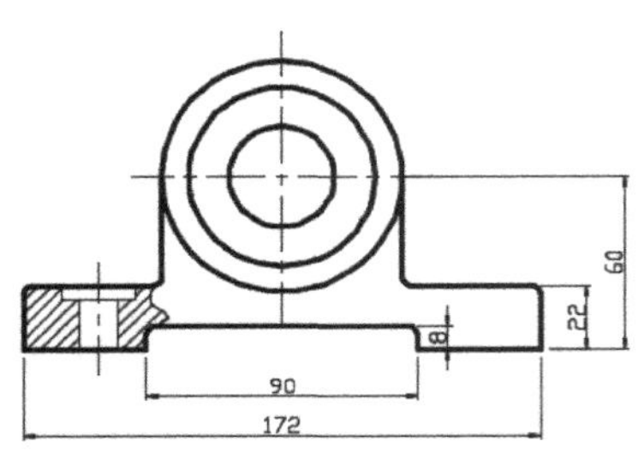

图 9-51　标注图形尺寸

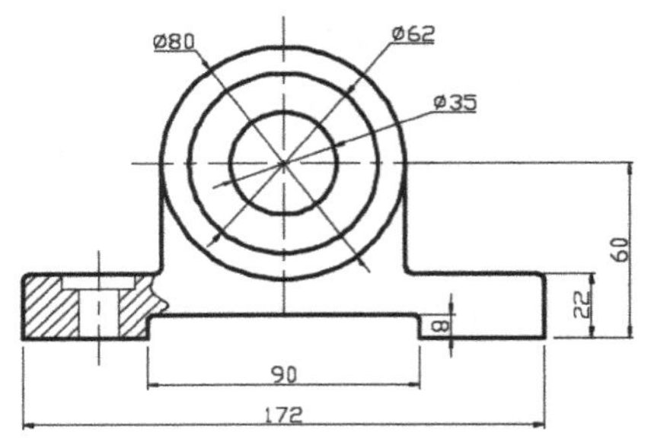

图 9-52　标注圆形直径

(17) 执行【快速引线(QLE)】命令，在主视图左下方绘制一条引线，如图 9-53 所示。

(18) 执行【单行文字(DT)】命令，在引线上方和下方分别填写两个孔图形的直径，完成本例的绘制，如图 9-54 所示。

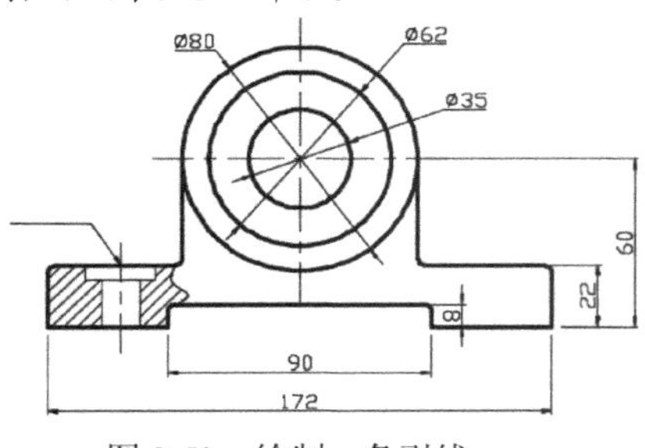

图 9-53　绘制一条引线

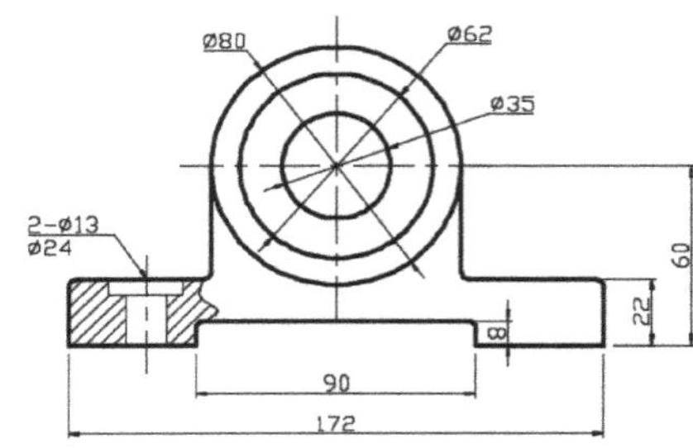

图 9-54　填写孔图形的直径

9.4　绘制机械断面图

本例将以阶梯轴的断面图为例，讲解绘制机械断面图的方法，本例完成后的效果如图 9-55 所示。制作该图形对象的关键是使用【多段线】命令绘制剖切符号，然后使用【圆弧】命令绘制断面图轮廓，再使用【图案填充】命令对断面图形进行图案填充。

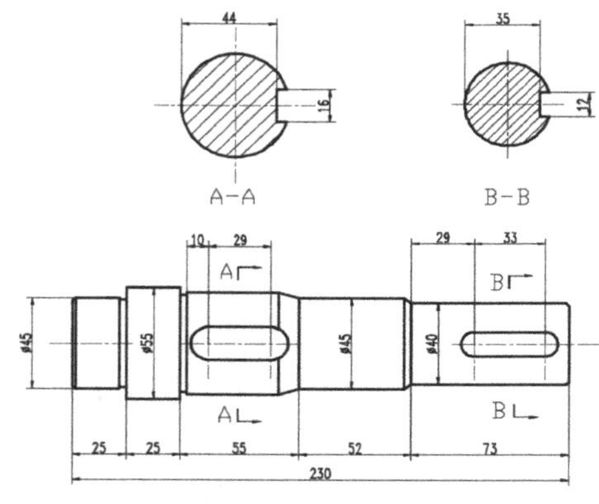

图 9-55　阶梯轴断面图

绘制本例阶梯轴断面图的具体操作如下。

(1) 打开【阶梯轴.dwg】素材图形文件，如图 9-56 所示。

(2) 执行【多段线(PL)】命令，在阶梯轴图形左上方绘制一条带箭头的多段线作为剖切符号，如图 9-57 所示。

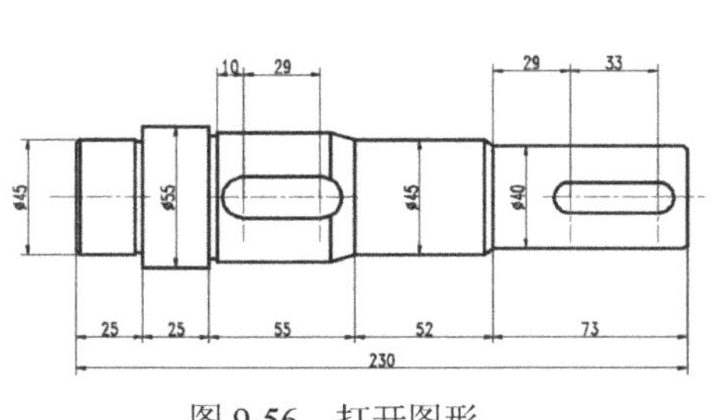

图 9-56　打开图形

图 9-57　绘制剖切符号

(3) 执行【镜像(MI)】命令，将绘制的剖切符号镜像复制到图形下方，如图 9-58 所示。

(4) 执行【单行文字 (DI)】命令，在剖切符号处创建剖切字母 A，如图 9-59 所示。

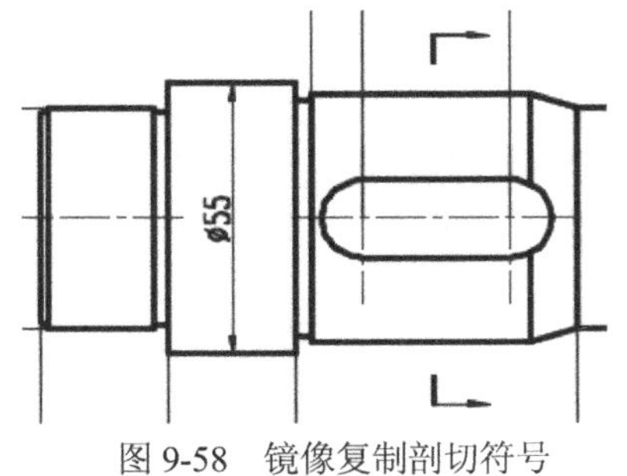

图 9-58　镜像复制剖切符号

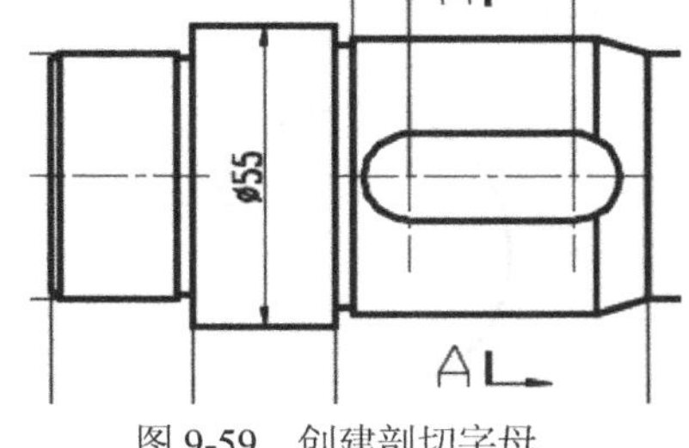

图 9-59　创建剖切字母

(5) 将【中心线】图层设置为当前层。然后执行【直线(L)】命令，在剖切符号上方绘制两条相互垂直的直线，如图 9-60 所示。

(6) 将【轮廓线】图层设置为当前层，执行【圆(C)】命令，以两条中心线的交点为圆心，参照主视图中的零件直径，绘制一个半径为 25 的圆，如图 9-61 所示。

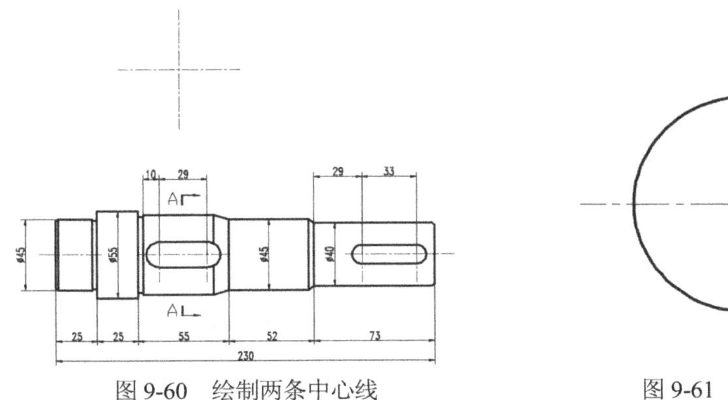

图 9-60　绘制两条中心线

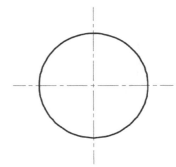

图 9-61　绘制圆

(7) 执行【偏移(O)】命令，设置偏移距离为 19，将垂直中心线向右偏移，如图 9-62 所示。

(8) 重复执行【偏移(O)】命令，设置偏移距离为 8，将上方水平中心线分别向下和向上偏移一次，如图 9-63 所示。

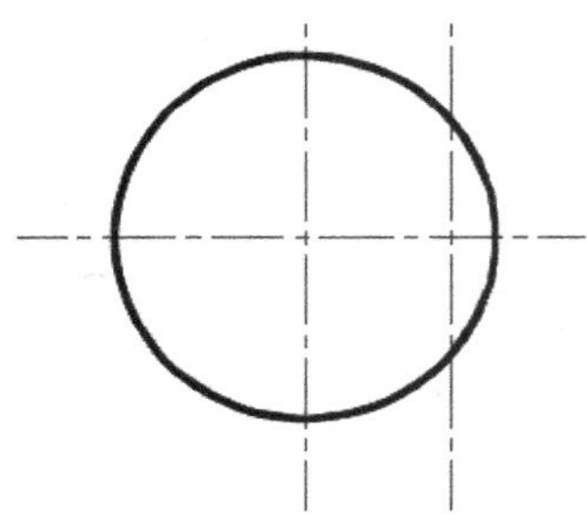
图 9-62　偏移垂直中心线

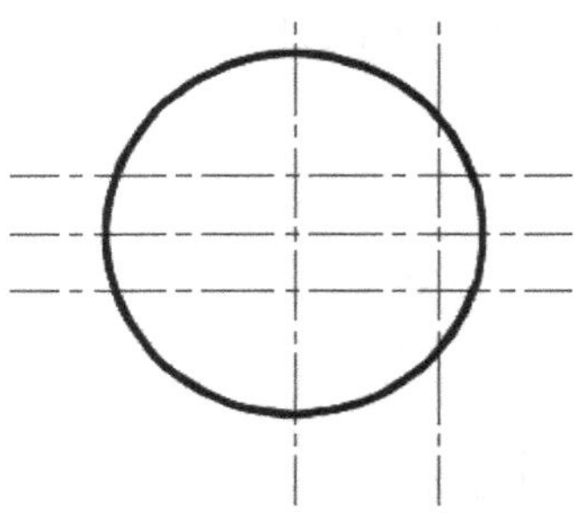
图 9-63　偏移水平中心线

(9) 选择偏移得到的三条直线，将其放入【轮廓线】图层中。然后执行【修剪(TR)】命令，对上方的图形进行修剪，效果如图 9-64 所示。

(10) 将【断面线】图层设置为当前层，执行【图案填充(H)】命令，打开【图案填充创建】功能区，在【图案】面板中设置填充图案为 ANSI31，在【特性】面板中设置【填充图案比例】参数为 1.5，如图 9-65 所示。

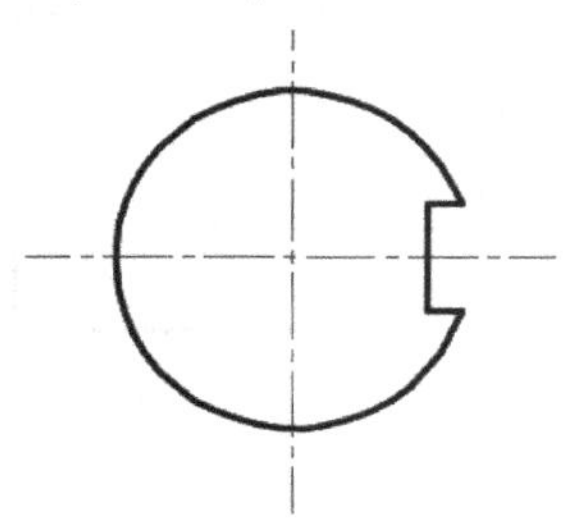
图 9-64　修剪图形

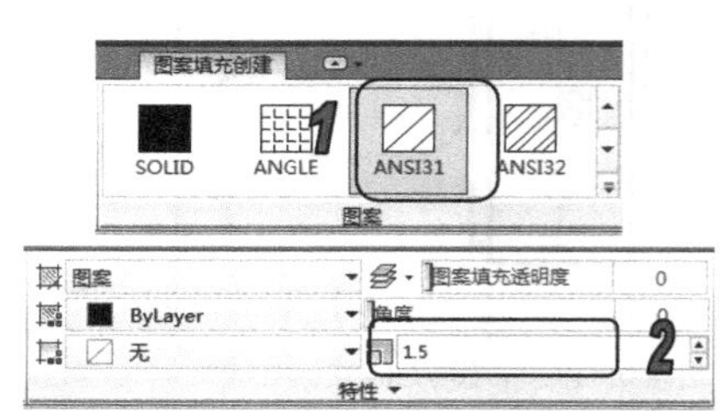

图 9-65　设置图案填充参数

(11) 设置好图案填充参数后，在断面图形中指定填充区域并确定，填充效果如图 9-66 所示。

(12) 执行【单行文字 (DI)】命令，在断面图下方标注断面图的名称，如图 9-67 所示。

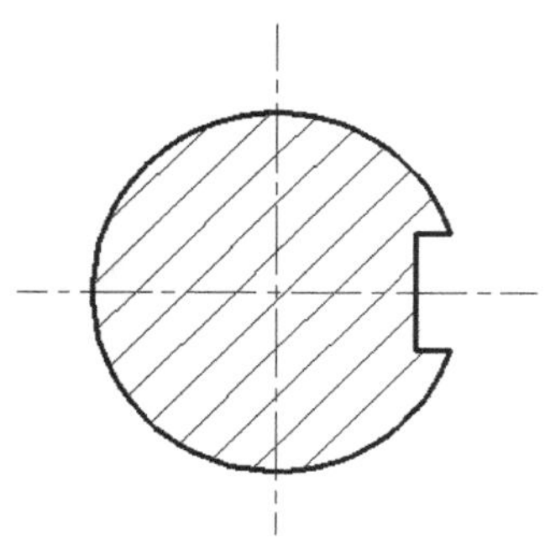
图 9-66　填充图案

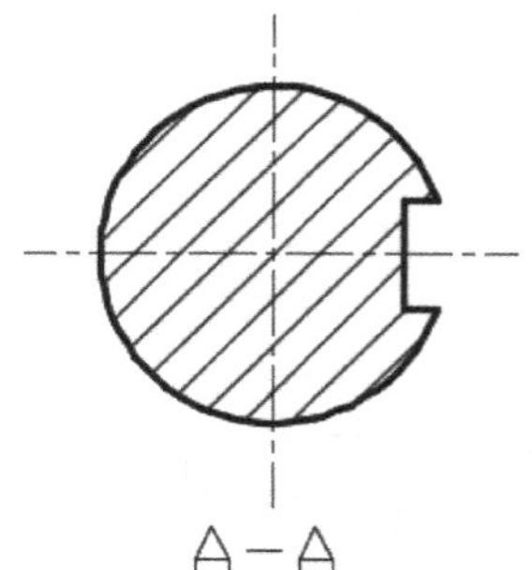

图 9-67　标注断面图的名称

(13) 执行【线性(DLI)】和【直径(DDI)】标注命令，对断面图进行尺寸标注，如图 9-68 所示。

(14) 参照图 9-69 所示的效果和尺寸，使用前面相同的方法，绘制右侧的断面图。

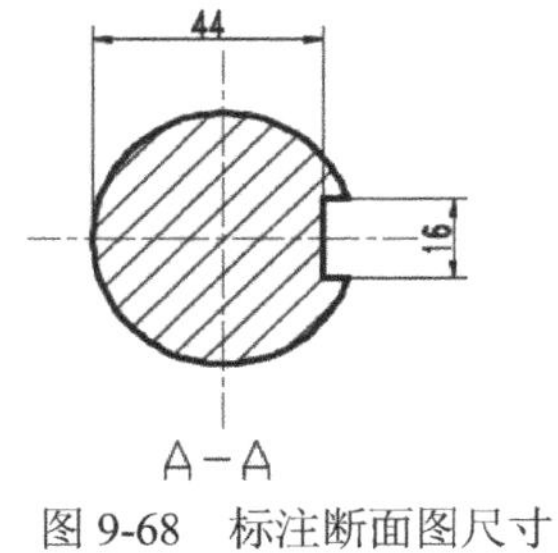

图 9-68　标注断面图尺寸

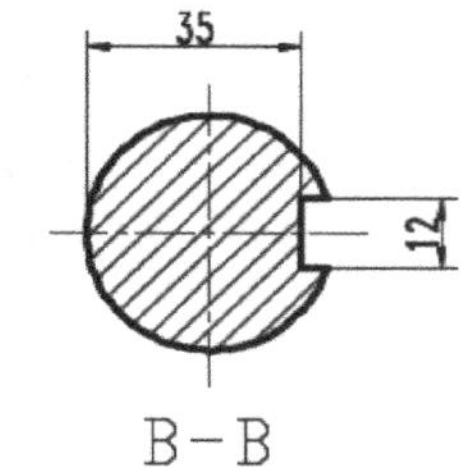

图 9-69　绘制右侧的断面图

9.5 思考与练习

9.5.1 填空题

1. 为了表达机件内孔和槽的形状，假想使用剖切平面剖开机件，将处在观察者和剖切平面之间的部分移去，而将其与部分向投影面投射所得的图形称为________。

2. 按剖切范围大小，剖视图可分为__________、__________和__________。

3.__________是通过假想的剖切平面将物体切断，并将物体与剖切平面接触部分的面向与之平行的投影面(不一定是基本投影面)投影所得的图形。

4.__________是体的投影，__________是面的投影。

计算机　基础与实训教材系列

9.5.2 操作题

1. 打开【法兰盘.dwg】图形文件，综合应用所学知识，参照图 9-70 所示的效果和尺寸，绘制法兰盘的剖视图。

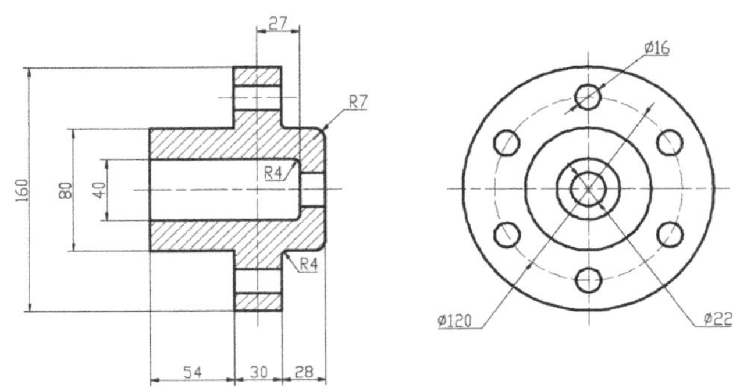

图 9-70　绘制法兰盘剖视图

2. 打开【壳体二视图.dwg】图形文件，综合应用所学知识，参照图 9-71 所示的效果和尺寸，绘制壳体的局部剖视图。

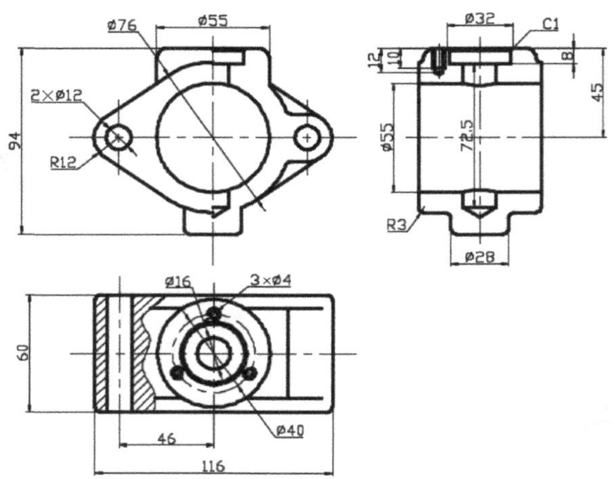

图 9-71 绘制壳体局部剖视图

3. 打开【圆锥齿轮轴.dwg】图形文件，综合应用所学知识，参照图 9-72 所示的效果和尺寸，绘制圆锥齿轮轴的断面图。

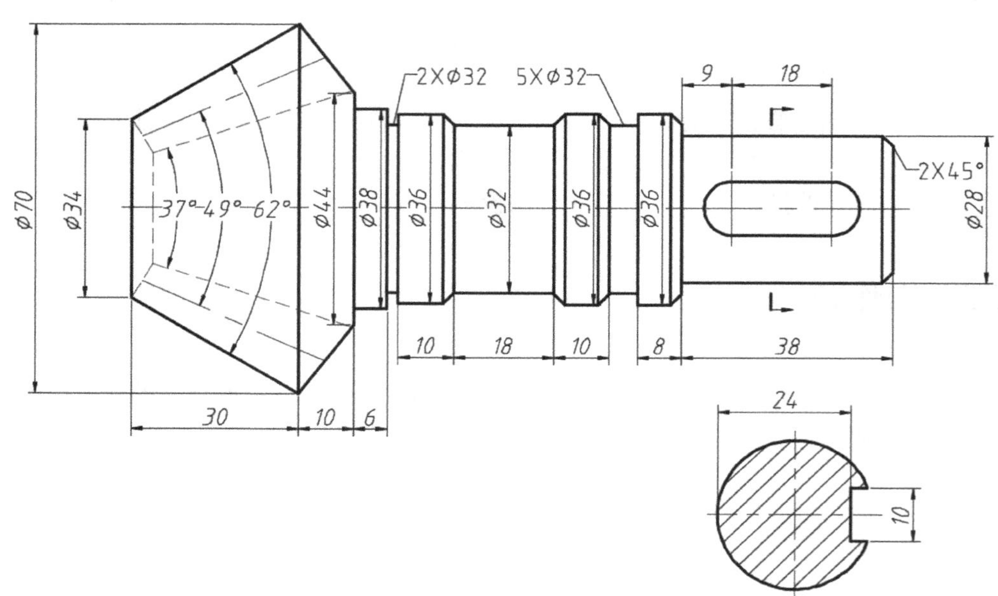

图 9-72 绘制圆锥齿轮轴断面图

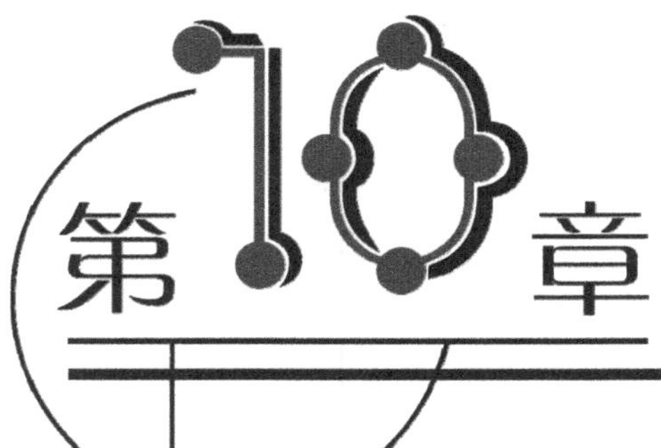

典型机械零件的绘制

学习目标

在第 1 章中介绍了机械零件按其作用和形状可以分为轴套类零件、盘盖类零件、叉架类零件和箱体类零件四大类。本章将以各类典型的零件为例，讲解各类零件的绘制方法。

本章重点

- 绘制轴套类零件图
- 绘制盘盖类零件图
- 绘制叉架类零件图
- 绘制箱体类零件图

10.1 绘制轴套类零件图

轴套类零件是组成机器部件的重要零件之一。轴套是用来支承做旋转运动的零件，使其上的零件(如齿轮、带轮等)具有确定的工作位置，并传递运动和动力。这类零件一般只要画出一个基本视图再加上适当的断面图和尺寸标注，就可以将其主要形状特征以及局部结构表达出来。本节以齿轮轴为例，讲解轴套类零件图的绘制方法，本例完成后的效果如图 10-1 所示。

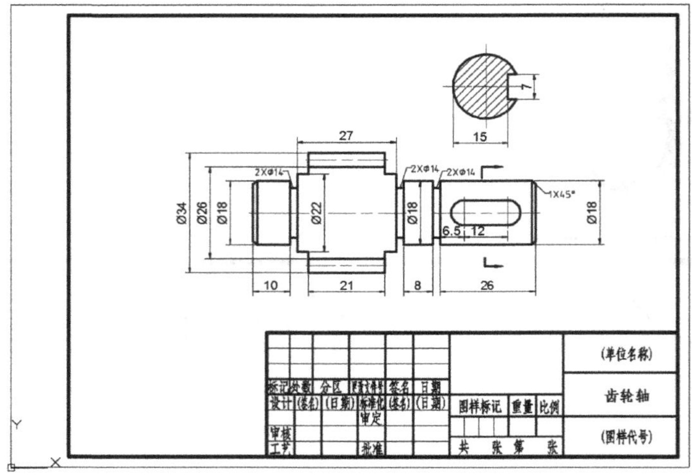

图 10-1　绘制齿轮轴零件图

10.1.1　绘制齿轮轴主视图

(1) 打开【A4 图纸模板-横放.dwt】样板图形，然后将其另存为【齿轮轴.dwg】文件。

(2) 将【中心线】图层设置为当前层，然后执行【直线(L)】命令，在图框中绘制一条中心线，效果如图 10-2 所示。

(3) 将【轮廓线】图层设置为当前层，然后执行【直线(L)】命令，以中心线左侧端点为起点，参照如图 10-3 所示的效果和尺寸，绘制轴的轮廓线，使用夹点编辑方式将中心线向左右两侧适当拉长。

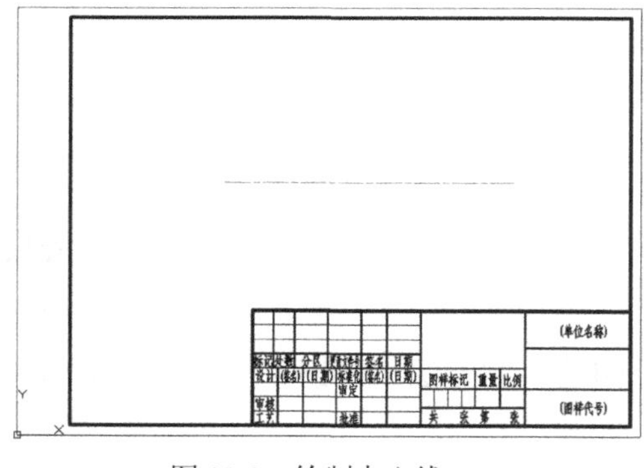

图 10-2　绘制中心线

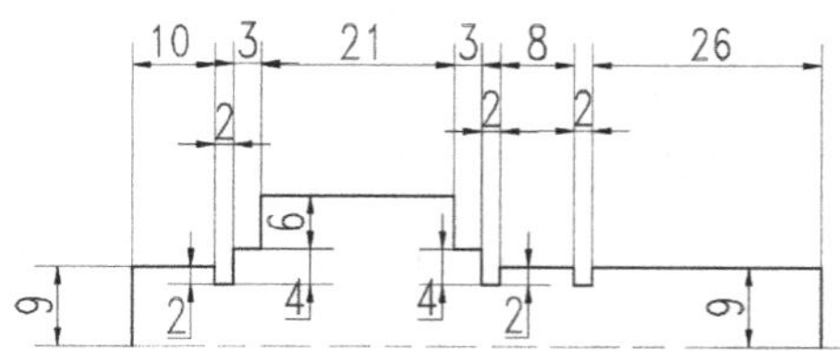

图 10-3　绘制轴轮廓线

(4) 执行【偏移(O)】命令，设置偏移距离为 2，将上方的水平轮廓线向下偏移两次，效果如图 10-4 所示。

(5) 使用夹点编辑方式将偏移得到的中间那条线段适当拉长，然后将该线段放入【中心线】图层中，效果如图 10-5 所示。

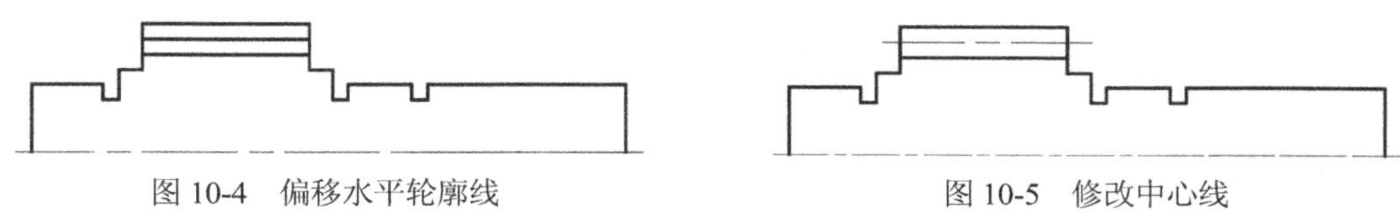

图 10-4 偏移水平轮廓线　　　　图 10-5 修改中心线

(6) 执行【镜像(MI)】命令，以水平中心线作为镜像线，将水平中心线上方的图形镜像复制到中心线下方，效果如图 10-6 所示。

(7) 执行【直线(L)】命令，通过捕捉线段的端点，绘制沟槽的连接线，效果如图 10-7 所示。

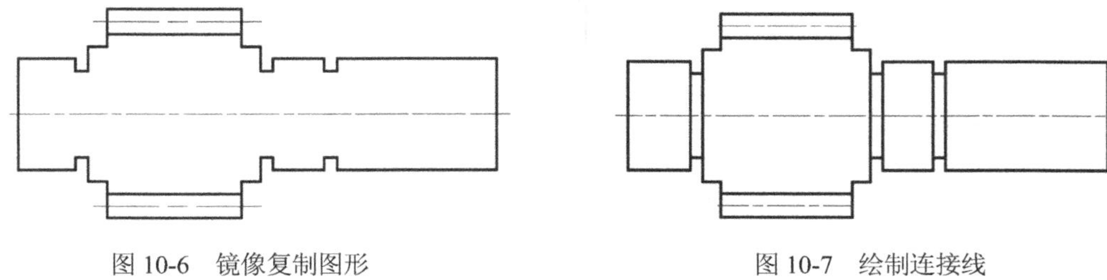

图 10-6 镜像复制图形　　　　图 10-7 绘制连接线

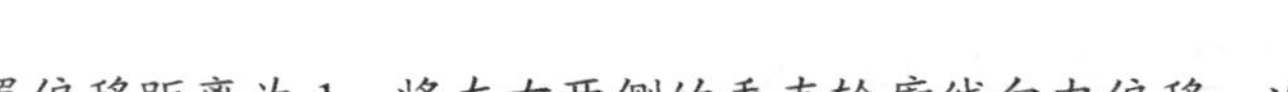

(8) 执行【偏移(O)】命令，设置偏移距离为 1，将左右两侧的垂直轮廓线向内偏移一次，效果如图 10-8 所示。

(9) 执行【倒角(CHA)】命令，设置两个倒角距离均为 1，对轴的两端进行倒角，效果如图 10-9 所示。

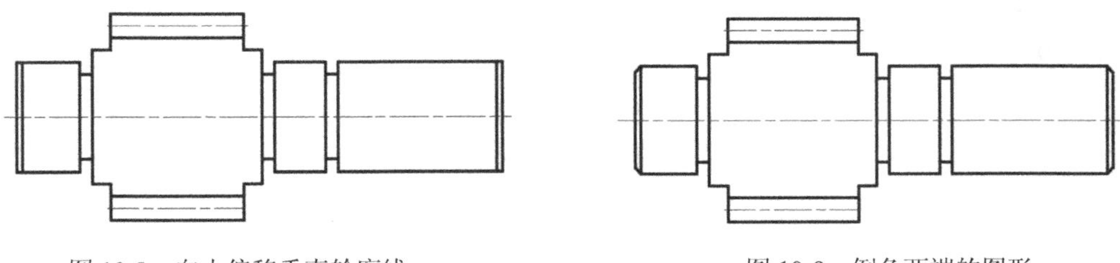

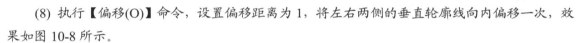

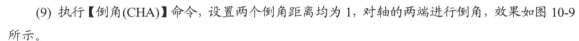

图 10-8 向内偏移垂直轮廓线　　　　图 10-9 倒角两端的图形

(10) 执行【偏移(O)】命令，设置偏移距离为 6.5，参照如图 10-10 所示的效果，对图形中的垂直轮廓线进行偏移。

(11) 执行【圆(C)】命令，以水平中心线和辅助线的交点为圆心，分别绘制两个半径为 3.5 的圆，效果如图 10-11 所示。

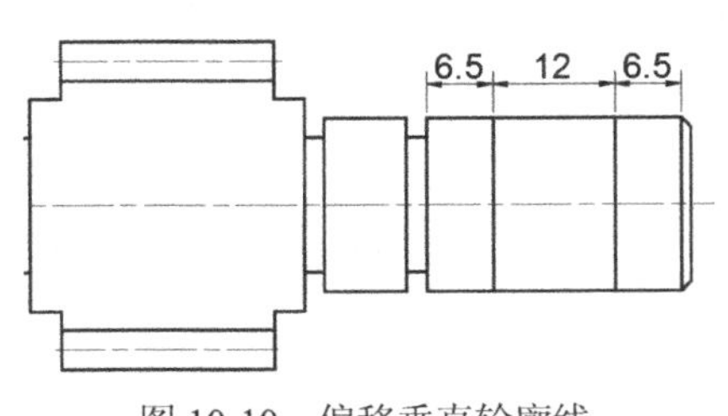

图 10-10 偏移垂直轮廓线

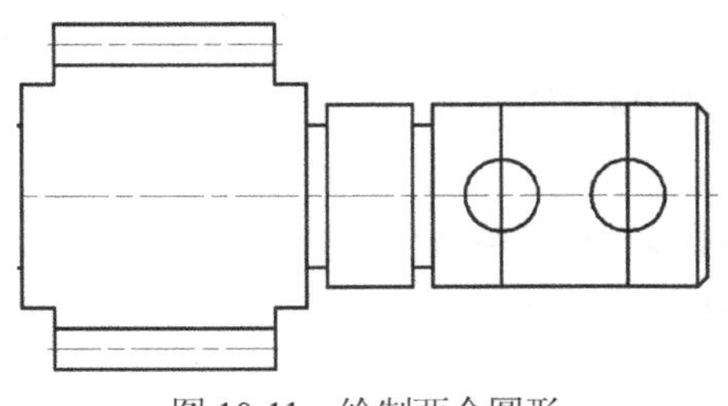

图 10-11 绘制两个圆形

(12) 执行【直线(L)】命令，通过捕捉圆和辅助线的交点，绘制两条直线，效果如图 10-12 所示。

(13) 将两条辅助线放入【中心线】图层，并适当修改线段长度。

(14) 执行【修剪(TR)】命令，以两条直线为修剪边界，对圆进行修剪，完成主视图的绘制，效果如图 10-13 所示。

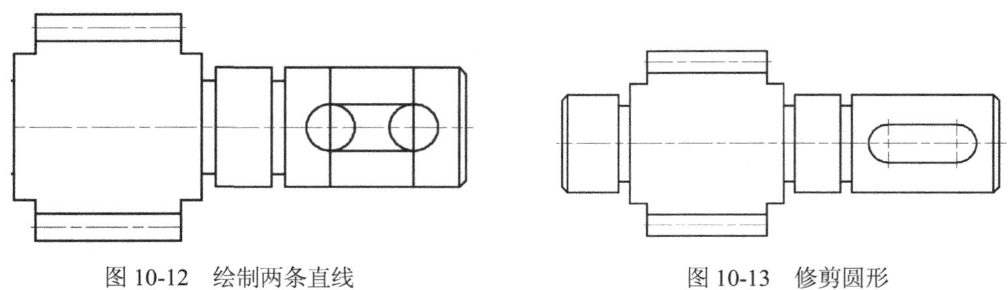

图 10-12　绘制两条直线　　　　图 10-13　修剪圆形

10.1.2　绘制齿轮轴断面图

(1) 将【中心线】图层设置为当前层，然后执行【构造线(XL)】命令，参照如图 10-14 所示的效果，分别绘制水平和垂直构造线，作为移出断面图的定位中心线。

(2) 将【轮廓线】图层设置为当前层，然后执行【圆(C)】命令，以中心线的交点为圆心，绘制半径为 9 的圆，效果如图 10-15 所示。

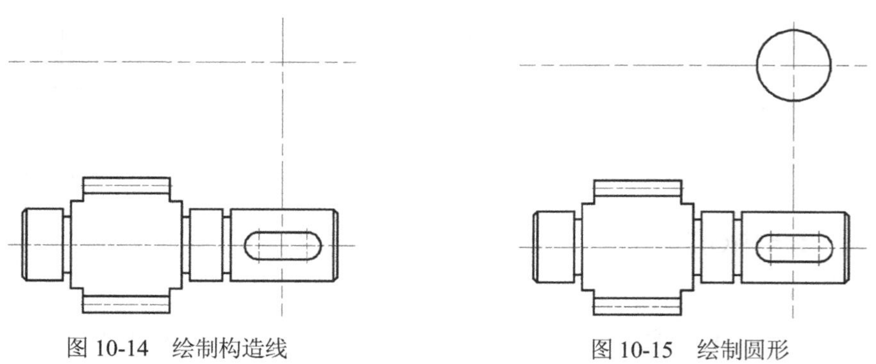

图 10-14　绘制构造线　　　　图 10-15　绘制圆形

(3) 执行【偏移(O)】命令，设置偏移距离为 6，将垂直构造线向右偏移一次。然后重复执行【偏移(O)】命令，设置偏移距离为 3.5，将水平构造线分别向上和向下各偏移一次，效果如图 10-16 所示。

(4) 将偏移得到的构造线放入【轮廓线】图层。然后执行【修剪(TR)】命令，对构造线和圆进行修剪，并将多余的线段删除，效果如图 10-17 所示。

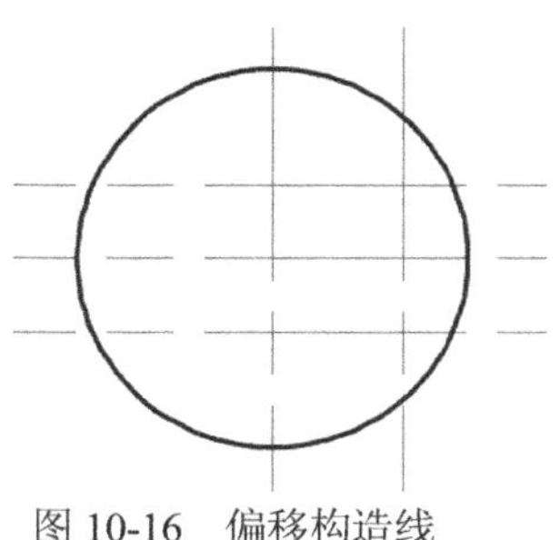

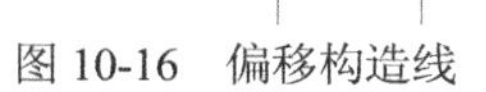

图 10-16　偏移构造线

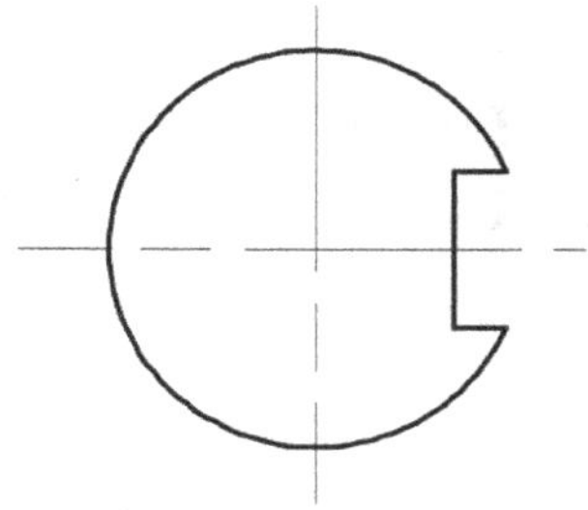

图 10-17　修剪图形

(5) 将【断面线】图层设置为当前层。然后执行【图案填充(H)】命令，设置填充图案为 ANSI31，对断面图进行填充，效果如图 10-18 所示。

(6) 执行【多段线(PL)】命令，在主视图对应的位置绘制两条带箭头的剖切线，然后修剪构造线，使其效果如图 10-19 所示。

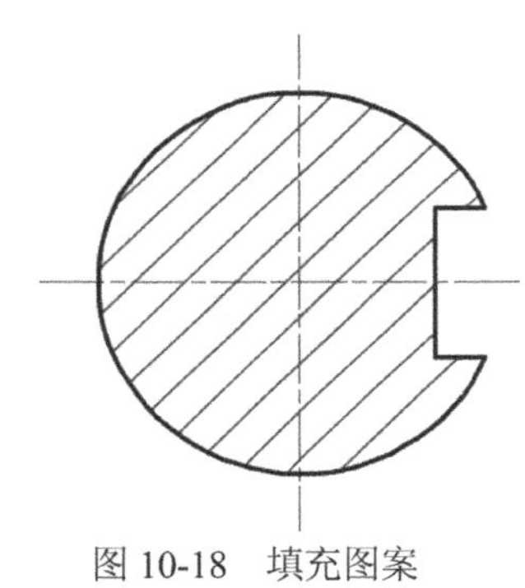

图 10-18　填充图案

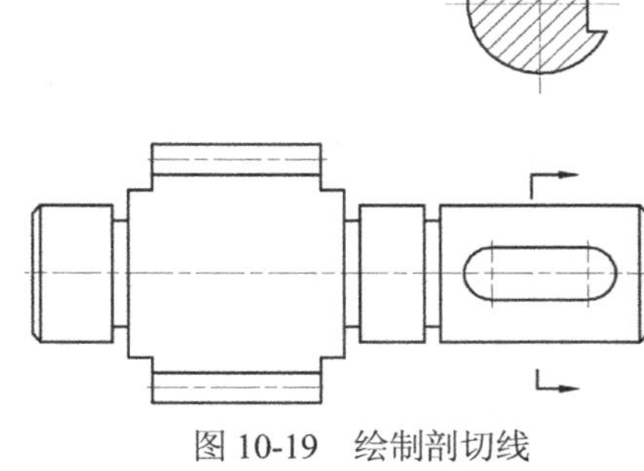

图 10-19　绘制剖切线

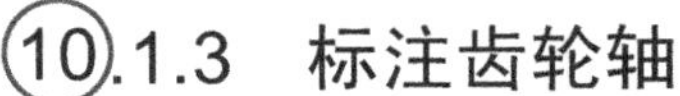

10.1.3　标注齿轮轴

(1) 执行【标注样式(D)】命令，打开【标注样式管理器】对话框，设置【机械制图】样式为当前标注样式，如图 10-20 所示。

(2) 执行【线性(DLI)】标注命令，对图形进行尺寸标注，如图 10-21 所示。

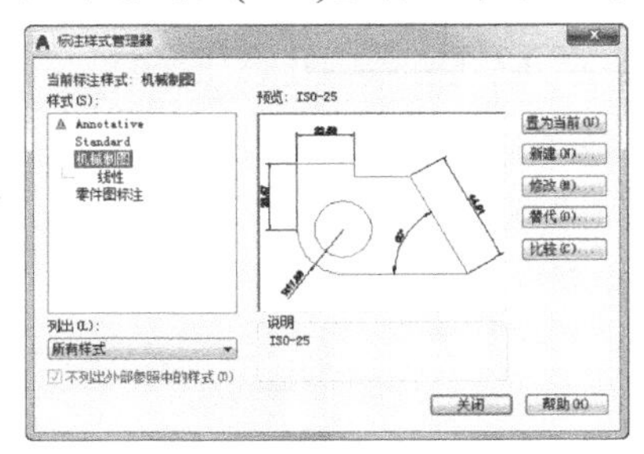

图 10-20　设置当前标注样式

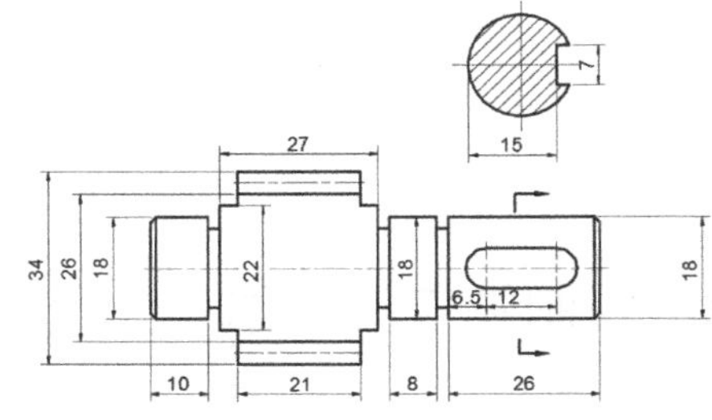

图 10-21　标注齿轮轴尺寸

(3) 双击标注中的数字，对其中的数字进行修改，在表示直径的数字前加上直径符号，效果如图 10-22 所示。

(4) 选择【标注】→【多重引线】命令，参照如图 10-23 所示的效果创建引线标注。

(5) 执行【文字(T)】命令，在图框中输入图形名称，完成本例的制作。

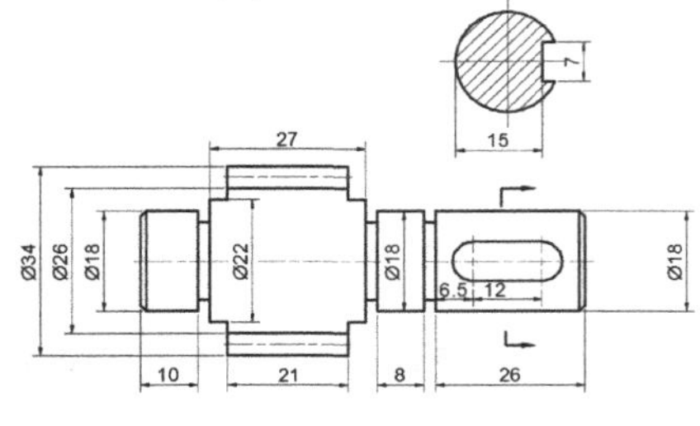

图 10-22 修改直径标注数字

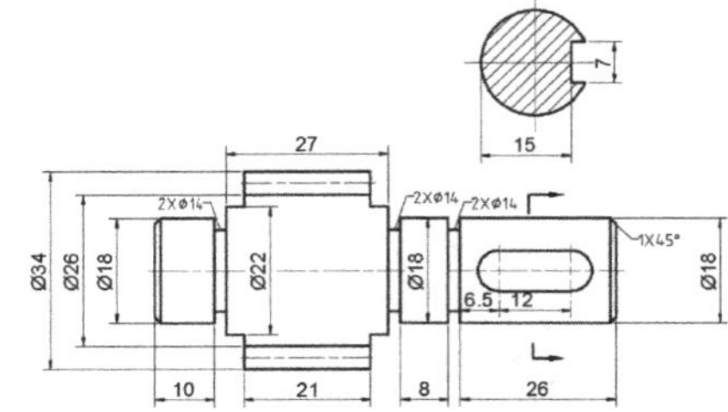

图 10-23 创建引线标注

10.2 绘制盘盖类零件图

盘盖类零件一般是指法兰盘、端盖、透盖、齿轮等零件，这类零件在机器中主要起支承、轴向定位及密封作用。盘盖类零件主要是在车床上加工，有的表面则需在磨床上加工，所以按其形体特征和加工位置选择主视图。盘盖类零件一般常用主(俯)视图、左(右)视图两个视图来表达。盘盖类零件的基本形状为扁平状结构，多为同轴回转体的外形和内孔，其轴向尺寸比其他两个方向的尺寸小，常见结构有肋、孔、槽、轮辐等。本节以端盖为例，讲解盘盖类零件图的绘制操作，本例完成后的效果如图 10-24 所示。

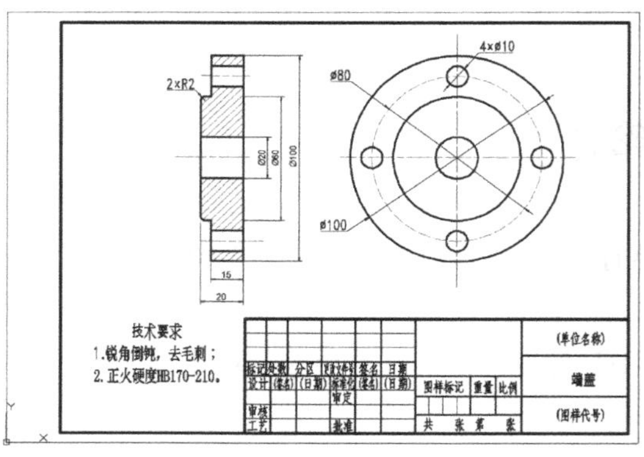

图 10-24 绘制端盖零件图

10.2.1 绘制端盖俯视图

(1) 打开【A4 图纸模板-横放.dwt】样板图形，然后将其另存为【端盖.dwg】文件。

(2) 执行【构造线(XL)】命令，在图框内绘制两条相互垂直的构造线作为绘图中心线，如图

10-25 所示。

(3) 将【轮廓线】图层设置为当前层。执行【圆(C)】命令，以两条线段的交点为圆心，绘制一个半径为 50 的圆，如图 10-26 所示。

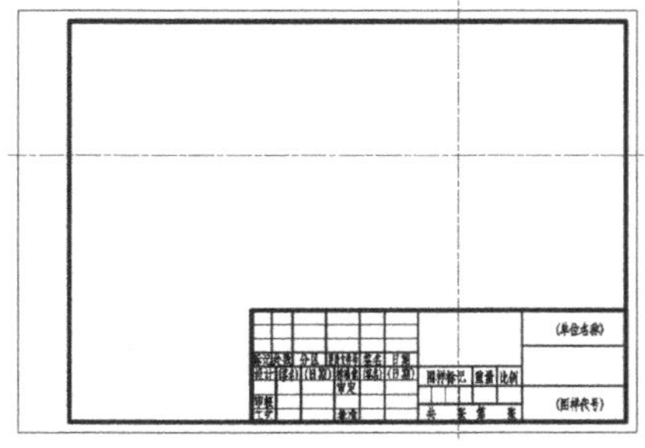

图 10-25　绘制中心线

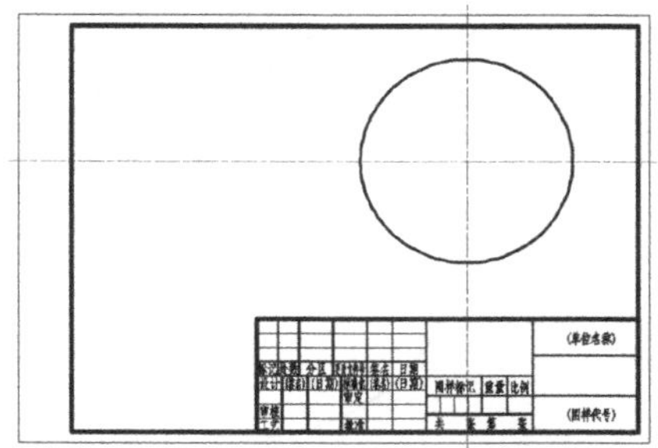

图 10-26　绘制圆

(4) 执行【偏移(O)】命令，设置偏移距离为 20，将圆向内偏移两次，如图 10-27 所示。

(5) 执行【圆(C)】命令，绘制一个半径为 40 的圆，然后将该圆放入【隐藏线】图层中，效果如图 10-28 所示。

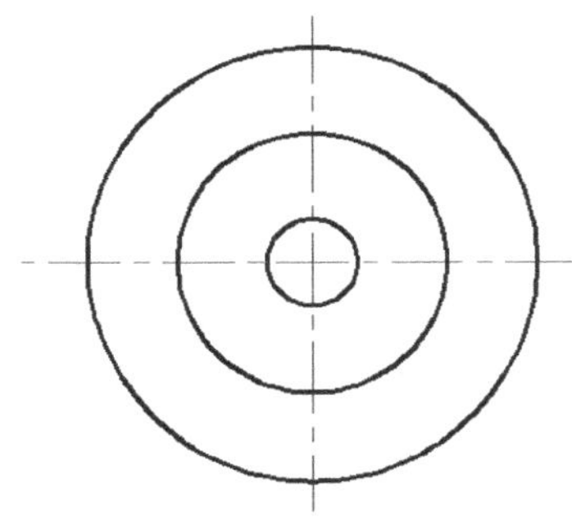

图 10-27　偏移圆

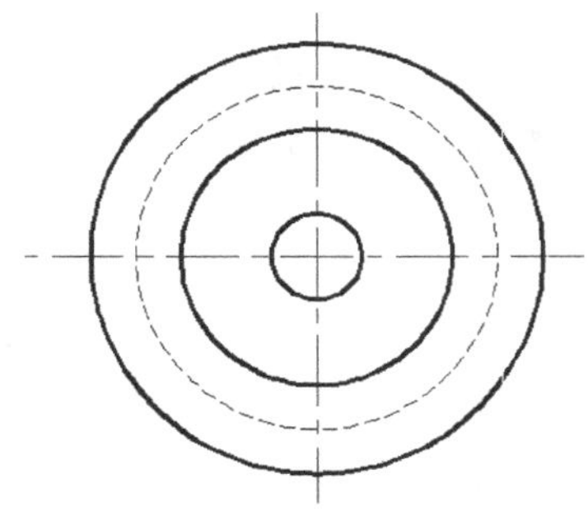

图 10-28　绘制圆

(6) 执行【圆(C)】命令，在如图 10-29 所示的交点处指定圆的圆心，绘制一个半径为 5 的圆，效果如图 10-30 所示。

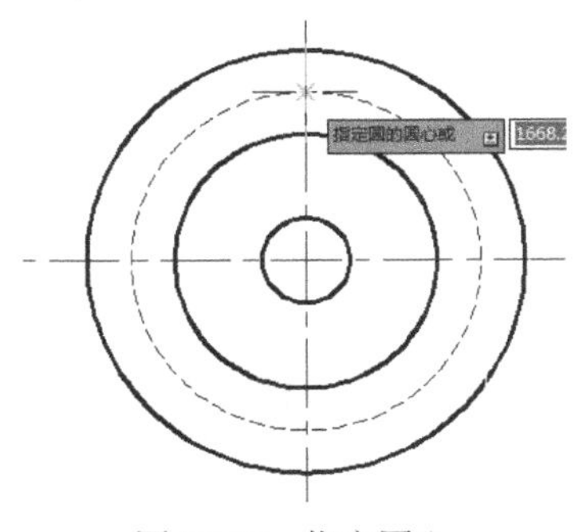

图 10-29　指定圆心

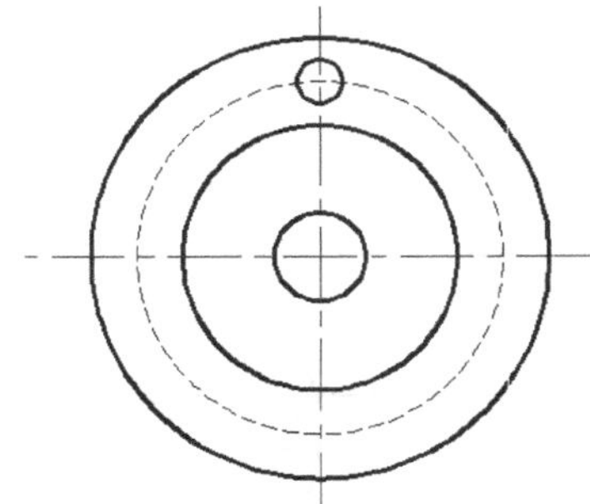

图 10-30　绘制圆形

(7) 执行【阵列(AR)】命令，选择刚绘制的小圆作为阵列对象，然后在弹出的菜单列表中选

择【极轴(PO)】选项，如图 10-31 所示。

(8) 在同心圆的圆心处指定阵列的中心点，再输入 I 并确定，选择【项目(I)】选项，然后设置项目数为 4，得到的阵列效果如图 10-32 所示，完成端盖俯视图的绘制。

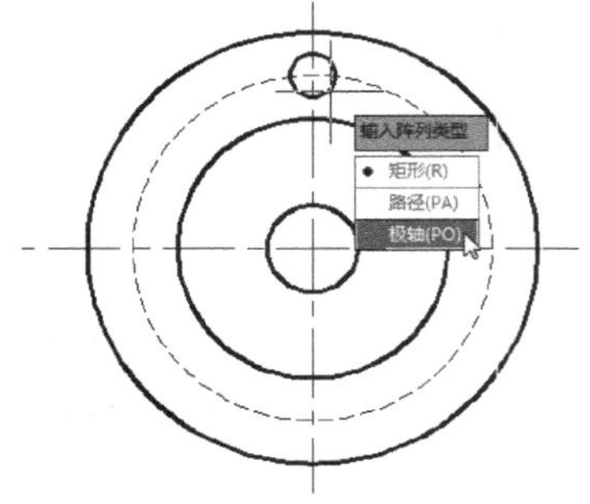

图 10-31　选择【极轴(PO)】选项

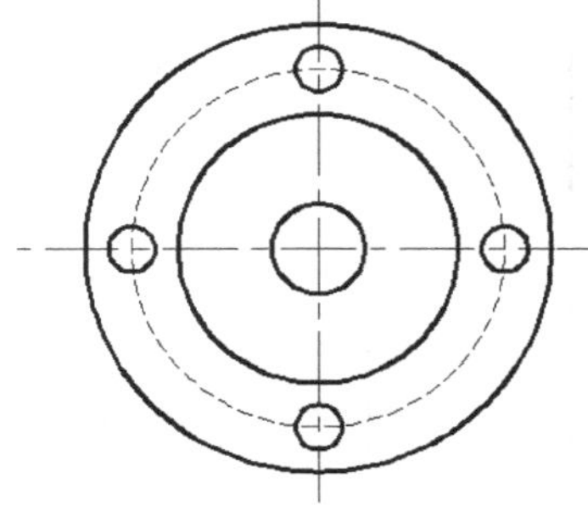

图 10-32　端盖俯视图

10.2.2　绘制端盖右视图

(1) 执行【构造线(XL)】命令，在俯视图的左方绘制一条垂直构造线，如图 10-33 所示。

(2) 执行【偏移(O)】命令，参照图 10-34 所示的效果和尺寸，将垂直线向左依次偏移两次。

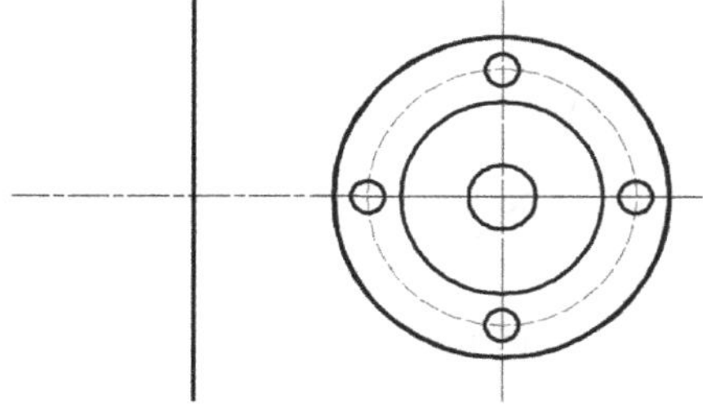

图 10-33　绘制垂直构造线

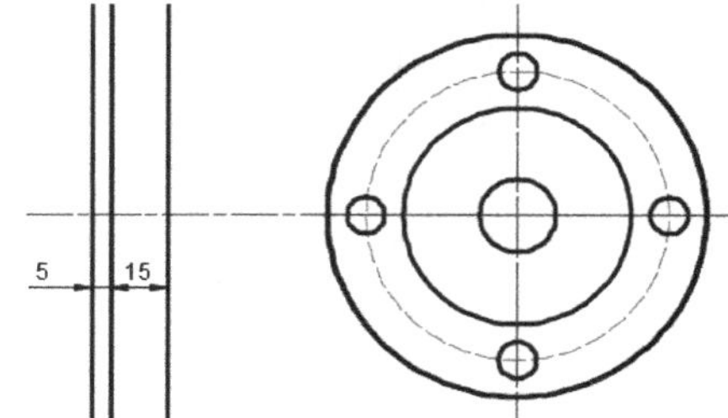

图 10-34　偏移线段

(3) 执行【直线(L)】命令，通过捕捉俯视图中圆形和垂直中心线的交点，绘制 3 条水平线段，效果如图 10-35 所示。

(4) 执行【修剪(TR)】命令，对左侧的线段进行修剪，使其效果如图 10-36 所示。

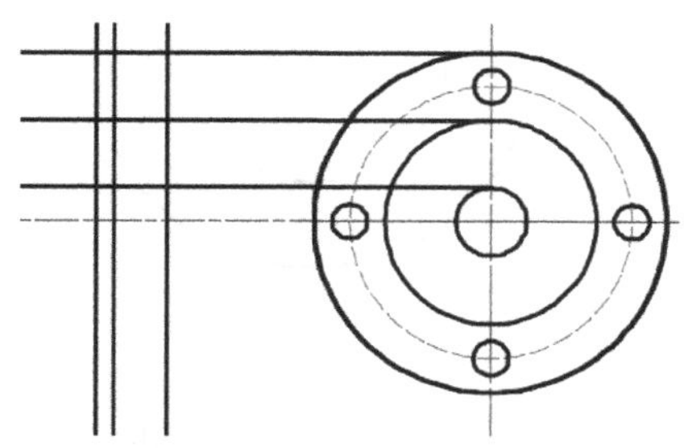

图 10-35　绘制水平线段

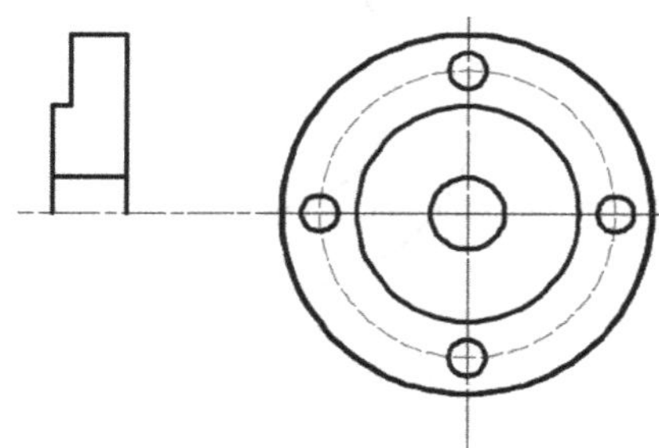

图 10-36　修剪线段

(5) 执行【构造线(XL)】命令，通过俯视图小圆的圆心和小圆与垂直中心线的交点，绘制 3 条水平构造线，并将中间的构造线放入【中心线】图层中，效果如图 10-37 所示。

(6) 执行【修剪(TR)】命令，对构造线进行修剪，使其效果如图 10-38 所示。

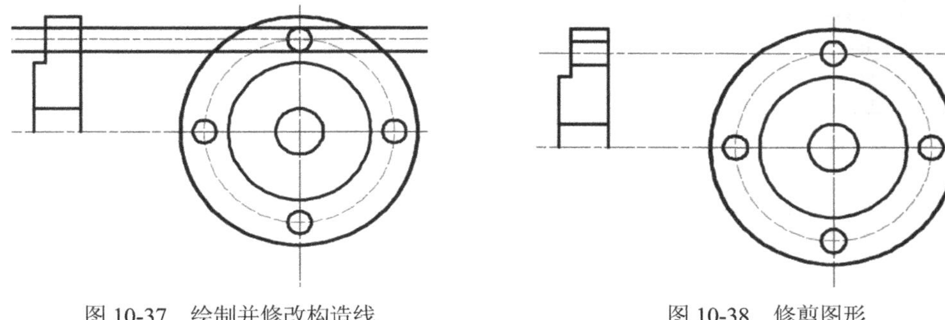

图 10-37 绘制并修改构造线　　图 10-38 修剪图形

(7) 执行【圆角(F)】命令，设置圆角半径为 3，对左侧图形的边角进行圆角操作，效果如图 10-39 所示。

(8) 执行【镜像(MI)】命令，选择左侧的图形，以中间的水平中心线为镜像线，对左方图形进行镜像复制，效果如图 10-40 所示。

(9) 将【断面线】图层设置为当前层。然后执行【图案填充(H)】命令，设置填充图案为 ANSI31，对右视图进行填充，完成右视图的绘制，效果如图 10-41 所示。

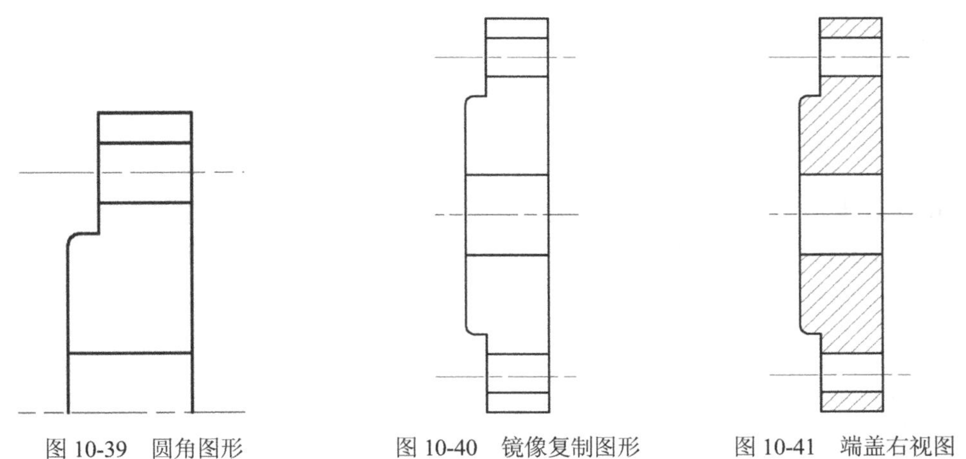

图 10-39 圆角图形　　图 10-40 镜像复制图形　　图 10-41 端盖右视图

10.2.3 标注端盖零件图

(1) 将【尺寸线】图层设置为当前层。

(2) 执行【标注样式(D)】命令，打开【标注样式管理器】对话框，选择【机械制图】样式，然后单击【修改】按钮，如图 10-42 所示。

(3) 在打开的【修改标注样式】对话框中选择【调整】选项卡，然后选中【使用全局比例】单选按钮并设置值为 1.2，单击【确定】按钮，如图 10-43 所示。

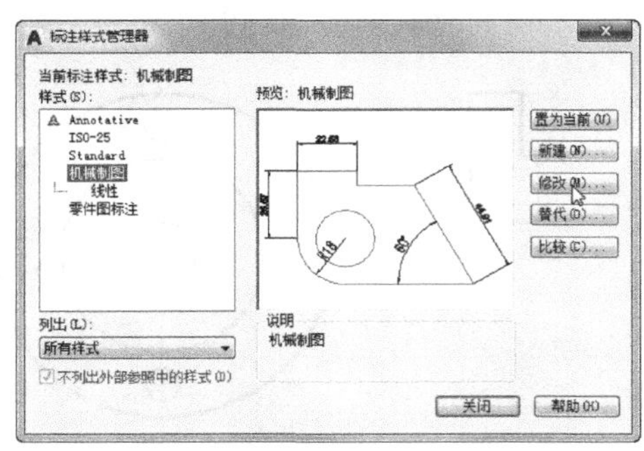

图 10-42　标注样式管理器

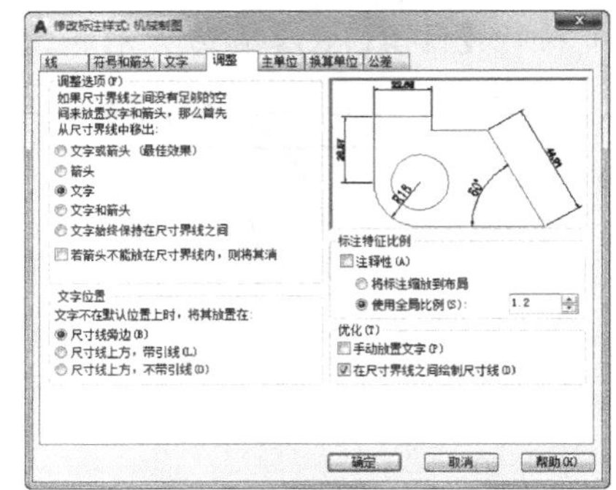

图 10-43　修改标注样式比例

(4) 执行【线性(DLI)】命令，对右视图的各个尺寸进行标注，效果如图 10-44 所示。

(5) 执行【半径(DRA)】命令，对右视图中的圆角进行半径标注，如图 10-45 所示。

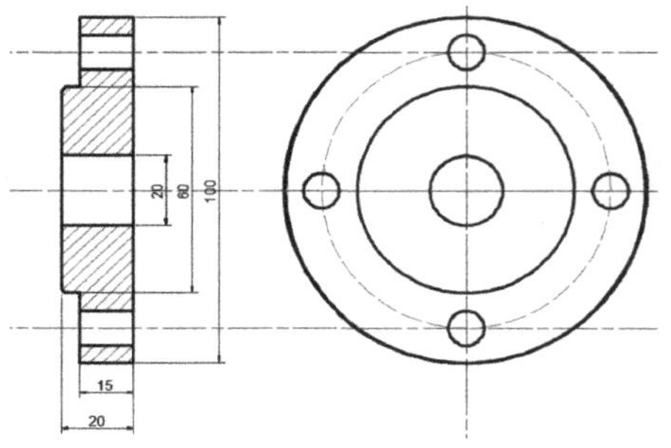

图 10-44　进行线性标注

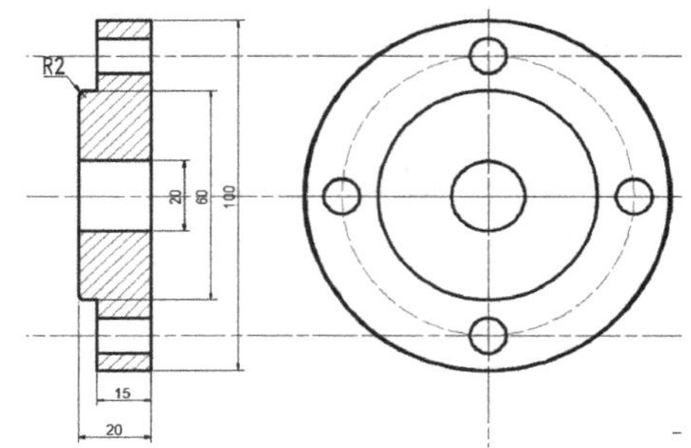

图 10-45　标注圆角半径

(6) 执行【直径(DDI)】命令，对俯视图中的圆进行直径标注，如图 10-46 所示。

(7) 双击标注中的数字，对其中的数字进行修改，在表示直径的数字前加上直径符号，在具有多个相同尺寸的数字前加上数量，效果如图 10-47 所示。

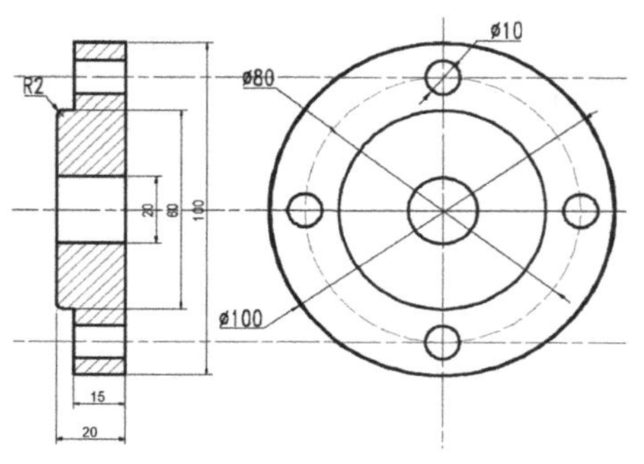

图 10-46　标注圆直径

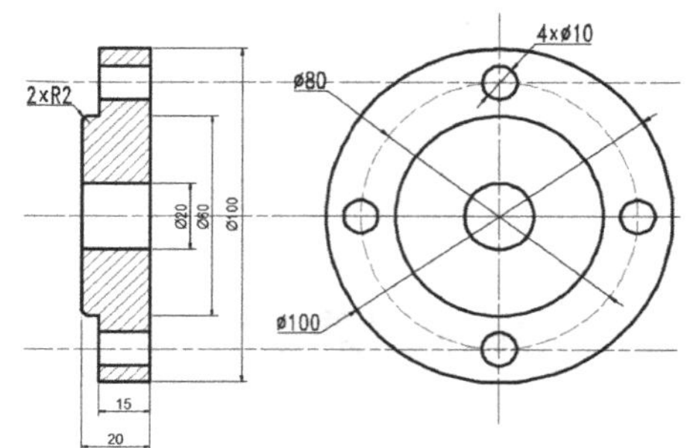

图 10-47　修改标注数字

(8) 在图中有标注的地方对构造线进行修剪，并适当修改其他构造线的长度，效果如图 10-48 所示。

(9) 执行【文字(T)】命令，填写技术要求文字和图框中的图形名称，完成本例的制作，如图 10-49 所示。

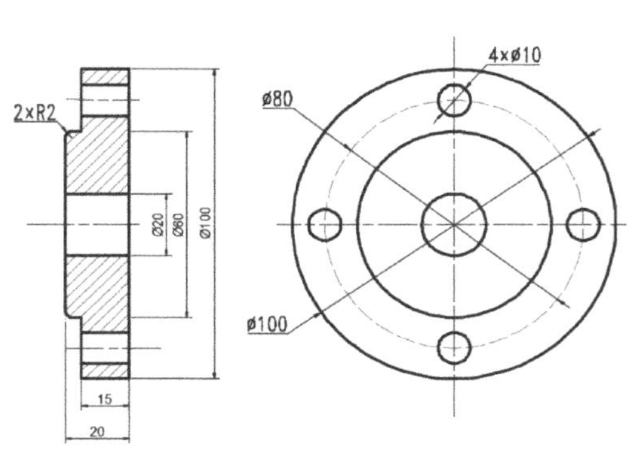

图 10-48　修改中心线长度

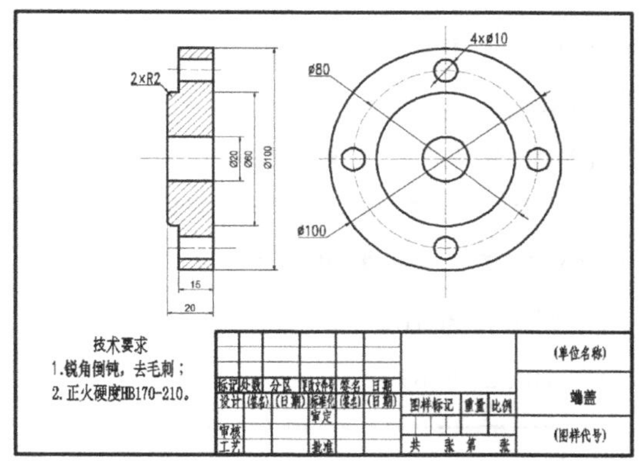

图 10-49　填写文字

10.3　绘制叉架类零件图

叉架类零件包括杠杆、连杆、摇杆、拨叉、支架、轴承座等零件，在机器或设备中主要起操纵、连接或支承作用。叉是操纵件，操纵其他零件变位；架是支承件，用以支持其他零件。叉架类零件多数形状不规则，结构较复杂，毛坯多为铸件，经多道工序加工而成，一般可分为工作部分、连接部分和支承部分，工作部分和支承部分细部结构较多，如圆孔、螺孔、油槽、油孔、凸台和凹坑等；连接部分多为肋板结构，且形状有弯曲、扭斜。本节以拨叉为例，讲解叉架类零件图的绘制操作方法，本例完成后的效果如图 10-50 所示。

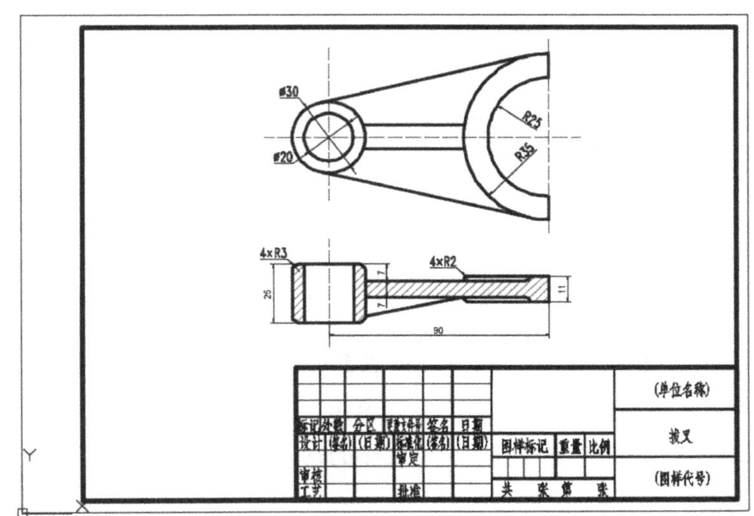

图 10-50　绘制拨叉零件图

10.3.1 绘制拨叉主视图

(1) 打开【A4 图纸模板-横放.dwt】样板图形，填写图样名称为【拨叉】，然后将其另存为【拨叉.dwg】文件。

(2) 设置【中心线】图层为当前层。然后执行【直线(L)】命令，绘制一条水平中心线和垂直中心线，再执行【偏移(L)】命令将垂直中心线向右偏移 90，效果如图 10-51 所示。

(3) 将【轮廓线】图层设置为当前层。然后执行【圆(C)】命令，以左侧中心线交点为圆心，分别绘制半径为 10、15 的圆；然后以右侧中心线交点为圆心，分别绘制半径为 25、35 的圆，效果如图 10-52 所示。

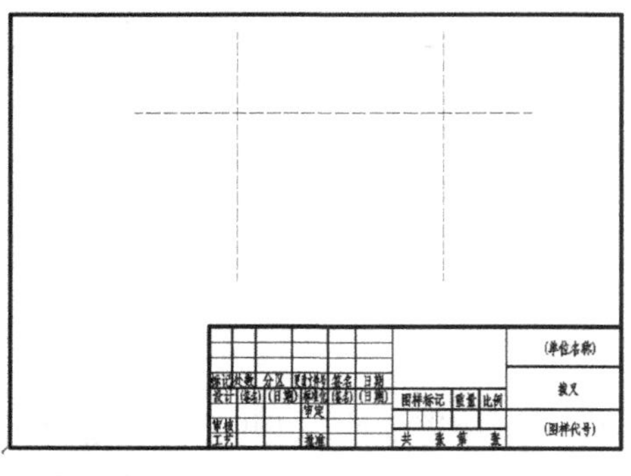

图 10-51 绘制中心线

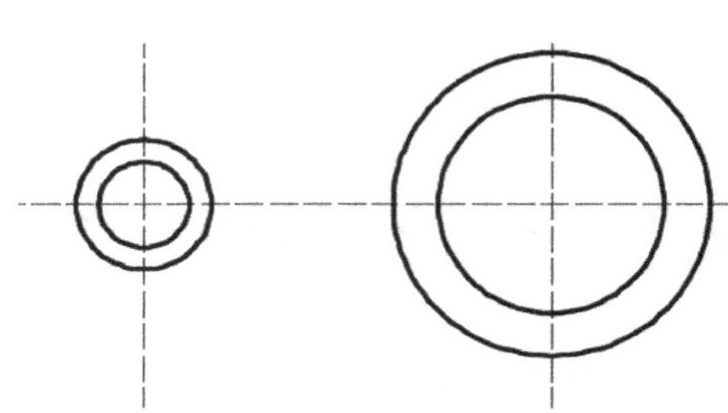

图 10-52 绘制圆形

(4) 执行【偏移(O)】命令，设置偏移距离为 5，将水平中心线向上和向下分别偏移一次，然后将偏移得到的线段放入【轮廓线】图层中，效果如图 10-53 所示。

(5) 执行【修剪(TR)】命令，参照如图 10-54 所示的效果，对图形进行修剪。

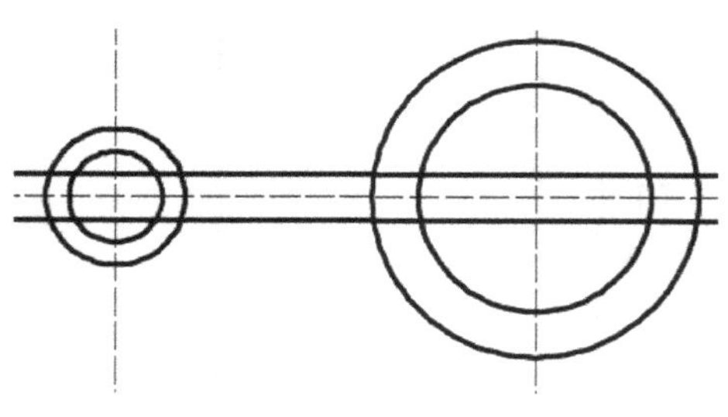

图 10-53 偏移水平中心线

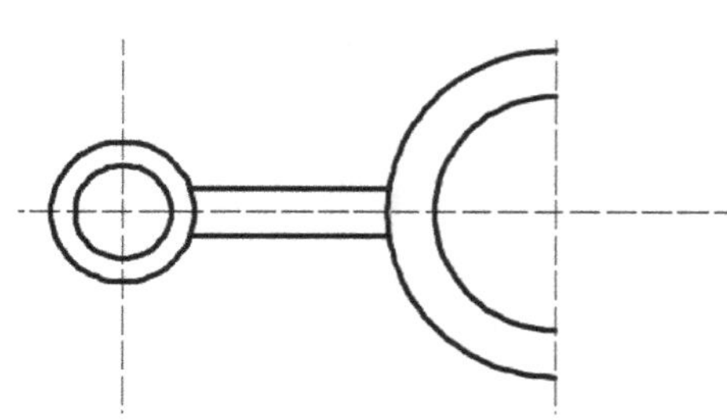

图 10-54 修剪图形

(6) 执行【设置(SE)】命令，打开【草图设置】对话框，在【对象捕捉】选项卡中选中【切点】捕捉模式并单击【确定】按钮，如图 10-55 所示。

(7) 执行【直线(L)】命令，通过捕捉圆和圆弧的切点，绘制两条外圆和外圆弧的公切线，效果如图 10-56 所示。

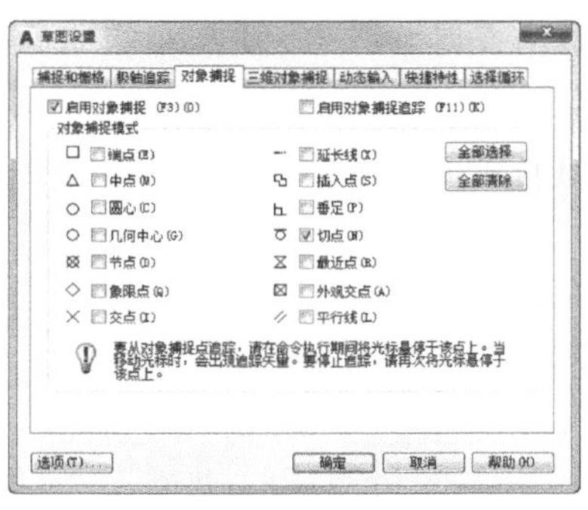

图 10-55　设置对象捕捉

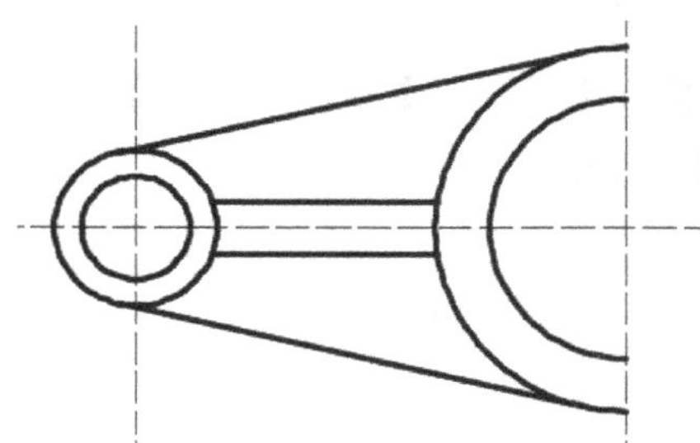

图 10-56　绘制公切线

10.3.2　绘制拨叉俯视图

(1) 执行【直线(L)】命令，参照如图 10-57 所示的效果，通过捕捉主视图中的交点，向下绘制一条轮廓线，然后在俯视图的位置，绘制一条与主视图等宽的水平轮廓线。

(2) 执行【偏移(O)】命令，将水平轮廓线分别向下偏移 5、7、14、16、25，效果如图 10-58 所示。

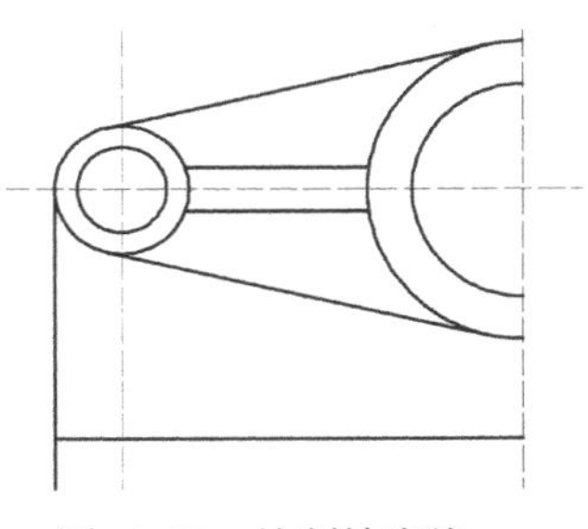

图 10-57　绘制轮廓线

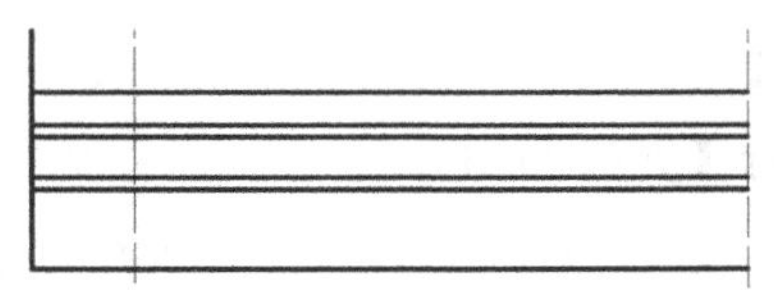

图 10-58　偏移轮廓线

(3) 执行【直线(L)】命令，通过捕捉主视图的交点向下绘制垂直投影线，如图 10-59 所示。

(4) 执行【修剪(TR)】命令，参照如图 10-60 所示的效果对图形进行修剪。

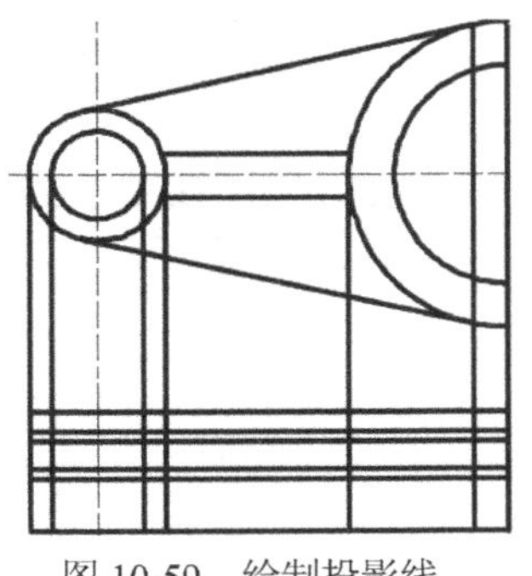

图 10-59　绘制投影线

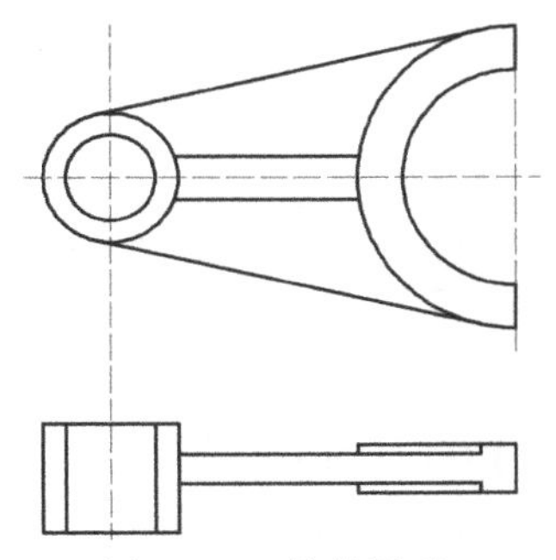

图 10-60　修剪图形

(5) 执行【圆角(F)】命令，设置圆角半径为 3，然后参照如图 10-61 所示的效果，对左边图形进行圆角处理。

(6) 执行【圆角(F)】命令，设置圆角半径为 2，然后参照如图 10-62 所示的效果，对右边图形进行圆角处理。

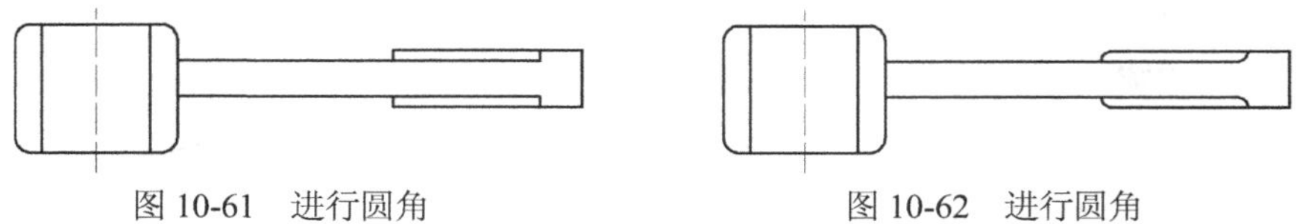

图 10-61　进行圆角　　图 10-62　进行圆角

(7) 执行【直线(L)】命令，参照如图 10-63 所示的效果，绘制一条直线作为肋板轮廓。

(8) 将【断面线】图层设置为当前层。然后执行【图案填充(H)】命令，设置填充图案为 ANSI31，对俯视图进行填充，效果如图 10-64 所示。

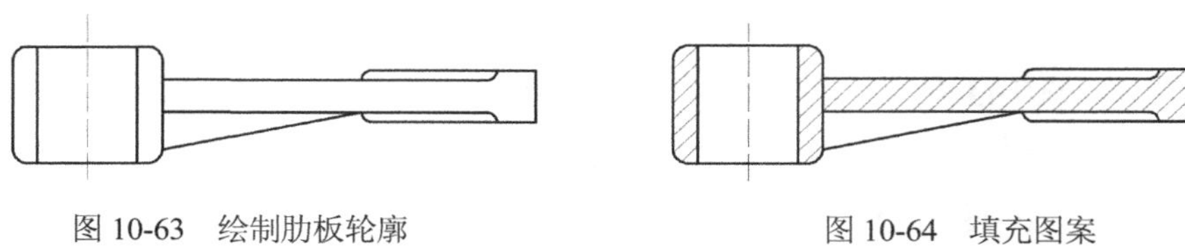

图 10-63　绘制肋板轮廓　　图 10-64　填充图案

10.3.3 标注拨叉零件图

(1) 将【尺寸线】图层设置为当前层。

(2) 执行【直径(DDI)】命令，对主视图中的圆进行直径标注，如图 10-65 所示。

(3) 执行【半径(DRA)】命令，对主视图中的半圆和圆角进行半径标注，如图 10-66 所示。

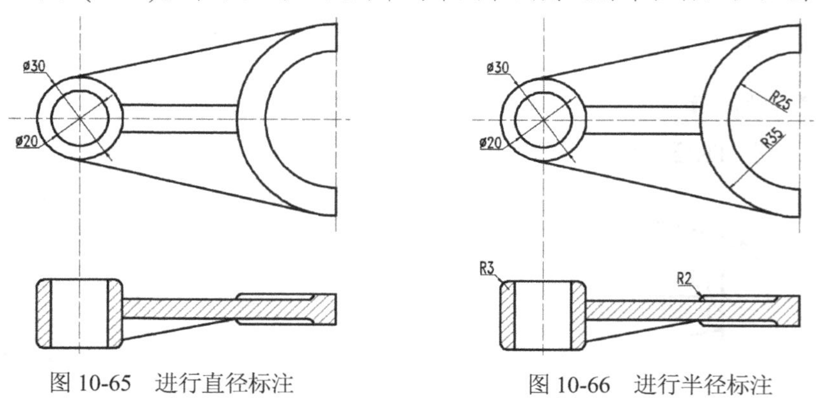

图 10-65　进行直径标注　　图 10-66　进行半径标注

(4) 执行【线性(DLI)】命令，对俯视图的各个尺寸进行标注，效果如图 10-67 所示。

(5) 双击圆角标注中的数字，对其中的数字进行修改，然后对中心线的长度进行适当调整，完成本例的绘制，效果如图 10-68 所示。

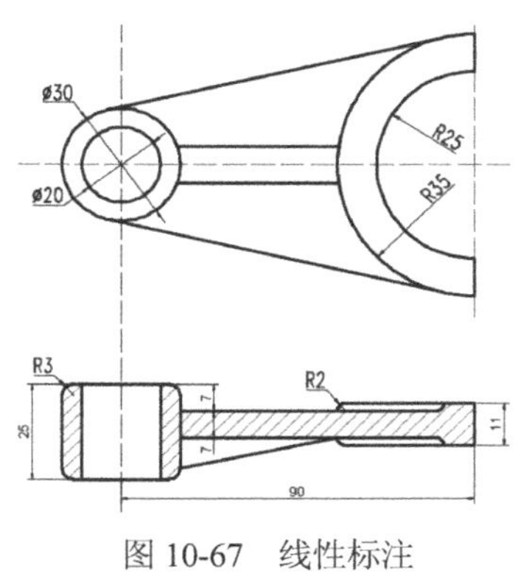

图 10-67　线性标注

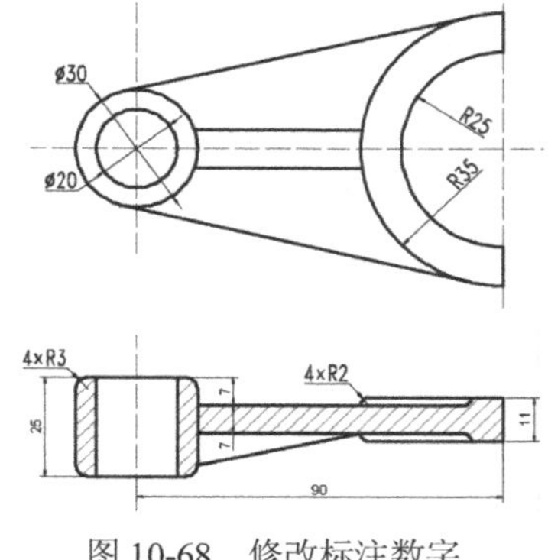

图 10-68　修改标注数字

10.4　绘制箱体类零件图

箱体类零件是机器或部件的基础零件，它将机器或部件中的轴、套、齿轮等有关零件组装成一个整体，使它们之间保持正确的相互位置，并按照一定的传动关系协调地传递运动或动力。因此，箱体的加工质量将直接影响机器或部件的精度、性能和寿命。常见的箱体类零件有机床主轴箱、机床进给箱、变速箱体、减速箱体、发动机缸体和机座等。根据箱体零件的结构形式不同，可分为整体式箱体和分离式箱体。本节以减速器为例，讲解箱体类零件图的绘制操作方法，本例完成后的效果如图 10-69 所示。

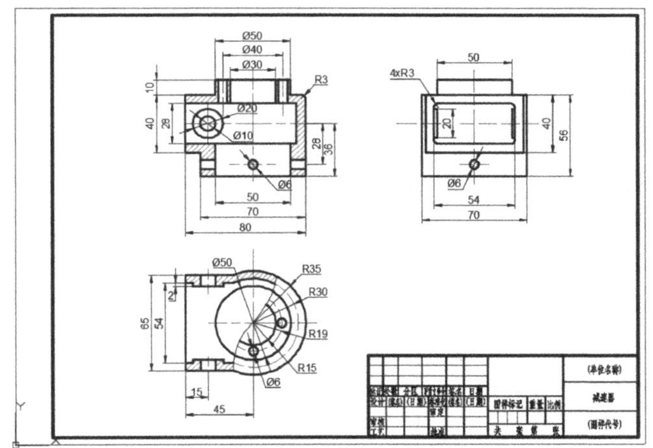

图 10-69　绘制减速器零件图

10.4.1　绘制减速器主视图

(1) 打开【A3 图纸模板-横放.dwt】样板图形，将图样名称修改为【减速器】，然后将图形另存为【减速器.dwg】图形文件。

(2) 将【中心线】设置为当前层。执行【构造线(XL)】命令，在图框内绘制两条相互垂直的构造线作为绘图中心线，如图 10-70 所示。

(3) 执行【偏移(O)】命令，将水平中心线向上偏移 30，向下偏移 36；将垂直中心线向左偏移 45，向右偏移 35，然后将偏移得到的线段放入【轮廓线】图层中，效果如图 10-71 所示。

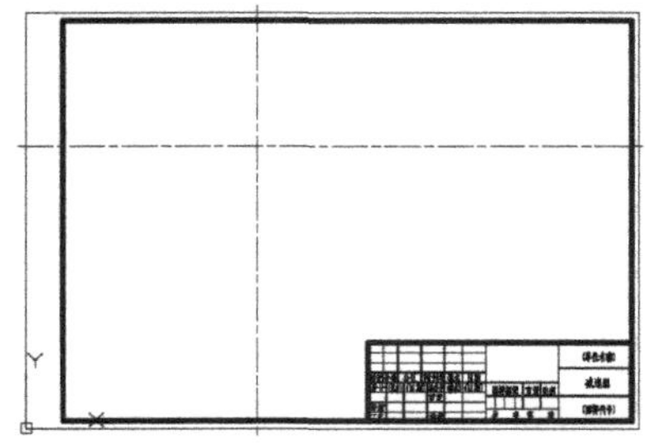

图 10-70　绘制中心线

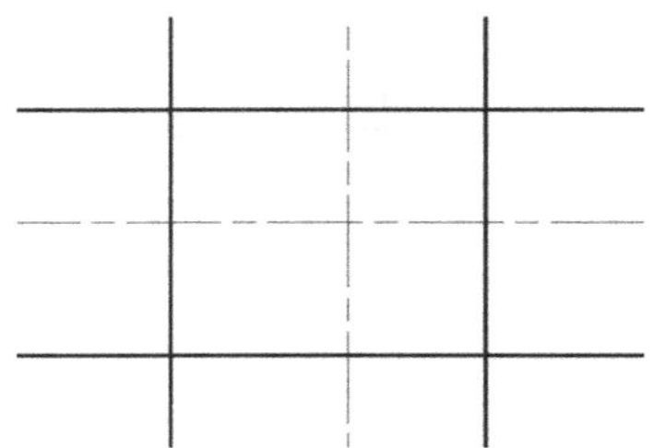

图 10-71　偏移中心线

(4) 执行【修剪(T)】命令，对偏移得到的线段进行修剪，效果如图 10-72 所示。

(5) 执行【偏移(O)】命令，参照图 10-73 所示的效果和尺寸，对图形轮廓线进行偏移。

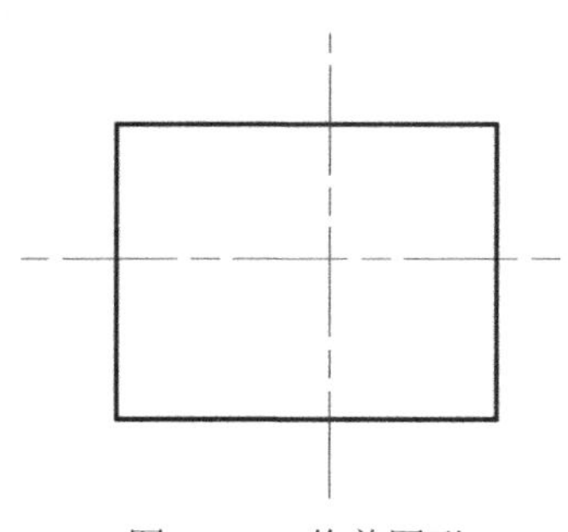

图 10-72　修剪图形

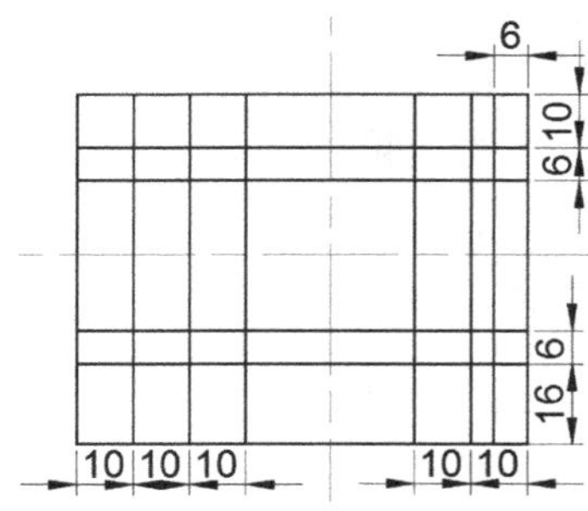

图 10-73　偏移轮廓线

(6) 执行【修剪(T)】命令，参照图 10-74 所示的效果，对图形进行修剪。

(7) 执行【偏移(O)】命令，将垂直中心线向左偏移 30，将水平中心线向下偏移 28，效果如图 10-75 所示。

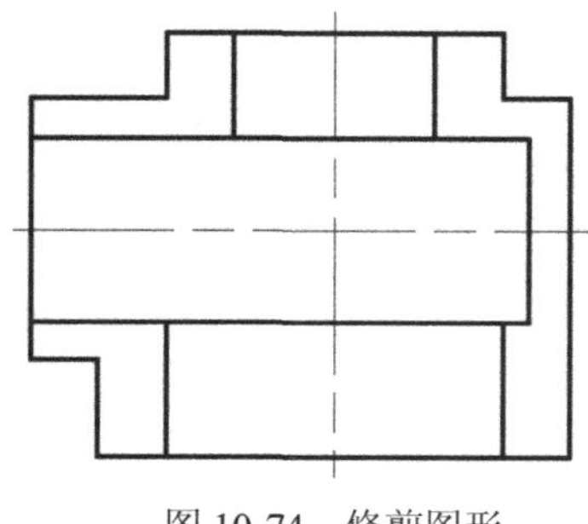

图 10-74　修剪图形

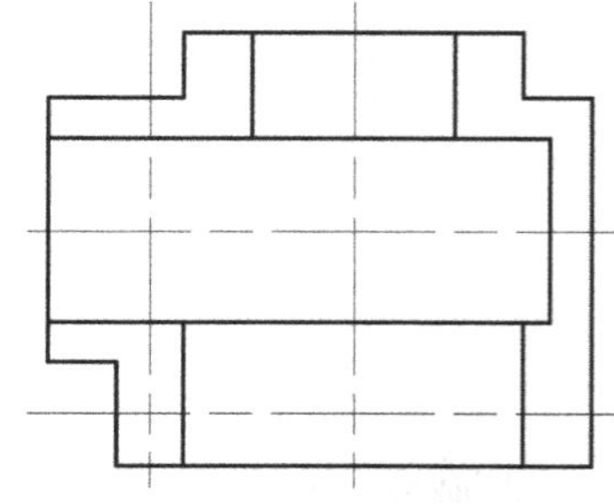

图 10-75　偏移中心线

(8) 当【轮廓线】设置为当前层。执行【圆(C)】命令，在中心线的交点处分别绘制直径为 20、10 和 6 的圆，效果如图 10-76 所示。

(9) 执行【偏移(O)】命令，将中间的垂直中心线向左和向右分别偏移 20，效果如图 10-77 所示。

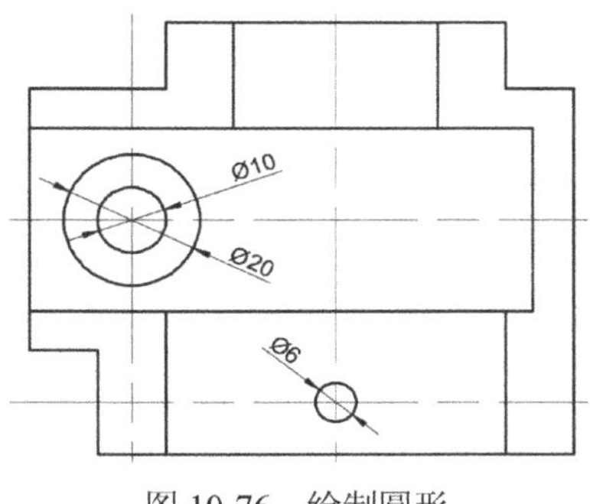

图 10-76　绘制圆形

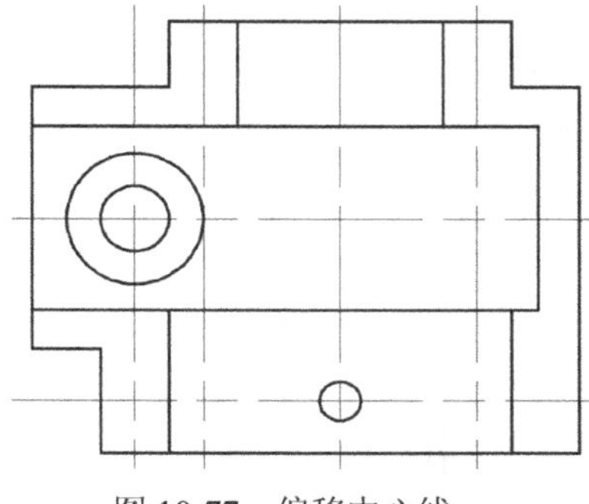

图 10-77　偏移中心线

(10) 执行【偏移(O)】命令，参照图 10-78 所示的效果和尺寸，对中心线进行偏移。

(11) 将偏移得到的线段放入【轮廓线】图层中。然后执行【修剪(T)】命令，参照图 10-79 所示的效果，对图形进行修剪。

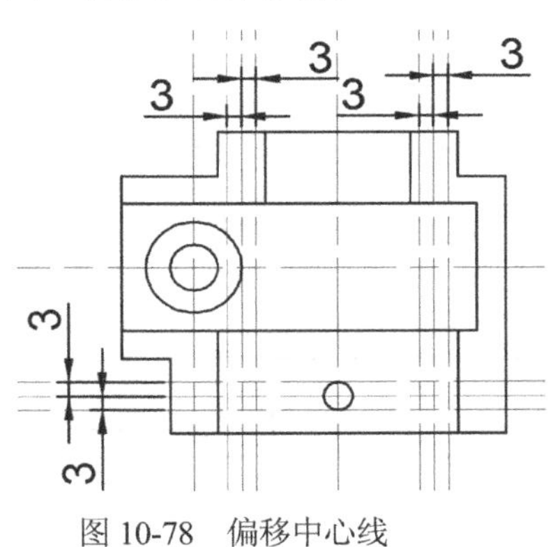

图 10-78　偏移中心线

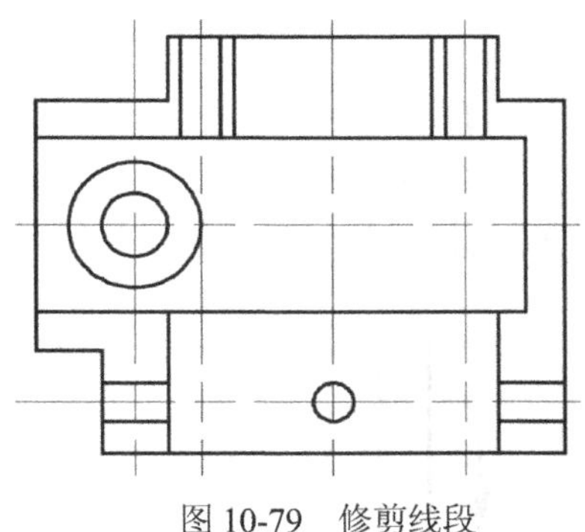

图 10-79　修剪线段

(12) 执行【圆角(F)】命令，设置圆角半径为 3，在图形右上角进行圆角处理，效果如图 10-80 所示。

(13) 将【断面线】图层设置为当前层。然后执行【图案填充(H)】命令，设置填充图案为 ANSI31，对主视图进行填充，完成主视图的绘制，效果如图 10-81 所示。

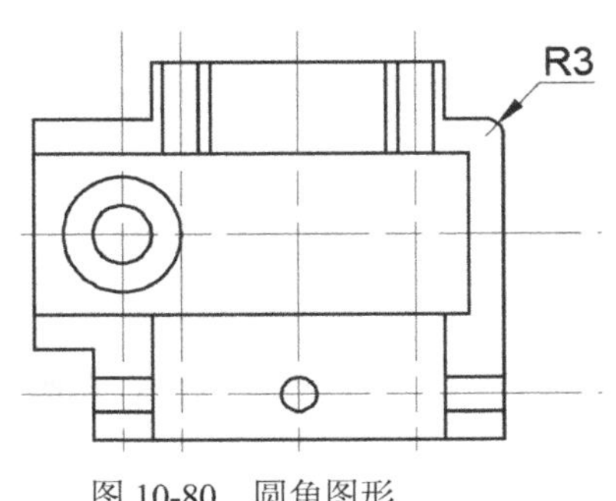

图 10-80　圆角图形

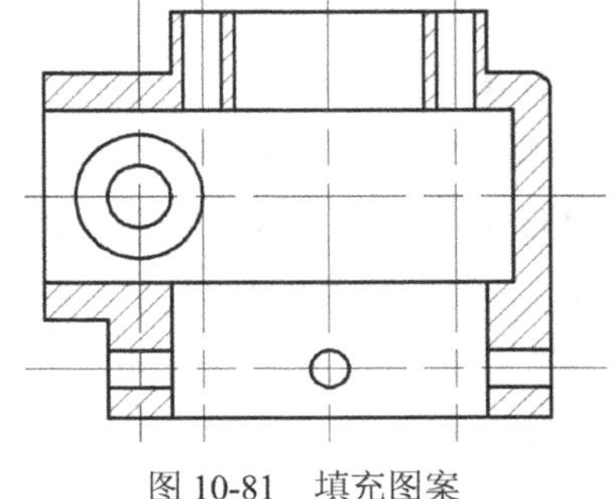

图 10-81　填充图案

计算机　基础与实训教材系列

10.4.2 绘制减速器俯视图

(1) 将【轮廓线】图层设置为当前层。执行【直线(L)】命令，通过捕捉主视图的线段端点和交点，绘制 5 条垂直线，如图 10-82 所示。

(2) 执行【复制(CO)】命令，将上方的中心线向下复制一次，作为俯视图的中心线，效果如图 10-83 所示。

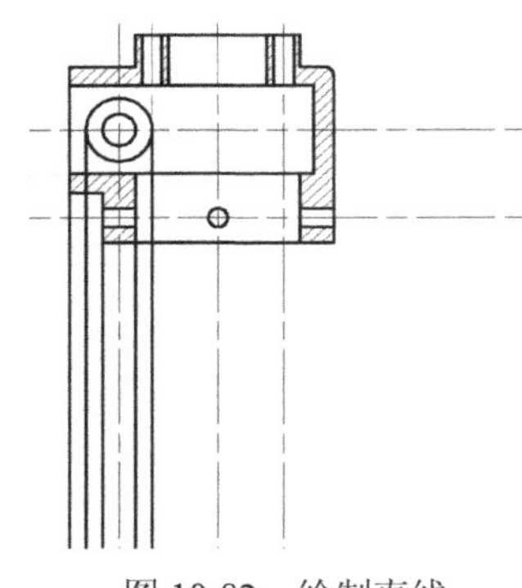

图 10-82 绘制直线

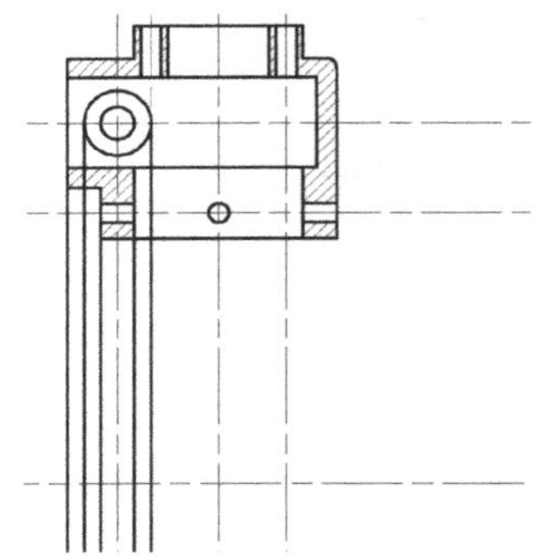

图 10-83 复制中心线

(3) 执行【偏移(O)】命令，参照图 10-84 所示的效果和尺寸，对俯视图的中心线进行偏移。

(4) 将偏移得到的中心线放入【轮廓线】图层中。然后执行【修剪(TR)】命令，参照图 10-85 所示的效果，对线段进行修剪。

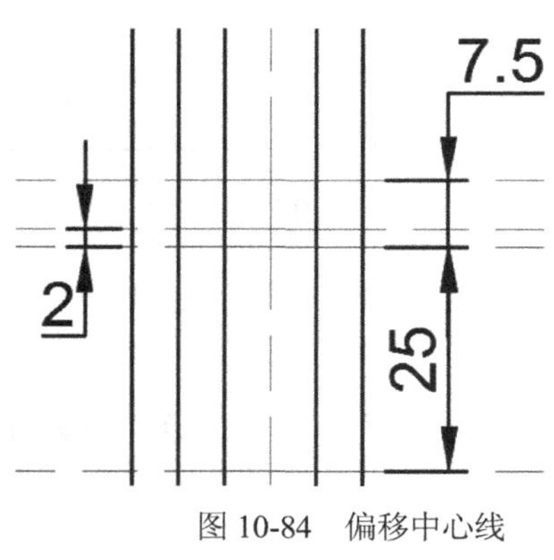

图 10-84 偏移中心线

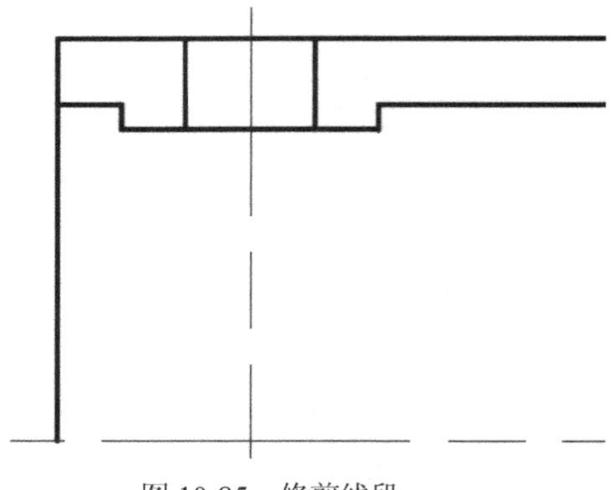

图 10-85 修剪线段

(5) 执行【镜像(MI)】命令，选择俯视图中的图形，以俯视图水平中心线为镜像线，对图形进行镜像复制，效果如图 10-86 所示。

(6) 执行【圆(C)】命令，以俯视图的中心线交点为圆心，分别绘制直径为 30、38、50、60 和 70 的圆，效果如图 10-87 所示。

(7) 将直径为 38 的圆放入【中心线】图层中。然后执行【修剪(TR)】命令，参照图 10-88 所示的效果，对线段进行修剪。

计算机基础与实训教材系列

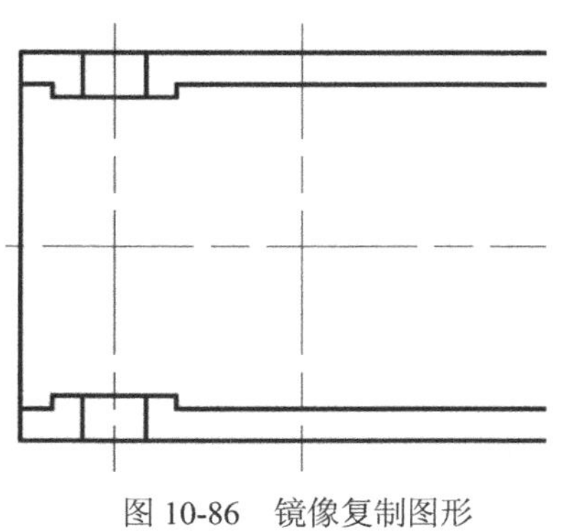

图 10-86　镜像复制图形

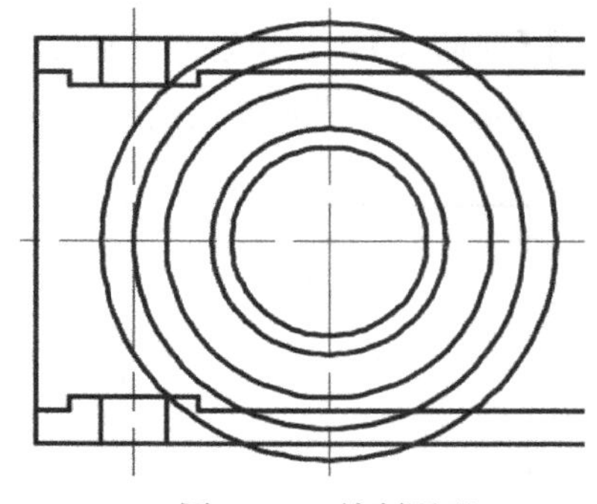

图 10-87　绘制圆形

(8) 执行【圆(C)】命令，以直径为 38 的圆与中心线的交点为圆心，分别绘制 4 个直径为 3 的圆，效果如图 10-89 所示。

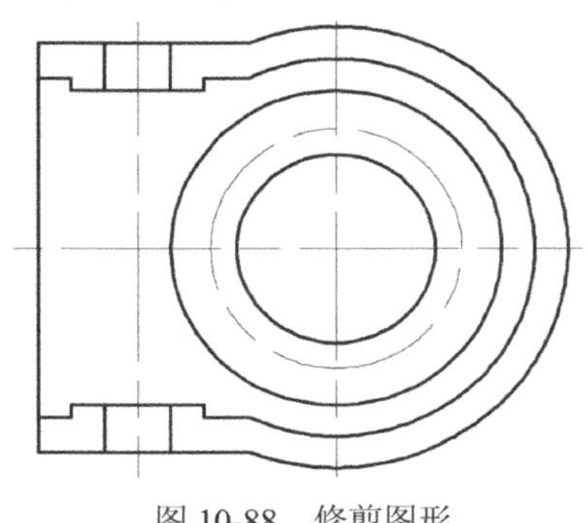

图 10-88　修剪图形

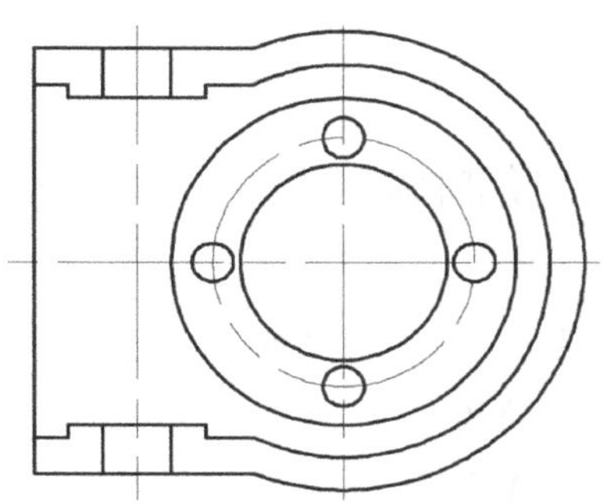

图 10-89　绘制小圆

(9) 将【细实线】图层设置为当前层。然后执行【样条曲线(SPL)】命令，绘制如图 10-90 所示的样条曲线作为断面分割线。

(10) 执行【修剪(TR)】命令，参照图 10-91 所示的效果，对各个圆进行修剪，并删除多余的小圆。

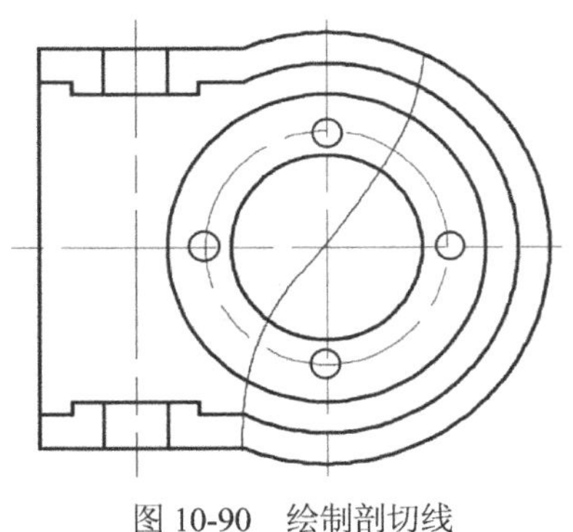

图 10-90　绘制剖切线

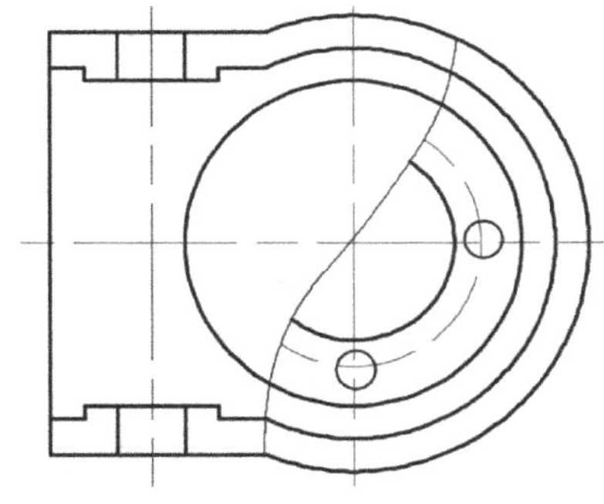

图 10-91　修剪图形

(11) 执行【打断(BR)】命令，设置第一个打断点和第二个打断点在同一个位置，将直径为 60 的圆弧在与样条曲线的交点处打断，然后将右侧的圆弧放入【隐藏线】图层中，效果如图 10-92 所示。

(12) 将【断面线】图层设置为当前层。然后执行【图案填充(H)】命令，设置填充图案为 ANSI31，对俯视图进行填充，完成俯视图的绘制，效果如图 10-93 所示。

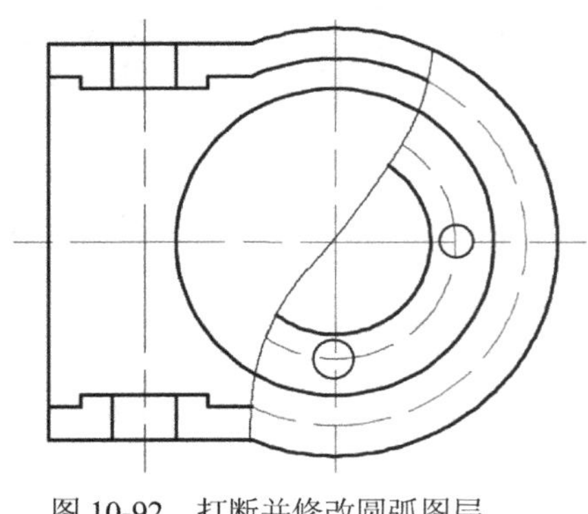

图 10-92 打断并修改圆弧图层

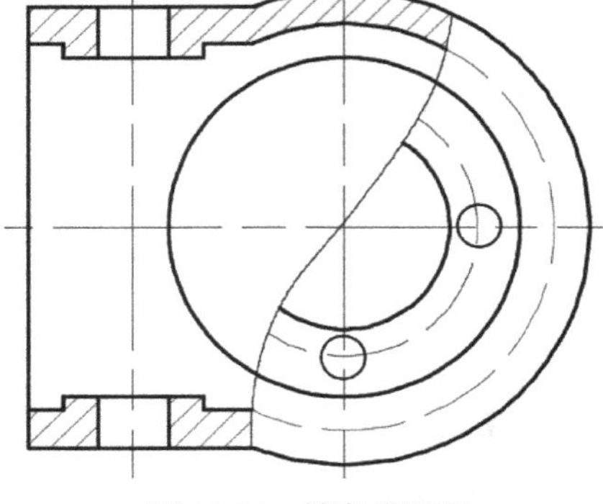

图 10-93 填充俯视图

10.4.3 绘制减速器左视图

(1) 将主视图中的垂直中心线复制到左视图所在的位置处。然后执行【偏移(O)】命令，参照图 10-94 所示的效果和尺寸，对左视图的垂直中心线进行偏移。

(2) 设置【轮廓线】图层为当前层。执行【直线(L)】命令，按【长对正，高平齐，宽相等】的原则，通过捕捉主视图的图形端点和交点，向右绘制多条轮廓线，效果如图 10-95 所示。

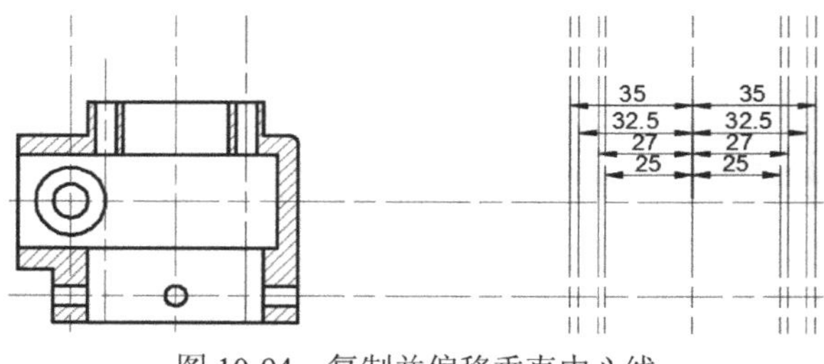

图 10-94 复制并偏移垂直中心线

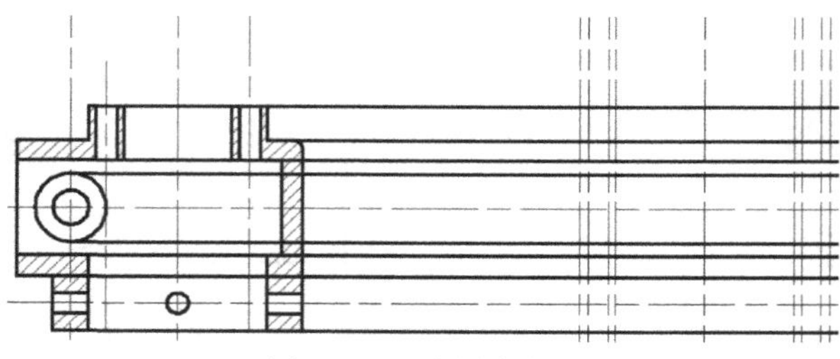

图 10-95 绘制轮廓线

(3) 将偏移得到的中心线放入【轮廓线】图层中。然后执行【修剪(TR)】命令，参照图 10-96 所示的效果，对左视图的图形进行修剪。

(4) 执行【圆(C)】命令，参照图 10-97 所示的效果，在中心线的交点处绘制一个直径为 6 的圆。

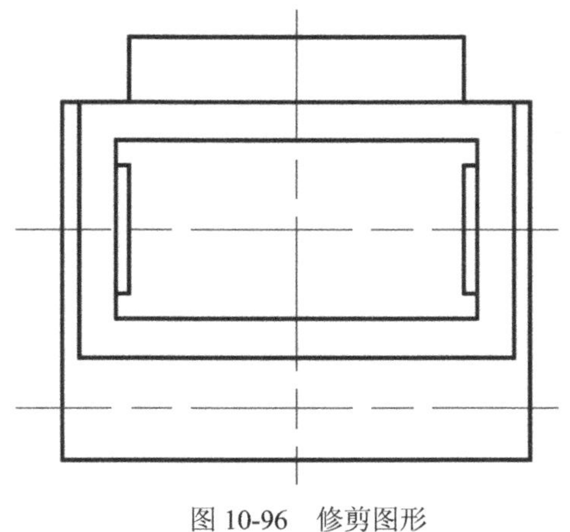

图 10-96　修剪图形

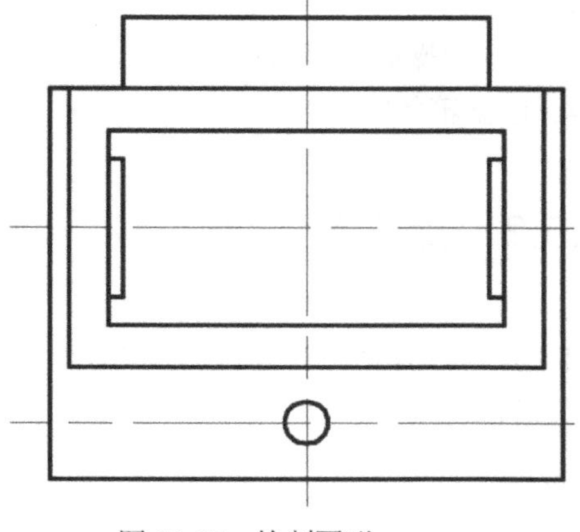

图 10-97　绘制圆形

(5) 执行【圆角(F)】命令，设置圆角半径为 3，对左视图中的内部边角进行圆角处理，完成左视图的绘制，效果如图 10-98 所示。

(6) 设置【尺寸线】图层为当前层。然后对图形进行尺寸标注，并修改表示直径的线性标注数字，再修改中心线的长度，完成本例的制作，效果如图 10-99 所示。

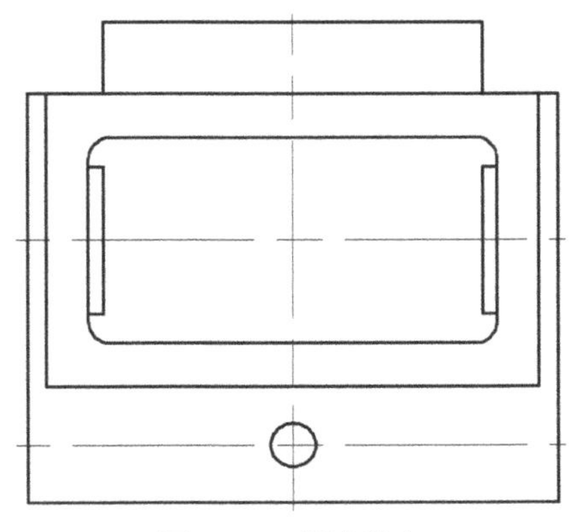

图 10-98　圆角边角

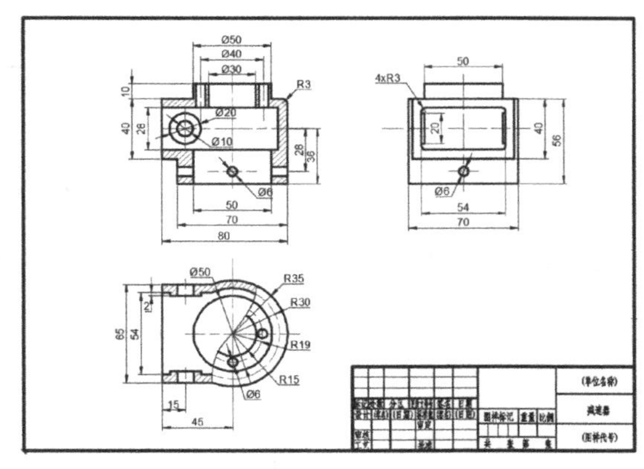

图 10-99　标注图形

10.5　思考与练习

10.5.1　填空题

1. ________________是用来支承做旋转运动的零件，使其上的零件具有确定的工作位置，并传递运动和动力。

2. ________________零件一般是指法兰盘、端盖、透盖、齿轮等零件，这类零件在机器中 主要起支承、轴向定位及密封作用。

3. ________________零件包括杠杆、连杆、摇杆、拨叉、支架、轴承座等零件，在机器或设备中主要起操纵、连接或支承作用。

4. 根据箱体零件的结构形式不同，可分为________________。

10.5.2 操作题

1. 参照图 10-100 所示的效果和尺寸，综合应用所学的知识，绘制法兰盘二视图，并标注表面法兰盘粗糙度。

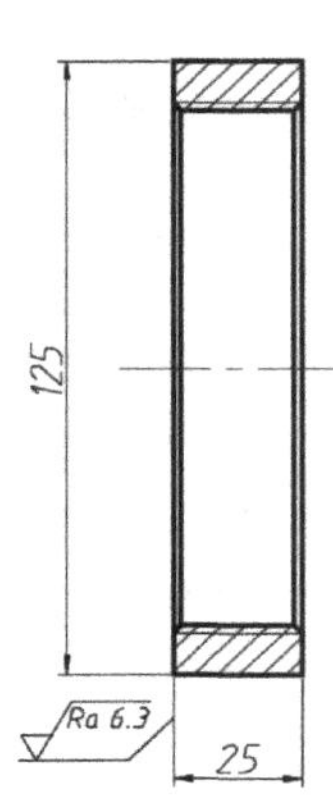

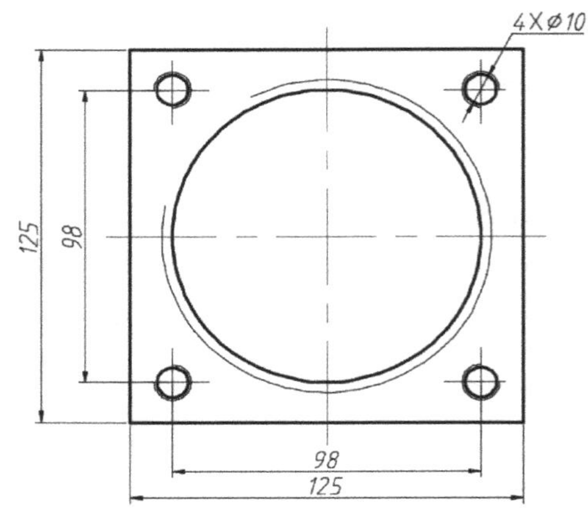

图 10-100 法兰盘

2. 参照图 10-101 所示的效果和尺寸，综合应用所学的知识，绘制并标注阀盖二视图。

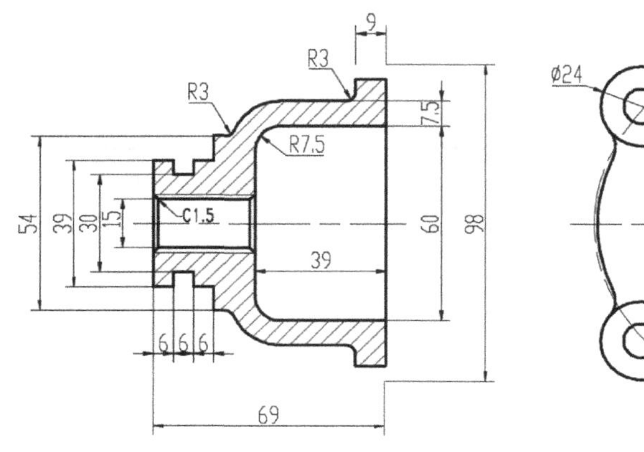

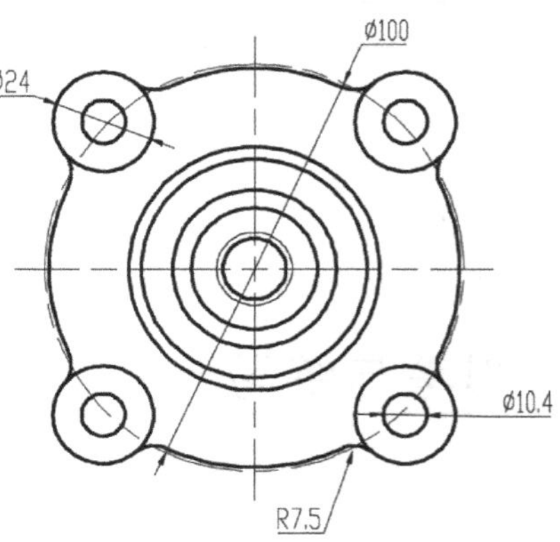

图 10-101 阀盖

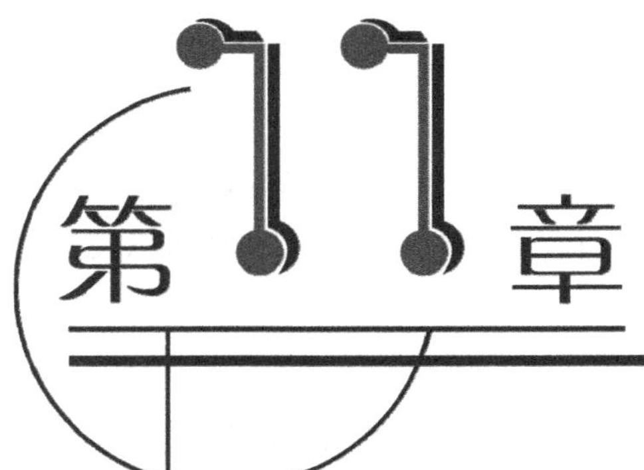

第11章 机械装配图的绘制

学习目标

在机械制图中，装配图是机械设计的一个重要内容，合格的装配图不但能够反映出设计者的意图，还能表达出机器、产品或部件的主要结构形状、工作原理、性能要求和各零件的装配关系等。本章主要介绍使用 AutoCAD 2018 绘制装配图的方法与过程。

本章重点

- 装配图简介
- 装配图的绘制过程
- 装配图的绘制方法
- 装配图绘制实例

11.1 装配图简介

装配图是用来表达部件或机器的工作原理、零件之间的安装关系与相互位置的图样，包含装配、检验和安装时所需要的尺寸数据和技术要求，是指定装配工艺流程，进行装配、检验、安装及维修的技术依据。

11.1.1 装配图的内容

一般情况下，设计或测绘一个机械或产品都离不开装配图，一张完整的装配图应该包括以下内容。

1. 一组装配的机械图样

用一般表示法和特殊表示法绘制该图样，它应正确、完整、清晰和简洁地表达机器(或部件)的工作原理、零件之间的装配关系和零件的主要结构形状。

2. 几类尺寸

根据装配图拆画零件图以及装配、检验、安装及使用机器的需要，在装配图中必须标注能反映机器(或部件)的性能、规格、安装情况、部件或零件间的相对位置、配合要求以及机器总体大小的尺寸。

3. 技术要求

在绘制装配图的过程中，如果有些信息无法用图形表达清楚，如机器(或部件)的质量、装配、检验和使用等方面的要求，可用文字或符号来标注。

4. 标题栏、零件序号和明细栏

为充分反映各零件的关系，装配图中应包含完整清晰的标题栏、零件序号和明细栏。

11.1.2 装配图的画法

装配图与零件图不同，零件图所表达的是单个零件；装配图表达的是由若干单个零件组成的部件，是以表达机器(或部件)的工作原理和装配关系为中心，必须采用适当的表示法把机器(或部件)的内部和外部的结构形状和零件的主要结构表示清楚。

1. 装配图的规定画法

在使用 AutoCAD 绘制装配图时，要按照装配图的规定画法进行绘制，规定画法如下。

(1) 两个零件的接触表面(或基本尺寸相同且相互配合的工作面)，不能画成两条线，只能用一条轮廓线表示；非接触面用两条轮廓线表示。

(2) 在绘制剖视图时，相互接触的两个零件的剖面线方向应相反或间隔不等；两个以上的零件接触时，除其中两个零件的剖面线倾斜方向不同外，第 3 个零件必须采用不同的剖面线间隔，或与同方向的位置错开。在各视图中，同一零件的剖面线方向与间隔必须一致。

(3) 在绘制剖视图时，为简化作图，对一些实心杆件(如轴、拉杆等)和一些标准件(如螺母、螺栓、键、销等)，若剖切平面通过其轴线或对称面剖切这些零件时，则只画这些零件的外形，不画剖面线；如果实心杆件上有些结构和装配关系需要表达时，可采用局部剖视；当剖切平面垂直其轴线剖切时，须画出其剖面线。

2. 装配图的特殊画法

在绘制装配图时，需要注意以下的特殊画法。

(1) 拆卸画法

所谓拆卸画法，是指当一个或几个零件在装配图的某一视图中遮住了大部分的装配关系或其他零件时，可假想拆去一个或几个零件，只画出所表达部分的视图。

(2) 沿结合面剖切画法

为了表达内部结构，多采用这种特殊画法。

(3) 单独表示某个零件

在绘制装配图的过程中，当某个零件的形状未表达清楚而又对理解装配图关系有影响时，可单独绘制该零件的某一视图。

(4) 夸大画法

在绘制装配图时，有时会遇到薄片零件、细丝零件或微小间隙等的绘制。对于这些零件或间隙，无法按其实际尺寸绘制出，或虽能绘制出，但不能明显表述其结构(如圆锥销及锥形孔的锥度很小时)，可采用夸大画法，即可把垫片画厚、弹簧线径及锥度适当夸大地绘出。

(5) 假想画法

为了表示与本零件有装配关系但又不属于本部件的其他相邻零件或部件时，可采用假想画法。将其他相邻零件或部件用双点划线画出。

(6) 展开画法

所谓展开画法，主要用来表达某些重叠的装配关系或零件动力的传动顺序。如在多极传动变速箱中，为了表达齿轮的传动顺序以及装配关系，可假想将空间轴系按其传动顺序展开在一个平面图上，然后画出剖视图。

(7) 简化画法

在绘制装配图时，下列情况可采用简化画法。

- 零件的工艺结构允许不画，如圆角、倒角、推刀槽等。
- 螺母和螺栓头允许采用简化画法。如遇到螺纹紧固件等相同的零件组时，在不影响理解的前提下，允许只画出一处，其余可只用细点画线表示其中心位置。
- 在绘制剖视图时，表示滚动轴承时，一般一半采用规定画法，另一半采用通用画法。

11.1.3　装配图中的尺寸标注

装配图绘制完成后，需要给装配图标注必要的尺寸，装配图中的尺寸是根据装配图的作用来确定的，用来进一步说明零部件的装配关系和安装要求等信息，在装配图上应标注以下 5 种尺寸。

1. 规格尺寸

规格尺寸在设计时就已确定，它用来表示机器(或部件)的性能和规格尺寸，是设计、了解和选用机器的依据。

2. 装配尺寸

装配尺寸分为两种：配合尺寸和相对位置尺寸。前者是用来表示两个零件之间的配合性质的尺寸；后者是用来表示装配和拆画零件时，需要保证的零件间相对位置的尺寸。

3. 外形尺寸

外形尺寸用来表示机器(或部件)外形轮廓的尺寸，即机器(或部件)的总长、总宽和总高。

4. 安装尺寸

所谓安装尺寸，就是机器(或部件)安装在地基上或与其他机器(或部件)相连接时所需要的尺寸。

5. 其他重要尺寸

它是在设计中经过计算确定或选定的尺寸，不包含在上述 4 种尺寸之中，在拆画零件时，不能改变。

在装配图中，不能用图形来表达信息时，可以采用文字在技术要求中进行必要的说明。

11.1.4 装配图中的零件序号

为便于统计零件数量，进行生产的准备工作，装配图上对每个零件或部件必须编注序号或代号，并填写明细栏。同时，在看装配图时，为了了解零件的名称、材料和数量等，可根据序号查阅明细栏，以利于看图和图样的管理。

零件序号(或代号)应标注在图形轮廓线外边，并写在指引线上或圆内(指引线应指向圆心)，用细实线画出横线或圆。指引线应从所指零件的可见轮廓内(若剖开时，最好由剖面区域)引出，并在其引出处绘制小圆点(不易绘制圆点时，可采用箭头方式)，序号字体应比尺寸数字大一两号。

在编写序号时，还需注意序号的指引线应尽可能均匀且彼此不能相交；当指引线通过有剖面的区域时，尽量不要与剖面线平行，必要时可以画成折线，但只允许折弯一次；当紧固件组成装配关系清楚的零件组时，如螺栓、螺母和垫圈组成的零件组，可采用公共引线来标注序号。

11.1.5 装配图中的标题栏和明细栏

装配图的标题栏可以和零件图的标题栏一样。明细栏应绘制在标题栏的上方，外框左右两侧为粗实线，内框为细实线。为方便添加零件，明细栏的零件编写顺序是从下往上。

11.2 装配图的一般绘制过程

在机械制图中，绘制一幅完整的装配图，主要包括以下过程。

1. 拟定表达方案

表达方案包括选择主视图、确定视图数量和表达方法。

(1) 选择主视图

为使主视图能够较全面地表达出机器(或部件)的工作原理、传动系统、零件间主要的装配

关系和主要零件结构形状的特征，主视图的选择一般按部件的工作位置选择。

机器(或部件)是由一些主要和次要的装配干线组成的。所谓装配干线，就是在机器(或部件)中，组装在同一轴线上的一系列相关零件。为了清楚地表达机器(或部件)的装配关系，常沿装配干线的轴线剖开，然后将剖视图作为装配图的主视图。

(2) 确定其他表达方案和视图数量

确定主视图后，为补充视图的不足，表达出其他次要装配干线的装配关系、工作原理、零件结构及其形状，还要根据机器(或部件)的结构形状特征，选用其他表达方法，以确定视图的数量。

为了便于看图，视图间的位置应尽量符合投影关系，整个图样的布局应匀称、美观。视图间须留出一定的位置，以便标注尺寸和零件编号，还要留出标题栏、明细栏及技术要求所需的位置。

2. 装配图的绘制步骤

(1) 定方案，定比例，定图幅，画出图框。根据拟定的表达方案，确定图样的比例，选择标准的图幅，并画好图框、明细栏和标题栏。

(2) 合理布局图形，留出适当空隙，绘制基准线。根据拟表达的方案，合理美观地布置各个视图，留出标注尺寸、零件序号的适当位置，然后绘制出各个视图的主要基准线。

(3) 绘图顺序。提供以下两种绘图顺序供读者参考。

- 从主视图画起，几个视图相互配合一起画。
- 先画某一视图，然后再画其他视图。

在绘制每个视图时，需要考虑从外向内画，还是从内向外画。所谓从外向内画，就是从机器(或部件)的机体出发，逐次向内画出各个零件。该画法的优点是便于从整体的合理布局出发，在主要零件的结构形状和尺寸确定后，其余部分就很容易确定下来。从内向外画就是从里面的主要装配干线出发，逐次向外扩展。该画法的优点是层次分明，可避免多画被挡住零件的不可见轮廓线，图形清晰。

不论采用哪种绘制方法，在绘图时需要注意以下几点。

- 各视图间要符合投影关系，各零件、各结构要素也要符合投影关系。
- 先画定位作用的基准件，再画其他零件，这样绘制出的图形准确、误差小，并能保证各零件间的相互位置准确。
- 先画出部件的主要结构形状，然后再画次要结构部分。
- 绘制零件的过程中，要随时检查零件间正确的装配关系。对于哪些面应该接触，哪些面之间应该留有间隙，哪些面为配合面，必须正确判断并相应画出。同时还要检查零件间有无干扰和相互碰撞。

(4) 标注尺寸。

(5) 编写零件序号，填写明细栏、标题栏和技术要求。

(6) 检查，完成绘图。

11.3 装配图的绘制方法

使用 AutoCAD 绘制二维装配图主要包括拆装法绘制装配图和直接法绘制装配图两种方法。

1. 拆装法绘制装配图

拆装法绘制装配图是先绘制出装配图中的各个零件图，再将所有零件图复制粘贴进一个新的空白文档，以修剪、拼接的方式绘制装配图。这种方法的关键是恰当、合理地选择复制图形的基点，修剪掉插入后相互干涉和多余的线条。这种方法不容易出错，并且容易理解装配图的原理，是绘制装配图时优先采用的方法。

2. 直接法绘制装配图

直接法绘制装配图与平常绘制零件图的顺序类似，按照手工绘制装配图的绘制步骤依次绘制各个组成零件在装配图中的投影。考虑方便绘图和看图，在绘图时，应当将不同的零件绘制在不同的图层上，以便关闭或冻结某些图层，简化图形。

11.4 装配图绘制实例

本节将通过拆装法绘制装配图和直接法绘制装配图两种方法讲解绘制机械装配图的具体操作方法。

11.4.1 使用拆装法绘制装配图

本节将以绘制驱动齿轮装配图为例，讲解使用拆装法绘制装配图的操作，驱动齿轮主要由齿轮、齿轮轴、平垫圈和螺母等零件组成，本实例的图形装配效果如图 11-1 所示。在绘制本例图形时，首先打开已经绘制好的驱动齿轮零件，然后再将零件图装配在一起，最后对关键部位进行尺寸标注。

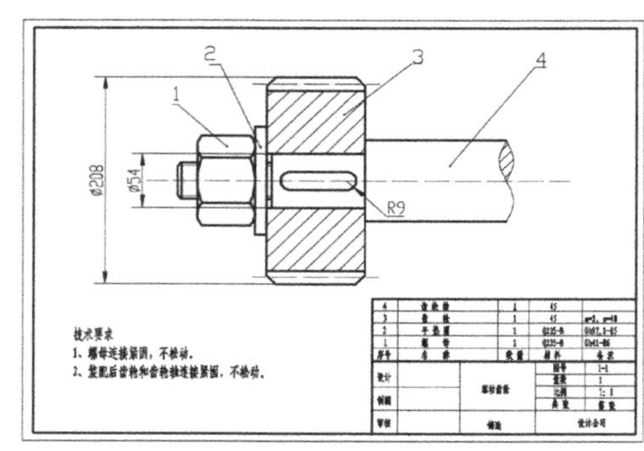

图 11-1　绘制驱动齿轮装配图

1. 装配驱动齿轮

(1) 打开【A2 简化图框-横放.dwg】图形文件，将其另存为【驱动齿轮装配图.dwg】文件，如图 11-2 所示。

(2) 执行【插入(I)】命令，将【驱动齿轮零件.dwg】图形文件中的图块插入到图框中，如图 11-3 所示。

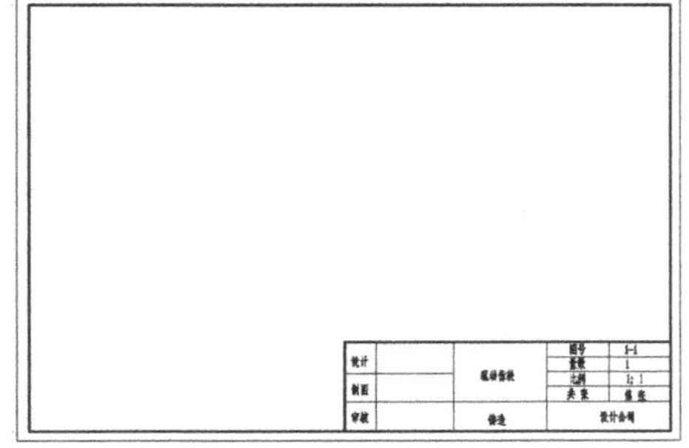

图 11-2　打开简化图框

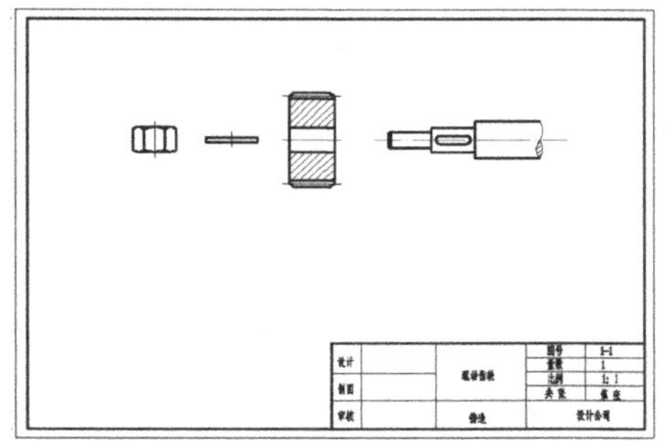

图 11-3　插入驱动齿轮零件

(3) 执行【分解(X)】命令，将插入的驱动齿轮零件图块分解。

(4) 执行【移动(M)】命令，使用窗口方式选择齿轮作为移动的对象，如图 11-4 所示，然后在齿轮右侧垂直线的中点处指定移动的基点，如图 11-5 所示。

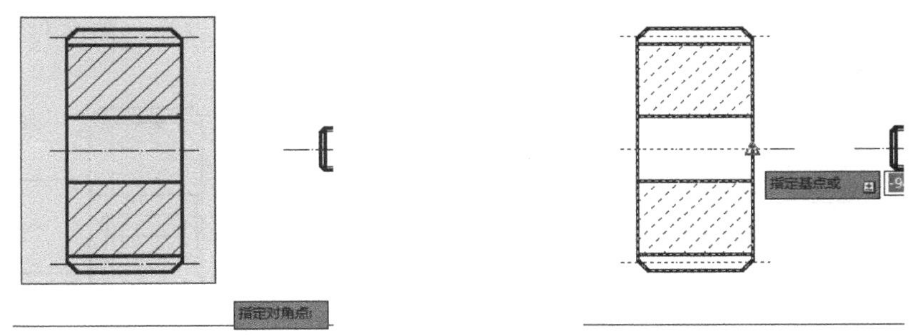

图 11-4　选择齿轮　　图 11-5　指定移动基点

(5) 移动十字光标，捕捉齿轮轴右侧垂直线和水平辅助线的交点作为移动的第二个点，如图 11-6 所示，对齿轮和齿轮轴进行装配，效果如图 11-7 所示。

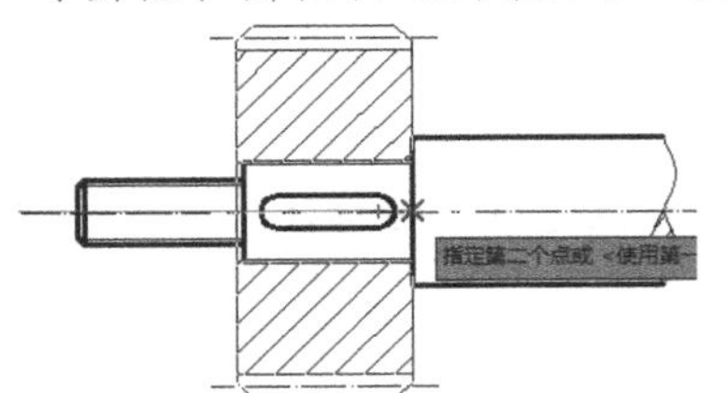

图 11-6　指定移动的第二个点

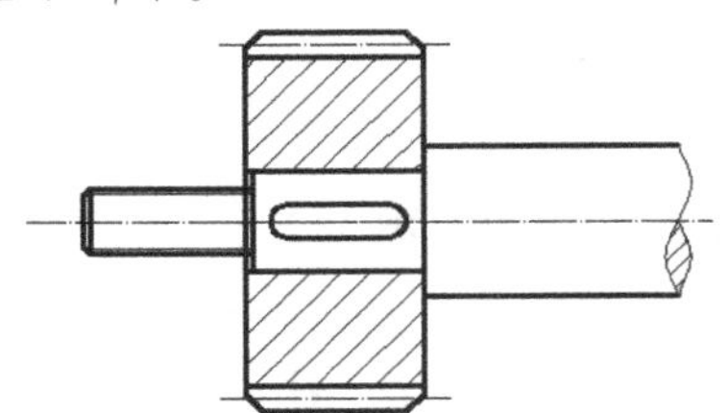

图 11-7　装配齿轮和齿轮轴

(6) 执行【旋转(RO)】命令，将螺母和平垫圈旋转 90 度，如图 11-8 所示。

(7) 执行【移动(M)】命令，选择平垫圈图形，然后在该图形右侧的垂直线中点处指定移

动的基点，如图 11-9 所示。

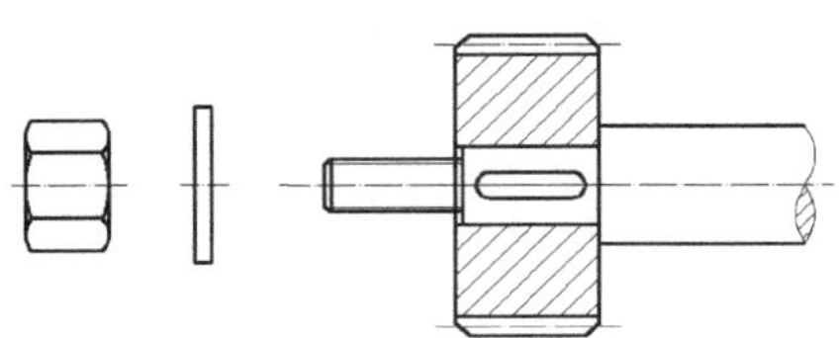

图 11-8　旋转螺母和平垫圈

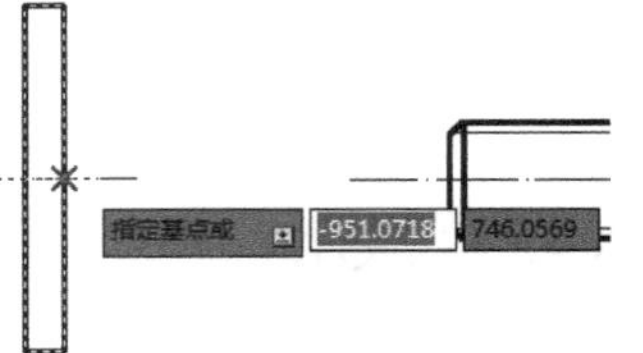

图 11-9　指定移动基点

(8) 移动十字光标，捕捉如图 11-10 所示的垂直线中点作为移动的第二个点。

(9) 执行【移动(M)】命令，选择螺母图形，然后在该图形右方的垂直线中点处指定移动的基点，如图 11-11 所示。

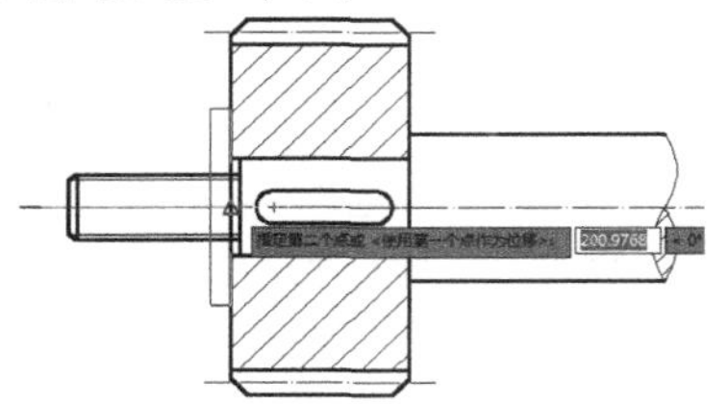

图 11-10　指定移动的第二个点

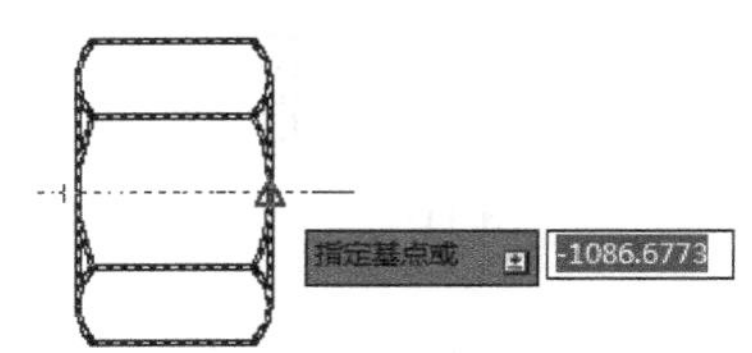

图 11-11　指定移动基点

(10) 移动十字光标，捕捉如图 11-12 所示的交点作为移动的第二个点。

(11) 执行【修剪(TR)】命令，选择螺母左侧垂直线为修剪边界，然后对齿轮轴进行修剪，效果如图 11-13 所示。

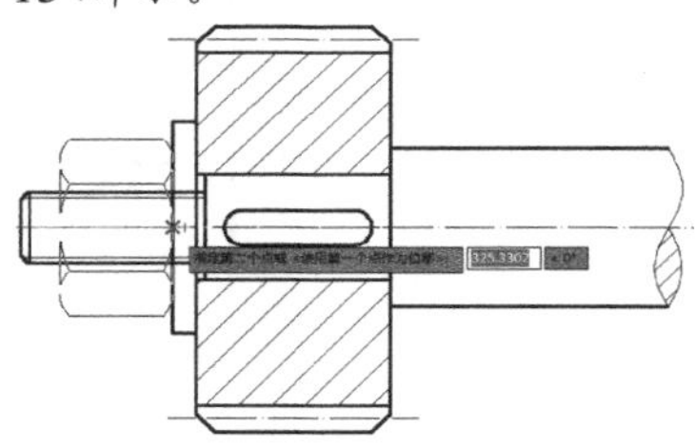

图 11-12　指定移动的第二个点

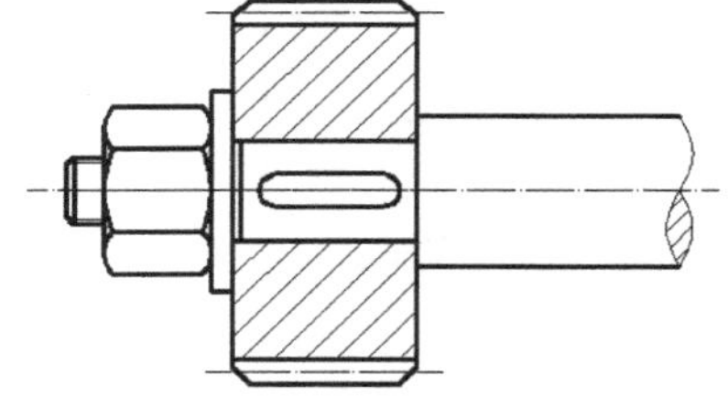

图 11-13　修剪齿轮轴

2. 标注装配图

(1) 将【尺寸】图层设置为当前图层，执行【线性(DLI)】命令，对图形的关键部位进行线性标注，然后修改标注文字，如图 11-14 所示。

(2) 执行【半径(DRA)】命令，对图形的键槽部位进行半径标注，如图 11-15 所示。

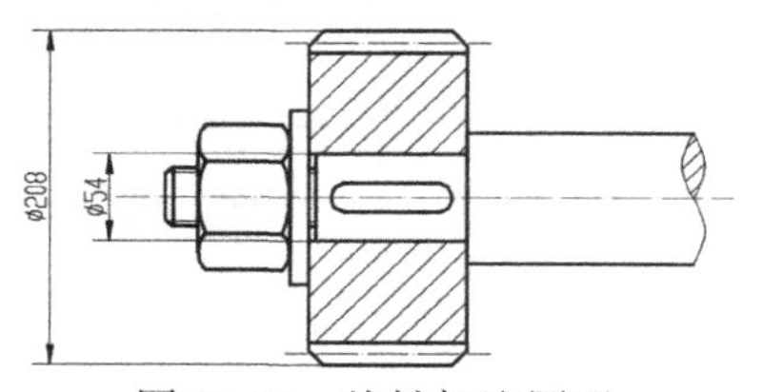

图 11-14　线性标注图形

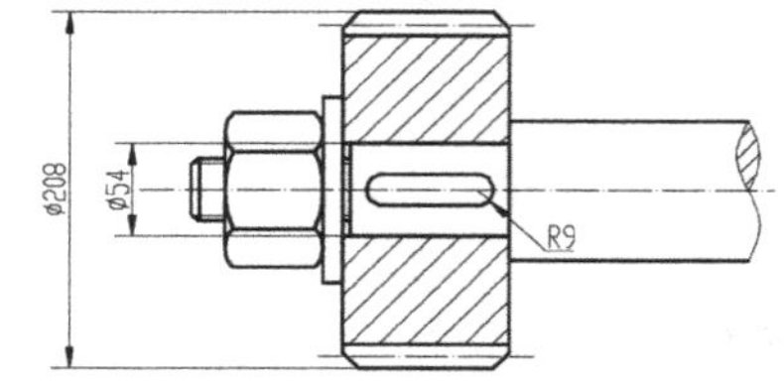

图 11-15　半径标注图形

提示

在标注机械装配图时，通常只需要标注图形的主要尺寸和关键部位的尺寸即可。

(3) 执行【标注】→【多重引线】命令，为驱动齿轮装配图零件标注序号，效果如图 11-16 所示。

(4) 执行【多行文字(T)】命令，在装配图的下方书写技术要求文字内容，效果如图 11-17 所示。

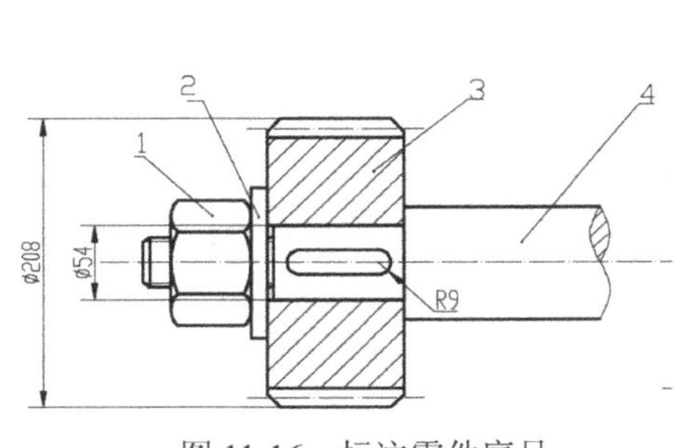

图 11-16　标注零件序号

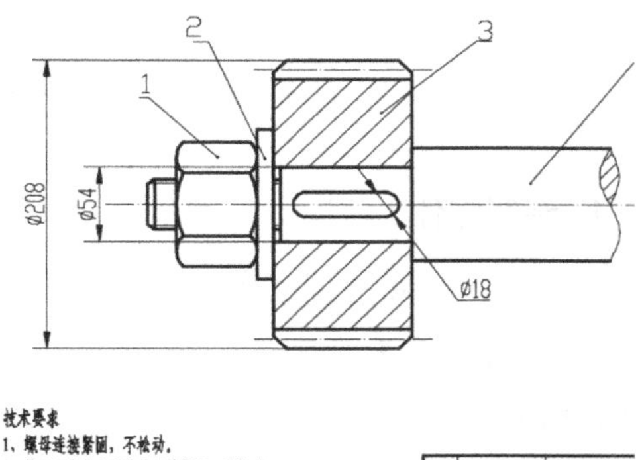

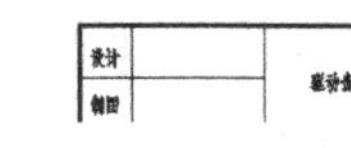

图 11-17　书写技术要求文字

(5) 执行【表格(Table)】命令，在标题栏的基础上绘制明细栏表格，并对表格的大小进行调整，如图 11-18 所示。

(6) 在明细栏表格中输入明细栏信息，完成本例的绘制，如图 11-19 所示。

设计		驱动齿轮	图号	1-1
			量数	1
制图			比例	1: 1
			共 张	第 张
审核		铸造	设计公司	

图 11-18　绘制表格

4	齿轮轴	1	45	
3	齿轮	1	45	m=2, z=40
2	平垫圈	1	Q235-B	Gb97.1-85
1	螺母	1	Q235-B	Gb41-86
序号	名称	数量	材料	备注
设计		驱动齿轮	图号	1-1
			量数	1
制图			比例	1: 1
			共 张	第 张
审核		铸造	设计公司	

图 11-19　输入明细栏信息

11.4.2　使用直接法绘制装配图

前面讲解了使用拆装法创建装配图的操作方法，本节中将通过液压缸装配图为例讲解使用直接法绘制装配图的操作方法，本例的效果如图 11-20 所示。绘制装配图时，要先绘制主要零件，后绘制次要零件；先绘制大致轮廓线，再绘制零件细节。

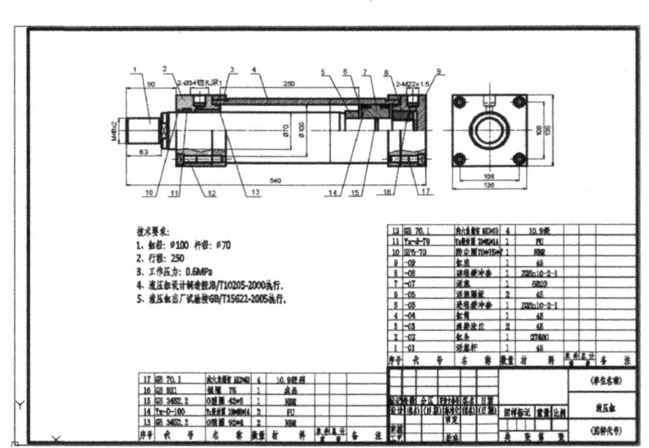

图 11-20　绘制液压缸装配图

1. 绘制零件主视图

(1) 打开【A0 图纸模板-横放.dwg】图形，然后将其另存为【液压缸装配图.dwg】文件。

(2) 将【轮廓】图层设置为当前层。执行【直线(L)】命令，参照如图 11-21 所示的效果和尺寸，绘制液压缸轮廓线。

(3) 执行【直线(L)】命令，通过捕捉轮廓线的中点，绘制一条中心线，并将其放入【中心线】图层中，效果如图 11-22 所示。

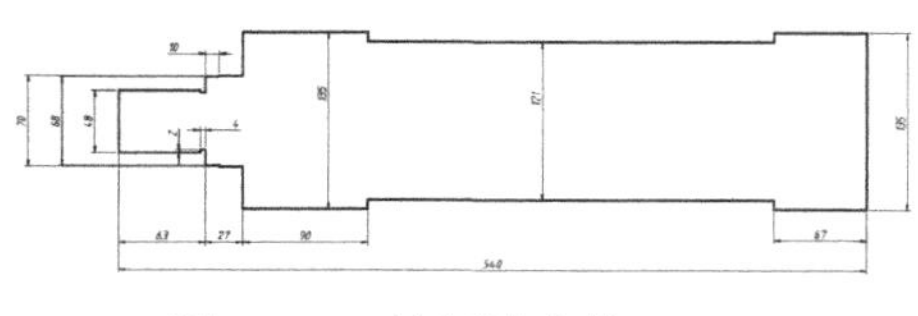

图 11-21　绘制轮廓线

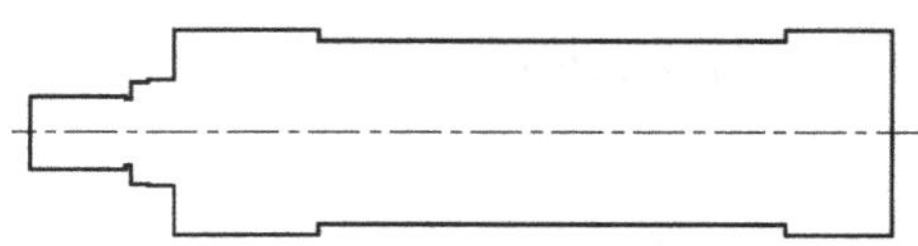

图 11-22　绘制中心线

(4) 执行【倒角(CHA)】命令，选择【角度(A)】子命令，设置第一条直线的倒角长度为 3，指定第一条直线的倒角角度为 30，然后选择左上方的直线为倒角第一条直线，选择左方的直线为倒角第二条直线，再对左下方的边角进行相同倒角，效果如图 11-23 所示。

(5) 执行【倒角(CHA)】命令，选择【距离(D)】子命令，设置第一个倒角距离和第二个倒角距离均为 2，然后参照如图 11-24 所示的效果对相应的两个边角进行倒角。

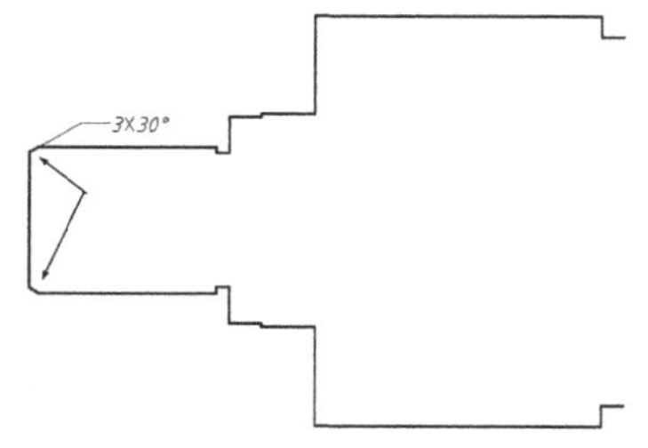

图 11-23　倒角左方边角线段

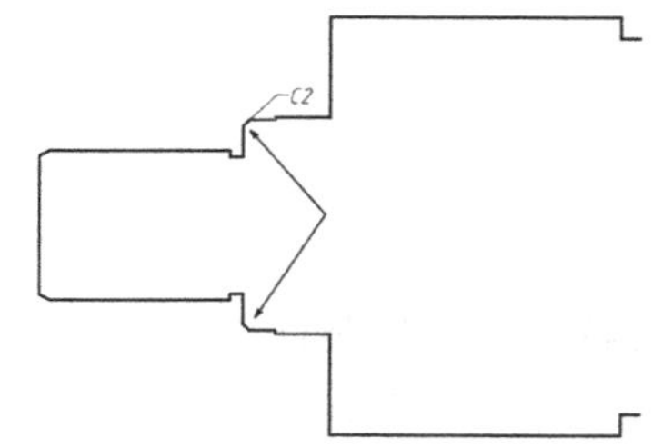

图 11-24　倒角边角线段

提示

活塞杆通常会伸出液压缸一部分，因此外露部分有必要进行倒角处理，使其更好地用于装配，并除去尖锐边缘。

(6) 执行【倒角(CHA)】命令，选择【角度(A)】子命令，设置第一条直线的倒角长度为 1，指定第一条直线的倒角角度为 75，然后参照如图 11-25 所示的效果对相应的两个边角进行倒角。

(7) 执行【圆角(F)】命令，设置圆角半径为 1，然后参照如图 11-26 所示的效果对相应的两个边角进行圆角处理。

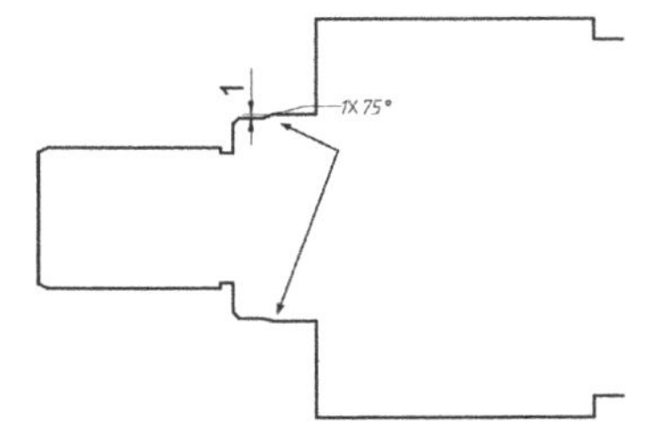

图 11-25　倒角边角线段

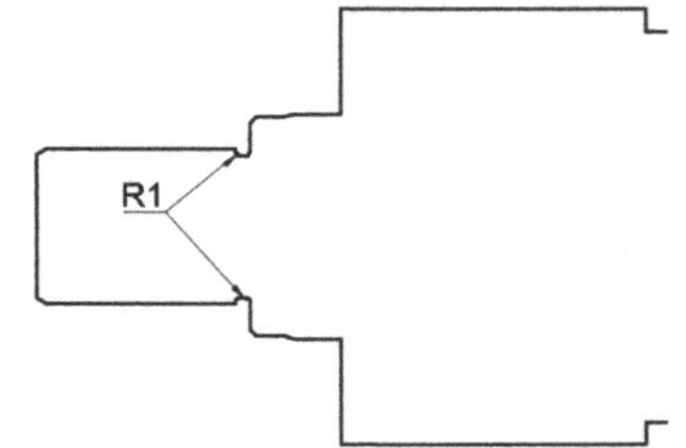

图 11-26　圆角边角线段

(8) 执行【直线(L)】命令，参照如图 11-27 所示的效果绘制各条连接线，并修改部分直线的线宽。

(9) 参照如图 11-28 所示的效果和尺寸，绘制杆端扳手位(交叉直线表示铣削平面)。

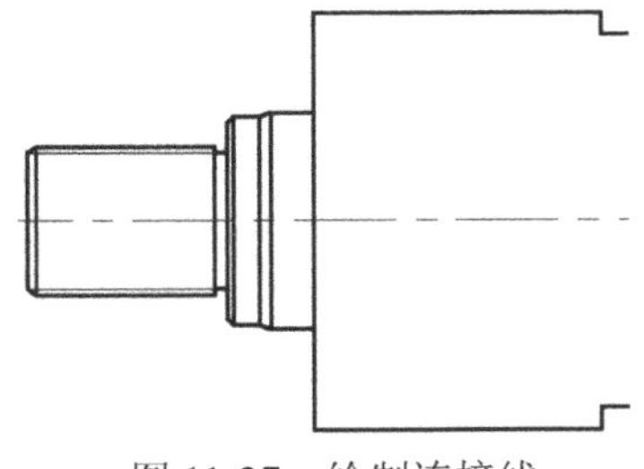

图 11-27　绘制连接线

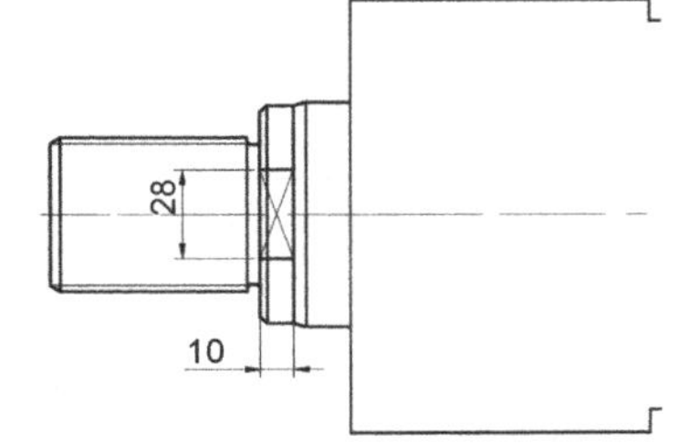

图 11-28　绘制杆端扳手位

(10) 执行【直线(L)】命令，参照如图 11-29 所示的效果和尺寸，以活塞杆与缸头边线的交点为起点，绘制密封沟槽。

(11) 参照如图 11-30 所示的效果和尺寸，使用【直线(L)】、【偏移(O)】和【修剪(TR)】命令绘制油口及内腔图形。

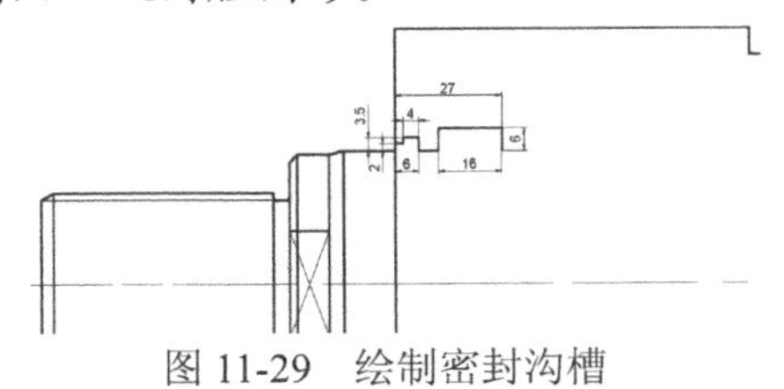

图 11-29　绘制密封沟槽

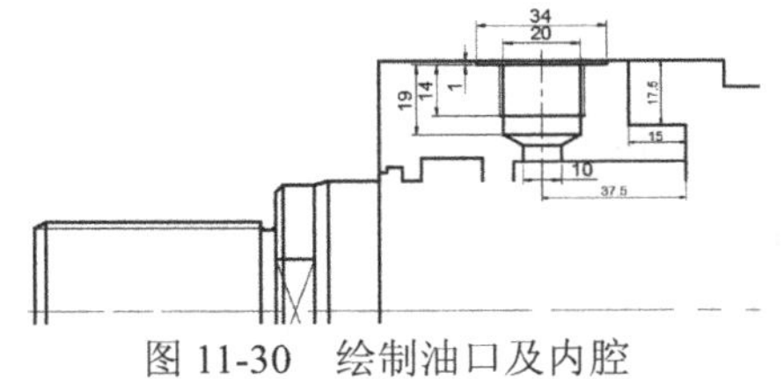

图 11-30　绘制油口及内腔

计算机基础与实训教材系列

(12) 执行【直线(L)】命令，参照如图 11-31 所示的效果和尺寸绘制安装沟槽。

(13) 参照如图 11-32 所示的效果和尺寸，使用【直线(L)】、【修剪(TR)】和【圆角(R)】命令绘制啮合和 O 形圈沟槽。

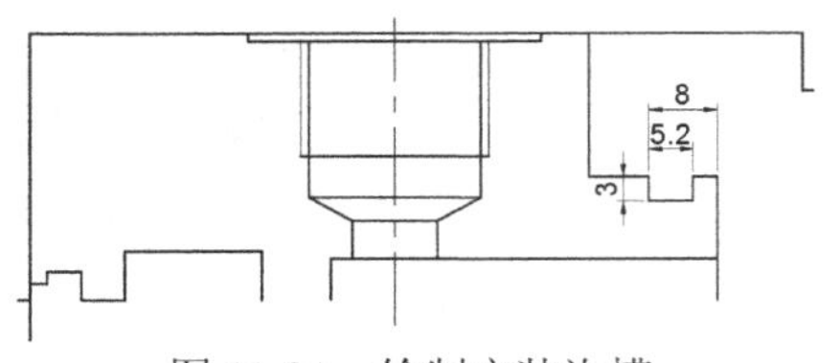

图 11-31　绘制安装沟槽

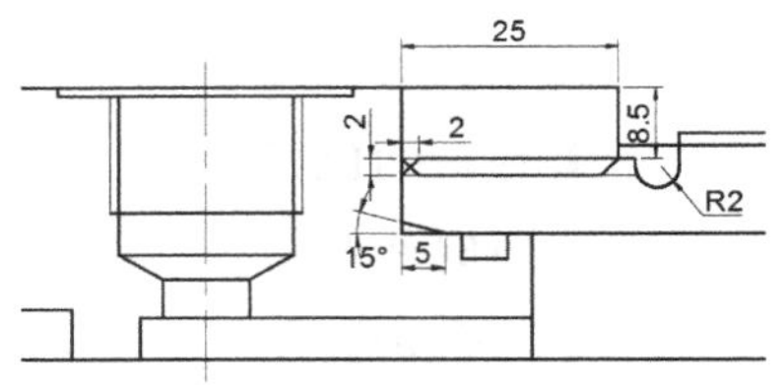

图 11-32　绘制啮合和 O 形圈沟槽

提示

由于液压缸结构呈对称性，因此可以使用半剖法表示，只需要在一侧绘制出液压缸装配中重要的几个部分即可，如密封、缸筒内径、缸头与缸筒连接方式等。

(14) 参照如图 11-33 所示的效果和尺寸，使用【直线(L)】、【修剪(TR)】和【圆角(R)】命令对活塞和缸筒进行延伸。

(15) 参照如图 11-34 所示的效果和尺寸，使用【直线(L)】、【偏移(O)】和【修剪(TR)】命令绘制活塞杆末端图形。

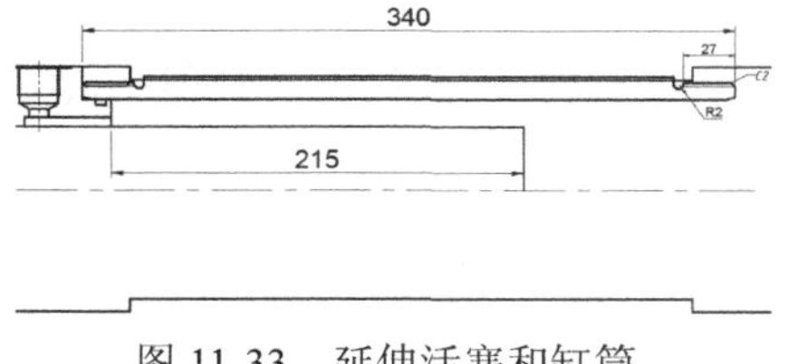

图 11-33　延伸活塞和缸筒

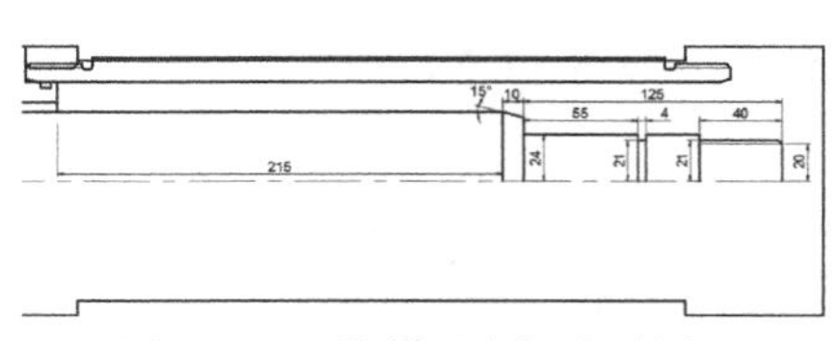
图 11-34　绘制活塞杆末端图形

(16) 参照如图 11-35 所示的效果和尺寸，使用【直线(L)】、【偏移(O)】和【修剪(TR)】命令绘制活塞部分图形。

(17) 执行【镜像(MI)】命令，将前面绘制的缸头部分的油口和缸筒与法兰的啮合图形镜像复制到缸底处，效果如图 11-36 所示。

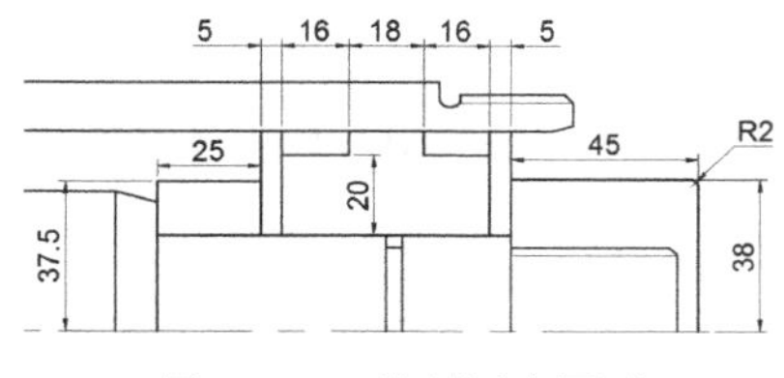

图 11-35　绘制活塞图形

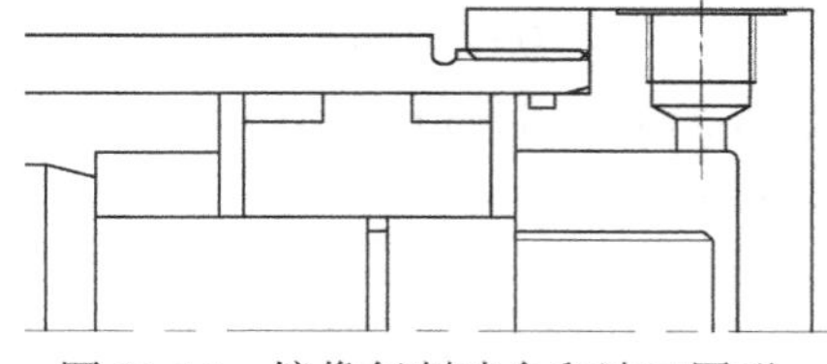
图 11-36　镜像复制啮合和油口图形

提示

活塞是液压缸的主要组成部分，液压缸通过活塞和动密封件将液压缸内腔进行分隔，从而完成往复运动。

(18) 参照如图 11-37 所示的效果和尺寸，使用【直线(L)】和【偏移(O)】命令补充绘制下半部分图形。

(19) 执行【图案填充(H)】命令，设置填充图案为 ANSI31，对上方的半剖图形进行填充，效果如图 11-38 所示。

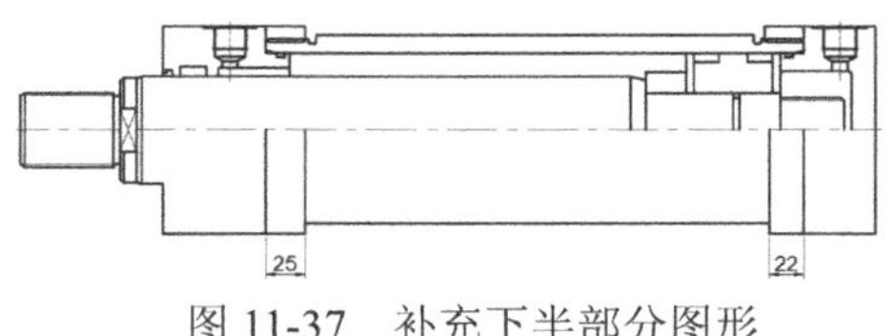

图 11-37　补充下半部分图形

图 11-38　填充半剖图形

(20) 参照如图 11-39 所示的效果，使用【插入(I)】命令将【内六角螺钉 1】图形插入到图形左下方。

(21) 执行【直线(L)】命令，参照如图 11-40 所示的效果补全缸头和法兰处的螺钉安装孔。

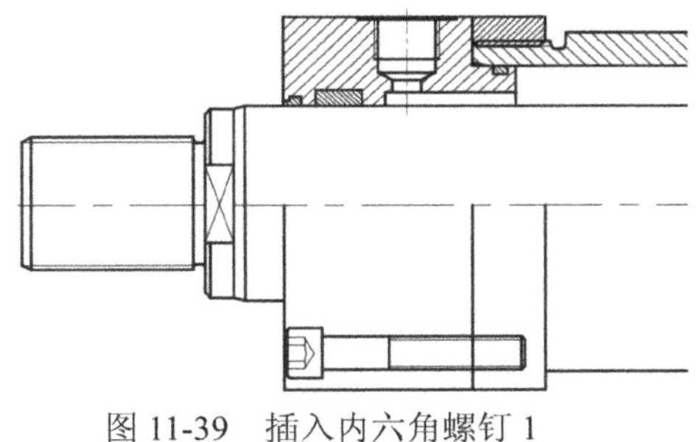

图 11-39　插入内六角螺钉 1

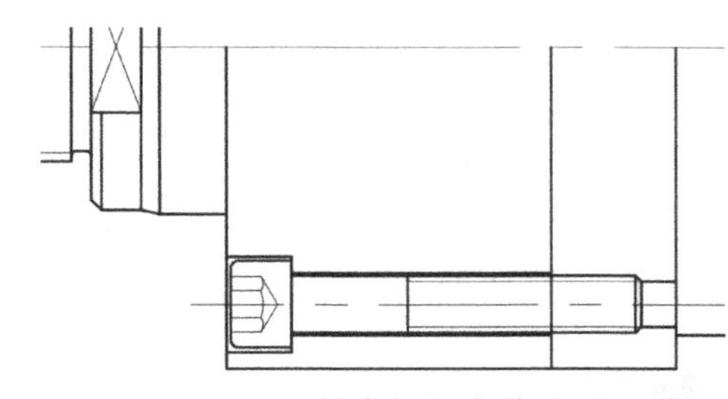

图 11-40　补全螺钉安装孔图形

(22) 执行【样条曲线(SPL)】命令，参照如图 11-41 所示的效果绘制一条剖切边界曲线。

(23) 执行【图案填充(H)】命令，设置填充图案为 ANSI31，对剖切图形进行填充，效果如图 11-42 所示。

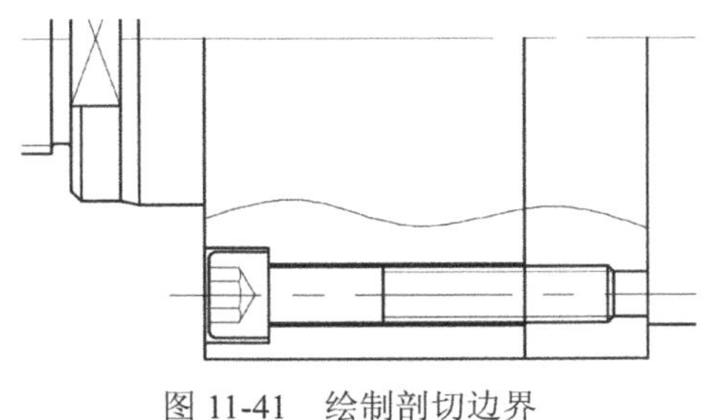

图 11-41　绘制剖切边界

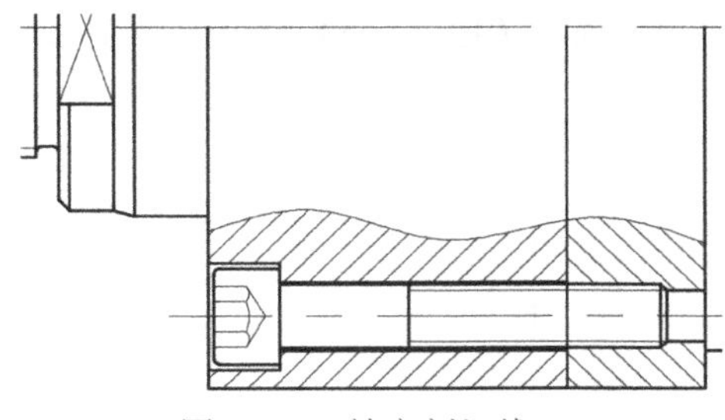

图 11-42　填充剖切线

(24) 参照如图 11-43 所示的效果，使用【插入(I)】命令将【内六角螺钉 2】图形插入到图形右下方。

(25) 参照前面的操作方法，在缸底处创建螺钉安装孔、剖切边界和填充图案，完成主视图的绘制，效果如图 11-44 所示。

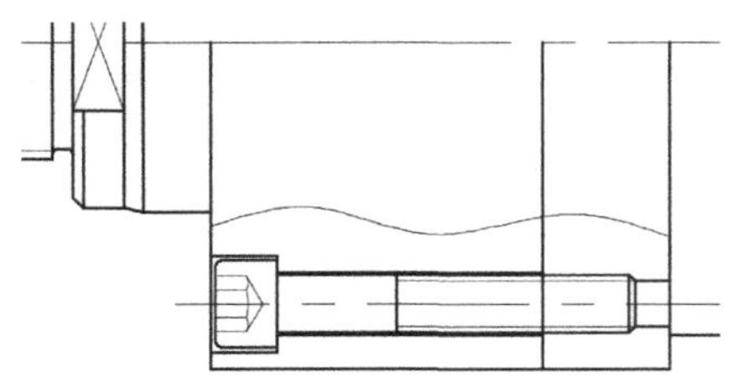
图 11-43　插入内六角螺钉 2

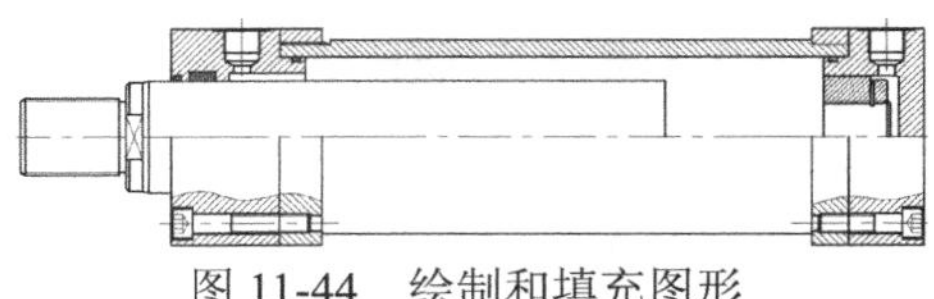
图 11-44　绘制和填充图形

2. 绘制零件左视图

(1) 参照主视图的中心线和轮廓线，在主视图右侧绘制两条水平轮廓线和两条相互垂直的中心线，如图 11-45 所示。

(2) 执行【直线(L)】命令，在左视图中绘制一条垂直轮廓线，然后使用【偏移(O)】命令将垂直线向右偏移 135，再使用【修剪(TR)】命令对轮廓线进行修剪，效果如图 11-46 所示。

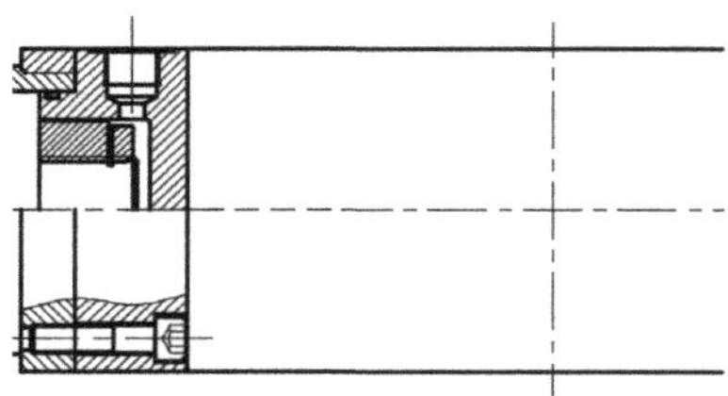
图 11-45　绘制轮廓线和中心线

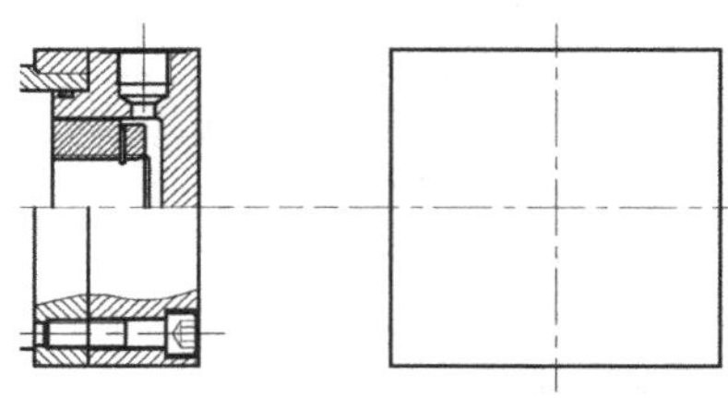
图 11-46　绘制左视图外轮廓

提示

本例的液压缸是通过螺钉进行连接紧固的，在主视图显示不出来，因此需要使用左视图来表达。

(3) 执行【圆(C)】命令，以左视图的中心线为圆心，分别绘制半径为 24、33、34、35 的同心圆，如图 11-47 所示。

(4) 执行【圆弧(A)】命令，在同心圆内绘制一条圆弧，效果如图 11-48 所示。

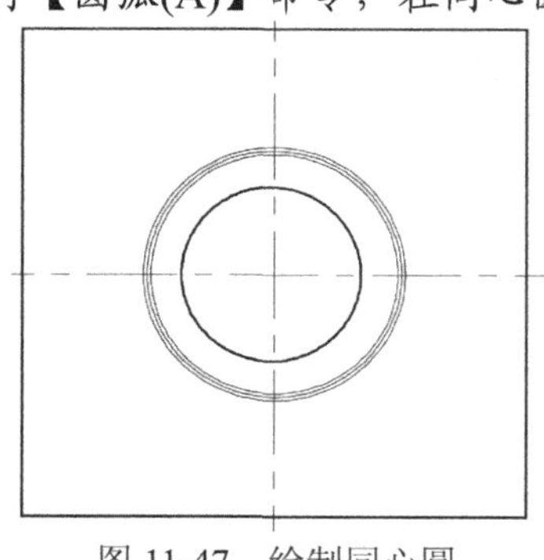
图 11-47　绘制同心圆

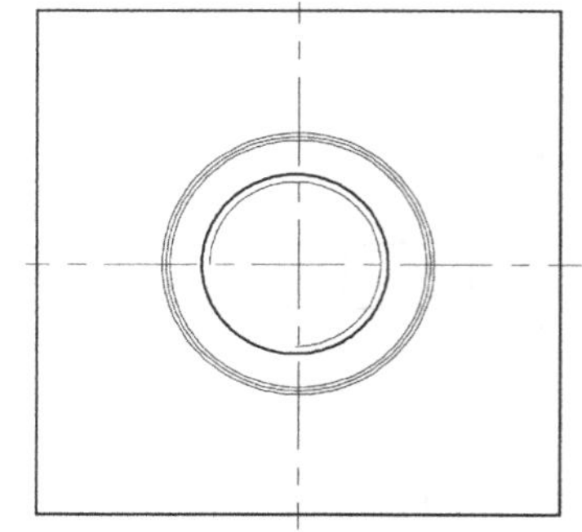
图 11-48　绘制圆弧

(5) 执行【偏移(O)】命令，将垂直中心线向左右各偏移 31，将偏移得到的线段放入【轮廓】图层中，再使用【修剪(TR)】命令对线段和圆进行修剪，效果如图 11-49 所示。

(6) 参照如图 11-50 所示的效果，绘制两条相互垂直的中心线。

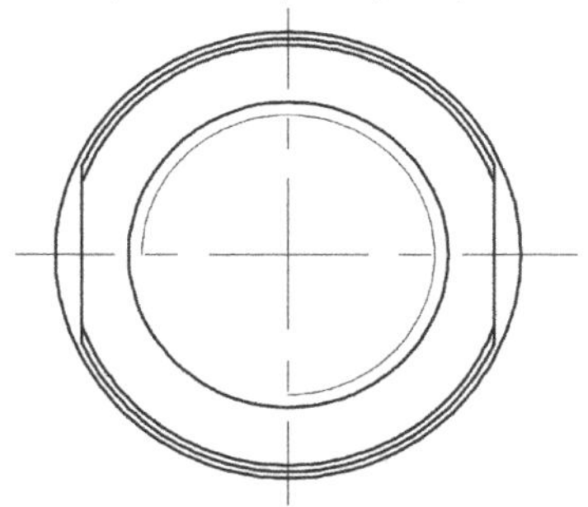
图 11-49　偏移并修剪图形

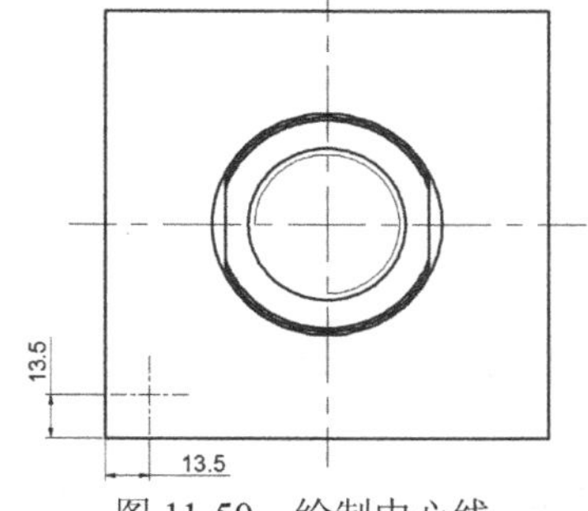

图 11-50　绘制中心线

(7) 执行【圆(C)】命令，以左视图左下方的中心线为圆心，分别绘制半径为 5.75、9、10 的同心圆，如图 11-51 所示。

(8) 执行【多边形(POL)】命令，以同心圆的圆心为中心点，绘制一个半径为 5.75 的内接于圆的六边形，创建出螺钉细节，效果如图 11-52 所示。

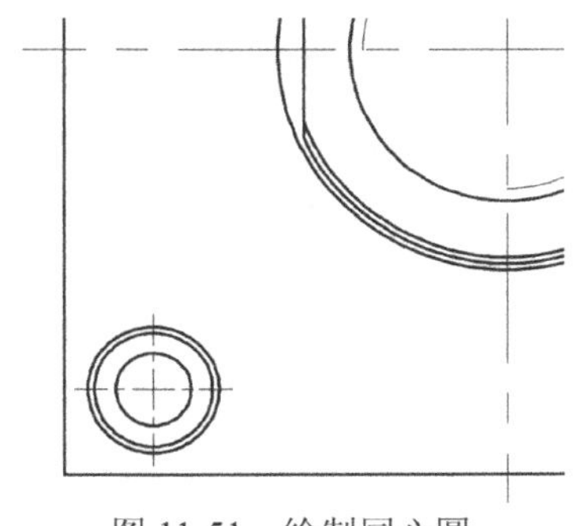
图 11-51　绘制同心圆

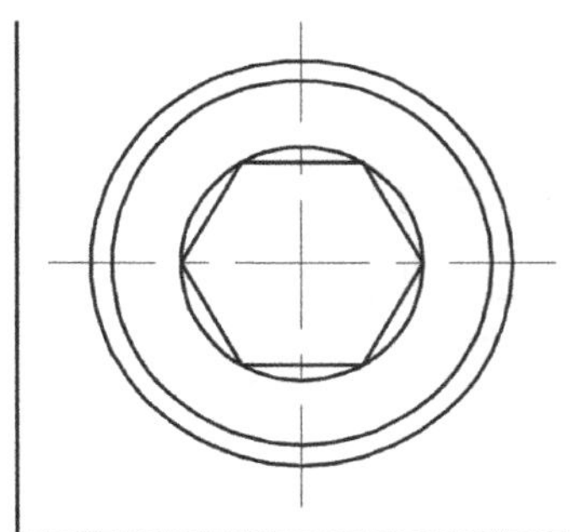
图 11-52　绘制螺钉细节

(9) 执行【阵列(AR)】命令，以左视图的中心线交点为阵列中心点，对螺钉细节进行环形(极轴)阵列，阵列数量为 4，效果如图 11-53 所示。

(10) 执行【复制(CO)】命令，将主视图中的油口图形复制到左视图中，完成左视图的绘制，效果如图 11-54 所示。

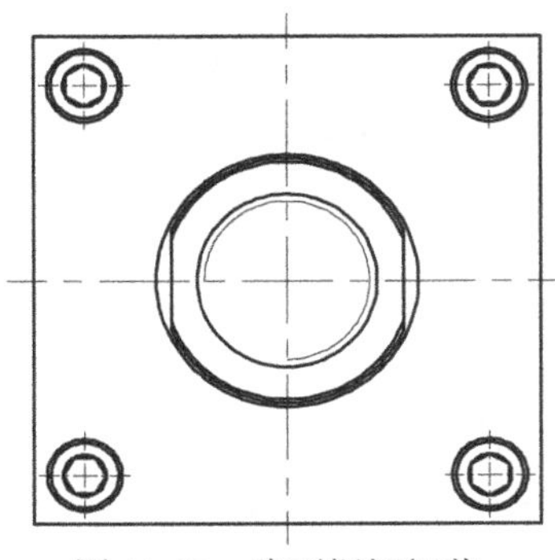
图 11-53　阵列螺钉细节

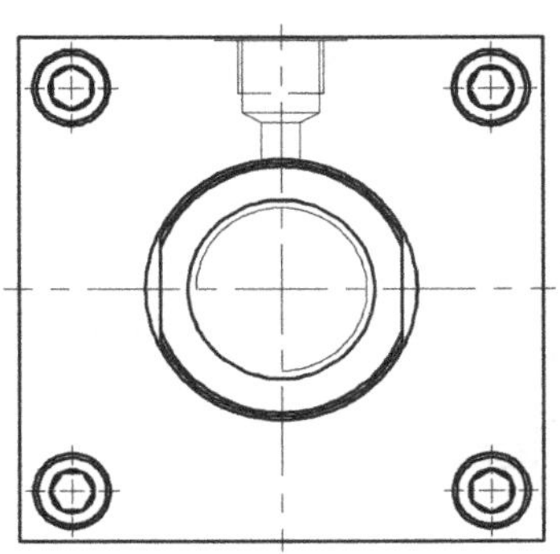
图 11-54　复制油口图形

3. 标注装配图

(1) 设置【标注】图层为当前层，然后使用【线性(DLI)】标注命令对主视图进行线性标注，如图 11-55 所示。

(2) 双击中间线性标注的数字，然后在标注数字前加上直径符号Ø，效果如图 11-56 所示。

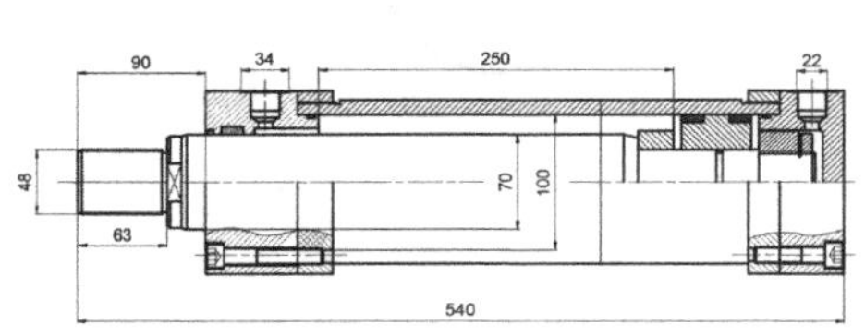

图 11-55　线性标注主视图

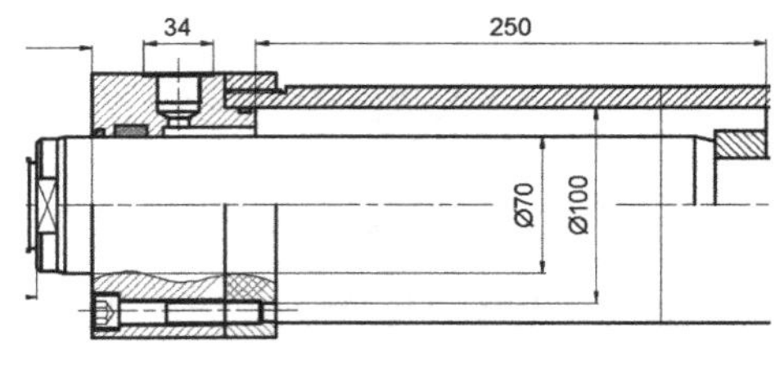

图 11-56　修改标注数字

(3) 参照图 11-57 所示的效果，修改左方和上方的 3 个标注数字。

(4) 执行【线性(DLI)】标注命令，对左视图进行线性标注，效果如图 11-58 所示。

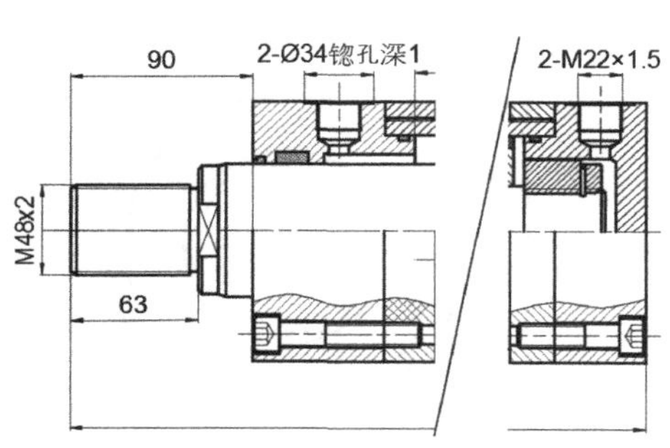

图 11-57　修改标注数字

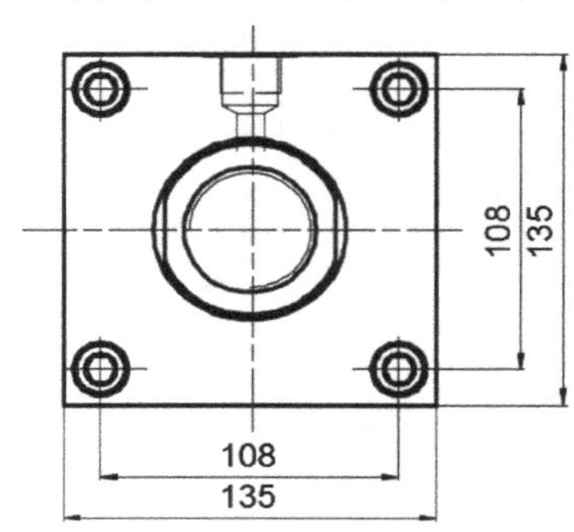

图 11-58　标注左视图尺寸

 **提示**

机械制图中的 M22 × 1.5 标注，M 表示普通螺纹的牙型代号；22 表示公称直径；1.5 表示螺距。

(5) 执行【快速引线(QLE)】命令，对主视图进行引线标注，创建装配图的编号，效果如图 11-59 所示。

(6) 执行【文字(T)】命令，在主视图下方创建技术要求文字，效果如图 11-60 所示。

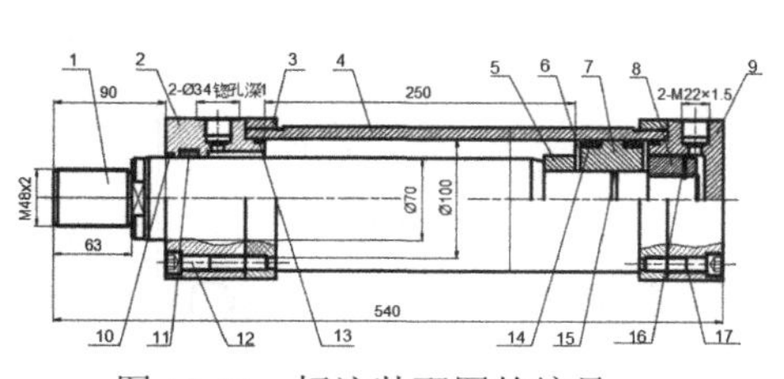

图 11-59　标注装配图的编号

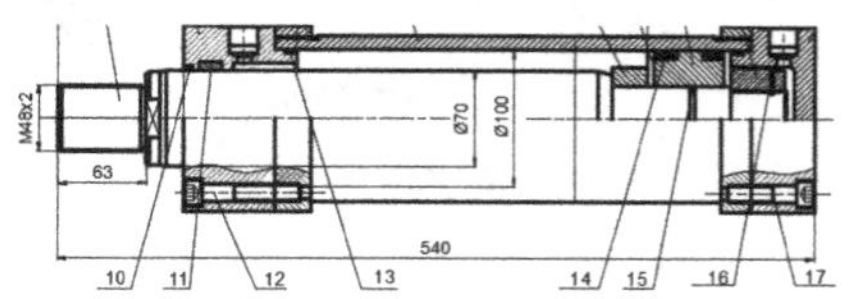

技术要求：
1、缸径：Ø100　杆径：Ø70
2、行程：250
3、工作压力：0.6MPa
4、液压缸设计制造按JB/T10205-2000执行。
5、液压缸出厂试验按GB/T15622-2005执行。

图 11-60　创建技术要求文字

(7) 执行【表格(Table)】命令，在标题栏的基础上绘制明细栏表格，并对表格的大小进行调整，如图 11-61 所示。

(8) 单击各个表格，在明细栏表格中输入明细栏信息，完成本例的绘制，如图 11-62 所示。

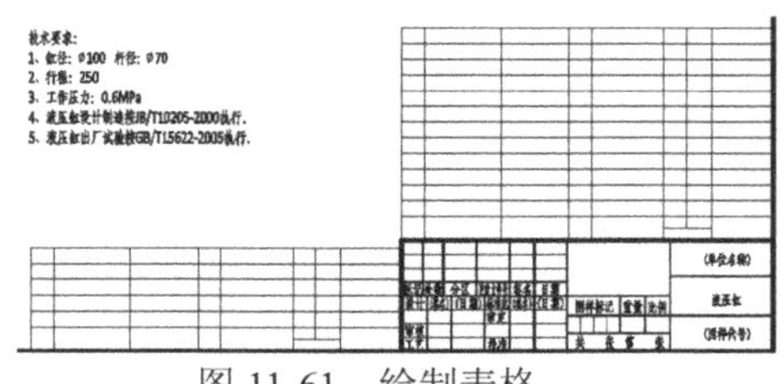

图 11-61 绘制表格

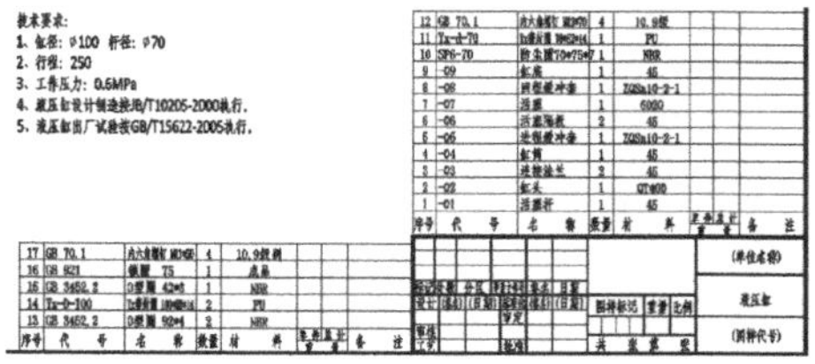

图 11-62 输入明细栏信息

11.5 思考与练习

11.5.1 填空题

1. 装配图是用来表达________________________的图样，是指定装配工艺流程，进行________________的技术依据。

2. 使用 AutoCAD 绘制装配图主要包括__________和__________两种方法。

3. 一般情况下，一张完整的装配图应该包括________________________内容。

4. 机械制图标注中的 M22×1.5，M 表示______________；22 表示________；1.5 表示__________。

11.5.2 操作题

1. 请参照图 11-63 所示的效果和尺寸，使用所学的知识绘制联轴器装配图。

2. 请打开【千斤顶零件图.dwg】图形文件，然后对其中的零件图进行装配，并标注零件编号，完成效果如图 11-64 所示。

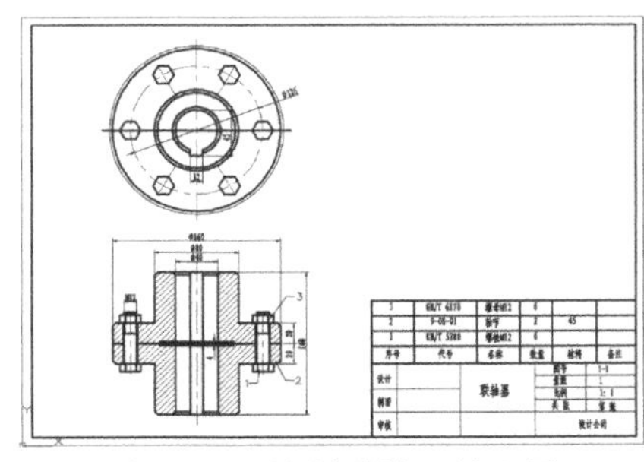

图 11-63 绘制联轴器装配图

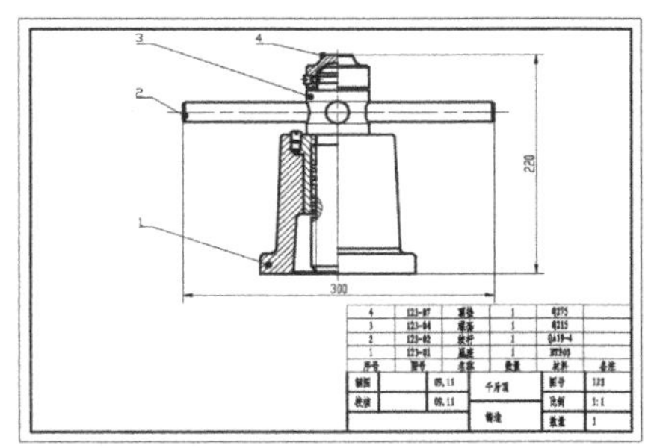

图 11-64 千斤顶装配图

机械轴测图的绘制

学习目标

在机械设计过程中，除了前面讲述的各类制图外，还需要掌握轴测投影图，简称轴测图。轴测图是一种二维绘图技术，它属于单面平行投影，能同时反映立体的正面、侧面和水平面的形状，立体感较强，因此，在机械设计和工业生产中，轴测图经常被用作辅助图样。本章主要介绍轴测图的基本知识和使用 AutoCAD 2018 绘制轴测图的方法。

本章重点

- 轴测图绘制基础
- 绘制正等轴测图
- 绘制斜二轴测图
- 轴测图的尺寸标注

12.1 轴测图基础

轴测图就是用平行投影法将物体连同确定该物体的直角坐标系一起沿不平行于任一坐标系的方向投射到一个投影面上所得到的图形。

12.1.1 轴测图的图示方法

在机械工程中，常用多面正投影和轴测投影的两种图示方法，如图 12-1 所示。多面正投影图示方法的优点是作图简便、度量性好，但每一个投影只能反映物体的两个向度，因此直观性较差；轴测图属于单面投影图，在一个投影面上，能够同时反映物体的 3 个向度，立体感好。但缺点是度量性较差，多数表面均不反映实形。

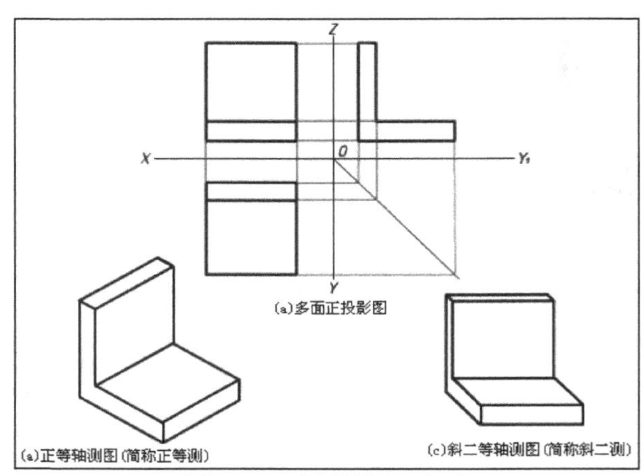

图 12-1　常用的图示方法

提示

轴测图是一种很有实用价值的图示方法。它可以作为工程图样的辅助图，如进行机械设计时，常常先把构思出来的零、部件画成轴测草图，然后再将其画成投影图。了解轴测图的概念和掌握轴测图的画法是十分有意义的。

12.1.2　轴测图的形成

要想在一个投影面上能够同时反映物体的 3 个向度，必须改变形成多面正投影的条件，即改变物体、投射方向和投影面 3 者之间的位置关系，可以通过两种途径实现。

(1) 在正投影的条件下，改变物体和投影面的相对位置，使物体的正面、顶面和侧面与投影面均处于倾斜位置，然后将物体向投影面投射，如图 12-2 所示。

这个单一的投影面被称为轴测投影面。物体在轴测投影面内的投影，称为轴测投影，简称轴测图。用正投影方法得到的轴测图称为正轴测图。

(2) 保持物体和投影面的相对位置，改变投射方向，使投射线与轴测投影面处于倾斜位置。然后将物体向投影面投射，如图 12-3 所示。

这是用斜投影方法得到的轴测图。用斜投影方法得到的轴测图称为斜轴测图。

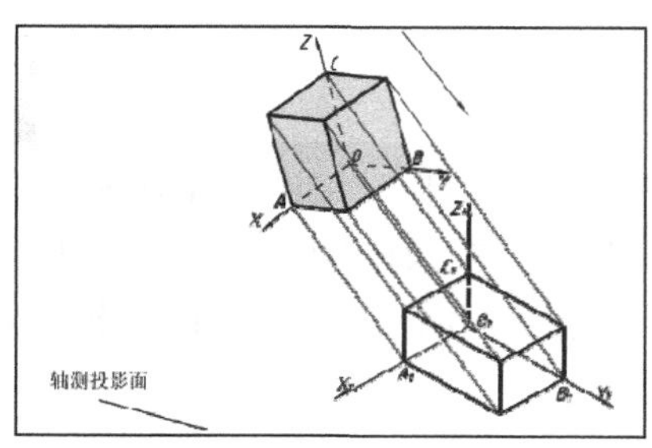

图 12-2　正轴测图的形成

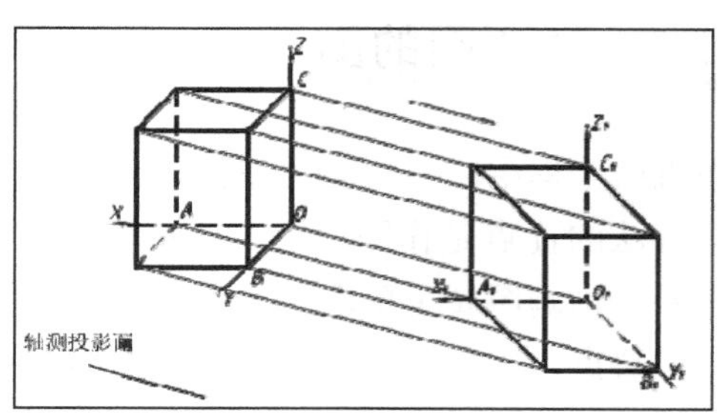

图 12-3　斜轴测图的形成

总之，轴测图可定义为：将物体连同其参考直角坐标系沿不平行于任一坐标面的方向用平行投影法将其投射在单一投影面上所得的具有立体感的图形，称为轴测图。该投影面称为轴测投影面。空间直角坐标轴(投影轴)在轴测投影面内的投影称为轴测轴，用 O_1X_1、O_1Y_1、O_1Z_1 表示。两条轴测轴之间的夹角称为轴间角。

12.1.3　轴测图的基本特性

由于轴测图是用平行投影法得到的，因此它具有以下特点。

1. 平行性

物体上相互平行的直线的轴测投影仍然平行；空间上平行于某坐标轴的线段，在轴测图上仍平行于相应的轴测轴。

2. 定比性

空间上平行于某条坐标轴的线段，其轴测投影与原线段长度之比，等于相应的轴向伸缩系数。由轴测图的以上性质可知，若已知轴测各轴向伸缩系数，即可绘制出平行于轴测轴的各线段的长度，这就是轴测图中【轴测】两字的含义。

12.1.4　轴测图的分类

轴测图根据投射线方向和轴测投影面的位置不同，可分为正轴测图和斜轴测图两大类。所谓正轴测图，就是投射线方向垂直于轴测投影面所得到的图形。它分为正等轴测(简称正等测)、正二轴测图(简称正二测)和正三轴测图(简称正三测)。在正轴测图中，最常用的为正等测。

斜轴测图是投射线方向倾斜于轴测投影面所得到的图形。它分为斜等轴测(简称斜等测)、斜二轴测图(简称斜二测)和斜三轴测图(简称斜三测)。在斜轴测图中，最常用的是斜二测。

12.1.5　如何选择轴测图

在机械制图中，选择轴测图通常应该满足以下 3 个方面的要求。

- 机件结构表达清晰、明了。
- 立体感比较强。
- 作图简便。

与斜轴测相比，正等测的立体感更好，作图也比较方便，而斜二轴测图的优点在于物体的正面形状轴测投影并不变形，当在绘制有一个表面的形状复杂或曲线较多的组合体时，多采用斜二测。

12.1.6 设置轴测投影模式

使用 AutoCAD 绘制轴测图需要启用系统的等轴测捕捉模式，即借助相关的绘图工具或辅助绘图工具交互绘制正等测。

选择【工具】→【绘图设置】命令，打开【草图设置】对话框，选择【捕捉和栅格】选项卡，选中【启用捕捉】和【启用栅格】复选框，在【捕捉类型】选项组中，选中【等轴测捕捉】单选按钮，如图 12-4 所示。然后单击【确定】按钮即可启用等轴测捕捉模式，此时绘图区的光标显示为如图 12-5 所示的形式。

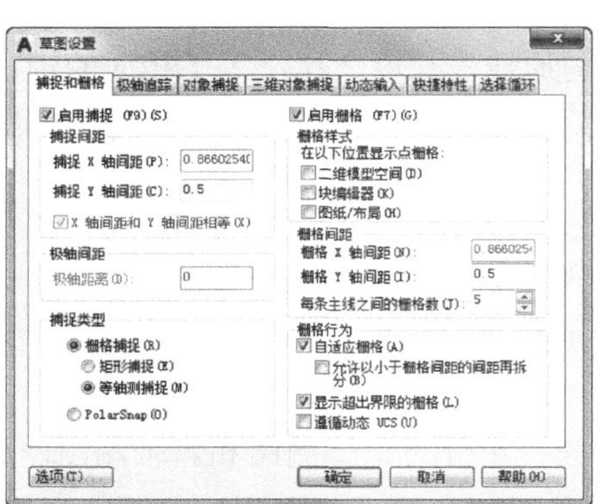

图 12-4 启用等轴测捕捉模式

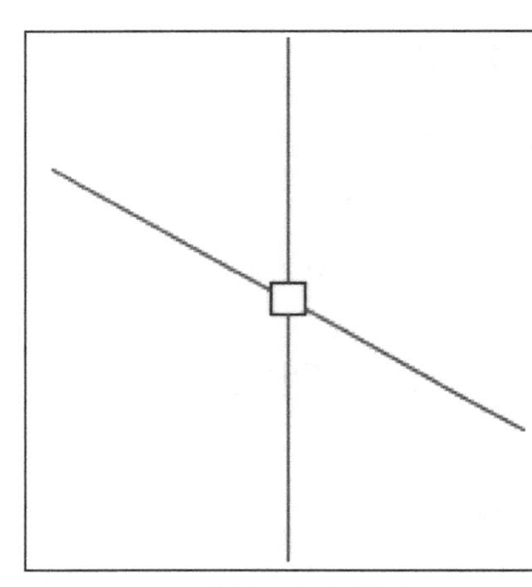

图 12-5 启用等轴测捕捉模式后的光标

12.1.7 切换平面状态

在绘制轴测图的过程中，用户需要不断地在上平面、右平面和左平面之间进行切换。图 12-6 表示的是 3 个正等轴测投影平面，分别为上平面、右平面和左平面。正等轴测上的 X、Y 和 Z 轴分别与水平方向成 30°、90° 和 150°。

在绘制等轴测图时，切换平面状态的方法很简单，按 F5 键或 Ctrl+E 组合键，程序将在【等轴测上平面】、【等轴测右平面】和【等轴测左平面】设置之间循环，3 种平面状态时的光标如图 12-7 所示。

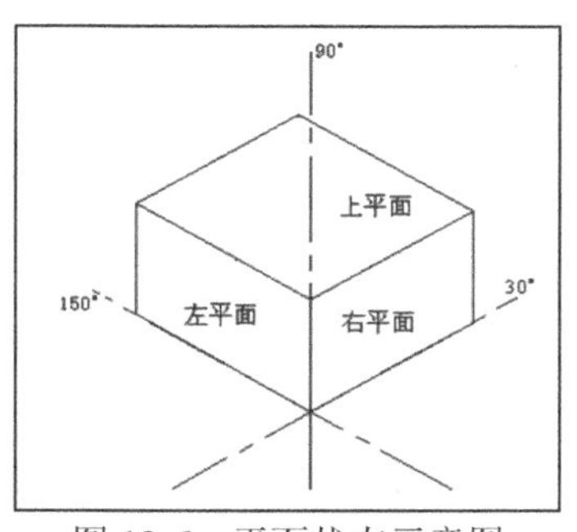

图 12-6　平面状态示意图

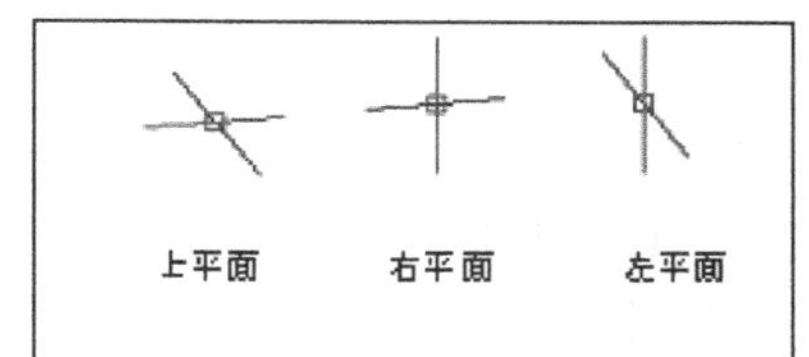

图 12-7　3 种平面状态时的光标

12.2　轴测图的一般绘制方法

本节将介绍轴测图的常见绘制步骤、正等测的绘制方法、斜二测的绘制方法和等轴测圆的绘制方法。

12.2.1　轴测图的常见绘制步骤

轴测图属于二维平面图形，它的绘制方法与前面介绍的二维图形的绘制方法基本相同。绘制轴测图的步骤如下。

(1) 在绘制轴测图之前，用户需要根据轴测图的大小及复杂程度来设置图形的界限和图层，从而完成绘图环境的设置。

(2) 绘制轴测图的辅助线，以创建轴测轴。

(3) 根据轴向伸缩系数来确定物体在轴测图上各点的坐标，然后连线。轴测图的物体的可见轮廓线一般只用粗实线绘制，不可见轮廓线在必要时才用虚线绘制。

(4) 标注轴测图。

12.2.2　正等测的绘制方法

绘制正等测时，应先用形体分析法，分析组合体的组成部分、连接形式和相对位置，然后逐个画出各组成部分的正等轴测图，最后按照它们的连接形式，完成轴测图。

12.2.3　斜二测的绘制方法

斜二测画法是绘制空间几何直观图的一种有效方法，是空间几何直观图的画法基础。它的口诀是：平行依旧垂改斜，横等纵半竖不变；眼见为实遮为虚，空间观感好体现。

采用斜二测画法时，在已知图形中平行于 y 轴的线段，在直观图中画成平行于 y'轴，且长度为原来的二分之一。斜二侧画法的面积是原来图形面积的√2/4 倍。

利用斜二测画法绘制平面图形的一般步骤如下。

(1) 建立平面直角坐标系：在已知平面图形中取互相垂直的 x 轴和 y 轴，两轴相交于点 O。

(2) 画出斜坐标系：在画直观图的纸上(平面上)画出对应的 x'轴和 y'轴，两轴相交于点 O'，且使∠x'O'y' =45°(或 135°)，它们确定的平面表示水平平面。

(3) 画对应图形：已知图形平行于 x 轴的线段，在直观图中画成平行于 x'轴的线段，长度保持不变；已知图形平行于 y 轴的线段，在直观图中画成平行于 y'轴的线段，且长度为原来的一半。

(4) 对于一般线段，要在原来的图形中从线段的各个端点引垂线，再按上述要求画出这些线段，确定端点，从而画出线段。

(5) 擦去辅助线：图画好后，要擦去 x'轴、y'轴及为画图添加的辅助线。

利用斜二测画法绘制几何体直观图的一般步骤如下。

(1) 画轴：画 x、y、z 三轴交原点，使∠xOy=45°、∠xOz=90°。

(2) 画底面：在相应轴上取底面的边，并交于底面各顶点。

(3) 画侧棱或横截面侧边，使其平行于 z 轴。

(4) 成图：连接相应端点，去掉辅助线，将被遮挡部分改为虚线等。

提示

绘制几何体的直观图时，如果不作严格要求，图形尺寸可以适当选取。用斜二测画法画图的角度也可以自定，但要求图形有一定的立体感，绘制水平放置圆的直观图可借助椭圆模板。

12.2.4 等轴测圆的绘制方法

等轴测圆的绘制不同于二维图形圆的绘制，绘制等轴测圆的步骤如下。

(1) 启用等轴测模式后，选择【绘图】→【椭圆】命令，或执行 ELLIPSE 命令。

(2) 根据命令提示输入 I，然后按 Enter 键进行确定，激活【等轴测圆】命令。

(3) 指定等轴测圆的圆心。

(4) 指定等轴测圆的半径，或选择【直径】选项，设置等轴测圆的直径即可。

12.3 轴测图的尺寸标注

在机械制图中，轴测图上的尺寸标注规定如下。

(1) 对于轴测图上的线性尺寸，一般沿轴测轴方向标注，尺寸的数值为机件的基本尺寸。

(2) 标注的尺寸必须和所标注的线段平行；尺寸界线一般应平行于某一轴测轴；尺寸数字应按相应轴测图标注在尺寸线的上方。如果图形中出现数字方向向下时，应用引出线引出标注，并将数字按水平位置注写。

(3) 标注角度尺寸时，尺寸线应画成到该坐标平面的椭圆弧，角度数字一般写在尺寸线的中断处且方向朝上。

(4) 标注圆的直径时，尺寸线和尺寸界线应分别平行于圆所在的平面内的轴测轴。标注圆弧半径或直径较小的圆时，尺寸线可从(通过)圆心引出标注，但注写的尺寸数字的横线必须平行于轴测轴。

12.4　轴测图绘制实例

本节将以正等测图形和斜二测图形为例，讲解绘制轴测图的常用方法和具体操作。

12.4.1　绘制正等测图形

本节将以绘制支架轴测图为例，详细讲解正等测图的绘制方法和操作步骤，本实例完成的支架轴测图效果如图 12-8 所示。在绘制本例图形时所用的关键知识点包括启用【等轴测捕捉】模式、切换平面状态、绘制等轴测圆、设置等轴测标注文字、倾斜等轴测标注等。

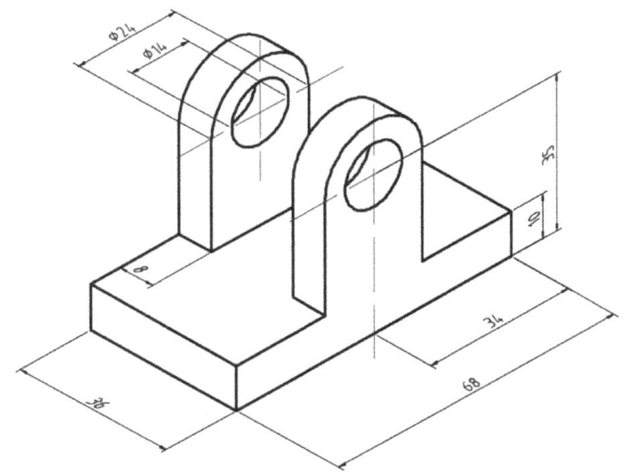

图 12-8　绘制支架正等测图

1. 绘制支架轴测图

(1) 新建一个【acadiso.dwt】图形样板文件，将其另存为【支架等轴测图.dwg】文件。

(2) 执行【设定(SE)】命令，打开【草图设置】对话框，选择【捕捉和栅格】选项卡，在【捕捉类型】选项组中选中【等轴测捕捉】单选按钮，如图 12-9 所示。

(3) 在【草图设置】对话框中选择【对象捕捉】选项卡，选中【启用对象捕捉】、【端点】、【中点】、【圆心】和【交点】复选框，如图 12-10 所示。

图 12-9 选择【等轴测捕捉】单选按钮

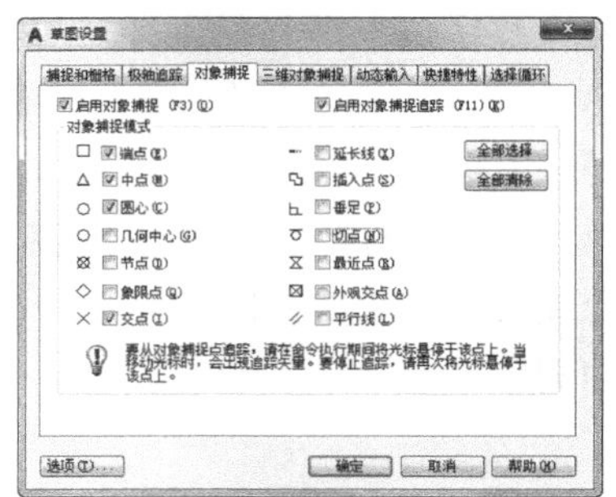

图 12-10 设置对象捕捉

(4) 执行【图层(LA)】命令，打开【图层特性管理器】选项板，创建【轮廓线】、【标注】和【中心线】图层，并设置图层特性，再将【轮廓线】图层设为当前层，如图 12-11 所示。

(5) 执行【直线(L)】命令，参照图 12-12 所示的效果和尺寸，通过指定各条直线的长度和方向，绘制一个矩形。

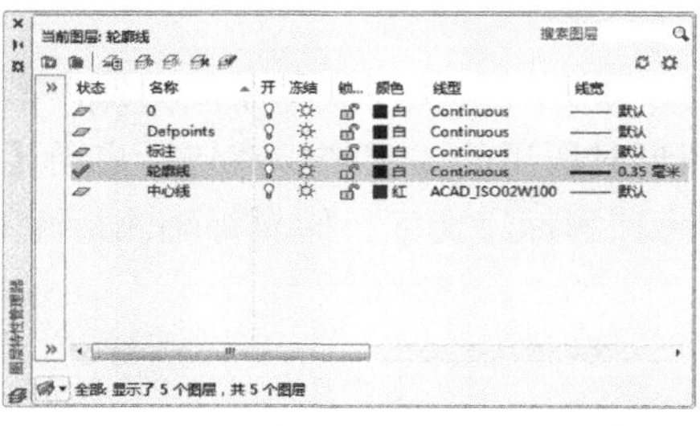

图 12-11 创建图层

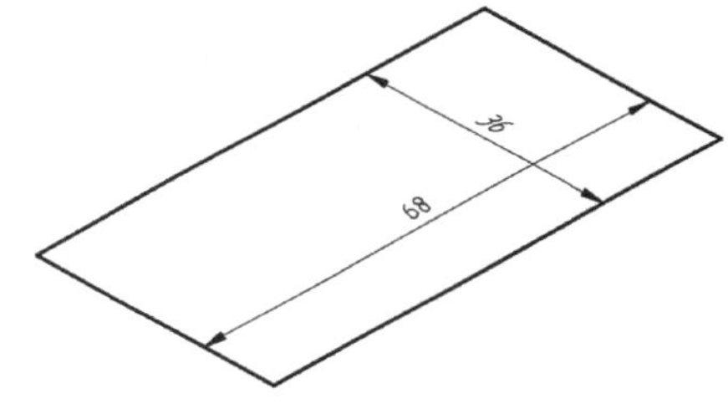

图 12-12 绘制矩形

提示

启用【等轴测捕捉】功能后，用户可以通过按 F5 键，将当前平面状态切换为左视、右视或俯视等轴测平面绘制相应的图形。

(6) 按 F5 键将当前平面状态切换为左视等轴测平面。

(7) 执行【直线(L)】命令，参照图 12-13 所示的效果和尺寸，通过指定各条直线的长度和方向，在图形右下方绘制一个矩形。

(8) 按 F5 键将当前平面状态切换为右视等轴测平面。

(9) 执行【直线(L)】命令，参照图 12-14 所示的效果和尺寸，通过指定各条直线的长度和方向，在图形左下方绘制一个矩形。

(10) 执行【复制(CO)】命令，选择图 12-15 所示的直线作为复制对象，在直线端点处指定复制基点，然后指定复制移动的相对坐标为【@-8<150】，复制结果如图 12-16 所示。

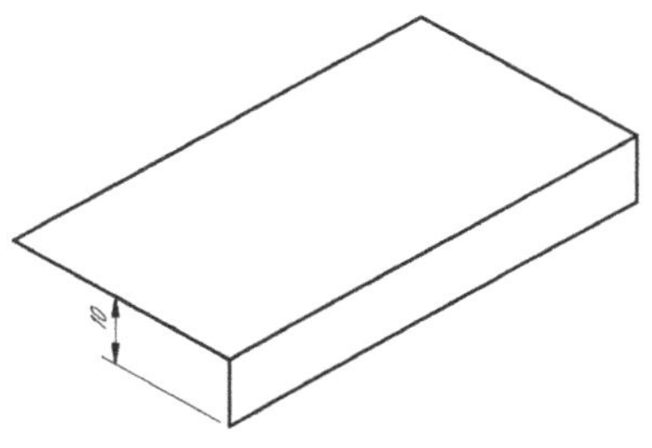
图 12-13　绘制右下方矩形

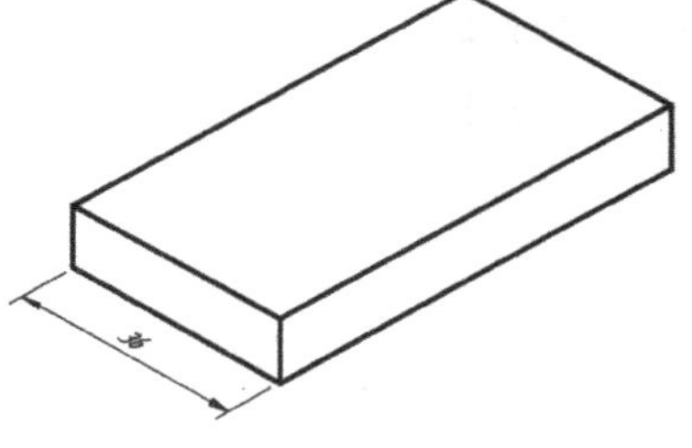
图 12-14　绘制左下方矩形

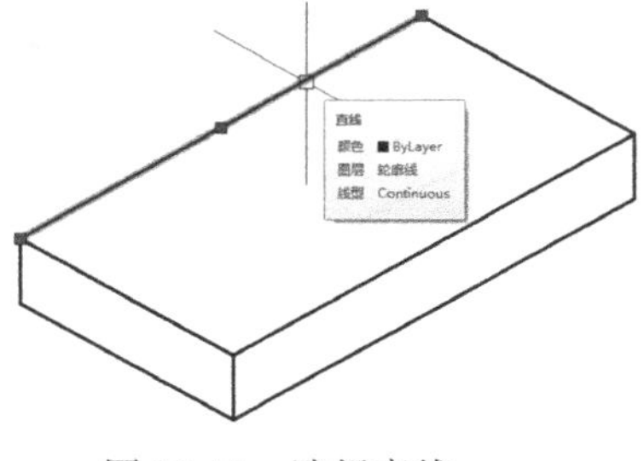

图 12-15　选择直线

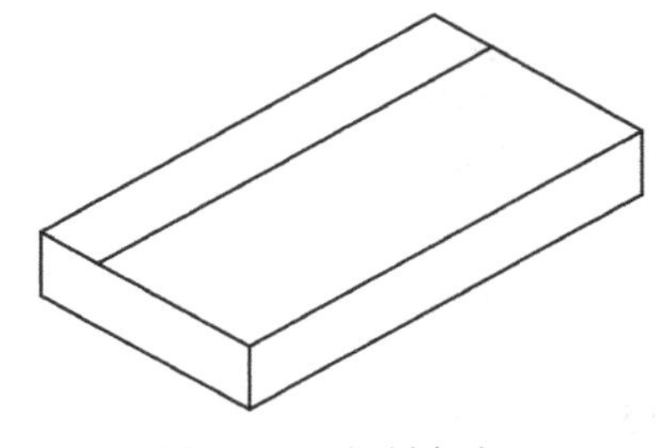
图 12-16　复制直线

(11) 执行【(直线 L)】命令，捕捉如图 12-17 所示的线段中点作为直线第一点，然后向上绘制一条长度为 25 的直线，效果如图 12-18 所示。

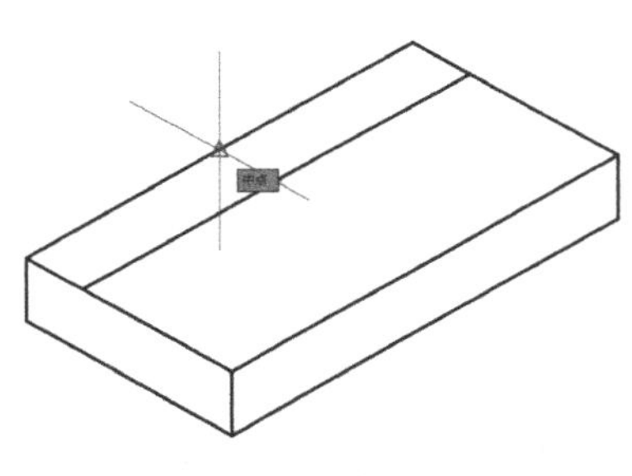
图 12-17　指定第一点

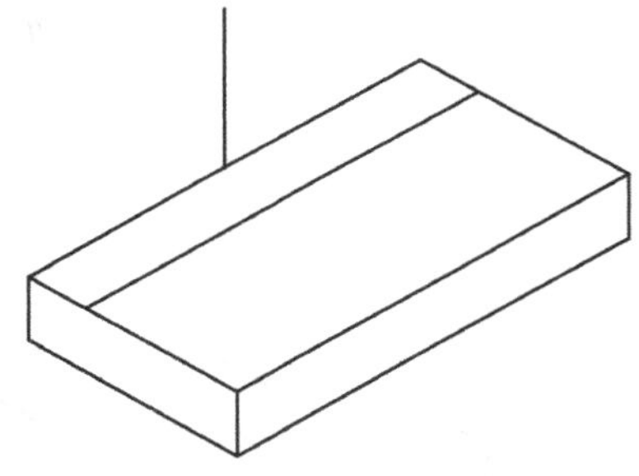
图 12-18　绘制直线

(12) 执行【椭圆(EL)】命令，然后输入 I 并按空格键确定，选择【等轴测圆】选项，在直线的上方端点处指定圆心，如图 12-19 所示，设置圆半径为 12，绘制的圆如图 12-20 所示。

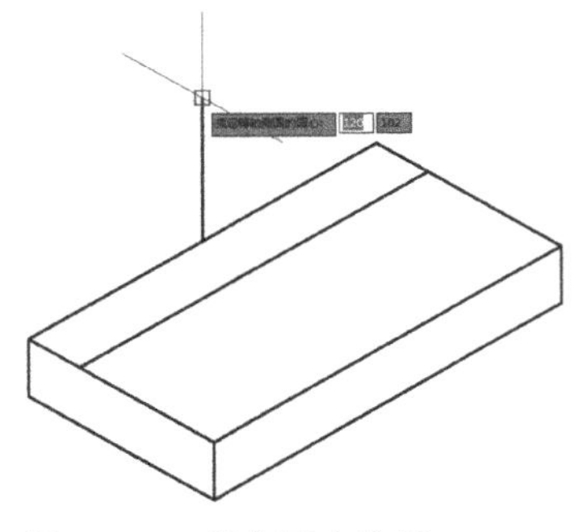
图 12-19　指定圆心位置

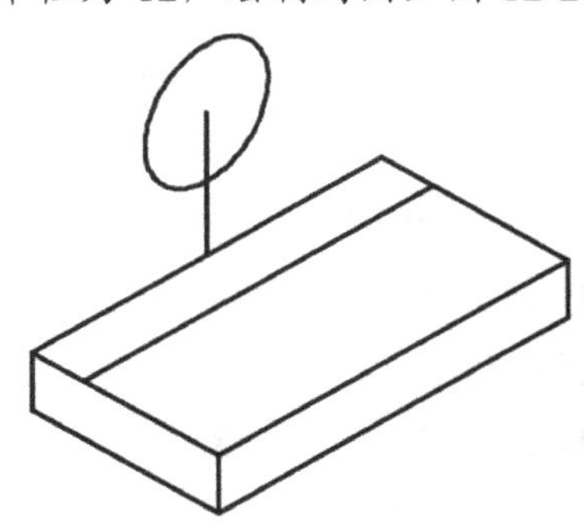
图 12-20　绘制等轴测圆

(13) 执行【构造线(XL)】命令，通过等轴测圆的圆心绘制一条构造线，如图 12-21 所示。

(14) 执行【直线(L)】命令，分别通过捕捉构造线和等轴测圆的左右两个交点作为直线的第一个点，然后向下绘制两条长度为 25 的直线，如图 12-22 所示。

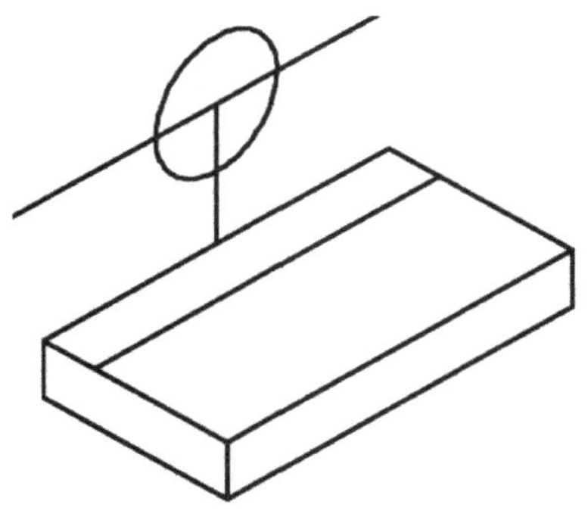
图 12-21　绘制构造线

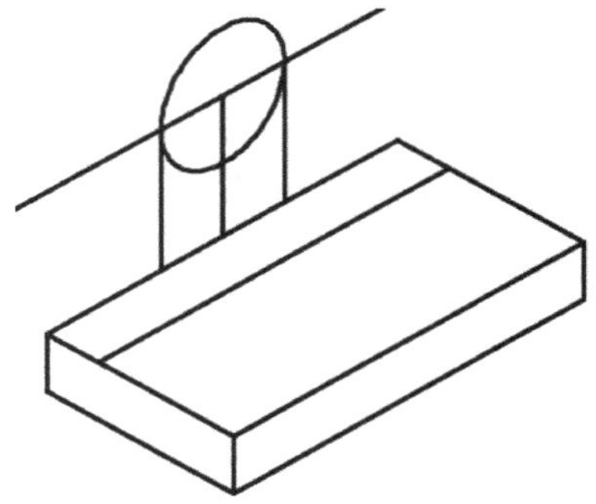
图 12-22　绘制两条直线

(15) 执行【删除(E)】命令，将构造线和垂直辅助线删除。

(16) 执行【修剪(TR)】命令，参照图 12-23 所示的效果，以两条直线为修剪边界，对等轴测圆进行修剪。

(17) 执行【复制(CO)】命令，选择等轴测圆和两条直线作为复制对象，通过捕捉俯视平面线段的端点作为复制的基点和移动点，对图形进行复制，效果如图 12-24 所示。

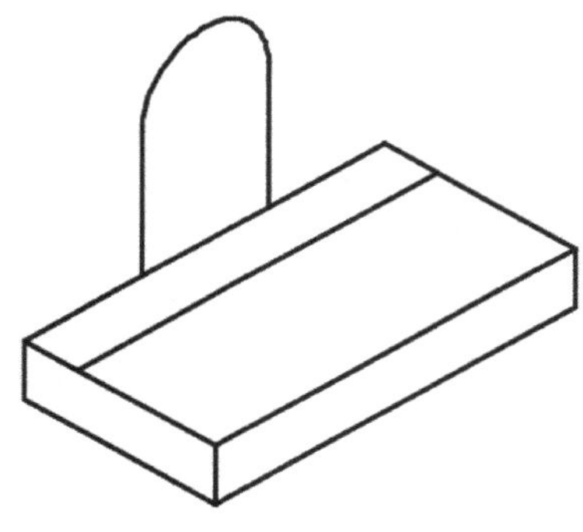
图 12-23　修剪等轴测圆

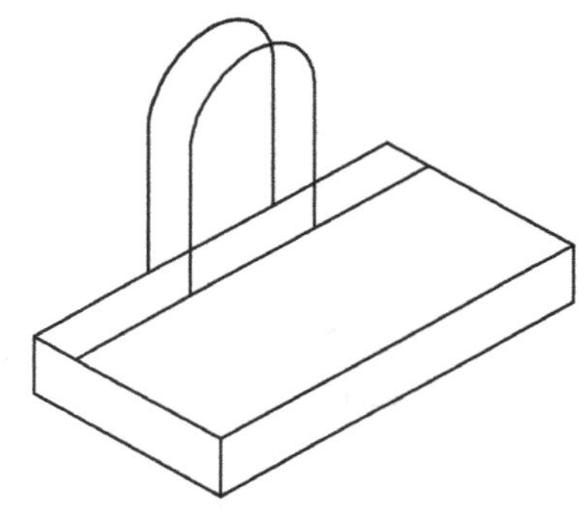
图 12-24　复制图形

(18) 执行【直线(L)】命令，输入 TAN 子命令，启用【切点】捕捉功能，在等轴测圆上指定第一切点，再输入 TAN 子命令，在另一个等轴测圆上指定第二切点，绘制两个等轴测圆的公切线，效果如图 12-25 所示。

(19) 执行【修剪(TR)】命令，参照图 12-26 所示的效果，对等轴测圆进行修剪，然后将看不到的直线删除。

(20) 执行【椭圆(EL)】命令，然后输入快捷键命令 I 并按空格键确定，选择【等轴测圆】选项，在等轴测圆的圆心处指定圆心，绘制一个半径为 7 的圆，效果如图 12-27 所示。

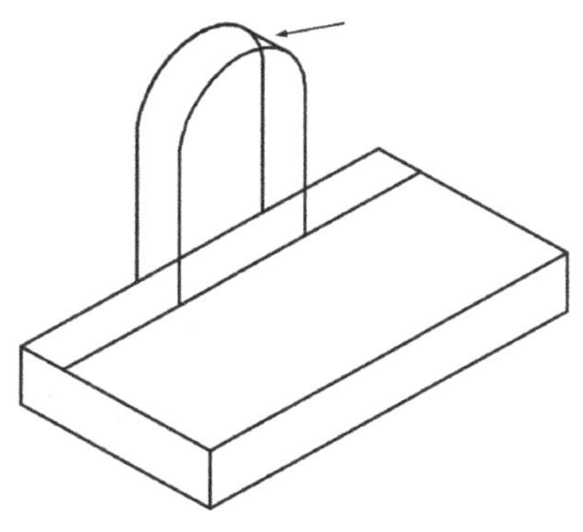

图 12-25　绘制公切线

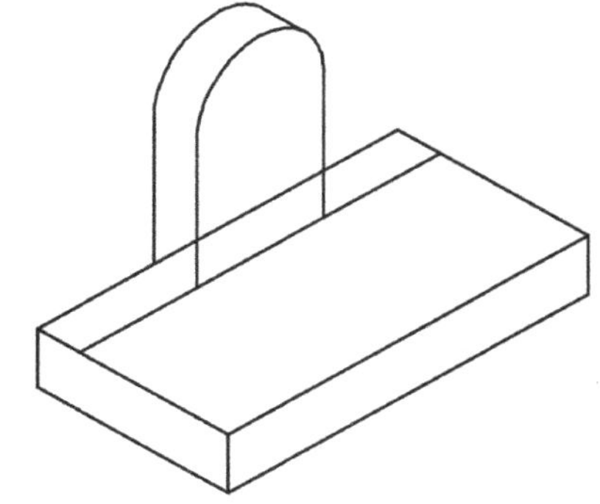

图 12-26　修剪和删除图形

(21) 执行【复制(CO)】命令，选择刚绘制的圆，然后通过捕捉俯视平面的线段端点，分别指定复制的基点和移动点，对等轴测圆进行复制，效果如图 12-28 所示。

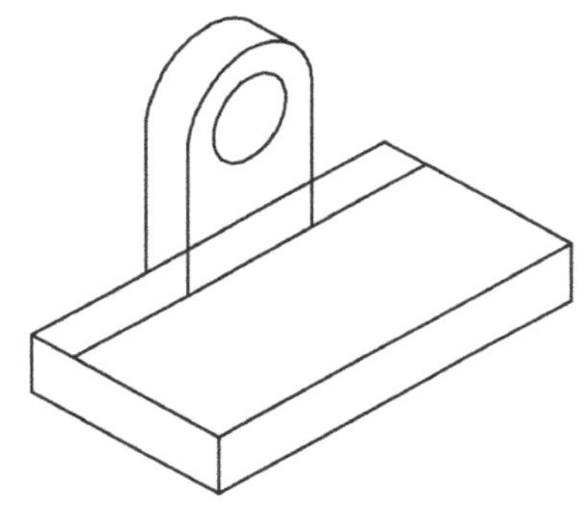

图 12-27　绘制等轴测圆

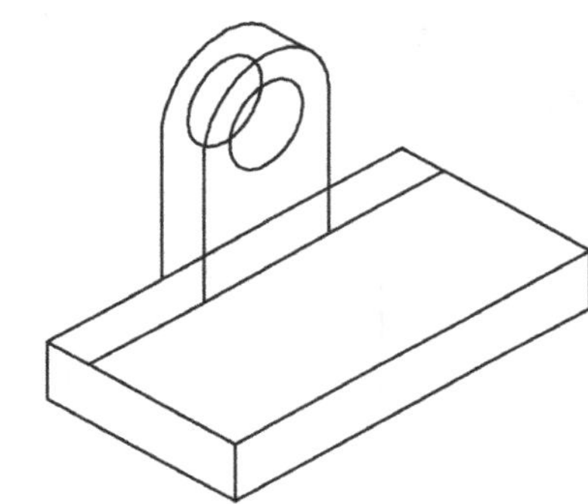

图 12-28　复制等轴测圆

(22) 执行【修剪(TR)】命令，对复制的等轴测圆进行修剪，效果如图 12-29 所示。

(23) 执行【直线(L)】命令，参照图 12-30 所示的效果，绘制一条连接线。

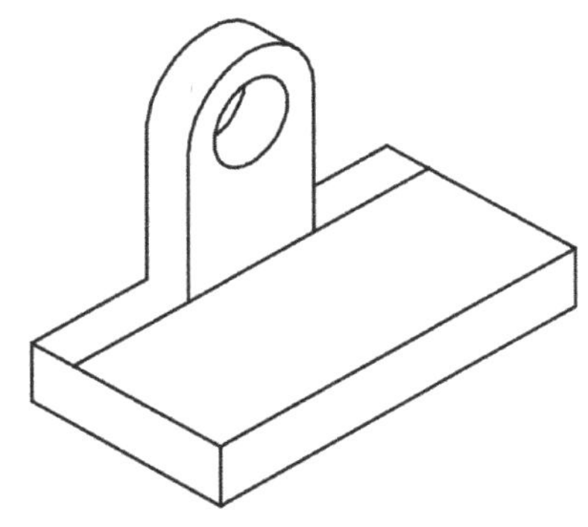

图 12-29　修剪等轴测圆

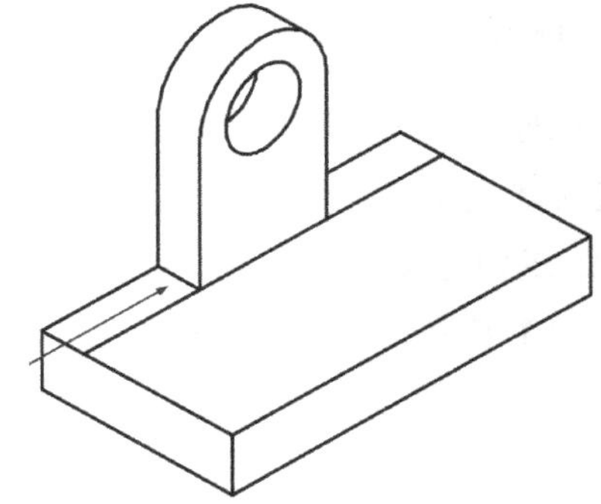

图 12-30　绘制连接线

(24) 执行【复制(CO)】命令，选择左上方绘制好的支架图，然后对其进行复制，效果如图 12-31 所示。

(25) 执行【修剪(TR)】命令，对图中不能显示的线段进行修剪，效果如图 12-32 所示。

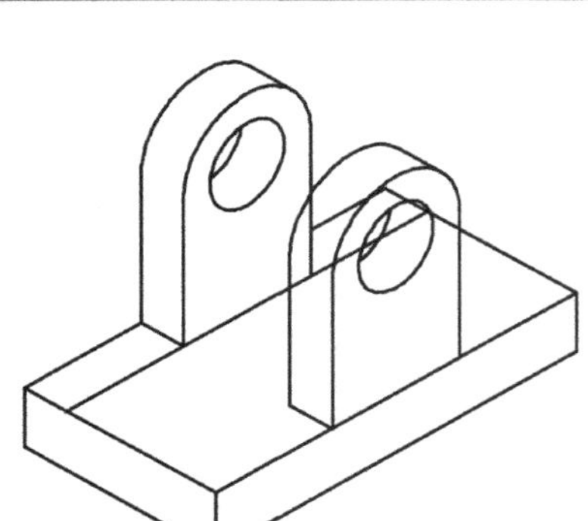

图 12-31 复制支架图

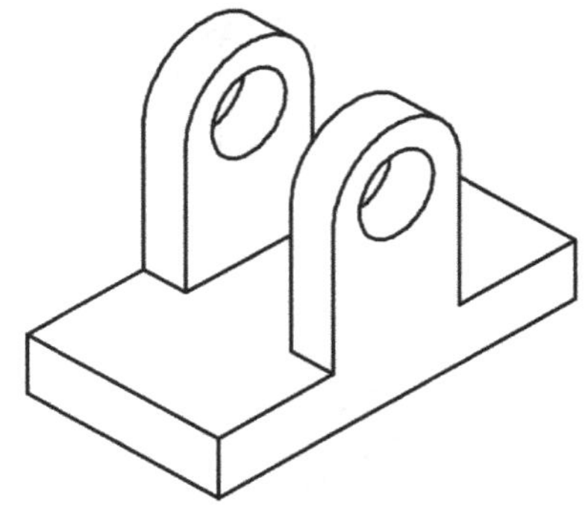

图 12-32 修剪图形

(26) 将【中心线】图层设为当前层，执行【构造线(XL)】命令，通过等轴测圆的圆心，绘制 4 条构造线，效果如图 12-33 所示。

(27) 执行【打断(BR)】命令，在适当的位置对构造线进行打断，然后将多余的构造线删除，效果如图 12-34 所示。

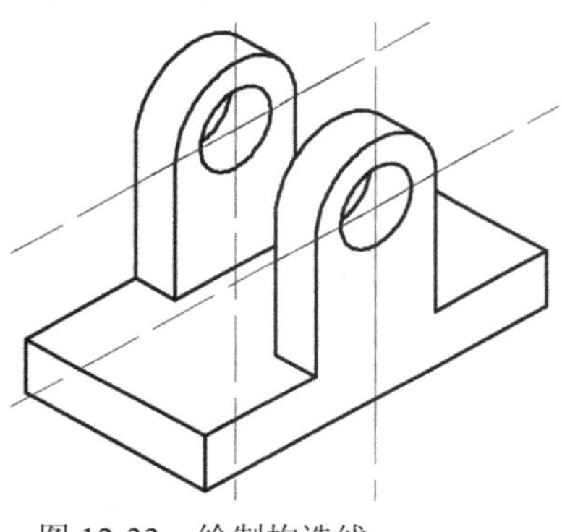

图 12-33 绘制构造线

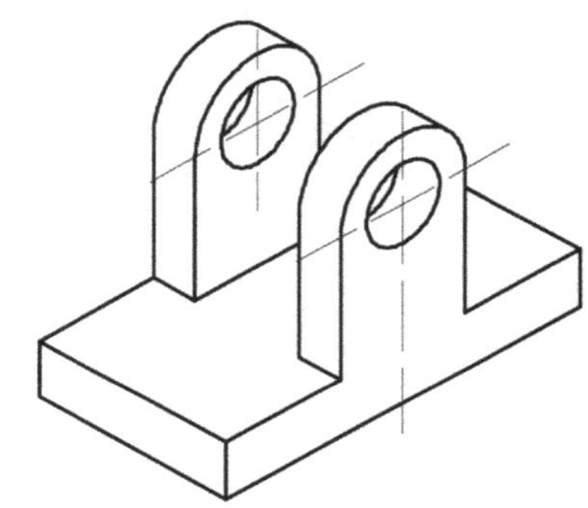

图 12-34 打断并删除构造线

2. 标注支架轴测图

(1) 选择【格式】→【文字样式】命令，打开【文字样式】对话框，单击【新建】按钮，打开【新建文字样式】对话框，输入样式名为【俯视】并单击【确定】按钮，如图 12-35 所示。

(2) 返回【文字样式】对话框，设置【俯视】文字样式的字体、高度和倾斜角度，然后单击【应用】按钮，如图 12-36 所示。

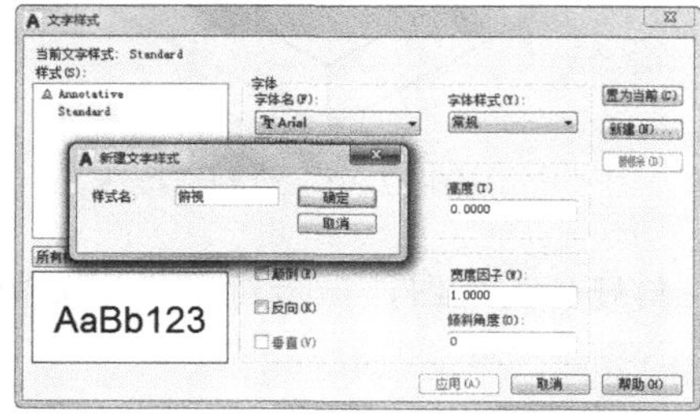

图 12-35 新建文字样式

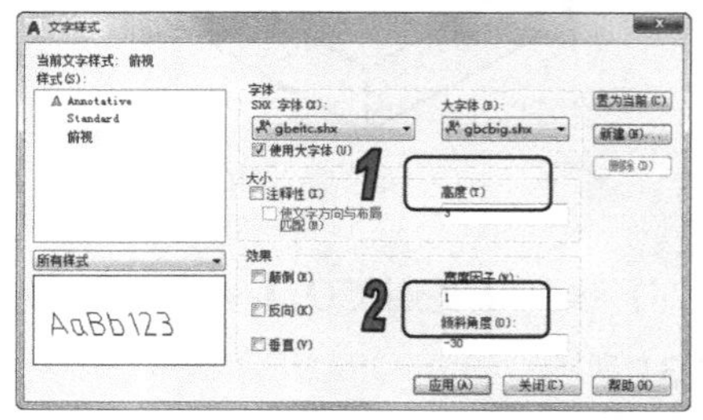

图 12-36 设置文字样式

(3) 新建名为【右视】的文字样式，然后设置文字样式的字体、高度和倾斜角度，然后单击【应用】按钮，如图 12-37 所示。

(4) 新建名为【左视】的文字样式，然后设置文字样式的字体、高度和倾斜角度，然后单击【应用】按钮，如图 12-38 所示。

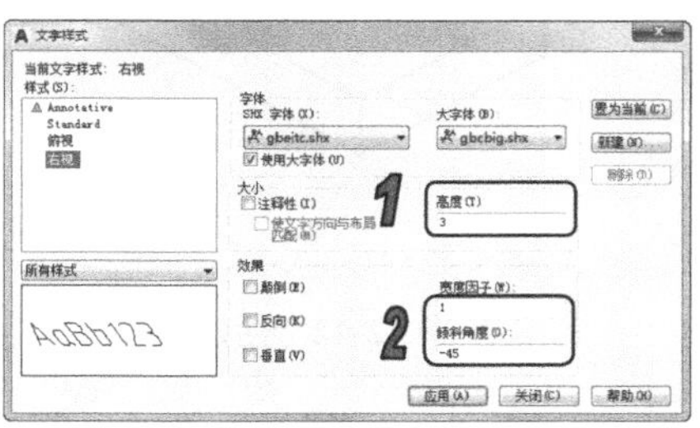

图 12-37　新建并设置文字样式

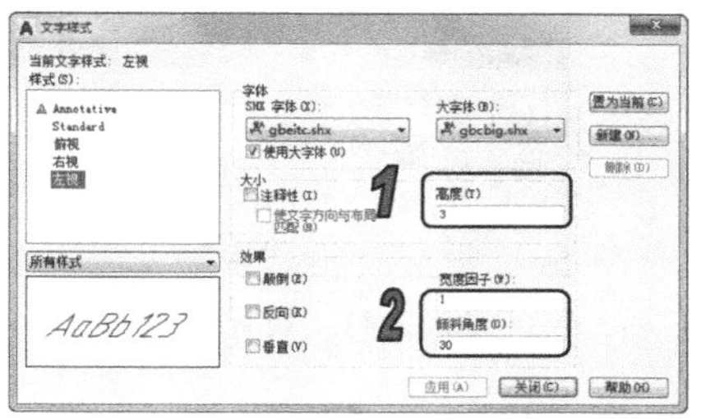

图 12-38　新建并设置文字样式

(5) 选择【格式】→【标注样式】命令，打开【标注样式管理器】对话框，单击【新建】按钮，打开【创建新标注样式】对话框，输入样式名为【机械制图-俯视】，如图 12-39 所示。

(6) 在【创建新标注样式】对话框中单击【继续】按钮，打开【新建标注样式】对话框，选择【文字】选项卡，在【文字外观】选项组的【文字样式】下拉列表中选择【俯视】选项，如图 12-40 所示。

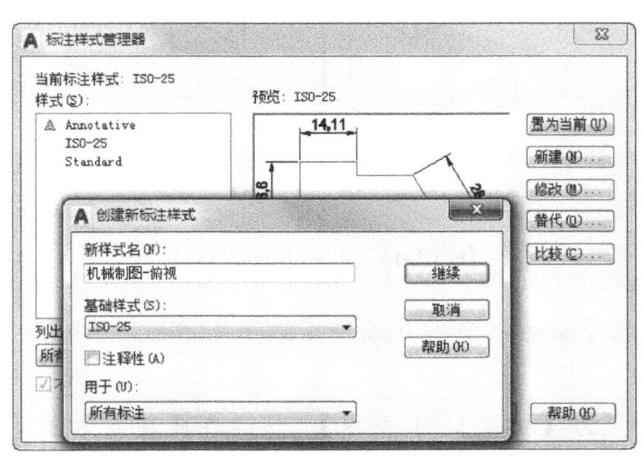

图 12-39　新建标注样式

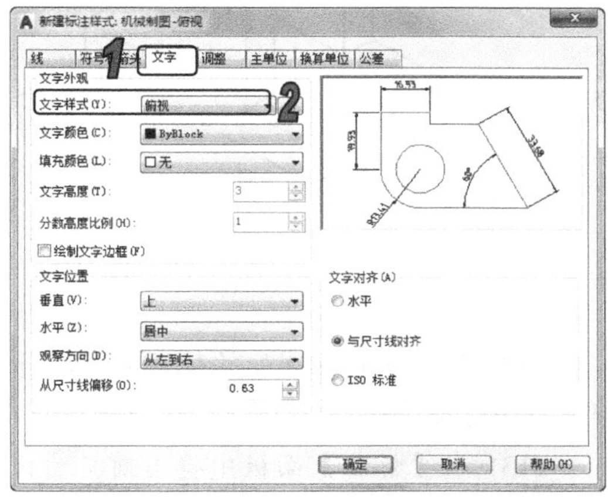

图 12-40　选择标注的文字样式

(7) 使有同样的方法新建名为【机械制图-右视】和【机械制图-左视】的标注样式，设置标注的文字样式分别为【右视】和【左视】。

(8) 将【尺寸线】图层设为当前层，然后在功能区中选择【注释】选项卡，在【标注】面板中将当前标注样式设置为【机械制图-俯视】，如图 12-41 所示。

(9) 执行【对齐(DAL)】标注命令，分别选择线段的两个端点来指定尺寸界线的原点，创建对齐标注，如图 12-42 所示。

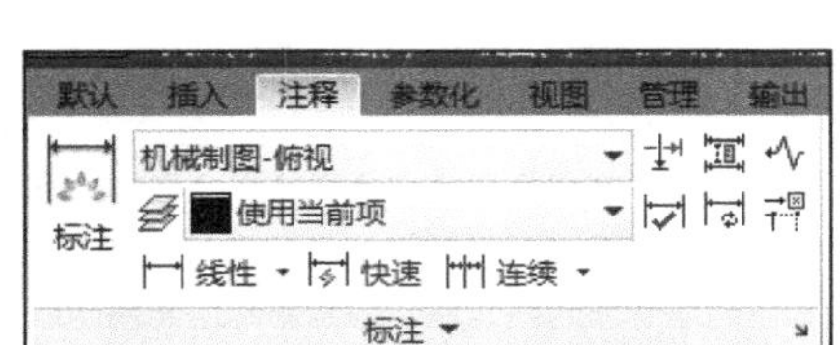

图 12-41　设置当前标注样式

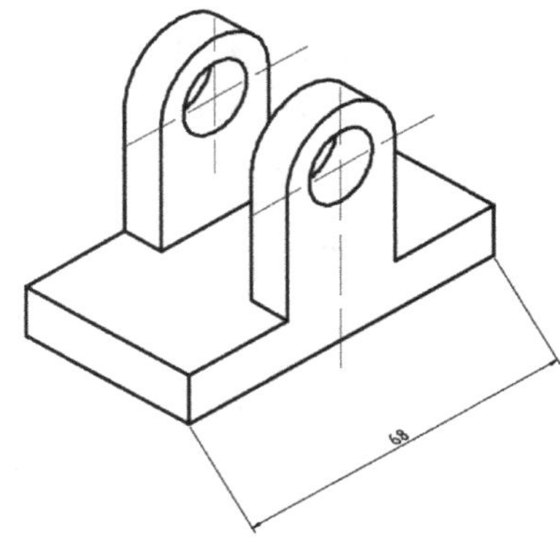

图 12-42　创建对齐标注

(10) 选择【标注】→【倾斜】命令，然后选择创建的对齐标注对象并确定，设置倾斜角度为 150，倾斜标注后的效果如图 12-43 所示。

(11) 使用同样的方法，参照图 12-44 所示的效果，创建其他的尺寸标注，并对其进行倾斜操作。

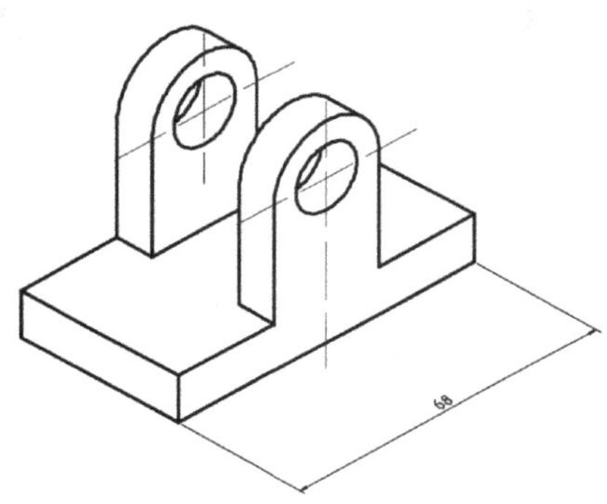

图 12-43　倾斜标注

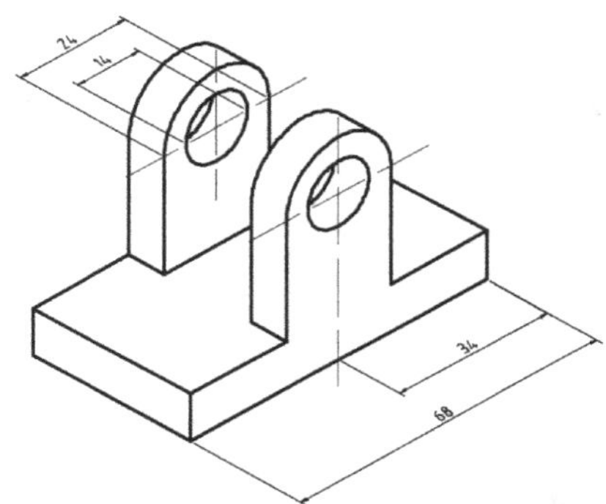

图 12-44　创建并修改标注

(12) 双击等轴测圆处的标注文字，将标注文字激活，然后在原尺寸数字之前输入%%C，添加一个直径符号，如图 12-45 所示。

(13) 在【标注】面板中将当前标注样式设置为【机械制图-左视】，然后在底座左方创建对齐标注，如图 12-46 所示。

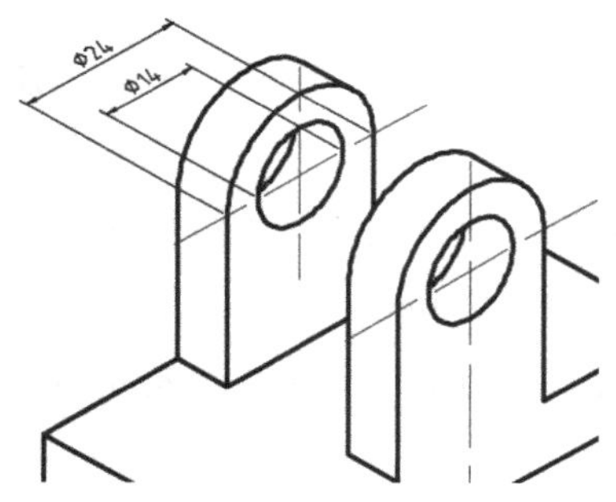

图 12-45　添加直径符号

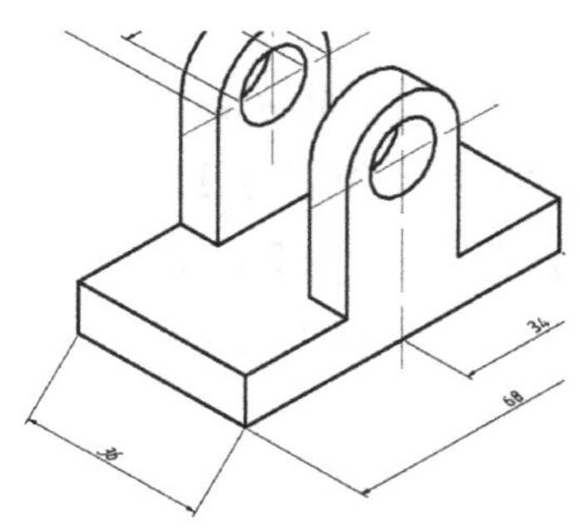

图 12-46　创建对齐标注

(14) 选择【标注】→【倾斜】命令，然后选择刚创建的对齐标注对象并确定，设置倾斜角度为 30，倾斜标注后的效果如图 12-47 所示。

(15) 使用同样的方法创建另一个对齐标注，然后将其倾斜 30 度，效果如图 12-48 所示。

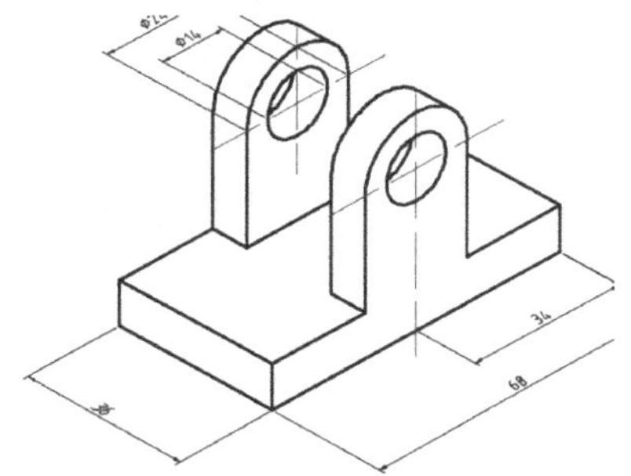

图 12-47　倾斜对齐标注

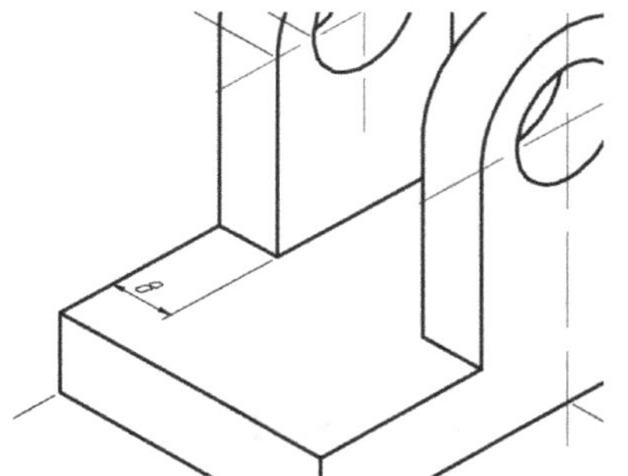

图 12-48　创建并倾斜对齐标注

(16) 在【标注】面板中将当前标注样式设置为【机械制图-右视】。

(17) 执行【线性(DLI)】标注命令，然后以构造线的交点作为尺寸界线的原点，在图形右侧进行线性标注，如图 12-49 所示。

(18) 选择【标注】→【倾斜】命令，然后选择刚创建的对齐标注对象并确定，设置倾斜角度为 30，倾斜标注后的效果如图 12-50 所示。

(19) 使用同样的方法创建另一个线性标注，并将其倾斜 30 度，完成本例图形的绘制。

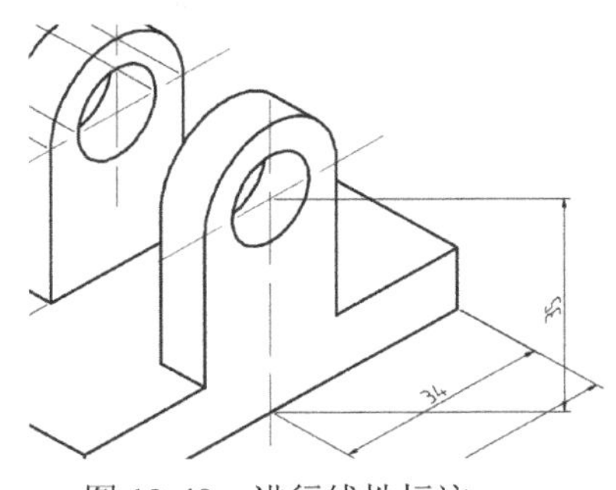

图 12-49　进行线性标注

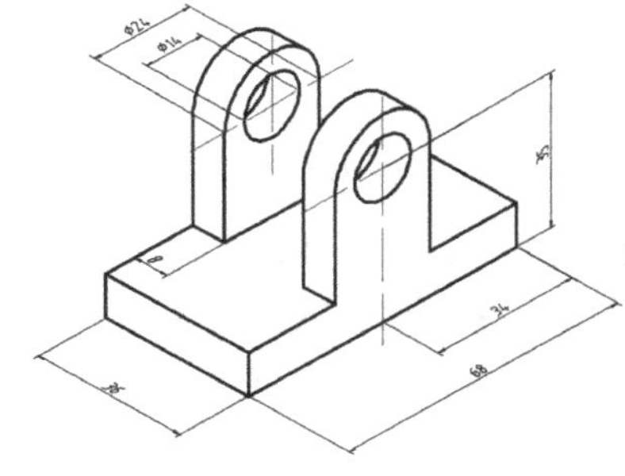

图 12-50　倾斜右侧线性标注

12.4.2　绘制斜二测图形

本节将根据如图 12-51 所示的端盖二视图效果和尺寸，绘制该端盖的斜二测图形，本例完成的实例效果如图 12-52 所示。

(1) 执行【图形限制(LIMITS)】命令，设置图幅大小为 420 × 297。

(2) 执行【图层(LA)】命令，打开【图层特性管理器】选项板，然后创建【中心线】和【轮廓线】图层，并设置图层特性，再将【中心线】图层设置为当前图层，效果如图 12-53 所示。

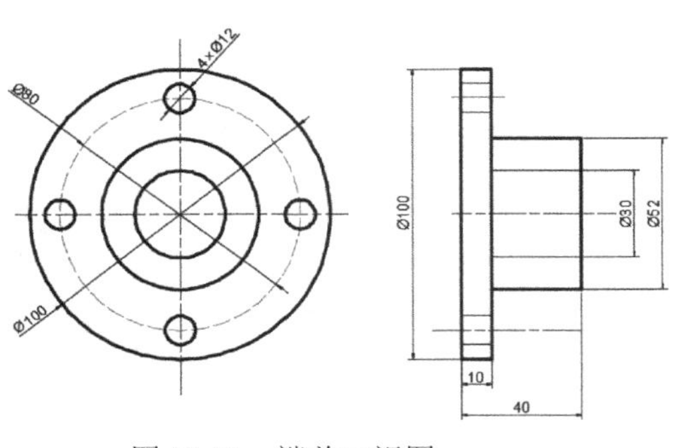

图 12-51 端盖二视图

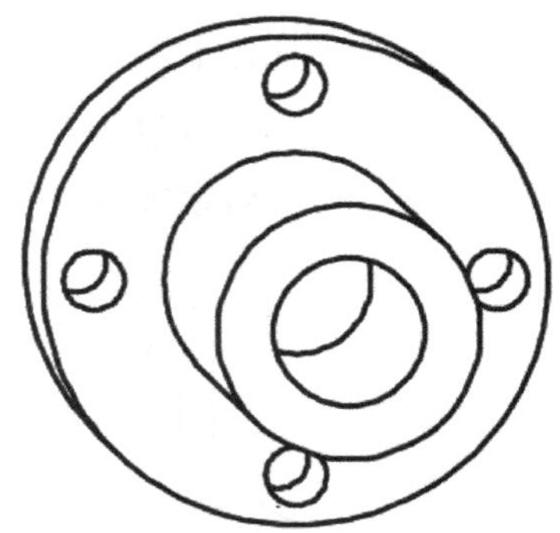

图 12-52 端盖斜二测图形

(3) 执行【设定(SE)】命令，打开【草图设置】对话框，选择【对象捕捉】选项卡，然后选中【交点】、【圆心】和【切点】复选框，如图 12-54 所示。

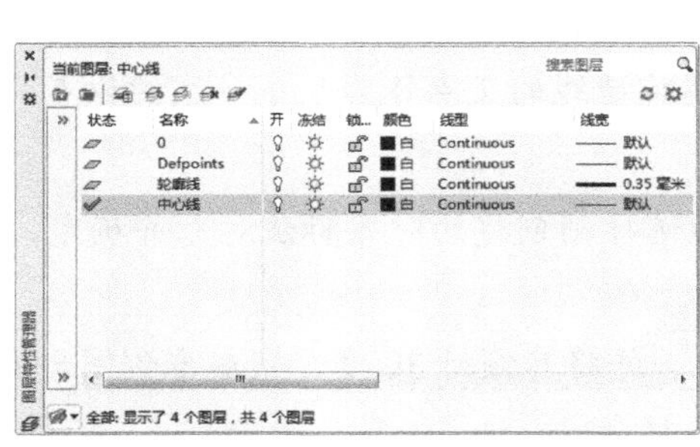

图 12-53 创建图层

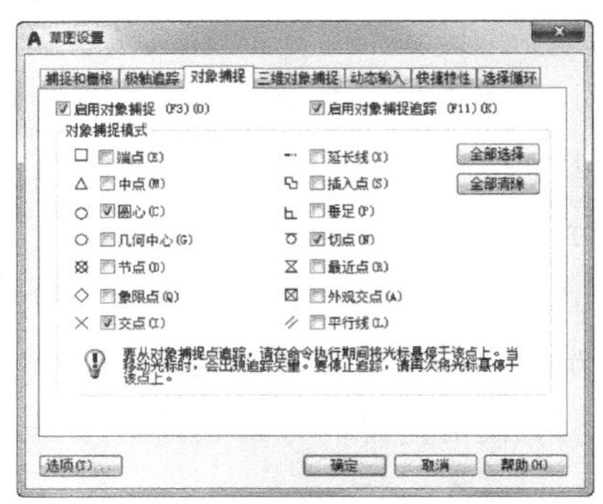

图 12-54 设置对象捕捉

(4) 依次单击状态栏中的【显示/隐藏线宽】按钮和【正交限制光标】按钮，打开【线宽】和【正交】功能。

(5) 执行【构造线(XL)】命令，绘制一条水平构造线和一条垂直构造线，如图 12-55 所示。

(6) 继续执行【构造线(XL)】命令，在命令提示中输入 B 并确定，启用【二等分(B)】功能，然后绘制一条等分前面两条新绘制构造线的构造线，如图 12-56 所示。

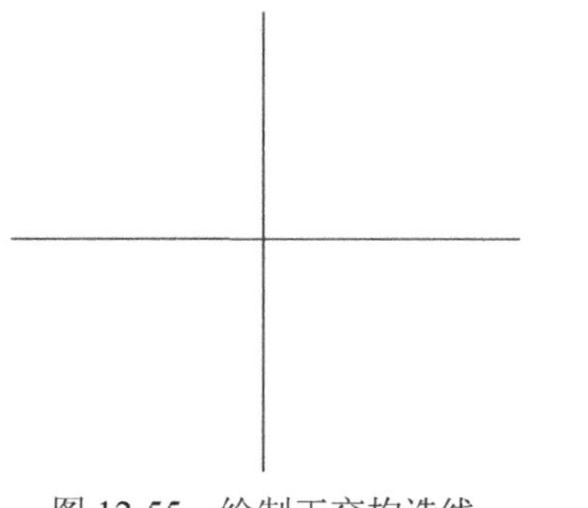

图 12-55 绘制正交构造线

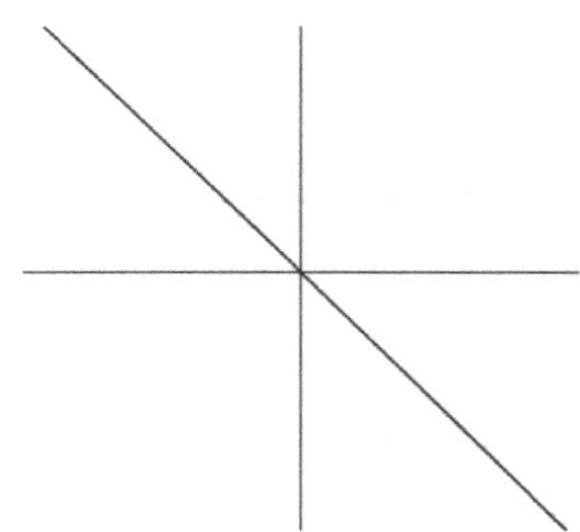

图 12-56 绘制二等分构造线

(7) 将【轮廓线】图层设置为当前图层，然后执行【圆(C)】命令，以构造线的交点分别

绘制半径为 15 与 26 的圆，如图 12-57 所示。

(8) 执行【复制(CO)】命令，选择绘制的两个圆，然后捕捉辅助线的交点作为复制基点，再指定第二个点的相对坐标为【@15<135】，对两个圆进行复制，效果如图 12-58 所示。

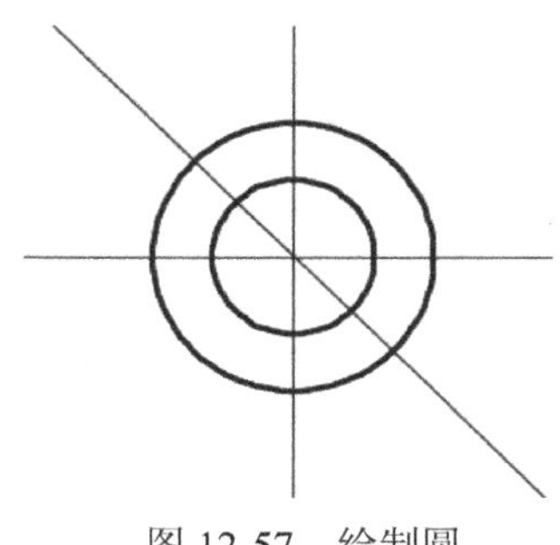

图 12-57　绘制圆

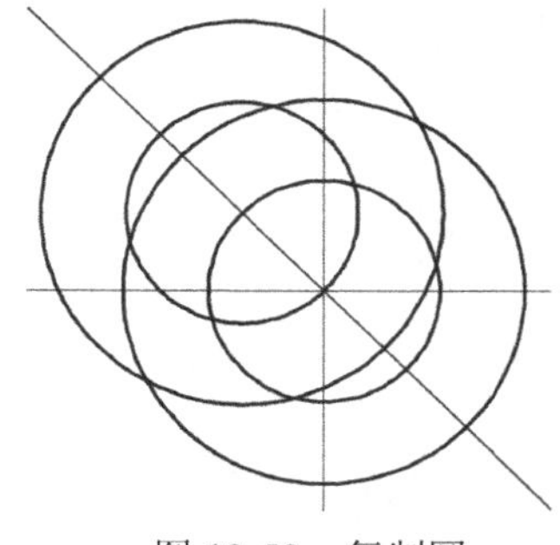

图 12-58　复制圆

(9) 执行【直线(L)】命令，配合【切点】对象捕捉功能，捕捉左上方大圆右侧的切点，再捕捉右下方大圆右侧的切点，绘制出圆柱筒的切线，效果如图 12-59 所示。

(10) 继续执行【直线(L)】命令，配合【切点】功能，绘制圆柱筒的另一条切线，效果如图 12-60 所示。

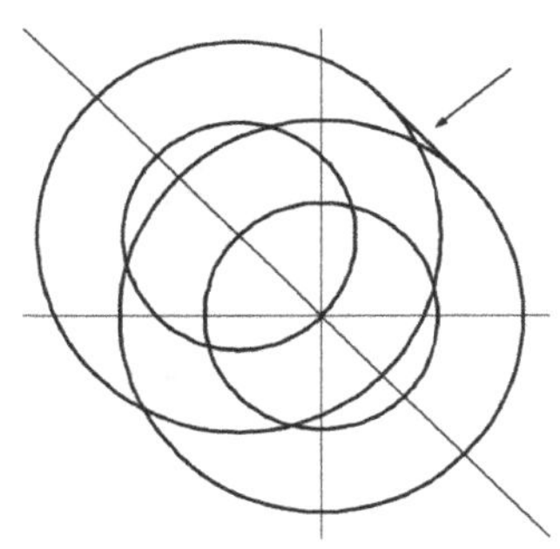

图 12-59　绘制大圆公切线

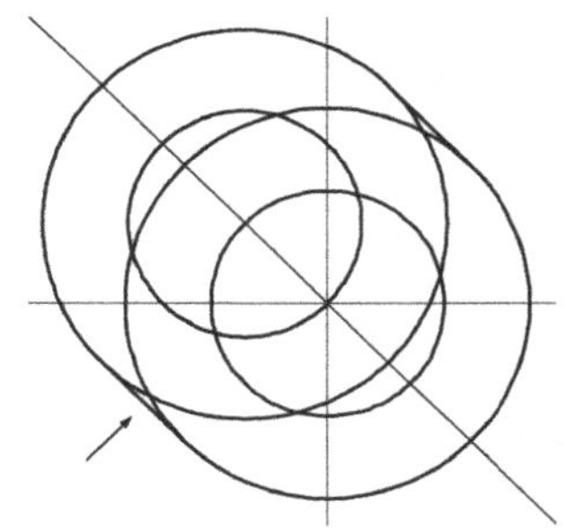

图 12-60　绘制另一条公切线

(11) 执行【修剪(TR)】命令，参照图 12-61 所示的效果，对图形进行修剪。

(12) 执行【圆(C)】命令，以复制圆的圆心为圆心，分别绘制半径为 40 与 50 的圆，结果如图 12-62 所示。

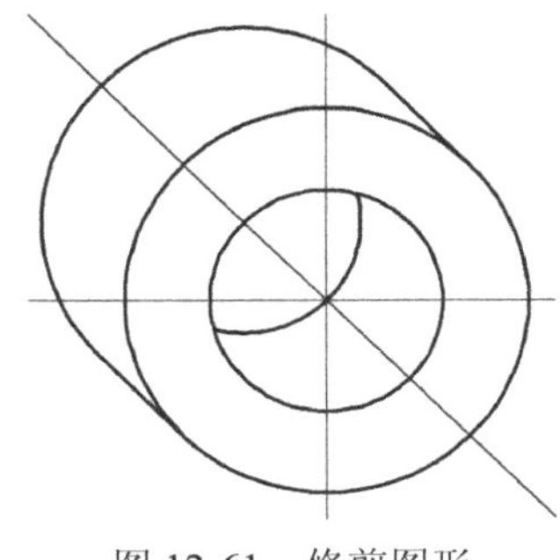

图 12-61　修剪图形

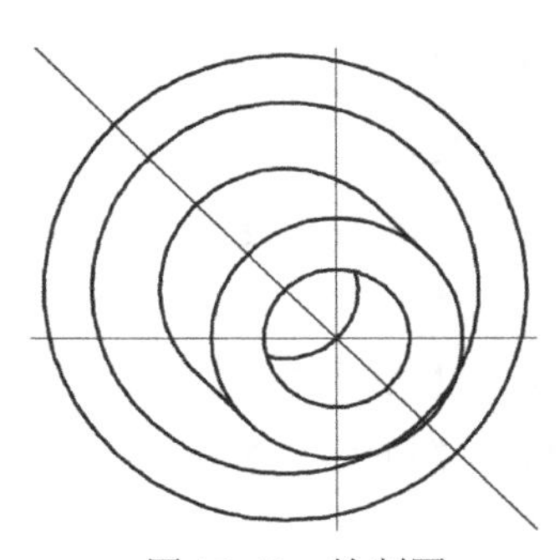

图 12-62　绘制圆

(13) 执行【复制(CO)】命令，对图形中的水平构造线进行复制，以辅助线的交点为基点，以复制圆的圆心为目标点，复制结果如图 12-63 所示。

(14) 执行【圆(C)】命令，以刚复制的水平构造线与半径为 40 的圆的左侧交点为圆心，绘制半径为 6 的圆，效果如图 12-64 所示。

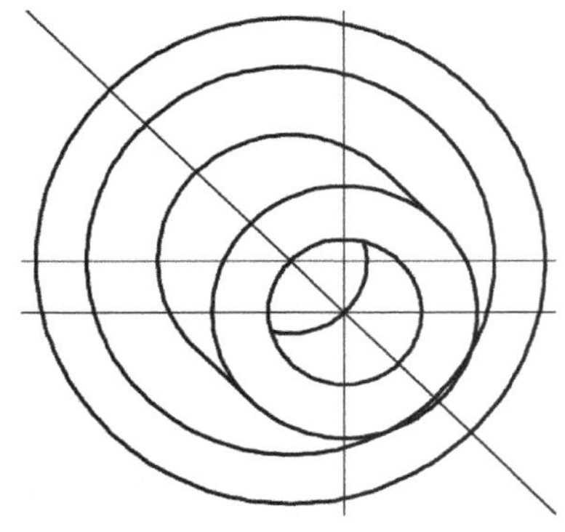
图 12-63　复制水平构造线

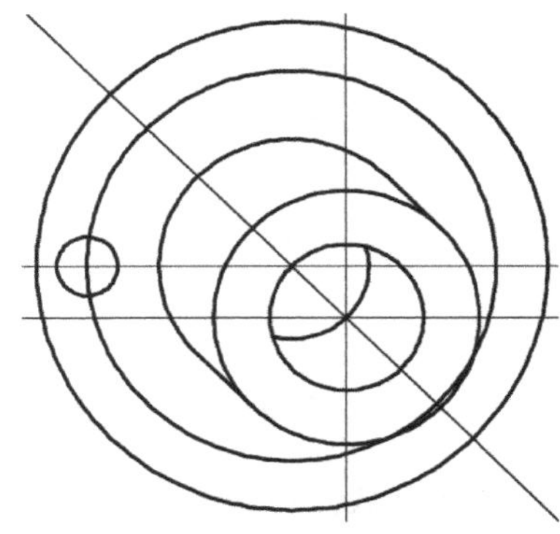
图 12-64　绘制半径为 6 的圆

(15) 选择【修改】→【阵列】→【环形阵列】命令，对半径为 6 的圆进行环形阵列，以半径为 40 的圆的圆心为阵列中心点，设置阵列的项目数为 4，阵列效果如图 12-65 所示。

(16) 执行【删除(E)】命令，选择半径为 40 的辅助圆并将其删除，效果如图 12-66 所示。

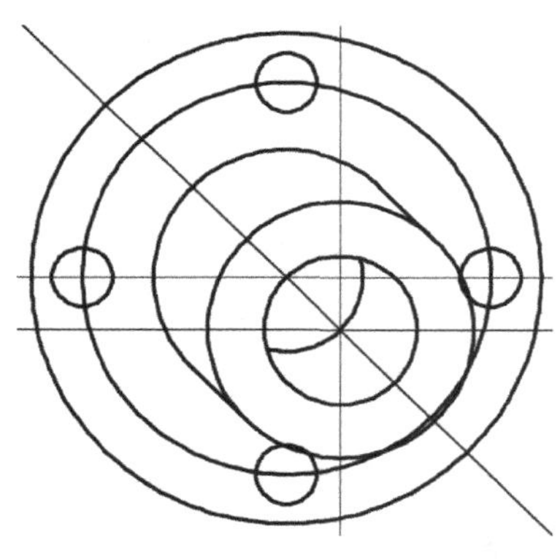
图 12-65　环形阵列圆形

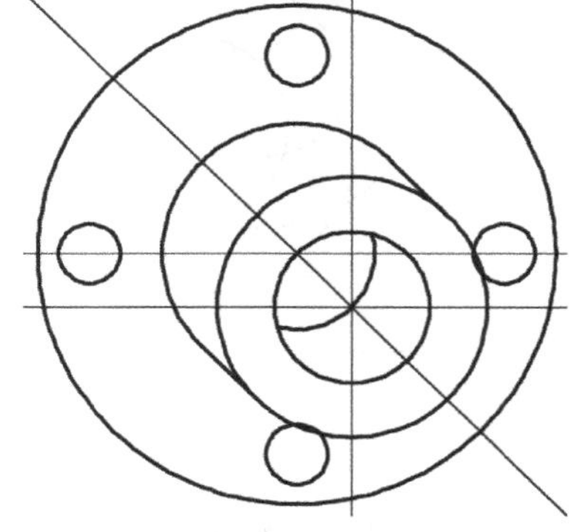
图 12-66　删除辅助圆

(17) 执行【复制(CO)】命令，选择阵列的圆和半径为 50 的圆作为复制对象，以半径为 50 的圆的圆心为基点，目标点为【@5<135】，创建底座图形，效果如图 12-67 所示。

(18) 执行【直线(L)】命令，参照前面的方法绘制底座的切线。

(19) 执行【分解(X)】命令，将阵列的圆进行分解。

(20) 执行【修剪(TR)】命令，对图形中不可见的轮廓线进行修剪，效果如图 12-68 所示。

(21) 执行【删除(E)】命令，删除所有的构造线，完成本例斜二测图形的绘制。

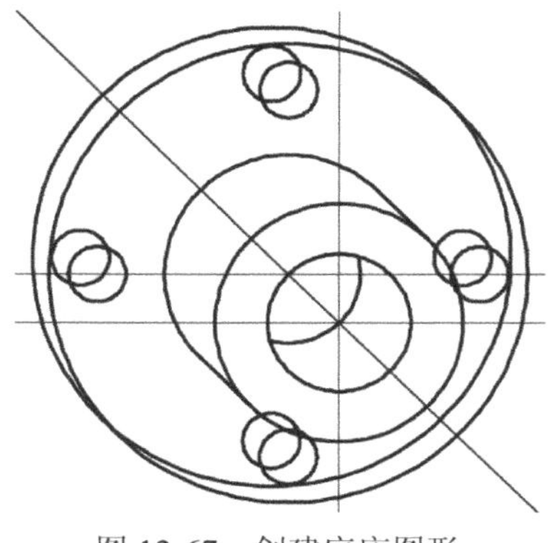
图 12-67　创建底座图形

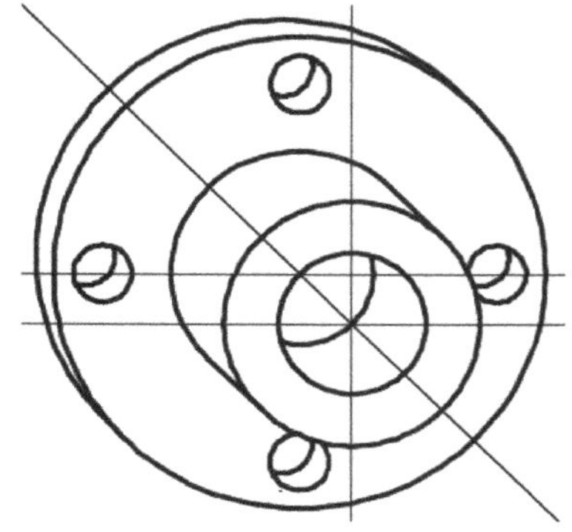
图 12-68　修剪图形

12.5　思考与练习

12.5.1　填空题

1. 若已知轴测各轴向伸缩系数，即可绘制出平行于轴测轴的各线段的长度，这就是轴测图中__________两字的含义。

2. 轴测图根据投射线方向和轴测投影面的位置不同，可分为__________和__________两大类。

3. 使用 AutoCAD 绘制轴测图需要启用____________________捕捉模式。

12.5.2　操作题

1. 请使用本章所学的知识和方法，参照图 12-69 所示的效果，练习绘制圆管等轴测图。

2. 请使用本章所学的知识和方法，参照图 12-70 所示的效果和尺寸，练习绘制该轴测图。

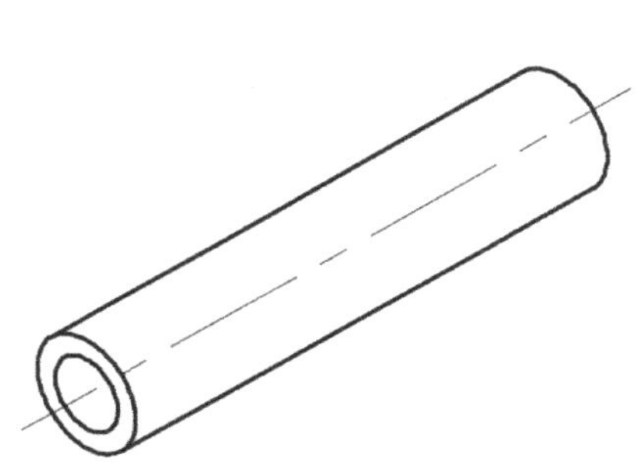
图 12-69　绘制圆管等轴测图

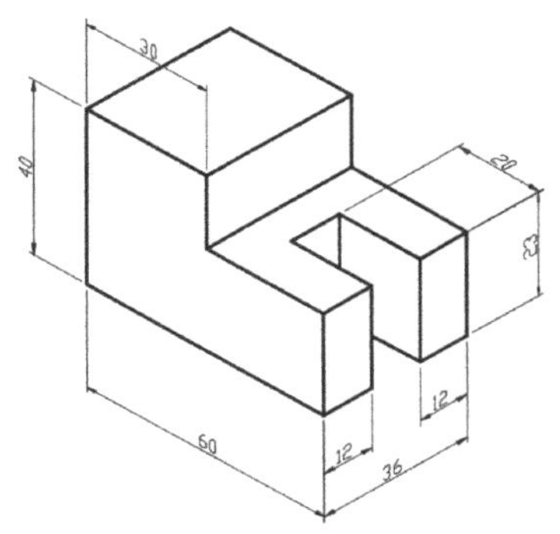

图 12-70　绘制轴测图

第13章 三维机械模型的绘制与编辑

学习目标

使用 AutoCAD 提供的三维绘图和编辑功能，可以创建各种类型的机械实体模型，从而直观地表现出机械实体的实际形状。在 AutoCAD 中，可以使用不同视角和显示图形的设置工具，轻松地在不同的用户坐标系和正交坐标系之间切换，从而更方便地绘制和编辑三维机械实体。

本章将学习机械模型的绘制和编辑方法，包括控制三维视图、创建网格对象、设置视觉样式、绘制三维实体、三维操作模型、实体编辑模型和渲染模型等内容。

本章重点

- 三维建模基础
- 绘制三维基本体
- 将二维图形创建为三维实体
- 布尔运算实体
- 创建网格对象
- 三维操作模型
- 实体编辑模型
- 渲染模型

13.1 三维建模基础

通常而言，三维是人为规定的互相交错的 3 个方向。使用这个三维坐标，理论上可以把整个世界中任意一点的位置确定下来。三维坐标轴包括 x 轴、y 轴和 z 轴。其中，x 表示左右空间，y 表示上下空间，z 表示前后空间。这样就形成了人的视觉立体感。

13.1.1 三维投影

要在一张图纸上正确地表达出位于三维空间的实体形状，就必须学会正确地应用图形表示方法。图形的表示方法通常使用正投影视图的方式。

正投影视图是将物体的正面与投影面平行，将投影线垂直于物体的正面后，投影在投影面上形成的图形。正投影视图通常包括第一视角投影法和第三视角投影法两种表达方式。

13.1.2 第一和第三视角投影法

在我国，第一视角投影法应用比较多，使用第一视角投影法的国家还有德国、法国等欧洲国家。GB 和 ISO 标准一般都使用第一视角投影法。在 ISO 国际标准中，第一视角投影法规定用图 13-1 所示的图形符号来表示。

在图形空间中，3 个互相垂直的平面将空间分为 8 个分角，分别称为第 I 角、第 II 角、第III角等，如图 13-2 所示。第一视角画法是将模型置于第 I 角内，使模型处于观察者与投影面之间(即【保持观察点】→【物】→【面】的位置关系)而得到正投影的方法。

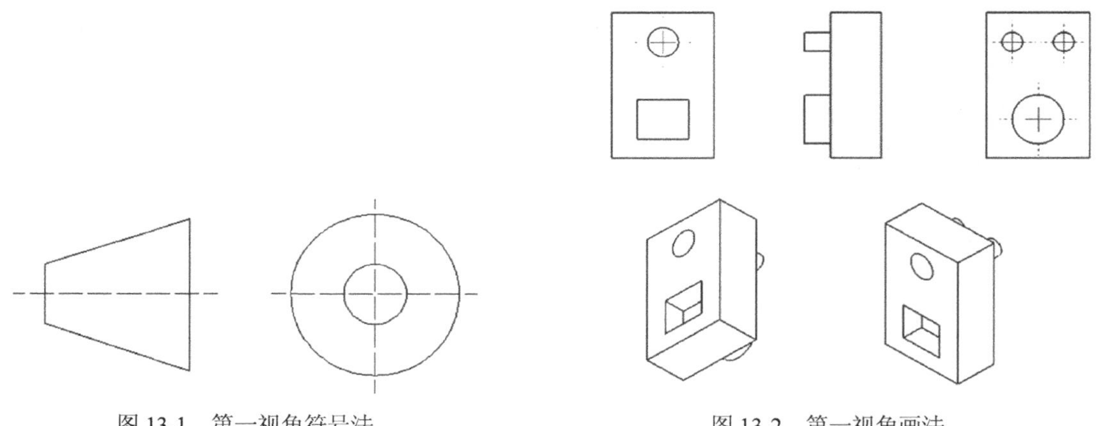

图 13-1　第一视角符号法　　图 13-2　第一视角画法

第三视角投影法常称为美国方法或 A 法。第三视角投影法假想将物体置于透明的玻璃盒中，玻璃盒的每一侧面作为投影面，按照【观察点】→【投影面】→【物体】的相对位置关系，做正投影所得图形的方法。在 ISO 国际标准中，第三视角投影法规定用图13-3所示的图形符号来表示。

第三视角画法是将模型置于第III角内，使投影面处于观察者与模型之间(即【保持观察点】→【面】→【物】的位置关系)而得到正投影的方法，如图 13-4 所示。从示意图中可以看出，这种画法是把投影面假想成透明来处理。顶视图是从模型的上方往下看所得的视图，把所得的视图画在模型上方的投影面上；前视图是从模型的前方往后看所得的视图，把所得的视图画在模型前方的投影面上。

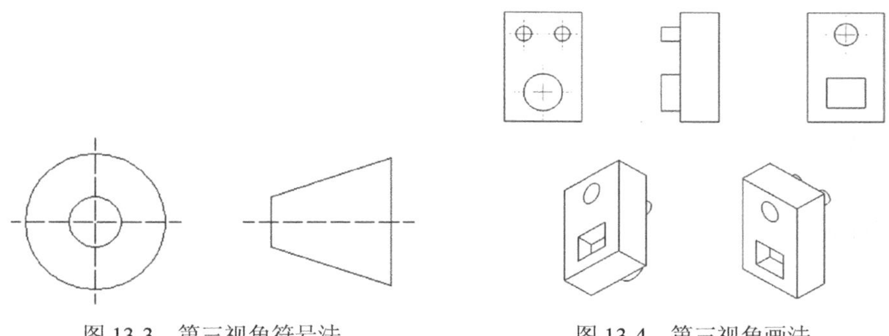

图 13-3　第三视角符号法　　　　图 13-4　第三视角画法

13.1.3　切换三维视图

在 AutoCAD 中，模型空间是三维的，但在 AutoCAD 的传统工作空间中只能在屏幕上看到二维图像或三维空间的局部沿一定方向在平面上的投影。为了能够在三维空间中进行建模，用户可以选择进入 AutoCAD 提供的三维视图。

默认状态下，三维绘图命令绘制的三维图形都是俯视的平面图，用户可以根据系统提供的俯视、仰视、前视、后视、左视和右视 6 个正交视图和西南、西北、东南、东北 4 个等轴测视图分别从不同方位进行观察。

用户还可以使用如下两种常用操作方法切换场景中的视图。

- 执行【视图】→【三维视图】命令，然后在子菜单中根据需要选择相应的视图命令，如图13-5所示。
- 切换到【三维建模】工作空间，单击【常用】→【视图】面板中的【三维导航】下拉按钮，然后在弹出的下拉列表中选择相应的视图选项，如图13-6所示。

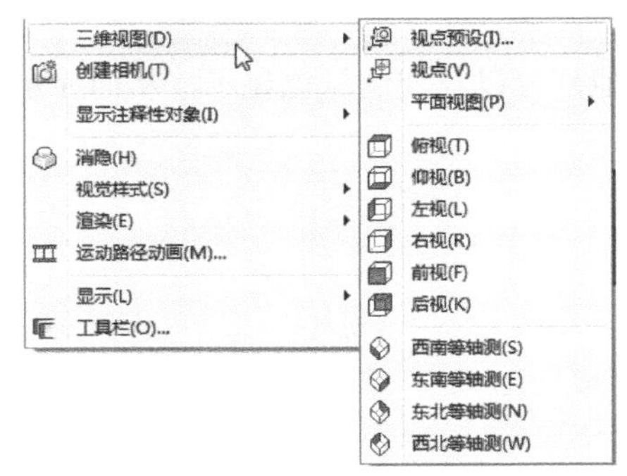

图 13-5　选择视图命令

图 13-6　选择视图选项

提示

由于【三维建模】工作空间更适合三维图形的绘制和编辑操作，因此本章将以【三维建模】工作空间为主进行讲解。

13.1.4 管理视图

输入 VIEW(V)命令并按 Enter 键，将打开【视图管理器】对话框，可以保存和恢复模型视图、布局视图和预设视图，如图 13-7 所示。在【查看】列表框中展开【预设视图】选项，可以设置当前使用的视图，如图 13-8 所示。

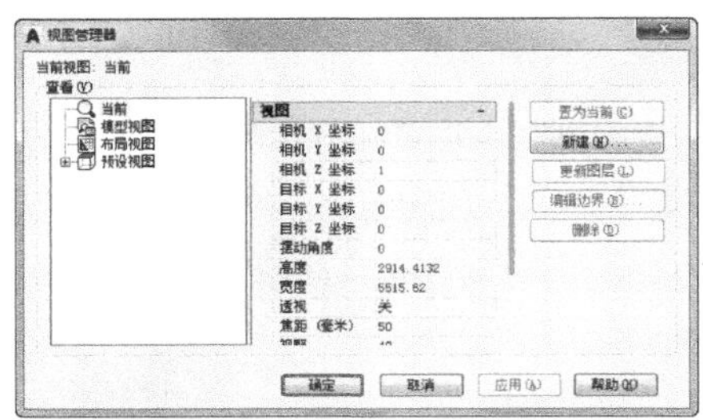

图 13-7 【视图管理器】对话框

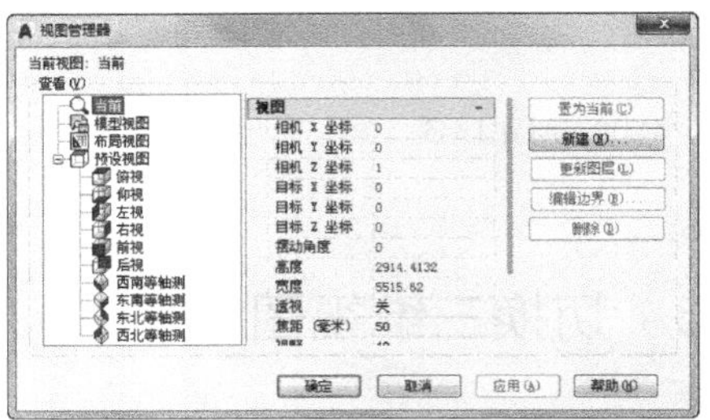

图 13-8 设置当前使用的视图

【视图管理器】对话框中主要选项的含义如下。

- 当前：显示当前视图及其【查看】和【剪裁】特性。
- 模型视图：显示命名视图和相机视图的列表，并列出选定视图的【常规】、【查看】和【剪裁】特性。
- 布局视图：在定义视图的布局上显示视口列表，并列出选定视图的【常规】和【查看】特性。
- 预设视图：显示正交视图和等轴测视图的列表，并列出选定视图的【常规】特性。
- 置为当前：恢复选定的视图。
- 新建：显示【新建视图/快照特性】对话框或【新建视图】对话框。
- 更新图层：更新与选定的视图一起保存的图层信息，使其与当前模型空间和布局视口中图层的可见性匹配。
- 编辑边界：显示选定的视图，绘图区域的其他部分以较浅的颜色显示，从而显示命名视图的边界。
- 删除：删除选定的视图。

13.1.5 动态观察三维视图

除了可以通过切换系统提供的三维视图来观察模型，还可以使用动态的方式观察模型。其中，包括受约束的动态观察、自由动态观察和连续动态观察 3 种模式。

1. 受约束的动态观察

受约束的动态观察是指沿 XY 平面或受 Z 轴约束的三维动态观察。执行受约束的动态观察的命令有以下两种常用方法。

◉　选择【视图】→【动态观察】→【受约束的动态观察】命令。

◉　在命令行中输入3DORBIT 命令并按 Enter 键确定。

执行上述任意命令后，绘图区会出现图标，如图 13-9 所示。这时用户进行拖动，即可动态地观察对象，效果如图 13-10 所示。观察完毕后，按 Esc 键或 Enter 键即可退出操作。

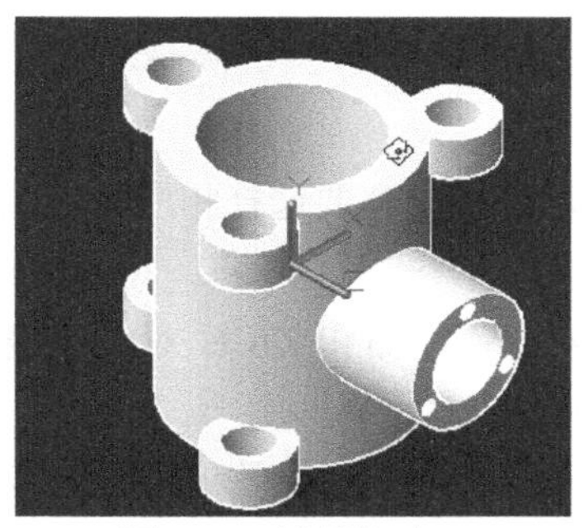

图 13-9　进行拖动

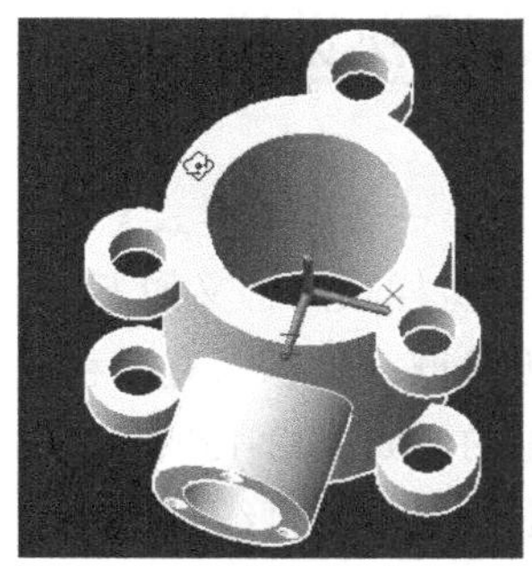

图 13-10　旋转视图效果

2. 自由动态观察

自由动态观察是指不参照平面，在任意方向上进行动态观察。当用户沿 XY 平面和 Z 轴进行动态观察时，视点是不受约束的。执行自由动态观察的命令有以下两种常用方法。

◉　选择【视图】→【动态观察】→【自由动态观察】命令。

◉　在命令行中输入3DFORBIT 命令并按 Enter 键确定。

执行上述任意命令后，绘图区会显示一个导航球，它被小圆分成 4 个区域，如图 13-11 所示。用户拖动这个导航球可以旋转视图，如图 13-12 所示。观察完毕后，按 Esc 键或 Enter 键即可退出操作。

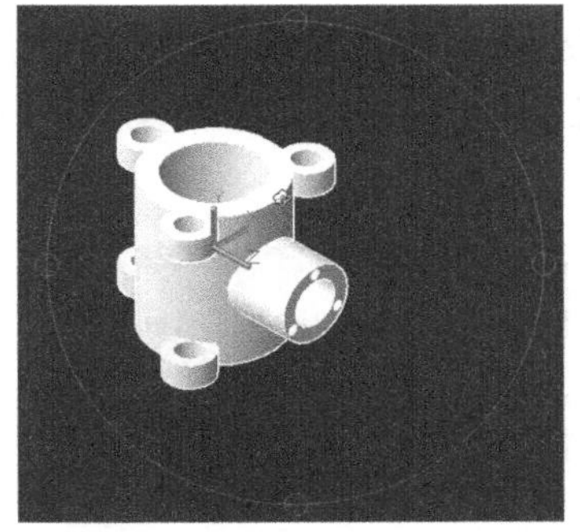

图 13-11　按住并拖动鼠标

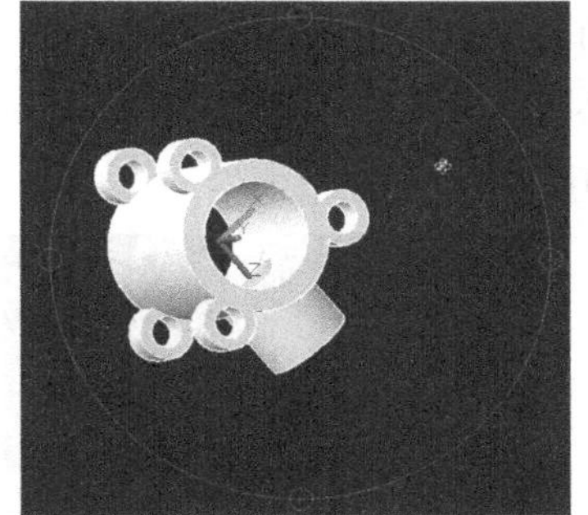

图 13-12　自由动态观察

3. 连续动态观察

连续动态观察可以让系统自动进行连续动态观察。执行连续动态观察的命令有以下两种常用方法。

◉　选择【视图】→【动态观察】→【连续动态观察】命令。

◉　在命令行中输入3DCORBIT 命令并按 Enter 键确定。

执行上述任意命令后，绘图区出现⊗图标，用户在连续动态观察移动的方向上进行拖动，使对象沿正在拖动的方向开始移动，然后释放鼠标，对象在指定的方向上继续沿它们的轨迹运动。运动的速度由光标移动的速度决定。观察完毕后，按 Esc 键或 Enter 键即可退出操作。

13.1.6 选择视觉样式

执行【视图】→【视觉样式】命令，在子菜单中可以根据需要选择相应的视图样式。在视觉样式菜单中各视觉样式的含义如下。

- 二维线框：显示用直线和曲线表示边界的对象，光栅和 OLE 对象、线型和线宽都是可见的，如图13-13所示。
- 线框：显示用直线和曲线表示边界对象的三维线框。线框效果与二维线框相似，只是在线框效果中，将显示已着色的三维坐标。如果二维背景颜色和三维背景颜色不同，线框与二维线框的背景颜色也不同，如图13-14所示。

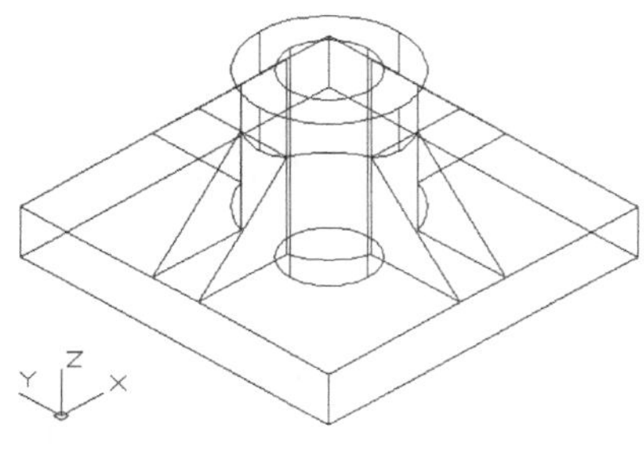

图 13-13　二维线框效果

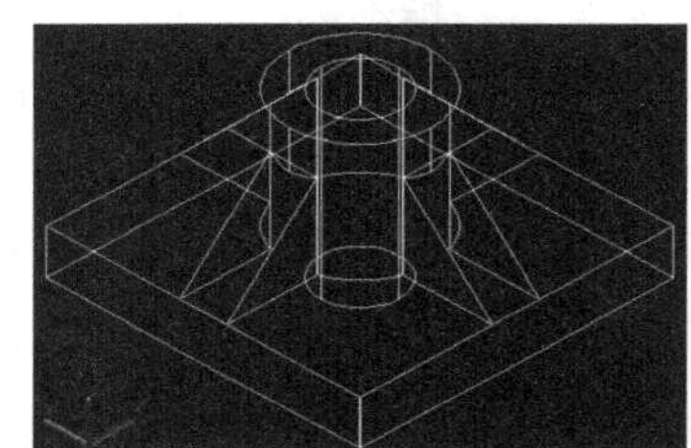
图 13-14　线框效果

- 消隐：显示用三维线框表示的对象并隐藏表示后向面的直线，如图13-15所示。
- 真实：着色多边形平面间的对象，并使对象的边平滑化，显示对象的材质，如图13-16所示。

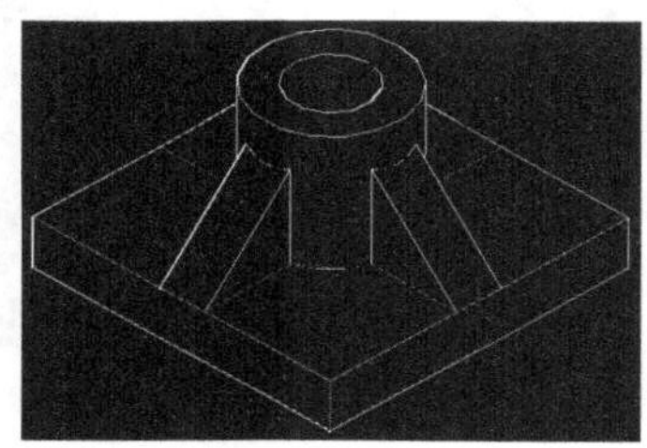
图 13-15　消隐效果

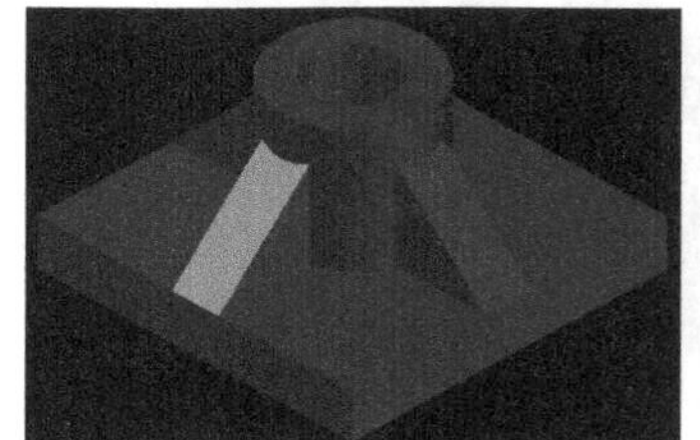
图 13-16　真实效果

- 概念：着色多边形平面间的对象，并使对象的边平滑化。着色使用冷色和暖色之间的过渡色。效果缺乏真实感，但是可以更方便地查看模型的细节，如图13-17所示。
- 着色：使用平滑着色显示对象，如图13-18所示。

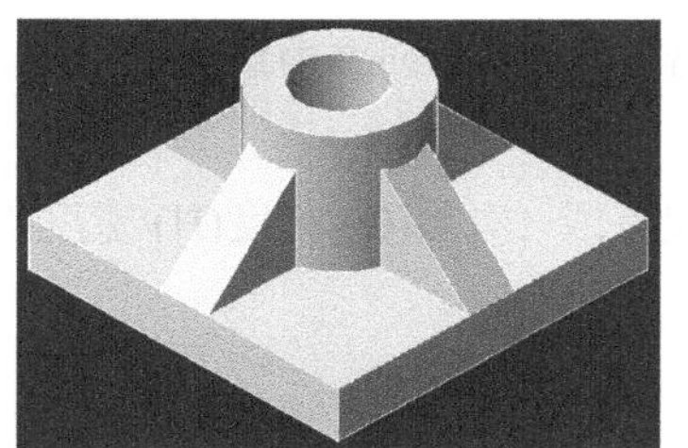

图 13-17　概念效果

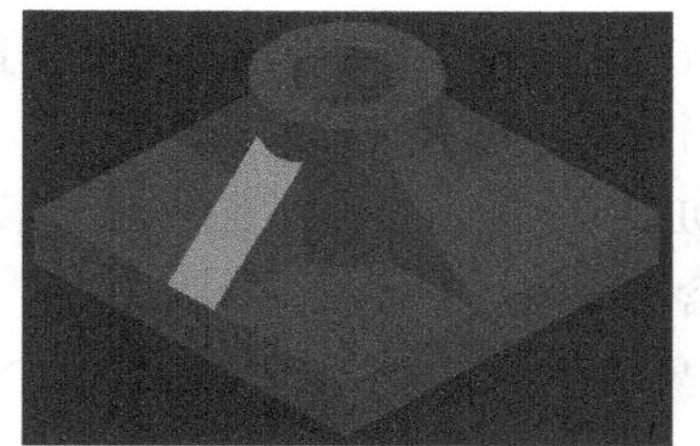

图 13-18　着色效果

- 带边缘着色：使用平滑着色和可见边显示对象，如图13-19所示。
- 灰度：使用平滑着色和单色灰度显示对象，如图13-20所示。

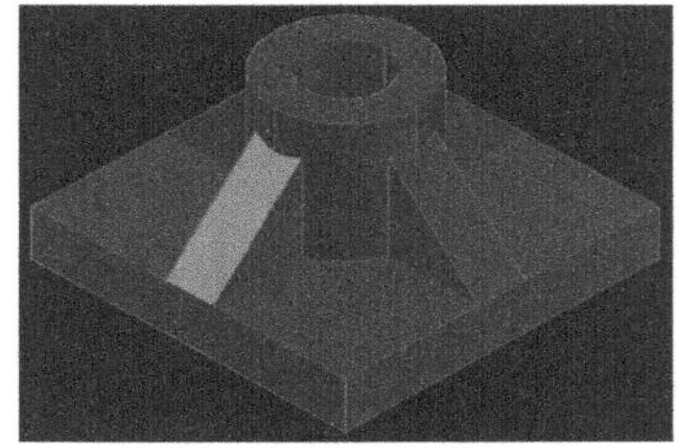

图 13-19　带边缘着色效果

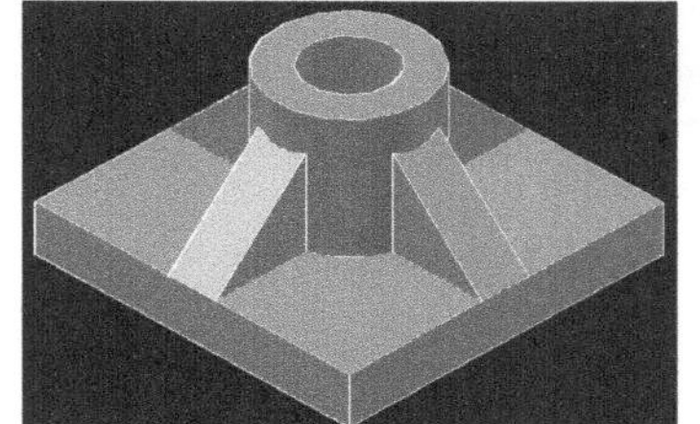

图 13-20　灰度效果

- 勾画：使用线延伸和抖动边修改器显示手绘效果的对象，如图13-21所示。
- X 射线：以局部透明度显示对象，如图13-22所示。

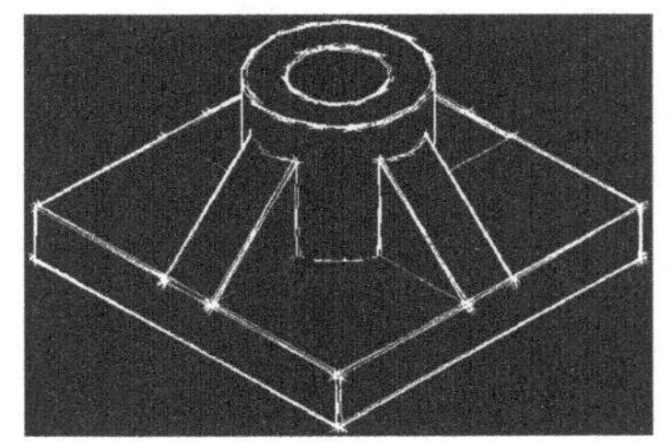

图 13-21　勾画效果

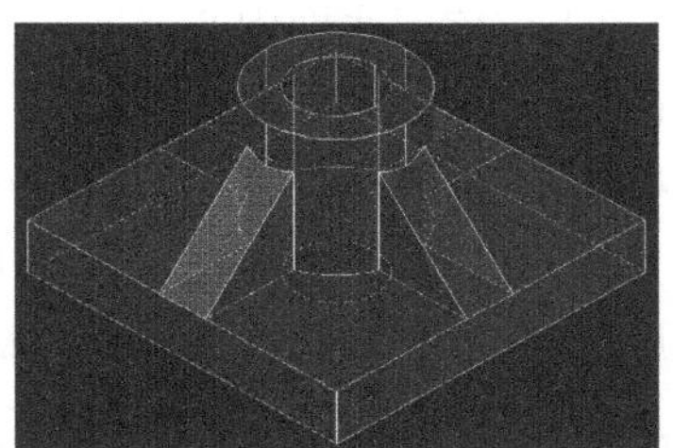

图 13-22　X 射线效果

13.2　绘制三维基本体

通过 AutoCAD 提供的建模命令，可以直接绘制的基本体包括多段体、长方体、球体、圆柱体、圆锥体、圆环体、棱锥体和楔体。

13.2.1　绘制多段体

使用【多段体】命令可以绘制三维墙状实体。用户可以使用创建多段线时使用的方法来创建多段体。执行【多段体】命令有以下 3 种常用方法。

- 选择【绘图】→【建模】→【多段体】命令。

- 单击【建模】面板中的【长方体】下拉按钮，在下拉列表中单击【多段体】按钮。
- 执行 POLYSOLID 命令。

执行 POLYSOLID 命令后，系统将提示【指定起点或 [对象(O)/高度(H)/宽度(W)/对正(J)]:】，其中各项的含义如下。

- 对象(O)：该选项用于将指定的二维图形拉伸为三维实体。
- 高度(H)：该选项用于设置多段体的高度。
- 宽度(W)：该选项用于设置多段体的宽度。
- 对正(J)：该选项用于设置多段线的对正方式，包括左对正、居中、右对正 3 种对正方式。

13.2.2 绘制长方体

使用【长方体】命令可以创建三维长方体或立方体。执行【长方体】命令有以下 3 种常用方法。

- 选择【绘图】→【建模】→【长方体】命令。
- 单击【建模】面板中的【长方体】按钮。
- 执行 BOX 命令。

执行【长方体(BOX)】命令后，系统将提示【指定长方体的角点或[中心(C)]<0,0,0>:】。确定长方体的底面角点位置或底面中心，默认值为<0,0,0>，输入后命令行将提示【指定其他角点或[立方体(C)/长度(L)]】。其中各项的含义如下。

- 中心(C)：选择该选项后，单击可以指定立方体中心的位置。
- 立方体(C)：选择该选项，可以创建立方体。
- 长度(L)：使用该选项创建长方体，创建时先输入长方体底面 X 方向的长度，然后继续输入长方体 Y 方向的宽度，最后输入长方体的高度值。

【练习 13-1】绘制长度为 1000、宽度为 800、高度为 500 的长方体。

(1) 执行【绘制】→【建模】→【长方体】命令，系统提示【指定长方体的角点或[中心点(CE)]:】时，单击指定长方体的起始角点坐标。

(2) 当系统提示【指定角点或[立方体(C)/长度(L)]:】时，输入 L 并确定，选择【长度(L)】选项。

(3) 当系统提示【指定长度】时，进行拖动，指定所绘制长方体的长度及方向，然后输入长方体的长度值并确定，如图 13-23 所示。

(4) 继续拖动，指定长方体的宽度和方向，然后输入宽度值并确定，如图 13-24 所示。

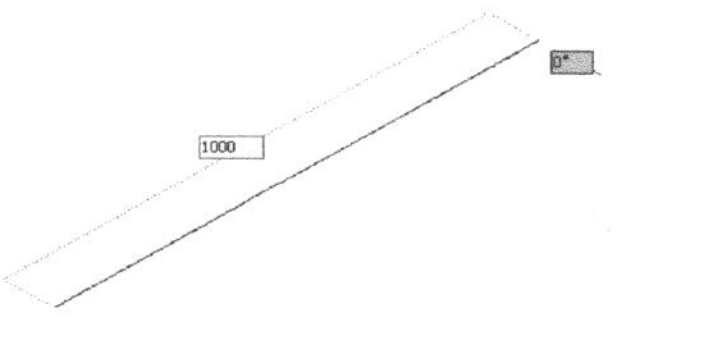

图 13-23　指定长度

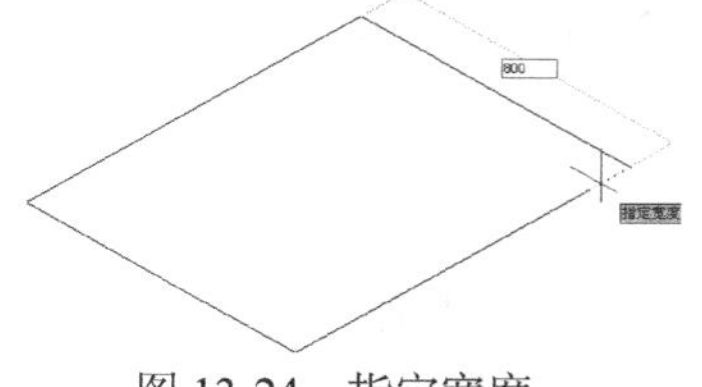

图 13-24　指定宽度

(5) 当系统提示【指定高度】时，进行拖动以指定长方体的高度和方向，然后输入高度值并确定，如图 13-25 所示，即可完成长方体的创建，效果如图 13-26 所示。

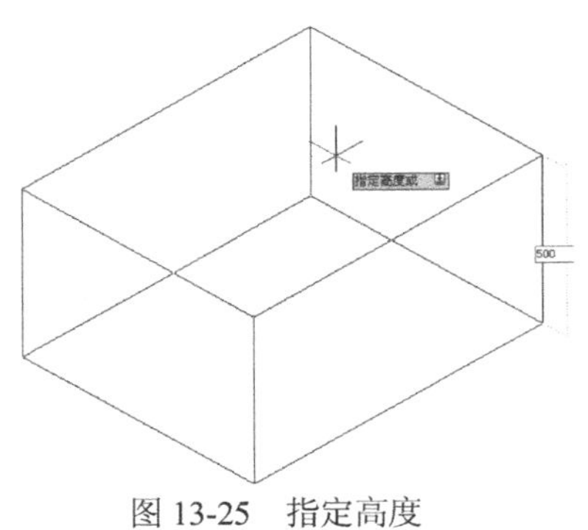

图 13-25　指定高度

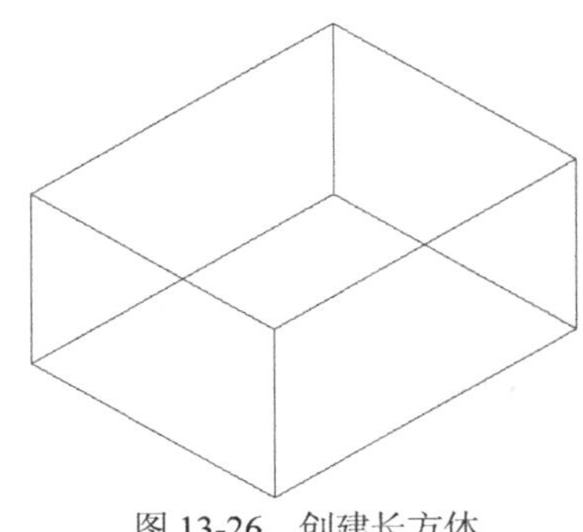

图 13-26　创建长方体

13.2.3　绘制球体

使用【球体】命令可创建如图 13-27 所示的三维实心球体，该实体是通过半径或直径以及球心来定义的。执行【球体】命令有以下 3 种常用方法。

- 选择【绘图】→【建模】→【球体】命令。
- 单击【建模】面板中的【长方体】下拉按钮，在下拉列表中单击【球体】按钮。
- 执行 SPHERE 命令。

13.2.4　绘制圆柱体

使用【圆柱体】命令可以生成无锥度的圆柱体或椭圆柱体，如图 13-28 和图 13-29 所示。该实体与圆或椭圆被执行拉伸操作的结果类似。执行【圆柱体】命令有以下 3 种常用方法。

- 选择【绘图】→【建模】→【圆柱体】命令。
- 单击【建模】面板中的【长方体】下拉按钮，在下拉列表中单击【圆柱体】按钮。
- 执行 CYLINDER 命令。

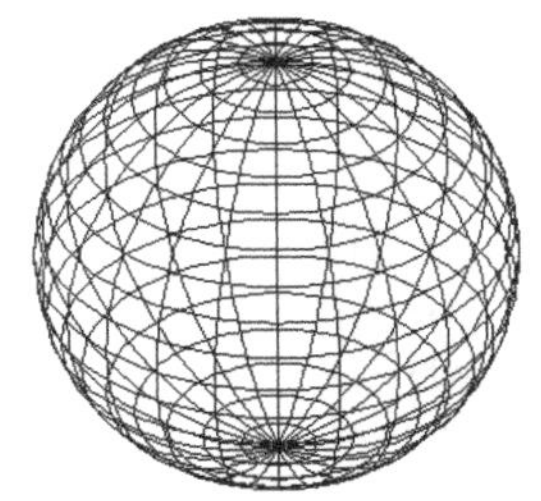

图 13-27　球体

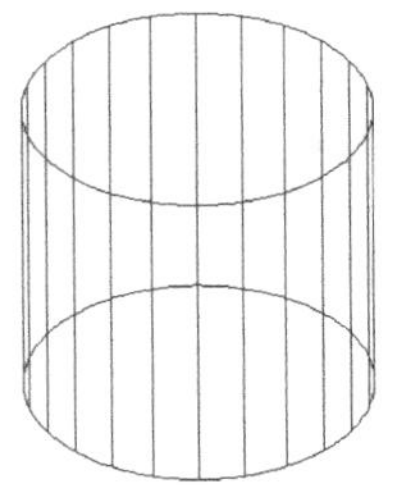

图 13-28　圆柱体

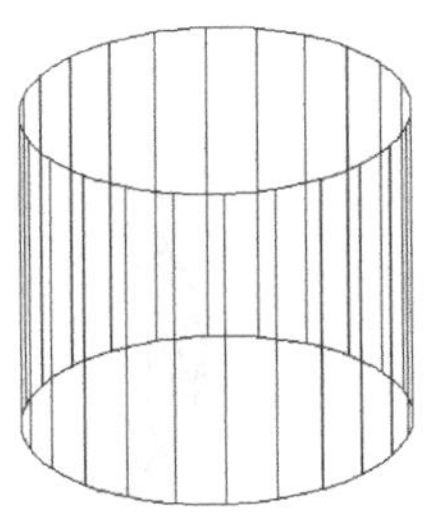

图 13-29　椭圆柱体

13.2.5 绘制圆锥体

使用CONE(圆锥体)命令可以创建实心圆锥体或圆台体的三维图形，该命令以圆或椭圆为底面，垂直向上并对称地变细直至一点。图 13-30 和图 13-31 所示分别为圆锥体和圆台体。执行【圆锥体】命令有以下 3 种常用方法。

- 选择【绘图】→【建模】→【圆锥体】命令。
- 单击【建模】面板中的【长方体】下拉按钮，在下拉列表中单击【圆锥体】按钮。
- 执行 CONE 命令。

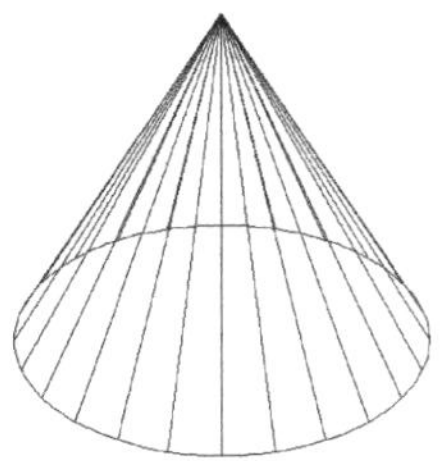
图 13-30　圆锥体

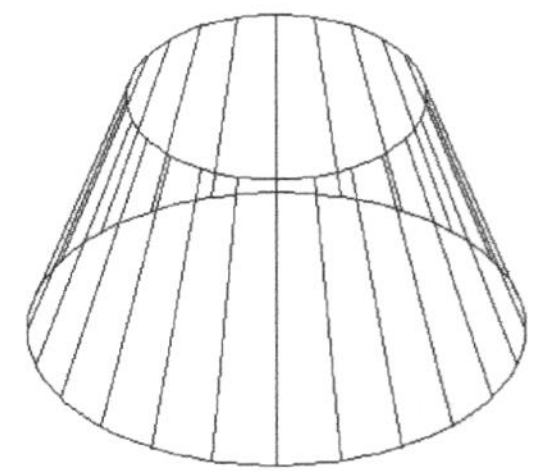
图 13-31　圆台体

提示

创建圆锥体时，如果设置圆锥体的顶面半径为大于零的值，那么创建的对象将是圆台体。

13.2.6 绘制圆环体

使用【圆环体】命令可以创建圆环体，如图 13-32 所示。如果圆管半径和圆环体半径都是正值，且圆管半径大于圆环体半径，结果就像一个两极凹陷的球体；如果圆环体半径为负值，圆管半径为正值，且大于圆环体半径的绝对值，结果就像一个两极尖锐突出的球体，如图 13-33 所示。执行【圆环体】命令有以下 3 种常用方法。

- 选择【绘图】→【建模】→【圆环体】命令。
- 单击【建模】面板中的【长方体】下拉按钮，在下拉列表中单击【圆环体】按钮。
- 执行 TORUS(TOR)命令。

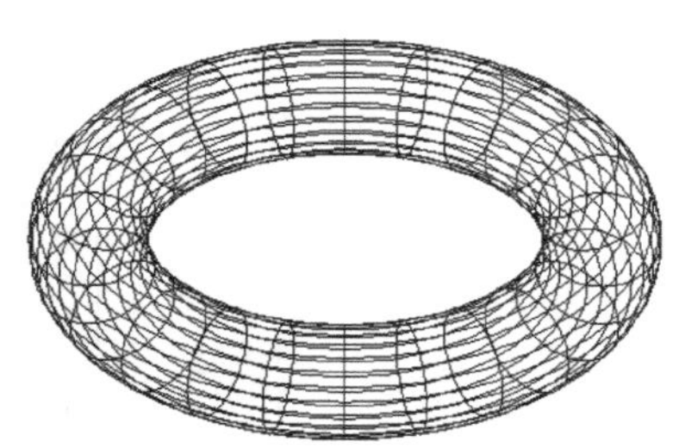
图 13-32　圆环体

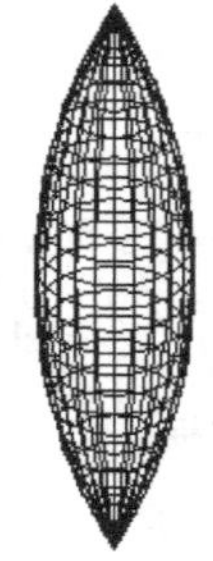
图 13-33　异形圆环

13.2.7　绘制棱锥体

执行【棱锥体】命令，可以创建倾斜至一个点的棱锥体，如图 13-34 所示。在绘制模型的过程中，如果重新指定模型的顶面半径为大于零的值，可以绘制出棱台体，如图 13-35 所示。执行【棱锥体】命令有以下 3 种常用方法。

- 选择【绘图】→【建模】→【棱锥体】命令。
- 单击【建模】面板中的【长方体】下拉按钮，在下拉列表中单击【棱锥体】按钮。
- 执行 PYRAMID 命令。

13.2.8　绘制楔体

执行【楔体】命令，可以创建倾斜面在 X 轴方向的三维实体，如图 13-36 所示。执行【楔体】命令有以下 3 种常用方法。

- 选择【绘图】→【建模】→【楔体】命令。
- 单击【建模】面板中的【长方体】下拉按钮，在下拉列表中单击【楔体】按钮。
- 执行 WEDGE 命令。

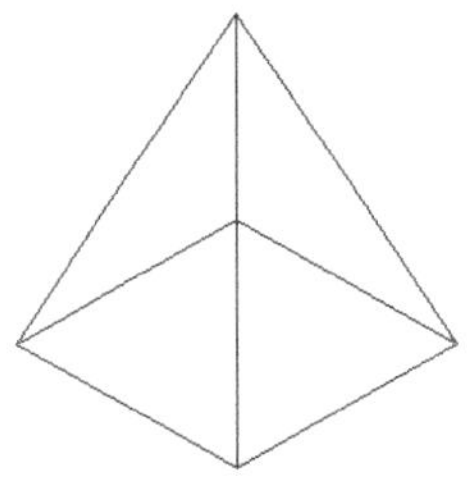

图 13-34　棱锥体

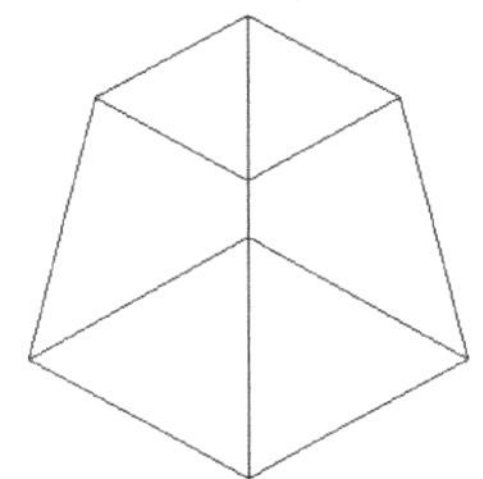

图 13-35　棱台体

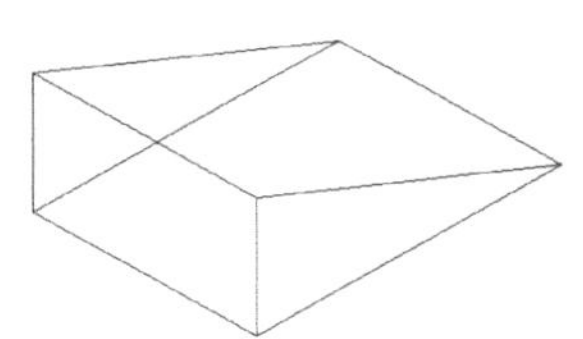

图 13-36　楔体

13.3　将二维图形创建为三维实体

在 AutoCAD 中，除了可以使用系统提供的实体命令直接绘制三维模型外，也可以通过对二维图形进行旋转、拉伸和放样等操作绘制三维模型。

13.3.1　绘制拉伸实体

使用【拉伸】命令可以沿指定路径拉伸对象或按指定高度值和倾斜角度拉伸对象，从而将二维图形拉伸为三维实体。

执行【拉伸】命令有以下 3 种常用方法。

- 选择【绘图】→【建模】→【拉伸】命令。
- 单击【建模】面板中的【拉伸】按钮。
- 执行 EXTRUDE(EXT)命令。

在使用【拉伸】命令创建三维实体的过程中，命令提示中主要选项的含义如下。

- 指定拉伸高度：默认情况下，将沿对象的法线方向拉伸平面对象。如果输入正值，将沿对象所在坐标系的 Z 轴正方向拉伸对象。如果输入负值，将沿 Z 轴负方向拉伸对象。
- 方向(D)：通过指定的两点指定拉伸的长度和方向。
- 路径(P)：选择基于指定曲线对象的拉伸路径。路径将移动到轮廓的质心。然后沿选定路径拉伸选定对象的轮廓以创建实体或曲面。
- 倾斜角：使拉伸后的顶部与底部形成一定的角度。

提示

三维实体表面以线框的形式来表示，线框密度由系统变量 ISOLINES 控制。系统变量 ISOLINES 的数值范围在 4～2047 之间，数值越大，线框越密。

【练习 13-2】绘制一个异形封闭二维图形，然后将其拉伸为实体。

(1) 使用【样条曲线(SPL)】命令，绘制一个异形封闭二维图形，如图 13-37 所示。

(2) 执行 ISOLINES 命令，设置线框密度为 24。

(3) 选择【视图】→【三维视图】→【西南等轴测】命令，将视图转换为西南等轴测视图，图形效果如图 13-38 所示。

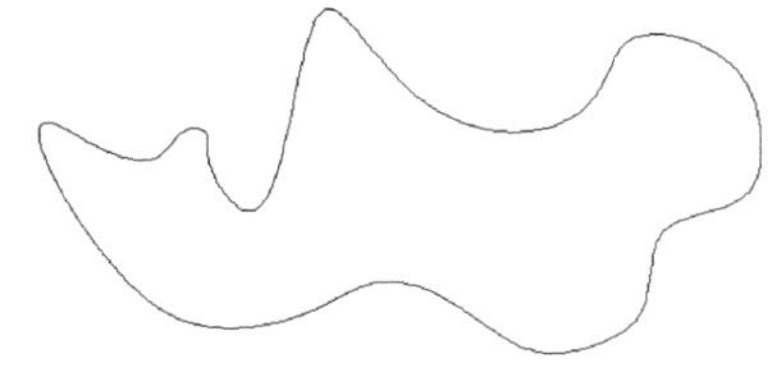

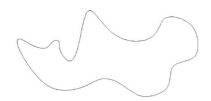

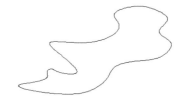

图 13-37　绘制二维图形

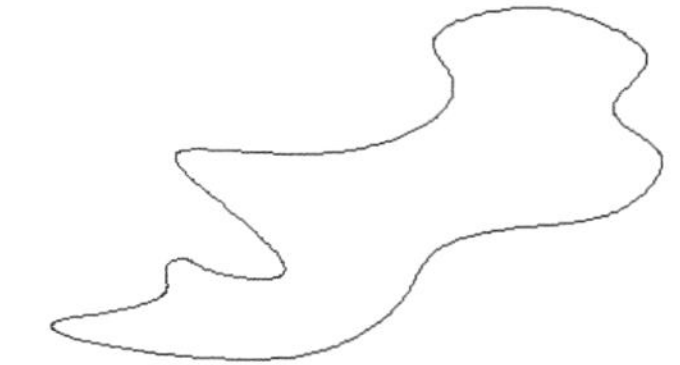

图 13-38　转换为西南等轴测视图

(4) 选择【绘图】→【建模】→【拉伸】命令，选择绘制的图形，系统提示【指定拉伸的高度或 [方向(D)/路径(P)/倾斜角(T)]:】时，输入拉伸对象的高度值，如图 13-39 所示。

(5) 按空格键进行确定，即可完成拉伸二维图形的操作，效果如图 13-40 所示。

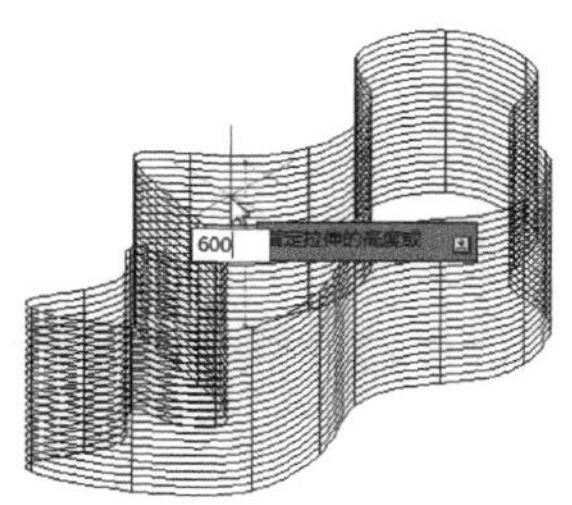

图 13-39　指定高度

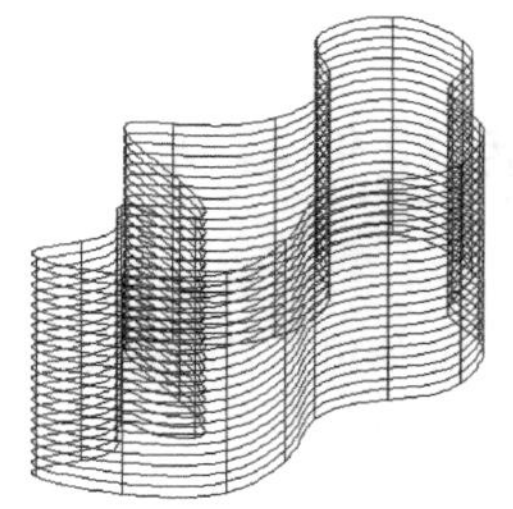

图 13-40　拉伸效果

13.3.2　绘制旋转实体

使用【旋转】命令可以通过绕轴旋转开放或闭合的平面曲线来创建新的实体或曲面，并且可以同时旋转多个对象。

执行【旋转】命令有以下 3 种常用方法。

- 选择【绘图】→【建模】→【旋转】命令。
- 单击【建模】面板中的【拉伸】下拉按钮，在下拉列表中单击【旋转】按钮。
- 执行 REVOLVE(REV)命令。

【练习 13-3】绘制两个二维图形，然后将其旋转为实体。

(1) 使用【直线】和【多段线(PL)】命令绘制如图 13-41 所示的直线和封闭图形。

(2) 选择【绘图】→【建模】→【旋转】命令，选择封闭图形作为旋转对象，如图 13-42 所示。

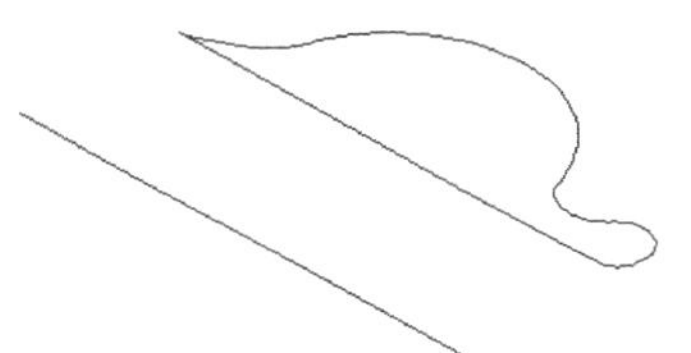

图 13-41　绘制图形

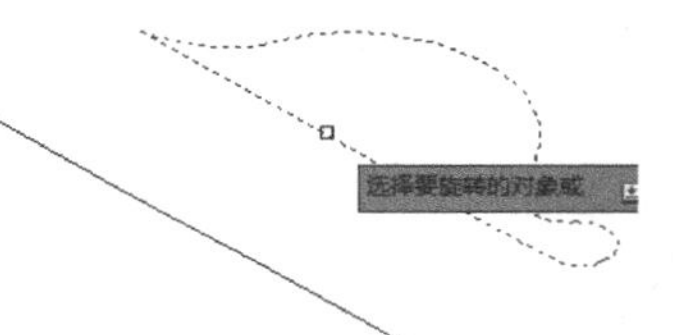

图 13-42　选择旋转对象

(3) 系统提示【指定轴起点或根据以下选项之一定义轴 [对象(O)/X/Y/Z]: 】时，指定旋转轴的起点，如图 13-43 所示。

(4) 系统提示【指定轴端点: 】时，指定旋转轴的端点，如图 13-44 所示。

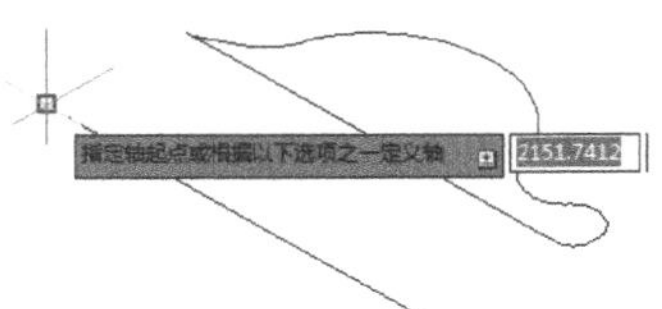

图 13-43　指定旋转轴的起点

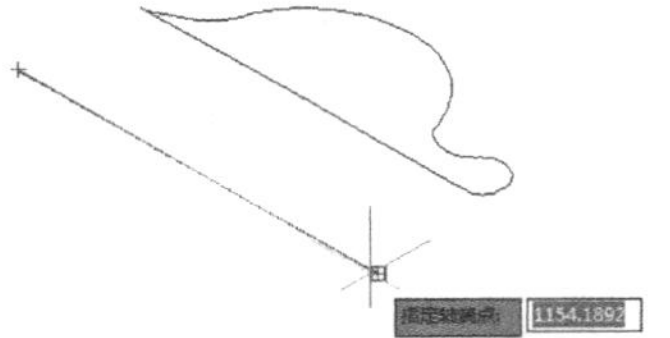

图 13-44　指定旋转轴的端点

(5) 系统提示【指定旋转角度或 [起点角度(ST)]: 】时，指定旋转的角度为 360，如图 13-45 所示。完成对二维图形的旋转，效果如图 13-46 所示。

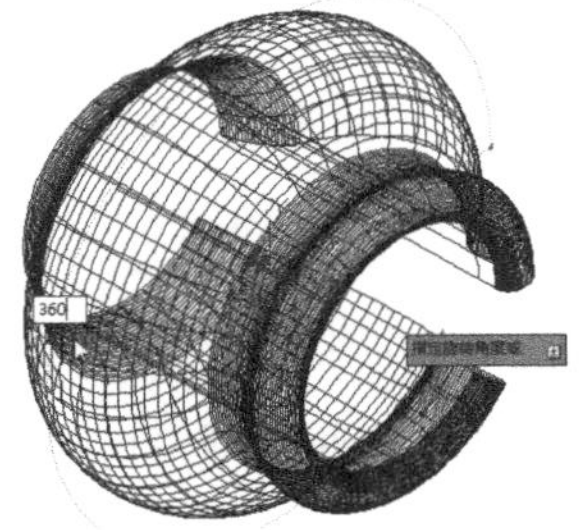

图 13-45　指定旋转的角度

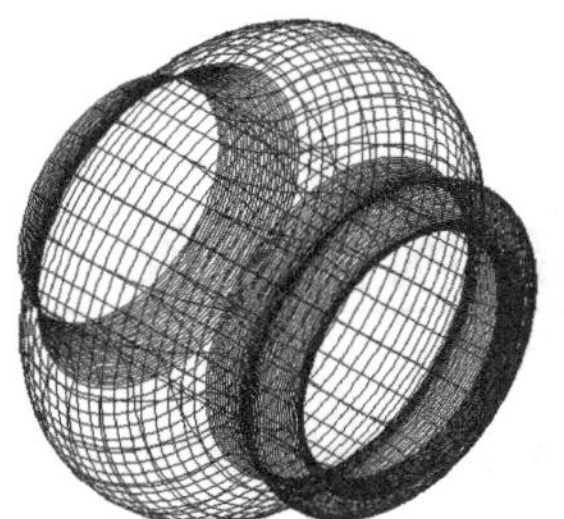

图 13-46　旋转实体的效果

13.3.3 绘制放样实体

使用【放样】命令可以通过对包含两条或两条以上横截面曲线的一组曲线进行放样来创建三维实体或曲面。其中横截面决定了放样生成实体或曲面的形状，它可以是开放的线或直线，也可以是闭合的图形，如圆、椭圆、多边形和矩形等。

执行【放样】命令有以下 3 种常用方法。

- 选择【绘图】→【建模】→【放样】命令。
- 单击【建模】面板中的【拉伸】下拉按钮，在弹出的下拉列表中单击【放样】按钮。
- 执行 LOFT 命令。

【练习 13-4】使用【放样】命令对二维图形进行放样。

(1) 使用【样条曲线(SPL)】命令绘制一条曲线，使用【圆(C)】命令绘制 3 个圆，如图 13-47 所示。

(2) 选择【绘图】→【建模】→【放样】命令，根据提示依次选择作为放样横截面的 3 个圆，如图 13-48 所示。

图 13-47　绘制二维图形

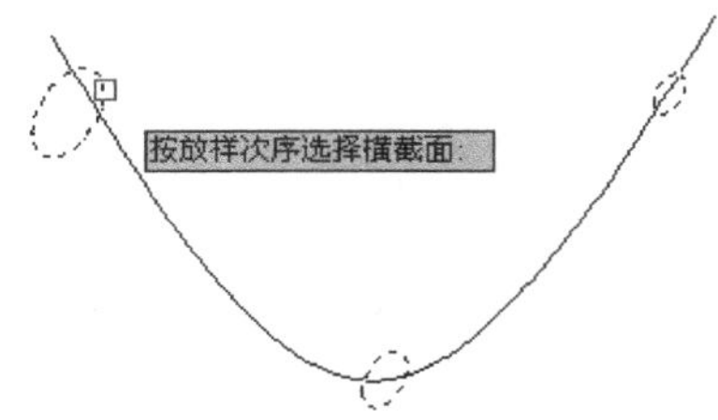

图 13-48　选择图形

(3) 在弹出的菜单列表中选择【路径(P)】选项，如图 13-49 所示，然后选择曲线作为路径对象，即可完成二维图形的放样操作，效果如图 13-50 所示。

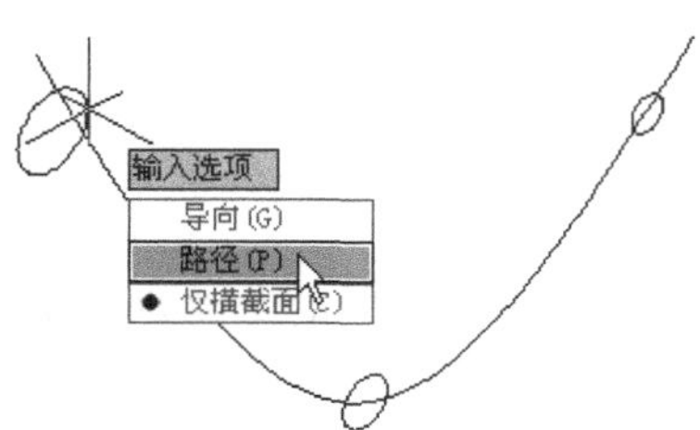

图 13-49　选择【路径(P)】选项

图 13-50　放样效果

13.4 创建网格对象

在 AutoCAD 中，通过创建网格对象可以绘制更为复杂的三维模型，可以创建的网格对象包括旋转网格、平移网格、直纹网格和边界网格对象。

13.4.1　设置网格密度

在网格对象中，可以使用系统变量 SURFTAB1 和 SURFTAB2 分别控制旋转网格在 M、N 方向的网格密度，其中旋转轴定义为 M 方向，旋转轨迹定义为 N 方向。SURFTAB1 和 SURFTAB2 的预设值为 6，网格密度越大，生成的网格面越光滑。

【练习 13-5】设置网格 1 和网格 2 的密度。

(1) 执行 SURFTAB1 命令，然后根据系统提示输入 SURFTAB1 的新值，再按 Enter 键进行确定，如图 13-51 所示。

(2) 执行 SURFTAB2 命令，然后根据系统提示输入 SURFTAB2 的新值，再按 Enter 键进行确定，如图 13-52 所示。

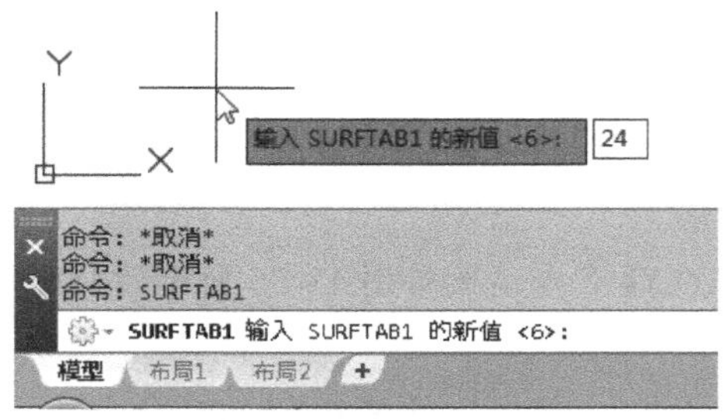

图 13-51　输入 SURFTAB1 的新值

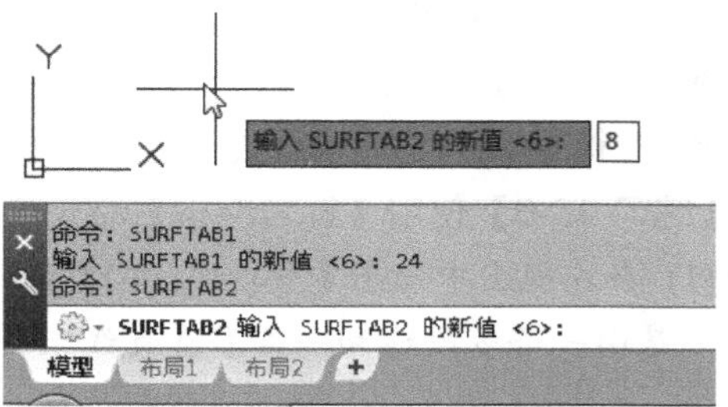

图 13-52　输入 SURFTAB2 的新值

(3) 在设置 SURFTAB1 值为 24，设置 SURFTAB2 值为 8 后，创建的边界网格的效果如图 13-53 所示。

(4) 如果设置 SURFTAB1 值为 6，设置 SURFTAB2 值为 6，则创建的边界网格的效果将如图 13-54 所示。

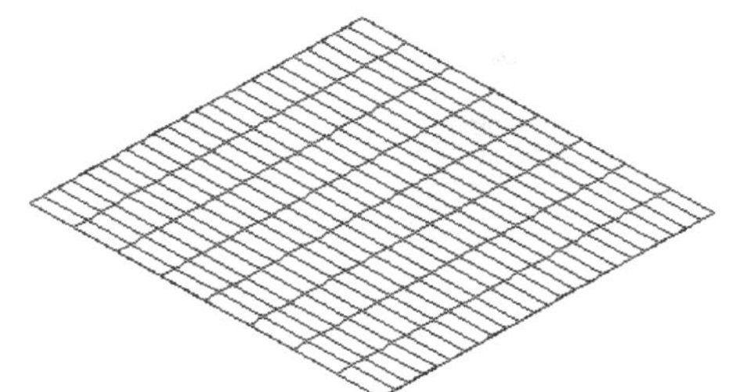

图 13-53　边界网格的效果 1

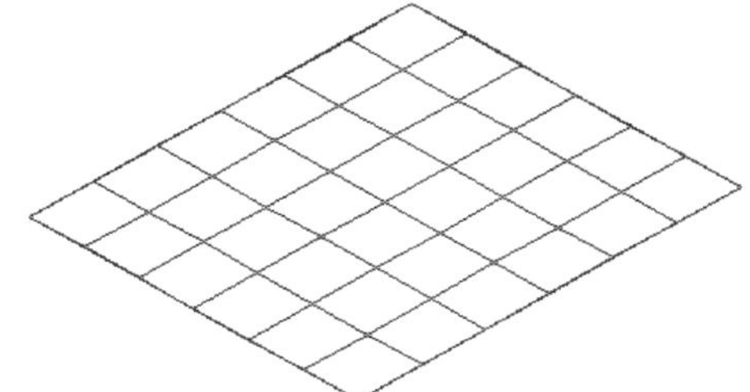

图 13-54　边界网格的效果 2

提示

要指定网格的密度，应先设置 SURFTAB1 和 SURFTAB2 的值，再绘制网格对象。使用修改 SURFTAB1 和 SURFTAB2 值的方法，只能改变后面绘制的网格对象的密度，而不能改变之前绘制的网格对象的密度。

13.4.2 旋转网格

旋转网格是通过将路径曲线或轮廓(直线、圆、圆弧、椭圆、椭圆弧、闭合多段线、多边形、闭合样条曲线或圆环)绕指定的轴旋转构造一个近似于旋转网格的多边形网格。

在创建三维形体时，可以使用【旋转网格】命令将形体截面的外轮廓线围绕某一指定轴旋转一定的角度生成一个网格。被旋转的轮廓线可以是圆、圆弧、直线、二维多段线、三维多段线，但旋转轴只能是直线、二维多段线和三维多段线。旋转轴选取的是多段线，那么实际轴线为多段线两个端点之间的连线。

执行【旋转网格】命令有以下 3 种常用方法。

- 切换到【三维建模】工作空间，在功能区选择【网格】选项卡，单击【图元】面板中的【旋转网格】按钮。
- 执行【绘图】→【建模】→【网格】→【旋转网格】命令。
- 执行 REVSURF 命令。

【练习 13-6】使用【旋转网格】命令绘制瓶子图形。

(1) 在左视图中使用【多段线(PL)】命令和【直线(L)】命令绘制如图 13-55 所示的封闭图形，该图形是由一条多段线和一条垂直直线组成的图形。

(2) 执行 SURFTAB1 命令，将网格密度值 1 设置为 24，然后执行 SURFTAB2 命令，将网格密度值 2 设置为 24。

(3) 切换到西南等轴测视图中，执行【绘图】→【建模】→【网格】→【旋转网格】命令，选择多段线作为要旋转的对象。

(4) 当系统提示【选择定义旋转轴的对象:】时，选择垂直直线作为旋转轴。

(5) 保持默认起点角度和包含角并按 Enter 键确定，完成旋转网格的创建，效果如图 13-56 所示。

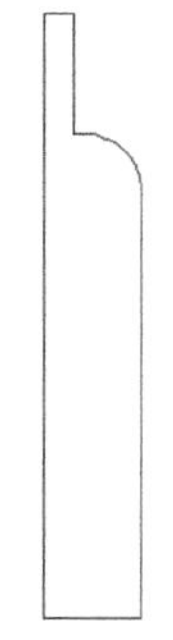

图 13-55　绘制图形

图 13-56　创建旋转网格

13.4.3 平移网格

使用【平移网格】命令可以创建以一条路径轨迹线沿着指定方向拉伸而成的网格，创建平移

网格时，指定的方向将沿指定的轨迹曲线移动。创建平移网格时，拉伸向量线必须是直线、二维多段线或三维多段线，路径轨迹线可以是直线、圆弧、圆、二维多段线或三维多段线。拉伸向量线选取多段线则拉伸方向为两个端点之间的连线，且拉伸面的拉伸长度即为向量线长度。

执行【平移网格】命令有以下 3 种常用方法。

- 单击【网格】→【图元】面板中的【平移网格】按钮。
- 执行【绘图】→【建模】→【网格】→【平移网格】命令。
- 执行 TABSURF 命令。

【练习 13-7】使用【平移网格】命令绘制波浪平面。

(1) 使用【样条曲线(SPL)】命令和【直线(L)】命令绘制一条样条曲线和一条直线，效果如图 13-57 所示。

(2) 执行 TABSURF 命令，选择样条曲线作为轮廓曲线的对象。

(3) 系统提示【选择用作方向矢量的对象:】时，选择直线作为方向矢量的对象，创建的平移网格效果如图 13-58 所示。

图 13-57　创建图形　　图 13-58　平移网格效果

13.4.4　直纹网格

使用【直纹网格】命令可以在两条曲线之间构造一个表示直纹网格的多边形网格，在创建直纹网格的过程中，所选择的对象用于定义直纹网格的边。

在创建直纹网格对象时，选择的对象可以是点、直线、样条曲线、圆、圆弧或多段线。如果有一个边界是闭合的，那么另一个边界必须也是闭合的。可以将一个点作为开放或闭合曲线的另一个边界，但是只能有一个边界曲线可以是一个点。

执行【直纹网格】命令有以下 3 种常用方法。

- 单击【网格】→【图元】面板中的【直纹网格】按钮。
- 执行【绘图】→【建模】→【网格】→【直纹网格】命令。
- 执行 RULESURF 命令。

【练习 13-8】使用【直纹网格】命令绘制倾斜的圆台体。

(1) 切换到西南等轴测视图中，使用【圆(C)】命令绘制两个大小不同且不在同一位置的圆，如图 13-59 所示。

(2) 执行 RULESURF 命令，系统提示【选择第一条定义曲线:】时，选择上方的圆作为第一条定义曲线。

(3) 系统提示【选择第二条定义曲线:】时，选择下方的圆作为第二条定义曲线，创建的直纹网格效果如图 13-60 所示。

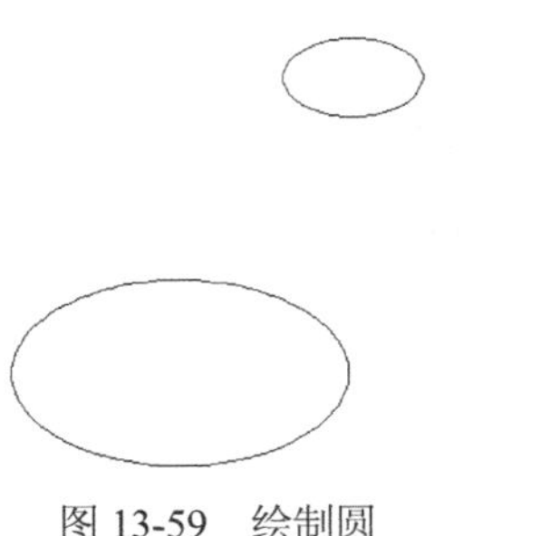

图 13-59　绘制圆

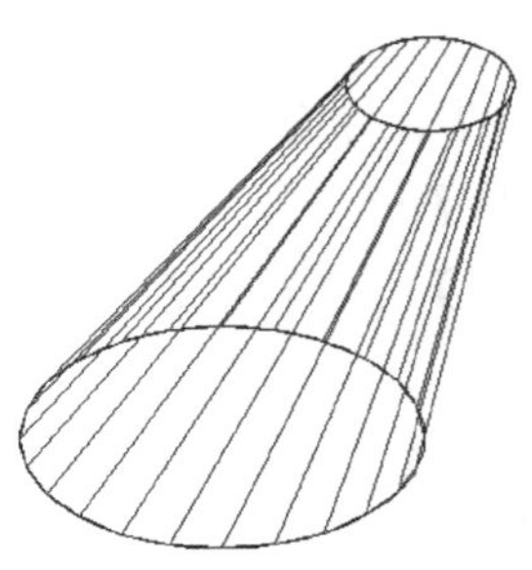

图 13-60　创建直纹网格

13.4.5　边界网格

使用【边界网格】命令可以创建一个三维多边形网格，此多边形网格近似于一个由 4 条邻接边定义的曲面网格。

执行【边界网格】命令有以下 3 种常用方法。

- 单击【网格】→【图元】面板中的【边界网格】按钮。
- 执行【绘图】→【建模】→【网格】→【边界网格】命令。
- 执行 EDGESURF 命令。

【练习 13-9】使用【边界网格】命令绘制边界网格对象。

(1) 切换到西南等轴测视图中，使用【样条曲线(SPL)】命令，绘制 4 条首尾相连的样条曲线组成封闭图形，如图 13-61 所示。

(2) 执行 EDGESURF 命令，依次选择图形中的 4 条样条曲线，即可创建网格边界的对象，如图 13-62 所示。

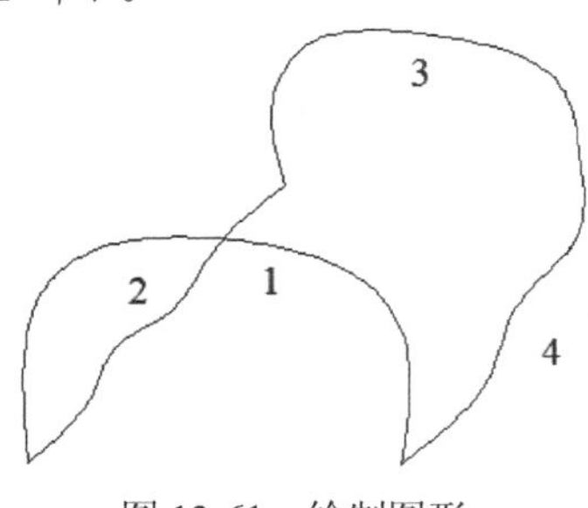

图 13-61　绘制图形

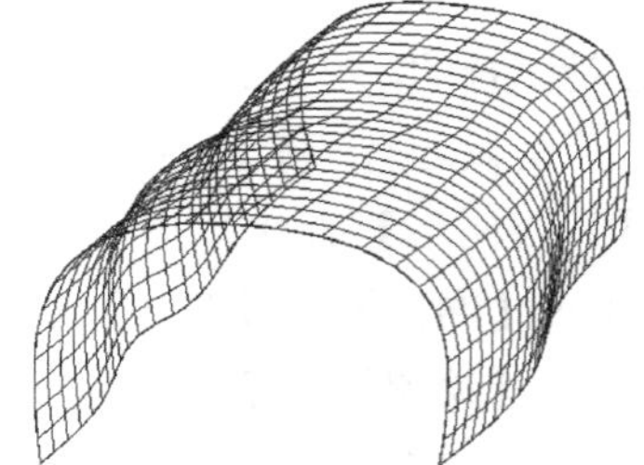

图 13-62　边界网格

提示

创建边界网格时，选择定义的网格片必须是 4 条邻接边。相邻接边可以是直线、圆弧、样条曲线或开放的二维或三维多段线。这些边必须在端点处相交以形成一个拓扑形式的矩形的闭合路径。

13.5 布尔运算实体

对实体对象进行布尔运算，可以将多个实体合并在一起(即并集运算)，或是从某个实体中减去另一个实体(即差集运算)，还可以只保留相交的实体(即交集运算)。

13.5.1 并集运算

执行【并集】命令，可以将选定的两个或以上的实体合并成为一个新的整体。并集实体也就是由两个或多个现有实体的全部体积合并起来形成的。

执行【并集】命令的常用方法有以下 3 种。

- 选择【修改】→【实体编辑】→【并集】命令。
- 单击【实体编辑】面板中的【并集】按钮。
- 执行 UNION(UNI)命令。

【练习 13-10】使用【并集】命令合并两个长方体。

(1) 绘制两个长方体作为并集对象，如图 13-63 所示。

(2) 执行 UNION 命令，选择绘制的两个长方体并按 Enter 键确定，并集效果如图 13-64 所示。

图 13-63　绘制长方体

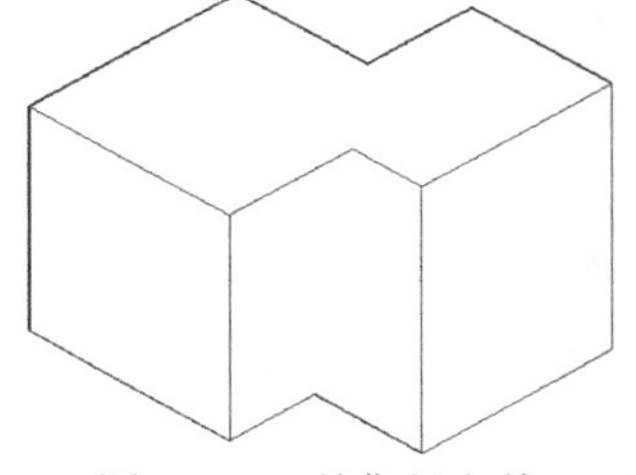

图 13-64　并集长方体

13.5.2 差集运算

执行【差集】命令，可以将选定的组合实体相减得到一个差集整体。在绘制机械模型时，常用【差集】命令对实体进行开槽、钻孔等处理。

执行【差集】命令的常用方法有以下 3 种。

- 选择【修改】→【实体编辑】→【差集】命令。
- 单击【实体编辑】面板中的【差集】按钮。
- 执行 SUBTRACT(SU)命令。

【练习 13-11】使用【差集】命令对长方体进行差集运算。

(1) 绘制两个相交的长方体，如图 13-65 所示。

(2) 执行 SUBTRACT 命令，然后选择大长方体作为被减对象。

(3) 选择小长方体作为要减去的对象并确定，完成差集运算，效果如图 13-66 所示。

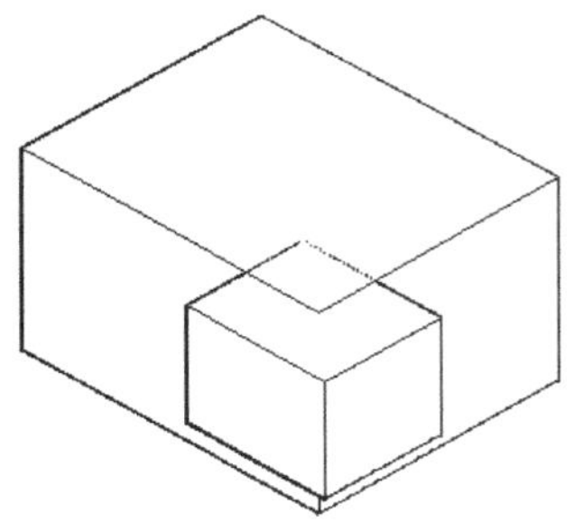
图 13-65　绘制长方体

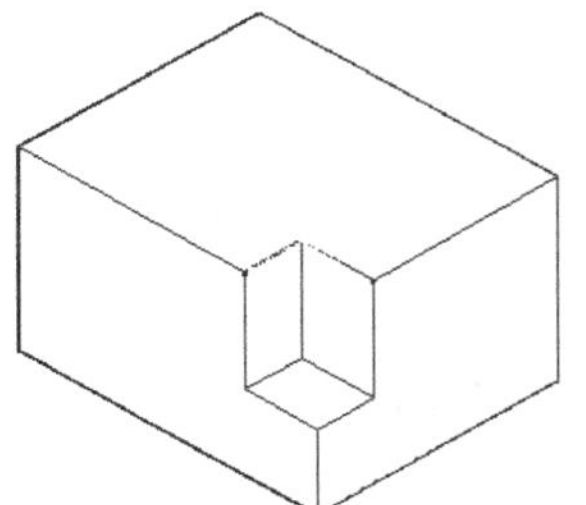
图 13-66　差集运算结果

13.5.3　交集运算

执行【交集】命令，可以从两个或多个实体的交集中创建组合实体或面域，并删除交集外面的区域。

执行【交集】命令的常用方法有以下 3 种。

- 选择【修改】→【实体编辑】→【交集】命令。
- 单击【实体编辑】面板中的【交集】按钮。
- 执行 INTERSECT(IN)命令。

【练习 13-12】使用【交集】命令对长方体和球体进行交集运算。

(1) 绘制一个长方体和一个球体，如图 13-67 所示。

(2) 执行 INTERSECT 命令，选择长方体和球体并确定，即可完成两个模型的交集运算，效果如图 13-68 所示。

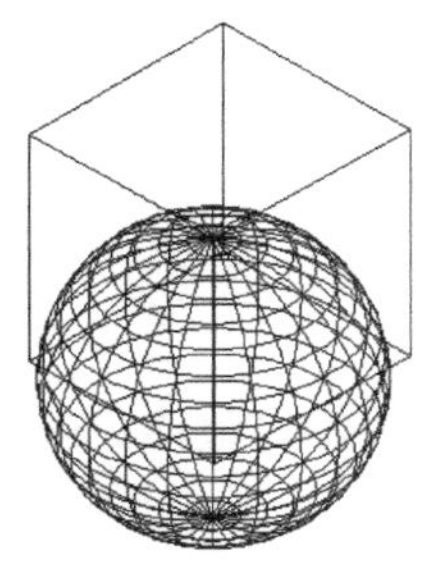
图 13-67　绘制模型

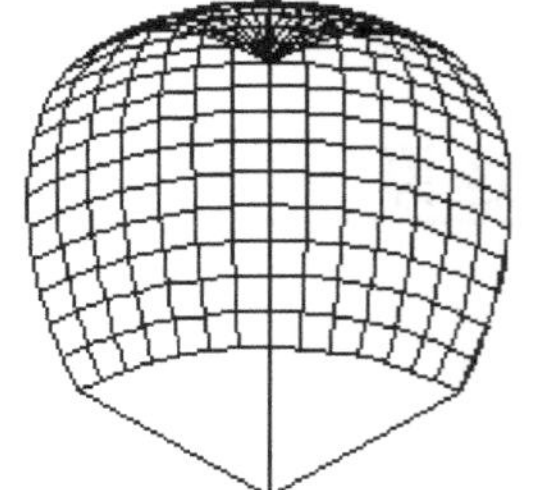
图 13-68　交集运算

13.6　三维操作

在创建三维模型的操作中，可以对实体进行三维操作，如对模型进行三维移动、三维旋转、三维镜像和三维阵列等，从而快速创建更多复杂的模型。

13.6.1　三维移动

执行【三维移动】命令，可以将实体按指定方向和距离在三维空间中进行移动，从而改变对象的位置。

执行【三维移动】命令有以下 3 种常用方法。

- 选择【修改】→【三维操作】→【三维移动】命令。
- 在功能区中选择【常用】选项卡，单击【修改】面板中的【三维移动】按钮。
- 执行3DMOVE 命令。

【练习 13-13】使用【三维移动】命令将圆锥体移动到圆柱体顶面。

(1) 创建一个圆柱体和一个圆锥体作为操作对象。

(2) 执行 3DMOVE 命令，选择圆锥体作为要移动的实体对象并确定，如图 13-69 所示。

(3) 当系统提示【指定基点:】时，在圆锥体底面中心点处指定移动的基点。

(4) 当系统提示【指定第二个点或 <使用第一个点作为位移>:】时，向上移动鼠标捕捉圆柱体顶面中心点，指定移动的第二个点，移动实体后的效果如图 13-70 所示。

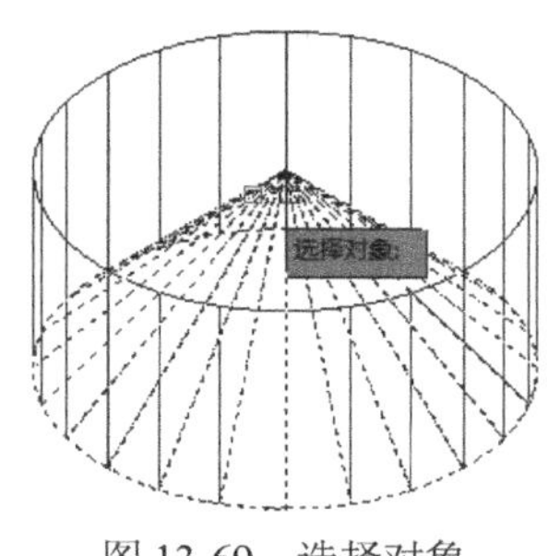

图 13-69　选择对象

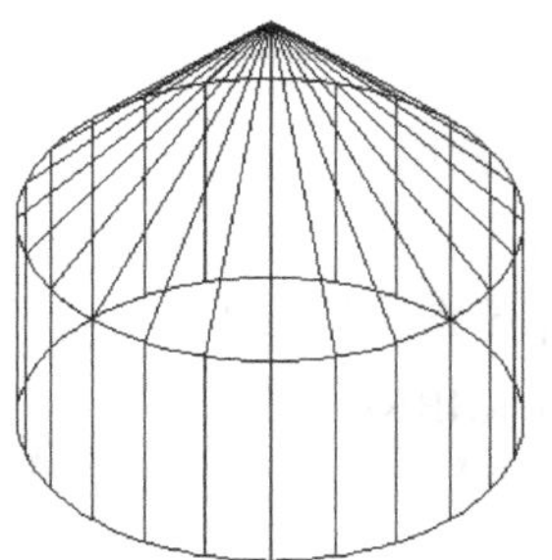

图 13-70　移动效果

13.6.2　三维旋转

使用【三维旋转】命令可以将实体绕指定轴在三维空间中进行一定方向的旋转，以改变实体对象的方向。

执行【三维旋转】命令有以下 3 种常用方法。

- 选择【修改】→【三维操作】→【三维旋转】命令。
- 单击【修改】面板中的【三维旋转】按钮。
- 执行3DROTATE 命令。

【练习 13-14】使用【三维旋转】命令将长方体沿 X 轴旋转 15°。

(1) 创建一个长方体作为三维旋转对象。

(2) 执行 3DROTATE 命令，选择创建的长方体作为要旋转的实体对象并确定。

(3) 当系统提示【指定基点:】时，指定旋转的基点位置，如图 13-71 所示。

(4) 当系统提示【拾取旋转轴:】时，选择其中一个轴作为旋转的轴，如选择 X 轴，如图 13-72 所示。

(5) 当系统提示【指定角的起点或键入角度:】时，输入旋转的角度，然后进行确定，旋转后的效果如图 13-73 所示。

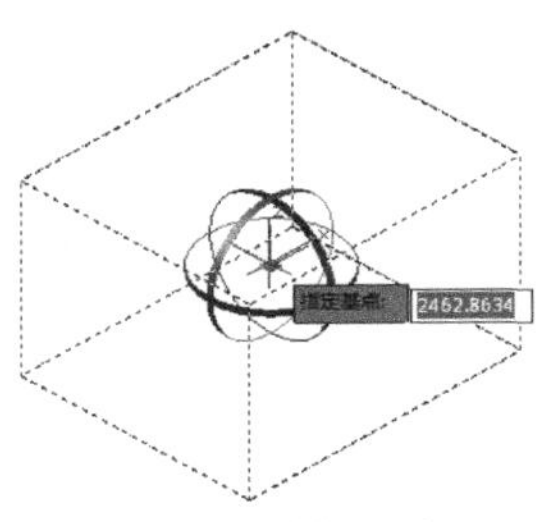
图 13-71　选择基点

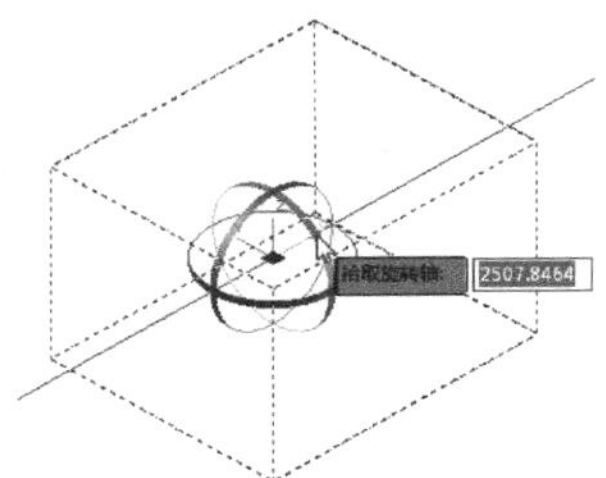
图 13-72　选择旋转轴

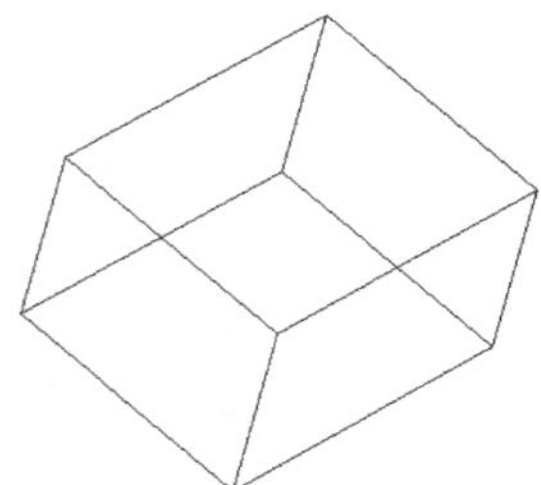
图 13-73　旋转效果

13.6.3　三维镜像

使用【三维镜像】命令可以将三维实体按指定的三维平面作对称性复制。执行【三维镜像】命令有以下 3 种常用方法。

- 单击【修改】面板中的【三维镜像】按钮。
- 选择【修改】→【三维操作】→【三维镜像】命令。
- 执行 MIRROR3D 命令。

【练习 13-15】使用【三维镜像】命令对多段体模型进行镜像复制。

(1) 创建一个多段体作为镜像复制对象。

(2) 执行 MIRROR3D 命令，选择创建的多段体并确定。系统提示【指定镜像平面(三点)的第一个点或 MIRROR3D[对象(O)/最近的(L)/Z 轴(Z)/视图(V)/XY 平面(XY)/YZ 平面(YZ)/ZX 平面(ZX)/三点(3)]<三点>:】时，指定镜像平面的第一个点，如图 13-74 所示。

(3) 系统提示【在镜像平面上指定第二点:】时，指定镜像平面上的第二个点，如图13-75所示。

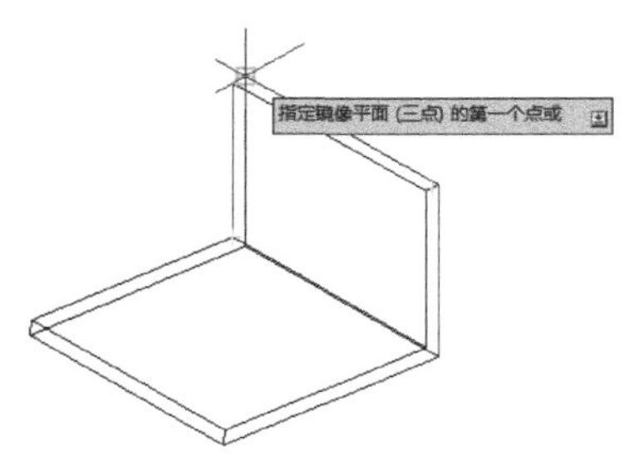

图 13-74　指定第一点

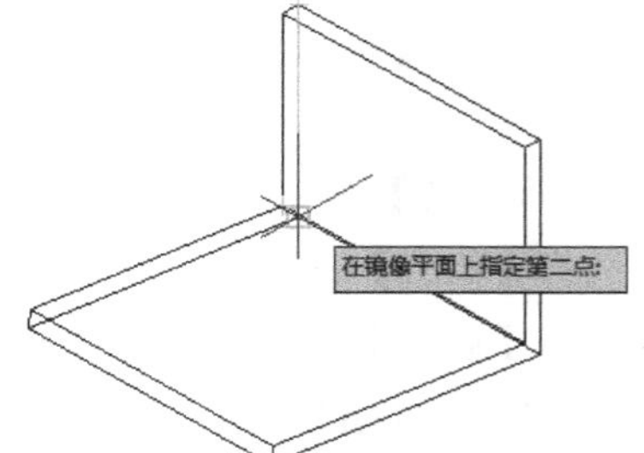

图 13-75　指定第二点

(4) 系统提示【在镜像平面上指定第三点:】时，指定镜像平面上的第三个点，如图13-76 所示。然后保持默认选项【否(N)】并按 Enter 键确定，完成镜像复制操作，效果如图13-77所示。

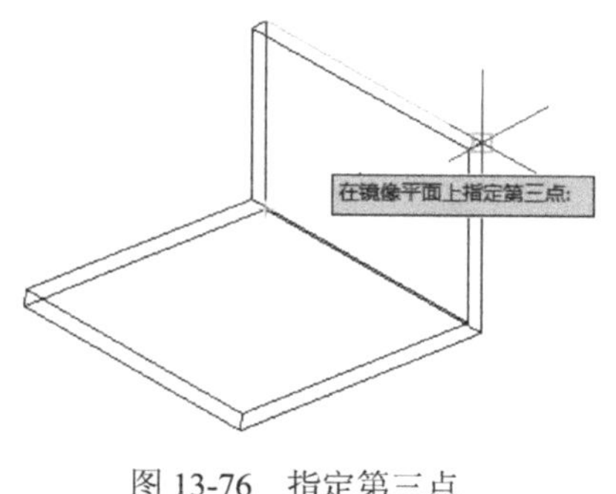

图 13-76 指定第三点

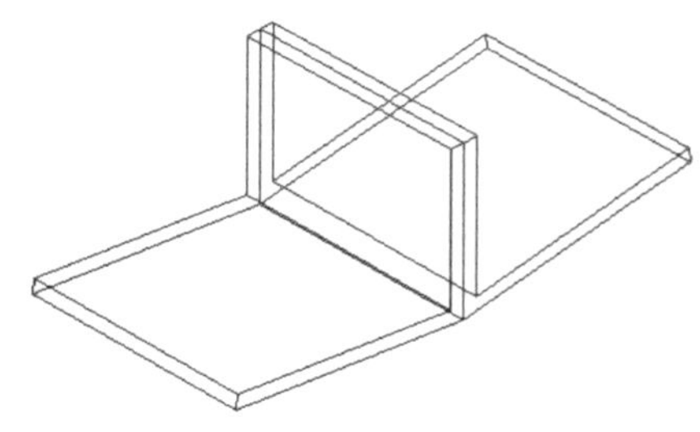

图 13-77 镜像复制效果

13.6.4 三维阵列

【三维阵列】命令与二维图形中的阵列比较相似，可以进行矩形阵列，也可以进行环形阵列。但在三维阵列命令中，进行阵列复制操作时需要设置层数。在进行环形阵列操作时，其阵列中心并非由一个阵列中心点控制，而是由阵列中心的旋转轴而确定的。

执行【三维阵列】命令有以下两种常用方法。

- 选择【修改】→【三维操作】→【三维阵列】命令。
- 执行3DARRAY 命令。

【练习 13-16】使用【三维阵列】命令矩形阵列立方体。

(1) 创建一个边长为 10 的立方体作为三维阵列对象。

(2) 执行 3DARRAY 命令，选择立方体作为要阵列的实体对象并确定。

(3) 在弹出的菜单中选择【矩形(R)】选项，如图 13-78 所示，当系统提示【输入行数(---)<当前>:】时，输入阵列的行数并确定，如图 13-79 所示。

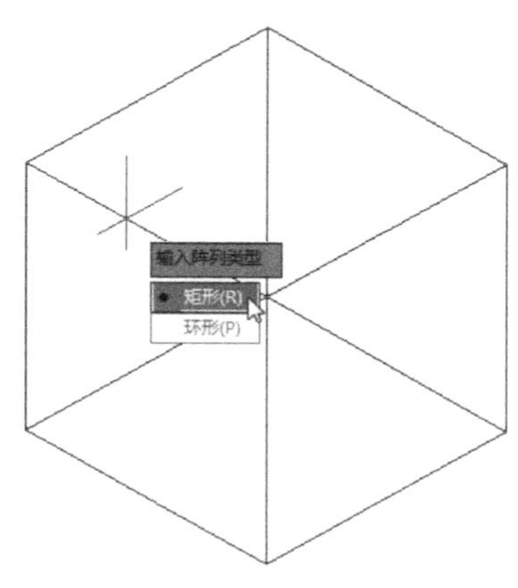

图 13-78 选择阵列类型

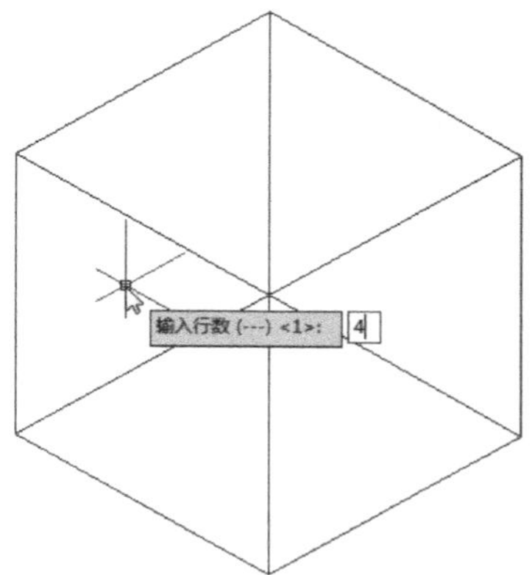

图 13-79 设置阵列行数

(4) 当系统提示【输入列数(---)<当前>:】时，设置阵列的列数，如图 13-80 所示。然后设置阵列的层数，如图 13-81 所示。

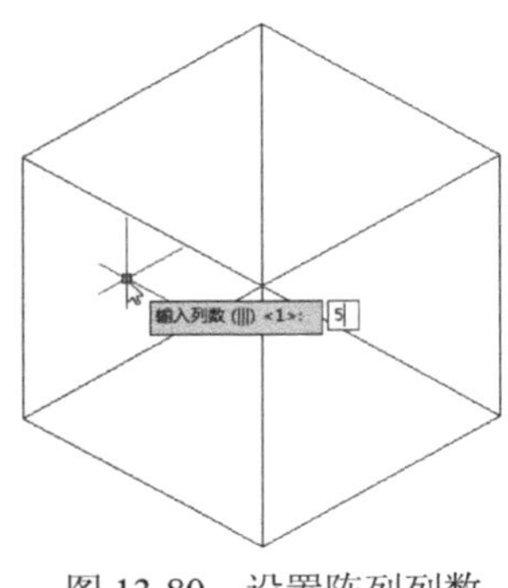

图 13-80 设置阵列列数

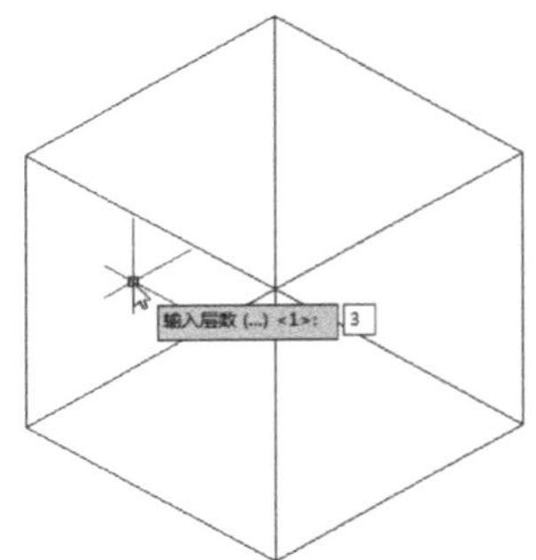

图 13-81 设置阵列层数

(5) 当系统提示【指定行间距(---)<当前>:】时，设置阵列的行间距，如图 13-82 所示。然后，设置阵列的列间距，如图 13-83 所示。

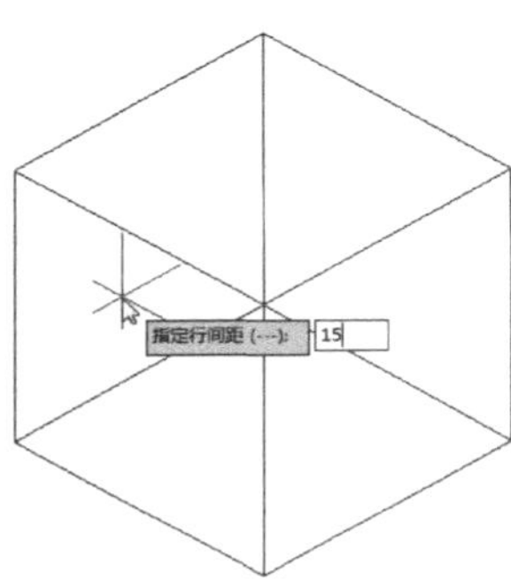

图 13-82 指定行间距

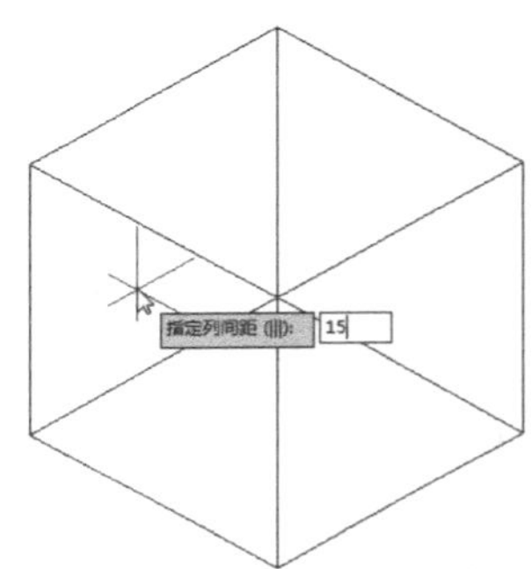

图 13-83 指定列间距

(6) 当系统提示【指定层间距(---)<当前>:】时，设置阵列的层间距，如图 13-84 所示。然后，进行确定，阵列后的效果如图 13-85 所示。

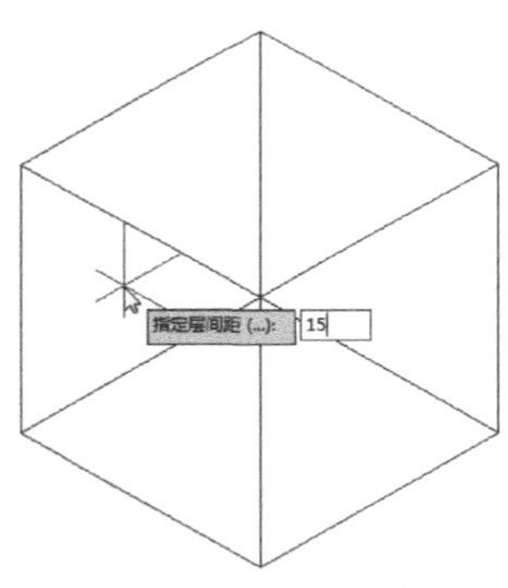

图 13-84 指定层间距

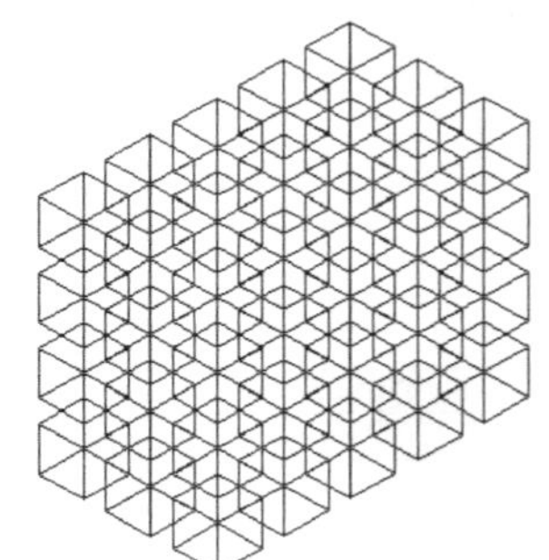

图 13-85 矩形阵列效果

【练习 13-17】使用【三维阵列】命令环形阵列球体。

(1) 创建一个圆和一个球体作为环形阵列对象。

(2) 执行 3DARRAY 命令，选择球体作为要阵列的对象，在弹出的菜单中选择【环形(P)】选项，如图 13-86 所示。

(3) 当系统提示【输入阵列中的项目数目:】时，设置阵列的数目，如图 13-87 所示。

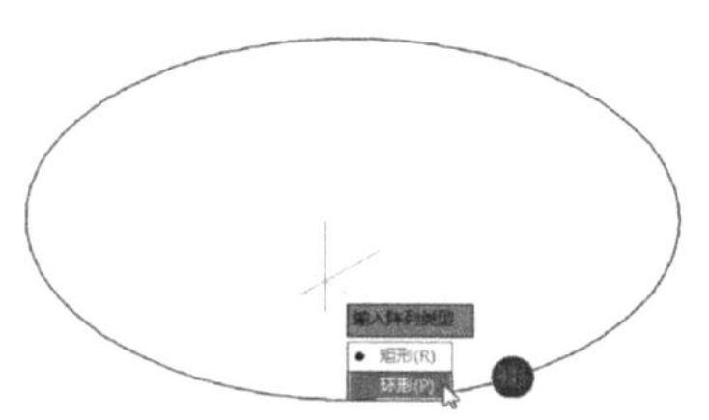

图 13-86　选择阵列类型

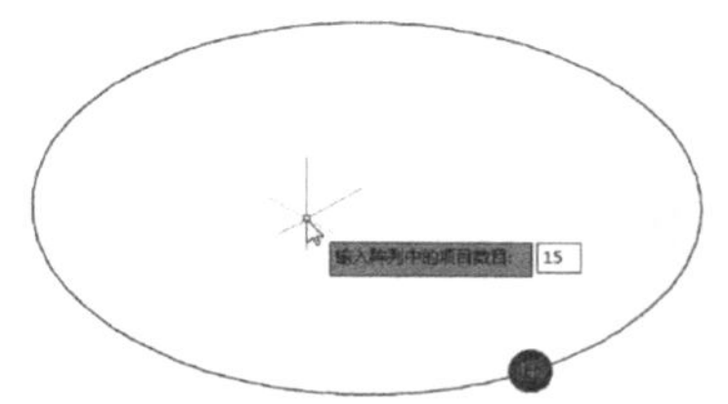

图 13-87　设置阵列数目

(4) 当系统提示【指定要填充的角度 (+=逆时针, -=顺时针) <360>:】时，设置阵列填充的角度，如图 13-88 所示。然后设置阵列中心点，如图 13-89 所示。

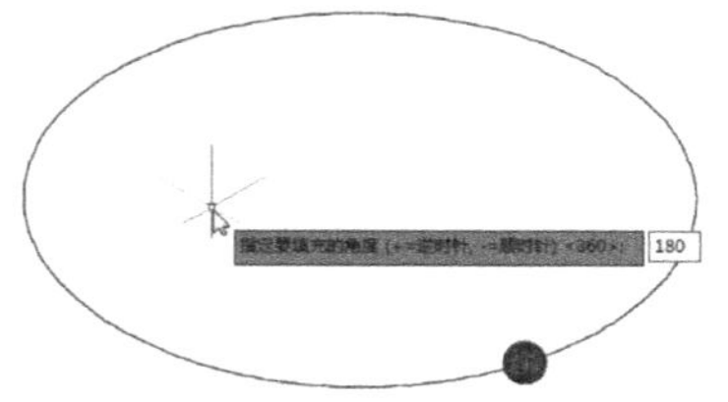

图 13-88　设置阵列填充角度

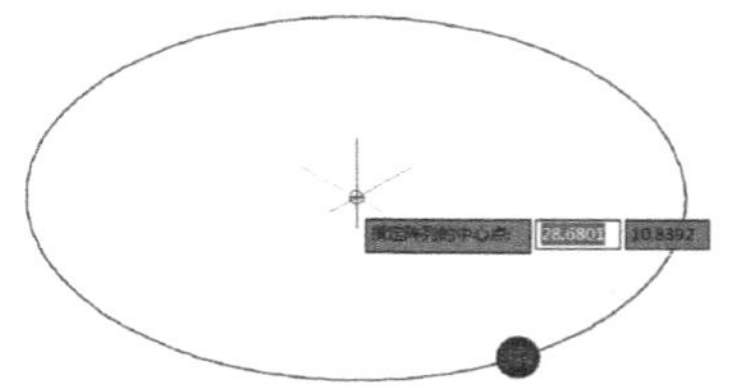

图 13-89　设置阵列中心点

(5) 当系统提示【指定旋转轴上的第二点:】时，输入第二点的相对坐标，以确定第二点与第一点在垂直线上，如图 13-90 所示。然后进行确定，环形阵列效果如图 13-91 所示。

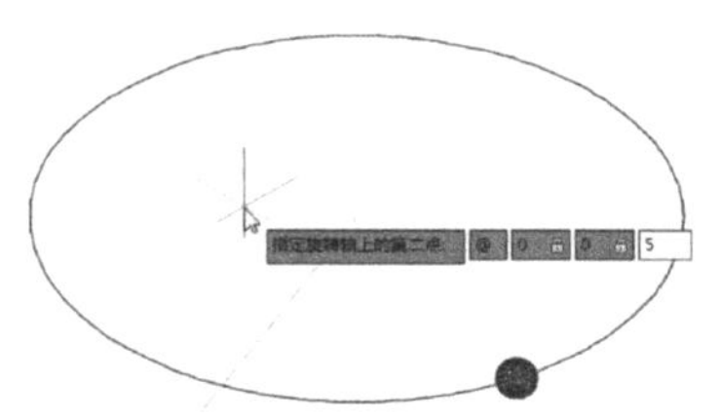

图 13-90　指定第二点

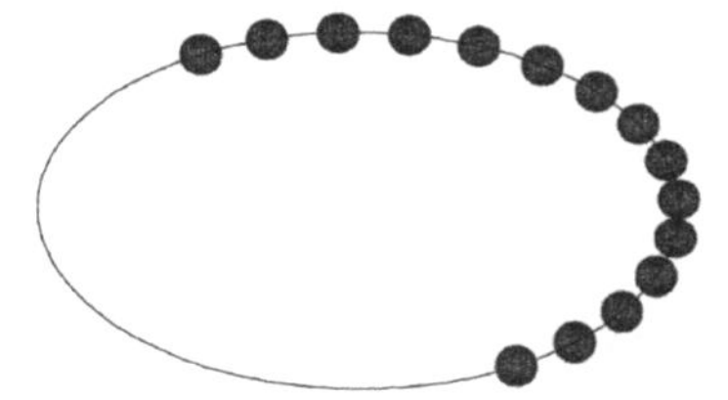

图 13-91　环形阵列效果

13.7　实体编辑

在创建三维模型的操作中，对三维实体进行编辑，可以创建出更复杂的模型。例如，可以对模型边进行圆角和倒角处理，也可以对模型进行分解。

13.7.1　圆角实体边

使用【圆角边】命令可以为实体对象的边制作圆角，在创建圆角边的操作中，可以选择多条边。圆角的大小可以通过输入圆角半径值或单击并拖动圆角夹点来确定。

执行【圆角边】命令的常用方法有以下 3 种。

- 选择【修改】→【实体编辑】→【圆角边】命令。

- ◉ 在功能区中选择【实体】选项卡，单击【实体编辑】面板中的【圆角边】按钮。
- ◉ 执行 FILLETEDGE 命令。

【练习 13-18】对长方体的边进行圆角，设置圆角的半径为 15。

(1) 绘制一个长度为 80、宽度为 80、高度为 60 的长方体。

(2) 执行 FILLETEDGE 命令，选择长方体的一条边作为圆角边对象，如图 13-92 所示。

(3) 在弹出的菜单列表中选择【半径(R)】选项，如图 13-93 所示。

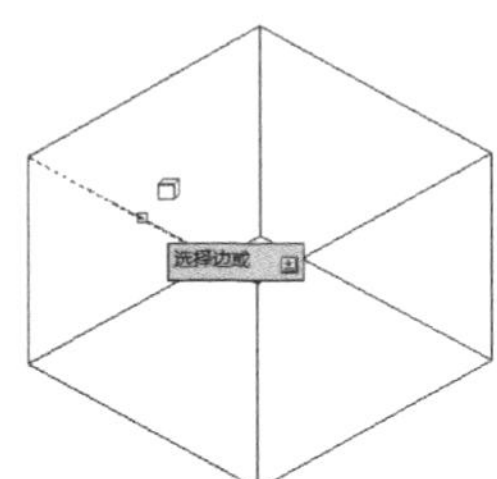

图 13-92　选择圆角边对象

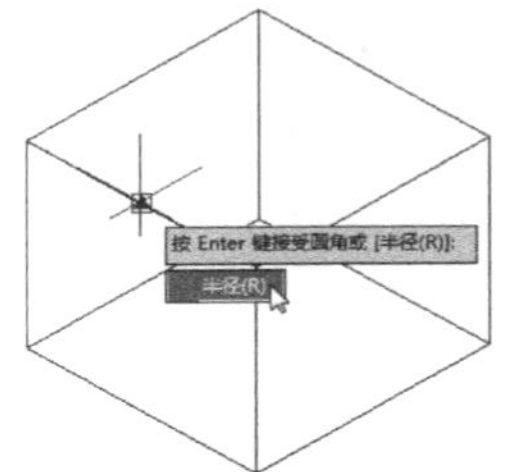

图 13-93　选择【半径(R)】选项

(4) 设置圆角半径的值为 15，如图 13-94 所示。然后按下空格键确定，圆角边操作效果如图 13-95 所示。

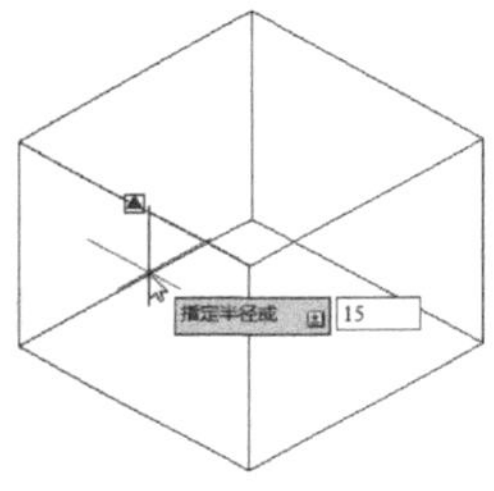

图 13-94　设置圆角半径

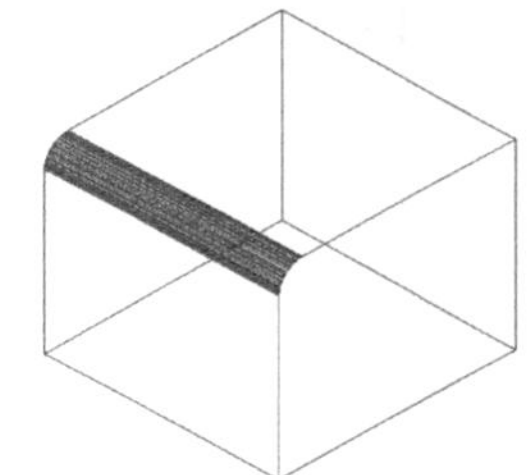

图 13-95　圆角边效果

13.7.2　倒角实体边

使用【倒角边】命令可以为三维实体边和曲面边建立倒角。在创建倒角边的操作中，可以同时选择属于相同面的多条边。在设置倒角边的距离时，可以通过输入倒角距离值，或单击并拖动倒角夹点来确定。

执行【倒角边】命令的常用方法有以下 3 种。

- ◉ 选择【修改】→【实体编辑】→【倒角边】命令。
- ◉ 在功能区中选择【实体】选项卡，单击【实体编辑】面板中的【圆角边】下拉按钮，在弹出的下拉列表中单击【倒角边】按钮。
- ◉ 执行 CHAMFEREDGE 命令。

执行 CHAMFEREDGE 命令，系统将提示【选择一条边或 [环(L)/距离(D)]:】，其中各选项的含义如下。

- ◉ 选择一条边：选择要建立倒角的一条实体边或曲面边。

- 环(L)：对一个面上的所有边建立倒角。对于任何边，有两种可能的循环。选择循环边后，系统将提示用户接受当前选择，或选择下一个循环。
- 距离(D)：选择该选项，可以设定倒角边的距离1和距离2的值。其默认值为 1。

【练习 13-19】对长方体的边进行倒角，设置倒角的距离 1 为 15、距离 2 为 20。

(1) 绘制一个长度为 80、宽度为 80、高度为 60 的长方体。

(2) 选择【修改】→【实体编辑】→【倒角边】命令，然后选择长方体的一条边作为倒角边对象，如图 13-96 所示。

(3) 在系统提示【选择一条边或 [环(L)/距离(D)]:】时，输入 d 并确定，以选择【距离(D)】选项，如图 13-97 所示。

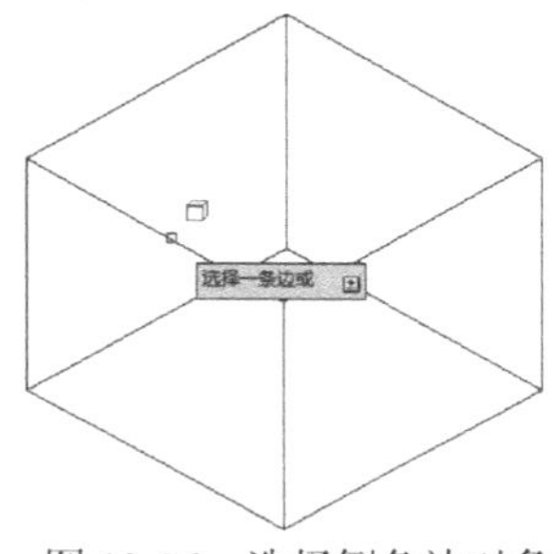

图 13-96　选择倒角边对象

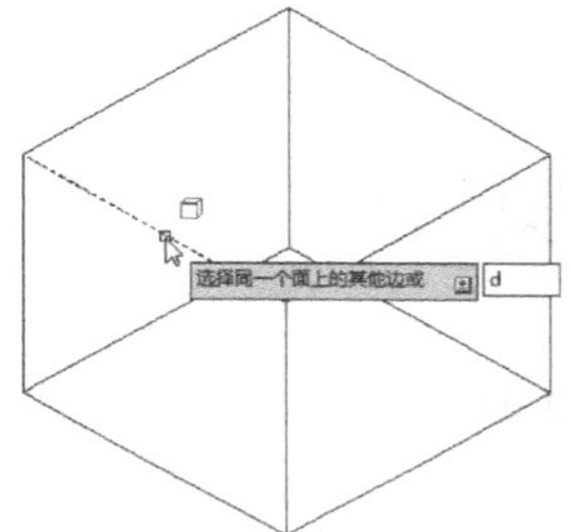

图 13-97　输入 d 并确定

(4) 根据系统提示输入【距离 1】的值为 15 并确定，如图 13-98 所示。

(5) 根据系统提示输入【距离 2】的值为 20 并确定，如图 13-99 所示。

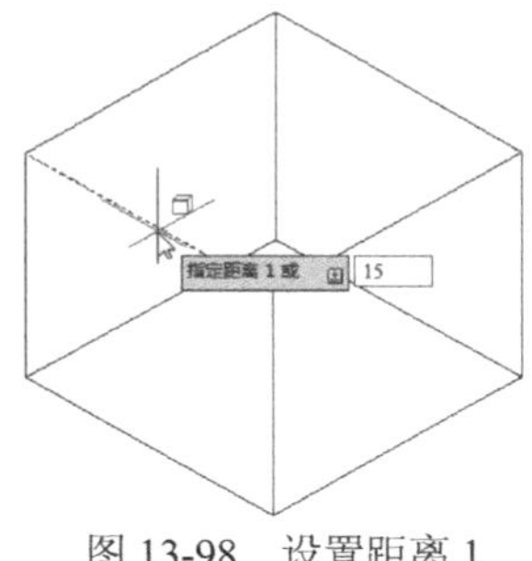

图 13-98　设置距离 1

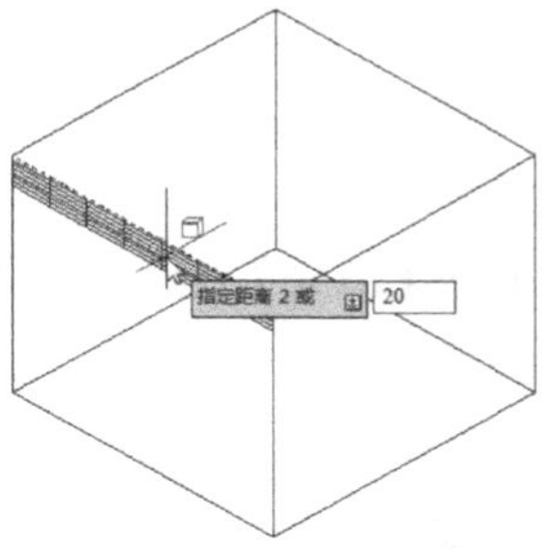

图 13-99　设置距离 2

(6) 当系统提示【选择同一个面上的其他边或 [环(L)/距离(D)]】时，如图 13-100 所示。连续两次按下空格键进行确定，完成倒角边的操作，效果如图 13-101 所示。

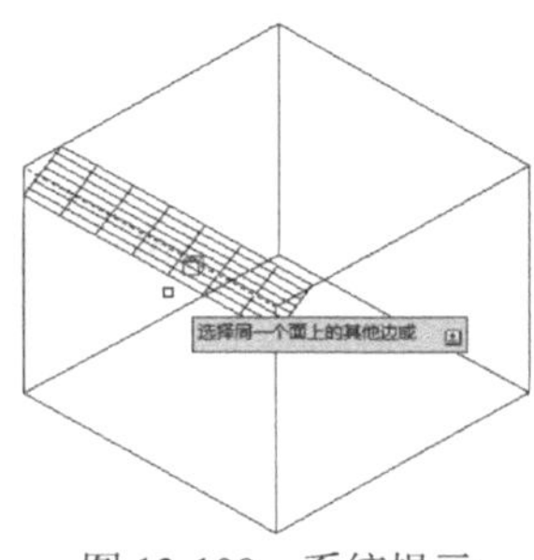

图 13-100　系统提示

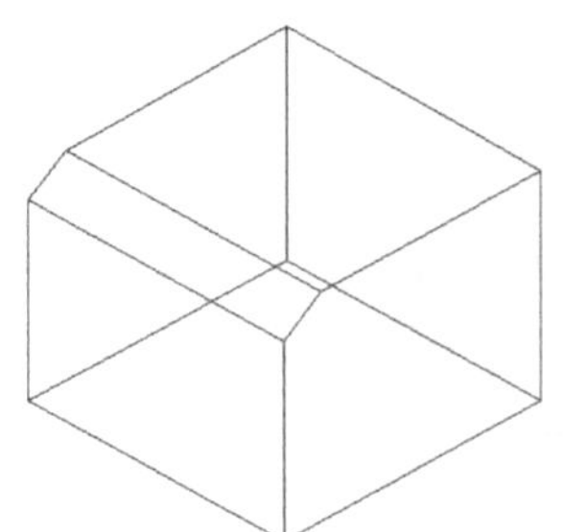

图 13-101　倒角边效果

13.7.3 分解实体

创建的每一个实体都是一个整体，若要对创建的实体中的某一部分进行编辑操作，可以先将实体进行分解后再进行编辑。

执行分解实体的命令有以下两种常用方法。

- 选择【修改】→【分解】命令。
- 执行 EXPLODE(X)命令。

执行上述任意命令后，实体中的平面被转换为面域，曲面被转换为主体。用户还可以继续使用该命令，将面域和主体分解为组成它们的基本元素，如直线、圆和圆弧等图形。

13.8 渲染模型

在 AutoCAD 中，可以通过为模型添加灯光和材质，并对其进行渲染，得到更形象的三维实体模型，渲染后的图像效果会变得更加逼真。

13.8.1 添加模型灯光

由于 AutoCAD 中存在默认的光源，因此在添加光源之前仍然可以看到物体，用户可以根据需要添加光源，同时可以将默认光源关闭。在 AutoCAD 中，可以添加的光源包括点光源、聚光灯、平行光和阳光等类型。

选择【视图】→【渲染】→【光源】命令，在弹出的子菜单中选择其中的命令，然后根据系统提示创建相应的光源。

13.8.2 编辑模型材质

在 AutoCAD 中，用户不仅可以为模型添加光源，还可以为模型添加材质，使模型显得更加逼真。为模型添加材质是指为其指定三维模型的材料，如瓷砖、织物、玻璃和布纹等，在添加模型材质后，还可以对材质进行编辑。

1. 添加材质

选择【视图】→【渲染】→【材质浏览器】命令，或者执行 MATBROWSEROPEN(MAT)命令，在打开的【材质浏览器】选项板中选择需要的材质。

2. 编辑材质

选择【视图】→【渲染】→【材质编辑器】命令，或者执行 MATEDITOROPEN 命令，在打

开的【材质编辑器】选项板中编辑材质的属性。材质编辑器的配置将随选定材质类型的不同而有所变化。

13.8.3　进行模型渲染

选择【视图】→【渲染】→【渲染】命令，或者执行RENDER命令，打开渲染窗口，在此可以创建三维实体或曲面模型的真实照片级图像或真实着色图像。

13.9　上机实战

本小节练习制作连接件模型、支座模型和底座模型，巩固所学的三维绘图与编辑知识，如创建基本体、拉伸实体、创建网格对象、三维操作、并集运算和差集运算等。

13.9.1　创建连接件模型

本例将结合前面所学的三维绘图内容，绘制连接件机械模型，完成后的效果如图 13-102 所示。首先绘制模型的二维轮廓，然后使用【拉伸】命令将二维图形拉伸为三维模型，再使用【差集】命令对拉伸模型和圆柱体进行差集运算。

图 13-102　绘制连接件

绘制本例模型图的具体操作步骤如下。

(1) 执行【矩形(REC)】命令，绘制一个长度为 60、宽度为 65 的矩形，如图 13-103 所示。

(2) 执行【分解(X)】命令，选择矩形并按 Enter 键确定，将其分解。

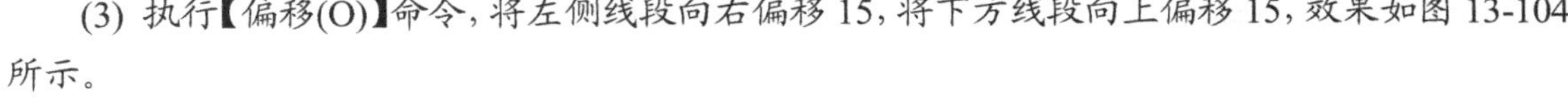

(3) 执行【偏移(O)】命令，将左侧线段向右偏移 15，将下方线段向上偏移 15，效果如图 13-104 所示。

图 13-103　绘制矩形

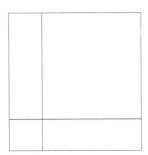

图 13-104　偏移线段

(4) 执行【修剪(TR)】命令，对图形进行修剪，效果如图 13-105 所示。

(5) 执行【编辑多段线(PEDIT)】命令，将图形中的所有线段转换为一条多段线，如图 13-106 所示。

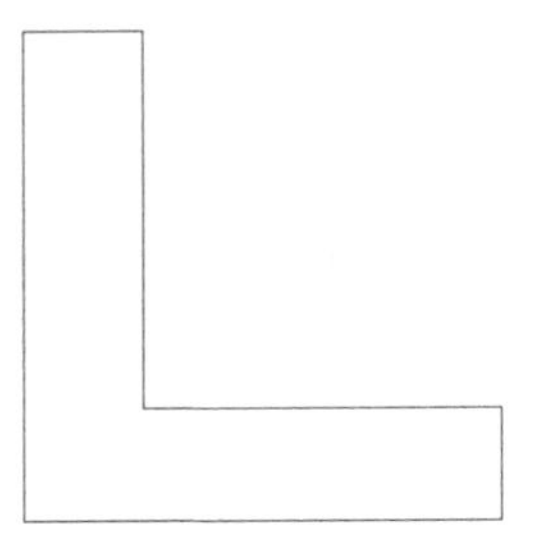
图 13-105　修剪图形

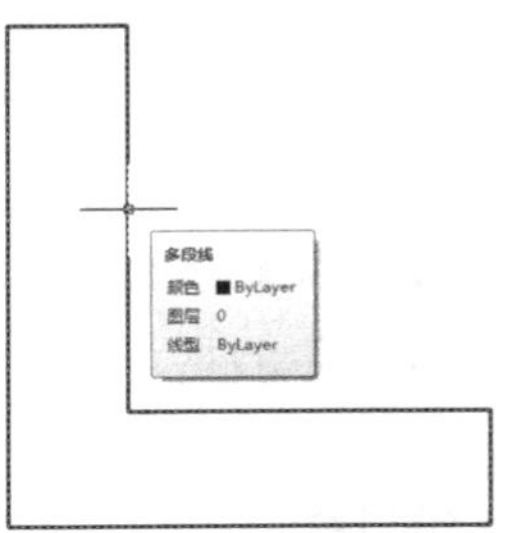

图 13-106　编辑多段线

(6) 执行【绘图】→【建模】→【拉伸】命令，选择多段线并确定，然后设置拉伸的高度为 55，切换到西南等轴测视图中，效果如图 13-107 所示。

(7) 将视图切换到俯视图中，执行【多段线(PL)】命令，在如图 13-108 所示的端点处指定多段线的起点。

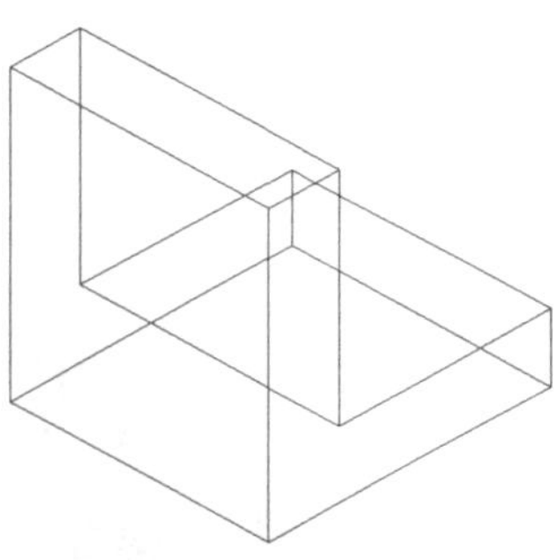
图 13-107　拉伸模型

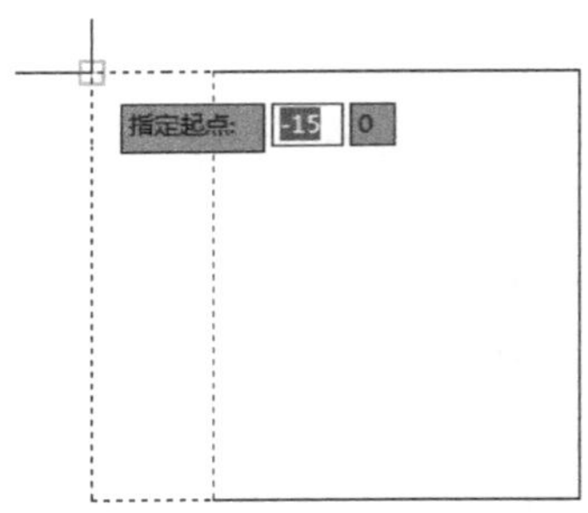

图 13-108　指定起点

(8) 依次指定多段线的各个点，绘制一条封闭的多段线，其效果和尺寸如图 13-109 所示。

(9) 执行【绘图】→【建模】→【拉伸】命令，选择刚绘制的多段线并确定，设置拉伸的高度为-65，再切换到西南等轴测视图中，效果如图 13-110 所示。

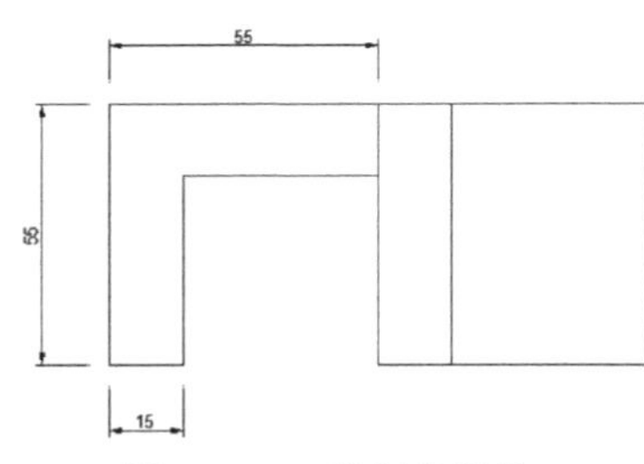

图 13-109　绘制多段线

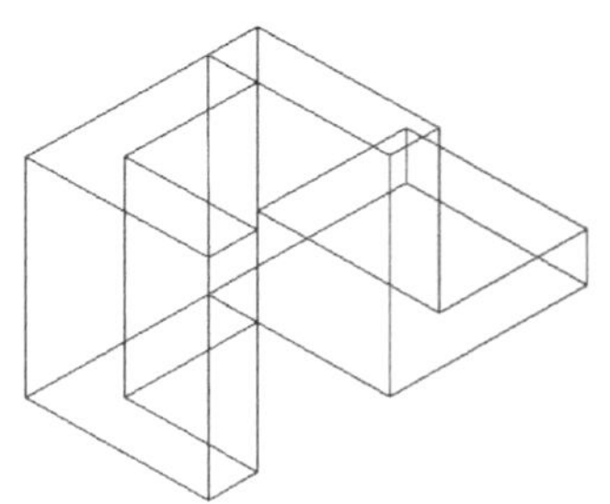
图 13-110　拉伸模型

(10) 执行【并集(UNI)】命令，选择创建的两个模型并确定，将两个模型合并在一起，效果如图 13-111 所示。

(11) 执行【直线(L)】命令，通过捕捉线段的端点，在图形左侧绘制一条对角线，如图 13-112 所示。

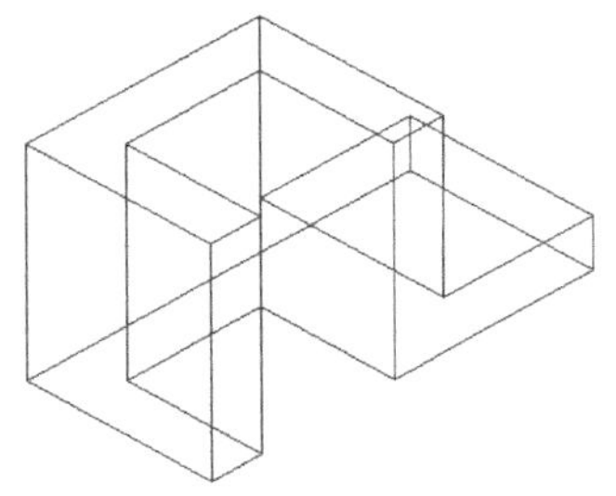

图 13-111　并集模型

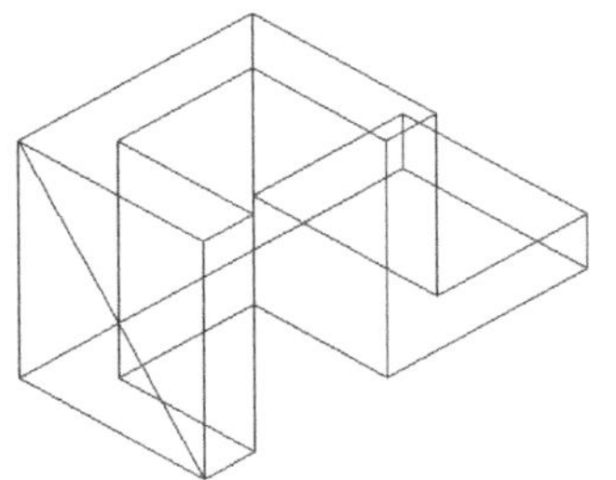

图 13-112　绘制对角线

(12) 选择【绘图】→【建模】→【圆柱体】命令，在对角线的中点处指定圆柱体的底面中心点，如图 13-113 所示。然后绘制一个高度为 90 的圆柱体，效果如图 13-114 所示。

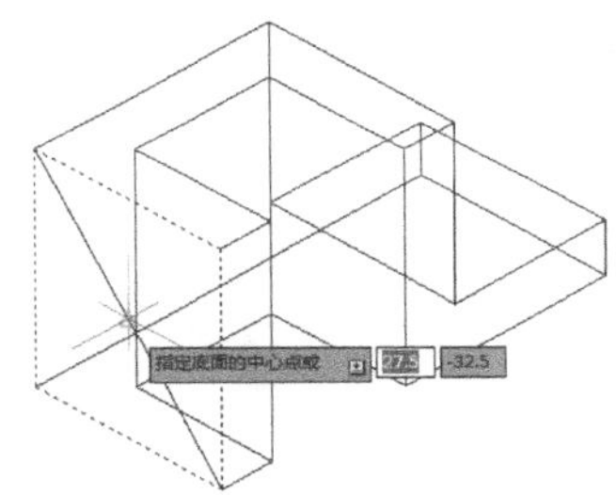

图 13-113　指定底面中心点

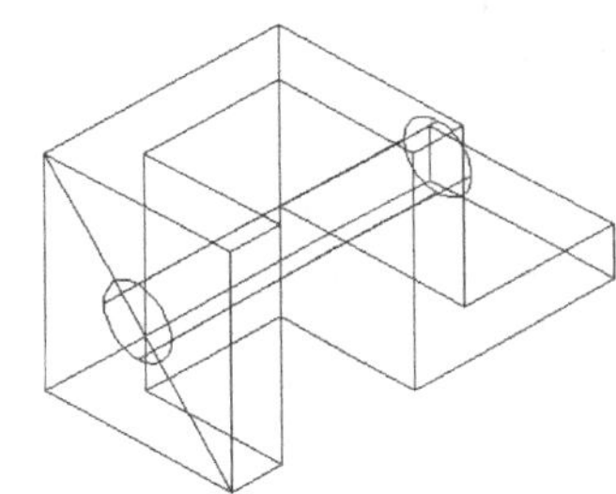

图 13-114　绘制圆柱体

(13) 执行【差集(SU)】命令，选择并集后的模型作为源对象，接着选择圆柱体作为要减去的对象，然后删除对角线，效果如图 13-115 所示。

(14) 执行【直线(L)】命令，在图形右侧绘制一条对角线，效果如图 13-116 所示。

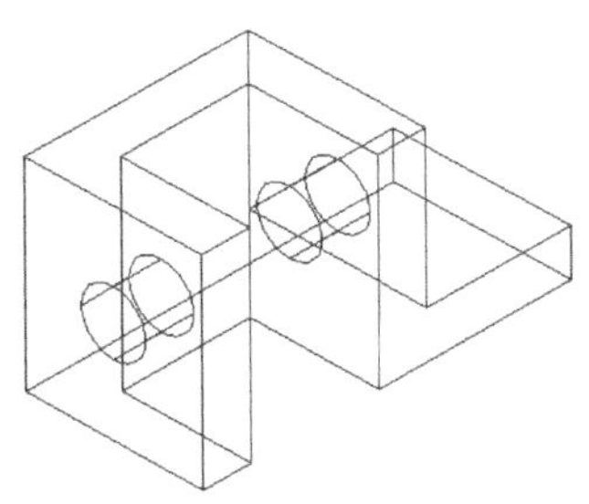

图 13-115　差集运算模型

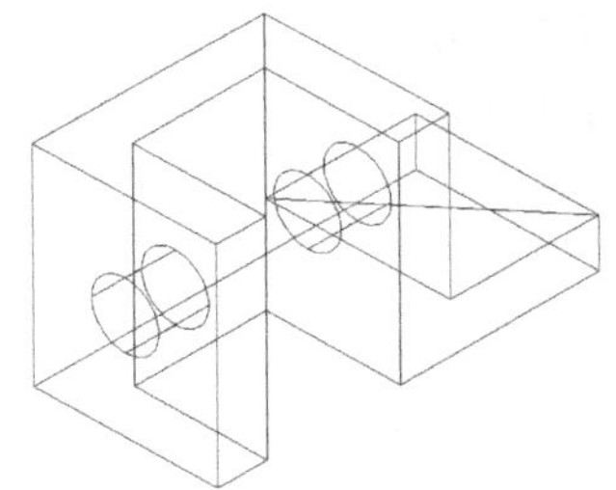

图 13-116　绘制对角线

(15) 选择【绘图】→【建模】→【圆柱体】命令，在对角线的中点处指定圆柱体的底面中心点，然后绘制一个高度为 30 的圆柱体，效果如图 13-117 所示。

(16) 执行【差集(SU)】命令，将圆柱体从模型中减去，然后删除对角线，效果如图 13-118 所示。

(17) 将模型修改为淡黄色，然后将视觉样式更改为【真实】样式，完成本例模型的绘制。

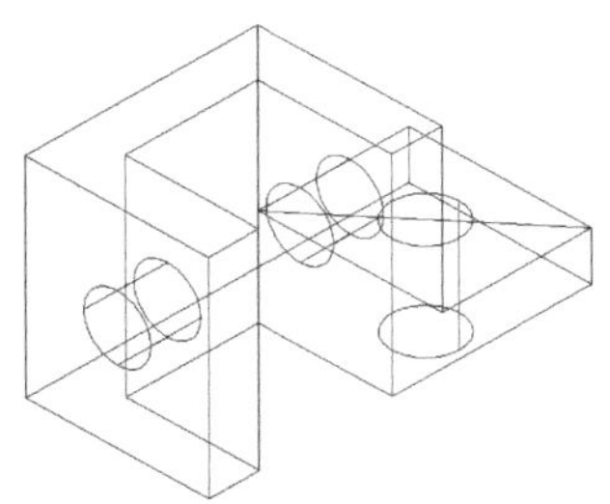

图 13-117　绘制圆柱体

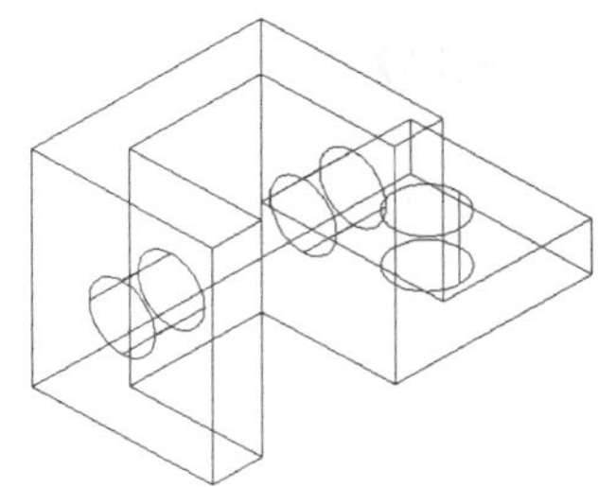

图 13-118　差集运算模型

13.9.2　绘制支座模型

打开【支座零件图.dwg】文件，如图13-119所示，结合前面所学的三维绘图内容，绘制支座模型，完成后的效果如图13-120所示。在绘制本例的过程中，首先打开支座零件图并对图形进行编辑，再根据零件图尺寸和效果创建模型图。

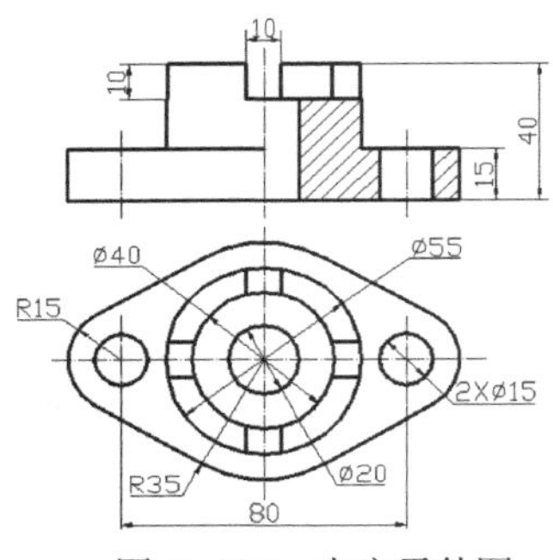

图 13-119　支座零件图

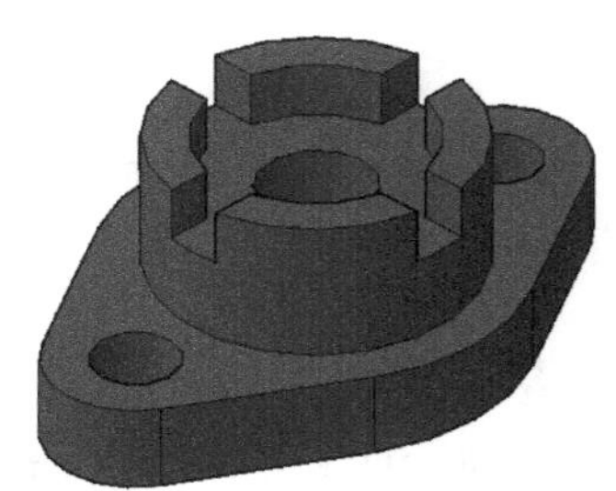

图 13-120　支座模型图

绘制本例模型图的具体操作步骤如下。

(1) 打开【支座零件图.dwg】图形文件，删除标注对象，如图 13-121 所示。

(2) 选择【视图】→【三维视图】→【西南等轴测】命令，将视图切换到西南等轴测中，效果如图 13-122 所示。

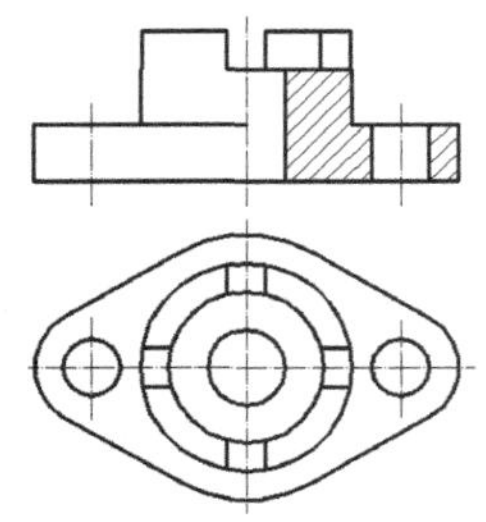

图 13-121　删除图形标注

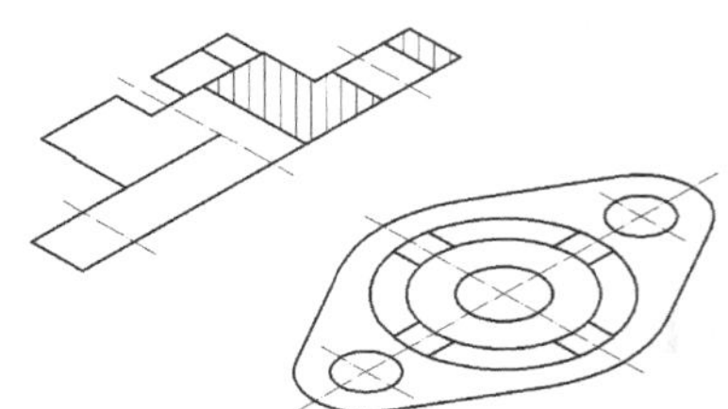

图 13-122　西南等轴测视图

(3) 执行【删除(E)】命令，删除辅助线和剖视图，如图 13-123 所示。

(4) 执行【复制(CO)】命令，对编辑后的图形复制一次，如图 13-124 所示。

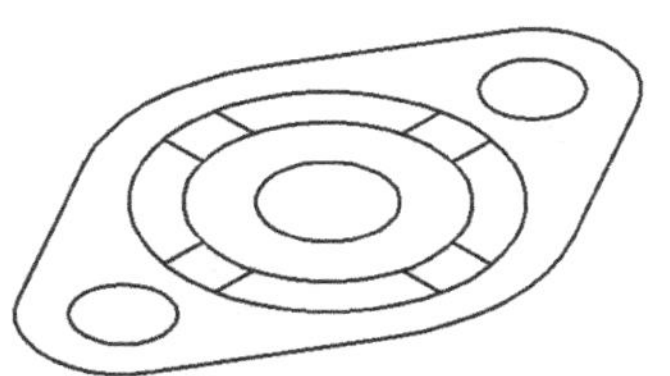

图 13-123　删除多余图形

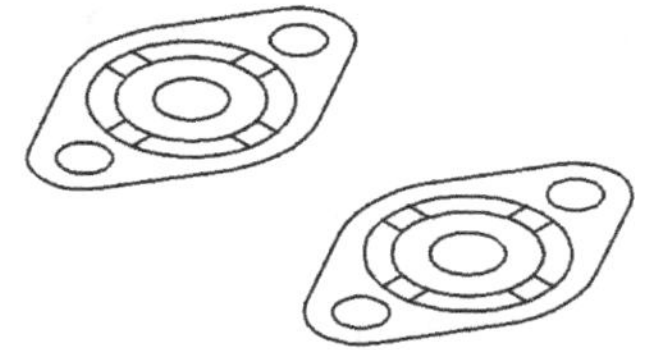

图 13-124　复制图形

(5) 执行【删除(E)】命令，参照如图 13-125 所示的效果，将上方多余图形删除。

(6) 执行【修剪(TR)】命令，对下方图形进行修剪，并删除多余图形，效果如图 13-126 所示。

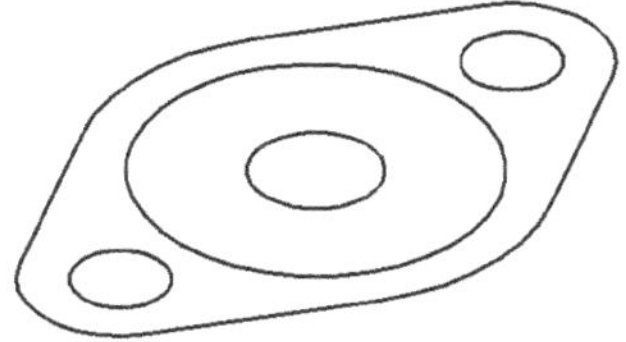

图 13-125　删除多余图形

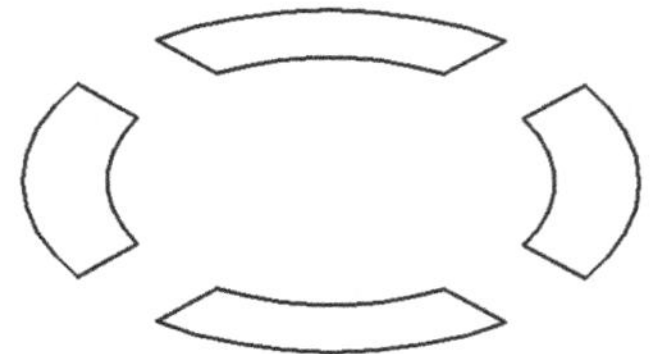

图 13-126　修剪并删除图形

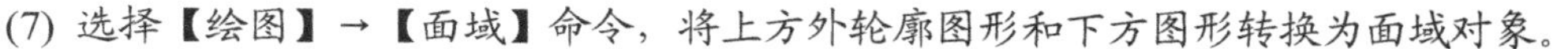

(7) 选择【绘图】→【面域】命令，将上方外轮廓图形和下方图形转换为面域对象。

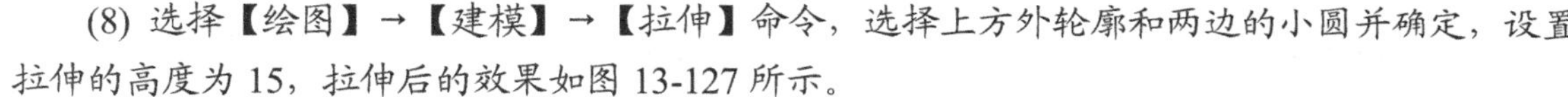

(8) 选择【绘图】→【建模】→【拉伸】命令，选择上方外轮廓和两边的小圆并确定，设置拉伸的高度为 15，拉伸后的效果如图 13-127 所示。

(9) 重复执行【拉伸】命令，对上方图形中的另外两个圆进行拉伸，设置拉伸高度为 30，效果如图 13-128 所示。

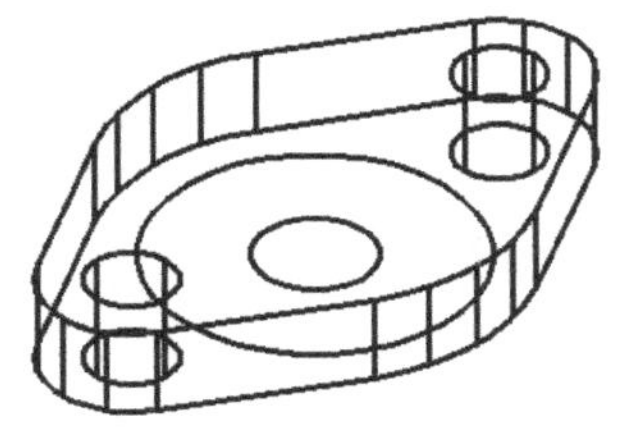

图 13-127　拉伸图形

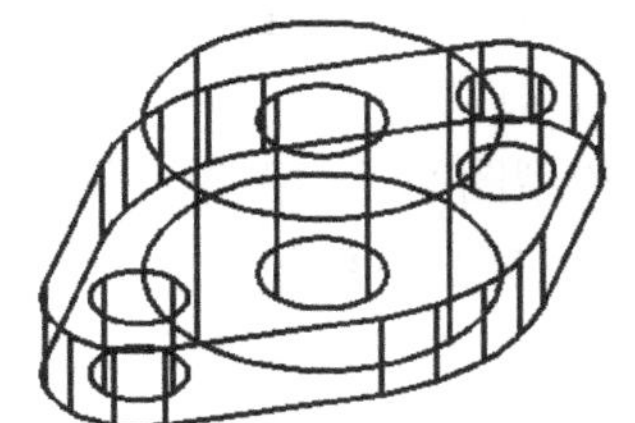

图 13-128　拉伸两个圆

(10) 继续执行【拉伸】命令，对下方图形中的面域对象进行拉伸，设置拉伸高度为 40，效果如图 13-129 所示。

(11) 执行【移动(M)】命令，选择拉伸后的面域实体，接着捕捉实体下方的圆心，指定移动基点，如图 13-130 所示。然后将鼠标向左上方移动，捕捉左上方拉伸实体的底面圆心，指定移动的第二点，对拉伸后的面域实体进行移动操作，如图 13-131 所示。

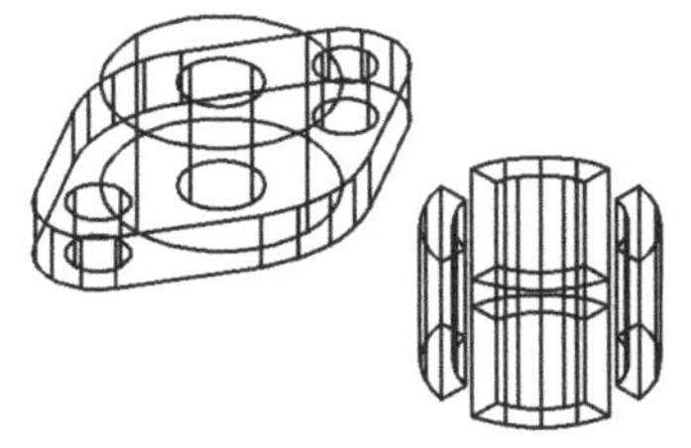

图 13-129　拉伸面域图形

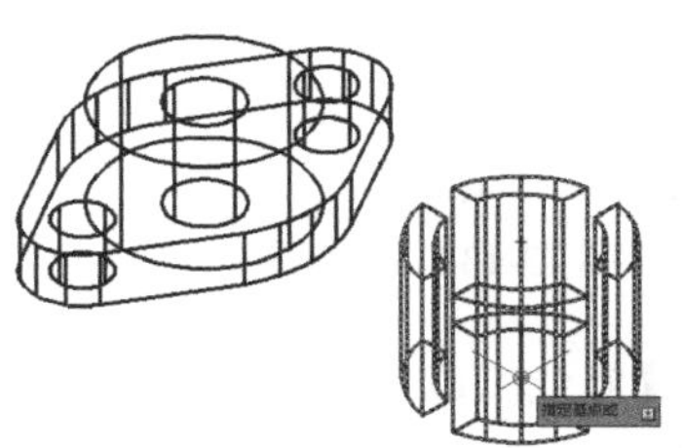

图 13-130　指定移动基点

(12) 选择【修改】→【实体编辑】→【并集】命令，将拉伸高度为 15 的外轮廓实体、拉伸高度为 30 的大圆实体和拉伸高度为 40 的面域实体进行并集运算，效果如图 13-132 所示。

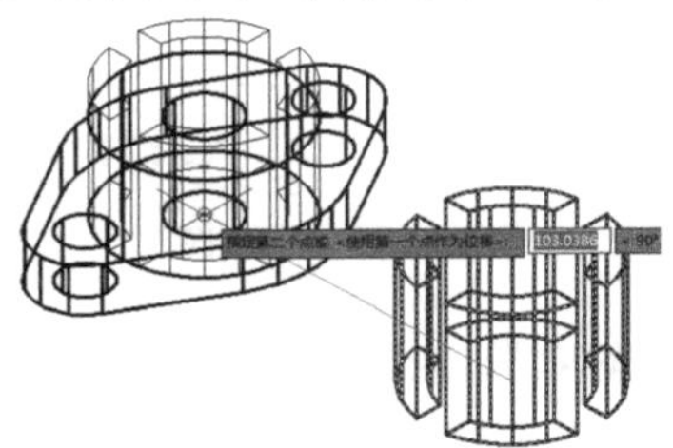
图 13-131　指定移动第二点

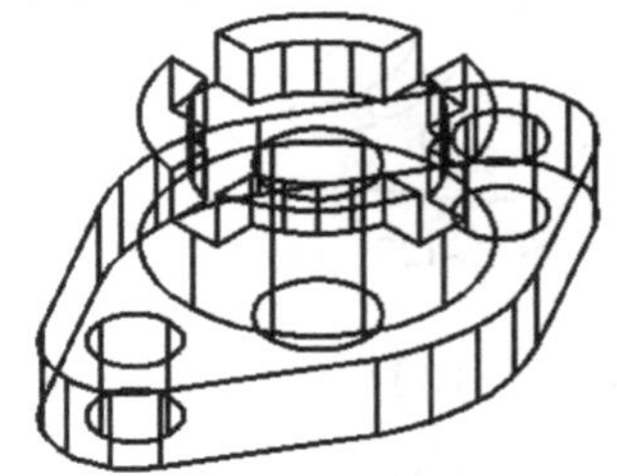
图 13-132　并集运算实体

(13) 选择【修改】→【实体编辑】→【差集】命令，将拉伸高度为 15 的两个小圆实体和拉伸高度为 30 的小圆实体从并集运算的组合体中减去。

(14) 选择【视图】→【视觉样式】→【概念】命令，完成本例模型的绘制。

13.9.3　绘制底座模型

本实例结合前面所学的三维绘图内容，绘制底座模型，完成后的效果如图 13-133 所示。在绘制本例的过程中，首先使用【边界网格】命令绘制模型底面的座体，然后使用【直纹网格】命令绘制模型顶面，再使用【圆锥体】命令绘制圆管侧面，最后对模型进行布尔运算。

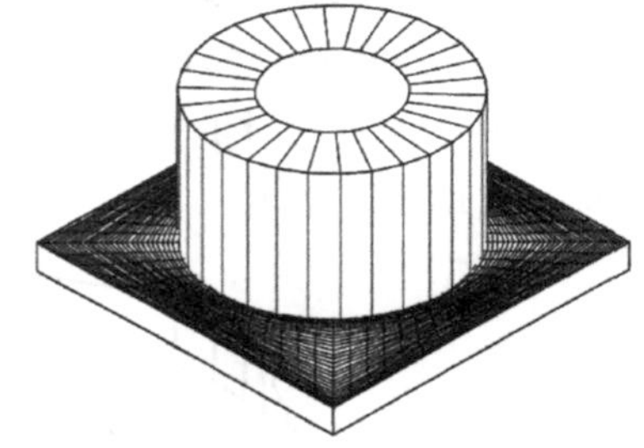
图 13-133　绘制底座模型

绘制本例模型图的具体操作步骤如下。

(1) 执行【图层(LA)】命令，在打开的【图层特性管理器】选项板中创建圆面、侧面、底面和顶面 4 个图层，将 0 图层设置为当前层，如图 13-134 所示。

(2) 执行 SURFTAB1 命令，将网格密度值 1 设置为 24，然后执行 SURFTAB2 命令，将网格密度值 2 设置为 24。

(3) 将当前视图切换为西南等轴测视图。执行【矩形(REC)】命令，绘制一个长度为 100 的正方形，效果如图 13-135 所示。

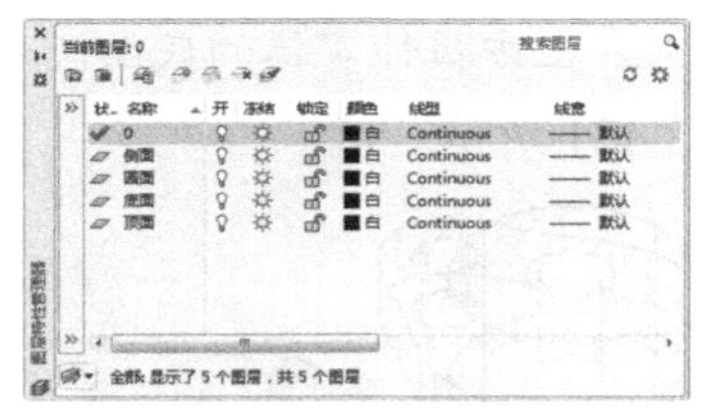
图 13-134　创建图层

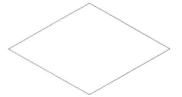

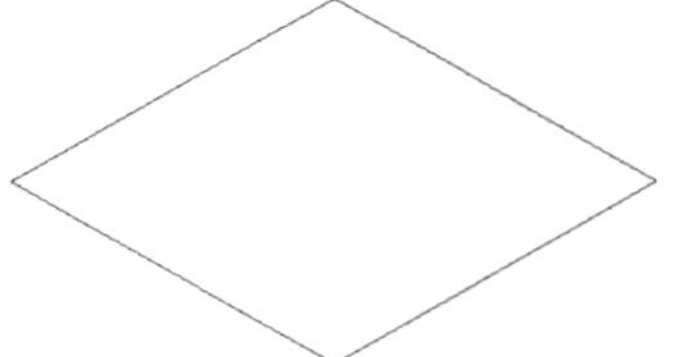
图 13-135　绘制正方形

(4) 执行【直线(L)】命令，以矩形的下方端点作为起点，然后指定下一点坐标为(@0,0,15)，如图 13-136 所示。绘制一条长度为 15 的线段，效果如图 13-137 所示。

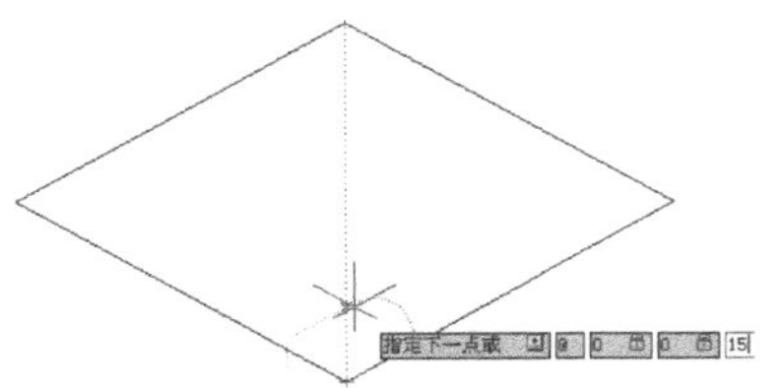

图 13-136　指定下一点坐标

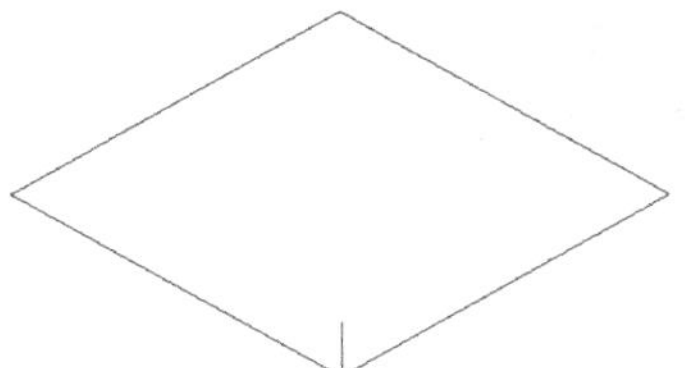

图 13-137　绘制线段

(5) 将【侧面】图层设置为当前层，执行【平移网格(TABSURF)】命令，选择矩形作为轮廓曲线对象，选择线段作为方向矢量对象，效果如图 13-138 所示。

(6) 将【侧面】图层隐藏起来，然后将【底面】图层设置为当前层。

(7) 执行【直线(L)】命令，捕捉矩形对角上的两个顶点绘制一条对角线，如图 13-139 所示。

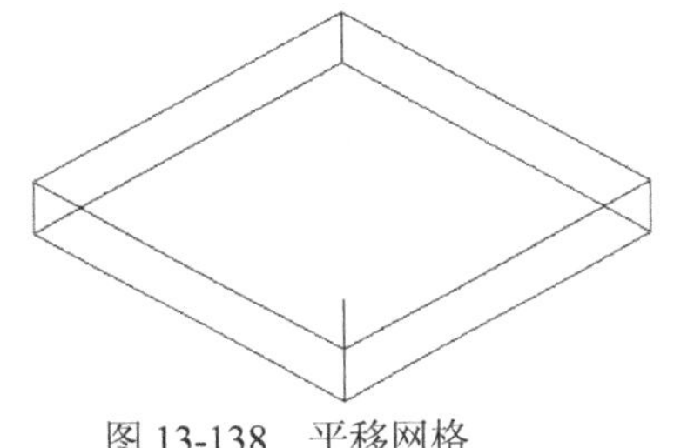

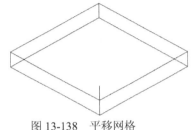

图 13-138　平移网格

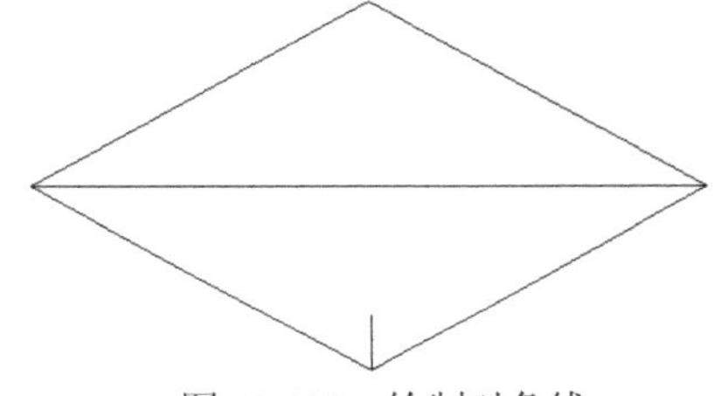

图 13-139　绘制对角线

(8) 执行【圆(C)】命令，以对角线的中点为圆心，绘制一个半径为 25 的圆，效果如图 13-140 所示。

(9) 执行【修剪(TR)】命令，分别对所绘制的圆和对角线进行修剪，效果如图 13-141 所示。

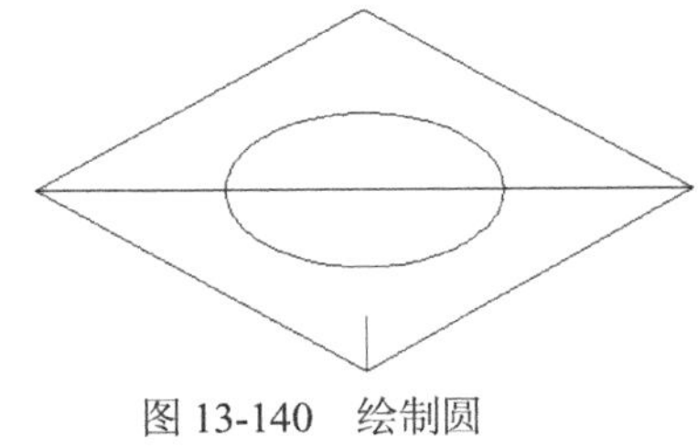

图 13-140　绘制圆

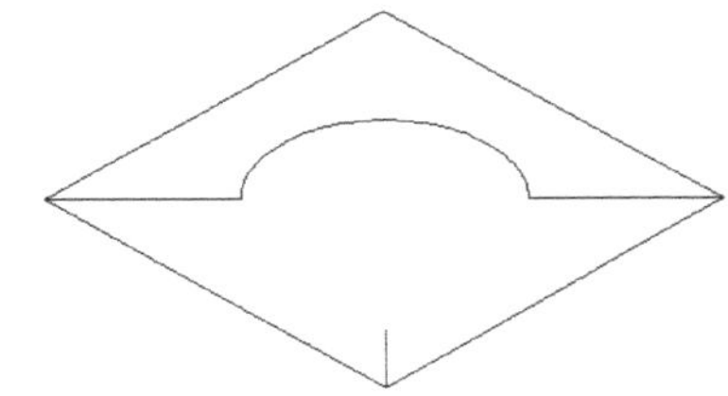

图 13-141　修剪图形

(10) 执行【多段线(PL)】命令，通过矩形上方的三个顶点绘制一条多线段，使其与对角线、圆成为封闭的图形，效果如图 13-142 所示。

(11) 执行【边界网格(EDGESURF)】命令，分别以多段线、修剪后的圆和对角线作为边界，创建底座的底面模型，效果如图 13-143 所示。

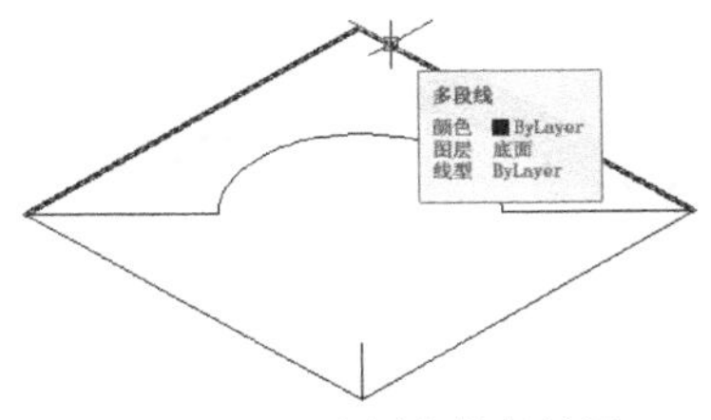

图 13-142　绘制多线段效果

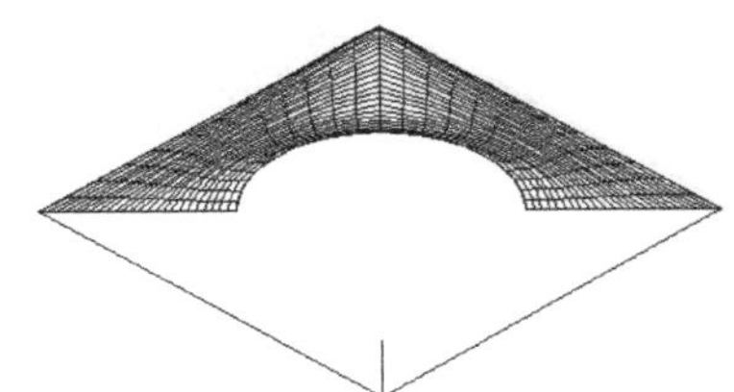

图 13-143　创建边界对象效果

(12) 执行【镜像(MI)】命令，指定矩形两个对角点作为镜像轴，如图 13-144 所示。对刚创建的边界网格进行镜像复制，效果如图 13-145 所示。

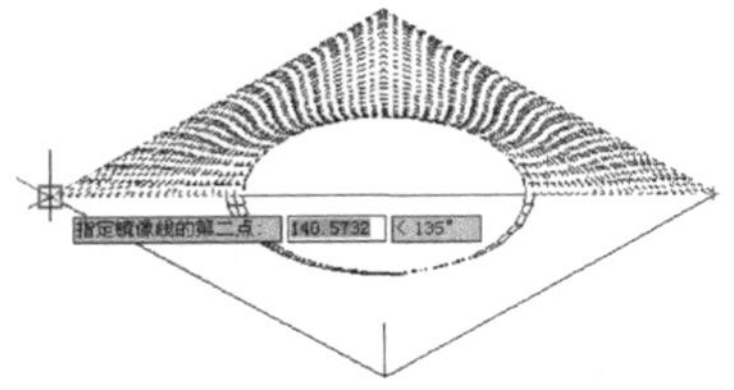

图 13-144　指定镜像轴

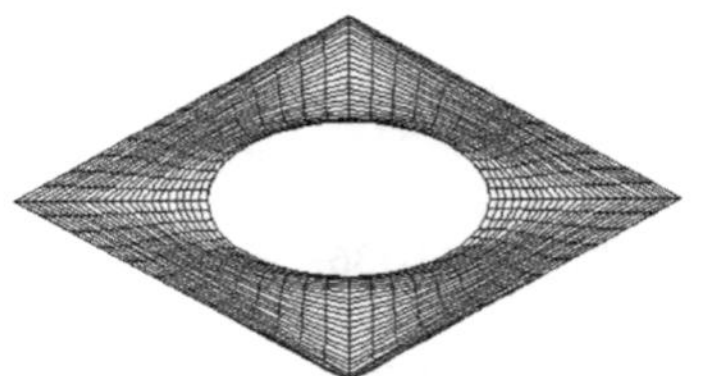

图 13-145　镜像复制图形效果

(13) 执行【移动(M)】命令，选择两个边界网格，指定基点后，设置第二个点的坐标为(0,0,-15)，如图 13-146 所示。将模型向下移动 15，效果如图 13-147 所示。

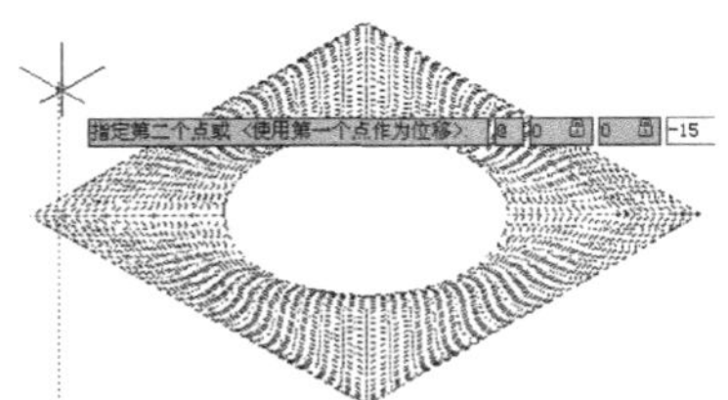

图 13-146　输入移动距离

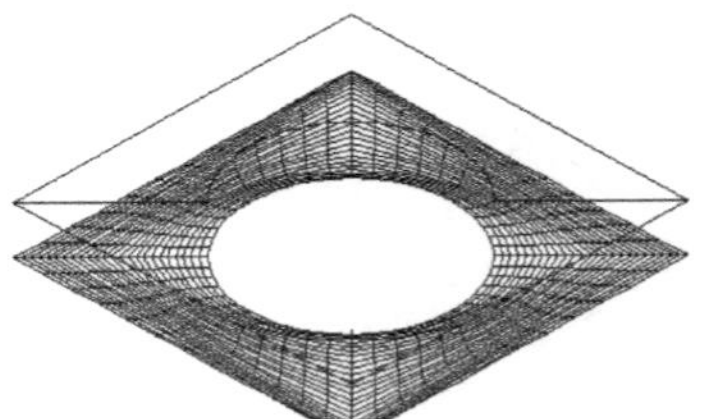

图 13-147　移动网格效果

(14) 隐藏【底面】图层，将【顶面】图层设置为当前层。

(15) 执行【直线(L)】命令，通过捕捉矩形的对角顶点绘制一条对角线。

(16) 执行【圆(C)】命令，以直线中点为圆心，绘制一个半径为 40 的圆，如图 13-148 所示。

(17) 执行【修剪(TR)】命令，对圆和直线进行修剪，效果如图 13-149 所示。

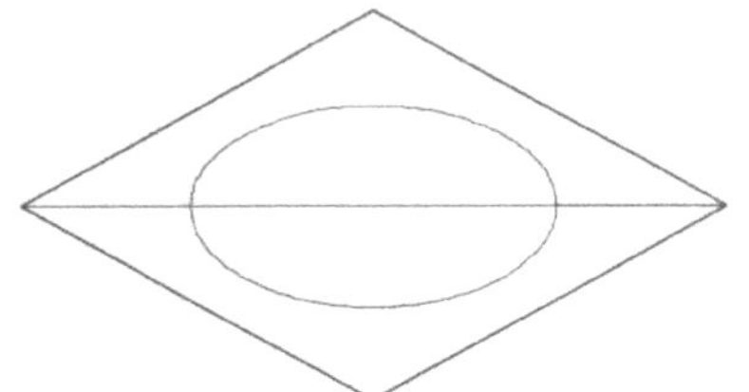

图 13-148　绘制图形效果

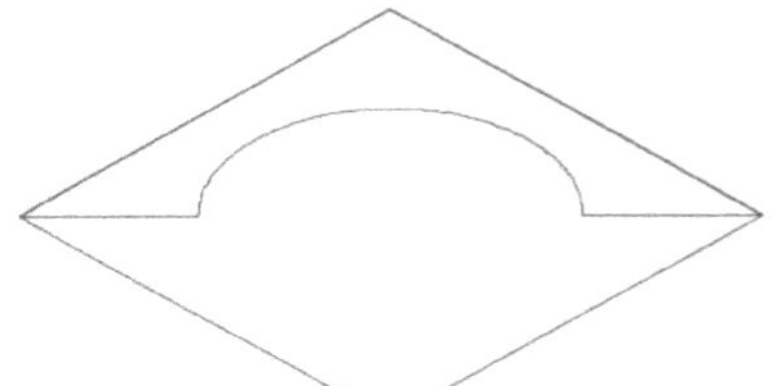

图 13-149　修剪图形效果

(18) 使用前面相同的方法，创建如图 13-150 所示的边界网格。

(19) 执行【镜像(MI)】命令，对边界网格进行镜像复制，将网格对象放入【底面】图层中，效果如图 13-151 所示。

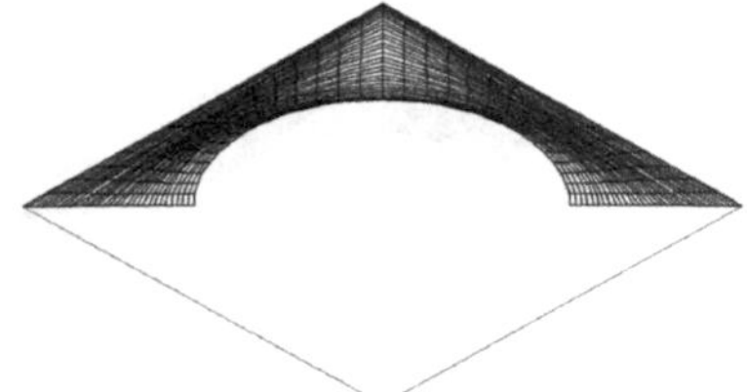

图 13-150　创建边界网格

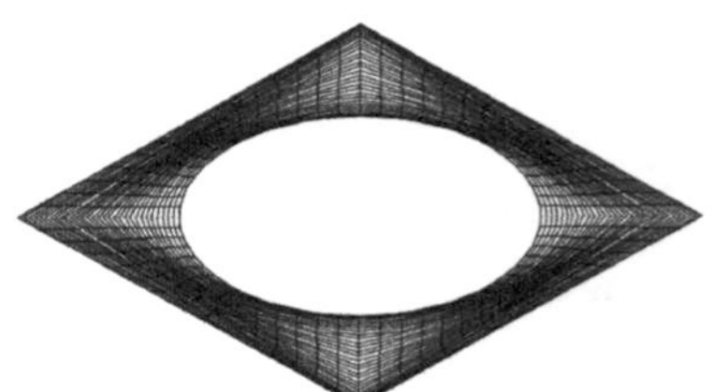

图 13-151　镜像复制图形效果

(20) 执行【圆(C)】命令，以绘图区中圆弧的圆心作为圆心，绘制半径分别为 25 和 40 的同心圆，效果如图 13-152 所示。

(21) 执行【移动(M)】命令，将绘制的同心圆向上移动 80。

(22) 执行【直纹网格(RULESURF)】命令，选择移动的同心圆并确定，将其创建为圆管顶面模型，效果如图 13-153 所示。

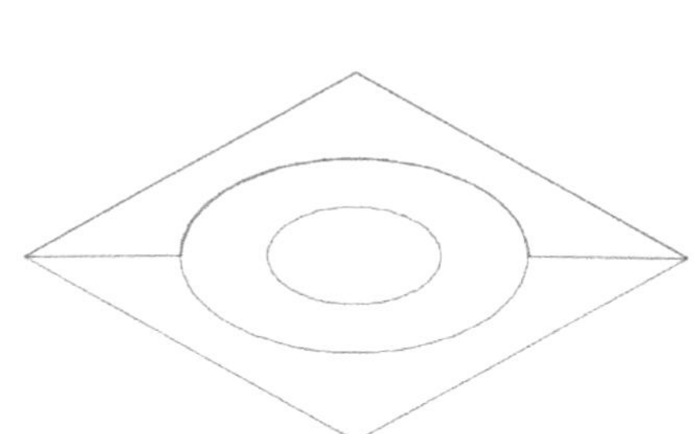

图 13-152　绘制同心圆

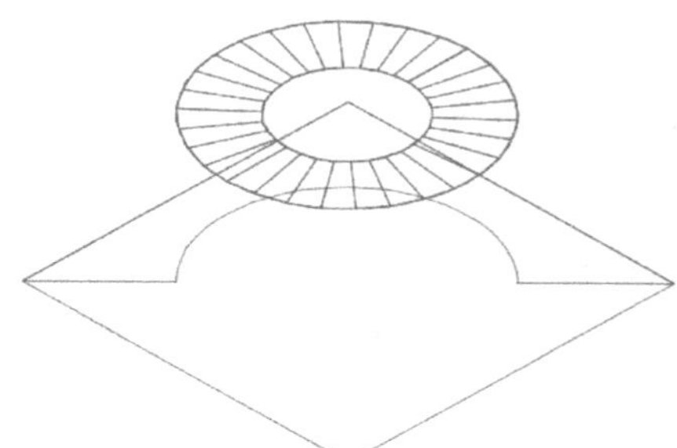

图 13-153　创建直纹网格

(23) 执行【圆锥体(CONE)】命令，以圆弧的圆心为圆锥底面中心点，如图 13-154 所示。设置圆锥顶面半径和底面半径均为 25、高度为 80，创建圆柱面模型，效果如图 13-155 所示。

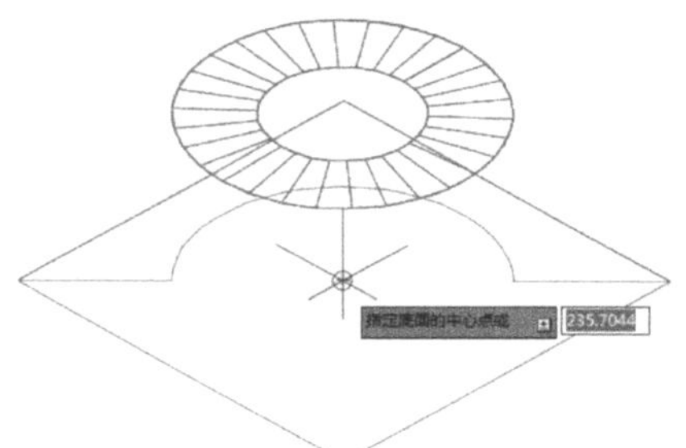

图 13-154　指定底面中心点

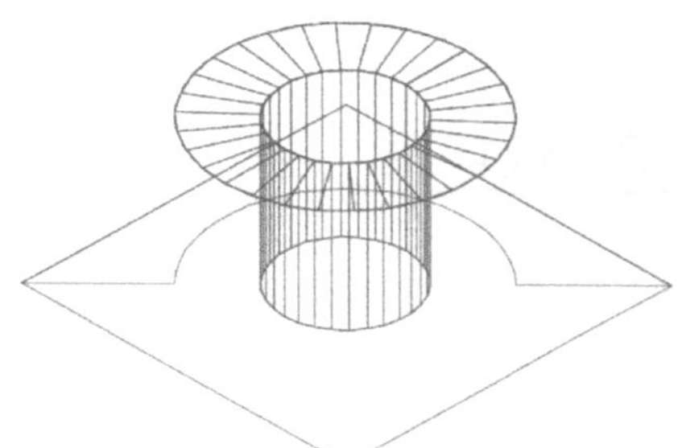

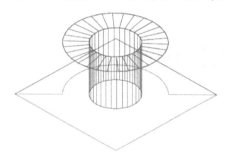

图 13-155　创建的圆柱面

(24) 使用同样的方法创建一个半径为 40 的外圆柱面模型，效果如图 13-156 所示。

(25) 打开所有被关闭的图层，将相应图层中的对象显示出来，效果如图 13-157 所示。

(26) 选择【修改】→【实体编辑】→【并集】命令，对所有模型进行并集运算，然后选择【视图】→【消隐】命令，修改图形的视觉样式，完成本例模型的绘制。

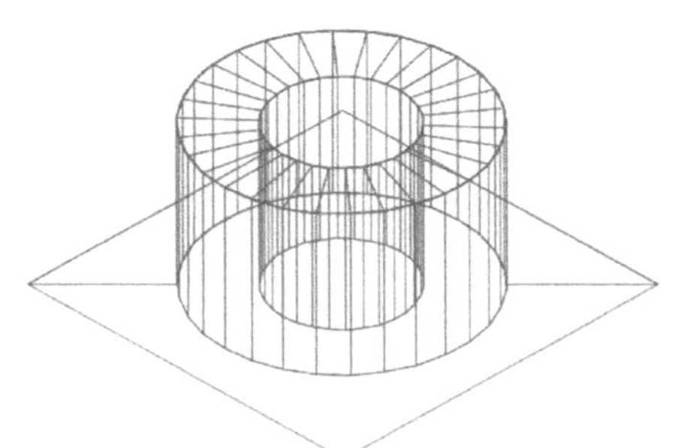

图 13-156　创建大圆柱面

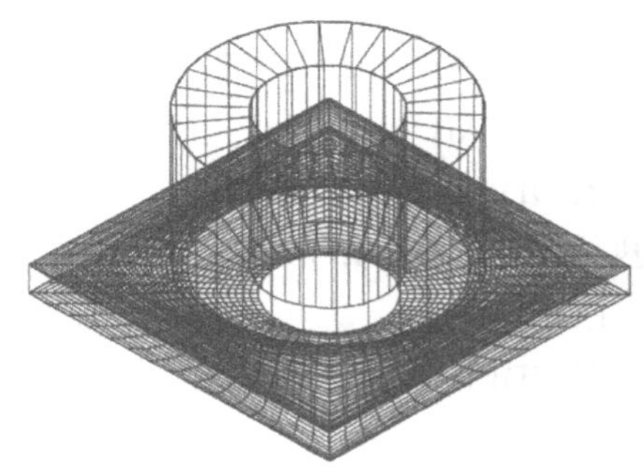

图 13-157　显示所有图层

13.10 思考与练习

13.10.1 填空题

1. 选择【视图】菜单中的________命令，在其子菜单中可以选择切换视图的子命令。

2. 选择【视图】菜单中的________命令，在其子菜单中选择需要的命令，可以更改模型的显示效果。

3. 三维实体表面线框密度由系统变量________________控制。

4. 执行【三维移动】命令，可以将实体按指定________在三维空间中进行移动，从而改变对象的位置。

5. 使用【三维旋转】命令，可以将实体绕指定________在三维空间中进行一定方向的旋转，以改变实体对象的方向。

6. 使用【倒角边】命令，可以为三维实体边和曲面边建立________。

7. 使用【圆角边】命令，可以为实体对象的边制作圆角，圆角的大小可以通过输入________或单击并拖动圆角夹点来确定。

13.10.2 选择题

1. 执行【长方体】的命令是(　　)。

   A. BOX　　　　B. POLYSOLID

   C. CONE　　　　D. TORUS

2. 执行拉伸实体的命令是(　　)。

   A. LOFT　　　　B. EX

   C. EXT　　　　D. REV

3. 设置网格密度的命令是(　　)。

   A. SURFTAB　　　　B. ISOLINES

   C. CONE　　　　D. TORUS

4. 设置材质浏览器的命令是(　　)。

   A. SURFTAB　　　　B. REV

   C. RENDER　　　　D. MAT

5. 执行模型渲染的命令是(　　)。

   A. LOFT　　　　B. MAT

   C. RENDER　　　　D. REV

13.10.3　操作题

1. 打开【齿轮.dwg】平面图，如图 13-158 所示，使用【拉伸】命令，将平面图拉伸为三维实体，效果如图 13-159 所示。

提示

在创建拉伸实体的过程中，要先将齿轮边缘的线条转换为多段线对象。设置外边缘齿轮的厚度为 60，内部模型厚度为 20，并放在外边缘齿轮的中央。

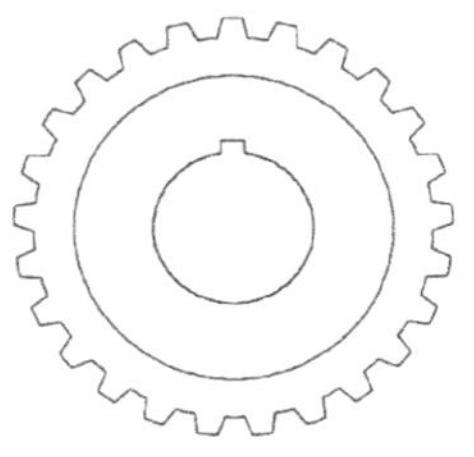

图 13-158　齿轮平面图

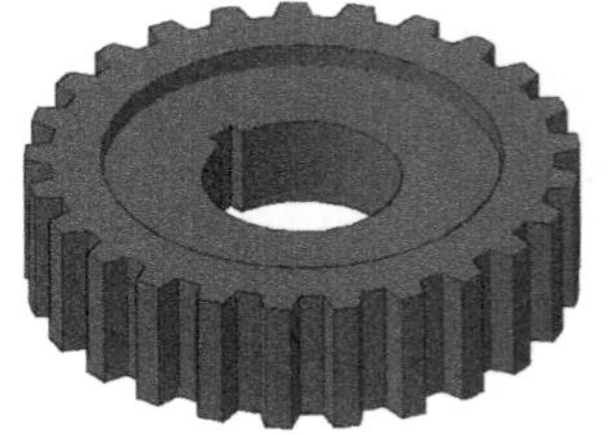

图 13-159　创建齿轮实体

2. 请打开【盘件零件图.dwg】素材图形文件，如图 13-160 所示，参照盘件零件图的尺寸，对零件图形进行编辑，创建盘件模型，效果如图 13-161 所示。

提示

执行【拉伸】、【旋转】命令创建出零件模型，使用【三维旋转】、【三维移动】和【布尔运算】等命令对模型进行编辑。

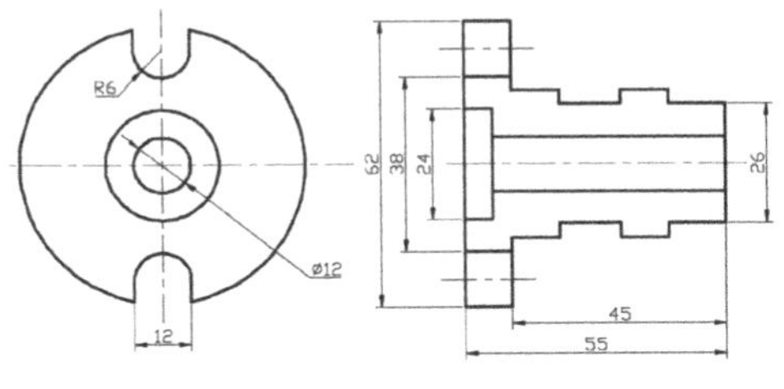

图 13-160　盘件零件图

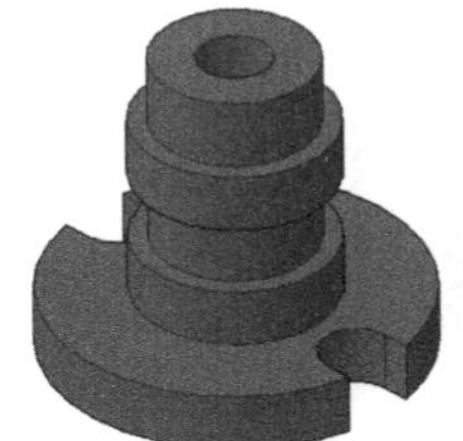

图 13-161　盘件模型效果

3. 打开【千斤顶零件模型.dwg】素材图形文件，如图 13-162 所示。使用【三维旋转】和【三维移动】等三维操作命令对千斤顶模型进行装配，效果如图 13-163 所示。

图 13-162　千斤顶零件模型

图 13-163　装配千斤顶

第14章 机械图形的打印与输出

学习目标

在 AutoCAD 中绘制好需要的图形后，可以通过打印机将图形打印到图纸上，也可以将图形输出为其他格式的文件，以便使用其他软件对其进行编辑。在打印图形时，用户需要注意打印图纸与图形比例之间的关系，做到将图形完全而真实地打印到图纸上。

本章将讲解打印和输出图形的相关知识，其中包括设置页面、设置图纸尺寸、设置打印比例、设置打印方向、打印图形内容、创建电子文件和输出图形文件等内容。

本章重点

- 页面设置
- 打印机械图形
- 输出机械图形
- 创建机械图形电子文件

14.1 页面设置

正确地设置页面参数，对确保最后打印出来的图形结果的正确性和规范性有着非常重要的作用。在页面设置管理器中，可以进行布局的控制和【模型】选项卡的设置；而在创建打印布局时，需要指定绘图仪并设置图纸尺寸和打印方向。

14.1.1 新建页面设置

选择【文件】→【页面设置管理器】命令，打开【页面设置管理器】对话框，如图 14-1 所示。单击对话框中的【新建】按钮，在打开的【新建页面设置】对话框中输入新页面设置名，然后单击【确定】按钮，即可新建一个页面设置，如图 14-2 所示。

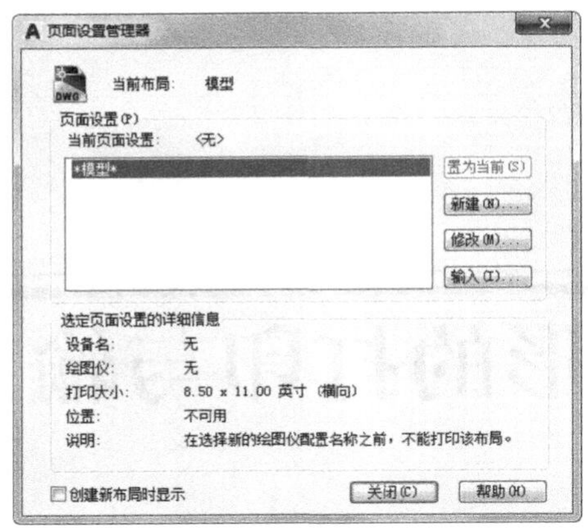

图 14-1　【页面设置管理器】对话框

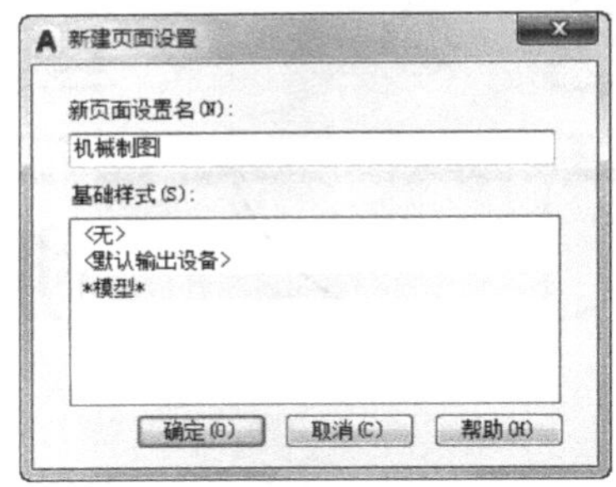

图 14-2　新建页面设置

14.1.2　修改页面设置

选择【文件】→【页面设置管理器】命令，打开【页面设置管理器】对话框，选择要修改的页面设置，然后单击对话框中的【修改】按钮，可以打开【页面设置】对话框。在其中可以对选择的页面设置进行修改，如图 14-3 所示。

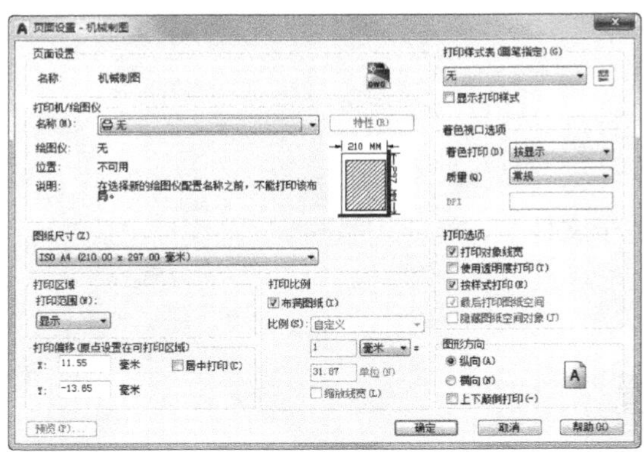

图 14-3　修改页面设置

提示

页面设置中的参数与打印设置中的参数基本相同，各个选项的具体作用请参考本章中的打印内容。

14.1.3　导入页面设置

选择【文件】→【页面设置管理器】命令，打开【页面设置管理器】对话框，单击对话框中

的【输入】按钮，可以打开【从文件选择页面设置】对话框，如图 14-4 所示。在此选择并打开页面设置文件后，在打开的【输入页面设置】对话框中单击【确定】按钮，即可将选择的页面设置导入当前图形文件中，如图 14-5 所示。

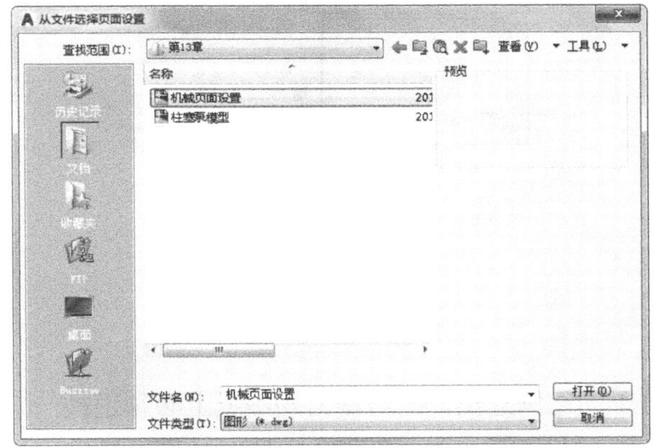

图 14-4　选择要导入的页面设置

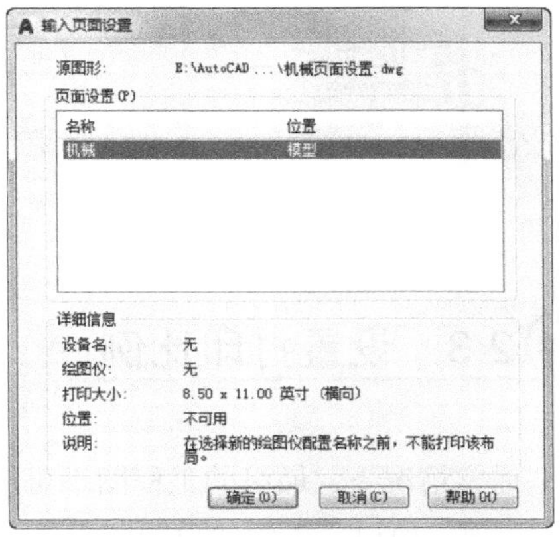

图 14-5　单击【确定】按钮

14.2　打印机械图形

在打印图形时，首先需要选择相应的打印机或绘图仪等打印设备，然后设置打印参数，在设置完这些内容后，可以进行打印预览，查看打印出来的效果，如果预览效果满意，即可将图形打印出来。

执行【打印】命令，主要有以下 3 种方式。

- 选择【文件】→【打印】命令。
- 在【快速访问】工具栏中单击【打印】按钮。
- 执行 PRINT 或 PLOT 命令。

14.2.1　选择打印设备

执行【打印(PLOT)】命令，打开【打印-模型】对话框。在【打印机 / 绘图仪】选项组的【名称】下拉列表中，AutoCAD 系统列出了已安装的打印机或 AutoCAD 内部打印机的设备名称。用户可以在该下拉列表框中选择需要的打印输出设备，如图 14-6 所示。

14.2.2　设置图纸尺寸

在【图纸尺寸】下拉列表中可以选择不同的打印图纸，用户可以根据个人的需要设置图纸的打印尺寸，如图 14-7 所示。

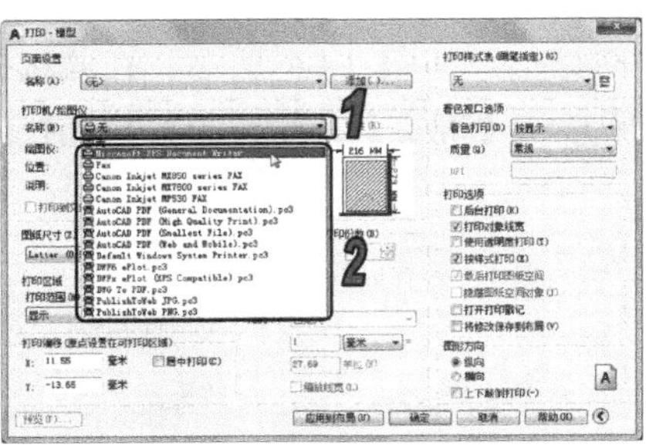
图 14-6　选择打印设备

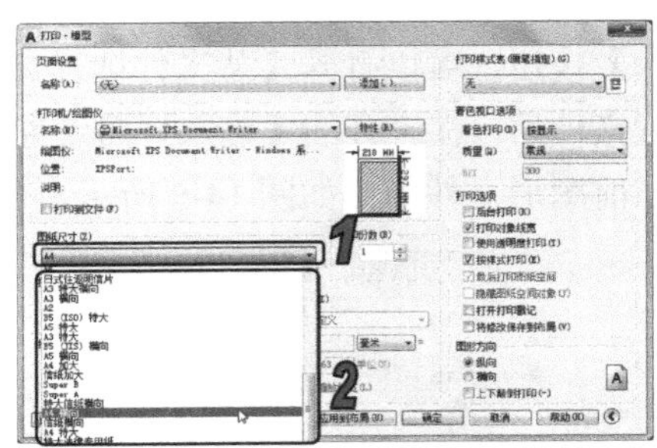
图 14-7　设置打印尺寸

14.2.3　设置打印比例

通常情况下，最终的工程图不可能按照 1:1 的比例绘出，图形输出到图纸上必须遵循一定的打印比例。所以，正确地设置图形打印比例，能使图形更加美观，可在出图时使图形更完整地显示出来。因此，在打印图形文件时，需要在【打印-模型】对话框中的【打印比例】选项组中设置打印出图的比例，如图 14-8 所示。

14.2.4　设置打印范围

设置好打印参数后，在【打印范围】下拉列表中选择以何种方式选择打印图形的范围，如图 14-9 所示。如果选择【窗口】选项，单击列表框右侧的【窗口】按钮，即可在绘图区指定打印的窗口范围，确定打印范围后将返回到【打印-模型】对话框，单击【确定】按钮即可开始打印图形。

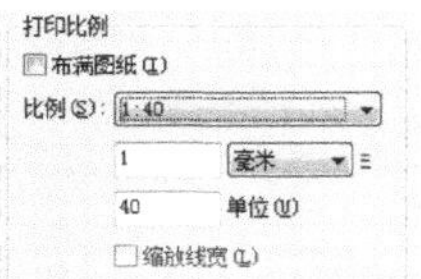

图 14-8　设置打印比例

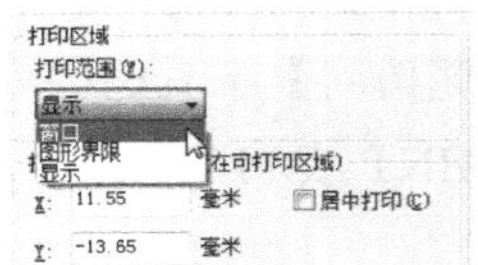

图 14-9　选择打印范围的方式

14.3　输出机械图形

在 AutoCAD 中可以将图形文件输出为其他格式的文件，以便在其他软件中进行编辑处理。例如，在 Photoshop 中进行编辑，可以将图形输出为.bmp 格式的文件；在 CorelDRAW 中进行编辑，则可以将图形输出为.wmf 格式的文件。

执行【输出】命令有以下两种常用方法。

- 选择【文件】→【输出】命令。
- 输入 EXPORT 命令。

执行【输出】命令，将打开如图 14-10 所示的【输出数据】对话框。在【保存于】下拉列表框中选择保存路径，在【文件名】下拉列表框中输入文件名，在【文件类型】下拉列表框中选择要输出的文件格式，如图 14-11 所示。单击【保存】按钮即可将图形进行输出。

图 14-10　【输出数据】对话框

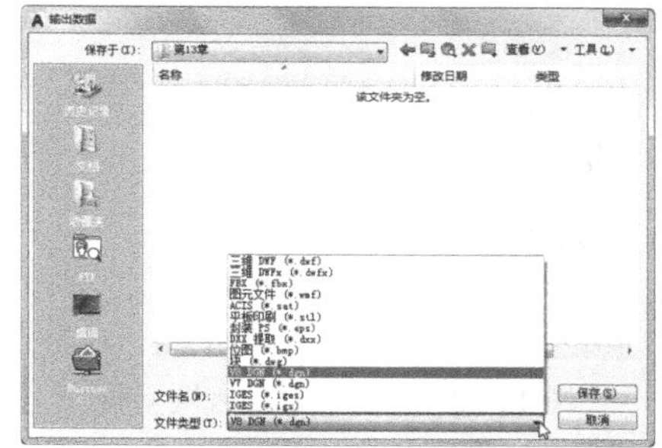

图 14-11　选择要输出的格式

在 AutoCAD 中，将图形输出的文件格式主要有以下几种。

- .dwf：输出为 Autodesk Web 图形格式，便于在网上发布。
- .wmf：输出为 Windows 图元文件格式。
- .sat：输出为 ACIS 文件。
- .stl：输出为实体对象立体画文件。
- .eps：输出为封装的 PostScript 文件。
- .dxx：输出为 DXX 属性的抽取文件。
- .bmp：输出为位图文件，几乎可供所有的图像处理软件使用。
- .dwg：输出为可供其他 AutoCAD 版本使用的图块文件。
- .dgn：输出为 MicroStation V8 DGN 格式的文件。

提示

设置输出文件的参数后，返回绘图区中一定要选择要输出的图形后再按 Enter 键，否则输出的文件中将没有任何内容；如果先选择要输出的图形，再打开【输出数据】对话框，则返回绘图区后可以直接按 Enter 键确定。

14.4　创建机械图形电子文件

在 AutoCAD 中可以将图形文件创建为压缩的电子文件。在默认情况下，创建的电子文件为压缩格式 DWF，且不会丢失数据。因此，打开和传输电子文件速度将会比较快。

【练习 14-1】将零件三视图创建为电子文件。

(1) 打开【零件三视图.dwg】素材图形文件，如图 14-12 所示。

(2) 选择【文件】|【打印】命令，打开【打印-模型】对话框，在【打印机/绘图仪】选项组的【名称】下拉列表中选择 DWF6 eplot.PC3 选项，如图 14-13 所示。

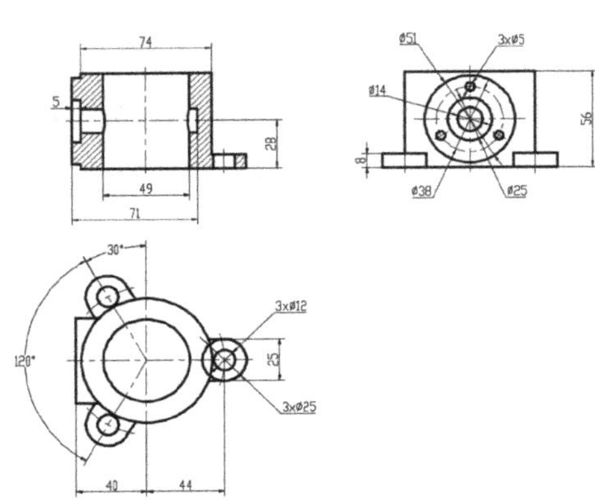

图 14-12　打开零件三视图素材

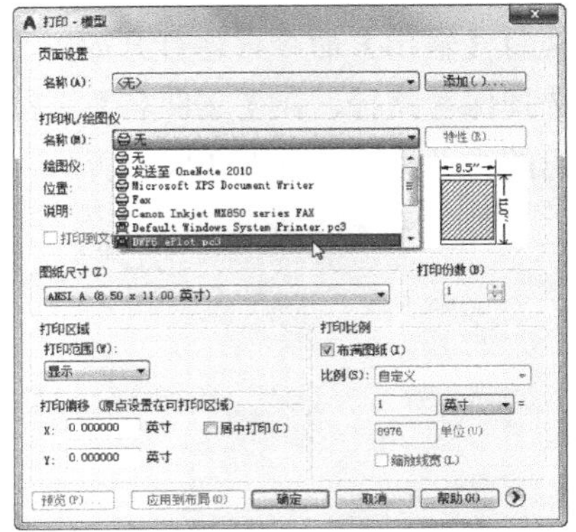

图 14-13　选择打印设备

(3) 单击【打印-模型】对话框中的【确定】按钮，在打开的【浏览打印文件】对话框中输入文件名称，然后进行保存，如图 14-14 所示。

(4) 在计算机中打开相应的文件夹，可以找到刚才保存的 DWF 文件，如图 14-15 所示。

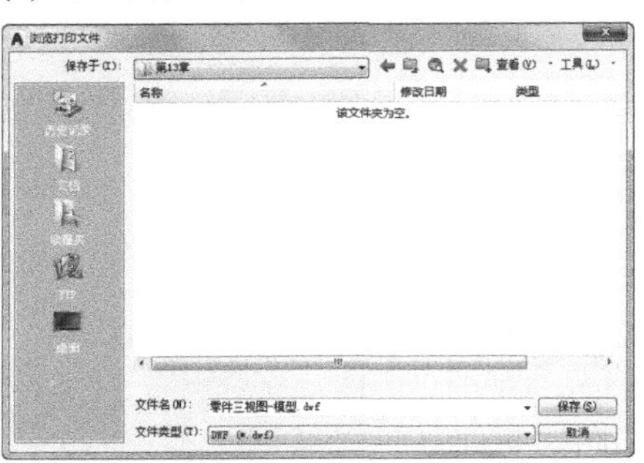

图 14-14　保存打印文件

图 14-15　保存的 DWF 文件

14.5　上机实战

本小节练习对球轴承二视图进行打印以及将柱塞泵模型图输出为 BMP 位图格式的图形文件，巩固本章所学的图形打印与输出的知识。

14.5.1　打印并预览图形

本例将打印如图 14-16 所示的球轴承二视图，通过该例的练习，可以掌握对图形打印参数的设置及打印图形的方法。

打印本例图形的具体操作步骤如下。

(1) 打开【球轴承二视图.dwg】素材图形文件。

(2) 选择【文件】→【打印】命令，打开【打印-模型】对话框，选择打印设备。并对图纸尺寸、打印比例和方向等进行设置，如图 14-17 所示。

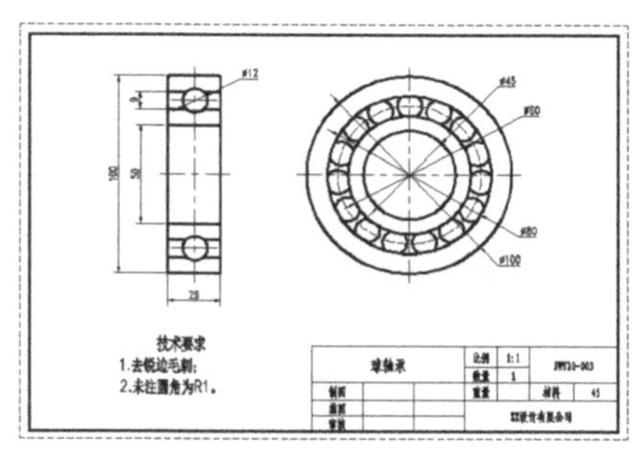
图 14-16　打开素材图形

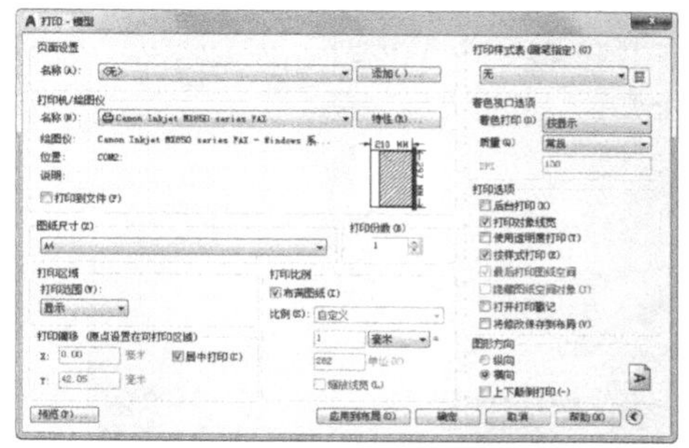
图 14-17　设置打印参数

(3) 在【打印范围】下拉列表框中选择【窗口】选项，然后使用窗口选择方式选择要打印的图形，如图 14-18 所示。

(4) 返回【打印-模型】对话框，单击【预览】按钮，预览打印效果。在预览窗口中单击【打印】按钮，开始对图形进行打印，如图 14-19 所示。

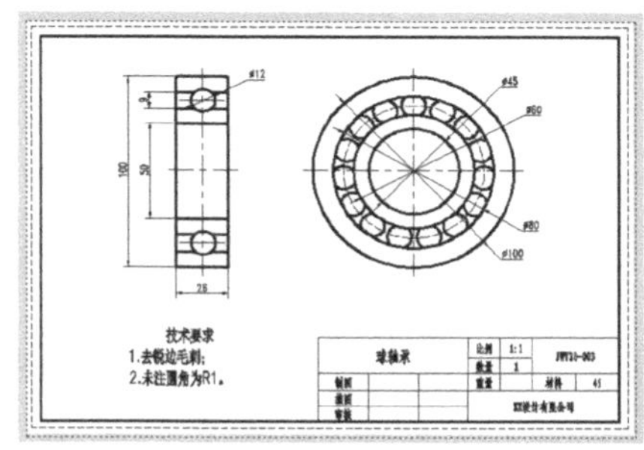
图 14-18　选择打印的图形

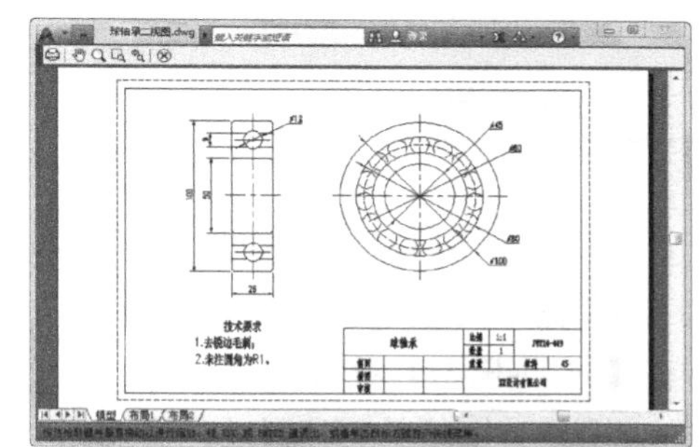
图 14-19　预览并打印图形

14.5.2　将机械图形输出为位图

本例将如图 14-20 所示的柱塞泵模型图输出为 BMP 位图格式的图形文件。通过本例的练习，可以掌握将 AutoCAD 图形文件输出为其他格式文件的操作方法。

将本例图形输出为位图的具体操作步骤如下。

(1) 打开【柱塞泵.dwg】图形文件。

(2) 选择【文件】→【输出】命令，打开【输出数据】对话框，设置保存位置及文件名，然后选择输出文件的格式为 BMP，如图 14-21 所示。

(3) 单击【保存】按钮，返回绘图区选择要输出的柱塞泵模型图形并确定，如图 14-22 所示，即可将其输出为 BMP 格式的图形文件。

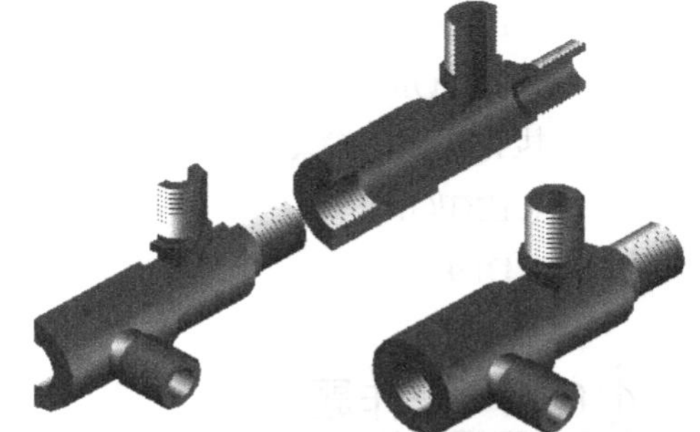
图 14-20　柱塞泵模型图

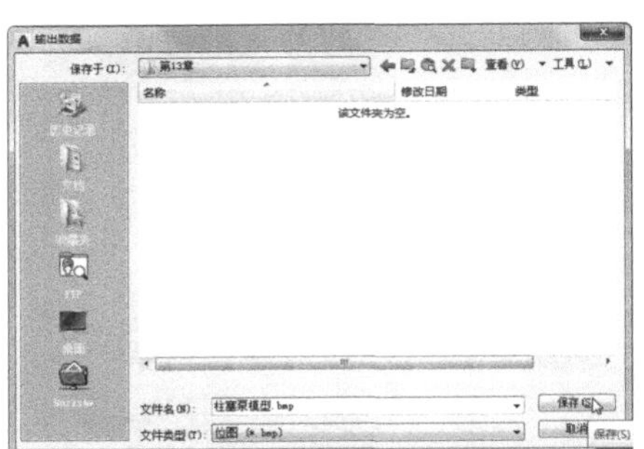

图 14-21　设置输出参数

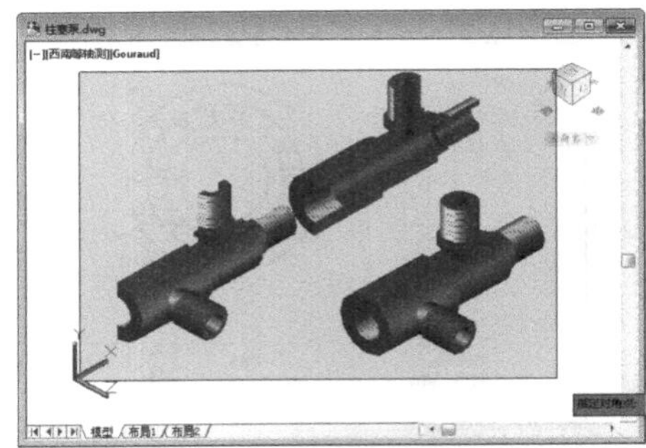

图 14-22　选择输出图形

14.6　思考与练习

14.6.1　填空题

1. 在【打印-模型】对话框中，用户可以在＿＿＿＿＿＿选项组的【名称】下拉列表中选择需要的打印和输出设备。

2. 在【打印-模型】对话框中的＿＿＿＿＿下拉列表中可以选择不同的打印图纸，用户可以根据实际需要设置图纸的打印尺寸。

3. 要在 Photoshop 中进行编辑，可以将图形输出为＿＿＿＿格式的文件；要在 CorelDRAW 中进行编辑，则可以将图形输出为＿＿＿＿格式的文件。

14.6.2　选择题

1. 执行打印的命令是(　　)。

A. PLOT　　B. P

C. EXPORT　　D. OPEN

2. 执行输出的命令是(　　)。

A. EXPORT　　B. PLOT

C. DDI　　D. PRINT

14.6.3　操作题

1. 请打开【泵盖零件图.dwg】图形文件，如图 14-23 所示。使用【打印】命令对图形进行打印，设置打印纸张为 A4、打印方向为【纵向】。

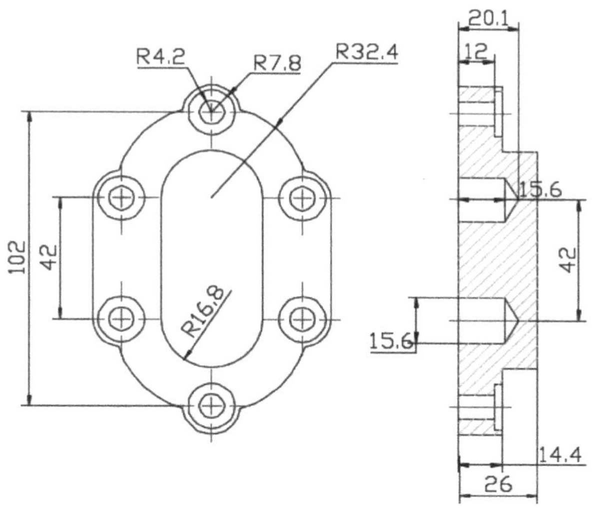

图 14-23　泵盖零件图

2. 请打开【齿轮零件图.dwg】图形文件，如图 14-24 所示。使用【输出】命令将图形输出为 wmf 格式的文件。

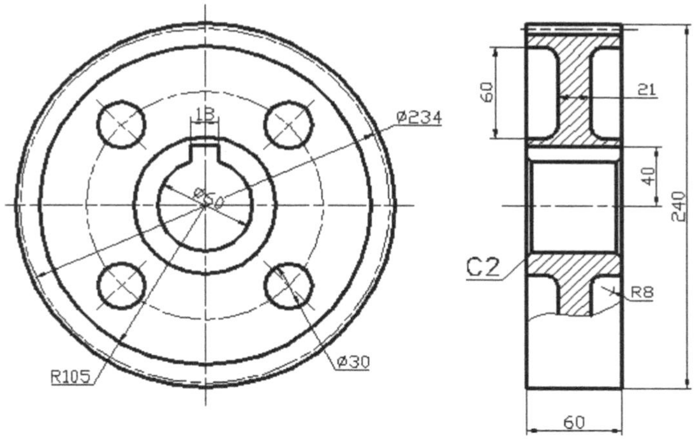

图 14-24　齿轮零件图

附录一　AutoCAD常用快捷键

获取帮助	F1
实现作图窗口和文本窗口的切换	F2
控制是否实现对象自动捕捉	F3
三维对象捕捉开/关	F4
等轴测平面切换	F5
控制状态行上坐标的显示方式	F6
栅格显示模式控制	F7
正交模式控制	F8
栅格捕捉模式控制	F9
极轴模式控制	F10
对象追踪式控制	F11
动态输入控制	F12
打开【特性】选项板	Ctrl+1
打开【设计中心】选项板	Ctrl+2
将选择的对象复制到剪切板上	Ctrl+C
将剪切板上的内容粘贴到指定的位置	Ctrl+V
重复执行上一步命令	Ctrl+J
超级链接	Ctrl+K
新建图形文件	Ctrl+N
打开选项对话框	Ctrl+M
打开图像文件	Ctrl+O
打开打印对话框	Ctrl+P
保存文件	Ctrl+S
剪切所选择的内容	Ctrl+X
重做	Ctrl+Y
取消前一步的操作	Ctrl+Z

附录二　AutoCAD常用简化命令

命令	简化命令
直线	L
构造线	XL
射线	RAY
矩形	REC
圆	C
圆弧	A
多线	ML
多段线	PL
正多边形	POL
样条曲线	SPL
椭圆	EL
点	PO
定数等分点	DIV
定距等分点	ME
定义块	B
插入	I
图案填充	H
多行文字	T
单行文字	DT
移动	M
复制	CO
偏移	O
阵列	AR
旋转	RO
缩放比例	SC
删除	E
圆角	F
倒角	CHA
修剪	TR
延伸	EX
拉伸	S
拉长	LEN
打断	BR
分解	X
并集	UN
差集	SU
交集	IN
对象捕捉模式设置	SE
图层	LA
恢复上一次操作	U
缩放视图	Z
移动视图	P
重生成视图	RE
拼写检查	SP
测量两点间的距离	DI
标注样式	D
线性标注	DLI
半径标注	DRA
直径标注	DDI
对齐标注	DAL
角度标注	DAN
弧长标注	DAR
折弯标注	DJO
快速标注	QDIM
基线标注	DBA
连续标注	DCO
圆心标记	DCE
拉伸实体	EXT
旋转实体	REV
放样实体	LOFT